Diana Jaffé und Saskia Riedel

Werbung für Adam und Eva

Diana Jaffé und Saskia Riedel

Werbung für Adam und Eva

Zielgruppengerechte Ansprache durch Gender Marketing Communication

WILEY-VCH Verlag GmbH & Co. KGaA

1. Auflage 2011

Alle Bücher von Wiley-VCH werden sorgfältig erarbeitet. Dennoch übernehmen Autoren, Herausgeber und Verlag in keinem Fall, einschließlich des vorliegenden Werkes, für die Richtigkeit von Angaben, Hinweisen und Ratschlägen sowie für eventuelle Druckfehler irgendeine Haftung.

Bibliografische Information der Deutschen Bibliothek
Die Deutsche Bibliothek verzeichnet diese Publikation in der Deutschen Nationalbibliografie; detaillierte bibliografische Daten sind im Internet über http://dnb.ddb.de abrufbar.

© 2011 WILEY-VCH Verlag GmbH & Co. KGaA, Boschstr. 12, 69469 Weinheim, Germany

Alle Rechte, insbesondere die der Übersetzung in andere Sprachen, vorbehalten. Kein Teil dieses Buches darf ohne schriftliche Genehmigung des Verlages in irgendeiner Form – durch Photokopie, Mikroverfilmung oder irgendein anderes Verfahren – reproduziert oder in eine von Maschinen, insbesondere von Datenverarbeitungsmaschinen, verwendbare Sprache übertragen oder übersetzt werden. Die Wiedergabe von Warenbezeichnungen, Handelsnamen oder sonstigen Kennzeichen in diesem Buch berechtigt nicht zu der Annahme, daß diese von jedermann frei benutzt werden dürfen. Vielmehr kann es sich auch dann um eingetragene Warenzeichen oder sonstige gesetzlich geschützte Kennzeichen handeln, wenn sie nicht eigens als solche markiert sind.

Printed in the Federal Republic of Germany

Gedruckt auf säurefreiem Papier

Satz Mitterweger & Partner, Kommunikationsgesellschaft mbH, Plankstadt
Druck und Bindung CPI – Ebner & Spiegel, Ulm
Umschlaggestaltung Christian Kalkert, Birken-Honigsessen

ISBN: 978-3-527-50549-4

»Wir glauben, wir wüssten, wie die Welt funktioniert, und wir schauen auf andere, damit sie uns unsere Überzeugungen bestätigen. Wenn wir merken, dass andere sich so verhalten, als ob sie in einer ganz anderen Welt lebten, sind wir zutiefst erschüttert.«

Deborah Tannen in *Du kannst mich einfach nicht verstehen*

Inhaltsverzeichnis

Geleitwort von Vera F. Birkenbihl 11

Vorwort 13

1. Muss Werbung kreativ sein? 21

2. Grundlagen 25
2.1. Gender Marketing? Diversity Marketing? Individualmarketing? 25
2.2. Definition von Gender Marketing 26
2.3. Gender Marketing in Abgrenzung zum Diversity Marketing 30
2.4. Gender Marketing in Abgrenzung zum Individualmarketing 33
2.5. Definition Gender Marketing Communication 35

3. Kaufverhalten 39
3.1. Wie Männer ihren Bedarf decken 39
3.2. Wie Frauen shoppen 44
3.3. Was bedeutet das für die Werbung? 48

4. Welchen Einfluss hat die Biologie auf unser Verhalten, und welchen die Kultur? 53
4.1. Die biologische Ebene 53
4.2. Die kulturelle Ebene 54
4.3. Das soziale Umfeld 59
4.4. Die persönlichen Erfahrungen des Individuums 61
4.5. Gender Marketing Communication und die Ebenen 61

5. Was ist männlich, was ist weiblich? 67
5.1. Ist der Mann das Gegenteil von der Frau? 67
5.2. Warum wir zwei Geschlechter haben 69

Werbung für Adam und Eva. Diana Jaffé und Saskia Riedel
Copyright © 2010 WILEY-VCH Verlag GmbH & Co. KGaA
ISBN 978-3-527-50549-4

5.3. Wie Geschlecht entsteht 70
5.4. Die Plastizität des Gehirns 82

6. Wie das Geschlecht ins Gehirn gelangt und was das für die Werbung bedeutet 87

6.1. Autismus als extreme Form der Männlichkeit 87
6.2. Systematiker 90
6.3. Empathen 93
6.4. Spiegelneuronen: Ich bin du 99
6.5. Intuition 105
6.6. Emotionen, ›emotionale‹ und ›rationale‹ Werbung 107
6.7. Marketing-Kommunikation für Systematiker und Empathen 110

7. Das Geschlecht der Dinge 127

7.1. Mobilität, Verkehr, Tourismus 130
7.2. Medien 131
7.3. Werkzeug 132
7.4. Technik 133
7.5. Wohnen und Büro 134
7.6. Nahrungs- und Genussmittel 137
7.7. Mode, Accessoires – und Kaufhäuser 138
7.8. Finanzen 139
7.9. Top 10 139
7.10. Keine Aussage ist auch eine Aussage 140

8. Die Lebensphasen 143

8.1. Die weiblichen biologischen Motivatoren 144
8.2. Die männlichen biologischen Motivatoren 145

9. Wie sie die Welt wahrnimmt, wie er denkt – Themen für die Gender Marketing Communication 147

9.1. Frauen 148
9.2. Was machen wir aus diesen Erkenntnissen in der Kommunikation? 205
9.3. Männer 218
9.4. Marketing-Kommunikation für Männer 258

10. Sinn und Sinnlichkeit 271

10.1. Sehen 273
10.2. Hören 275

10.3. Riechen *277*
10.4. Schmecken *278*
10.5. Tasten und fühlen *279*

11. Sex sells?! *281*

12. Kommunikationsstile *287*
12.1. Wer hört was? *287*
12.2. Wer ist »geschwätziger«? *288*
12.3. Kommunikationsverhalten *290*
12.4. Direkte und indirekte Sprache, Konfliktsprache *297*
12.5. Detail-Tiefe *299*
12.6. Prahlerei und Übertreibung *301*
12.7. Die Körperhaltung beim Sprechen *302*
12.8. Wortwahl und Produktnamen *302*

13. Farben *309*
13.1. Die Verbindung aus Farbe und Bedeutung *311*
13.2. Lieblingsfarben *313*
13.3. Ein Wort (oder auch zwei) zu Rosa *314*

14. Visible / invisible Strategy – sichtbar oder unsichtbar? *317*

15. Kommunikationsinstrumente *325*
15.1. Kommunikation ist nicht mehr das, was sie mal war *326*
15.2. Wir alle sind jetzt Prosumenten *326*
15.3. Die GMC-Kommunikationsrichtungsachse *328*
15.4. Vom Informationskonsumenten zum Prosumenten *329*
15.5. Dialog muss man können, nicht beherrschen *330*
15.6. Kommunikationsziele *334*
15.7. Welche Kommunikationsinstrumente gibt es derzeit? *337*
15.8. Welches Kommunikationsinstrument für wen? *354*
15.9. Wer nutzt welches Medium in welchem Maße? *359*
15.10. Der ganzheitliche Ansatz oder: mit welcher Instrumenten-Kombination erreiche ich meine Zielgruppe? *362*

16. Case Studies *365*
16.1. Orsay: Thank God I'm a Woman *366*
16.2. Hewlett-Packard: Frauen und Technik einmal anders *370*
16.3. Bosch Power Tools *377*

17. Welche Zukunft erwartet uns? *389*

Literaturliste *393*

Index *409*

Geleitwort von Vera F. Birkenbihl

Bis in die 1930er wussten die Menschen weltweit, dass Männer und Frauen sich unterscheiden! Dann akquirierte der amerikanische Behaviorismus das Thema und schloss tollkühn von Tauben und Ratten auf Menschen. Zwar sind physiologische Schlüsse von Ratten oft hilfreich (was eine Ratte vergiftet, tötet auch uns) aber im Spektrum des Verhaltens ist es unbegreiflich, wie diese Bewegung eine so große Macht entwickeln konnte, dass sie es schaffte, das MEM[1] durchsetzten konnte: Eigentlich sind Männer und Frauen fast gleich, das meiste „tut" die Erziehung und der Rest ist dummes Gerede etc. So fällt es all jenen, die heute leben, sehr schwer aus diesem Gedankenkorsett auszubrechen; auch ich fand es (durch mein Studium in den USA geprägt) zunächst fast unmöglich, das Dogma infrage zu stellen. Aber dann habe ich mich (seit 1990) voller Fragen auf die Forschung gestürzt, drei Jahre später beschloss ich, mein „wissenschaftliches Vorurteil" zu knacken. Die Erde ist eben doch nicht flach und Mann und Frau sind in vielen Aspekten extrem verschieden. Inzwischen wissen wir, dass bereits drei- bis vierjährige Kinder in Gruppen (z. B. im Kindergarten) freiwillig und völlig automatisch separat spielen, wenn das Kindergarten-Fachpersonal dies nicht bewusst verhindert. Wir wissen, dass schon Neugeborene unterschiedlich auf Gesichter bzw. technisch-mechanische Angebote reagieren und vieles mehr. Interessant ist, dass die Wissenschaft noch immer zerstritten ist. Zwar nimmt die Unterschieds-Fraktion ständig zu, aber, wie Max Planck schon festgestellt hatte: Das Neue kann sich an der Hochschule nicht etwa durchsetzen, weil die Alten (deren Ruf oft auf dem alten Paradigma aufgebaut worden war) nachgeben, sondern erst, wenn sie

---

[1] Der Evolutionsbiologe Richard Dawkins entwarf das Mem in den siebziger Jahren als analoges Konzept zum Gen. Während Gene die Erbinformationen von Lebewesen enthalten und durch Fortpflanzung ihre Verbreitung finden, stellen Meme Gedanken und Ideen dar, die sich durch die Weitergabe von Mensch zu Mensch verbreiten und auf diese Weise Eingang in die kulturelle Informationsbasis finden.

Werbung für Adam und Eva. Diana Jaffé und Saskia Riedel
Copyright © 2010 WILEY-VCH Verlag GmbH & Co. KGaA
ISBN 978-3-527-50549-4

aussterben ... Also werden so manche Bewohner der Elfenbeintürme weiterhin über die schönen Kleider des Kaisers reden, während es die PRAKTIKER im ganz realen Leben sind, die die Wahrheit erkunden. Denn es kostet einfach zu viel Geld, die Wirklichkeit auf Dauer zu negieren. Es braucht ForscherInnen wie Diana Jaffé, deren erstes Buch (*Der Kunde ist weiblich*) mir vor Jahren bereits auffiel. Denn sie versteht es hervorragend, in eine komplexe Materie einzutauchen, nach gründlichem Studium systematisch auf Praxisbezug zu testen und fehlende Daten durch eigene Forschungen zu finden (z. B. im Rahmen einer konkreten Consulting-Aufgabe in einer Firma).

Dieses Buch ist „mehr": Es sind mehr Aspekte zum einen und es gibt die neue „Insel", die Jaffé als Gender Marketing Communication bezeichnet. GENDER beinhaltet u. a. die durch VERHALTEN beobachtbare Teilpersönlichkeit. Männlich bedeutet in diesem Referenzrahmen zum Beispiel auf hierarchische, statusorientierte und spektakuläre Weisen zu handeln, (siehe Kapitel 9.3.), weiblich hingegen das Leben beispielsweise an anderen Menschen zu orientieren, fleißig-bescheiden die Arbeit zu verrichten und Schönheit zu schaffen und zu verbreiten (siehe Kapitel 9.1.).

Wer bereit ist, sich mit diesem wichtigen Teilthema zur Frage „Wie erreichen wir unsere KundInnen dort, wo sie sich tatsächlich befinden?" zu befassen, wird in diesem Buch reiche Beute machen: So brauchen viele Frauen aber nur wenige Männer eine didaktisch gut gemachte Gebrauchsanleitung auf Papier in mindestens 12 Punkt Schriftgröße (weil die Frauen sie lesen)! Solange aber männliche Entscheider beschließen, dass das unnötig ist, solange sind ihnen die konkreten Kundinnen so egal, wie dies im Industrie-Zeitalter üblich war. Aber die postindustrielle Ära hat begonnen und dies ist eines der hilfreichsten Bücher, das Sie sicher in dieses Terrain lotsen oder begleiten wird. Die Schon- und Übergangszeit wird spätestens in wenigen Jahren vorbei sein, aber wir müssen uns ab heute darauf einstellen. Dieses Buch ist eine großartige Ideenquelle (Nachahmung erlaubt), wie auch ein Berater, den gerade kleine Firmen meinen, sich nicht leisten zu können. Dieses Buch kann die Brücke bauen, in Ihre erfolgreiche/re Zukunft, also zu der FOLGE (vgl. Er-FOLG) die sich aus Ihrem derzeitigen Verhalten ergeben wird.

Vera F. Birkenbihl
Autorin von: *Jungen, Mädchen – wie sie lernen* (u. v. m.)
www.birkenbihl-internet-akademie.tv
Blog: Hintertreppe.com

Vorwort

Gender Marketing Communication – schon wieder so ein neuer Marketing-Begriff, mögen sich manche denken. Und ich muss ihnen Recht geben: Es ist ein neuer Begriff, ich habe ihn jedoch mit Sorgfalt gewählt, um damit ein gänzlich neues Kommunikationssegment zu beschreiben. In diesem Buch über Gender Marketing Communication geht es um nichts weniger als die erste Anleitung zur Entwicklung von Marketing-Kommunikationskampagnen für Frauen oder für Männer. Selbst diejenigen, die bislang nicht beabsichtigten, sich auf eine männliche oder gar weibliche Zielgruppe zu fokussieren, werden mit Sicherheit auf ihre Kosten kommen, denn auch ihre Kundschaft ist mit hoher Wahrscheinlichkeit eins von beidem – männlich oder weiblich.

Die Wissenschaften haben uns insbesondere in den vergangenen zwanzig Jahren so viele neue Erkenntnisse über die Geschlechter geliefert, dass wir unsere Art, mit Verbraucherinnen und Verbrauchern zu kommunizieren, gründlich überdenken müssen. Die meisten von uns haben immer geglaubt, dass nur andere, beispielsweise die Japaner, eine spezifische Frauen- und eine ebensolche Männersprache besitzen. Doch wir müssen zunehmend einsehen, dass wir auch in Sprachen wie dem Deutschen oder Englischen, dem Italienischen oder Russischen als Frauen ganz anders sprechen und denken als Männer, obwohl wir dieselben Worte verwenden.

Wozu brauchen wir als Hersteller, Händler, Politiker, als Non-Governmental Organization, Spendensammler oder Berater Gender Marketing Communication? Wir brauchen sie, um uns mit unseren Kundinnen und Kunden zu verständigen. Wir brauchen sie in jeglicher Hinsicht, um unser Geschäft besser betreiben zu können.

Deborah Tannen bezeichnete die unterschiedlichen Arten, wie Frauen und Männer kommunizieren, bereits 1991 als unterschiedliche Sprachkulturen. Diese Klassifizierung spaltete die Gemüter, manche applaudierten ihr lautstark zu dieser Erkenntnis, andere griffen sie dafür – teilweise erstaunlich unflätig – an. Ich meine, wir verdanken ihr einige sehr wichtige, zum Teil inzwischen auch von den Naturwissenschaften bestätigte Beobachtungen und Schlussfolgerungen. Anders als andere frühe Sprachwissenschaftler, die sich mit Geschlechtsunterschieden in der Sprachnutzung und im Ausdruck befassten, war Deborah Tannen nie bereit, ihre eigenen oder die von ihr verwendeten Beobachtungen anderer Forscher als sicheres Zeichen für die absichtliche, gewalttätige Unterdrückung der Frauen durch das Patriarchat auszulegen. Ihr war es immer wichtig zu verstehen, worin sich die Geschlechter gleichen und worin sie sich unterscheiden. *Werbung für Adam und Eva* will in genau dieser Tradition aufzeigen, was zu beachten ist, wenn man mit Werbung oder PR-Arbeit Frauen oder Männer nicht nur ansprechen, sondern wirklich erreichen will.

In meiner Arbeit betrete ich beinahe täglich Neuland. Indem ich nach Lösungen für die unterschiedlichsten Marketing-Aufgaben für die Kunden meiner Firma Bluestone AG suche, nutze ich die Erkenntnisse von einigen der vortrefflichsten Geister unserer Zeit. Je nach Aufgabenstellung wühle ich in den Forschungsergebnissen von vielen unterschiedlichen Natur- und Geisteswissenschaften. Ich verwende Forschung aus jedem erdenklichen Fachbereich. Mir ist nur wichtig, dass die Methodik überzeugt und die Schlussfolgerungen nachvollziehbar sind. Und natürlich muss die jeweilige Arbeit in erster Linie irgendwie mit menschlichem Verhalten und in zweiter Linie mit dem Geschlecht zu tun haben. Ich prüfe das jeweils vorliegende Material im nächsten Schritt darauf, ob es für die Wirtschaft, insbesondere das Marketing relevant ist und entwickle im positiven Fall meine Hypothesen. Im vorletzten Schritt prüfe ich die Anwendbarkeit meiner Hypothese, im letzten gebe ich mir viel Mühe, sie mithilfe wiederum aller Wissenschaften *und* realen Marketingerfahrungen in Form von Kampagnen etc. zu falsifizieren, das heißt, sie zu widerlegen. Erst wenn die Widerlegung missglückt ist, gehe ich mit meiner Erkenntnis ins Projekt oder in Form von Vorträgen oder Seminaren an die Öffentlichkeit. Jede Hypothese bleibt – wie bei jeder ordentlichen wissenschaftlichen Arbeit – allzeit auf dem Prüfstand. Mich interessiert an meiner Arbeit vor allem der Erkenntnisgewinn und nicht, Recht zu behalten. Ich betrachte es als großes Privileg und unbeschreiblichen Luxus, mich mit so spannender wissenschaftlicher Forschung befassen zu dürfen. Genauso wie jedes Kind, liebe ich es, zu lernen. Und die gegenwärtige Zeit bietet mir sehr viel Lernstoff, darunter beinahe täglich neue wichtige Erkenntnisse über Frauen und Männer.

Es gibt unzählige Disziplinen, die sich mit Geschlechterfragen befassen. Einige von ihnen sind sich ganz sicher, dass die Geschlechterunterschiede in Wahrheit gar nicht existieren oder zumindest so gering sind, dass sie vollständig vernachlässigbar sind und damit überhaupt keine Rolle spielen. Das sehen andere Wissenschaftler völlig anders. Mit immer neuen Technologien und einer Fülle von Ideen entdecken sie täglich neue Beweise für die natürliche Verschiedenartigkeit von Frau und Mann. Alle Forschungsrichtungen verfolgen zweifellos spannende Gedanken, aber viele der Wissenschaftler gehen strikt nach den Regeln ihrer speziellen Disziplin vor. Im Endeffekt ergeht es ihnen oft wie den Blinden in der folgenden Erzählung[2]:

Einst suchten Mönche Buddha auf, der sich gerade im Kloster Anāthapindikos in Sāvatthí aufhielt. Sie waren die Streitereien leid, die sich ständig zwischen Pilgern und Brahmanen anderer Schulen entzündeten. Jeder verteidigte die Ansichten seines Glaubens, hielt die eigenen Ansichten über die Welt, das Leben, den Menschen und die Ewigkeit für die einzige Wahrheit und bezichtigte alle anderen, Unsinn zu reden. So riefen sie Buddha um Rat an.

Daraufhin erzählte ihnen Buddha die Geschichte eines früheren Rajas von Sāvatthí, der einem Mann befahl, alle blind Geborenen des Ortes zusammenzurufen. Diesen Blinden ließ der Raja einen Elefanten vorführen und erklärte: »Das, ihr Blinden, ist ein Elefant.« Einige der Blinden ließ er den Kopf, manche das Ohr, andere den Stoßzahn, den Rüssel, den Rumpf, den Fuß, das Hinterteil, den Schwanz und die Schwanzquaste betasten. Nach ausgiebiger Untersuchung erklärten die Blinden auf die Frage des Rajas, sie hätten den Elefanten erlebt. Nun sollten sie ihm erklären, was ein Elefant sei. Diejenigen, die den Kopf betastet hatten, antworteten, der Elefant sei wie ein Kessel. Die das Ohr untersucht hatten, hielten den Elefanten für einen Worfelkorb, also für einen flachen Korb zur Trennung der Spreu vom Getreide. Die anderen Blinden antworteten, der Elefant sei wie der Stock eines Pfluges (Stoßzahn), wie ein Pflugbaum (Rüssel), eine Vorratstonne (Rumpf), Pfosten (Fuß), Mörser (Hinterteil), Stößel (Schwanz) und Besen (Schwanzquaste). Daraufhin begannen die Blinden zu streiten und mit Fäusten aufeinander einzuprügeln im Streit, wer Recht hätte. Der König hatte seinen Spaß beim Zusehen.

Buddha erklärte den Mönchen, ebenso blind seien die Pilger anderer Schulen, die Sinn und Unsinn, Wahrheit und Unwahrheit nicht unterschei-

---

2 Der Ursprung dieser Elefantengeschichte ist wahrscheinlich Südasien. Bei dieser Schilderung handelt es sich um die Wiedererzählung der buddhistischen Variante. Sie entstammt dem Udāna, einer buddhistischen Schrift mit Kurztexten aus dem Pali-Kanon, der ältesten zusammenhängend überlieferten Sammlung von Lehrreden des Buddha Siddharta Gautama (Udāna VI 4-6). Daneben aber kommt dieses Gleichnis in Variationen auch im Hinduismus, im Jainismus sowie im Sufismus vor.

den könnten. Weil jeder Recht behalten wollte, würden sie streiten, disputieren und einander ständig mit scharfen Worten verletzen. Der Buddha sprach: »Daran nun eben hängen sie, die Pilger oder Geistlichen; da disputieren, streiten sie, als Menschen, die nur Teile seh'n.«[3]

Buddhas Geschichte vom Raja und dem Elefanten wird uns unterschwellig durch das gesamte Buch begleiten. Auch ich kann nur Teile sehen, doch habe ich mich – im übertragenen Sinne – bemüht, möglichst viele Teile des Elefanten mit all meinen Sinnen zu überprüfen. Und ich habe versucht, mit meinen Händen so oft wie möglich am Elefanten in die unterschiedlichsten Richtungen zu wandern. Oder mit anderen Worten: Ich verstehe, dass Wahrnehmung, Denken und Verhalten komplex sind. Bei näherer Betrachtung wird sich wahrscheinlich kein menschliches Verhalten finden lassen, das nur eine Ursache oder ein Motiv hat. Vielmehr spielen viele verschiedene Faktoren eine Rolle, von denen einige angeboren, andere kulturell bedingt, manche anerzogen und etliche individuell ausgedacht sind.

Indem ich mich in meiner Forschungsarbeit nicht auf eine Wissenschaft beschränke, sondern Forschung aus den Geistes-, Natur- und Gesellschaftswissenschaften zusammenführe, beabsichtige ich nichts weniger, als die Gesamtheit der Gemeinsamkeiten und Unterschiede von Frauen und Männern zu begreifen. Dieser inter- und transdisziplinäre Ansatz hilft mir, die Brisanz mancher Forschungsprojekte ebenso zu erkennen, wie fehlerbehaftete Methoden oder falsche Schlussfolgerungen bei anderen. Ich konnte dadurch sogar feststellen, dass einige Theorien aus den Geisteswissenschaften sich nach neueren Erkenntnissen selbst nicht trugen, dafür aber viele Jahre später ausgerechnet durch gänzlich andere Forschungsergebnisse aus der Neurologie bestätigt wurden. Das mag wie eine Ironie des Schicksals erscheinen, da die früheren feministischen und späteren Gender-Forscherinnen und -Forscher die von ihnen abfällig als »biologistisch« bezeichneten Wissenschaften teilweise bis heute so vehement ablehnen.

Mein Bestreben ist also, aus möglichst vielen Richtungen auf das große Ganze zu schauen und Antworten für die Wirtschaft zu finden, die nicht nur für sich allein zu stimmen scheinen, sondern im Kontext funktionieren. Mit dieser Vorgehensweise verfolge ich zwei miteinander verknüpfte Ziele:

1. Ich will Unternehmen zeigen, wie sie sich endlich kundenorientierter verhalten und damit im Käufermarkt bestehen können. (In der Konsequenz führt das außerdem zu einer enormen Ressourcen-Schonung,

[3] Schäfer, Fritz (1998): http://bit.ly/dxI2Jc

hoher Mitarbeiterzufriedenheit, besserer Behauptung gegen Wettbewerber und noch viel mehr.)
2. Ich will erreichen, dass die Kundinnen und Kunden endlich erhalten, was sie benötigen und was sie sich wünschen.

Je besser Sie verstehen, woran es liegt, dass Männer und Frauen der Welt und sich gegenseitig so unterschiedlich begegnen, desto besser wird es Ihnen gelingen, Strategien für wirtschaftlichen und persönlichen Erfolg zu entwickeln.

Mein vorheriges Buch *Der Kunde ist weiblich* ist ein Grundlagenbuch zu Gender Marketing, das zwar bereits 2005 erschien, aber bis heute noch in jedem Punkt aktuell ist. In diesem Buch nun konzentriere ich mich auf die Kommunikation von Frauen und Männern, die für sämtliche Marketingaktivitäten eines Unternehmens relevant ist. Dies ist die Geburt eines neuen Fachbegriffs: Gender Marketing Communication.

In diesem Buch werden Sie viel Neues erfahren, aber auch Erklärungen für Phänomene finden, die Sie schon häufig in Ihrem Familien-, Freundes-, Kollegen- und Kundenkreis – oder bei sich selbst – beobachtet haben. Mit diesem Wissen werden Sie imstande sein, Kommunikationsstrategien und -kampagnen zu entwickeln, die Ihre Kunden und die, die es werden sollen, auch tatsächlich erreichen.

Dieses Buch besteht aus vielen verschiedenen Teilen, eben ganz wie der Elefant aus der Erzählung: Das erste Kapitel hinterfragt die heutige Auffassung davon, wie Werbung konzipiert werden muss und woran sich erfolgreiche Werbung bemisst. Dann folgen einige Grundlagen und Definitionen. In Kapitel 2 hole ich nach, was ich in *Der Kunde ist weiblich* versäumt hatte: Es enthält eine Definition von Gender Marketing und klärt die Abgrenzung zu Diversity und Individualmarketing. Daraus ergibt sich die Definition für *Gender Marketing Communication*. Kapitel 3 enthält Informationen zum Kaufverhalten von Frauen und Männern. In Kapitel 4 wird dargestellt, welche Rolle biologische, kulturelle, soziale und individuelle Aspekte im geschlechtsspezifischen Marketing spielen und wie sie gegeneinander abgegrenzt werden können. In Kapitel 5 befassen wir uns mit der Frage, was *männlich* und was *weiblich* ist, und wie sich die Geschlechter zueinander verhalten. Desweiteren schauen wir uns an, wozu die Spezies Mensch überhaupt zwei Geschlechter benötigt, wie wir zu Frauen oder Männern werden, welche Rolle die Gene und andere Einflussfaktoren spielen. Dies zu wissen ist hilfreich, um zu verstehen, wie Verhalten per se und die unterschiedlichen Verhaltensweisen von Frauen und Männern entstehen. In Kapitel 6 eröffnet uns die Autismusforschung einige der wichtigsten Prinzipien weiblichen und männlichen Denkens, und worauf sie sich fokussieren. Dadurch wird erst verständlich, welche Werbung bei Frauen und Männern grundsätzlich nicht funktionieren kann, und wie sie stattdessen aufgebaut werden muss. Die Erkenntnisse aus der Autismusforschung führen uns direkt zu den Spiegelneuronen und zur Intuition, zur Erfassung, was Emotionen sind und zu Schlussfolgerungen für das Marketing für Frauen und Männer. In Kapitel 7 befassen wir uns ausnahmsweise nicht mit dem Geschlecht von Menschen, sondern von Dingen, denn es spielt eine erstaunliche Rolle in allen Marketingbereichen, die den meisten bislang noch völlig unbekannt sein dürfte. Kapitel 8 widmet sich wieder den Menschen, diesmal jedoch der Relevanz der Lebensphasen von Frauen und Männern. In Kapitel 9 beleuchte ich die Lebenswelten von Frauen und Männern eingehend um zu verstehen, von welchen Lebensthemen sie geprägt werden. Selbstverständlich schauen wir uns im Anschluss daran an, wie diese Themen Eingang in die Gender Marketing Communication finden können. In Kapitel 10 befassen wir uns mit den Sinnen von Frauen und Männern und ihrer richtigen Stimulierung durch Maßnahmen aus der Marketing-Kommunikation. In Kapitel 11 geht es um die Frage, ob Sex dem Verkauf dient oder nicht und was zu beachten ist. Kapitel 12 beschäftigt sich mit den unterschiedlichen Kommunikationsstilen von Frauen und Männern. In Kapitel 13 beleuchte ich die Verwendung von Farben, insbesondere der Farbe Rosa bzw. Pink genauer. In Kapitel 14 wird erläutert, wann es sinnvoll ist, Angebote mit dem offenen Hinweis »für Frauen« oder »für Männer« zu kennzeichnen, und wann es geschäftsschädigend werden kann. Kapitel 15 ist vollständig den Kommunikationsinstrumenten und ihrem subtilen Einsatz in der Kommunikation für weibliche und männliche Zielgruppen gewidmet. Das 16. Kapitel enthält abschließend Case Studies von Kommunikationsstrategien bzw. Kampagnen der Firmen Orsay, Hewlett Packard und Bosch Power Tools.

Ich habe die naturwissenschaftliche Forschung aus zwei Gründen ausführlicher in dieses Buch eingebracht, auch wenn es für Marketing-Bücher nicht üblich ist, so tief in die Wissenschaften einzutauchen. Der erste Grund lautet: Ich halte es für sehr wichtig, sich mit all diesen Fragen zu beschäftigen, wenn man menschliches Verhalten verstehen will. Wie die Werberealität zeigt, ist eine Werbekommunikation oder gar Beeinflussung ohne Kenntnis nicht möglich oder bleibt dem Zufall oder Bauchgefühl überlassen. Außerdem ist sie damit schlecht in der Wirkung mess- oder wiederholbar und somit ein Kostenrisiko für Werbungtreibende. Auf den

Zufall oder das richtige Bauchgefühl zu hoffen, ist ein teurer Spaß. Vor allem aber ist es riskant, denn es gleicht einem Blindflug und spielt zu allem Überfluss den Wettbewerbern in die Hände. Wem sowohl Menschen als auch die Kosteneffizienz wichtig sind, wer stets versucht, sein Bestes zu geben und wer sich seinen Shareholdern und Stakeholdern verpflichtet fühlt, muss das Verbraucherverhalten eingehend studieren. Und dazu ist es zuallererst wichtig zu verstehen, was ihr Verhalten als Menschen verursacht und motiviert. Zuallererst sind sie Menschen, und dann erst Konsumenten. Mein zweiter Grund: Ich stelle immer wieder fest, dass die Disziplinen Marketing und noch mehr die Werbung in den vergangenen Jahren begonnen haben, vor Behauptungen nur so zu strotzen. Ich verstehe durchaus, dass der Arbeitsalltag, der einem immer größeren Zeitdruck unterliegt, vielen keine Zeit mehr lässt, sich eingehend mit einer Thematik zu befassen. Auch die Themen sind hinsichtlich ihrer Anzahl und ihrer Komplexität gemessen an der Zeit von vor zwanzig Jahren geradezu explodiert. Immer mehr muss immer schneller vom Einzelnen bewältigt werden. Deswegen werden schnelle und vor allem simple Antworten längeren Erläuterungen gegenüber bevorzugt. Doch unsere Welt funktioniert nicht so. In unserem Universum sind erstaunlich viele Dinge in teilweise sehr verblüffender Weise miteinander verbunden. Nur weil wir früher weniger darüber wussten, schien alles einfacher zu sein, aber das war es nicht. Ich möchte mit diesem Buch einen Teil der Quellen offenlegen, der mich zu meinen Schlussfolgerungen führte, die zusammen das ergeben, was ich Gender Marketing Communication nenne. Ich möchte mich von Autoren distanzieren, die wissenschaftlich unhaltbare Behauptungen aufstellen, die jedoch allein deshalb nicht hinterfragt werden, weil sich anscheinend niemand die Zeit dafür nehmen möchte. Bedauerlicherweise kann ich nicht alle Quellen aufführen, da dies den Rahmen dieses Buchs sprengen und das Buch schwer lesbar machen würde, daher habe ich mich auf die wesentlichen Aspekte beschränkt.

Da ich jedoch auch Verständnis für all diejenigen aufbringe, die sich gar nicht mit den Hintergründen befassen können, habe ich das Grundlagenwissen komprimiert zusammengefasst und die Erkenntnisse und Anleitungen für die Gender Marketing Communication nachgestellt. So lassen sich Tipps und Hinweise schnell nachschlagen und praktisch nutzen.

Fast allen Werbebeispielen sind Links zu den Original-Spots und Original-Motiven beigefügt. Gleiches gilt für Online-Texte. Für die optimale Benutzerfreundlichkeit sind sämtliche Quellen über ein Linkverzeichnis auf der Bluestone-Website (http://www.bluestone-ag.de/buecher/) direkt erreichbar. Doch sind sie auch vollständig in diesem Buch verzeichnet. Alle ursprünglich langen und kryptischen Links wurden durch Kurzlinks von *bit.ly* ersetzt (Stand: 9.9.2010), sodass auch das manuelle Eintippen nicht ins Tippfehler-Nirwana, sondern zum Ziel führt.

Schon in *Der Kunde ist weiblich* habe ich meine Leserinnen und Leser aufgefordert, mit mir in einen Austausch zu treten. Einige haben die Gelegenheit genutzt, darunter viele Studentinnen und Studenten. Ich habe viel Neues über Erlebnisse, über Ärgernisse und Wünsche erfahren. Vieles davon ist in meine Arbeit eingeflossen. Daher spreche ich auch diesmal wieder die Einladung aus. Ich freue mich auf einen Austausch zu *Werbung für Adam und Eva* über die E-Mail-Adresse *adamundeva@bluestone-ag.de*.

Abschließend möchte ich einigen Personen meinen tief empfundenen Dank aussprechen. Mein größter Dank gebührt meiner Co-Autorin Saskia Riedel. Mit ihrem großen und fundierten Fachwissen, ihrer Fähigkeit, weit reichende Zusammenhänge zu sehen, und ihrer Weisheit hat sie mir geholfen, meine Gedanken zu präzisieren und das Notwendige vom Unnötigen zu trennen, fachlich wie auch persönlich. Ich danke auch Vera F. Birkenbihl für ihre guten Tipps und für alles, was ich von ihr lernen durfte. Die Zusammenarbeit mit Jutta Hörnlein, meiner Lektorin bei Wiley, war für mich einfach wunderbar, auch weil sie kaum Streichungen vorschlug, vor allem aber, weil sie sich für mein Lieblingsthema *Gender Marketing* begeistern kann. Mein Dank gilt Gabi Lück und Claudia Scholz von der thinknewgroup sowie Julia Reich, ohne die manche meiner Grafiken sicherlich für alle außer mir unverständlich geblieben wären. André Sonder von IGA WW verdanke ich mein gesamtes Wissen über *Ingame Advertising*. Und meinem Lebensgefährten Thomas Vogel danke ich für all die Male, in denen ich mir über fachliche Absurditäten Luft verschaffte und er meine Ansichten teilte. Außerdem verdanke ich ihm, dass ich dieses Buch überhaupt fertigstellen konnte. Ohne ihn wäre ich irgendwo auf halber Strecke zwischen Aufträgen, Vorträgen und Buchmanuskript wahrscheinlich verhungert. Also Thomas, dir vielen, vielen Dank fürs Füttern und alle weitere Unterstützung!

Sommer 2010, Berlin *Diana Jaffé*

1. Muss Werbung kreativ sein?

Am 7. Februar 2006 erschien auf der Website des preisgekrönten Wissenschaftsmagazins *Seed* ein Artikel mit dem Titel »Your brain's favorite super bowl ads may not be the ones you wanted to like the most«[4] (etwa: die Lieblingswerbung deines Gehirns ist nicht dieselbe wie die, von der du wolltest, dass sie dir am besten gefällt). Darin berichtet einer der weltweit führenden Gehirnforscher, der Neuropsychiater Marco Iacoboni von der UCLA, von einem kleinen Instant-Experiment, das er während eines *Super Bowls* durchgeführt hat, dem Finalspiel der American-Football-Meisterschaft. Iacoboni zeigte insgesamt (nur) fünf Probandinnen und Probanden die Werbung, die während des landesweit größten Medienereignisses gesendet wird. Die Super-Bowl-Werbung sorgt in den USA schon lange vor ihrer Ausstrahlung für viel Gesprächsstoff – und noch viele Monate danach. Bei den astronomischen Preisen sollte sie das auch. Aber vor allem soll diese Werbung verkaufen.

Iacoboni räumte in dem Seed-Artikel ein, dass die Testumstände nicht den üblichen wissenschaftlichen Erfordernissen entsprachen und daher nicht für einen regulären Fachartikel ausreichten, aber einer Erkenntnis daraus könnten wir uns nicht verschließen: Die Werbung, die Menschen – angeblich – am besten gefällt, ist nicht dieselbe Werbung, auf die ihr Gehirn anspringt und die womöglich zum Kauf veranlasst. Oder genauer gesagt: Die falschen Gehirnteile springen darauf an.

Die Gehirnforschung steht bekanntlich noch sehr am Anfang, arbeitet aber mit Hochdruck an der Identifizierung der einzelnen Gehirnteile und ihres Zusammenspiels. (Bedauerlicherweise betrachten viele das Gehirn noch immer als eine Art gleichbleibende Maschine und suchen daher auch nach mechanisch-technischen Funktionsweisen und Konzepten, die besser in die Fabriken von Fritz Langs *Metropolis* oder auf die riesigen Fertigungsmonster in Charlie Chaplins *Moderne Zeiten* passen würden.) Viele Thesen werden erstellt und später von anderen widerlegt, aber was wir mit Gewiss-

---

[4] http://bit.ly/cua0Dm

Werbung für Adam und Eva. Diana Jaffé und Saskia Riedel
Copyright © 2010 WILEY-VCH Verlag GmbH & Co. KGaA
ISBN 978-3-527-50549-4

heit sagen können, ist, dass es unzweifelhafte Wirkprozesse gibt, deren Ursachen wir vielleicht noch nicht kennen, die sich aber unübersehbar bemerkbar machen.

Iacoboni machte mit seinem kleinen Experiment eins deutlich: Es gibt Werbung, die uns zu gefallen scheint. Wir äußern uns positiv darüber. Wir sind uns mit anderen einig, dass sie total cool ist. So tolle Animationen haben wir noch nie gesehen! So gelacht haben wir noch nie zuvor! Die eingekaufte Schauspielerin ist ein absoluter Knaller! Die Botschaft zur Rettung des Planeten ist die allerwichtigste! Und dann …? Dann werden diese Produkte trotzdem nicht gekauft. Dafür kann es viele Gründe geben, aber nur einen entscheidenden: Es gibt keinen Kaufauslöser.

Um gleich eines richtig zu stellen: Ich bin keine Verfechterin des grenzenlosen Konsums. Vielmehr überlege ich mir jede Anschaffung lieber einmal mehr als einmal zu wenig. Und ich vertrete die Ansicht, dass Unternehmen zusätzlich zu guten Produkten Werbung benötigen, die eine gute Investition in den Fortbestand des Unternehmens und in seine wirtschaftliche Zukunft sein muss. Werbung, die nicht über kurz oder lang verkauft, ist vielleicht schlecht und bestenfalls Kunst, sie kann jedenfalls nie im Interesse der Werbungtreibenden sein.

In Iacobonis Test zeigte sich, dass der TV-Spot, auf den die Probanden mit Abstand am stärksten reagierten, ein Spot für Disneyworld war. Darin üben Football-Spieler aus der National Football League (NFL) anscheinend für die Werbeaufnahmen und suchen nach dem richtigen Ausdruck für den Ausruf »I'm going to Disneyworld!«[5] Die Gehirnscans zeigten, dass dieser Spot große Aktivität sowohl in den Spiegelneuronen der Probanden auslöste, als auch im Belohnungszentrum. Die Spiegelneuronen sorgen dafür, dass wir uns mit anderen Menschen in höchstem Maße identifizieren (mehr hierzu in Kapitel 6), während das Belohnungszentrum (*Nucleus Accumbens*) die Instanz in unserem Gehirn ist, die uns große Freude verspüren lässt. Es springt beispielsweise beim Kokainkonsum an[6], bei Schokolade[7], bei unserer Lieblingsmusik[8], bei Männern beim Anblick eines Sportwagens[9] – und beim Lernen. Damit ist keinesfalls das unnütze schulische Pauken gemeint, sondern unser natürliches Lernvermögen, das uns in der Schule weitgehend abgewöhnt wurde. Unser natürliches Lernvermö-

5 http://bit.ly/bsboF6
6 Breiter, Hans C. (1997)
7 Small, Dana M. et al. (2001)
8 Blood, Anne J. et al. (2001)
9 Erk, Susanne et al. (2002)

gen ist ausgesprochen lustvoll. Man kann es bei Kindern beobachten, die begierig die Welt erkunden, die alles Erdenkliche wissen wollen und die meisten Eltern früher oder später an den Rand der Verzweiflung treiben. Bei den meisten Erwachsenen trifft man es oft nur noch im Zusammenhang mit Konsum an: Frauen gehen shoppen, weil sie beim Entdecken von Neuem große Freude verspüren. Männer gehen ebenfalls shoppen, allerdings trifft man sie eher in Fachgeschäften für Elektronik an. Alternativ helfen beiden Geschlechtern auch Mode- oder Computer- und andere Technikzeitschriften weiter, denn diese Magazin-Gattungen leben davon, neue Produkte zu präsentieren. Damit befriedigen sie, wahrscheinlich ohne dass es den Verantwortlichen bewusst ist, den menschlichen Lerntrieb.

Werbung, die uns begeistert, lebt immer von irgendeinem Überraschungseffekt, etwas Neuem und Unerwartetem. Wann immer dies passiert, springt unser natürliches Lernen an. Aber aus Unternehmenssicht reicht es eben nicht, wenn dieses Lernen nicht zum Kauf führt.

Iacobonis kleine Untersuchung hat nicht viele überraschend neue Erkenntnisse gebracht, aber sie weist auf einige ausgesprochen wichtige Punkte hin:

1. Werbung ist tatsächlich imstande, direkte Kaufimpulse auszulösen.
2. Werbung wie die internationale Dove-Kampagne, die uns wieder auf die »wahre« (= innere!) Schönheit aufmerksam machen will, die uns über die computergenerierte Perfektion aufgeklärt hat, die in vielen Ländern viele Diskussionen angeregt hat, ist uns sympathisch, wenn wir mit der Großhirnrinde (Cortex) darüber nachdenken. Das Dumme daran ist nur, dass wir viel ältere Gehirnbereiche besitzen, die uns so unzivilisierte Fragen stellen wie »Ist es gefährlich?«, »Kann ich es essen?« oder »Kann ich mich damit fortpflanzen?«[10]
3. Werbetests sind unzuverlässig. Das Gehirn mag uns über seine höheren Funktionsbereiche in der Gehirnrinde vorgaukeln, dass wir etwas gut oder schlecht finden – aber unsere älteren Gehirnteile, die für unsere Emotionen zuständig sind, tricksen den Cortex einfach aus. Wir glauben tatsächlich eine Sache, fühlen und verhalten uns aber in ganz anderer Weise. Ein Indiz mehr dafür, wie unzuverlässig Marktforschung und Pre-Tests per Befragung sind.

Schauen wir uns also an, wie Menschen »gestrickt« sind, damit die Werbung sie künftig *punktgenau* erreichen kann.

[10] Pace, Elizabeth (2009), S. 26

2. Grundlagen

2.1. Gender Marketing? Diversity Marketing? Individualmarketing?

Mein erstes Buch *Der Kunde ist weiblich* enthielt nur eine rudimentäre Definition von Gender Marketing, da das geschlechtsspezifische Marketing damals noch sehr neu war. Zu diesem Zeitpunkt fehlten manche Erkenntnisse und Erfahrungen, um das Prinzip Gender Marketing auch nur annähernd vollständig zu erfassen. In den darauffolgenden Jahren zeigte sich, dass die erste Definition eine Vervollständigung benötigte. Das Gender Marketing wurde von vielen, die diesen Ansatz aufgriffen, mit dem Diversity-Ansatz verwechselt oder sogar vermischt. Ausgerechnet auf den beiden Gender Marketing Kongressen, die 2006 und 2007 in Berlin stattfanden, zeigten sich Verwirrungen und Verfälschungen, die vom ursächlichen Prinzip wegführten. Neuerdings gibt es ganz vereinzelt ausgerechnet an den Universitäten ein vermeintliches »Gender Marketing«, das von den Gender Studies verdreht wird. Meist wird es von Dozentinnen propagiert, die gemäß der früheren Gender Studies beweisen wollen, dass es kaum nennenswerte Unterschiede zwischen Männern und Frauen gibt, und dass ebendiese geringen Unterschiede im Begriff sind zu verschwinden. Das ist nicht nur sehr schade, sondern vor allem falsch. Die führenden Gender-Study-Institutionen haben längst die Erkenntnisse aus naturwissenschaftlicher Forschung neueren Datums anerkannt und vertreten nun ebenfalls den Standpunkt, dass die Identität von Frauen und Männern durch die Wechselwirkung biologischer und sozialer Faktoren gebildet wird.

Im Verlauf der Jahre nutzten diverse Vortragsredner aus ganz anderen Marketing-Fachbereichen – ohne jegliche Vorkenntnisse im Gender Marketing – Konferenzen und Kongresse zum Gender oder Frauenmarketing, um die Meinung zu äußern, es sei doch klar wie Kloßbrühe, dass Diversity oder Individualmarketing die Zukunft seien und daneben kein anderer Ansatz Bestand haben werde. Es ist an der Zeit, einige Dinge richtig zu stellen und

Werbung für Adam und Eva. Diana Jaffé und Saskia Riedel
Copyright © 2010 WILEY-VCH Verlag GmbH & Co. KGaA
ISBN 978-3-527-50549-4

einige zu konkretisieren. Die folgende Definition ist die Weiterentwicklung einer früheren Definition von mir, die 2006 im *marketingjournal* erschienen ist.[11]

2.2. Definition von Gender Marketing

Gender Marketing ist ein ganzheitlicher Marketing-Ansatz, der primär auf den Gemeinsamkeiten und den Unterschieden zwischen Konsumentinnen und Konsumenten basiert, und bei dem interne sowie externe Marketing- und Organisationsprozesse konsequent aufeinander abgestimmt werden. Ziel des Gender Marketings ist die optimale Befriedigung von Kundenbedürfnissen, wodurch es zur Erfüllung klassischer wirtschaftlicher Unternehmensziele kommt. Gender Marketing ist auf langfristigen Erfolg durch Kundenzufriedenheit und gegenseitige Loyalität ausgerichtet. Richtig umgesetzt können zwar auch kurzfristige Aktionen Effekte erzielen, jedoch entfaltet Gender Marketing seine wahre Wirkung erst in längerfristigen Strategien.

Gender Marketing ist eine Form von Zielgruppenmarketing. Der Fokus liegt dabei auf der Kenntnis von geschlechtsspezifischen Bedarfen, Bedürfnissen und dem Verhalten von Konsumentinnen und Konsumenten. Die Gemeinsamkeiten und insbesondere Unterschiede zwischen Frauen und Männern spielen bei der Entwicklung und Durchführung sämtlicher marketingrelevanter Maßnahmen die größte Rolle. Gender Marketing kennt drei Spielarten:

1. Marketing ausschließlich für Frauen,
2. Marketing ausschließlich für Männer,
3. Marketing für Frauen und Männer, das die weiblichen und männlichen Kriterien zu synthetisieren vermag.

Bei Gender Marketing handelt sich um einen inter- und transdisziplinären Ansatz, der sowohl die geschlechtsspezifischen Unterschiede hinsichtlich biologischer Faktoren des Menschen umfasst (Hormone, Gehirnstrukturen etc.), als auch psychologische und Verhaltensaspekte (Verhalten basierend auf Gehirnstrukturen etc.) sowie soziale Einflüsse (Gruppenstrukturen etc.). Dabei ist zu berücksichtigen, dass das Geschlecht abhängig von biologischen Einflussfaktoren ist, die sich im Verlauf des menschlichen Lebens verändern. Parameter wie zum Beispiel Hormone bedingen

11 Jaffé, Diana (2006)

Bedürfnisse und Verhalten direkt (vgl. Kapitel 5 und 6). Marktforschungsunternehmen haben vor einigen Jahren den Gedanken der Lebensphasen als Unterteilungsmerkmal von Zielgruppen ins Spiel gebracht. Demnach würden Menschen je nach Lebensabschnitt unterschiedliches Konsumverhalten an den Tag legen. Im Prinzip handelt es sich bei der Lebensabschnittsunterteilung lediglich um eine relativ neue Form der Zielgruppen-Typologie. Was ein Lebensabschnitt ist, definiert jeder Dienstleister und Berater anders. Die *Deutsche Post* bietet Mailing-Kunden in der Broschüre *Lebenszyklus-Marketing*[12] die Lebensabschnittskriterien »Alter, Familienstand etc.« an. *microm Consumer Marketing*, ein Tochterunternehmen der *Creditreform*, definiert neun »Lebensabschnitte« von Menschen: »Junge Singles«, »Junge Paare«, »Junge Familien mit Kind«, »Singles«, »Paare«, »Familien mit Kind«, »Alleinstehende Senioren«, »Ältere Paare«, »Ältere Mehrpersonenhaushalte« und unterteilt sie am Ende in unterschiedliche Einkommensstufen.[13] Geschlecht oder etwa die berufliche Entwicklungsstufe finden nur selten Eingang in die Betrachtung. Für das Gender Marketing ist dieser Ansatz zu unpräzise. Die heutigen Wissenschaften können schon verblüffend genau vorhersagen, welche Veränderungen sich in welcher Reihenfolge im Leben von Frauen, und welche im Leben von Männern ergeben. Beispielsweise spielt die Einwirkung von Hormonen auf physische, Gehirn- und Verhaltensprozesse eine große Rolle. Doch der Hormonhaushalt verändert sich mit zunehmendem Alter sowie durch spezifische Auslöser wie beispielsweise Schwangerschaft und Geburt bei Frauen, beruflichem Aufstieg oder dem Eingehen einer Partnerschaft bei Männern. Manche Veränderungen sind temporär, andere permanent. In Kapitel 8 werden wir uns die Lebensphasen von Frauen und Männern genauer ansehen.

Gender Marketing vermag bei Bedarf auf einer allgemeinen Ebene agieren, aber auch sehr feine Abstufungen identifizieren. Das Geschlecht ist somit nicht länger ein beliebiges Marketing-Kriterium wie Alter oder Einkommenshöhe, sondern eine komplexe Struktur mit vielen verschiedenen Einflussfaktoren, die ständig miteinander interagieren.

Gender Marketing ist personenbezogen, das heißt die Kundinnen und Kunden stehen permanent im Zentrum der Aufmerksamkeit. Mit Gender

---

12 Deutsche Post: *Lebenszyklus-Marketing: Bedürfnisgerechte Ansprache in jeder Lebensphase.*, http://bit.ly/9fgSwf Genau genommen ist auch der Begriff »Lebenszyklus« im Titel nur dann zutreffend, wenn man einer Religion angehört, die auf einem zyklischen statt linearen Weltbild beruht.

13 microm Micromarketing-Systeme und Consult GmbH: *microm Lebensphasen*, http://bit.ly/cocnHs

Marketing verhält sich ein Unternehmen mehr als kundenorientiert, da keine diffusen oder abstrakten Vorstellungen oder Kundentypologien die unternehmerischen Entscheidungen und Handlungen prägen, sondern eine sehr konkrete Kenntnis der jeweiligen Zielgruppen. Die Eigeninteressen des Unternehmens stehen in direkter Abhängigkeit von den Interessen der Kundschaft.

Daraus ergibt sich die Frage, ob Gender Marketing zwingend moralisches Handeln voraussetzt oder bedingt. Als Autorinnen wünschen wir uns sehr, dass das in diesem Buch dargebotene Wissen über das Verhalten von Menschen nur auf eine moralisch einwandfreie Weise eingesetzt wird. Was aber für einen wirtschaftlichen Erfolg viel entscheidender als eine gute oder verwerfliche Absicht ist: Gender Marketing als System funktioniert nur, wenn man Menschen, nicht irgendwelche Prozesse, ausschließlich betriebliche Kennzahlen, kurzfristige Rendite- oder persönliche Karriere- und Statusziele ins Zentrum der Strategiebildung und Maßnahmenentwicklung stellt. Wer andere Menschen respektiert, wird sie nicht für egoistische Ziele benutzen können.

Etwa zehn Prozent der Bevölkerung gelten als bisexuell, schwul oder lesbisch.[14] Die Gender Studies sowie politische Gruppen, die sich für eine Anerkennung und politische Gleichstellung einsetzen, fassen intersexuelle und transsexuelle Personen gemeinsam mit den bischwullesbischen und einigen anderen Menschen zu Transgender oder Queer genannten Gruppen zusammen. Es hat sich gezeigt, dass sich die Bedürfnisse, Wünsche und das Konsumverhalten dieser Bevölkerungsgruppen zuweilen signifikant von den Eigenheiten sowohl heterosexueller Frauen, als auch heterosexueller Männer unterscheiden. Bereits Jahre vor der Entwicklung des Gender Marketing gab es bereits das so genannte Gay-Marketing, inzwischen umbenannt in LGBT-Marketing (LGBT: Lesbian, Gay, Bisexual, Transgender), das die Wünsche ebendieser Zielgruppen erforschte und bediente. Auch wenn es viele Gemeinsamkeiten geben mag, konzentriert sich Gender Marketing auf heterosexuelle Frauen und Männer. Ziel ist keinesfalls die Ausgrenzung oder die Infragestellung von Geschlecht bzw. Identität der vorgenannten Menschen, jedoch werden sie im Gender Marketing nicht explizit und gleichberechtigt berücksichtigt, gerade *weil* es die entsprechenden Marketing-Ansätze für sie längst gibt. Inzwischen bedienen sich nicht nur Spezialanbieter wie das Reisebüro *Love To Travel With Pride*[15] ihrer, son-

14 Bischof-Köhler, Doris (2006), S. 200
15 http://lovetotravelwithpride.com/

dern auch Firmen wie Levi's, um für ihre Jeans zu werben[16], was die so Umworbenen mit großer Freude zur Kenntnis nehmen.

Gender Marketing stellt eine besondere Herausforderung für Marketing- und Unternehmensentscheider dar. Erstens bedarf dieses komplexe Feld eines ausgiebigeren Studiums als andere Marketing-Ansätze. Zweitens ist das Marketing als solches bis zum heutigen Tag noch immer vom männlichen Denken und von der Vorstellung einer männlichen Zielgruppe geprägt. Selbst der Alltag zeigt, wie schwierig es tatsächlich ist, das andere Geschlecht immer wahr- und ernst zu nehmen. Die Praxis hat uns in den vergangenen Jahren gezeigt, dass fast kein Unternehmen zu sagen vermag, welchem Geschlecht die Käufer ihrer Produkte angehören. Ein solcher Zustand der vollen Unkenntnis erlaubt weder die Überprüfung bisheriger Strategien bzw. Marketing-Entscheidungen, noch die Einschätzung des tatsächlichen Marktpotenzials. Wie viel kann eine Strategie unter solchen Umständen überhaupt wert sein? Tatsächlich lassen sich die Konsequenzen überall ablesen, sei es in der Rate der Produktflops, die in manchen Branchen innerhalb des ersten Produktlebensjahres bis zu über neunzig Prozent betragen, sei es an stagnierenden Absatzzahlen des Handels. Da verwundert es nicht, dass der einstige Branchenprimus bei den Mobiltelefonen *Motorola* von *Nokia* und Nokia wiederum von *Apple* abgelöst wurde.

Gender Marketing beginnt bei der Kunden- und Potenzial-Analyse des Markts, umfasst die Zieldefinition, die Strategiebildung und erweitert den klassischen Marketing-Mix. Zusätzlich zu den Kategorien Produkt, Preis, Distribution und Kommunikation bedürfen Marktforschung, Service, Beziehungsmanagement sowie die Außenwirkung des Unternehmens besonderer Aufmerksamkeit. Da die weibliche Zielgruppe – wie wir später zeigen werden – über eine ganzheitliche Wahrnehmung verfügt, spielt auch das Verhalten eines Unternehmens inzwischen eine entscheidende Rolle bei der Bewertung der Vertrauenswürdigkeit. Der erweiterte Marketing-Mix stellt sich daher wie folgt dar:

Der klassische Marketing-Mix	zusätzlich im Gender Marketing
• Produkt • Preis • Distribution • Kommunikation	• Marktforschung • Service • Beziehungsmanagement • Corporate Social Responsibility (Unternehmenspolitik, Unternehmensethik, gesellschaftliches Engagement)

[16] Levi's Jeans Spot: http://bit.ly/bnowLc

2.3. Gender Marketing in Abgrenzung zum Diversity Marketing

In den USA entwickelte sich Anfang der neunziger Jahre erstmals ein geschlechtsspezifischer Marketing-Ansatz, nachdem eine Sensibilisierung für die Verschiedenheit in der Gesellschaft begonnen hatte. Nachdem aufgefallen war, dass die US-amerikanischen Unternehmen von männlichen, weißen Mitarbeitern im Alter von Mitte dreißig dominiert wurden, die keinesfalls die Vielfalt der Menschen in den USA oder in irgendeinem anderen Land der Welt widerspiegelten, formierte sich daraus das Diversity Management. Getrieben wurde es zum einen von der Bestrebung, die soziale Diskriminierung von Minderheiten zu verhindern, sowie zum anderen durch die These, dass internationale Unternehmen auf heimischen und ausländischen Märkten eine bessere Leistungen erzielen würden, wenn sie nicht länger durch uniformes Denken behindert, sondern von der Vielfalt und Verschiedenartigkeit der Menschen bereichert würden. Aus diesen Feststellungen bildete sich schließlich eine differenziertere Wahrnehmung für Zielgruppen heraus. Die Homosexuellen hatten für ihre Rechte und Anerkennung gekämpft, die religiösen Gruppen wollten verstärkt gehört werden und auch die Ethnien zeigten bei genauerem Hinsehen Konsumgewohnheiten, die sich von Gruppe zu Gruppe teilweise stark unterschieden. Afro-Amerikaner hörten andere Musik als die Asiaten, benötigten andere Kosmetik als die »Kaukasier« und benutzten andere Kleidung und Symbole als die Hispanics und Latinos. Am Ende wurde auch das Geschlecht entdeckt und das Frauenmarketing erblickte schließlich das Licht der Welt. Erst seit Kurzem interessieren sich die ersten Dienstleister für die männliche, heterosexuelle Zielgruppe. Gender Marketing, also die Verbindung und Gegenüberstellung der weiblichen und der männlichen Zielgruppen, ist in den USA im Grunde unbekannt.

Das Diversity Marketing soll – theoretisch – alle Differenzierungsmerkmale von Menschen berücksichtigen. Die gängigen Kriterien lauten Ethnie, Geschlecht, Alter, sexuelle Ausrichtung, danach scheiden sich die Geister. Die Definitionen unterscheiden sich von Autor zu Autor, von Land zu Land. Manche halten Religion und Bildung für wichtige Kriterien, andere Einkommen, individuelle geistige sowie körperliche Merkmale und sogar die soziale Klasse. Behinderungen kommen so gut wie nie vor. Viele Autoren enthalten sich am liebsten jeglicher Definition. In einem aber scheinen sich alle einig zu sein: *Alle Kriterien des jeweiligen Diversity-Modells sind untrennbar miteinander verbunden und müssen in gleichem Maße berücksichtigt werden. Merkmale oder Kriterien zu vernachlässigen, die für die jeweils aktuelle Fragestellung nicht relevant sind, ist nicht erlaubt.* Die Feststellung, dass es Eigenschaften gibt, die Frauen aller Ethnien und Altersstufen besitzen, nicht aber die Männer gleich welcher Bezugsgruppe, darf sich nicht in Form eines Produkts oder als Werbebotschaft manifestieren. Diversity-Kampagnen zeigen immer Bilder großer Menschengruppen mit Frauen und Männern verschiedener Hautfarben, die gemeinsam in die Kamera strahlen.[17] Ob Intel, IBM oder Siemens: Die Menschen auf den Kampagnenbildern strahlen ihre Betrachter an, die von oben die Gruppe überblicken wie einst John F. Kennedy die Mauer am Brandenburger Tor. Solche Gruppenbilder sind das Symbol für Vielfalt. Und wenn man genau hinblickt, dann kann man vielleicht, mit einer gewissen Anstrengung, einem der Fotomodelle unterstellen, dass er schwul ist. Interessanterweise zeigen diese Bilder aber niemals Personen mit nennenswertem Altersunterschied oder Handycaps, aber das sei nur am Rande bemerkt.

Wer akkurat mit dem Diversity-Ansatz arbeitet, kann sich *Holstens* frühere Werbekampagne nicht erlauben, die klar auf Männer setzte und dies auch mit dem Claim »Holsten. Auf uns, Männer.« verdeutlichte. Innerhalb des Gender Marketing ist so etwas explizit erlaubt. Gender Marketing bedeutet, sich bewusst entscheiden zu dürfen, ob man Frauen oder Männer oder beide Geschlechter anspricht. Im Umkehrschluss heißt das, auch der Ausschluss eines Geschlechts ist möglich.[18]

Im Gender Marketing können beliebige weitere Differenzierungskriterien verwendet werden, allerdings bleiben sie dem Geschlecht untergeordnet. Nehmen wir das Alter als Beispiel: Interessanterweise gibt es seit Jahren die Erkenntnis, dass Alter bei Zielgruppen zuweilen eine große Rolle spielen kann. Die Baby Boomer in den USA, die Senioren in Japan, der gegenwärtig ältesten Gesellschaft der Welt, und dagegen die Menschen ab fünfzig Jahren (von Marketern mit so peinlichen Bezeichnungen wie »Silver Surfer« belegt – ohne nähere Kenntnis dieser Comic-Figur) gelten als solvente Zielgruppen. Betrachtet man die Bevölkerungsstatistik in Deutschland genauer, stellt man fest, dass ab 56 Jahren die Mehrzahl der Senioren weiblich ist.[19] Das Konsumverhalten wird jedoch weit weniger vom Alter, als von geschlechtsspezifischem Verhalten determiniert. So landet man eigentlich ganz unvermutet beim Gender Marketing, selbst wenn man beim Alter gestartet ist.

17 Versuchen Sie es mal mit einer Bildersuche bei Google: http://bit.ly/a6e8no
18 vgl. Jaffé, Diana (2006)
19 Statistisches Bundesamt Deutschland: *12. koordinierte Bevölkerungsvorausberechnung*, 2010/2011, http://www.destatis.de/bevoelkerungspyramide/

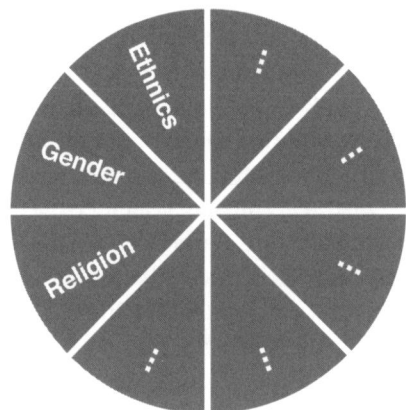

Abb. 1: Diversity Marketing
Geschlecht ist nur ein Merkmal von vielen und untrennbar mit den anderen verbunden.
Quelle: Bluestone AG

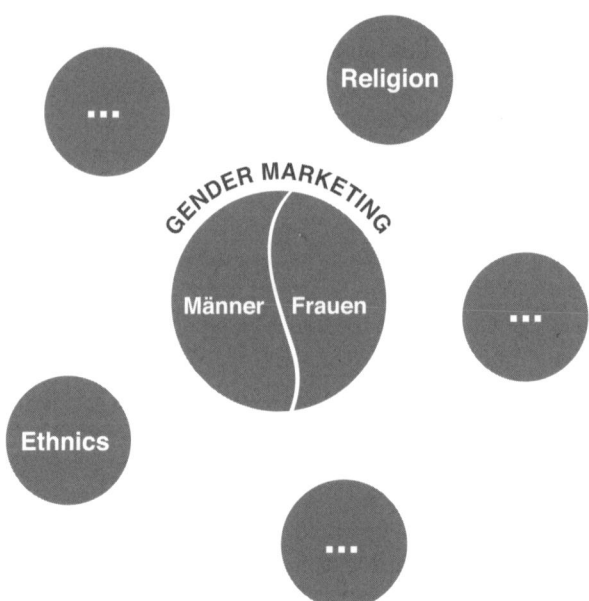

Abb. 2: Gender Marketing
Das Geschlecht ist zentrales Element und es ist unabhängig von anderen Differenzierungsmerkmalen.
Dieses Modell erlaubt, sich auf Männer oder Frauen oder beide Geschlechter zu fokussieren.
Quelle: Bluestone AG

Doch es spricht noch ein weiteres Argument gegen den flächendeckenden Einsatz von Diversity-Modellen: Nur wenige Länder besitzen eine so hohe Vielfalt wie die USA. Betrachtet man allein die größten ethnischen Gruppen, wird ihre Bedeutung für das Land sofort klar, ebenso ihre Relevanz für das Marketing. In Deutschland dagegen beträgt der Anteil der ausländischen Bevölkerung lediglich rund acht Prozent, der der Personen mit Migrationshintergrund knapp neunzehn Prozent.[20] Verteilt auf viele Herkunftsländer ergeben sich nur wenige größere Gruppen, von denen die Türkischstämmigen mit gut zwei Prozent in Deutschland die größte darstellen.[21] Damit erreichen nur wenige eine wirtschaftliche Relevanz.

Ethnische Gruppen in den USA in 2008[22]	Anzahl	Prozent
Gesamt	304 059 724	100,00 %
Weiße ohne Hispanic / Latino	195 747 786	64,38 %
Hispanic oder Latino[23]	46 891 456	15,42 %
Black oder African American	39 058 834	12,85 %
American Indian and Alaska Native	3 083 434	1,01 %
Asiaten	13 549 064	4,46 %
Native Hawaiian und andere pazifische Insulaner	562 121	0,18 %
Zwei oder mehr Ethnien	5 167 029	1,70 %

Quelle: U. S. Census Bureau, 2010

2.4. Gender Marketing in Abgrenzung zum Individualmarketing

Der erste Hype um Individualmarketing hat sich inzwischen wieder gelegt, aber es ist nur eine Frage der Zeit, bis das Thema erneut aufgekocht wird. Individuelle Produkte gelten manchen Trendverkundern als die Zukunft in der Produktentwicklung und, mehr noch, als die Zukunft für Konsumenten, die womöglich schon ganz bald Produkte ordern können,

---

20 Eigene Berechnungen auf der Basis von: Statistisches Bundesamt Deutschland: *Migration und Integration – 2008*, http://bit.ly/bES8jx

21 Statistisches Bundesamt Deutschland: *Ausländische Bevölkerung am 31.12.2009 nach Geschlecht und ausgewählten Staatsangehörigkeiten*, http://bit.ly/9puUnz

22 U. S. Census Bureau: 2008 Population Estimates – T3-2008. Race [7], http://bit.ly/cTz14u

23 U. S. Census Bureau: 2008 American Community Survey 1-Year Estimates – B03001. Hispanic or Latino Origin by Specific Origin, http://bit.ly/acwEqw

die ihre Individualität voll zur Geltung bringen, wie es Serienprodukte nicht vermögen. Als Beispiel für die heutige Umsetzung wird gerne die Pharmabranche hinzugezogen. Aber genau dies ist eine Branche, die am wenigsten geneigt ist, Medikamente wirklich für ein Individuum herzustellen. Inzwischen gibt es einige Arzneien, die auf gewisse genetische oder molekularbiologische Ausprägungen abgestimmt werden, doch auch dann handelt es sich nicht um eine Mischung, die für ein bestimmtes Individuum angefertigt wurde. Es passt vielmehr für eine Gruppe von Menschen mit spezifischen Merkmalen. Wie aufwändig medizinische Forschung ist, zeigen all die Krankheitsbilder, für die es bis zum heutigen Tag keine nennenswerte Forschung und damit auf lange Sicht keine Heilung gibt: Progerie, Mukopolysaccharidosen (MPS), das Marfan-Syndrom und viele mehr. Der Grund für den Forschungsmangel liegt in der zu geringen Anzahl der weltweit Betroffenen. Sie rechtfertigt aus gemeinwirtschaftlicher Sicht keine ausgiebige Forschung, da die Patentdauer von zehn Jahren auf neue Medikamente bei einer so geringen Patientenrate nur zu einem wirtschaftlichen Verlustgeschäft führt. Das ist zynisch, aber Realität.

Wo sich Produkte finden, die sich Kundinnen und Kunden für den persönlichen Bedarf herstellen lassen können, ist im jeweiligen Luxussegment einer Branche oder eines Anbieters. Ob m&ms mit persönlicher Botschaft[24] , *Adidas*-Turnschuhe[25], oder eine Kelly-Bag von *Hermès*, die grundsätzlich nur auf Bestellung erhältlich ist: Exklusivität ist teuer. Letztlich ist die Idee von individuellen Produkten nicht neu, denn die Automobilindustrie bietet Neuwagenkäufern seit vielen Jahrzehnten die Wahl zwischen unterschiedlichsten Ausstattungsvarianten. Spitzenreiter ist der Maybach mit einer annähernd unendlichen Anzahl von Kombinationsmöglichkeiten, und das bei einem Auto, von dem im Jahr 2009 lediglich 200 Stück verkauft wurden.[26]

Die Propagandisten des Individualmarketings sind – oft ohne, dass es ihnen selbst bewusst ist – sehr statusorientierte Menschen. Sie unterstellen, dass allen anderen Menschen Status in gleichem Maße wichtig ist wie ihnen und dass sich alle von anderen durch coole Produkte abheben wollen. Dass dies nicht zutrifft, zeigen wir in Kapitel 9. Eins sei jedoch vorausgenommen: Manche Menschen benötigen Statussymbole, um sich von anderen abzuheben, manche Menschen benötigen sie, um dazuzugehören,

---

24 http://www.mymms.de/
25 http://www.miteam.com
26 Carsten Herz: »Daimler lässt den Maybach nicht sterben«, in: Handelsblatt, 27.04.2010 http://bit.ly/dvGQ2H

einige hassen sie und manchen sind sie schlichtweg egal. Genaueres an genannter Stelle.

Vor allem sind individuelle Produkte so teuer, dass sie sich nur sehr wenige leisten können. Wenn schon Marken-T-Shirts gefälscht werden, weil viele sie sich wünschen, aber die Mittel dafür nicht aufbringen können, selbst wenn die Originale auch nur aus asiatischen Sweatshops stammen, dann wird es offensichtlich noch sehr lange dauern, bis Individualfertigung den Massenmarkt erreicht hat.

Zu alledem ließe sich noch die Diskussion gemäß Erich Fromm eröffnen. Er stand nicht nur dem Konsum und Statussymbolen als solchen kritisch gegenüber, wann immer die wahre Persönlichkeit eines Menschen unter einem Berg von Dingen zu verkümmern drohte. Er bezweifelte auch, dass eine Individualisierung in Massenmärkten wirklich möglich sei. So fragte er bereits vor diversen Jahrzehnten, ob ein Monogramm auf dem Koffer wirklich individuell sei. Aber eine Einlassung auf Fromm würde natürlich viel zu weit führen, auch wenn ich nie drum herum komme, mich als Fromm-Fan zu outen.

2.5. Definition Gender Marketing Communication

Marketing-Kommunikation ist die Schnittmenge aus der gesamten Unternehmenskommunikation und dem Marketing. Gender Marketing Communication ist ein Teilbereich des Gender Marketing, basiert auf denselben Prinzipien und umfasst alle kommunikativen Maßnahmen, die auf eine weibliche, eine männliche oder eine gemischte Zielgruppe abzielen. Gender Marketing Communication dient dazu, jedem an der Kommunikation Beteiligten ein optimales Verständnis seines Gegenübers und der Botschaft zu verschaffen.

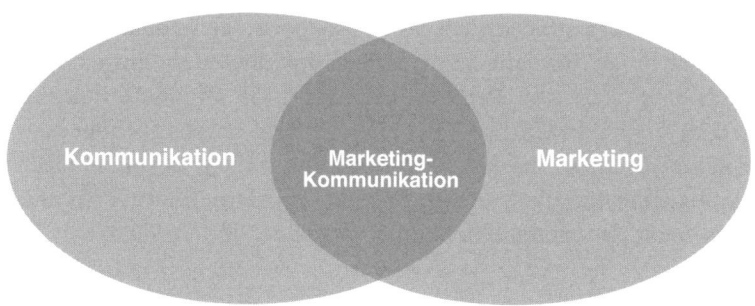

Abb. 3: Marketing-Kommunikation

Viele der bisher üblichen Ansätze von PR und Werbung, Events etc. liefern nicht nur unliebsame Streuverluste – vielfach werden die Botschaften schlichtweg nicht verstanden. Dabei handelt es sich längst nicht nur um englische Claims, die von großen Teilen der Bevölkerung gerne fehlgedeutet werden (zum Beispiel Douglas' »komm rein und finde wieder raus« oder Mitsubishis »Drive alive«), oder die Konsumentinnen und Konsumenten unberührt lassen.[27] Vielmehr gehen die Themen, Bilder, Farben und die Sprache an den Bedürfnissen der Konsumentinnen und Konsumenten vorbei.

Konnten Unternehmen sich früher darauf verlassen, dass »ungelungene« Kampagnen im Orkus des allgemeinen Vergessens verschwanden, erlaubt es der technische Fortschritt nicht mehr, seiner Unkenntnis nachzugeben oder sich werblich nachlässig zu verhalten. Dank Webarchiven wie der *Wayback Machine*[28] bleibt seit 1996 alles erhalten und nachprüfbar. Vor allem aber bleibt es nicht unentdeckt oder unkommentiert. Die heutigen Verbraucherinnen und Verbraucher sind wachsam und schnell bereit, Marketing-Dummheiten mit scharfer Zunge zu parieren. Davon musste sich schon so manches Unternehmen überraschen lassen. Dell ist eins von ihnen.

Den Computerhersteller Dell hat die Erkenntnis über die Unterschiedlichkeit von Frauen und Männern völlig unvorbereitet erwischt. 2009 bereitete das Unternehmen eine spezielle Website für die weibliche Zielgruppe in den USA vor, um ihr Hilfestellung bei der Entscheidung für ein Dell-Notebook zu bieten. Diese Microsite war noch am selben Tag in aller Munde. Die Nachricht darüber verbreitete sich weit über die USA hinaus in vielen Teilen der Welt. Allerdings bestanden die Reaktionen der Weltpresse sowie aller führenden Bloggerinnen und Blogger aus Entsetzen und Häme. Die Microsite erhielt den unverwechselbaren Namen »Della«, um Frauen mit dem Zaunpfahl einzubläuen, dass sie gemeint seien. Darüber hinaus waren die Verantwortlichen bei Dell auch noch der Ansicht, sie müssten Amerikanerinnen im Jahr 2009 unbedingt über den Einsatz und das Potenzial von Note- und Netbooks aufklären. Zu den »Seven Unexpected Ways a Netbook Can Change Your Life« gehörte unter anderem, dass eine Frau damit ihr Leben in den Griff bekommt, indem sie einen Organizer verwendet, ihre Kalorien erfasst, Rezepte aus dem Internet herunterlädt und das Gerät als »meditation buddy« verwendet, indem sie darauf Medita-

---

27 Leffers, Jochen (2004)
28 http://www.archive.org

tionsmusik oder meditative Bilder und Videos abspielt. Das Foto dazu zeigte eine Afro-Amerikanerin, eine Weiße und eine Asiatin gemeinsam vor ihren Netbooks, die rein zufällig farblich zu ihrer Kleidung passten.

Das Problem war, dass sich Dell bevormundend, herablassend und gönnerhaft verhalten hat. Im Englischen gibt es dafür den Begriff *patronizing* (*pater* = Lateinisch: Vater). Es waren nicht nur die Farben oder fehlgeleiteten Tipps, die die Kundinnen zum Aufbegehren veranlassten, sondern das Kundinnenbild des Unternehmens, das auf dieser Microsite offensichtlich zutage trat.

Drei Tage später stand anstelle dieses Texts eine Entschuldigung mit dem Inhalt, man habe die Botschaft der Frauen verstanden und gehe nun in sich. Diese Nachricht befand sich einige Monate auf der Microsite, die schließlich ersatzlos gestrichen wurde. Gerade für ein Unternehmen, das ohne Zwischenhandel auf individuellen Kundenwunsch konfigurierte Geräte baut, ist eine solche Misskommunikation der GAU. Dells Schaden durch die Vernichtung mehrerer Werke durch Brände, Sturmfluten und Invasionen durch Außerirdische wäre womöglich geringer gewesen als die Image-Einbußen durch »Della«.

Gender Marketing Communication ist anfänglich zugegebenermaßen sehr komplex. Doch es zahlt sich durch eine noch nie dagewesene Präzision in der Marketing-Kommunikation aus. Das Ergebnis: Kundinnen und Kunden verstehen die Werbebotschaften und vor allem, was sie mit ihnen und ihrem Leben zu tun haben. Gleichzeitig erfahren Unternehmensentscheider viel mehr über die Verbraucherinnen und Verbraucher. Gender Marketing Communication erspart viele Fehlversuche durch *trial and error*. Das spart viel Zeit, es spart viel Geld und es bringt viel Geld durch bessere Verkaufszahlen. Es führt nicht zu Image-Verlusten, sondern zu enormen Image-Gewinnen. Es bindet Kunden und lässt sie ihre Lieblingsmarken und favorisierten Produkte nach Herzenslust weiterempfehlen. Und es verschafft natürlich enorme Wettbewerbsvorteile.

3. Kaufverhalten

Männer und Frauen nehmen die Welt auf sehr unterschiedliche Weise wahr. Deswegen verwundert es auch nicht, dass männliche und weibliche Gehirne für viele Aufgaben unterschiedliche Lösungsstrategien verwenden. Doch die Geschlechter verfolgen auch unterschiedliche Einkaufsstrategien. Untersuchungen von Bluestone haben bereits vor Jahren ergeben, dass es mindestens vier verschiedene Einkaufsarten gibt: Frauen kennen den *Einkauf* und das *Shopping*, Männer den *Bedarfs-* und den *Luxuskauf*. Eine gewisse Ähnlichkeit der Männer zu steinzeitlichen Jägern und der Frauen zu Sammlerinnen ist dabei nicht völlig von der Hand zu weisen.

(Ein Appell an unsere Leserinnen: Männer sollten niemals zum Shopping gezwungen werden. Der britische Psychologe David Lewis fand 1998 heraus, dass Männer beim Shopping nach Weihnachtsgeschenken dieselbe erhöhte Herzfrequenz und denselben erhöhten Blutdruck aufweisen, wie Kampfpiloten und Polizisten bei Gefahreneinsätzen.[29] Ein Blick in Einkaufscenter erstaunt, wie blind Frauen in bestimmten Lebenslagen für das Leid ihrer Partner werden, sobald es sich um Shopping handelt.)

3.1. Wie Männer ihren Bedarf decken

Der männliche Bedarfskauf umfasst alle Produkte, die Männer nicht interessieren, und deren Beschaffung ihnen niemand abnimmt. Wann immer es möglich ist, kaufen die allermeisten Männer keine Socken und keine Unterhosen. Überhaupt ist das Thema Bekleidung für sie ein einziger Graus. Auf die Wohnungseinrichtung würden die meisten Männer verzichten, selbst wenn sie auf dem Boden schlafen müssten. Nur zehn Prozent haben jemals allein ein Möbelstück erstanden.[30] Wirft man dagegen einen

---

[29] The Associated Press (1998)
[30] HDH/VDM Verbände der Holz- und Möbelindustrie: *10 Prozent aller Männer in Deutschland kaufen Möbel allein*, 30.06.2009, http://bit.ly/d5U7Wo

Werbung für Adam und Eva. Diana Jaffé und Saskia Riedel
Copyright © 2010 WILEY-VCH Verlag GmbH & Co. KGaA
ISBN 978-3-527-50549-4

Blick in die einschlägigen Elektronikmärkte, wird man verblüfft feststellen, dass eine beträchtliche Anzahl von Männern nicht nur ihre Freizeit, sondern auch ihre Mittagspause damit verbringt, hier technische Neuerungen zu studieren. Unterhaltungselektronik und Computerzubehör gehören ebenso wie Sportzubehör, Luxusuhren und Modellbau zu dem Segment der Luxuskäufe. Luxuskäufe finden bei Männern immer dann statt, wenn es um Vergnügen am Besitz oder um Status geht (mehr hierzu in Kapitel 9). Der männliche Luxuskauf ist dem weiblichen Shopping recht ähnlich, allerdings wird er von Männern nicht im Rudel betrieben. Am ehesten lassen sich noch Vater-Sohn-Gespanne entdecken, doch bevorzugt der Mann die unbeeinflusste Entscheidungsfindung. Extrem selten bedient sich der Anfänger eines Freundes, der als besonderer Experte im jeweiligen Produktbereich ausgewiesen ist und dessen Begleitung den Anfänger adelt.

Aber auch Single- und geschiedene Männer müssen essen. Und wenn sie nicht zu den Heerscharen gehören, die den Hauptteil ihrer Ernährung aus Imbissbuden oder Restaurants beziehen, dann führt sie ihr Weg unweigerlich auch mal in einen Supermarkt. Und wenn sie keine wohlmeinende Mutter oder Freundin haben, dann sind sie auch gezwungen, für die eigenen Beinkleider oder den Batterie-Nachschub für die TV-Fernbedienung zu sorgen. Die meisten Käufe von Männern sind Bedarfskäufe und sehen aus wie Abbildung 4:

Adam Mustermann ist ein »typischer« Mann. Er erledigt Bedarfskäufe nur dann, wenn das niemand anders für ihn tun kann und wenn die Besorgung unaufschiebbar geworden ist.[31] Wenn Herr Mustermann einen Bedarfskauf zu tätigen hat, dann beschließt er zunächst, was er überhaupt kaufen will. Er erstellt einen Kriterienkatalog, der die ein bis drei wichtigsten Eigenschaften umfasst, die das Produkt für ihn allein erfüllen muss. Adam Mustermann verschwendet keinen Gedanken an andere Leute, Familienmitglieder oder seinen Hund, wenn er etwas kauft. Er kommt gar nicht auf die Idee, dass der Lampenschirm der neuen Lampe die noch kleine Tochter blenden würde, wann immer sie ein Bild am Esstisch malen will, oder dass der Hund die Lampe immer umkippen würde, weil sie einen hohen Schwerpunkt hat. Braucht Herr Mustermann dringend eine Sonnenbrille zum Autofahren, dann fasst er den Entschluss, eine Brille mit dunklen Gläsern zu kaufen. Der Nachbar von Herrn Mustermann ist Jogger. Seine Brille muss dunkle Gläser haben, leicht sein und darf nicht rut-

---

[31] Es handelt sich nicht um einen Bedarfskauf im üblichen Sinne, wenn Adam mit einem von seiner oder irgendeiner anderen Frau geschriebenen Einkaufszettel losgeht.

Männlicher Kaufentscheidungsprozess: Der Bedarfskauf

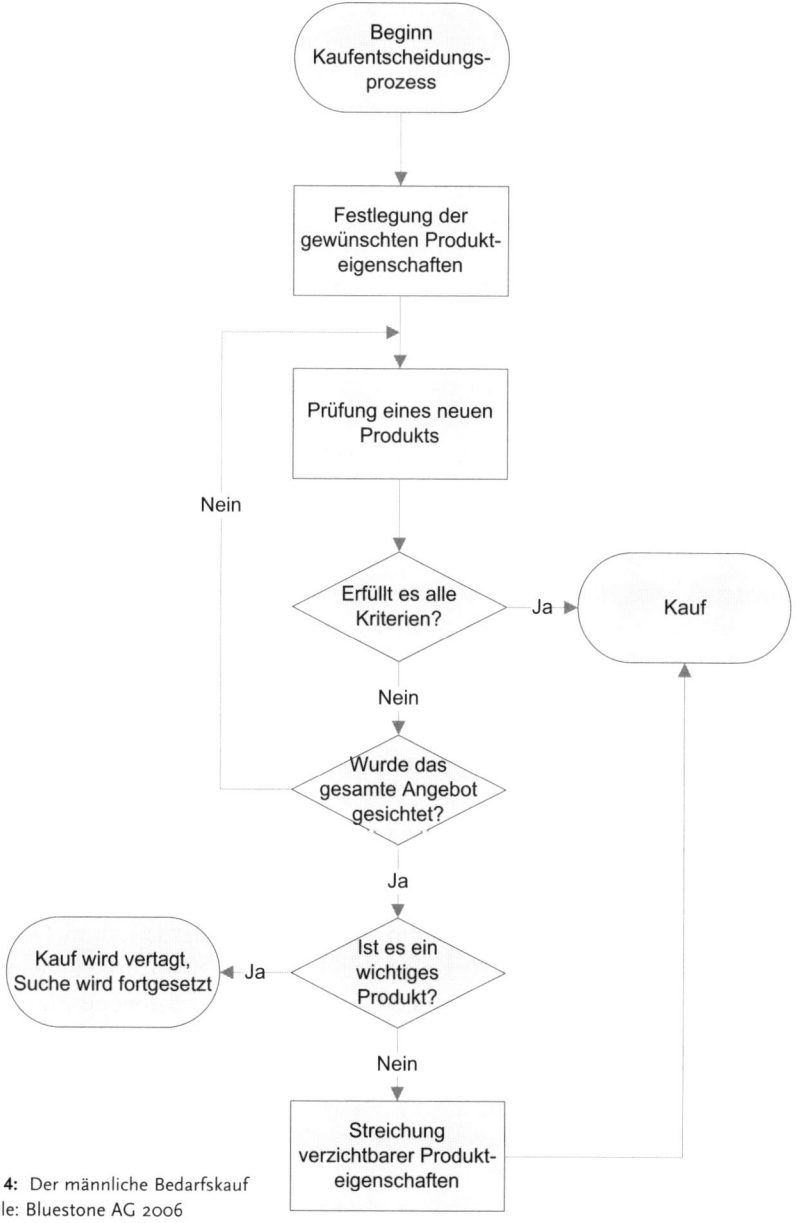

Abb. 4: Der männliche Bedarfskauf
Quelle: Bluestone AG 2006

schen, wenn er schwitzt. Ein Kollege von Herrn Mustermann ist Modellflieger. Daher benötigt er eine Sonnenbrille, die eine gelbliche Tönung aufweist, damit er eine verbesserte Kontrastsicht bekommt, um sein kleines Flugzeug am Himmel besser erkennen zu können. Design, Farbe und Tragbarkeit in anderen Lebensbereichen spielen für die drei keine Rolle und werden gar nicht erst erwogen. An den Preis haben sie auch nicht gedacht.

Als in den neunziger Jahren die so genannte *New Economy* neue Technologien am laufenden Band entwickelte, gab es regelmäßig Technologien, für die es noch kein Anwendungsgebiet gab. Die Entwickler wussten nicht, welche Aufgabe man bräuchte, um sie mit ihren Erfindungen lösen zu können. Geld gab es in diesen wenigen Jahren ohne Ende, also wurden viele Lösungen entwickelt, für die man anschließend die Probleme erst mühsam suchen musste. Man war auf der Suche nach *der Killerapplikation*. Mit der gesuchten Killerapplikation war ein – und nur ein einziges! – Einsatzgebiet gemeint. Das war für die so gut wie immer männlichen Entwickler und Entscheider völlig ausreichend. Niemand kam auf die Idee, dass man mehrere Probleme mit einer Lösung erschlagen könnte. Männer fokussieren sich auf einige wenige Punkte. Das reicht ihnen völlig aus, denn es entspricht haargenau der Organisation in ihrem Gehirn. Die Stärke dieses fokussierten Denkens liegt in den Situationen, in denen schnelle Entscheidungen wichtig sind. Seine Schwachstellen zeigt dieses Entscheidungssystem jedoch bei komplexen Sachverhalten, weil Männer weniger Informationen aufnehmen, dadurch viele Zusammenhänge übersehen und Konsequenzen nicht ausreichend überblicken können.[32] Die Fokussierung kostet weniger Zeit und Mühe, was schlicht und ergreifend kurzfristig Ressourcen spart.

Mit seinem kurzen Kriterienkatalog begibt sich Herr Mustermann also ins Geschäft (oder in einen Online-Shop) und nimmt ein Produkt nach dem anderen aus dem Regal. Jedes Produkt, das ihm in die Hand fällt, überprüft Herr Mustermann auf seine Eigenschaften. Er prüft nur ab, ob es seine Kriterien erfüllt. Alle anderen Eigenschaften werden beim Bedarfskauf schlicht ausgeblendet. Er konzentriert sich schließlich auf das Wesentliche! Das erste Produkt, das ihm in die Hand fällt und das seinen Anforderungen entspricht, wird zur Kasse getragen. Herr Mustermann ist froh, wenn er das Geschäft wieder verlassen kann. Er will also quasi – man verzeihe mir die etwas abgedroschene Metapher – seine Beute schlagen und damit so schnell wie möglich den Ort des Geschehens wieder verlassen. In

---

[32] Moir, Anne und David Jessel (1993), S. 230 f.

den USA ist diese Tatsache inzwischen so bekannt, dass sie sogar schon bei den *Simpsons* verbraten wurde. Während der Arbeit an diesem Buch zappte ich durch die Programme und erwischte die Folge *Homer and Apu*[33], in der Marge Simpson mit Apu, dem Verkäufer, im *Monstro Mart*[34] einkaufen geht. Apu empfiehlt Marge, sich nicht an der Expresskasse anzustellen, weil es da oft gar nicht schneller ginge, sondern an der normalen, an der eine lange Schlange männlicher Singles steht. Apu erklärt Marge, dass diese Männer nicht mit dem Kassierer quatschen werden und tatsächlich sind Marge und Apu mit ihren Einkäufen im Nu durch.

Doch zurück zu unserem Freund: Hätte Adam Mustermann Schwierigkeiten gehabt, das richtige Produkt zu identifizieren oder hätte er vielleicht das Regal gar nicht erst gefunden, hätte er nie und nimmer das Verkaufspersonal gefragt! Um Hilfe zu bitten bringt er nur im allerärgsten Fall über sich, und Einkaufen fällt ganz sicher nicht in diese Kategorie! Navigationssysteme haben sich unter Männern nicht nur deswegen so weit verbreitet, weil Männer Technik lieben. Vielmehr benötigen Männer sie für den Fall, wenn ihre angeborene Orientierungsfähigkeit nicht mehr ausreicht. Die Unwilligkeit von Männern nach dem Weg zu fragen, wann immer sie sich doch einmal verfahren haben, ist Legende. Und genauso verhalten sie sich in Geschäften: Sie fragen um keinen Preis der Welt nach dem Weg zu dem gesuchten Produkt. Wie beim Herumirren im Auto, suchen sie lieber nach einer kurzen Suche das nächste Geschäft auf, als so tief zu sinken und zuzugeben, dass sie sich nicht zurechtfinden.

Und Herr Mustermann liest auch nicht gerne lange Texte. Er möchte so schnell wie irgend möglich erkennen können, ob seine Wunscheigenschaften in dem Produkt, das er in der Hand hält, vereint sind. Am liebsten wäre ihm, wenn das Produktdesign ihm ohne Worte mitteilte: »Ich bin exakt, was du suchst!« Packungsaufdrucke sind was für Memmen! Lieber lebt er damit, das Falsche gekauft zu haben und trägt es zur Not wieder zum Umtauschen zurück, als sich länger als unbedingt nötig mit der Auswahl und Information zu befassen. Es ist doch nur ein Bedarfskauf!

Adam Mustermann ist ein so genannter *Satisficer*[35]. Bei *to satisfice* handelt sich um ein Kunstwort von Herbert Simons aus den fünfziger Jahren. Satisficer sind Menschen, die sich mit Dingen begnügen, die ausreichend gut sind. Sie sind nicht bestrebt, einen größeren Aufwand zu betreiben, um

---

[33] http://bit.ly/dtg94y
[34] http://bit.ly/bIDV9r
[35] Simons, Herbert (1956)

etwas Besseres oder gar *das Beste* aufzutreiben. Das bedeutet nicht, dass Satisficer gar keine Ansprüche stellen, vielmehr stellen sie die Suche exakt in dem Moment ein, in dem ihre Maßstäbe erfüllt sind.[36] Welches Angebot darüber hinaus existiert, interessiert Männer beim Bedarfskauf nicht. Daher ist es auch oft eher Zufall, welches Produkt zur Kasse genommen wird, abhängig davon, welches von allen, die im Regal stehen und seine Kriterien erfüllen, zuerst gegriffen wird.

Herr Mustermanns Sohn benötigt dringend ein neues Handy. Sein altes ist noch gar nicht kaputt, aber er sagt, dass die neuen Telefone viel mehr können als die alten. Und er sagt auch, dass er unterwegs unbedingt einen Internet-Zugang braucht. Herr Mustermann begleitet seinen Sohn ins Geschäft, denn mit seinen 17 Jahren kriegt er noch keinen eigenen Vertrag. Herr Mustermann versteht nichts von alledem, was er sieht. Nichts sieht mehr wie ein Telefon aus. Am Ende verlassen Vater und Sohn mit ihrer Beute das Geschäft. Der Sohn strahlt. Er konnte seinen Vater überzeugen, das Handy zu bezahlen, was er sich so gewünscht hat. Es ist das neueste, er kann damit fantastische Dinge tun, und das mit den Verbindungskosten, so meint er, wird er schon irgendwie hinkriegen. Und ganz sicher hat es noch keiner seiner Freunde! Für wenigstens ein paar Tage wird er der Coolste sein. Und dann geht vielleicht doch was mit der Lara …

3.2. Wie Frauen shoppen

Der Einkauf dient Frauen der Besorgung von Dingen für den täglichen Bedarf und Verbrauch, also den Fast Moving Consumer Goods (FMCG), bestehend aus Lebensmitteln, Hygieneartikeln, Putzmitteln etc. Das ist nicht vergnüglich, sondern zumeist lästig, denn diese Einkäufe müssen Frauen zusätzlich zu ihrer Arbeit, Behördengängen und der Abholung des Kindes aus der Kita erledigen, sonst gibt es am Abend nichts zu beißen. Der Einkauf weist eine große Ähnlichkeit mit dem Bedarfskauf bei Männern auf.

Das Shopping ist indessen für viele Frauen der reinste Genuss. Das Shopping dreht sich bevorzugt um drei große Produktkategorien: die persönliche Schönheit und Attraktivität (Bekleidung, Kosmetik, Accessoires, Schmuck etc.), die Verschönerung des eigenen Heims (Möbel, Wohnaccessoires) sowie die Pflege verschiedener emotionaler Bedürfnisse (beispielsweise in Form von Romanen oder Wellness-Wochenenden).

[36] Schwartz, Barry (2004), S. 88 ff.

Eine gemeinsame, nicht repräsentative Umfrage der *Popkomm*, *Brigitte Online* und Bluestone im Herbst 2004 ergab unter anderem, dass der Kauf und Besitz von Dingen für junge Frauen ein wichtiger Bestandteil des Shoppings ist. Mit zunehmendem Alter nimmt die Bedeutung des Kaufakts und des Besitzes jedoch beinahe dramatisch an Bedeutung ab. Für Frauen ab Ende vierzig ist der Kauf weitaus weniger wichtig als Frauen bis Ende zwanzig. Das hat verschiedene Gründe. Zum Einen besitzen sie schon viele Dinge, ihre Kleiderschränke sind voll, der Haushalt ausgestattet. Zum anderen dürften junge Frauen noch ein größeres Bedürfnis haben, sich mit Dingen zu umgeben, die ihnen helfen, sich selbst einen äußerlichen Ausdruck zu verschaffen, der anderen vermittelt, wie die jungen Frauen gesehen und verstanden werden möchten. Für alle Frauen ist es sehr wichtig, Neues zu entdecken. Neues zu entdecken entspricht unserem natürlichen Lernen und aktiviert unser Belohnungszentrum im Gehirn.

Eva Musterdame liebt es, gemeinsam mit einer ihrer Freundinnen, gelegentlich auch mit ihrer Schwester, shoppen zu gehen. Wann immer sie mit einer von ihnen unterwegs ist, kann sie den Alltagskram vergessen und sich endlich einmal entspannen. Viele Ladenbesitzer freuen sich, wenn Frau Musterdame mit einer Freundin kommt, denn dann bleiben sie länger und tauschen sich ausführlich über ihre Entdeckungen aus. Das ist gut für den Umsatz.[37]

Auch wenn Männer den Kauf von Bekleidung und so profanen Dingen wie Zahnbürsten verachten – für Eva Musterdame sind das wichtige Dinge. Für sich allein würde Frau Musterdame nie so viel Geld ausgeben, denn eine Handzahnbürste tut es für sie ja eigentlich auch. Aber die anderen Familienmitglieder ... Würde Eva nicht aufpassen, hätte wahrscheinlich keiner mehr Zähne im Mund. Eine ordentliche Zahnbürste sollte gründlich, also elektrisch sein, denn die Kinder haben ihre Milchzähne schon verloren und eventuell die Parodontose-Neigung vom Vater geerbt. Neben der besseren Pflege spricht für eine elektrische Zahnbürste auch, dass die Putzfaulheit des Sohnes mit einem elektrischen Gerät vielleicht ausgetrickst werden kann. Da die gesamte Familie in den Genuss der Putzleistung der Neuanschaffung kommen soll, müssen die Putzköpfe schnell und auch schon von den Kleinen ausgetauscht werden können. Akkubetrieb muss sein, damit sie nicht mit dem Netzstecker herumhantieren müssen. Und wenn es verschiedene Farben gibt, dann muss die geplante Neuerwerbung natürlich auch mit den Badmöbeln und Badaccessoires harmonieren. Ist

---

[37] Underhill, Paco (2003), S. 102

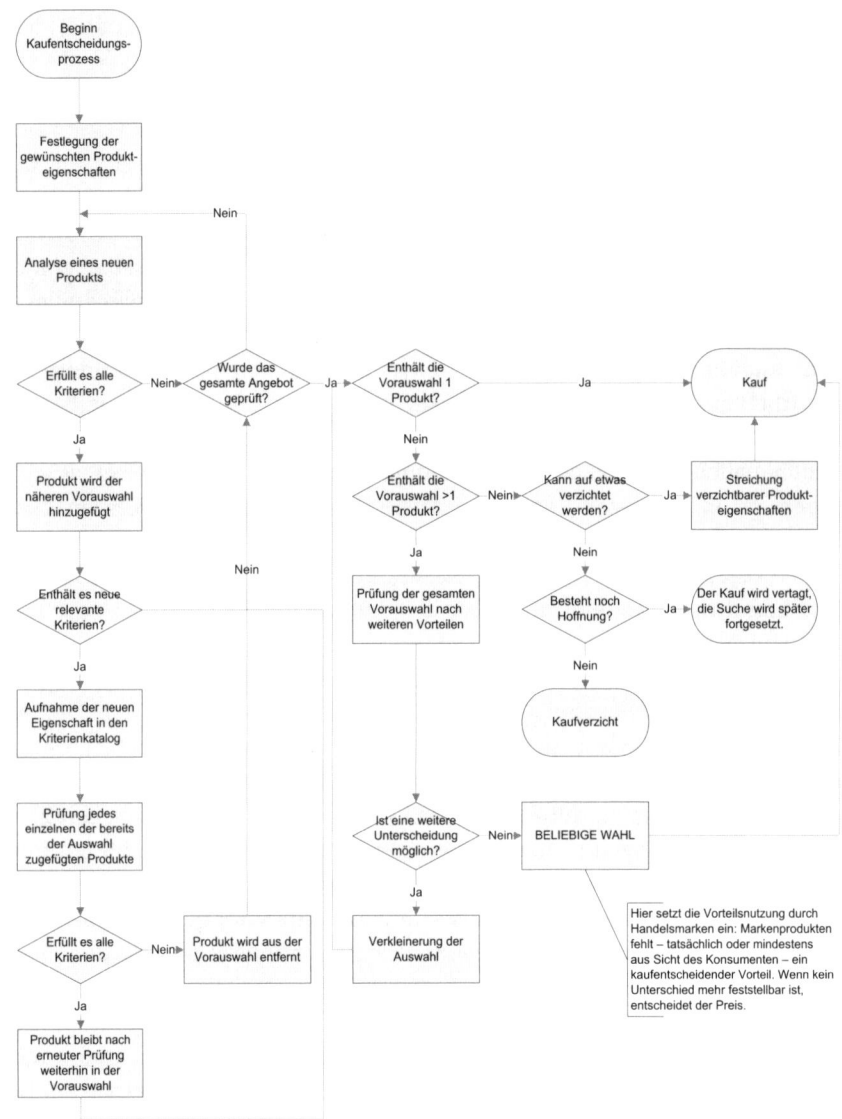

Abb. 5: Das weibliche Shopping
Quelle: Bluestone AG 2006

doch klar. Was wohl eine Munddusche bringen würde? Mehr als 60 Euro sollte alles zusammen nicht kosten.

Nachdem Frau Musterdame ihren – etwas ausführlicheren – Kriterienkatalog erstellt hat, liest sie eine Testzeitschrift und einige Produktempfehlungen im Internet. Ihre Freundin hat sie neulich schon mal gefragt, aber die konnte nichts Konkretes empfehlen, weil ihre elektrische Zahnbürste schon über sechs Jahre alt ist. Frau Musterdame eilt ins Geschäft und nimmt ein Produkt nach dem anderen aus dem Regal, um es eingehend zu studieren. Selbst wenn sich der Testsieger der Stiftung Warentest ganz zuvorderst befindet, muss sie alle Produkte eingehend studiert und verglichen haben. Frau Musterdame ist nicht so einfach zufriedenzustellen, denn sie ist ein leidenschaftlicher *Maximizer*[38]. Sie ist nur bereit, das absolut Beste zu akzeptieren.[39] Um die beste elektrische Zahnbürste zu finden, ist sie durchaus bereit, mehrere Geschäfte aufzusuchen und das gesamte erhältliche Angebot zu vergleichen. Niemals würde sie sich mit dem ersten Produkt abfinden, das ihren gesamten Kriterienkatalog zu erfüllen vermag! Sie scheut keine Kosten und Mühen, um sich einen ordentlichen Überblick über das Gesamtangebot zu verschaffen. Die ersten Zahnbürsten haben lauter Eigenschaften, an die sie vorher gar nicht gedacht hat. Das erste Gerät läuft mit Batterien, das zweite mit fest eingebauten Akkus. Das dritte hat eine Ladeanzeige (sehr praktisch!) und das vierte piept, wenn man die Zahnbürste zu doll aufdrückt (auch nett!). Der Kriterienkatalog wird analog zum individuellen Lernprozess spontan erweitert: »Auswechselbarer Akku oder eingebauter Akku« kriegt ein Fragezeichen, die Ladeanzeige muss unbedingt sein, die Druckwarnung auch. Dass das fünfte Gerät ein abnehmbares Display mit einem Smiley hat, das in großen digitalen Ziffern die verbleibende Putzdauer mitteilt, ist eine überflüssige Spielerei. Der Kriterienkatalog bleibt von dem abnehmbaren Display mit Smiley unergänzt.

Während Eva Musterdame in aller Ruhe alle elektrischen Zahnbürsten untersucht, derer sie habhaft werden kann, lernt sie gründlich dazu. Sie überprüft alle Angebote genau im Hinblick auf ihre Familie. Über die Bedürfnisse der Kinder und des Partners versäumt sie fast, dass sie ja selber auf eine besondere Reinigung der Zahnzwischenräume achten muss. Zum Schluss hat sie drei Geräte ausgemacht, die alle ihre Kriterien zu erfüllen scheinen und sich einigermaßen im vorgesehenen Preisrahmen

---

38 Simons, Herbert (1956)
39 Schwartz, Barry (2004), S. 87 ff.

bewegen. Leider kann Frau Musterdame keine weiteren Unterscheidungskriterien erkennen, obwohl alle drei vom selben Hersteller stammen. Kurzerhand fragt sie die nette Verkäuferin, die sie vorhin schon so freundlich beraten hatte. Die nette Verkäuferin gesteht nach einem ausgiebigen Blick auf die drei Packungen, dass sie auch keinen Unterschied zwischen den drei Geräten ausmachen kann. Frau Musterdame entscheidet sich nach einem letzten prüfenden Blick – geringfügig verunsichert, weshalb jemand drei gleiche Geräte mit unterschiedlichem Design und zu unterschiedlichen Preisen produziert – für das günstigste der drei. Gerne wäre sie ganz sicher gewesen, aber bei dem riesigen Angebot, bei dem sich die meisten Produkte so sehr gleichen, bleibt immer ein Restrisiko, etwas übersehen zu haben. Das trübt die Kaufentscheidung ein klein wenig. Schade. Aber insgesamt ist Frau Musterdame doch ganz zuversichtlich, ihre Aufgabe gut erfüllt zu haben.

Eva Musterdame ist sehr stolz auf ihre großartige Fähigkeit, tatsächlich das Beste innerhalb eines riesigen Angebots auffinden zu können. Wie ein Spürhund hat sie sich auf die Suche gemacht. Für die viele Mühe, die sie sich macht, erwartet sie Lob, und für ihre grandiose Wahl eine Bestätigung von ihren Freundinnen.

3.3. Was bedeutet das für die Werbung?

Aus dem unterschiedlichen Kaufverhalten von Frauen und Männern lassen sich zahllose Hinweise für die Kommunikation ableiten. Hier eine kleine Auswahl:

1. Männer kennen den Bedarfs- und den Luxuskauf. Beim Bedarfskauf sind sie *Satisficer*: sie müssen nicht das Allerbeste finden und kaufen. Vielmehr wollen sie nur den geringsten nötigen Aufwand treiben und den Bedarfskauf so schnell wie möglich hinter sich bringen. Im Grunde ist es Zufall, was Männer kaufen, wenn mehrere Anbieter vergleichbare Produkte anbieten, denn sie retten sich mit dem ersten Gegenstand, der ihre wenigen Anforderungen erfüllt, zur Kasse und danach zum Ausgang. Wenn es ihnen Zeit und Mühe erspart, greifen Männer gerne zu ihnen bekannten Marken. Wer Männer ansprechen will, sorgt am besten auch bei Produkten aus dem Bedarfskauf für eine hohe Bekanntheit der Marke.
2. Männer fokussieren sich auf *das Wesentliche*: Das umfasst in ihrem Verständnis ein bis drei Eigenschaften, die das Wunschprodukt erfüllen

muss. Daher ist es wichtig, zu erfassen, welche Eigenschaften beim jeweiligen Produkt für Männer wichtig sind. Diese müssen in der Produktwerbung klar und unübersehbar kommuniziert werden.
3. Besondere Aktionen, Sonderplatzierungen, Aufsteller, Beschilderung etc. am POS helfen Männern, das Gesuchte schneller zu finden bzw. schneller eine Wahl zu treffen. Männer sind durchaus auch gewillt, innerhalb einer Produktgattung auch mal einen anderen Anbieter auszuprobieren, falls es sich gerade anbietet. Empfehlenswert kann eine Gemeinschaftswerbung mit einem Händler sein, in der die schnelle Auffindbarkeit beworben wird.
4. Männer kommen gar nicht auf den Gedanken, dass andere Menschen (oder Tiere) in Kontakt mit ihrem Kauf kommen oder gar eigene Bedürfnisse im Zusammenhang damit haben könnten und beziehen deren Bedarfe und Bedürfnisse gar nicht ein. Zu den großen Ausnahmen zählen primär engagierte Väter.

Aus diesen Gründen ist es bei den meisten Produkten zwecklos, den Nutzen für andere zu kommunizieren, außer, es handelt sich um »Überzeugungsmunition« für die Diskussion mit der Partnerin. Männer vergessen Geburtstage sowie Hochzeitstage und sind bei allen Feiertagen nicht sehr geschickt, wenn es um die Auswahl von Geschenken geht. Hier benötigen sie viel Hilfestellung. Werbung, die Männern eintrichtert, worüber sich die beschenkte Person freuen würde, hilft vielen von ihnen sehr. Allerdings sollte die Werbung nicht empfehlen, zum Hochzeitstag ein Bügeleisen zu verschenken. Die Tipps sollten schon zuverlässig sein und ihm wirklich nützen.

Engagierte Väter sind durchaus am Wohl ihrer Kinder interessiert – und nehmen ihre Rolle als Ernährer und Beschützer ernst. Diese Aufgabenfelder lassen sich werblich nutzen, um Väter in allen Produktgattungen rund um Vaterrolle, Familie und Kind anzusprechen.
5. Männer wollen das Gesuchte unverzüglich finden und vermeiden es, Packungsaufdrucke zu lesen. Das Verpackungsdesign muss daher plakativ und wiedererkennbar sein. Die für ihn nötigen Informationen müssen möglichst schnell erfassbar sein. Bis auf die gesetzlich vorgeschriebenen Informationen sollte auf lange Texte verzichtet werden, denn sie werden ohnehin nicht gelesen.
6. Männer kaufen gerne spezielle Dinge für spezielle Aufgaben. Der Sportschuh, der sich zum Laufen eignet, eignet sich natürlich nicht fürs Tennis. Und auf dem Sandplatz braucht man einen ganz anderen Schuh als auf Rasen oder in der Halle. Und für die Freizeit benötigt man wieder

einen anderen, im Sommer am besten einen leichten aus Stoff, damit die Füße nicht so schwitzen. So lohnt es sich darauf einzugehen, wofür speziell ein Produkt entwickelt wurde.

7. Männer schätzen Expertentum. Bei einer Mayonnaise ist das Experten-Argument wenig geeignet, denn nicht einmal ambitionierte Hobby-Köche würden darauf anspringen – sie würden ihre Mayonnaise eher selbst zubereiten. Doch für beinahe alles andere lässt sich das Expertentum verargumentieren, solange es eine gute Begründung dafür gibt.

8. Frauen kennen den leidigen Einkauf und das genussvolle Shopping. Viele Dinge aus dem lästigen Bedarfskauf der Männer, darunter die Auswahl von Bekleidung, gehören für Frauen zu den wunderbaren Shopping-Erlebnissen. Frauen lieben es, Neues zu entdecken, den Überraschungseffekt dabei. Aus diesem Grund lohnt es sich, Frauen in der Werbung immer etwas Neues zu bieten. Etwas visuell Neues transportiert das Besondere oder Neuartige an einem Produkt besser als jegliches Textargument, außerdem ist es aufregender und triggert das Gefühl besser, es mit etwas aufregend Neuem zu tun zu haben.

9. Frauen sind *Maximizer* und geben sich daher nur mit dem besten Fund zufrieden. Das kostet viel Zeit und Mühe, die die Frauen jedoch bereitwillig investieren, denn sie sind stolz darauf, die beste aller möglichen Wahlen für ihre Familie, Freunde und alle erdenklichen Leute, ach ja, und für sich selbst auch noch treffen zu können. Frauen müssen also erfahren, warum etwas die für sie beste Wahl darstellt. Und es lohnt sich auch, den Nutzen für andere Personen und eventuell auch ihre Freude über die Anschaffung zu thematisieren.

10. Für Frauen muss ein Produkt viel mehr Kriterien erfüllen als für Männer. Je mehr Argumente aus weiblicher Sicht für das Produkt sprechen, desto besser. Auch wenn es aufwändiger ist, als bloße Behauptungen aufzustellen, empfehle ich, zuerst gründlich zu erforschen, welche Kriterien wichtig sind, dann das Produkt mit allem drum und dran zu entwickeln und anschließend zu kommunizieren, welche Kriterien in dem Produkt umgesetzt wurden.

11. Frauen sind bei ihrer Informationsquelle sehr wählerisch. Sie vertrauen vor allem Empfehlungen der Menschen, die sie gut kennen, Internetquellen und Experten. Natürlich lesen sie alles, was nötig ist, um sich ausführlich zu informieren. Erleichtern Sie es Verbraucherinnen, sich zu informieren. Gegenwärtig wird viel Desinformation betrieben. Ein Vergleich von Tarifen von Mobilfunkbetreibern bei

spielsweise scheint seit Jahren beinahe unmöglich. Alles, was Frauen nicht mit Informationen zuschüttet, sondern Orientierung bietet, ist ihnen sehr willkommen.

12. Sobald sich Frauen für ein Produkt entschieden haben, erwarten sie Lob für ihre Mühen und Bestätigung für das gekaufte Produkt als ausgezeichnete Wahl. Belassen Sie es dabei nicht bei dem anonym-freundlichen »danke, dass Sie mit unserer Fluglinie geflogen sind und kommen Sie recht bald wieder«. Konzentrieren Sie sich darauf, ihnen ein gutes Gefühl zu geben und Kaufglückwünsche nicht für Eigenwerbung zu verwenden. Solche Glückwünsche sind durchsichtig und nicht sehr freundlich. Vor allem aber sind sie ein Eigenlob. Schenken Sie Ihren Kundinnen Bestätigung für sie, nicht für sich selbst.

4. Welchen Einfluss hat die Biologie auf unser Verhalten, und welchen die Kultur?

Wir sind natürlich nicht nur Produkte unserer Chromosomen und allem, was sie an körperlichen Zuständen und Prozessen codiert haben. Selbstverständlich gibt es verschiedene andere Einflussfaktoren. Ich möchte es an einem Ebenenmodell verdeutlichen, das die Einflussfaktoren auf Verhalten und Verhaltensbildung aufzeigt. Das Modell ist recht einfach aufgebaut, doch es reicht für unsere Zwecke vollständig aus:

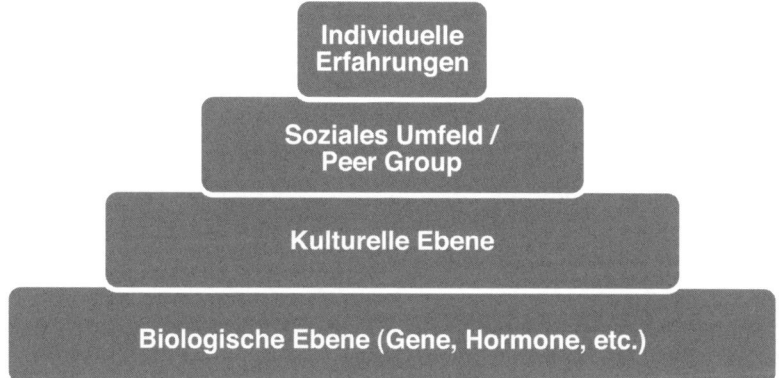

Abb. 6: GMC-Ebenenmodell für die Einflussfaktoren auf Verhalten und Verhaltensbildung
Quelle: Bluestone AG 2010

Zuerst schauen wir uns die Ebenen im Einzelnen, jede für sich an, um im Anschluss daran ihre Bedeutung für die Gender Marketing Communication zu erläutern.

4.1. Die biologische Ebene

Die Basis besteht aus der *biologischen Ebene*. Darin ist alles enthalten, was bereits vor unserer Geburt geprägt wurde und sämtliche körperliche Veränderungen, die wir bis zum aktuellen Lebenszeitpunkt erfahren haben. Auf dieser Ebene haben unsere Hormone und die Lebenphase, in der wir uns befinden, einen großen Einfluss darauf, wie wir die Welt wahrnehmen, was uns wichtig ist, wofür wir uns engagieren und welche Prioritäten wir setzen.

4.2. Die kulturelle Ebene

Darauf setzt die *kulturelle Ebene* auf. Darin sind kulturelle Codierungen, moralische Werte, kollektive Erfahrungen etc. enthalten. Deutschland ist vor allem christlich geprägt, also gelten die zehn Gebote als moralische Basis für Wohlverhalten und unser Strafrecht. In Deutschland isst man Rinder und Schweine, aber keine Hunde, Insekten oder Affen wie in anderen Gegenden der Welt. Aufgrund der Lage Deutschlands in der gemäßigten Klimazone behindern weder übermäßige Hitze, noch enorme Kälte oder riesige Schwankungen des Niederschlags die Produktivität und die Entwicklung des Wohlstands. Pünktlichkeit und hohe Produktgüte gelten als wichtige Werte und werden auch von anderen Nationen mit den Deutschen verbunden. Österreich und die Schweiz gehören ebenfalls zu den wohlhabendsten Nationen auf der Welt. Aufgrund ihrer Lage und Größe ist die österreichische Kultur stärker mit ihren Nachbarn verbunden. Die k. u. k. Monarchie hinterließ ihre Spuren nicht nur in der hervorragenden Küche Österreichs, sondern prägte auch das Denken und die Literatur. Die Schweizer haben aufgrund vieler durch die Berge schwer zugänglicher Gebiete bis heute eine Kultur behalten, die unter anderem von Isolation und Abgrenzung gekennzeichnet ist. Dass die Schweiz sich als neutral versteht, dass sie der sie umgebenden Europäischen Union nicht beigetreten ist, und dass deutsche Discounter wie Aldi und Lidl keine Chance auf dem heimischen Markt haben, sind ebensolche Zeichen dafür, wie die Besinnung auf landwirtschaftliche Güter aus der Schweiz, die in jedem Migros- und coop-Supermarkt dezidiert gekennzeichnet sind. Dahinter steckt das Kalkül, die eigene Erzeugung aufrecht zu erhalten, um auch im Krisenfall autark zu bleiben.

Für unsere Zwecke reicht es aus, die Kultur sehr, sehr oberflächlich zu betrachten. Wir werden uns auf einige wenige Aspekte beschränken. Um die kulturelle Ebene im Marketing besser zu verstehen, empfehle ich wärmstens Clotaire Rapailles Buch *Der Kultur-Code*. Bedauerlicherweise schreibt Rapaille fast nur über die US-amerikanische Codierung und zieht andere Länder bestenfalls gelegentlich zum Vergleich heran. Er gibt uns jedoch einen wichtigen Einblick in kollektive Denkweisen und gesellschaftliche Prägungen, die mitbestimmen, wie wir konsumieren.

Rapaille ist gebürtiger Franzose und seit über 35 Jahren Marktforscher in den USA. Ihm verdanken wir bahnbrechende Erkenntnisse über kulturelle Prägungen, die unser Produkt- und Markenverständnis sowie unser Konsumverhalten enorm beeinflussen. In seinem Buch beschreibt Rapaille, wie er durch Tiefenforschung ermittelt, was die Menschen mit bestimmten Dingen, aber auch Tätigkeiten verbinden. Rapaille definiert den Kultur-Code so: »*Der Kultur-Code ist die Bedeutung, die wir einer Sache auf dem Wege über die Kultur, in der wir aufwachsen, unbewusst beimessen – einem Auto, einer bestimmten Art von Essen, einer Beziehung und sogar einem Land.*«[40]

Rapailles Job ist, den kulturellen Code von Produkten und Marken zu entschlüsseln. So fand er bei einem Auftrag von Jeep heraus, dass der Jeep Wrangler in den USA aufgrund seiner Geländegängigkeit, der Geschichte dieser Nation und dieses Fahrzeugs quasi mit einem Pferd gleichgesetzt wird. Die erste Marketingentscheidung lautete auf diese Erkenntnis hin, die zu diesem Zeitpunkt eckigen Scheinwerfer durch runde auszutauschen, um damit die Scheinwerfer tatsächlich wieder mehr wie Pferdeaugen aussehen zu lassen. Diese Design-Entscheidung zahlte sich buchstäblich aus: Die Verkäufe stiegen sofort.[41] Diese kulturelle Prägung auf den Jeep ist jedoch ausschließlich den US-Amerikanern vorbehalten. Andere Länder haben andere Erfahrungen, die zu Kultur-Codes wurden. So hat Deutschland den Jeep zum Zeitpunkt des Niedergangs des Dritten Reichs kennen gelernt. In Deutschland besitzt der Geländewagen von Jeep daher die kulturelle Bedeutung »Befreier«.

Rapailles Ansatz basiert auf den Arbeiten von Henri Laborit, der nachwies, dass Lernen nur in Verbindung mit Emotionen funktioniert, und dass autistische Kinder nicht lernen können, weil es ihnen an empathischem Vermögen und Emotionen mangelt.[42] Rapaille versucht also stets, den Sinn eines Produkts, einer Marke oder sogar einer Tätigkeit und das damit verbundene emotionale Erlebnis einer kulturellen Gemeinschaft zu ergründen.

Rapaille hat festgestellt, dass die Ernährung in den USA grundsätzlich für »Treibstoff« steht, was erklärt, weshalb die Amerikaner so viel unterwegs, im Auto und mit so wenig Qualität und Genuss essen, dafür aber so riesige Mengen vertilgen. Das erklärt auch, weshalb die US-Amerikaner Fast Food erfunden haben und wieso sie es so lieben. Gaben die US-Ameri-

---

40 Rapaille, Clotaire (2006), S. 17
41 Rapaille, Clotaire (2006), S. 13
42 Rapaille, Clotaire (2006), S. 18 f.

kaner 1970 noch 6 Milliarden Dollar für Fast Food aus, waren es im Jahr 2000 bereits über 110 Millionen.[43] Amerikaner beschließen eine Mahlzeit nicht mit dem Ausdruck »ich bin satt«, sondern »ich bin voll«.[44] Es gibt einen englischen Begriff für Sättigung (*satiated* = gesättigt), doch er ist nicht gebräuchlich. Anders die Franzosen. Bei ihnen heißt es: »Das war köstlich.«[45] All-you-can-eat-Buffets und die Mitnahme von Essensresten in *Doggie-Bags*, die keineswegs immer dem Hund daheim vorgesetzt werden, sind in den meisten anderen Ländern unbekannt.

Shoppen steht nach Rapailles Erkenntnissen in den USA dafür, *das ganze Leben zu spüren*.[46] Die Franzosen verbinden mit Shopping »*die eigene Kultur kennen lernen*«.[47] Selbst für Länder vermag Rapaille Kultur-Codes zu entschlüsseln. Deutschland steht für die Deutschen für *Ordnung*. Leider schreibt er nicht, wofür Deutschland bei anderen steht. Dafür erfahren wir aber, was über die USA gedacht wird. Für die Deutschen bedeuten die USA *John Wayne*, für die Franzosen *Raumfahrer* und für die Briten »*reich in aller Unschuld*«.[48] Die USA stehen im eigenen Land für *Traum*.[49] Es würde zu weit führen, Rapailles durchaus hochinteressante Herleitungen hier zu wiederholen. Ich möchte nur veranschaulichen, wie wichtig die kulturelle Ausprägung ist. Aus der Hinsicht der kulturellen Basis ist es somit äußerst fragwürdig, eine globale Marketing-Kampagne entwickeln zu lassen, denn die Bedeutung einer Sache oder eines Themas kann von Land zu Land variieren. Was zunächst abschreckend wirken mag, birgt immense Benefits: mehr Passgenauigkeit und keine Streuverluste. Am Ende spart das sogar Budget.

Rapailles Ansatz hat neben all seiner famosen Stärken einige Schwachpunkte. Der aus meiner Sicht größte besteht darin, dass Rapaille, wie so viele andere, nicht geschlechtsspezifisch forscht. Wir können daher gar nicht sagen, ob Frauen und Männer stets dieselben Kultur-Codes ausbilden, ob sie immer übereinstimmen, oder ob sie Unterschiedliches mit demselben Produkt bzw. derselben Marke verbinden. Rapailles Methodik würde es erlauben, diesen Abgleich durchzuführen. Da er aber die Befragungsergebnisse beider Geschlechter in einen Topf schmeißt, bevor er sie

---

43 Schlosser, Eric (2003), S. 11
44 Rapaille, Clotaire (2006), S. 209
45 Rapaille, Clotaire (2006), S. 203
46 Rapaille, Clotaire (2006), S. 226
47 Rapaille, Clotaire (2006), S. 230
48 Rapaille, Clotaire (2006), S. 246 ff.
49 Rapaille, Clotaire (2006), S. 277

auswertet, erhält er nur einen Mittelwert. Das ist die absolut richtige Herangehensweise, wenn es sich um übergeordnete Forschung handelt. Da wir jedoch wissen, dass nur sehr wenige Produkte und Marken gleichermaßen von Frauen und Männern gekauft werden[50], ist die Verwendung des geschlechtsspezifischen Kulturcodes ausgesprochen sinnvoll.

Wie so viele andere betrachtet Rapaille seinen Ansatz als allgemeingültig. Doch es handelt sich beim Kultur-Code nur um eine Eben unter vielen. Und er widerlegt selbst seine wiederholte Behauptung, ein Kultur-Code würde sich nur im Schneckentempo entwickeln und würde grundsätzlich über Generationen anhalten.[51] Er irrt, wenn er annimmt, alle kulturellen Bedeutungen würden sehr lange benötigen, um sich zu verändern. »Lange« ist ein dehnbarer oder schrumpffähiger Begriff, je nachdem, was man betrachtet. Was den Jeep anbelangt, stirbt in Deutschland die Generation, die den Krieg noch erlebt hat und dadurch zu ihrem Jeep-Verständnis des Befreiers gelangt ist, bald aus. Die jungen Generationen schauen kaum alte Kriegsfilme, zumal sie seit ihrem Boom in den achtziger Jahren nicht mehr oft im Fernsehen gezeigt werden. Falls sie gezeigt werden, dann meistens des Nachts auf einem der dritten Kanäle. Die Einschaltquoten zeigen jedoch, dass die öffentlich-rechtlichen Sendeanstalten nur über einen geringen Anteil junger Zuschauer verfügen. Der Jeep wird in Deutschland aussterben, wenn er es nicht schafft, sich zu verjüngen. Und disruptive Technologien wie das Internet und die Mobilen Technologien verändern mit atemberaubender Geschwindigkeit, wie wir Dinge tun. Diese neuen Technologien erweitern nicht nur unser Verständnis davon, wie Abläufe gestaltet werden, sondern auch die Bedeutung von Gebrauchsgegenständen, unser Lebenstempo, unsere Ansprüche und vieles mehr.

Trotz alledem halte ich Rapailles Arbeit für sehr wichtig, vor allem weil er uns auf einfache Weise zusammenfassen kann, wie und warum Kulturen entstehen: Sie gehen immer auf die Überlebensbedürfnisse der jeweiligen Bevölkerung zurück.[52] Die Menschen passen sich ihrem Lebensumfeld, insbesondere den Umweltbedingungen an und konstruieren daraus Regeln. Rapaille führt die Japaner als Beispiel an. Für Japaner ist die Perfektion ein wichtiger kultureller Wert, der sich nicht nur in Prinzipien wie Kaizen[53] niederschlägt, sondern in allen Lebenslagen. Was die Japaner

---

50 vgl. Peters, Tom (2006), S. 165 ff.
51 Rapaille, Clotaire (2006), S. 49
52 Rapaille, Clotaire (2006), S. 111
53 Kaizen = »Veränderung zum Besseren«: Lebenssystem und Management-Ansatz, der aus dem kontinuierlichen Streben nach Verbesserung und Perfektion besteht.

machen, machen sie richtig, vollständig und künstlerisch vollendet, selbst wenn es um die Zubereitung von Essen, Teezeremonien, die vollendete Begrüßung, die Zubereitung des giftigen Kugelfischs *Fugu* oder Hobbys wie Cosplay[54] geht, dem Verkleidungsspiel, bei dem die Darstellerinnen und Darsteller ihren Manga- und Anime-Helden möglichst ähnlich sehen wollen. Rapaille erklärt das mit dem begrenzten Raum auf der japanischen Insel und den beschränkten Ressourcen. Die Japaner hatten nie genug, um es verschwenden zu können. Anders die US-Amerikaner, die ein endlos scheinendes Land besiedelten und immer viel mehr Raum und andere Ressourcen besaßen, um damit sparen zu müssen. Japans Bevölkerung von mehr als 125 Millionen (das entspricht rund 43 Prozent der US-Amerikaner), hat im Vergleich nur 4 Prozent der US-amerikanischen Fläche zur Verfügung.[55] Durch solche und weitere Faktoren wurde die Bevölkerung beider Länder entsprechend unterschiedlich geprägt. Rapaille: »Man kann eine Kultur als eine Art Survival-Kit betrachten, das von einer Generation an die nächste weitergegeben wird.«[56]

Rapaille geht nicht darauf ein, welche Faktoren kulturelle Prägungen verändern können, wie schnell oder langsam eine Veränderung vor sich geht und vor allem unterlässt er es bedauerlicherweise, uns mehr darüber zu erzählen, wie Neues seine Prägung erhält. Doch wir konnten beobachten, dass echte Innovationen wie der Buchdruck, der mechanische Webstuhl, das Automobil, die Atombombe, das Internet, aber auch *Nike*, *eBay*, *Google*, der *Prius* mit Hybrid-Antrieb etc. mit ihrem Auftauchen eine Bedeutung für die Menschen erhielten. Man muss nicht zwingend, wie Rapaille es tut, auf bestehenden Codes aufbauen. Es ist sinnvoll, die Kultur-Code-Methode anzuwenden und zu hinterfragen, wofür in einem bestimmten Markt Verführung, Sex, Innovation, Schönheit, Technik, Bildung und alles weitere steht, was man für seine Positionierung benötigt. Man steckt jedoch nicht in der ewigen Falle einer Bedeutung. Durch die Schaffung neuer Kategorien lassen sich auch neue Kultur-Codes einführen.

Ich leite von Rapailles Arbeit ab, dass innovative Technologien und anderweitige Produkte oder Dienstleistungen, die von einem einzigen Unternehmen produziert und vertrieben werden, wie Marken einen Kern erhalten müssen, in dem definiert ist, wofür das Angebotene steht und wie es zu verstehen ist. Ist eine Innovation auf viele Teilnehmer, Bereitsteller etc.

---

54 Corkill, Edan (2008)
55 Rapaille, Clotaire (2006), S. 195
56 Rapaille, Clotaire (2006), S. 110

angewiesen, ist eine Festlegung weitaus schwieriger. Sofern nicht einer der Teilnehmer eine starke Führung übernimmt und seine Interpretation forciert, rüttelt sich der Kultur-Code mit der Zeit selbst zurecht.

Und noch ein Aspekt, den Rapaille leider nicht behandelt hat: Er geht nicht auf den Entwicklungsprozess von Kulturen ein, der natürlich auch für das Verständnis einer Gemeinschaft von der Welt entscheidend ist. Für abendländische Kulturen mit einem starken Bezug zur Aufklärung erscheinen andere, die diesen Erkenntnisprozess noch nicht hinter sich gebracht haben, als würden sie zuweilen hinterm Mond leben. Zwar ist es gegenwärtig nicht überall populär, auf die hart errungenen und oftmals mit viel Blut bezahlten gesellschaftlichen Errungenschaften hinzuweisen, doch es besteht meines Erachtens schon ein Grund, auf Gleichheitsgesetze in unserem Rechtssystem stolz zu sein. Dahinter steckt ein sehr langer Weg, der von einer Gesellschaft bewältigt wurde, selbst wenn wir in der Praxis noch mit der Umsetzung kämpfen. In anderen Ländern herrscht noch weder praktische, noch juristische Gleichberechtigung. Dort werden Minoritäten oder Frauen in einem hohen Maße und auf vielfältige Weise diskriminiert und unterdrückt – in voller Gesetzeskonformität. Das Alter und der jeweilige Entwicklungsstand einer Kultur spielt im Marketing eine große Rolle, insbesondere, wenn ein internationales Unternehmen nach allen in diesem Kapitel vorgebrachten Einwänden noch immer eine weltweit gültige Positionierung finden will und dabei tatsächlich in mehr als einem einzigen Land aktiv ist.

4.3. Das soziale Umfeld

Die dritte Ebene umfasst das direkte soziale Umfeld einer Person. Die Familie und andere Erziehungspersonen, Kollegen, Freunde und Nachbarn folgen einer Lebensweise mit einer speziellen Ausprägung der jeweiligen kulturellen Basis. Diese Ausprägung kann Faktoren wie Bildung, soziale Schicht, religiöse Gruppierung etc. umfassen. Zu Vermischungen mit unendlich vielen Nuancen kommt es bei der Migration: Es ist individuell sehr unterschiedlich, wie stark Menschen an ihrer Herkunftskultur festhalten und wie sehr sie sich dem neuen Land anpassen. Die Entscheidung zwischen Ghettoisierung und Assimilation unterliegt nicht zuletzt dem sozialen Druck der umgebenden Gemeinschaft. Und so finden wir sowohl Einwanderer aus Ländern und sozialen Schichten, in denen Bildung und Leistungsbereitschaft groß sind, als auch Immigranten mit nur wenig Bezug dazu. Manche legen größten Wert auf die Übernahme der lokalen

Werte und Lebensziele, andere lehnen diese aus den unterschiedlichsten Gründen ab.

Der alte Streit um die Frage, welche Charakteristika und Verhaltensdispositionen bei Frauen und Männern angeboren oder anerzogen sind, hängt sowohl von der kulturellen Ebene, als auch sehr stark vom Elternhaus, der Prägung und dem sozialen Umfeld der Eltern ab. Die angeborenen Talente und Eigenschaften werden beim Kind gefördert oder ignoriert. Das meiste lernen Menschen ohnehin in ihrer Kindheit und indem sie die Menschen um sie herum imitieren. Nicht anders, als Vogeljunge das Fliegen von ihren Eltern lernen, und nicht anders, als junge Geparden die Mutter zum Vorbild für ihre Jagd nehmen, erfassen Kinder die Welt: das meiste, was Menschen in ihrem Leben lernen, lernen sie als Kinder durch Imitation der sie umgebenden Menschen. Und auch die klassische Ausbildung funktioniert, indem Auszubildende den Gesellen oder Meistern zuschauen, bevor sie sich selbst zum ersten Mal an einem Werkstück versuchen dürfen.

Ab der Pubertät beginnt vor allem in westlichen Kulturen ohne zusammenlebende Großfamilien eine Ablösung vom Elternhaus. Die Peer Group besteht nicht länger nur aus der Familie, engen Freunden der Familie und Lehrern, sondern die eigenen Freunde gewinnen massiv an Bedeutung. Und diese Gruppe mit dem größten Einfluss auf einen heranwachsenden Menschen ist dank der heutigen Medien, *MTV*, *Facebook*, Filmen & Co., wiederum mit Jugendkulturen anderer Länder und weiteren, teilweise gezielt gemachten Einflussfaktoren verwoben, wie zum Beispiel von der Musikindustrie, von Modemarken, von Genussmittel- und Spieleherstellern.

Die Werte und Prägungen des sozialen Umfelds basieren heute nach wie vor auf der eigenen Kultur, allerdings werden diese beiden Ebenen in durchlässigen Ländern in Zeiten der Globalisierung immer stärker von anderen Kulturen beeinflusst oder sogar durchdrungen. Welche Länder starken Einfluss ausüben, hängt von ihrer vor allem medialen Nähe und ihrer Kompatibilität mit den Aspekten der eigenen Kultur bzw. sozialen Gruppe ab. So hat sich der Hip Hop aus den Ghettos der USA längst über die Musiksender und Filme in viele andere Länder verteilt. Ich persönlich habe mich längst an die deutschen Hip Hopper gewöhnt, finde es aber im ersten Augenblick immer erheiternd, Hip Hopper aus der Schweiz, aus Russland, aus Südkorea oder aus Brasilien zu sehen, bis ich mir klar mache, dass die hiesigen Hip Hopper genauso wenig als Originale zu betrachten sind. Der Hip Hop ist keineswegs Bestandteil der gesamten Kulturen anderer Länder geworden, *doch es sind so genannte Subkulturen*, also

Untergruppen von Kulturen oder in unserem Falle die dritte Ebene unseres Modells, der sozialen Gruppierungen.

4.4. Die persönlichen Erfahrungen des Individuums

Jeder Mensch ist einzigartig. Jeder Mensch ist einmalig, weil seine DNS, seine Herkunft und Kultur, seine Freunde und die individuellen Beziehungen zu Familienangehörigen und Freunden sowie die persönlich gesammelten Erfahrungen im Leben einmalig sind. In der Kombination wird jeder Mensch mit all diesen Aspekten … Nun, was ist die Steigerungsform von einzigartig?

Kein Mensch ist der Klon eines anderen. Und selbst wenn jemand streng erzogen wurde und zu einem folgsamen Menschen geraten ist, kann er einem Elternteil ähnlich werden, aber niemals ein genaues Abziehbild. Schwierig wird dies für die einzelne Person unter Umständen in Gesellschaften, die wie einige asiatische die Gemeinschaft über das Individuum stellen. Das 20. Jahrhundert war voller gewaltiger und gewaltvoller gesellschaftlicher Umbrüche, während derer eine optimale Anpassung an die Herde und jegliche Unterdrückung von auffälliger Individualität oder Andersartigkeit das Überleben bedeutete, zum Beispiel während des Dritten Reiches, während des Stalinismus' in Russland, während Chinas »Kulturrevolution« oder während der Massenmorde der Roten Khmer in Kambodscha.

In westlichen Ländern jedoch hat sich die Kultur der individuellen Identität durchgesetzt. Die Gemeinschaft gilt kaum noch etwas, das Wohl des Einzelnen wird über alles gestellt. Das hat wie alles Vor- und Nachteile. Im Marketing bedeutet das, dass Anbieter, die sich auf das Individuum einstellen, die also auf dieser obersten Ebene unseres Modells agieren, einen schwierigen Job haben. Sie müssen genau die Kunden finden, zu denen sie passen, und die sich individuelle Leistungen leisten können. Auf dieser Ebene bewegen sich Manufakturen wie die Taschenabteilung von Hermès und Uhrenhersteller wie *Patek Philippe*, die nur auf Bestellung fertigen, sowie Dienstleister für Einzelanfertigungen, beispielsweise Maßschneidereien.

4.5. Gender Marketing Communication und die Ebenen

Eine fertige Kampagne nach den Grundsätzen der Gender Marketing Communication umfasst immer mindestens die biologische Ebene, die aber nur selten völlig von der kulturellen Ebene zu trennen ist. Bei nationalen Kampagnen ist die kulturelle Ebene »inklusive«, sofern die Entscheider und die Kreativen aus demselben Land stammen. Dann sind sie in den Gepflogenheiten sozialisiert und bewegen sich darin, ohne weiter darüber nachdenken zu müssen. Wird eine Kampagne für nur ein Land angelegt, spielt die kulturelle Ebene jedoch dann eine Rolle, wenn die Verantwortlichen und/oder die ausführende Agentur einem anderen Kulturkreis entstammen. (Zum Leidwesen der Mitarbeiter gehört es in vielen Unternehmen zur Tagesordnung, dass das internationale Management auch außerhalb der Marketing-Kommunikation Entscheidungen trifft, die bar jeder lokalen Kenntnis sind.) Sobald Informationen in mehr als einem Land verbreitet werden sollen, gewinnt die kulturelle Ebene schlagartig an Bedeutung.

Bei bestimmten Themen kann es angeraten sein, die dritte Ebene des sozialen Umfelds bzw. der Peer Group einzubeziehen. Das *Cooler Mag*[57] ist eine Zeitschrift speziell für Surferinnen. Es ist keine Frauen- und auch keine allgemeine Sport- oder – spezieller – Surferzeitschrift, sondern ganz speziell auf das Lebensgefühl und die Interessen von jungen europäischen Surferinnen abgestimmt. Ich muss zugeben, dass ich ganz verzaubert war, als ich diese Zeitschrift in die Hände bekam, obwohl ich nicht zu der Zielgruppe gehöre. Als ehemalige Windsurferin steckt mir die Faszination für diese Art von Wassersport noch immer in den Knochen, doch wie das Surfen präsentiert wird, die Bilder, Artikel, ja selbst die Werbung der passenden Marken für Bekleidung und Accessoires (in meiner erworbenen Ausgabe leider nicht für Boards) verbreitet eine für mich völlig neue Qualität von Entspanntheit, Genuss und Lässigkeit. In dieser Zeitschrift geht es nicht um immer größere Monsterwellen, in die die besten Surfer der Welt nur mit Jetskis hineingezogen werden können. Es geht nicht um Contests oder die schwierigsten Manöver und auch nicht um Surfer oder andere Männer, sondern um das gute Gefühl der Surferinnen auf dem Wasser und auch ein bisschen außerhalb – am Strand.

Natürlich lohnt es sich, die Erkenntnisse aus der Gender Marketing Communication auch auf der individuellen, also der vierten Ebene zu verwenden, allerdings wäre jeder Entscheider gut beraten zu prüfen, ob die geschlechtsspezifische Ansprache allein genügt, oder ob nicht andere Argumente und Aspekte stattdessen oder zusätzlich herangezogen werden sollten.

Zum Vergleich: Im deutschsprachigen Raum befasst sich Diversity Marketing in seiner stärksten und am häufigsten verbreiteten Variante überwie-

---

[57] http://cooler.mpora.com/magazines/

gend mit einer Kombination aus der kulturellen, der sozialen und der persönlichen Ebene. Die Ebenen sind gleichberechtigt. Die biologische Ebene wird hier weitgehend außer Acht gelassen, da die Geschlechteraspekte hier oft noch aus inzwischen vielfach überholten Sozialtheorien bezogen werden. Anders in den USA: Hier wird eine Kombination aus allen vier Ebenen angestrebt. Der Vorteil besteht darin, alle Menschen gleichberechtigt einzubeziehen. Der Nachteil besteht darin, dass dieses System so extrem komplex ist, dass es eines enormen Aufwands bedarf, um es tatsächlich in die Praxis umzusetzen. Ein »One-for-all«-Ansatz, also eine Ansprache für alle, kann aufgrund der Verschiedenheiten nicht funktionieren, daher bedarf es vieler Kommunikationsstränge, die teils parallel verlaufen und teils miteinander verflochten sind. Die damit verbundenen enormen Investitionen zahlen sich nur dann aus, wenn die einzelnen Märkte und eventuell auch noch die Belegschaft eines Unternehmens tatsächlich derart vielfältig sind und die Untergruppen noch groß genug sind, um sich zu rechnen.

Die Verfechter des zukünftigen Individualmarketings glauben, es reiche ihnen aus, sich auf der obersten Ebene der persönlich gesammelten Erfahrungen zu bewegen. Sie ignorieren die anderen Ebenen und die Tatsache, dass die persönliche Ebene auf allen darunterliegenden aufbaut und erst auf ihrer Basis entstanden ist.

Dieses Buch befasst sich vornehmlich mit der biologischen Ebene, da diese für alle Kulturen gilt. Die Themen, die ich als weiblich oder männlich gekennzeichnet habe, gehen auf die evolutionäre Entwicklung des Menschen zurück und sind daher universell. Wenn ein Unternehmen eine internationale Kampagne plant, kann es sich auf die in diesem Buch aufgeführten Charakteristika und Interessen der Geschlechter verlassen. Allerdings ist es gut beraten, gegebenenfalls eine kulturelle Anpassung vorzunehmen. Dasselbe gilt erst recht für die dritte Ebene – das soziale Umfeld. Ein Beispiel: Für alle Frauen genießt die Suche nach einem Partner ab einem bestimmten Alter Priorität. Inwieweit die Frau bei der Wahl des Partners allein oder mitbestimmen kann, hängt von der jeweiligen Kultur ab. Ähnliches gilt für den Mann: In manchen Kulturen obliegt es ihm ebenso wenig, selbst eine Partnerin zu wählen. Manchmal können sich künftige Brautleute gar nicht selbst verständigen, weil die Frauen mit niemandem außerhalb der Familie zusammentreffen und sprechen dürfen, nicht einmal mit ihrem Bräutigam vor der Trauung. Selbst in Japan herrscht traditionell die Meinung vor, dass ein junger Mann nicht imstande ist, eine Entscheidung mit so großer Tragweite wie die Wahl einer Partnerin allein zu treffen. Aus diesem Grund sollen die Eltern die Verbindung bestimmen, da sie über die dazu notwendige Lebenserfahrung verfügen.[58] Japan ist eine Gesellschaft, in der das Alter und die Erfahrung geschätzt werden, während der Westen sich weitgehend der US-amerikanischen Vorliebe für Jugendlichkeit angeschlossen hat. Und in Japan ist Perfektion wichtig, wie wir oben bereits gesehen haben. Daher wird natürlich auch die bestmögliche Ehe angestrebt.[59] Das Thema Partnerschaft bzw. Partnersuche kann in Japan nicht so thematisiert werden wie in Deutschland, Spanien oder gar in Frankreich, wo das Verhältnis zur Liebe womöglich mehr von Genuss als von engen Regeln geprägt ist.

Ein abschließendes Beispiel vermag die Bedeutung der Ebenen vielleicht am einfachsten zu verdeutlichen: Überall auf der Welt lieben Mädchen Puppen, die Jungen aber im Großen und Ganzen nicht. Die Liebe zu Puppen ist auf der biologischen Ebene verankert. Allein die Ausführungen der Puppen unterliegen kulturellen Faktoren. Bei uns gibt es unter anderem Barbies, die Brüste und extrem lange Beine haben, die allerdings nicht nur dem Verpacken in Badeanzügen und sonstigem schicken Fummel dienen. Barbie beherrscht viele Berufe. Sie war schon vieles von der Tierärztin bis zur Astronautin. Im Frühjahr 2011 wird die 126. »Berufsbarbie« ihr Debut feiern: Dann wird Barbie dem Zeitgeist entsprechend auch noch »Computer Engineer«. Barbie dient den Mädchen in unzähligen Ländern dazu, ihr soziales Umfeld nachzuspielen, wodurch sie ihre Wahrnehmung von ihrem Umfeld, von Sozialstrukturen und ihre Empathie schulen. Viele dieser Mädchen haben berufstätige Mütter oder beobachten andere Frauen in Berufen, wie zum Beispiel ihre Zahn- oder Kinderärztin.

Ganz so freizügig und emanzipiert geht es nicht überall zu. Der Gegenentwurf zu Barbie, der sich mit dem Islam verträgt, heißt Fulla[60] (»arabische Jasminblüte«) und stammt aus Syrien. Fulla ist noch pinker als Barbie (!) und hat sich auch sonst eine Menge abgeschaut. Fulla darf Lehrerin oder Friseurin werden. Doch Fulla trägt immer einen Tschador – zu jedem Outfit einen passenden. Und Fulla hat eine Geschichte, den Puppen von American Girl[61] ähnlicher als Barbie. Fulla ist eine Persönlichkeit, die sich eine fromme muslimische Familie als Tochter wünschen würde. (Eine Aussage über den Bildungsstand ist nicht möglich, da sich die muslimischen Länder teilweise stark unterscheiden.) Auf der Fulla-Webseite heißt es über diese Puppen-Persönlichkeit:

---

58 Rapaille, Clotaire (2006), S. 63 f.
59 Rapaille, Clotaire (2006), S. 63 f.
60 http://www.fulla.com/
61 http://www.americangirl.com

»*Fulla ist sechzehn Jahre alt. Sie ist mit Leib und Seele Araberin. Sie liebt das Leben und das Lernen. Sie ehrt ihre Eltern und liebt ihre Familie und ihre Freunde. Sie ist eine gute Zuhörerin und kümmert sich um die Menschen um sie herum. Sie passt auf ihren Bruder und ihre Schwester auf, die Zwillinge Bader und Nour. Sie ist ihnen gegenüber geduldig, gleich, wie schwer es wird. Sie liebt es zu lesen und zu lernen und Zeichnen ist ihr Hobby.*

Fullas Freundin Nada hat eine Begabung für Naturwissenschaften und Yasmeen liebt Mode. Fulla findet, dass der Unterschied zwischen Freunden ein Segen ist, keine Belastung, weil sie bereichern und einem helfen, die Welt aus vielen Perspektiven zu betrachten, um besser mit anderen klarzukommen.

Hoffnungsvoll und ehrgeizig, wie sie ist, lässt sich Fulla nicht durch Schwierigkeiten von ihrer Bestimmung abbringen. Sie hält Schwierigkeiten für einen Teil des Lebens, der den Charakter bildet und uns stärkt. Je größer die Herausforderung, desto höher der Gewinn.

Aber das heißt nicht, dass Fulla keine Fehler macht. Doch sie denkt viel nach, bevor sie einen Schritt macht oder eine Entscheidung fällt. Fehler sind für Fulla eine Gelegenheit zu lernen. Während sie sich beeilt, um sie zu beseitigen, überdenkt sie die Erfahrung, die sie stärker macht. Sie schwelgt nicht in Verzweiflung oder Frustrationen.

Fulla versucht immer, anderen um sie herum nützlich zu sein und gibt ihr Bestes. Sie denkt, dass das Geben die Seele bereichert und ihre Fähigkeit vergrößert, sich selbst immer zu übertreffen.

Fulla ist der Geist jedes Mädchens, das nach Exzellenz strebt, Kreativität, Erneuerung und Frieden. Sie strebt danach, die Welt zu einem besseren Ort für jeden zu machen.« [Übersetzung der Autorin]

War es die Beliebtheit von Fulla, die Mattel auf die Idee brachte, Barbies für ein angebliches Charity-Projekt in Tschador und Burka zu hüllen? Immerhin waren die Burkas grün und rot.[62]

Auf der sozialen Ebene fallen Entscheidungen, ob das Kind eine Puppe bekommen darf, und wenn ja, dann welche. Es gibt Mütter, die aufgrund politischer Überzeugungen der Ansicht sind, manche Puppen würden ihren Töchtern schaden.

---

62 Lokoschat, Timo (2009)

Puppen gibt es in allen Varianten. Auch Mattel bemüht sich mit den Barbies um Vielfalt, auch wenn es bei uns nicht im selben Maße sichtbar wird wie in den USA. Innerhalb großer ethnischer Gemeinschaften in US-amerikanischen Großstädten werden sicherlich *black-american* oder *hispanic* Barbies bevorzugt.

Die persönliche Ebene ist wichtig, wenn es um die Akzeptanz oder das Verhältnis des Kindes zu einer Puppe geht. In meiner Kindheit erhielt ich eine Puppe der Marke *Petra* geschenkt. Sie war ähnlich wie Barbie. Und sie war schwarz. Damals ging ich in die Grundschule und war schon ganz gut in der Welt herumgekommen. Es war bereits das dritte Land, in dem ich lebte, und ich war Menschen aus vielen verschiedenen Nationen begegnet, doch ich hatte keinerlei Beziehung zu Menschen afrikanischer Herkunft. Ich wusste, dass es sie gab, aber ich hatte selbst noch nie jemanden gekannt. Und nun diese Puppe mit simulierter schwarzer Haut und geringfügig angepassten Gesichtszügen ... Kurz: Ich mochte sie nicht. Sie war mir fremd. Ich konnte mich nicht damit anfreunden. Ich hatte damals keine Vorstellung vom Leben von Menschen mit schwarzer Haut. Ich konnte mir nichts darunter vorstellen. Einem anderen Kind, das vielleicht Deutschland in seinem Leben noch nie verlassen hat, wäre es womöglich nicht so ergangen, sofern es Kontakt zu Afrikanern oder Afro-Amerikanern gehabt hätte.

5. Was ist männlich, was ist weiblich?

5.1. Ist der Mann das Gegenteil von der Frau?

Für die meisten Menschen ist das Geschlecht eines Menschen eindeutig: Wenn jemand aussieht wie eine Frau, ist sie eine Frau, und wenn jemand aussieht wie ein Mann, dann muss es sich auch um einen Mann handeln. Daraus folgt, dass sich ein Mann wie ein Mann zu benehmen hat. Zeigt er nur die leisesten Anzeichen (vermeintlich) weiblichen Verhaltens, wird er unverzüglich mit den Begriffen »Softi«, »weibisch« oder »schwul« belegt. Benimmt sich eine Frau anders, als es ihr innerhalb ihres Kulturkreises zusteht, ist sie schnell ein Mannweib oder anderweitig suspekt. Geschlecht und Verhalten scheint also in unser aller Vorstellung untrennbar miteinander verbunden zu sein.

Landläufig gilt das Weibliche als das Gegenteil vom Männlichen. Wer nicht weiblich ist, muss demnach männlich sein und umgekehrt. Und je männlicher jemand ist, desto weniger weiblich kann er logischerweise sein. Wieder gilt umgekehrt dasselbe: Je mehr weibliche Eigenschaften eine Person auf sich vereint, desto weniger männlich erscheint sie. Geschlecht erscheint so wie ein Regler auf einer eindimensionalen Skala.

Abb. 7: Eindimensionale Skala
Quelle: Doris Bischof-Köhler[63]

---

[63] Bischof-Köhler, Doris (2006), S. 17

Werbung für Adam und Eva. Diana Jaffé und Saskia Riedel
Copyright © 2010 WILEY-VCH Verlag GmbH & Co. KGaA
ISBN 978-3-527-50549-4

Das würde jedoch bedeuten, dass bestimmte Eigenschaften nur von einem Geschlecht beansprucht werden dürfen, während das jeweils andere Geschlecht sich mit der Zuschreibung des Gegenteils der jeweiligen Eigenschaft abfinden muss. Wenn es – gemäß dieser Betrachtungsweise – also hieße, Männer seien sportlich, dann müssten Frauen demnach unsportlich sein. Es gibt jedoch eine signifikante Anzahl von Frauen, die durchaus Sport treiben, sei es im Breitensport oder im Profisport. Zugleich gibt es heutzutage auch viele männliche »Sofa-Kartoffeln« – von Übergewicht sind in westlichen Ländern weitaus mehr Männer betroffen als Frauen.

Dieses Dilemma ist mit einem anderen Modell lösbar. June Machover Reinisch, die Direktorin des Kinsey-Instituts für die Erforschung von menschlicher Sexualität, Geschlecht und Fortpflanzung, schlug eine zweidimensionale Skala vor.[64] Diese zweidimensionale Skala zeigt eine *Verwandtschaft* zwischen Weiblichem und Unmännlichem und macht deutlich, dass beide Kategorien keineswegs identisch sind. Ebensowenig entsprächen sich Männliches und Unweibliches. Dabei bewegen sich Menschen – modellhaft betrachtet – nicht auf den Strecken, sondern in den Feldern, die von den Richtungspfeilen definiert werden.[65]

Wenn jemand viele weibliche und gleichzeitig viele unmännliche Anteile besitzt, ist sie oder er gemäß der individuellen Charakteristika im Feld »feminin« einzuordnen. Gleiches gilt mit umgekehrten Vorzeichen für das mit »maskulin« bezeichnete Feld. Allerdings gibt es auch Menschen, die sowohl viele weibliche als auch viele männliche Eigenschaften besitzen. Sie würden analog zu ihrem ganz persönlichen Profil in dem mit »androgyn« bezeichneten Feld eingetragen. Wer schließlich weder als weiblich, noch als männlich geltende Charakteristika auf sich vereint, gilt als »undifferenziert«.

Auch wenn im weiteren Verlauf dieses Buchs von »typischen Frauen« und »typischen Männern« die Rede sein wird, ist das Bewusstsein wichtig, dass sich Frauen und Männer keineswegs immer komplementär zueinander verhalten. Doch bevor wir diesen Gedanken vertiefen, möchten wir etwas genauer beleuchten, warum und wie es überhaupt zu Frauen und Männern kommt.

---

64 Reinisch, June Machover et al. (1991)
65 Bischof-Köhler, Doris (2006), S. 17

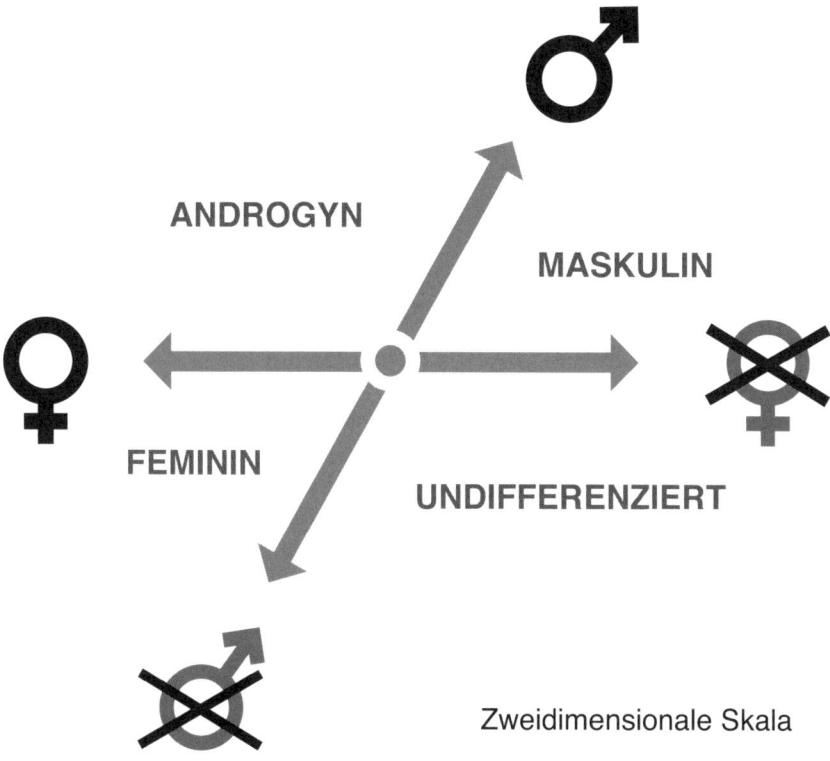

Abb. 8: Zweidimensionale Skala
Quelle: Doris Bischof-Köhler[66]

5.2. Warum wir zwei Geschlechter haben

Die Annahme, zwei Geschlechter seien für die Fortpflanzung nötig, ist weit verbreitet – und falsch. Es gibt die Vermehrung durch Zellteilung (die sich so mancher von uns wünscht, wenn ein Tag zu stressig wird). Zwei Pantoffeltierchen können ganz ohne Geschlecht »konjugieren«, also Genmaterial austauschen, um sich zu »verjüngen« und anschließend wieder per Zellteilung zu replizieren. Manche Lebensformen verfügen über acht oder sogar noch mehr *Paarungstypen*, die allerdings ausgesprochen komplizierte Regeln für ihren genetischen Austausch benötigen. Es gibt viele Arten sich zu vermehren. Vermehrung braucht nicht zwingend Sexualität.

[66] Bischof-Köhler, Doris (2006), S. 18

Eigentlich ist die geschlechtliche Fortpflanzung ein ausgesprochen störungsanfälliges System. Millionen einsamer Herzen wissen, wie schwierig es ist, einen Partner derselben Spezies zu finden, der dem anderen Geschlecht angehört, dabei ein mindestens akzeptables Exemplar darstellt (wobei ein prächtiges eindeutig vorzuziehen wäre), das auch noch zum rechten Zeitpunkt in die Paarung einwilligt. Der Psychologe Norbert Bischof soll die menschliche Paarung mit einem Rendezvous-Manöver im Weltall verglichen haben.[67] Wozu also zwei Geschlechter?

Die Fortpflanzung durch Geschlechtsdimorphismus, wie die Zweigeschlechtlichkeit auch heißt, entstand vor einer Milliarde Jahren.[68] Sie dient dem Schutz und Überleben des Individuums und der gesamten Spezies. Mehrzellige Organismen können genetische Schäden, die durch Umwelteinflüsse, Mutationen oder Degeneration verursacht werden, nicht autonom beseitigen wie Einzeller. Pantoffeltierchen & Co. docken dafür an einem artgleichen Kumpel an und tauschen einige Gene aus, als handelte es sich dabei um den Tausch von Pokémon-Sammlerkarten auf dem Pausenhof. Mehrzellige Organismen sind von demselben genetischen Verfall bedroht, aber zusätzlich auch von Viren, Bakterien und Pilzen. Die Zweigeschlechtlichkeit bietet Schutz, weil durch den genetischen Beitrag der Eltern enorme Variationsmöglichkeiten im Erbgut entstehen.[69] Das macht es Erregern schwer, eine Spezies komplett auszurotten. Zwar treten Epidemien gelegentlich auf, aber selbst wenn, wie bei der Pest oder bei der Spanischen Grippe, viele Millionen Menschen sterben, so ist durch die genetische Vielfalt nie die ganze Menschheit bedroht. Ist das allein nicht schon Grund genug, die Verschiedenheit der Geschlechter zu schätzen? Wer einmal verstanden hat, dass Männer und Frauen gleichermaßen für das Überleben der Menschheit benötigt werden, der wird sich nie wieder die Frage stellen, welches Geschlecht für eine Gesellschaft das wichtigere oder das überlegene ist.

5.3. Wie Geschlecht entsteht

Bis vor Kurzem existierten zwei unversöhnliche Lager. Ihre Positionen lauten – in der Essenz – wie folgt: Den Vertretern des biologischen Lagers wurde vorgeworfen, auf das Geschlecht als eindeutig genetisches, also

---

67 Bischof, Norbert (1989)
68 Renz, Ulrich (2007), S. 110 f.
69 Hamilton, William D. mit Marlene Zuk in Renz: S. 113 ff., Bischof-Köhler, Doris (2006), S. 109

angeborenes Merkmal zu pochen, wofür im Englischen der Begriff »sex« steht. Die Vertreter der Geistes- und Sozialwissenschaften wollten es sich nicht ganz so leicht machen. Aus dem Feminismus hatte sich eine Forschungsrichtung gebildet, die meinte beweisen zu können, dass das Geschlecht lediglich sozial konstruiert und anerzogen sei. Geschlecht war von nun an keine biologische Tatsache mehr (sex), die womöglich dazu verwendet werden konnte, um die Geringerwertigkeit von Frauen zu begründen. Geschlecht sei eine Identität (Englisch: »gender«), die beliebig gewählt oder gewechselt werden könne.[70] Mehr noch: Geschlecht würde ausschließlich durch die ständige Wiederholung desselben Verhaltens überhaupt erst entstehen. Der Gedanke des »doing gender« war geboren.[71] Die US-amerikanische Philosophin und Philologin Judith Butler ging noch den letzten Schritt, als sie sich auf Nietzsche[72] berief und erklärte, dass hinter dem »Tun« kein »Sein« existiere, dass daher das physische Geschlecht überhaupt nicht existiert, sondern lediglich eine Gewohnheit sei.[73] Denkt man diesen Gedanken nur einen Schritt weiter, impliziert diese Behauptung, dass wir nur etwas üben müssten, um unser Geschlecht zu wechseln.

Wer hat nun Recht?

Wahrscheinlich besitzt fast jede Wissenschaft (mindestens) eine eigene Definition für den Unterschied zwischen Frauen und Männern. Wie komplex das anscheinend so simple Thema Geschlecht in Wahrheit ist, erschließt sich, wenn man viele verschiedene Ansätze miteinander kombiniert – um den anfangs erwähnten Elefanten wieder zu bemühen.

In der Biologie und Medizin werden inzwischen fünf Etappen bei der Ausbildung des Geschlechts von der Befruchtung der Eizelle bis zur Geburt und darüber hinaus identifiziert, die sich in immer derselben Reihenfolge ereignen[74]:

1. Zuerst entsteht das genetische Geschlecht.
2. Aus den genetischen Anlagen bildet sich das gonadale Geschlecht.
3. Daraus entsteht das genitale Geschlecht.
4. Dies wiederum führt zur Ausbildung des Zerebralgeschlechts.
5. Aus der physischen Ausbildung des Gehirns ergibt sich das geschlechtstypische Verhalten.

70 Garfinkel, Harold (1967), S. 116-185
71 West, Zimmerman (1991)
72 Nietzsche, Friedrich (1887)
73 Butler, Judith (2006), S. 34
74 Bischof-Köhler, Doris (2006), S. 178 ff.

5.3.1. Das genetische Geschlecht

Um den ganzen Prozess zu verstehen, müssen wir ganz am Anfang beginnen. Bei der Befruchtung verschmilzt eine Eizelle, immer Trägerin eines X-Chromosoms, mit einer Spermie, die entweder ein X- oder ein Y-Chromosom mitbringt. Ergibt sich daraus die Kombination XX, wird das Kind genetisch weiblich, bei der Kombination XY wird es männlich. Wünscht sich ein Vater vergeblich einen männlichen Stammhalter, nachdem seine Frau ihm schon fünf Töchter geschenkt, hat, dann liegt es nicht an ihr, auch wenn das an dem Ehrgefühl mancher Männer nagen mag.

Doch nicht immer verhält sich die Natur so eindeutig. In Wahrheit gibt es Frauen mit nur einem X-Chromosom (XO – Turner Syndrom), aber auch XXY- und Kombinationen aus drei oder mehr X-Chromosomen. Doch gleich, welche Verbindung vorliegt: Wann immer ein Y-Chromosom dabei ist, verläuft die weitere Entwicklung in eine männliche Richtung.

Es ist kein reiner Zufall, ob sich XX oder XY zusammenfinden. Das Gewicht der Mutter beziehungsweise die Verfügbarkeit einer ausreichenden Ernährung kann dabei eine Rolle spielen[75], aber auch industrielle Einflüsse[76], Umweltgifte wie beispielsweise Dioxin[77], chemische Stoffe wie PCB (Polychlorierte Biphenyle)[78], um nur einige zu nennen. Bestimmte Krankheiten oder Varianten wie die Bluterkrankheit und die Farbenblindheit kommen bei Männern wesentlich häufiger vor, weil sie nur ein X-Chromosom besitzen. Frauen verfügen mit XX über eine Art Sicherheitssystem. Weil alle Gene auf dem X-Chromosom doppelt vorhanden sind, kann sich eine »gesunde« Genvariante gegen eine »kranke« Variante durchsetzen oder sogar aus beiden ein Mittelwert gebildet werden.[79] Übrigens halten Wissenschaftler dies gegenwärtig für die Ursache der Intelligenzverteilung bei Frauen und Männern, aber auch für die schulischen Leistungen von Mädchen und Jungen: Bei Jungen bzw. Männern ist die Verteilung auf der Intelligenzskala weiter gefächert: Es gibt mehr Hochbegabte unter ihnen (IQ ab 130), dafür aber auch mehr am untersten Ende des Intelligenz-Spektrums (IQ unter 70). Die Extrembereiche sind fast vollständig von Jungen besetzt. Mädchen und Frauen sind dafür im Skalenbereich zwischen 95

---

75 Cagnacci, Angelo et al. (2004)
76 Davis, Devra Lee (1998)
77 Mocarelli, P. et al. (2000), Ryan, John Jake et al. (2002)
78 Weisskopf, Marc G. et al. (2003)
79 Bischof-Köhler, Doris (2006), S. 179

und 115 stärker vertreten[80], was einer der Gründe für ihr besseres Abschneiden in Schule und Studium ist.

5.3.2. Das gonadale Geschlecht

Gonaden sind die Keimdrüsen, beim Mann die Hoden, bei Frauen die Eierstöcke.

Bis zur 7. Schwangerschaftswoche ist der Embryo weder weiblich, noch männlich. Ab der 8. Schwangerschaftswoche löst ein bestimmtes Gen auf dem Y-Chromosom die Bildung der Hoden aus. Die Hoden produzieren hohe Mengen an männlichen Geschlechtshormonen (Androgenen), insbesondere Testosteron. Weibliche Sexualhormone entstehen nur in geringen Mengen. Im weiteren Verlauf der embryonalen Entwicklung entstehen dadurch Samenleiter und Samenblase.

Besitzt der Embryo ein XX-Chromosomenpaar, dann führt das Ausbleiben des Vermännlichungsprozesses in der 8. Schwangerschaftswoche zur Ausbildung der Ovarien. Die Eierstöcke bilden die weiblichen Geschlechtshormone Östrogen und Progesteron und nur in sehr geringen Mengen Testosteron. Diese besondere Hormonkombination führt im Weiteren zur Entstehung von Eileitern und Gebärmutter.

Die Gene spielen also nur bis zur Entwicklung der Hoden bzw. Ovarien eine Rolle. Alle weiteren Geschlechtsdifferenzierungen erfolgen nur durch den Einfluss der Sexualhormone. Und hier ist das Testosteron entscheidend. Viel Testosteron führt zur Ausbildung dessen, was wir in der Summe als männlich bezeichnen. Ist Testosteron nur in geringen Mengen oder gar nicht vorhanden, entwickeln sich Körper und Gehirn automatisch weiblich weiter, selbst wenn der Chromosomensatz eine XY-Kombination aufweist. Umgekehrt entwickeln sich weibliche Embryonen in die männliche Richtung, sofern sie höheren Dosen Testosteron ausgesetzt werden. Das Östrogen spielt nach dem derzeitigen Wissenstand bei der geschlechtlichen Entwicklung keine Rolle. Es scheint dafür auch keine Notwendigkeit zu bestehen, wenn das »Standardprogramm« weiblich verläuft, sofern es nicht durch hohe Testosteron-Dosen verändert wird.

Insgesamt spielt das Testosteron im Leben von Männern drei Mal eine wichtige Rolle: Zwischen dem zweiten und sechsten Schwangerschaftsmonat, im Alter von fünf Monaten und in der Pubertät dient es im Gehirn als Aktivator von Entwicklungen, die zum Mannsein gehören.[81]

80 Pinker, Susan (2008), S. 28
81 Bixo, M. et al. (1995)

Die klassische Frage, ob *nurture or nature* (etwa: Erziehung oder Genetik) bestimmt, wer wir sind, beantwortet Doris Bischof-Köhler final: »Ein Gen ist nichts anderes als ein Molekül. Wenn aus ihm eine makroskopische Struktur werden soll, dann bleibt ihm gar nichts anderes übrig, als sich das Material dazu in Interaktion mit der Umwelt zu beschaffen, vom Moment der Befruchtung an das ganze Leben hindurch.«[82] Wir müssen also umformulieren: Wir werden wer wir sind durch nurture *and* nature.

5.3.3. Das genitale Geschlecht

Die Ausbildung von Penis und Vagina verläuft also ebenfalls bedingt durch die Androgen-Konzentration. Das männliche Geschlecht ist ab der 10. Schwangerschaftswoche erkennbar, das weibliche ab der 12. Steht keine moderne Medizin zur Verfügung, ist das sichtbare Genital auch heute noch das einzige Informationsmedium, um nach der Geburt das Geschlecht des Nachwuchses zu bestimmen.

5.3.4. Das Zerebralgeschlecht

Von der Testosteron-Konzentration hängt auch die Ausbildung des Gehirntypus' ab. Zum einen werden Zentren im Hypothalamus programmiert, damit sie später die Produktion der Geschlechtshormone in der Hypophyse sowie in den Gonaden steuern. Was uns an dieser Stelle aber viel mehr interessiert, ist, was der Neurologe Norman Geschwind herausgefunden hat. Seine Forschung hat ergeben, dass die vorhandene Testosteron-Menge unmittelbaren Einfluss auf die Wachstumsgeschwindigkeit der Gehirnhälften des Fötus' hat. Je mehr Testosteron produziert wird, desto schneller wächst die rechte Gehirnhälfte, während die linke Hälfte im Wachstum gebremst wird. Bleibt das Testosteron auf einem niedrigen Niveau, entwickelt sich die linke Hälfte schneller.[83] Das spielt nicht nur eine Rolle, weil die rechte Gehirnhälfte für die linke Körperhälfte zuständig ist und umgekehrt, sondern insbesondere, weil davon abhängt, über welche Fähigkeiten wir verfügen. Das visuell-räumliche Vermögen liegt in der rechten Gehirnhälfte. Ob wir uns gut nach Angabe von Himmelsrichtung und Entfernungen orientieren, ob wir Baupläne im Geiste in dreidimensionale Objekte übersetzen können, Straßenkarten lesen können, ohne sie zu

---

82 Bischof-Köhler, Doris (2006), S. 176 f.
83 Geschwind, Norman et al. (1985)

drehen etc., um nur einige Beispiele zu nennen, oder ob wir Landmarken und Objekte benutzen, um unseren Weg zu finden, hängt vom Testosteron ab. Und je weniger Testosteron unser Gehirn beeinflusst hat, desto schneller, flüssiger und mit größerem Wortschatz können wir beispielsweise sprechen. Ivanka Savic und Per Lindström vom Karolinska-Institut in Schweden fanden heraus, dass die rechte Gehirnhälfte bei heterosexuellen Männern und lesbischen Frauen etwas größer ist als die linke, während heterosexuelle Frauen und schwule Männer gleichgroße Hemisphären besitzen.[84] Doch die spannendsten Dinge kommen erst noch, wenn wir später dezidiert auf die unterschiedlichen Denkweisen zu sprechen kommen.

Beide Gehirntypen kommen bei Frauen und Männern vor, allerdings gibt es eine geschlechtsspezifische Verteilung. Die meisten Männer haben ein Gehirn, das sich durch den Testosteron-Einfluss beinahe als rechtslastig bezeichnen ließe, wenn wir damit nicht Gefahr liefen, eine politische Verwechslung zu provozieren. Bei den meisten Frauen konnte sich die linke Gehirnhälfte durch wenig Testosteron stärker ausbilden als die rechte. Allerdings nutzen Frauen beide Gehirnhälften in ausgewogener Manier.

Kommen wir noch einmal zu der vorhin beschriebenen zweidimensionalen Skala mit ihren vier Feldern für die geschlechtliche Charakterisierung zurück. Wie kann es sein, dass Menschen sich auf so unterschiedliche Weise entwickeln, wenn es nur den Einflussfaktor »Testosteron oder nicht« gibt? Tatsächlich reagiert der menschliche Körper auf eine Vielzahl von Faktoren im Zusammenspiel. Hinzu kommen verschiedene Varianzen oder gar Störungen während Teilen oder während des gesamten Entwicklungsprozesses. Durch solche Abweichungen kann es bei genetisch eindeutig männlichen Föten zu einer vergleichsweise geringen Bildung von Testosteron kommen. Ihr Gehirn wird also nur wenig von der Standardprozedur abgelenkt und daher in hohem Maße weiblich ausgeprägt. Eine zeitlang wurde Müttern, denen eine Fehlgeburt drohte, ein synthetisches Östrogen verschrieben. Brachten sie anschließend Söhne zur Welt, zeigten diese ein auffällig weibliches Spielverhalten mit Puppen und sozialen Themen.[85] Doch auch genetische Defekte wie beim »Complete Androgen Insensitivity Syndrom« (CAIS) können verursachen, dass bestimmte Körperzellen des genetisch und gonadal männlichen Kindes nicht auf Androgen ansprechen. Umgekehrt führt eine Überproduktion von Testosteron in den Nebennieren (beispielsweise bei Erkrankung mit dem adrenogenitalen

---

84 Savic, Ivanka und Per Lindström (2008)
85 Reinisch, June Machover. et al. (1984)

Syndrom (AGS)) oder anderweitige Zugabe bei weiblichen Föten zu einem männlichen Gehirn und zu einem männlichen Verhalten.[86] Die Wissenschaft ist keineswegs am Ende aller Erkenntnisse angelangt. Die Ergründung des Zusammenspiels einzelner Genvarianten in Verbindung mit Hormonen hat gerade erst begonnen.

Die Einflüsse des Androgens auf das Gehirn sind ebenso spannend wie zahllos. Eine weitere Vertiefung würde den Rahmen dieses Buchs sprengen – und dann hätten wir die anderen Hormone noch gar nicht bedacht! Aber ein Effekt ist noch erwähnenswert, der viel darüber aussagt, dass Fähigkeiten nicht unter allen Bedingungen voll zur Verfügung stehen: Die Neurowissenschaftlerin Sandra Witelson fand 1978 bei der Erforschung der Zusammenhänge von visuell-räumlichen und verbalen Fähigkeiten heraus, dass für das Denken und Erkennen auch wichtig sein kann, welche Körperseite involviert ist. Wenn Jungen bei einem Experiment Figuren gezeigt bekommen, um sie anschließend zu ertasten ohne sie sehen zu können, ordnen die Jungen die Figuren besser zu, wenn sie dafür die linke Hand statt der rechten benutzen. Das liegt daran, dass das Gehirn den Körper sozusagen über Kreuz lenkt, für die rechte Hand oder das rechte Bein ist die linke Gehirnhälfte zuständig. Das visuell-räumliche Vermögen sitzt bei den Jungen in der rechten Gehirnhälfte, folglich ist die linke Hand besser für die Aufgabe geeignet. Mädchen ertasten und erkennen die Figuren mit beiden Händen gleich gut.[87] Witelson führte die Unabhängigkeit von den Körperhälften bei Mädchen auf das *Corpus Callosum* zurück, den Nervenstrang, der beide Gehirnhälften miteinander verbindet und der bei Frauen in bestimmten Abschnitten deutlich mehr neuronale Verbindungen enthält.[88] Durch diese Verbindung beider Gehirnhälften verfügen Frauen über Fähigkeiten, die Männern vorenthalten sind, darunter vernetztes Denken, Intuition[89], bessere sprachliche Fähigkeiten, geringere Einschränkungen nach Schlaganfällen und Unfällen.

Übrigens hat Norman Geschwind auch herausgefunden, dass das Testosteron nicht nur das Gehirnwachstum beeinflusst, sondern auch körperliche Zeichen hinterlässt. Wenn Sie also nun wissen wollen (und spätestens einige Seiten weiter werden Sie es wissen wollen!), ob Sie im Mutterleib viel oder wenig Testosteron produziert haben, dann schauen Sie nach, ob Ihr rechter oder linker Fuß, Ihr rechter oder linker Hoden (wenn Sie ein Mann

---

86 Baron-Cohen (2004), S. 140
87 Witelson, Sandra F. (1979)
88 Witelson, Sandra F. (1991), Witelson, Sandra F. et al (1991), Allen, Laura S. et al. (1991)
89 Moir, Anne und David Jessel (1993), S. 67

sind) oder Ihre rechte oder linke Brust (wenn Sie eine Frau sind) größer ist. Wenn Ihre linke Seite größer ist, dann haben Sie als Fötus weniger Testosteron produziert, wenn Ihre rechte Seite größer ist, dann war es wohl eindeutig etwas mehr davon. Und wenn Sie sich augenblicklich in der Öffentlichkeit befinden, die es Ihnen nicht erlaubt, sich spontan zu entkleiden, dann vergleichen Sie Ihre Zeige- und Ringfinger. Ist Ihr Zeigefinger genauso lang wie Ihr Ringfinger und Sie sind eine Frau, dann ist Ihr Gehirn von der für Frauen typischen Dosis Testosteron beeinflusst worden. Bei Männern beträgt die Länge des Zeigefingers in der Regel 96 Prozent der Länge des Ringfingers. Bei Abweichungen beschweren Sie sich bitte bei John Manning, der dieses Verhältnis definiert hat[90].

5.3.5. Das geschlechtstypische Verhalten

Der Aufbau unseres Gehirns bestimmt unser Verhalten. Talente, aber auch sozial unerwünschtes Verhalten wie Gewaltbereitschaft, finden ihren Abdruck im Gehirn. Dasselbe gilt für geschlechtstypisches Verhalten.

Inzwischen weiß man, dass Frauen viele Aufgaben entgegen früherer Annahmen genauso gut lösen können wie Männer, unter der Voraussetzung, dass sie ihre eigenen, »weiblichen« Lösungswege dafür verwenden dürfen. Inzwischen wissen wir sogar, dass Männer und Frauen für die Lösung derselben Aufgabe ganz unterschiedliche Gehirnbereiche nutzen.[91] Der *Hypothalamus*, das *limbische System* und das Corpus Callosum sorgen für das Gros der unterschiedlichen Herangehensweisen.[92]

Zu den ohnehin schon »weiblich« oder »männlich« ausgeprägten Gehirnhälften und den verschieden genutzten Gehirnbereichen kommen auch noch die Hormone dazu. Sie beeinflussen im Zusammenspiel mit verschiedenen Botenstoffen unser Verhalten, meistens ohne unser Wissen. Frauen unterliegen jeden Monat starken Hormonveränderungen. Zu Beginn ihres monatlichen Zyklus' ist ihr Östrogenspiegel an seinem Tiefpunkt und beginnt wieder zu steigen. Seinen Höhepunkt erreicht er kurz vor dem Eisprung, also den fruchtbaren Tagen. Dann fällt er wieder stark ab, um kurz darauf zusammen mit dem Progesteronspiegel anzusteigen. Einige Tage später setzt die Periode ein. Zu diesem Zeitpunkt sind Östrogen und Progesteron schon längst wieder abgefallen. Mit dem zusätzlichen

---

90 Manning, John T. (2002)
91 Kimura, Doreen (1992)
92 Bischof-Köhler, Doris (2006), S. 184

Testosteronhöhepunkt zum Zeitpunkt des Eisprungs ist das Hormonchaos perfekt.[93]

Während ihrer fruchtbaren Tage verändert sich das Verhalten vieler Frauen geradezu dramatisch – ohne ihnen überhaupt bewusst zu werden! Untersuchungen haben ergeben, dass sie durch den Hormoneinfluss in diesen Tagen viel kürzere Röcke und höhere Absätze tragen. Viele Studien haben im direkten Fotovergleich gezeigt, dass Frauen an diesen Tagen viel schöner sind als sonst, was nicht an der Benutzung von Make-up liegt.[94] Auch die treuesten Frauen erkennen sich womöglich selbst nicht wieder, wenn sie plötzlich neben einem wildfremden Kerl aufwachen, den sie bei einer anderen Hormonmischung im Blut niemals in Betracht gezogen hätten.[95] Sie stehen doch immer auf die freundlichen, zugewandten, intelligenten und feinfühligen Männer. Bei genauerem Hinsehen sieht er ganz gut aus, aber der Geruch ... Als sie diesen Typen jedoch verschämt nach dem Weg zum Badezimmer fragt, erntet sie nur das Grunzen eines Neandertalers. Wie konnte ihr das nur passieren? Waren etwa K.O.-Tropfen im Spiel? Das kann natürlich sein, aber in diesem Fall ist es ihr wie vielen anderen Frauen ergangen, die sich nie hätten vorstellen können, ihrem zivilisierten Liebsten untreu zu werden. Offizielle Statistiken gibt es nicht, doch die Schätzungen hinsichtlich der so genannten Kuckuckskinder belaufen sich in Deutschland gegenwärtig auf zehn bis zwanzig Prozent.[96]

Doch natürlich gibt es auch ganz andere hormonelle Einflussfaktoren. Die bloße Anwesenheit eines neugeborenen Babys kann bei einer Wiederholung in kurzer Zeit bei anderen Frauen einen starken Kinderwunsch auslösen, selbst wenn sie damit abgeschlossen hatten. Über den Kopf sondert das Kind Pheromone aus, die von Frauen über den Geruchssinn aufgenommen werden und direkt im Gehirn wirken[97], ohne den Umweg über den präfrontalen Cortex zu nehmen, der bei ihnen für die bewusste Wahrnehmung und rationale Entscheidungen zuständig ist. Körperliche Berührungen zwischen Frauen und ihren Kindern oder ihrem geliebten Partner lösen bei allen Beteiligten, am meisten jedoch bei den Frauen, eine Oxytocin-Ausschüttung aus. Oxytocin erzeugt Wohlgefühl und Vertrautheit. Oxytocin wird auch als Bindungshormon bezeichnet. Es sorgt während der Geburt für die Entstehung der Mutter-Kind-Verbindung, indem das Gehirn der Mutter damit geflutet

---

93 Brizendine, Louann (2007), S. 61
94 Roberts, S. Craig et al. (2004)
95 Little, Anthony C. et al. (2010)
96 Schmollack, Simone (2008)
97 Brizendine, Louann (2007), S. 152

wird und sich dadurch für immer verändert. Aus einem weiblichen Gehirn wird ein für allemal ein Muttergehirn[98]. Die Berührungen beim Sex führen bei der Frau zu einer stärkeren Bindung an ihren Partner als umgekehrt.[99]

Oxytocin wird sogar durch die Betrachtung von Gegenständen mit einem Kindchenschema-Design ausgeschüttet. Früher entsprach das Design der meisten Kleinwagen dem Aussehen von Kleinkindern: Scheinwerfer wie große Augen, Markenlogo und Kühlergrill klein wie die Nase und der Mund eines Säuglings. Deswegen hatten Frauen häufig eine sehr persönliche Beziehung zu ihrem Auto. Das Autodesign hat sich in den vergangenen Jahren gravierend verändert. Heute zielt es auf junge Männer als Käufer ab. Das erklärt die zunehmende Beliebtheit des Minis, der fast das einzig verbleibende Auto ist, das direkt ins weibliche Gehirn zielt. Zu anderen Autos können Frauen kaum noch Beziehungen aufbauen, denn der Trend zu noch aggressiverem Design nimmt weiter zu, was die meisten Frauen unbewusst abschreckt. Autobauer beklagen seit Jahren, dass die Autos auf den Straßen immer älter werden. Vor der so genannten Abwrackprämie 2009 waren sie im Durchschnitt neun Jahre alt. Ohne diese (in Wahrheit umwelt- und wirtschaftsschädliche) Förderung läge das Alter inzwischen noch höher. Bedenkt man, dass Frauen Einfluss auf achtzig Prozent aller Kaufentscheidungen bei Autos haben[100], verwundert es nicht, dass es für sie unter diesen Bedingungen immer schwieriger ist, Zuneigung zu einem Neuwagen zu fassen. Das Problem ist also einmal mehr hausgemacht – in Ermangelung besseren Wissens über Gender Marketing.

Und dann gibt es noch den Wellness-Trend, der künftig noch oft seinen Namen wechseln wird, niemals mehr aber seine Wirkung auf Frauen (und zunehmend auch auf Männer). Meine persönliche Theorie lautet, dass die Beliebtheit von Wellness und kosmetischen Anwendungen insbesondere bei Frauen in Gesellschaften mit geringem körperlichen Kontakt hoch ist. Der Zuspruch ist darauf zurückzuführen, dass die Frauen hier zumindest situativ ausreichend Berührung erfahren, wodurch Oxytocin ausgeschüttet wird, das wiederum ein Wohlgefühl bewirkt. Gesellschaften mit geringer körperlicher Nähe sind schnell an der hohen Anzahl an Haustieren zu erkennen. Deutschland hat 5,5 Millionen Hunde und 8,2 Millionen Katzen, dazu 9,6 Millionen Hamster, Vögel, Schlangen & Co.[101] bei einer Bevölkerung von 82 Millionen.

[98] Brizendine, Louann (2007), S. 157
[99] Carter, C. Sue (2003), Bielsky, Isadora F. und Larry J. Young (2004)
[100] Jaffé, Diana (2010), S. 124
[101] Hielscher, Henryk (2010)

Doch auch die Männer sind gleichermaßen Sklaven ihrer Hormone. Viele Dinge haben auch sie nicht im Griff, zumindest solange sie sich des hormonellen Einflusses nicht bewusst sind. Wenn sich Männer an eine neue Partnerin binden und diese womöglich auch noch schwanger wird, sinkt der männliche Testosteronspiegel, während der Prolactinspiegel steigt.[102] Der Mann wird durch die Bindung quasi befriedet. Ein hoher Testosteronspiegel bewirkt eine höhere Anfälligkeit für chronische Krankheiten[103] und schwächt das Immunsystem von Männern. Fast dreimal so viele Männer wie Frauen sterben an postoperativen Infektionen.[104] Der Psychologieprofessor James McBride Dabbs von der Georgia State University fand bei der Messung des Testosteronspiegels von 8 000 Männern und Frauen in den USA heraus, dass dieser großen Einfluss auf unsere Berufswahl hat. Demnach haben Football-Spieler, Bauarbeiter, Schauspieler und arbeitslose Männer (die vermutlich nicht imstande waren, länger im selben Job zu bleiben) die höchsten Testosteronwerte von allen. Die niedrigsten fand er bei Pfarrern, Akademikern und Farmern.[105] Ein hoher Testosteronspiegel führt bei Männern mit hoher Wahrscheinlichkeit zu einem niedrigen Bildungsgrad und einem Leben mit Jobs als ungelernter Arbeiter.[106] (Interessanterweise wirkt Testosteron bei Frauen umgekehrt: Dessen Anteil im Blut ist bei all jenen Frauen hoch, die ehrgeizige Karriereziele verfolgen und ein hohes gesellschaftliches Ansehen genießen. Die höchsten Werte wurden bei Frauen in hochqualifizierten oder technischen Berufen gemessen, Managerinnen und sogar bei Universitätsstudentinnen. Sie waren signifikant höher als bei Sportlerinnen, Lehrerinnen, Büroangestellten oder Hausfrauen.[107])

Bei einem Wettkampf dient Testosteron der Leistungssteigerung[108], ebenso wie beim Sport[109]. Nicht von ungefähr gehören in den USA hübsche Cheerleader in knappen Kostümen zum American Football. Ihr Anblick steigert den Testosteronspiegel bei den Spielern, wie auch bei den männlichen Zuschauern. Die Aggressionssteigerung, die die Römer durch ihre runden Arenen bewirkt haben, in denen die verzerrten Gesichter aller

---

102 Delahunty, Krista M. et al. (2007), Gray, Peter B. et al. (2006)
103 Rabin, Roni (2006)
104 Pinker, Susan (2008), S. 36
105 Dabbs, James McBride und Mary Godwin Dabbs (2000)
106 Pinker, Susan (2008), S. 287 f.
107 Dabbs, James McBride und Mary Godwin Dabbs (2000)
108 Bartens, Werner (2007)
109 Archer, John (2006)

anderen Zuschauer sichtbar waren, bewirken im US-amerikanischen Sport hübsche Frauen. Nach sportlichen Wettkämpfen weisen Sieger einen höheren Testosteronspiegel auf, während der der Verlierer durch die Niederlage gesunken ist.[110] Testosteron führt in Kampf- oder Wettbewerbssituationen zu einer geringeren Angst- und Schmerzwahrnehmung bei Männern. Das erfuhr auch der australische Surfer, der von einem Hai angegriffen worden war. Michael Bedford verpasste dem Hai einen gekonnten Faustschlag, schwang sich auf sein Surfbrett und ritt auf einer Welle zurück an den Strand. Dort banden seine Freunde die Bisswunden am Bein ab und verfrachteten ihn ins nächste Krankenhaus.[111] Die künstliche Zuführung von Testosteron gilt als Doping und ist im Leistungssport verboten. Verabreicht man Frauen Testosteron, verbessert sich beispielsweise ihre Orientierungsfähigkeit enorm. Nicht nur in der DDR wurde vielen Sportlerinnen bereits in jugendlichem Alter Testosteron verabreicht, wodurch sich Körper und Gehirn stark veränderten.[112] Die Kugelstoß-Europameisterin von 1986, Heidi Krieger, unterzog sich später einer Geschlechtsumwandlung und lebt heute als Andreas Krieger.[113]

Geschlechtstypisches Verhalten zeigt sich auch bei unterschiedlichen Problemlösungsansätzen oder bei Sozialverhalten. Beispielsweise wollen Frauen einen unangenehmen Vorfall verarbeiten, indem sie einem anderen Menschen davon erzählen. Sie brauchen ein gemeinsames, ja synchrones emotionales Durchleben der Situation, weil sie dadurch die Verbindung mit einem anderen Menschen spüren. Dazu ist es nötig, dass der Vorfall im Gehirn der zuhörenden Person gespiegelt wird, damit beide dasselbe empfinden können. Dabei spielt die Dauer der Spiegelungsphase eine wichtige Rolle. Sie muss lang genug sein, damit die gesamte Verarbeitungsphase durchlaufen werden kann. An dieser Stelle entspinnt sich ein alltägliches Drama unter Paaren: Sie will sich etwas von der Seele reden und Zuspruch einholen. Er verbleibt nur kurz in der Gefühlsspiegelung und wechselt unmittelbar in den Problemlösungsmodus. Er kann eigentlich gar nichts dafür, denn im Gegensatz zu ihrem Gehirn lösen aktivierte Spiegelneuronen in seinem Gehirn umgehend Aktivitäten in der temporal-parietalen Verknüpfung aus, seinem Lösungszentrum.[114] Er kann sich gar nicht vorstellen, weshalb sie jedes Mal wieder so sauer wird, wenn er ihr Lösungs-

110 Taylor, Paul (2005)
111 http://bit.ly/9XNt9B
112 Gladwell, Malcolm (2001)
113 http://bit.ly/aHpLMh
114 Schulte-Ruther, Martin et al. (2008), Brizendine, Louanne (2010), S. 127

möglichkeiten unterbreitet. Und sie kann nicht nachvollziehen, warum er sie jedes Mal bevormunden muss, wenn sie doch nur emotionale Unterstützung haben will, um sich wieder besser zu fühlen.

So kommen wir auf eine wichtige Frage, die bereits von vielen Philosophen gestellt wurde: Sind wir willenlose Sklaven unserer Biologie?

5.4. Die Plastizität des Gehirns

Ausgerechnet die empirischen Wissenschaften beantworten die Fragen der Philosophen. Das ist nur auf den ersten Blick eine Ironie des Schicksals, denn sie gibt uns den entscheidenden Hinweis: Nichts am Menschen ist so simpel, wie es einst schien. Nie wieder können Platitüden dazu dienen, eine Wissenschaft über die andere und ein Geschlecht über das andere zu stellen.

Entgegen früherer Annahmen ist unser Gehirn plastisch. Das bedeutet, dass es keinesfalls so festgelegt ist, wie wir einst damit geboren wurden, sondern dass es sich durch die stetige Benutzung verändert. Verhalten wir uns auf stets dieselbe Weise, wird unser Gehirn auf andere Weise beeinflusst, als wenn wir ständig Neuem begegnen, aber es verändert sich in beiden Situationen, wenn auch auf unterschiedliche Weise. Wenn wir etwas Neues lernen, uns auf eine neue Weise verhalten, entstehen neue Verbindungen zwischen den dafür benötigten Gehirnzellen. Vor diesem erstmaligen Moment des Entdeckens oder der Erkenntnis bestand zwischen diesen Gehirnzellen überhaupt keine direkte Verknüpfung. Eine funkende Nervenzelle bildet eine neue Synapse aus, die an das Empfängerneuron andocken kann, weil dieses einen so genannten Dendritischen Dorn ausgebildet hat. Wird dieser Gedankengang nicht wieder benutzt, löst sich diese Verbindung bald wieder auf. Je häufiger die betreffende Erkenntnis, diese Methode oder das Verhalten zum Einsatz kommt, desto stärker bildet sich die Verbindung dieser beiden Nervenzellen aus. Die Kommunikation zwischen Neuronen erfolgt mittels elektrischer Impulse, die durch einen chemischen Prozesses erzeugt werden. Je häufiger dieser chemische Prozess ausgelöst wird, desto größer wächst der Dendritische Dorn und die betreffende Synapse. Manche Gehirnforscher vergleichen die neuronalen Verbindungen mit einem Straßenatlas: Kaum genutztes oder neues Wissen und Verhalten gleicht Feldwegen oder kleinen Nebenstraßen in einer verkehrsberuhigten Zone. Stärker genutzte Denkwege sind wie Bundesstraßen. Dinge, die wir ständig tun, beispielsweise ein eingeübter Griff, den wir für die Arbeit am Band benötigen, das allmorgentliche Zähneputzen und die ständige Aufregung über miserable Autofahrerinnen oder den unfähigen Vorgesetzten sind wie eine achtspurige deutsche Autobahn ohne Geschwindigkeitsbegrenzung, auf der viele Amerikaner gerne mal einen *Porsche* ausfahren würden. Das Gehirn bevorzugt gut ausgebaute Verbindungen. Deswegen fallen uns Veränderungen so schwer, und deswegen bleiben wir allabendlich auf der Couch vor einem interessanten Film hängen, obwohl wir uns dreimal pro Woche Sport verordnet haben. Übrigens: Wird etwas vergnügliches Neues gelernt, dann belohnt uns unser Gehirn mit einem Schwall Endorphine, einem körpereigenen Glücklichmacher. Natürliches Lernen ist das Natürlichste der Welt und macht Spaß. Kinder wissen das. Sie erleben es jeden Tag, bis es ihnen unwissende Eltern oder die Schule abgewöhnen.

Müssen wir uns aufgrund unserer Biologie geschlechtsstereotyp verhalten? Müssen Männer Frauen immer mit gutgemeinten Tipps ärgern, während die Frauen nur auf der Suche nach Zuspruch sind? Sind wir darauf festgenagelt, welche Talente sich bereits vorgeburtlich in unser Gehirn eingeprägt haben? Sind wir unseren Genen, unseren Hormonen und unserer Gehirnanatomie hilf- und bedingungslos ausgeliefert?

Glücklicherweise nicht. Unser Denken, unsere Ansichten und unser Verhalten werden zum Teil von unserer Natur bedingt. Aber auch unsere Umwelt spielt eine große Rolle. Wer mit einem enormen musikalischen Talent auf die Welt kommt, aber nie auch nur in die Nähe eines Musikinstruments kommt, niemals auf die Idee kommt, ein Musikstück nachzusingen, weil es kein Radio gibt oder die jeweilige Kultur das Singen verbietet, wird dieses Talent niemals entdecken oder gar ausbilden können. Es wird unentdeckt bleiben. Hochbegabte Kinder landen erstaunlich oft in Hauptoder sogar in Sonderschulen, weil es in ihrem Umfeld niemanden gibt, der ihre Intelligenz zu erkennen vermag. Sie bleiben bestenfalls ungefördert, schlimmstenfalls erhalten sie das Gefühl vermittelt, ein Störenfried und nichts wert zu sein. Unsere Schulen haben sich darauf spezialisiert, Schwächen zu fördern, nicht aber die Stärken der Kinder und Jugendlichen. Sie sollen sich mit Frustrierendem befassen, anstelle der Möglichkeit, ihre Stärken zu erkunden und dadurch Selbstwert aufzubauen.

Die Frauenbewegung hat durch eine enorme Kraftanstrengung das öffentliche Bewusstsein für die ungleiche Behandlung von Frauen und Männern geschult und viele Gesetzesverbesserungen zugunsten der Frauen (und letztlich damit auch der Männer) bewirkt. Dank der Frauenbewegung haben sich die Auffassungen darüber, was für Frauen schicklich oder gar rechtens ist, in den vergangenen Jahrzehnten enorm verändert.

Erst 1977 wurde in Deutschland das Gesetz außer Kraft gesetzt, dass Frauen nur mit Erlaubnis ihrer Männer einem Beruf nachgehen durften.[115] Heute schütteln Frauen und Männer gleichermaßen entsetzt den Kopf über andere Länder, in denen vergleichbare Gesetze noch gelten.

Gesellschaften verändern sich – und damit auch die gesellschaftlichen Normen, die Menschen in dieser Kultur befolgen. Diese Veränderungen zeigen sich auch in den Gehirnen. Dasselbe gilt auch für Individuen: Wenn wir wissen, dass wir uns auf eine bestimmte Weise verhalten und wahrnehmen können, dass wir immer eine Wahl haben, selbst wenn uns in einem bestimmten Moment noch keine Alternative zur Verfügung steht, können wir über unsere biologische, soziale oder familiäre »Programmierung« hinauswachsen. Lesen wir ein Fachbuch über Geschlechterunterschiede, ermöglicht uns das neu gewonnene Wissen, uns selbst zu erkennen, unser Verhalten durch die Selbsterkenntnis zu reflektieren und es schließlich zu ändern. Wenn wir wissen, dass es nach neuesten Erkenntnissen 10 000 Stunden Übung benötigt, um ein Musikvirtuose oder Spitzensportler zu werden, dann lassen wir uns nach einer Woche noch nicht so leicht entmutigen. Wenn eine Frau weiß, dass ein bestimmtes weibliches Verhalten ihr berufliche Nachteile bringt, kann sie entscheiden, ob sie sich selbst treu bleibt und es beibehält, oder ob sie es in bestimmten Situationen kontrolliert oder durch ein anderes ersetzt, das ihren Karrierezielen dienlicher ist. Wissen erzeugt Wahlmöglichkeiten. Darauf wies insbesondere der inzwischen verstorbene Viktor Frankl immer wieder hin. Der von manchen als Begründer der 3. Wiener Schule bezeichnete Psychologe, Begründer der Existenzanalyse und Logotherapie überlebte verschiedene Konzentrationslager, darunter Auschwitz. Frankl verwies in seinen Arbeiten immer wieder auf die Wahlmöglichkeit, die wir als Menschen haben. Er selbst hatte die vielen Jahre in den Konzentrationslagern dadurch überlebt, weil er sich dazu entschlossen hatte, trotz der ihn umgebenden, unbeschreiblichen Umstände, einen Sinn für sich zu formulieren, an dem er beharrlich festhielt, bis Auschwitz befreit wurde. In dem äußerst bewegenden Buch *Trotzdem ja zum Leben sagen*, das er in den neun Tagen nach seiner Befreiung niederschrieb, beschreibt er, dass die Entscheidung zum Überleben und das unverbrüchliche Festhalten an dieser Entscheidung manchen zum Überleben verhalf. Diejenigen, die nichts hatten, wofür es sich zu leben lohnte, starben. Vor allem aber beeindruckt die Beschreibung derjenigen Menschen, die in der denkbar lebensfeindlichsten und grausamsten Umge-

115 Ketterer, Sandra (2007)

bung jedes Mal aufs Neue die Entscheidung trafen, sich anständig zu verhalten.[116]

Wir haben die Wahl, wie wir uns verhalten. Und wir haben keine Entschuldigung, wenn wir uns unanständig verhalten. Wir werden von unserer Biologie, unserer Kultur und unserem Umfeld geprägt. Es ist zugegebenermaßen nicht einfach zu wählen, wenn man nicht weiß, wodurch man geleitet und beeinflusst wird. Dann ist man leicht beeinflussbar und Spielball der eigenen Natur und des Umfelds. Man ist manipulierbar. Deswegen halte ich es für so wichtig, so viel wie irgend möglich darüber zu verstehen, um sich des zuvor unbewussten Einflusses bewusst zu werden. Wenn wir darum wissen, haben wir immer eine Wahl.

---

[116] vgl. Frankl, Viktor (2007), vgl. Frankl, Viktor (2008)

6. Wie das Geschlecht ins Gehirn gelangt und was das für die Werbung bedeutet

6.1. Autismus als extreme Form der Männlichkeit

Ausgerechnet aus einer ganz ungeahnten psychologischen Forschungsrichtung erreichten uns in den letzten Jahren einige erstaunliche Erklärungen über die unterschiedlichen Denkweisen von Frauen und Männern. Sie stammen vom Cousin von Sacha Baron-Cohen, besser bekannt als eine seiner Kunstfiguren: Ali G., Borat oder Brüno. Borats bzw. Brünos Cousin darf man getrost ernst nehmen, denn Simon Baron-Cohen ist Professor für Entwicklungspsychopathologie in den Abteilungen für Psychiatrie und experimentelle Psychologie am Trinity College der Universität Cambridge und Direktor des dortigen Autismus-Forschungszentrums. Bekannt wurde er mit der These, Autismus sei durch ein »extrem männliches« Gehirn (»extreme male brain«) bedingt.[117] Der Schilderung seiner Theorie sei vorausgeschickt, dass sie von einigen seiner Kollegen wie beispielsweise von der Entwicklungspsychologin Doris Bischof-Köhler aus guten Gründen kritisiert wird.[118] Für unsere Zwecke liefert sie jedoch einige wichtige und nützliche Hinweise.

Baron-Cohen näherte sich der Geschlechterfrage also aus der Perspektive des Autismusforschers. Autismus ist den meisten von uns nur aus den Filmen *Rainman* mit Dustin Hoffman als autistischem Bruder von Tom Cruise oder aus *Mercury Puzzle* bekannt, in dem Bruce Willis als guter FBI-Agent einen autistischen Jungen mit besonderen mathematischen Fähigkeiten vor dem bösen amerikanischen Geheimdienst NSA beschützen muss. Autismus gehört zu den so genannten Tiefgreifenden Entwicklungsstörungen und wird aufgrund seiner verschiedenen Ausprägungen unter der Bezeichnung »Autistisches Spektrum« (AS) zusammengefasst. 75 Prozent der Autisten weisen eine unterdurchschnittliche Intelligenz auf, 25 Prozent haben einen durchschnittlichen IQ, einige von ihnen sind auch

---

[117] Baron-Cohen, Simon (2002)
[118] Bischof-Köhler, Doris (2006), S. 319 f.

hochbegabt. Die Betroffenen fallen bereits als Säuglinge und Kleinkinder vor allem durch ihre geringe Interaktion mit der Mutter sowie ihrem Umfeld und ihre meist geringen kommunikativen Fähigkeiten auf. Sie interessieren sich für wenige Dinge und neigen zur ständigen Wiederholung derselben, oft sogar monotonen Tätigkeit.[119] Wenn Autisten älter werden, fällt bei vielen eine ungewöhnlich obsessive Fixierung ihrer Interessen auf einzelne Themen auf.[120] Das Asperger-Syndrom (AS) ist eine leichtere Form des Autismus, bei der die Betroffenen einen durchschnittlichen oder hohen IQ haben und eine normale Sprachentwicklung durchgemacht haben, darüber hinaus aber alle weiteren Kennzeichen von Autismus aufweisen. Die Experten gehen heute davon aus, dass eines von 200 Kindern von einer Störung aus dem autistischen Spektrum betroffen ist.[121] Auf zehn betroffene Jungen kommt nur ein Mädchen.[122]

Einige Autisten verblüffen mit Inselbegabungen, die sie befähigen, den Wochentag jedes vergangenen oder zukünftigen Datums zu kennen oder zwanzig oder mehr Sprachen zu beherrschen, allerdings nicht, um sich mit anderen Menschen zu unterhalten, sondern weil sie von der Sprachstruktur fasziniert sind. Der so genannte Savant[123] (»Wissende«) Stephen Wiltshire gilt als »lebende Kamera«. Für eine TV-Sendung wurde er gebeten, nach einem einzigen 45-minütigen Rundflug über Rom die gesamte Stadt von oben zu zeichnen. Er brauchte mehrere Tage für seine Zeichnung. Als das Ergebnis geprüft wurde, fand sich nur ein einziger Fehler. Die Anzahl aller Fenster, Statuen, Säulen etc. in ganz Rom stimmte genau![124] Inzwischen besitzt Wiltshire einen eigenen YouTube-Kanal mit Clips, wie er Manhat-

---

119 DMDI (2008), ICD-10-GM F84.0
120 APA (2010), vorgeschlagene Änderung für die fünfte Ausgabe des *Diagnostic and Statistical Manual of Mental Disorders* (DSM-5), das voraussichtlich im Mai 2013 erscheint, http://bit.ly/9iDQTn
121 Baron-Cohen, Simon (2004), S. 187 f.
122 Baron-Cohen, Simon (2004), S. 189
123 Von den heute ca. 120 weltweiten Savants gelten nur rund fünfzig Prozent als Autisten. Die andere Hälfte hat sich bei Unfällen schwere Gehirnschäden in der linken Hemisphäre zugezogen und dadurch andere Fähigkeiten verloren, wodurch sich ihre besonderen Fähigkeiten erst entwickeln konnten.

Wenn Savants in ihren defizitären Bereichen trainiert werden (zum Beispiel sprechen lernen), verschwinden ihre außergewöhnlichen Begabungen oft, wie bei dem Mädchen, das perfekt Pferde aus jeder Richtung und in jeder Stellung zeichnen konnte. Sobald sie sprechen konnte, glichen ihre Pferde haargenau den Zeichnungen Gleichaltriger. Derzeit gehen die Wissenschaftler davon aus, dass die Gehirne von Inselbegabten zu solchen Spitzenleistungen fähig sind, weil bestimmte Bereiche nichts »Normales« tun müssen. Sobald sich die Gehirne dem »normalen« Verhalten annähern, verlieren sie die besonderen Fähigkeiten.
124 http://bit.ly/beLhtO

ten, Tokio und andere Städte zeichnet.¹²⁵ Der Preis für diese Genialität ist allerdings hoch: Viele der Betroffenen besitzen nur diese eine überragende Fähigkeit. Alles andere ist extrem reduziert. Viele können nicht fühlen, schlecht sprechen, leben mit vielen Einschränkungen und sind ihr gesamtes Leben auf die Betreuung durch ihre Eltern angewiesen. Nur wenige Autisten schaffen es wie Temple Grandin, ein selbständiges Leben zu führen. Heute ist sie Dozentin für Tierwissenschaften an der Universität von Colorado und gilt als die echte »Dr. Doolittle«, weil sie wirklich mit Tieren sprechen kann, zumindest mit Kühen.¹²⁶ In den USA kommt wohl keine Rinderzucht und kein Schlachthof mehr ohne ihre Expertise aus, denn sie kann als einzige buchstäblich bis auf einen umgeknickten Grashalm genau sagen, was die Tiere in Panik versetzt (und das Fleisch unbrauchbar macht) und was sie beruhigt. Wenn Monty Roberts der Pferdeflüsterer ist, dann ist sie definitiv die Rinderflüsterin.

Menschen mit AS interagieren mit anderen Menschen gar nicht oder nur mit großen Schwierigkeiten. Ihre Kommunikationsfähigkeit ist stark eingeschränkt, das bedeutet, dass Autisten kaum Signale über Körpersprache und Mimik senden und vor allem, dass sie körperliche Ausdrücke auch bei anderen weder wahrnehmen, noch verstehen können. Änderungen im Ton, die Ironie, Freundlichkeit, Wut oder andere Botschaften transportieren, existieren für sie einfach nicht. Darin besteht ihre offensichtlichste Auffälligkeit.

Menschen mit AS sind zudem daran erkennbar, dass ihnen Regeln und Regelmäßigkeiten sehr wichtig sind. Ihr Tagesablauf ist minuziös geplant. Die Hochbegabte Autistin Nicole Schuster beschreibt in ihrem Buch *Ein guter Tag ist ein Tag mit Wirsing*, wie wichtig es für sie ist, dass sie jeden Tag zur exakt derselben Uhrzeit dasselbe Mittagessen zubereiten kann, zu dem immer der gekochte Wirsing gehört. Menschen mit AS interessieren sich nur für wenige Dinge, für diese dafür besonders intensiv. In Verbindung mit der geschlechtsspezifischen Verteilung sind dies die entscheidenden Hinweise, die (Simon!) Baron-Cohen auf seine These brachten, dass Menschen mit AS eine extreme Form des männlichen Gehirns besitzen. Sie haben ihre größten Defizite in allem, was die Bedürfnisse und besonderen Fähigkeiten von Frauen ausmacht. Die Parallelen sind unübersehbar.

Baron-Cohen entwickelte schließlich die These, dass die Föten, die wenig Testosteron produzieren, zumeist Mädchen, als *Empathen* auf die Welt

---

[125] http://www.youtube.com/user/stephenwiltshire
[126] http://bit.ly/aiov66

kommen, während die Föten, die viel Testosteron produzieren, die meisten davon Jungen, als *Systematiker* geboren werden. Das müssen wir uns etwas genauer anschauen.

6.2. Systematiker

Systematiker sind für Baron-Cohen Menschen, die Systeme lieben und nicht anders können, als sich bevorzugt damit zu befassen. Je mehr Testosteron ein Fötus produziert hat, desto männlicher ist sein Gehirn ausgeprägt und desto größer ist später das Bedürfnis nach und die Leidenschaft für Systeme. Baron-Cohens Systeme weichen von anderen System-Definitionen ab: Es handelt sich um Ursache-Wirkungs-Prinzipien. Jeder Zustand eines Systems kann manipuliert werden, wodurch ein neuer Zustand entsteht. Baron-Cohen verwendet dafür die Begriffe Input (= Ausgangsbasis), Operation (= Einwirkung) und Output (= vom Input abweichendes Ergebnis).[127] Baron-Cohens Systeme sind immer linear.

Ein Systematiker ist ein Mensch, der das Ziel verfolgt, »das System zu begreifen und sein Verhalten vorherzusagen oder ein neues zu erfinden«.[128] Dafür analysiert er das bestehende System und identifiziert veränderliche Merkmale. Der Systematiker sammelt möglichst detaillierte Informationen, wie sich diese Merkmale verändern lassen und welche Effekte aus den Einwirkungen entstehen. Daraus leitet er schließlich die »Input-Operation-Output-Gesetze« (»Wenn-dann-Regeln«) ab.[129] Ein System nach Baron-Cohen sieht beispielsweise folgendermaßen aus:

Gesetz 1:
Input: Ich habe eine Topfblume.
Operation: Ich gieße die Blume.
Output: Die Blume wächst.

Gesetz 2:
Input: Ich habe eine Topfblume.
Operation: Ich gieße die Blume nicht.
Output: Die Blume geht ein.

---

[127] Baron-Cohen, Simon (2004), S. 93
[128] Baron-Cohen, Simon (2004), S. 14
[129] Baron-Cohen, Simon (2004), S. 93

Gesetz 3:
Input: Ich habe eine Topfblume.
Operation: Ich gebe der Blume zu viel Wasser.
Output: Die Blume fault.

Wichtig dabei ist, dass sich die Gesetze reproduzieren lassen und dass bei demselben Input und bei derselben Operation immer derselbe Output entsteht. Wenn die Pflanze regelmäßig mit derselben (richtigen) Menge Wasser gegossen wird und kein anderer Parameter geändert wird (Standort, Licht, Jahreszeit, Dünger etc.), sollte sie also immer wachsen und nie damit überraschen, dass sie die Farbe wechselt, singt oder Menschen beißt. Die Systeme müssen somit ausnahmslos vorhersagbar sein, selbst wenn es sich um komplexe Systeme handelt.[130] Chaos ist darin nicht vorgesehen.

Baron-Cohen hat sechs System-Gruppen definiert:[131]

- Technische Systeme:
  Dazu zählt Baron-Cohen zum Beispiel Wissenschaftsbereiche wie Physik, Maschinenbau und Informatik, aber auch Computer, Fortbewegungsmittel, Maschinen jedweder Art, Hausdächer, eine Flugzeugtragfläche, Werkzeuge, Waffen oder Hilfsmittel wie den Kompass.
- Natürliche Systeme:
  In diese Kategorie ordnet Baron-Cohen Wissenschaften wie die Ökologie, Geografie, Medizin, Meteorologie, Biologie oder Geologie ein, Analysen von Tieren oder Pflanzen, Klima- und Ökosysteme, Flüsse, Steine und alles andere, das wir im landläufigen Sinne zur Natur zählen. Die Frage, ob man Menschen systematisieren könne, beantwortet Baron-Cohen damit, dass Teilsysteme des Menschen durchaus erfasst werden können, sei es die Funktionsweise von Organen oder auch Stoffwechselprozesse.
- Abstrakte Systeme:
  Zu den abstrakten Systemen gehören so unterschiedliche Disziplinen wie beispielsweise die Mathematik, die ungeliebte Grammatik, aber auch Musik, Computerprogramme, Steuerrecht und das Rentensystem, Landkarten, Zugfahrpläne und sogar Kassenbücher.
- Soziale Systeme:
  Bei sozialen Systemen handelt es sich um oftmals komplexe Regelwerke innerhalb gesellschaftlicher Gruppen, die kennzeichnend für

---

[130] Baron-Cohen, Simon (2004), S. 94, S. 101
[131] Baron-Cohen, Simon (2004), S. 95 ff.

Menschengruppen sind. Zu den klassischen Sozialwissenschaften gesellen sich auch Bereiche wie die Politik, die Wirtschaft, das Rechtssystem, das Militär und sogar die Religionen. Ob Freunde, die Fußballbundesliga, eine Politische Partei oder eine Bestsellerliste, all dies sind Ausdrucksformen für soziale Systeme.

- Ordnungssysteme:
  Alles lässt sich ordnen und zuordnen: Wörter in Wörterbüchern, Mozarts Kompositionen im Köchelverzeichnis, Sammlungen in Museen, biologische Spezies in Stämmen, Klassen, Unterordnungen, Familien, Gattungen etc., Briefmarken, Schallplatten, historische Daten.
- Bewegungssysteme:
  Alles, was mit körperlicher Bewegung zusammenhängt, ordnet Baron-Cohen in eine eigene Systemgruppe. Dazu gehören für ihn die Körperbeherrschung von Tänzern und die Fingerfertigkeit von Musikern. Hochleistungsschwimmer trainieren in Strömungsbecken, um ihre Bewegungen zu optimieren und vielleicht muss man sogar Poker-Spieler dazu zählen, die weder mit Mimik noch mit unkontrollierten Tics ihr Blatt verraten dürfen.

Nicht alle Systematiker sind männlich, aber doch die meisten. In allen Berufen, die besondere Anforderungen an das räumlich-visuelle Vermögen, besonderes Interesse an technischen oder abstrakten Themen etc. stellen, sind Frauen unterrepräsentiert. Am wenigsten Frauen finden sich im Maschinen- und Fahrzeugbau (4,8 %[132]), bei den Flugzeugpiloten (4 %), in den Vorständen bzw. Aufsichtsräten von DAX-Unternehmen. Obwohl es viele Musikerinnen gibt, sind unter den Geigen- und Instrumentenbauern kaum Frauen vertreten. Obwohl ihnen alle Berufe mit Ausnahme des Untertage-Bergbaus offenstehen, wählen Frauen, wie wir gleich sehen werden, bevorzugt andere Beschäftigungen. Weil also die meisten Systematiker männlich sind, werden wir für die bessere Lesbarkeit die Begriffe »Männer« und »Systematiker« synonym verwenden, auch wenn dies natürlich nicht ganz korrekt ist.

Baron-Cohen weist ganz besonders darauf hin, dass Systematiker einen »Kick« empfinden, sobald sie die Ursache für eine Wirkung entdeckt haben. Er charakterisiert die Motivation von Systematikern folgendermaßen: »Nicht weil man Informationen über Ursachen um ihrer selbst willen sammeln möchte, sondern weil man durch das Wissen um Ursachen Kon-

---

[132] Kompetenzzentrum Technik – Diversity – Chancengleichheit e. V. (2006)

trolle über die Welt gewinnt.«[133] Die Erkennung eines Ursache-Wirkungs-Prinzips ist nichts anderes als ein natürlicher Lernprozess, den das Gehirn durch die Ausschüttung von Dopamin und durch die Aktivierung des Belohnungszentrums honoriert. Das Gefühl, Zusammenhänge zu verstehen und Kontrolle ausüben zu können, entspricht dem männlichen Bedürfnis, Einfluss auf die Welt zu nehmen.

Für Systematiker ist es wichtig, ihr Wissen zu vertiefen. Männer lesen Sachbücher, Computerzeitschriften und Foren im Internet, um ihr Spezialistentum auszubauen. Wenn man will, dass sich Männer für ein Thema interessieren, muss man dafür nur ein System entwickeln, am besten komplett mit einem Ranking und einem Wettbewerb mit der Möglichkeit, den ersten Platz zu belegen. Ein Experte im eigenen Bereich zu sein, verschafft Anerkennung und Ansehen. Als Spitzensportler, Sternekoch oder Nobelpreisträger, Spitzenpolitiker oder Vorstandsvorsitzender eines multinationalen Konzerns zu reüssieren, gehört in westlichen Gesellschaften zu den erstrebenswertesten Lebenszielen, längst nicht mehr nur für Systematiker.

Die meisten Männer sind also Meister im Erkennen von Strukturen und Wirkungseffekten, die einen mehr, die anderen etwas weniger. Die Menge des Testosterons, die der Fötus produziert, ist verantwortlich dafür, wie stark die Systematisierungsneigung ausgeprägt ist. Autisten und Savants sind die extremsten Systematiker. Dafür entbehren sie – unter anderem – jeglicher Fähigkeiten im zwischenmenschlichen Kontakt. Das gibt uns den entscheidenden Hinweis, in welche Richtung sich das Gehirn entwickelt, wenn das Gehirn nur durch wenig oder gar kein Testosteron beeinflusst wurde.

6.3. Empathen

Simon Baron-Cohen nutzt eine eindimensionale Skala mit fötalem Testosteron als eine Art Schieberegler: Je mehr ein Mensch von diesem Androgen abbekommen hat, desto stärker schlägt sein Gehirn zur Seite des Systematikers aus und umso weniger empathische Anteile hat es. Umgekehrt gilt dasselbe: Je geringer die Testosteron-Menge, die das Gehirn in der Entwicklung beeinflusst hat, desto mehr neigt der Mensch zur Empathie, und umso geringer sind die System-Anteile. Nun haben wir festgestellt, dass die meisten Systematiker Männer sind. Logischerweise müssen also die meisten Empathen Frauen sein. Wieder werden wir »Empathen« und »Frauen«

[133] Baron-Cohen, Simon (2004), S. 100

für die bessere Anschaulichkeit quasi synonym verwenden, aber wir merken uns natürlich, dass es auch männliche Empathen gibt.

Die Empathie hat 180 Millionen Jahre für ihre Entwicklung benötigt.[134] Sie ist in einem Empathie-Schaltkreis organisiert, der entwicklungsgeschichtlich alte und neue Gehirnbereiche miteinander verbindet und koordiniert.[135] Empathie ist genetisch und neurologisch in uns verankert, wird durch Hormone beeinflusst und enthält durch Imitation erlernte Komponenten.[136] Es mag erstaunen, aber sozialer Kontakt mit großen empathischen Anteilen schützt vor Demenz-Erkrankungen und verlängert die Lebensdauer.[137] Die Evolution hat die Empathie erfunden, weil ohne sie kein Säugling überleben und keine soziale Gemeinschaft funktionieren könnte. Anders als bei vielen anderen Spezies sind menschliche Babys sehr lange auf die intensive Betreuung durch ihre Eltern angewiesen. Solange sie noch nicht sprechen und bei ihnen nicht alle Gehirnbereiche vollständig und einigermaßen vernünftig ausgebildet sind, gehört es zu den fundamentalen Aufgaben einer Mutter, zu erraten, was das Kind will und was dem Nachwuchs gut tut, selbst wenn es selbst etwas ganz anderes fordert. Während das Kind laufen und sprechen lernt, erfährt es durch die Mutter die nötige Ermunterung. Die Mutter erkennt rechtzeitig Krankheiten, tröstet es, wenn es Kummer hat, freut sich bei Erfolgen und bringt ihm eine Menge über sein Lebensumfeld bei. Heute wissen wir, dass Babys, die ohne Liebe und Körperkontakt auskommen müssen, nach kurzer Zeit eingehen. Wir alle erinnern uns noch an die unbeschreiblichen Zustände in rumänischen Kinderheimen, die ein deutsches Fernsehteam in den frühen neunziger Jahren filmte. Die Kinder, die ihr gesamtes Leben vernachlässigt miteinander dahinvegetierten, denen die Verantwortlichen selbst das Essen stahlen, konnten nicht sprechen, nicht laufen und waren geistig schwerst zurückgeblieben, ganz abgesehen von ihren sonstigen schweren Erkrankungen. Zu den ersten Dingen, die totalitäre Systeme verlieren, gehört wohl das Mitgefühl, denn sonst wären all diese Massenmorde an oftmals sogar der eigenen Bevölkerung undenkbar.

Im Privaten brauchen viele Frauen in allen Erdteilen noch heute Empathie, um in einer Ehe mit einem gewalttätigen Partner zu überleben. Sein Mangel an Empathie, der ihn in die Lage versetzt, seine Frau zu misshan-

---

134 Pinker, Susan (2008), S. 145
135 Hall, Geoffrey B. C. (2004)
136 Pinker, Susan (2008), S. 165
137 Pinker, Susan (2008), S. 166

deln und zu demütigen, muss von ihrer Empathie kompensiert werden. Durch genaue Beobachtung wissen diese Frauen, wann ihnen oder ihren Kindern Gefahr droht. Dann können sie nötigenfalls Gegenmaßnahmen einleiten oder anderweitig ihr Verhalten zum Schutz ihrer Kinder oder zu ihrem eigenen verändern.

Empathie ist auch die Grundlage dafür, was ich »sozialen Kitt« nenne. Diese starke Ausrichtung auf das Gegenüber und das ebenfalls daraus resultierende Bedürfnis nach einem Miteinander, der Wunsch schon von kleinen Mädchen, eine Reaktion von anderen Menschen auf sich selbst zu erwirken, weil sie sich sonst nicht richtig wahrnehmen können[138], macht Frauen zu *Beziehungsmenschen*.

Untersuchungen haben in den vergangenen Jahren jedesmal wieder dasselbe ergeben: Frauen finden sich nicht in der Werbung wieder. Was sie zu sehen bekommen, macht sie oftmals regelrecht wütend. Während Männer sich von Werbung angesprochen fühlen oder eben auch nicht, können Frauen aus männlicher Sicht erstaunlich emotional werden. Dem, was sie zu sehen bekommen, entnehmen diese Frauen, welches Bild Unternehmen, Werber und die ganze Gesellschaft von ihnen zu haben scheint (siehe Dell mit »Della«). So aber wollen sie nicht gesehen werden, also beginnen sie, sich vehement dagegen zu wehren. Sie wollen von ihrem Gegenüber in ihrem tiefsten Wesen erkannt und geschätzt werden. Das Verständnis und der adäquate Umgang mit diesem Bedürfnis fehlen vielen Marketing- und Kommunikationsentscheidern bedauerlicherweise noch.

Simon Baron-Cohen definiert Empathen als Menschen, die zwei Kriterien erfüllen: Sie erkennen, was in einem anderen Menschen vorgeht – und sind in der Lage, »angemessen« darauf zu reagieren.[139] Schauen wir uns diese zwei Kriterien etwas genauer an.

6.3.1. Wenn zwei Menschen im Gleichklang fühlen

Der erste Teil bezieht sich auf die *Theory of Mind* (ToM) als kognitive Komponente. Die »Theorie des Geistes« wird in den Kognitionswissenschaften als das Vermögen beschrieben, eine Vorstellung über Bewusstseinsvorgänge in anderen Menschen zu entwickeln, über ihre Gefühle und Absichten, ihre Bedürfnisse, Meinungen, Wünsche, Ideen und Erwartungen. Die Theory of Mind ist in Kindern etwa im Alter von vier bis fünf Jah-

---

[138] Brizendine, Louann (2007), S. 33
[139] Baron-Cohen, Simon (2004), S. 46

ren voll entwickelt, denn erst dann sind sie imstande, zwischen den eigenen und den Meinungen ihres Gegenübers zu unterscheiden, sowie falsche Meinungen zu erkennen.[140]

Baron-Cohen hat gemeinsam mit Kollegen eine Art Enzyklopädie der Emotionen erarbeitet. (Wie nicht anders zu erwarten, wurde daraus eine Gefühls*systematik* entwickelt.) Baron-Cohen berichtet, das Team habe »tatsächlich 412 verschiedene (sich gegenseitig ausschließende, semantisch getrennte) menschliche Emotionen« identifiziert.[141] Empathen sind in der Lage, eine große Anzahl dieser verschiedenen Emotionen an sich und an anderen wahrzunehmen und sie richtig zuzuordnen. Diese Fähigkeit lässt sich tatsächlich testen. Typische Methoden, den Empathie-Quotient (EQ) eines Menschen zu testen, enthalten Fotos oder Fotoausschnitte von Gesichtern, zum Beispiel der Augenpartie, aus denen Testpersonen die vorherrschende Stimmungslage herauslesen sollen. Je mehr Gesichtsausdrücke korrekt erkannt werden, desto höher ist der EQ – sofern auch die zweite Voraussetzung erfüllt wird: die angemessene Reaktion auf das Gesehene.

6.3.2. Aus dem Fühlen muss eine Handlung entstehen

Wer angemessen reagiert, gilt als sozial kompetent. Zu bestimmen, was eine »angemessene Reaktion« ist, ist keinesfalls trivial. Baron-Cohen selbst liefert sie nicht. Im Allgemeinen lernen Kinder durch Imitation ihrer Eltern und durch Beobachtung anderer Menschen um sich herum, welches Verhalten zu welchem Gefühl gehört. Schlägt es sich das Knie auf, erfährt es – hoffentlich – Zuwendung und Trost von der Mutter, während sie die Wunde versorgt. Würde sie das Kind zusätzlich bestrafen, würde dieses Verhalten von den meisten Menschen als unangemessen bewertet werden. Das Kind beobachtet, wie Eltern Freundschaften erleben, wie sie auf Familienstreitigkeiten reagieren. Es registriert die unterschiedlichen Reaktionen des Vaters auf eine Beleidigung durch den Nachbarsbengel und durch seinen Chef. Kulturelle Einflüsse und das Verhalten im sozialen Umfeld hinterlassen zusätzliche Prägungen. Die meisten Menschen hinterfragen ihre frühkindlichen Prägungen erst, wenn sie eines Tages ein Coaching erhalten oder eine Therapie beginnen.

Das Wesen der Empathie besteht aus Wohlgesonnenheit. Eine Empathin, die das Leiden eines anderen Menschen wahrnimmt, spürt das Leiden in sich selbst. Da sich eine Empathin nicht von einem Leidenden abwenden

---

140 Resch, Franz (1999) S. 199
141 Baron-Cohen, Simon (2004), S. 41

kann, muss sie helfen, das Leiden des anderen zu lindern.[142] Leid verursacht Schmerz. Seelischer Schmerz ist ein sehr realer Schmerz, wie Naomi I. Eisenberger von der UCLA bereits 2003 nachgewiesen hat. Jeder Körperteil findet auf der Großhirnrinde seine Entsprechung. Verletzt man sich die rechte Hand, werden im Gehirn zwei Bereiche aktiv: die Repräsentation für die rechte Hand und ein Bereich für die Schmerzstärke. Je stärker die Verletzung, desto stärker sind auch die Impulse in diesem Areal. Eisenberger und ihre Kollegen haben Probanden bei einer Untersuchung mittels funktionaler Magnetresonanztomographie (fMRT) ein Videospiel spielen lassen. Anfangs gab es angeblich einen technischen Defekt, sodass die Probanden zwei anderen Spielern zusehen mussten, die sich einen Ball zuspielten. In Wahrheit waren die zwei anderen Spieler lediglich Computersimulationen. Die Gehirne der Studienteilnehmer reagierten zu diesem Zeitpunkt völlig ruhig. In der zweiten Phase durften die Probanden »mitspielen«. Das Gehirn zeigte keine Auffälligkeiten. Nach einer Weile wurde stillschweigend die dritte Testphase eingeläutet: Die Probanden bekamen den Ball nicht mehr zugespielt. Sie mussten annehmen, dass sie von den anderen Spielern ausgeschlossen wurden. Das Gefühl, von anderen aus dem Spiel ausgeschlossen zu werden, aktivierte den Bereich für Schmerzstärke in ihrem Gehirn. Sozialer oder seelischer Schmerz ist für das Gehirn also im Grunde dasselbe wie physischer Schmerz.[143] Das erklärt Phänomene wie das so genannte *Broken Heart Syndrom*, das Menschen nach dem Verlust

---

[142] Die Psychologie-Professorin Nancy Eisenberg erklärt die »angemessene Reaktion« aufgrund ihrer Forschung so: Wenn EmpathInnen das Leid eines anderen Menschen wahrnehmen, empfinden sie selbst Mitgefühl und daraus den Wunsch zu helfen. Gemeinsam mit Kollegen unternahm Eisenberg ein Experiment, in dem Probanden beiderlei Geschlechts zwei Filme sahen. Der erste Film handelte von einem Kind, das mit einem offenen Rücken auf die Welt gekommen war (Spina bifida), während der zweite einen Anhalter zeigte, der von einem bedrohlichen und bewaffneten Autofahrer mitgenommen wird. Der erste Film sollte Mitgefühl erzeugen, der zweite Angst auslösen, was eine weitaus unangenehmere Empfindung für die Zuschauer war. Der Versuch sollte zeigen, ob die Probanden sich mit dem Kummer des Betroffenen identifizieren und helfen wollen, um dessen Leiden zu lindern, oder ob sie sich lediglich von den eigenen schlechten Gefühlen befreien wollen. Die Stärke der emotionalen Reaktionen wurde getestet, indem die Schweißabsonderungen gemessen wurden. Das Ergebnis war eindeutig: Von den 94 Probanden reagierten die Frauen sowohl sensibler auf das kranke Kind, als auch stärker auf die Notlage des Anhalters. In beiden Fällen war der Impuls zu helfen bei den Frauen höher.
Eine genauere Auswertung von Eisenbergs Studie ergab allerdings noch ein weiteres bemerkenswertes Resultat: Die stärksten Reaktionen stammten von Frauen, die Elternhäusern entstammten, in denen ein offener Umgang mit Gefühlen gepflegt worden war.

[143] Eisenberger, Naomi I. et al. (2003)

von Angehörigen oder nach der Trennung von ihrem Partner zusammenbrechen lässt, obwohl ihr Herz keinerlei Auffälligkeiten zeigt. Die Infarkt-Symptome finden ausschließlich im Gehirn statt, sind dadurch aber nicht weniger gefährlich.

Aus all diesen Gründen können nur Menschen ohne Empathievermögen gewalttätig werden, denn sonst müssten sie die Gewalt, die sie anderen antun, und den damit verbundenen Schmerz selbst aushalten. Gewalttätiges Verhalten bedarf der Distanzierung vom Opfer. Ob die Nazis im Dritten Reich, Kindersoldaten oder Vergewaltiger – sie alle betrachten ihre Opfer nicht als Menschen. Deswegen ist es bei Verhandlungen mit Entführern und Geiselnehmern immer erste Pflicht, die Opfer dem Täter gegenüber mit Namen zu benennen und als leibhaftige Menschen zu verdeutlichen. Baron-Cohen: »Empathie sorgt dafür, dass man sein Gegenüber als Person, als fühlendes Wesen betrachtet und nicht als Objekt, das nur dazu da ist, die eigenen Wünsche und Bedürfnisse zu befriedigen.«[144]

Ist daraus zu schließen, dass ausgeprägte Systematiker sich anderen Menschen gegenüber egoistisch und rücksichtslos verhalten? Aus Sicht einer Empathin lautet die Antwort ja. Das lässt sich oft in Unterhaltungen beobachten: Wenn ein Gesprächspartner andere den ganzen Abend ausschließlich mit seinem Fachgebiet, seinen Heldentaten, seinen Erfolgen erst fasziniert und dann langweilt, dann wird sein Mangel an Empathie offensichtlich. In einem früheren TV-Spot des deutschen Sparkassenverbands fragte ein Herr nach dem Weg zur nächsten Sparkasse. Der angesprochene Passant lockt den Frager in seinen Hubschrauber und beginnt einen endlosen Rundflug über die Stadt, in der er von der Größe und Leistungsfähigkeit der Sparkassen erzählt (erinnert das nur mich an Themen rund um männliche Potenz?). Der auskunftssuchende Herr will den Monolog des Piloten unterbrechen und aussteigen, wird aber mit den Sparkassen-Superlativen totgequatscht. Spätestens an dieser Stelle des Spots macht sich die Empathie durch ihre völlige Abwesenheit bemerkbar. Am Ende irren die Werber, denn sie behaupten, dass der Totgequatschte schon bald über das Sparkassen-Imperium beeindruckt ist und machen dies mit einem Lächeln und Kopfnicken kenntlich.[145] Für Empathen ist eine derartige Entführungssituation unerträglich. Als ich diesen Spot vor Jahren bei Veranstaltungen für Sparkassen-Vorstände analysierte und die Sicht von Empathen darauf darstellte, erntete ich dafür von einigen Teilnehmern

---

144 Baron-Cohen, Simon (2004), S. 44
145 http://bit.ly/9W5awG

Reaktionen, die ebenfalls Empathie vermissen ließen. Kurz darauf kam ein neuer Spot mit einem Mädchen ins Fernsehen, das durch die riesige Sparkassenwelt streunt, während ihre Eltern sich von einem Sparkassenmitarbeiter beraten lassen. Als sie zu ihrer Familie in den Beratungsraum zurückkehrt, ermahnt sie ihre Mutter, ohne ihrer Tochter richtig zugehört zu haben, dass sie nichts anfassen solle.

Für einen Dialog ist Empathie unverzichtbar, sonst wird es nur ein Monolog, in dem die Bedürfnisse des anderen missachtet werden, selbst wenn dies unabsichtlich geschieht.[146] Um ein interessantes Gespräch zu führen, lässt sich ein Mangel an Empathie mit guten Fähigkeiten in grundlegender Höflichkeit bis zu einem gewissen Grad kompensieren, doch auf Dauer reicht das für Empathen nicht aus. Eine Beziehung lässt sich auf diese Weise kaum etablieren. Das weiß die Natur, deswegen hat sie Männer, die um eine Frau werben, mit der Fähigkeit ausgestattet, sich vorübergehend empathischer zu verhalten, als sie es sonst tun. Dafür verantwortlich ist der Hormoncocktail mit einer gehörigen Prise Oxytocin[147], der Männer für die Dauer ihrer Verliebtheit eine Menge ungewöhnlicher Dinge tun lässt, die Frauen gut gefallen. Zum Unverständnis und größten Bedauern der vormals Angebeteten lässt das irgendwann bei den meisten wieder nach.

Ob die Empathie nur Menschen vorbehalten ist, ist noch nicht abschließend geklärt. Tiere wie die Gorilla-Dame Binti scheint gegen eine solche Annahme zu sprechen. Als ein dreijähriger Junge vor einigen Jahren von einer Brüstung in ihr Zoogehege gefallen war, hob sie ihn auf, tröstete ihn und trug ihn vorsichtig zur Tür, um ihn dort den Zoowärtern zu übergeben.[148] Dass auch Tiere trauern, ist nichts Neues.[149] Was Empathen kennzeichnet, ist, dass sie eigentlich keine Wahl haben. Sie können sich nicht für oder gegen das Verspüren von Gefühlen entscheiden, oder ob ihnen die Gedanken und Gefühle anderer wichtig sind. Sie sind immer wichtig, denn das Gehirn von Empathen kann im Gegensatz zu Systematikern schlechter zwischen sich und anderen unterscheiden.

6.4. Spiegelneuronen: Ich bin du

Empathie lässt sich inzwischen im Gehirn nachweisen, und zwar nicht nur als die Fähigkeit, Gefühle zu lesen, sondern auch in Bezug auf Hand-

146 Baron-Cohen, Simon (2004), S. 42
147 Pinker, Susan (2008) S. 149f.
148 Baron-Cohen, Simon (2004), S. 45
149 Biro, Dora et al. (2010)

lungen. Die Theory of Mind und das Empathievermögen stehen in unmittelbarem Zusammenhang mit den 1996 von Giacomo Rizzolatti und seinem Team entdeckten *Spiegelneuronen*. Als sie das Gehirn von Affen verdrahteten, damit sie einzelne Handlungsneurone identifizieren konnten, hatten sie Erfolg: Sie fanden tatsächlich einen kleinen Verband Gehirnzellen, der Signale abfeuerte, wenn der Affe nach einer Erdnuss griff, die auf einer Fläche lag. Diese Gehirnzellen feuerten immer bei exakt dieser Handlung, egal ob sie bei Licht oder in der Dunkelheit geschah. Zur immensen Überraschung der Wissenschaftler feuerten diese Nervenzellen allerdings auch, wenn der Affe einem anderen Affen zusah, wenn dieser zu einer Nuss griff, die auf einer Fläche lag. Dies war eine phänomenale Entdeckung! Die Versuchsanordnung wurde variiert – mit immer gleichem Ergebnis: Auch wenn der Affe ein spezifisches Geräusch hörte, das er mit der Nuss identifizierte, feuerte die Gehirnzelle für das Greifen einer Erdnuss. Das noch nicht vollends erforschte Gebiet der Spiegelneuronen wird als komplexes System in mehreren Abschnitten der Großhirnrinde (Cortex) angenommen, das mit anderen Funktionsbereichen in Verbindung steht.[150] Wenn das Gehirn Informationen wahrnimmt, die es in den Zusammenhang mit einer Erdnuss stellt, entsteht der Impuls, nach dieser Erdnuss zu greifen. Die zuständige Gehirnzelle feuert Impulse an andere Neuronen. Sobald ein Affe einem anderen zusieht, vermitteln die Spiegelneuronen des Zuschauers quasi zwischen der Erkenntnis »ha, eine Nuss!« und dem Greifimpuls.[151] Das bedeutet allerdings nicht automatisch, dass der Beobachter tatsächlich die Hand ausstreckt. Tatsächlich zuzugreifen bedarf einer Entscheidung, für die andere Gehirnbereiche zuständig sind.[152] Man kann beobachten, wie kleine Kinder beobachtete Handlungen unwillkürlich imitieren, weil die Unterdrückungs- und Entscheidungsmechanismen bei ihnen noch nicht ausgereift sind.[153]

Rizzolatti, Leiter des Physiologischen Instituts an der Universität Parma, konnte die Existenz von Spiegelneuronen auch bei Menschen nachweisen. Der Begriff *Spiegelneuron* ist perfekt gewählt: die Tätigkeit oder Empfindung eines anderen wird im eigenen Inneren widergespiegelt. Das wie-

---

[150] Eine ausführliche Erklärung des Spiegelneuronen-Systems würde den Rahmen dieses Buchs sprengen. Allen, die ihr Wissen um Spiegelneuronen vertiefen möchten, sei beispielsweise das Buch *Warum ich fühle, was du fühlst* von Joachim Bauer empfohlen.
[151] Rizzolati, Giacomo et al. (1996)
[152] Rizzolati, Giacomo et al. (2001)
[153] Bauer, Joachim (2006), S. 160

derum hat Einfluss auf unser eigenes Verhalten.[154] Das ist auch das Geheimnis, warum das körperliche Spiegeln des Gesprächspartners bei der Neurolinguistischen Programmierung (NLP) so gut funktioniert: Ein besonderer Gleichklang entsteht zwischen zwei Menschen, wenn beide dieselbe körperliche Haltung annehmen und sich »spiegeln«, wenn sie sich gegenüber sitzen. Hat einer das rechte Bein übergeschlagen, ist es bei seinem Gegenüber das linke. Die unbewusste Wahrnehmung der Körperhaltung führt zu der Annahme, dass der andere gleich zu empfinden scheint. Die Annahme der Übereinstimmung führt zu einer tatsächlichen emotionalen Annäherung. Der Effekt ist aus der Psychologie bekannt: Untersuchungen haben gezeigt, dass die Psychotherapeuten, die mit ihren Patienten die größte emotionale Nähe herzustellen vermochten, die besten therapeutischen Ergebnisse erzielten.[155] NLP wird bedauerlicherweise auch oft mit dem Ziel gelehrt, Methoden zur Manipulation anderer zu vermitteln. Besonders beliebt waren eine zeitlang Vertriebstrainings, die dem Verhandlungspartner ohne seine bewusste Wahrnehmung seine Zuneigung und dadurch Zugeständnisse entlocken sollten. Menschen, die sich tatsächlich mögen, allen voran Verliebte, spiegeln sich automatisch. Übrigens wird der Gähn-Impuls beim Anblick einer anderen gähnenden Person durch die Spiegelneuronen ausgelöst, ebenso wie die Betrachtung eines Smileys zu einem eigenen kleinen Fröhlichkeitsanfall führt.

Simone Schnall und ihre Kollegen wiesen 2009 in einer Studie nach, dass wir auf das, was wir sehen, seelisch sowie körperlich reagieren und unsere Handlungsweisen darauf abstimmen. Die Wissenschaftler zeigten ihren Probanden unterschiedliche Filme. Die erste Gruppe sah eine TV-Show von der US-amerikanischen Meister-Talkerin Oprah Winfrey, in der Musiker ihren Mentoren ihren Dank aussprachen. Die zweite Gruppe schaute eine Naturdokumentation und die dritte die alte britische Comedy-Serie mit John Cleese, *Fawlty Towers*. Danach wurde gemessen, ob sich Unterschiede zwischen den Gruppen bei der Hilfsbereitschaft zeigten. Tatsächlich waren diejenigen, die die Oprah-Show gesehen hatten, doppelt so bereitwillig, unentgeltlich weitere Fragebögen der Experimentatoren auszufüllen und ihnen zur Hand zu gehen, als die anderen Gruppenteilnehmer. Schnall und ihre Kollegen stellten fest, dass die Beobachtung anderer bei einem edlen Akt beim Zuschauer ein erhebendes Gefühl auslöst, das sich körperlich durch Wärme im Brustbereich bemerkbar macht. Gute Taten

---

154 Keysers, Christina und Valeria Gazzola (2006)
155 Raingruber, Bonnie Jean (2001)

bewirken beim Beobachter selbst ein Gefühl, ein guter Mensch zu sein oder sein zu wollen und lösen eine aktive Handlungsbereitschaft aus. Schnall empfiehlt Hilfsorganisationen, die zu Hilfe und Spenden aufrufen, nicht die leidenden Opfer, sondern die Helfer zu zeigen.[156] Es nützt wenig, wenn die potenziellen Spender sich mit dem Opfer identifizieren, denn die verspürte Empathie löst keine positive Handlung aus. Helfer als gute Vorbilder aktivieren die Spiegelneuronen. Gemeinsam mit einem ausgelösten Gefühl von Erhabenheit aktiviert es Menschen doppelt.

Chris D. Frith (inzwischen emeritiert) und Uta Frith vom University College London gehen sogar soweit anzunehmen, dass die Empathie sich überhaupt erst aus dem Spiegelneuronen-System entwickelt hat.[157] Dass die Mehrzahl der Empathen weiblich ist, lässt vermuten, dass Frauen mehr Spiegelneuronen besitzen als Männer. Desweiteren bietet sich die Schlussfolgerung an, dass Autisten keine Theory of Mind besitzen, weil ihnen zu wenige Spiegelneuronen zur Verfügung stehen oder eine Störung in der Informationsverarbeitung zwischen ihren Spiegelneuronen und den Gehirnbereichen entsteht, die für irgendeinen Teil der Auslösung einer Handlung zuständig sind. Hugo Théoret von der Harvard Medical School und sein Team konnten bei Menschen mit Störungen im Autistischen Spektrum tatsächlich nachweisen, dass in ihrer motorischen Rinde, einem Gehirnbereich, der für die Auslösung von körperlichen Bewegungen zuständig ist, beim Beobachten von Handlungen tatsächlich wesentlich weniger Impulse ausgelöst werden als bei einer Kontrollgruppe ohne Autismus.[158] Mirella Dapretto und weitere Kollegen von der UCLA wiesen bei Tests mit Kindern aus dem autistischen Spektrum nach, dass bei ihnen die Spiegelneuronen gar nicht aktiviert wurden.[159] Darüber hinaus zeigte sich eine reduzierte Aktivität auch in den Bereichen für die emotionale Verarbeitung, also in der Insula und im Mandelkern (Amygdala).[160] Ein direkter Beweis dafür, dass Frauen tatsächlich mehr Spiegelneuronen haben, ist noch nicht geführt, aber eine Fülle von Studien legen den Verdacht nahe.[161] Und es gibt noch ein Indiz dafür: Achtzig Prozent aller fiktionalen Literatur, also Romane, Erzählungen, Gedichte, wird im deutschsprachigen

---

156 Schnall, Simone et al. (2010)
157 Frith, Chris D. und Uta Frith (1999)
158 Théoret, Hugo et al. (2005)
159 Dapretto, Mirella (2005)
160 Wang, A. Ting et al. (2004)
161 Butler, Tracy et al. (2005), Orzhekhovskaia, N. S. (2005), Singer, Tania et al. (2004), Uddin, Lucina Q. et al. (2005)

Raum, aber auch in anderen Ländern wie den USA von Frauen gekauft und gelesen,[162] denn die menschliche Empathie vermag auch auf Erzähltes zu reagieren.

Derzeit sind Spiegelneuronen ein beliebtes Marketing-Thema. Zu Recht. Aber bei Weitem nicht alle im Umlauf befindlichen Geschichten stimmen mit den bisherigen wissenschaftlichen Erkenntnissen überein. Beispielsweise ist Vorsicht geboten, wenn leichtfertig unterstellt wird, wer sich mit welchen Werbebildern bzw. darin dargestellten Personen identifiziert.

In den letzten Jahren wurden wiederholt Roboter in der Werbung eingesetzt: Citroën ließ seine Werberoboter in New York[163] ebenso wie in Istanbul tanzen[164] oder eislaufen[165]. Abgesehen davon, dass sich vielen die Werbebotschaft nicht so recht erschließen wollte, herrscht bei den Experten die Meinung vor, dass die menschlichen Spiegelneuronen nur auf andere Lebewesen reagieren, nicht aber auf Greifzangen, Roboter oder Ähnliches. Virtuelle Hände etc. werden bei den meisten Experimenten ebenso ignoriert, allerdings wird nicht ausgeschlossen, dass die immer realistischer wirkenden Computerspiele, vor allem so genannte First-Person-Shooter, durchaus ihre Spuren im Gehirn hinterlassen.[166] Valeria Gazzola hat mit Giacomo Rizzolati und weiteren Kollegen 2007 jedoch ein Experiment durchgeführt, demzufolge Spiegelneuronen unter bestimmten Umständen womöglich doch auf künstliche Objekte reagieren, allerdings ist dieser Bereich bislang nur rudimentär erforscht.[167]

Eine Erkenntnis im Hinblick auf Spiegelneuronen birgt allerdings enorme Sprengkraft. Ich finde es erstaunlich, dass die Medien sie nicht längst aufgegriffen haben. Es hat sich nämlich erwiesen, dass wann immer wir einem anderen Menschen bei einer Tätigkeit zusehen, die uns neu ist, die Möglichkeit zur eigenen Imitation in unserem Gehirn angelegt wird. Je öfter wir etwas sehen, desto stärker verankert es sich in unserem Gehirn. Wenn wir einen Handgriff imitieren, während wir einem anderen dabei zusehen, wie er ihn selbst durchführt, verankert sich dieser Handgriff neuronal umso stärker. So weit, so gut. Schon immer gehörte das Zusehen zur Ausbildung. Lehrlinge schauten und schauen noch immer Gesellen und Meistern zu, bevor sie selbst es versuchen dürfen. Aber was, wenn es sich

---

162 Weiner, Eric (2007)
163 http://bit.ly/9c5Dsx
164 http://bit.ly/cZEOtp
165 http://bit.ly/aj8lym
166 Bauer, Joachim (2006), S. 38
167 Gazzola, Valeria et al. (2007)

bei dem Gesehenen um etwas weniger harmloses handelt? Alle erstmaligen Erfahrungen, die eine starke Emotion auslösen, werden besonders intensiv gespeichert. Diese Erfahrungen gehen direkt in das persönliche Handlungsrepertoire desjenigen, der sie gemacht hat, ein. Sehen wir, wie sich jemand vorbildlich verhält, können wir uns entscheiden, uns in einer vergleichbaren Situation ebenso zu verhalten. Werden allerdings erstmals Ereignisse von besonderer Brutalität, Folterszenen, Tabubrüche, Mord etc. beobachtet, dann gehen auch die in unser Handlungspotenzial ein. Indem wir also so genannte Unterhaltungsfilme schauen, erhöhen wir die Wahrscheinlichkeit, uns selbst brutal zu verhalten. Es bedarf zwar noch immer einer bewussten Entscheidung, doch allein die Kenntnis von einer Handlung, die andere schädigt, könnte uns eines Tages verleiten, das Gelernte anzuwenden. Experten sehen das übrigens in Bezug auf sozial benachteiligte Menschen als kritisch an, ebenso wie bei Menschen, die aus beruflichen Gründen in die Versuchung kommen könnten, dieses Verhaltensrepertoire eines Tages zu verwenden.[168]

Im Hinblick auf die Werbung bedeutet das, das wir nicht nur vermitteln können, wie ein neuartiges Putzsystem verwendet wird, wie die Bierflaschen mit Schraubverschluss funktionieren oder wie ein tiefgekühltes Formfleisch-Stück im Toaster aufgetaut wird. Tatsächlich werden oft auch Sozialbilder vermittelt, die übernommen werden. Wer das anzweifelt, muss sich nur ansehen, welche Wirkung beispielsweise Boulevard-Magazine auf Frauen haben: Diese Zeitschriften zeigen angeblich Bilder aus der Lebenswelt der Prominenten und Reichen. Sie erzeugen damit bei den Leserinnen und Lesern die Illusion, diesen Personen nahe zu stehen. Und um dazu zu gehören, muss man die gleichen Berufe ausüben und dieselben Dinge besitzen. Der Model- und Öffentlichkeitswahn, der sich bei Sendungen wie *Germanys Next Top Model*, *Deutschland sucht den Superstar* oder beim *Supertalent* bemerkbar macht, wo sogar Kinder sich gnadenlos vor laufenden Kameras vor der gesamten Nation blamieren, wirft immer die Frage auf, wie die Betroffenen nur auf die Idee gekommen sind, sie könnten das nötige Talent besitzen. Die Antwort macht betroffen: Sie glauben es, weil sie die ganze Zeit von der Illusion von Glanz und Glamour umgeben sind. Und womöglich lässt sich die wachsende Jugendkriminalität, die zuletzt zum Tode mehrerer beherzter Menschen geführt hat, ebenfalls darauf zurückführen. Uns allen steht nun, da wir um diese Mechanismen in unseren Gehirnen wissen, etwas mehr Achtsamkeit mit dem, was wir in die Welt bringen, gut an.

---

168 Bauer, Joachim (2006), S. 36 ff.

6.5. Intuition

Kommen wir noch mal zum obigen Affen-Experiment zurück. Maria Alessandra Umiltà führte mit ihrem Team eine Studie mit gleichem Aufbau und einer einzigen Variation durch: Sie stellte eine Sichtschutz auf, und zwar so, dass der Affe nur den Beginn des Griffs nach der Erdnuss sehen konnte, nicht aber den gesamten Greifprozess. Zur großen Verblüffung feuerten wieder dieselben Neuronen, die für den eigenen Griff zur Nuss zuständig waren. Umiltà hatte damit nichts weniger als den neurologischen Ursprung der Intuition gefunden! Mit diesem Experiment hatte sie nachgewiesen, dass wir keinesfalls einen gesamten Vorgang verfolgen müssen, um zu wissen, was als Nächstes kommt. Umiltà gab ihrer Veröffentlichung den bezeichnenden Titel *I know what you are doing* (Ich weiß, was du tust).[169]

Ausgelöste Spiegelneuronen wissen also schon vor dem Ende des Gesamtablaufs, was passieren wird. Filme und Filmmusik bedienen sich dieses Mechanismus: Steven Spielberg lehrte uns im *Weißen Hai*, dass das musikalische Dum-dum-dum-dum-dum-dum-dum-dum-dum das Herannahen des blutrünstigen Monsters bedeutete. Wir brauchten den Hai gar nicht zu sehen, denn unsere Vorstellung von ihm, ausgelöst durch die Musik, war viel schrecklicher. Liebesszenen funktionieren selbstverständlich gleichermaßen. Wir müssen also erst eine Erfahrung gemacht, eine Erkennungsmelodie für den Hai gelernt, selbst schon einmal einem anderen Menschen über beide Ohren verliebt in die Augen gesehen haben, damit die Andeutung reicht, um die Ahnung auszulösen, was als Nächstes passiert. Und wenn wir wissen, was passieren wird, stellt sich auch das dazugehörige Gefühl ein.

Tragisch für die Macher ist es, wenn ein Film unfreiwillig komisch ist, denn dann versagen alle vorgesehenen Auslöser. Ebenso schlimm ist ein beabsichtigt komischer Film, über den niemand lacht. Das nennt man dann wohl einen Rohrkrepierer. Bei Werbung passiert das ständig: Werden künstliche, völlig absurde, losgelöste oder »aseptische« Szenen ohne Bezug zu dem Erfahrungsschatz der Zuschauer oder Betrachter gezeigt, wird kein Erkennen ausgelöst. Nichts passiert. Wird dagegen eine negativ besetzte Situation gezeigt, erfolgt die Reaktanz, also die kategorische Ablehnung.

Werden Frauenrollen in der Werbung angelegt, denken die Verantwortlichen meistens viel zu kurz. Sie sind es von Männern gewohnt, dass die

[169] Umiltà, Maria Alessandra (2001)

Darstellung einer bestimmten Szene für sich steht und interpretiert wird. Ein Bezug zu anderen Lebensbereichen und zur Lebensführung einer Person stellen Männer nur bedingt her, wenn sie Werbung betrachten. Völlig anders bei Frauen: Sie können sich maßlos darüber aufregen, wenn sie von einem Bild oder einer Szene konsequent den Rest des Lebens der dargestellten Person ableiten und ihnen nicht gefällt, was sie sehen. Die Andeutung einer Lebensweise im Spot reicht, damit Frauen aus ihrem riesigen Fundus aus Erfahrungen schöpfen und den Rest der Story basteln. Das tut natürlich keine Frau bewusst oder absichtlich. Eine Werbung wirkt wie eine Anfangssequenz. Der Rest des Films muss nicht mehr gezeigt werden. Hausfrauenspots sind deswegen so ärgerlich, weil sie durch ihre Inszenierung bei Frauen den Anschein erwecken, dass die gezeigten Figuren kein anderes Leben haben. Intuitiv erfassen die Adressatinnen, dass Werbe-Hausfrauen außerhalb ihrer Vorliebe für das Wäschewaschen mit einem bestimmten Waschmittel keinen anderen Lebenssinn haben.

Im Winter 2008/2009 bewarb T-Mobile seine Flatrates mit zwei Spots, in denen jeweils ein offensichtlich sehr verliebtes Paar voneinander getrennt war. In dem ersten Spot stand der Mann im Stau auf einer Gebirgsstraße, starker Schnee fiel. Er telefoniert mit seiner Partnerin, die warm eingepackt im Schaukelstuhl auf der Veranda eines Holzhauses sitzt. Nachdem sie ihn ein wenig auf den Arm genommen hat, singt sie ihm ein Weihnachtslied vor. Ihm gefällt das so gut, dass er den Anruf auf Lautsprecher stellt und alle anderen im Stau daran teilhaben lässt.[170] In dem anderen Spot passiert nichts weiter, als dass die Frau im Auto durch die Natur unterwegs zu ihrem Liebsten ist. Man hört ein Liebeslied und denkt zunächst, dass es aus dem Autoradio kommt. Irgendwann beginnt sie, mitzusingen. Tatsächlich ist das ein Ständchen, das er ihr auf den Stufen der Veranda sitzend mit seiner Gitarre bringt. Sie fährt direkt vor, während er das Lied zu Ende singt und bleibt sitzen, bis er fertig ist. Dann haucht sie ihm ein »Ich liebe dich« durch das Handy zu und steigt dann erst aus.[171] So kitschig die Geschichten erscheinen, so überzeugend sind sie umgesetzt. Das, was gezeigt wird, reicht aus, um sich den Rest denken zu können. Und der gefällt. (Die Spots funktionieren auch noch aus weiteren Gründen gut, aber dazu später.)

[170] http://bit.ly/bBjEvb
[171] http://bit.ly/ddoOwq

6.6. Emotionen, ›emotionale‹ und ›rationale‹ Werbung

Eine der am meisten strapazierten Aussagen im Marketing der letzten Jahre lautete, mann müsse Werbung für Frauen »emotionalisieren«. Manchmal heißt es auch, Marken müssten »emotionalisiert« werden. Viele glauben noch immer, Frauen würden auf »emotionale« Werbung reagieren, während Männer es gerne rational(er) hätten. Was ist an alledem dran?

Grundsätzlich lässt sich zunächst feststellen, dass keine Kaufentscheidung rational getroffen wird, ganz einfach deswegen, weil neurologisch betrachtet keine menschliche Entscheidung losgelöst von Emotionen zustande kommt. Das Modell vom *homo oeconomicus* wurde längst begraben[172], auch wenn ihm so mancher in Unternehmens- und Börsenkreisen immer noch nachhängt.

Die Forschung über die Verarbeitung von Emotionen jeder Art in weiblichen und männlichen Gehirnen ist eine noch sehr junge Disziplin. Auch wenn viele Fragen noch offen sind, steht doch schon fest, dass Frauen und Männer Emotionen aufgrund ihrer verschiedenen Gehirnausprägungen in gänzlich unterschiedlichen Bereichen des Gehirns verarbeiten. Die Fülle der verschiedenen Emotionen (wie schon gesagt: Baron-Cohen hat mit seinem Team 412 Emotionen identifiziert) bedarf auch sehr unterschiedlicher Verarbeitungsprozesse.

Die führenden Wissenschaftler sind sich inzwischen darüber einig, dass Männer tatsächlich »dickfelliger« sind, wenn es um Gefühle geht.[173] Männer brauchen lange, um emotionale Signale zu interpretieren[174], und noch etwas länger brauchen Autisten[175]. Frauen reagieren emotional weitaus sensibler, sowohl in Bezug auf die eigenen Gefühle, als auch gegenüber anderen.[176]

Männer scheinen Gefühle stets in verschiedenen Regionen der rechten Gehirnhälfte zu verarbeiten, während Frauen linksseitig oder beidseitig reagieren, je nach Untersuchungsgegenstand und Versuchsaufbau.[177] Die Amygdala, zuständig für die Verarbeitung überlebensnotwendiger Reize

---

172 vgl. z. B. Ariely, Dan (2008), Kast, Bas (2007)
173 Samter, Wendy (2002), Feingold, Alan (1994), Montagne, Barbara et al. (2005)
174 McClure, Erin B. et al. (2004), Hall, Geoffrey B. C. (2000)
175 Baron-Cohen, Simon und Sally Wheelwright (2004), Baron-Cohen, Simon et al. (2005), Wang, A Ting (2004)
176 Butler, Tracy et al. (2005), Wager, Tor D. et al. (2005) Kring, Ann et al. (1998)
177 Hall, Geoffrey B. C. et al. (2004), Wager, Tor D. (2003)

und Zentrum von Angst und Aggression, ist bei heterosexuellen Männern und lesbischen Frauen in der rechten Gehirnhälfte größer, während sie bei heterosexuellen Frauen und schwulen Männern links größer ist.[178] Bei der emotionellen Verarbeitung nutzen Frauen die linke Amygdala, die Männer dagegen die rechte.[179] Sie verfügt bei Männern über größere Verarbeitungskapazitäten, was als Grund gilt, warum Männer schneller mit Aggressionen oder gar körperlicher Gewalt reagieren.[180] Frauen sind besser imstande, negative Gefühle zu kontrollieren, indem sie sie überdenken und dann eine Handlungsweise beschließen.[181] Gewalt-Affekthandlungen kommen bei Frauen weitaus seltener vor. 97 Prozent aller Gewaltverbrecher sind Männer.[182] Frauen waren historisch darauf angewiesen, in Gefahrensituationen besonnen zu reagieren, sei es gegenüber Tieren, Feinden oder dem eigenen Partner. Aus diesem Grund ist der präfrontale Cortex, der unter anderem für Reflexion und Kontrolle zuständig ist, bei Frauen ausgeprägter. Dennoch leiden Frauen doppelt so oft wie Männer unter Traurigkeit, Verstimmungen und Angstgefühlen.[183] Die Empfindung kann bis zu dreißig Prozent stärker ausfallen.[184] Dauern solche Zustände an, führt das zum Burnout und doppelt so häufig wie bei Männern zu Depressionen.[185]

Man sagt, Frauen hätten ein Weihnachtsmann-Gedächtnis. Und das stimmt. Frauen merken sich alles, manchmal sehr zum Leidwesen anderer. Ihr Gedächtnis ist für Gesichter besser, weswegen schon vor Jahren ernsthaft vorgeschlagen wurde, nur noch Frauen als Sicherheitsbeamte an Flughäfen zu beschäftigen. Das weibliche Gehirn ist prädestiniert dafür, sich gefühlvolle Momente für alle Ewigkeit einzuprägen.[186] Das liegt daran, dass sich die Amygdala bei Frauen schneller aktiviert[187], und der Hippocampus ist größer. Situationen, die negative Gefühle auslösen, prägen sich stärker ein.[188]

Der erste Kuss, der Wohnungseinbruch, die Hochzeit der besten Freundin, der Tod des Vaters – an all diese Ereignisse erinnern sich Frauen besser als Männer, und sie kennen noch alle Details jeder einzelnen Szene.

---

178 Savic, Ivanka und Per Lindström (2008)
179 Canli, Turhan et al. (2002)
180 Cahill, Larry (2005)
181 Giedd, Jay N. et al (1996), Goldstein, Jill M. et al. (2001), Goldstein, Jill M. et al. (2005)
182 Otten, Dieter (2000), S. 43 ff.
183 Kessler, Ronald C. und Jane D. McLeod (1984)
184 Kessler, Ronald C. (2006)
185 Seligman, Martin P. (1998), S. 75
186 Phelps, Elizabeth A. 2004, Canli, Turhan et al. (2002), Hamann, Stephan und Turhan Canli (2004)
187 Hamann, Stephan (2005), Hall, Lynne A. (2004)
188 Baumeister, Roy F. et al. (2001)

Womöglich waren jene, die die »Emotionalisierung« von Werbung und Marken in die Welt gesetzt haben, bestrebt, sich auf diese Weise in den Gedächtnissen der Kaufentscheiderinnen zu verankern. Die Idee ist nicht grundsätzlich schlecht, aber mal ehrlich: Wie könnte eine Werbung mit solch starken Erlebnissen wie einem Überfall in New York, einem Heiratsantrag von der großen Liebe, der Begegnung mit einem Hai beim Tauchen in der Karibik oder der Geburt eines Kindes mithalten?

Die Liste der Gefühlsunterschiede ließe sich noch lange fortführen, und das, obwohl die Forschung erst am Anfang steht. Vor diesem Hintergrund ist die Frage berechtigt, was mit »emotionaler« Werbung oder mit der »Emotionalisierung« einer Marke denn eigentlich gemeint ist und was damit bezweckt wird. Bei näherer Betrachtung haben die meisten eigentlich keine genauere Vorstellung, was sie damit erreichen wollen. Irgendwie soll die Marke gute Gefühle ansprechen und dadurch gekauft werden. Es soll sich für die Rezipienten der Werbung irgendwie toll anfühlen. Die diffuse Vorstellung, die sich meist dahinter verbirgt, besteht darin, Informationen auf eine andere als eine rein sachliche Weise zu vermitteln. Mal ehrlich: Über viele Waren lässt sich kaum etwas Sachliches sagen. Oder sie sind Me-too-Produkte, und dieser Mangel an USP und Innovation muss getarnt werden. Manche Produkte sind schlicht und ergreifend ungesund, dürfen aber nicht so erscheinen. Und überhaupt hat sich die Erkenntnis durchgesetzt, dass man nicht an den Verstand verkaufen sollte, weil dieser sich nur sehr schwer überzeugen lässt (vgl. oben: an den Verstand kann man gar nichts verkaufen). Wenn es also nichts bringt, das Tolle an einem Produkt aufzuzählen, dann muss man ein Erlebnis kreieren, das alles Nötige zu vermitteln vermag. Und immer schön daran denken, dass Frauen so emotional sind!

Auch auf die Gefahr hin, mich erneut unbeliebt zu machen, muss ich darauf hinweisen, dass das alles ohne tieferes Wissen einfach nur Kokolores, Mumpitz, Schmonzes ist. Wenn auch die Leitung länger ist, Problembewältigungsstrategien sich unterscheiden[189], und vieles andere mehr: Der Mann ist keine gefühllose Maschine. Und wenn das Gefühl durchbricht, dann reagiert er genauso wie eine Frau, nur eben vielleicht bei anderen Anlässen. Es gibt sehr vieles, wobei Frauen wesentlich nüchterner reagieren. Wer je ein Fußballspiel gesehen hat, weiß, wie Freudentränen bei einem verhinderten Abstieg und Tränen der Trauer wegen eines Ausschei-

---

[189] Cross, Susan E. und Laura Madson (1997)

dens bei der Weltmeisterschaft bei Männern aussehen. Wenn es um die Anschaffung einer Heimanlage, um das perfekte Design eines MacBooks oder die atemberaubende Schönheit eines Mercedes Benz SLS AMG geht, na, wer wird da emotional?

6.7. Marketing-Kommunikation für Systematiker und Empathen

6.7.1. Die wichtigste Erkenntnis

Die wichtigste Erkenntnis von allen lautet, dass Frauen auf Menschen fokussiert sind und Männer auf Dinge.

Gemeinsam mit den ehemaligen Studentinnen Jennifer Connellan und Anna Ba'tkti führte Simon Baron-Cohen eine Studie an gerade mal einen Tag alten Babys durch. Sie fertigten ein Mobile an, das aus einem zerschnittenen Foto von Jennifer Connelans Gesicht bestand und mit herabbaumelnden Teilen bestückt wurde. So war es nicht mehr als Gesicht, sondern nur noch als »Ding« erkennbar. Abwechselnd zeigten sie den Babys dieses »Ding« und das eigene Gesicht. Die Forscherinnen wussten nicht, bei welchem Kind es sich um einen Jungen oder ein Mädchen handelte, als sie über 100 Kinder filmten. Sie registrierten jedes Mal die Blickdauer der Säuglinge, denn je länger ein Baby etwas anblickt, desto mehr Interesse hat es daran. Die anschließende Auswertung ergab, dass Jungen sich signifikant mehr für das »Ding« interessiert hatten, und die Mädchen für die Gesichter.[190] Diese Vorlieben bleiben ein Leben lang bestehen. Wir werden also als Systematiker oder Empathen geboren und bleiben unser ganzes Leben lang so, außer wir durchlaufen eine Geschlechtsumwandlung mit der vollständigen Umkrempelung unseres hormonellen Systems. Übrigens hat eine Studie gezeigt, dass heterosexuelle Frauen und homosexuelle Männer ein besseres Gedächtnis für Gesichter besitzen als heterosexuelle Männer und homosexuelle Frauen.[191]

6.7.2. Werbung für Systematiker

Viele der folgenden Analysen für Systematiker werden wenig überraschen, denn sie stellen bis zum heutigen Tag den Standard der Marketing-Kommunikation dar. Man kann also sagen, da machen Männer Werbung

[190] Connellan, Jennifer et al. (2001)
[191] Brewster, Paul W. H. et al (2010)

für die männliche Zielgruppe. Dies ist die Weise, wie Marketing-Kommunikation aus Unkenntnis der Geschlechtsspezifika nach wie vor an Akademien und Universitäten gelehrt wird. Daher greift auch das Argument nicht, Frauen hätten eine Kampagne entwickelt. Tatsächlich haben diese Mitarbeiterinnen die Ausbildung durchlaufen, die es eben gibt. Sie sind durch dieselbe Gesellschaft mit derselben Werbung sozialisiert wie ihre männlichen Kollegen. Wahrnehmung wird geprägt und kann nur durch Wissen und gezieltes Hinschauen geschult werden, sonst sehen wir nur, was wir zu sehen erwarten. So funktionieren die Filter in unserem Gehirn: Sie leiten uns zu Stereotypen, die uns das Leben in einer Gemeinschaft erleichtern. Mitarbeiterinnen in Werbeagenturen haben häufig sogar ein weiteres Problem: Sie müssen sich vor ihren männlichen Kollegen beweisen. Die Werbebranche ist kein plüschiges Wattebäuschchen, sondern ein hartes Pflaster. Insbesondere seit Beginn der Wirtschaftskrise 2008 und den Einbrüchen bei den Werbeausgaben hat sich der Ton weiter verschärft. Der männliche Diskussionsstil ist des Öfteren so hart, dass er für Frauen schwer erträglich wird. Mechanismen im Gehirn sorgen dafür, dass die eigene Wahrnehmung bei vielen Menschen sogar unterdrückt wird, wenn sie sich einer Gruppenmeinung gegenübersehen, die etwas anderes behauptet.[192] Doch kehren wir zurück zu den Systematikern.

Die meiste Werbung, die ein materielles Produkt bewirbt, zeigt nur den Gegenstand. Er befindet sich meist als Großaufnahme in der Bildmitte. Autos und Herrenuhren sind gute Beispiele. Menschen werden bei Dingen in der Regel nur dann gezeigt, wenn es sich bei dem beworbenen Produkt um ein Bekleidungsstück handelt oder wenn es Testimonial-Werbung ist. Bei Testimonials hat der Einsatz von Celebrities eine von zwei Aufgaben:

1. Entweder sollen sie den Wert eines Gegenstands bzw. der Marke verdeutlichen, wie zum Beispiel Brad Pitt[193] und Leonardo Di Caprio[194] für Armbanduhren von *TAG Heuer*,
2. oder sie sollen sie aufwerten. Deswegen begann George Clooney, Nespresso zu trinken. Jetzt trinkt er das Heißgetränk, um den erreichten Wert zu transportieren. Der Anbieter der Billigbekleidung KiK wiederum erhoffte sich durch das Engagement von Verona Pooth eine Aufwertung.

---

[192] Schaefer, Jürgen (2010)
[193] http://bit.ly/9KcF3R
[194] http://bit.ly/dplio8

Der »Frauen-Joghurt« Activia von Danone wird gewöhnlich in allen Ländern mittels der Darstellung von Frauen beworben. Oder zumindest mit dem flachen Bauch einer Frau mit darübergelegtem Pfeil, der nach unten zeigt und damit dezent den Verdauungsprozess symbolisiert. Als ich im April 2010 eine Anzeige im Spiegel sah, auf der nur ein Activia-Becher mit einem Löffel abgebildet war, dachte ich zuerst, ich schaue nicht recht. Dann las ich die Überschrift: »In diesem kleinen Becher stecken 20 Jahre Forschungserfahrung.« Somit ging es nicht um den Joghurt, auch wenn dieser abgebildet war, und auch nicht um die Erringung des Siegs bei Öko-Test, obwohl auch dieses Siegel der Abbildung beigefügt wurde, sondern ausschließlich um den Transport des Hinweises auf Danones Kompetenz im Gesundheits- und Ernährungssektor. Wie so gut wie jede Anzeige im Spiegel, ist auch diese klar an Männer gerichtet und als reine Image-Werbung des Konzerns gemeint.

Es ist schwer, so ungreifbare Themen wie »Kompetenz« und »Erfahrung« anders als mit Worten darzustellen. Es sind abstrakte Begriffe. Ebensolche Schwierigkeiten haben viele beratungsintensive Dienstleistungen und Produkte, die sich erst gemeinsam mit dem Kunden konstituieren. Dazu gehören typischerweise Finanz- und Versicherungsprodukte, aber auch Wellness- und Fitness-Angebote. Bei Systematikern als Kommunikationszielgruppe werden Menschen überwiegend dann gezeigt, wenn das beworbene Produkt nicht angefasst werden kann. Die DHL kann nicht zeigen, wie ein Postversand aussieht, der wiederholt Testsieger geworden ist. Also zeigt das Anzeigenmotiv freundliche DHL-Mitarbeiter, erkennbar an ihrer Dienst-Kluft, die Schilder mit den Siegerplaketten halten.

Für Systematiker ist es eine gute und funktionierende Strategie, das Produkt in den Mittelpunkt zu stellen und auf Weiteres zu verzichten, weil sie sich auf wenige Aspekte bzw. Eigenschaften fokussieren.

Wenn sie sich für ein Produkt interessieren, wollen Systematiker wissen, wie es funktioniert. Bei meinen Kundenbeobachtungen konnte ich in Geschäften für Unterhaltungselektronik sehen, wie Männer Dinge am liebsten erforschen. Nehmen wir das Beispiel der digitalen Fotokameras, die ausgepackt auf einem langen Regal aufgebaut und gegebenenfalls auch angekettet sind. Männer haben keinerlei Berührungsängste und geben ihrer Neugier nach. Sie nehmen nach einem ersten schweifenden Blick sogleich ein Gerät in die Hand, schalten es ein und testen es aus. Es spielt keine Rolle, ob sie davon etwas verstehen. Lediglich ihre Neugier und ihre Selbsteinschätzung treiben sie zum Ausprobieren. Nach einigen Klicks greifen sie zum nächsten Gerät und der Schalt- und Klickprozess beginnt erneut. Beobachtet man dagegen Frauen mit einer für dieses Geschlecht durchschnittlichen Technikaffinität, dann sieht man, dass sie vor dem Regal stehen und versuchen, den Informationsaufstellern die nötigen Auskünfte zu entnehmen, die sie benötigen. Die Aufsteller sind meist schlecht gestaltet, weil die genannten Eigenschaften dem geringen Platzangebot angepasst und daher nicht vollständig aufgeführt werden. Sie erlauben keinen Vergleich mit anderen Modellen. So gerne die Frauen sonst alles anfassen, erwarten sie sich bei solchen Produkten keinen Informationsgewinn und fassen so gut wie nichts an. In den seltenen Fällen, in denen sie doch mal eine Kamera in die Hand nehmen, betätigen sie so gut wie nie den Schalter. Sie trauen sich nicht zu, auf Anhieb zu verstehen, wie sie damit umgehen sollen. Frauen wollen zuerst verstehen, was sie tun, bevor sie ein Gerät bedienen.

Dieses Beispiel zeigt wie viele andere: Frauen denken zuerst und handeln dann, während Männer zuerst handeln und danach denken. Männern viel zu erklären, lohnt sich nicht, denn sie müssen zunächst die Erfahrung selbst machen können. Es gibt Männern ein gutes Gefühl, den »Kick«, wie Baron-Cohen schrieb, wenn sie ein Wirkprinzip begreifen. Marketing-Kommunikation für Systematiker sollte sich insbesondere bei der Präsentation von Innovationen auf die zu diesem Zeitpunkt noch unbekannten Effekte konzentrieren: Ausgangsbasis – Operation mittels der Innovation – verblüffendes Ergebnis. Oft ist ausgerechnet Werbung, die sich an Frauen richtet, auf diese Weise aufgebaut. Putz- und Waschmittel wie *Harpic Max*[195] oder *Vanish* Fleckenentferner[196] sowie ausgerechnet Kosmetik wie zum Beispiel für Mascara (Wimperntusche) von Maybelline Jade[197] sind typische Beispiele.

Wann immer das Input-Operation-Output-System nicht darstellbar ist, sollten Systematiker eine Einladung zur eigenen Erfahrung dieses Effekts erhalten. Auf lange Texte sollte verzichtet werden, weil Systematiker sie schlicht und ergreifend nur im Ausnahmefall lesen.

Die wesentlichen Interessen von Systematikern bewegen sich im Rahmen der von Baron-Cohen definierten System-Gruppen (siehe oben). Alle Produkte und Dienstleistungen, die sich innerhalb dieser Systeme befinden, sind leichter an den Mann als an die Frau zu bringen. Um dennoch auch Frauen für Kopfhörer, Fernseher oder Kampfflieger zu interessieren, müssen Werbungtreibende ganz neue Ansätze entwickeln, doch dazu später mehr.

---

195 http://bit.ly/cfyS2p
196 http://bit.ly/bBWLJt
197 http://bit.ly/cgbHLS

Systematiker sind an nur sehr wenigen Themen interessiert. Dafür spezialisieren sie sich am liebsten in diesen Bereichen. Baron-Cohens System-Ansatz zeigt, dass Männer gerne in »Kästchen« oder »Schubladen« denken: Alles hat seinen Platz. Die Schubladen sind mit anderen Schubladen kaum oder gar nicht verbunden. Viele Themen werden im Gehirn der Männer *lateral* verarbeitet, also mit nur einer Gehirnhälfte, vorzugsweise eben der rechten. Die Verknüpfungen zu anderen Bereichen sind für Männer daher nicht spannend, eher fühlen sich viele davon überfordert oder disqualifizieren Zusammenhänge als »Quatsch«, weil dies nicht der Art entspricht, wie ihr Gehirn funktioniert. Systematiker können deswegen viele Verknüpfungen, die tatsächlich existieren, nicht wahrnehmen. Die Einhaltung von Monothematik in der Informationsvermittlung ist daher wichtig.

Da Systematiker die Spezialisierung lieben, kommt die Thematisierung von Kompetenz gut an. Wenn ein Produkt *für* Spezialisten ist oder *von* Spezialisten stammt, dann ist das einsichtig. Es bedarf einigen Fingerspitzengefühls um zu unterscheiden, wann es angemessen ist, einem Systematiker zu schmeicheln, indem man ihn in den Expertenstatus versetzt, und wann es einfach lächerlich ist, weil sogar der letzte Depp merken würde, wie unzutreffend der Vergleich ist. Handys, Autos, Musikanlagen, geländegängige Notebooks und selbst Bier und Kochzutaten eignen sich für die Positionierung »für Kenner«, jedoch keine Pharmaprodukte, Druckerpatronen oder Bücher. Musikkenner sind geläufig, Literaturkenner kaum. Ausgesprochen beliebt sind des Weiteren solche Angaben, die einem Systematiker helfen, sein Expertenwissen zu vervollständigen. Damit kann er bei Gleichgesinnten viel Eindruck schinden. Jede kleine Bekanntgabe kann dafür wichtig sein.

Der Experte vermag zu überzeugen, auch wenn er manchmal der Experte für Putzmittel wie den *Bref Power Reiniger*[198] ist. Der bessere Einsatz von Experten: zum Beispiel Michael Schumacher für den *Mercedes SLS AMG*.[199]

Da Männer Systeme schätzen und in Systemen denken, lässt sich jedes neue Thema am besten vermitteln, wenn man es in ein System eingebettet hat. Es bedarf einiger Mühe, doch insbesondere für eine an Männer gerichtete Marke mit mehreren Produktkategorien zahlt sich der Aufwand aus. Selbst die Verwendung des Begriffs »System« kommt gut an. Männer mögen es systematisch, also wenn sie nach ihrer Logik ein System erkennen können. Viola Taube, eine befreundete Buchhändlerin aus Nord-

---

[198] http://bit.ly/ct5Zo7
[199] http://bit.ly/bLYwS3

horn²⁰⁰, erzählte mir vor Jahren, dass ihre Mitarbeiterinnen und Mitarbeiter jeden Freitagmittag das Geschäft umbauen und die Produkte umarrangieren müssen, weil Freitagnachmittag bis Samstagnachmittag die Zeit ist, in der viele Männer das Geschäft betreten. Für sie werden teilweise andere Bücher und Geschenkideen in den Vordergrund gerückt, aber vor allem eine andere Produktlogik. Hervorragend hat sich bewährt, die Bücher in Kleinserien zusammenzustellen. Die Angestellten bieten den männlichen Besuchern bei Interesse an, die *komplette* Serie zu erstehen, was zu einem überwältigenden Anteil gerne angenommen wird. Der Begriff »komplett« ist bei einem Angebot mehrerer zusammenhängender Produkte bei Männern ein Zauberwort. »Komplett« löst bei Männern Kaufimpulse aus. Zu beachten ist, dass die Serie nicht zu groß und damit auch zu teuer wird. Die Präsentation von Serien eignet sich ausgezeichnet für die Marketing-Kommunikation.

Systeme eignen sich gut zum »Brückenbau«. Sollen Männer mit einem gänzlich neuen Produktbereich vertraut gemacht werden, ist es mühsam und zeitaufwendig, von Null zu beginnen. Besser ist eine »Abkürzung«, indem ein bekanntes System auf ein unbekanntes transferiert wird. Als L'Oreal die Herren-Kosmetiklinie *men expert* auf den Markt brachte, wurden für die Verdeutlichung der Produkte für die verschiedenen Hauttypen Piktogramme oder Icons verwendet. Den vier Produktgruppen war jeweils ein Piktogramm zugeordnet. Diese stilisierten Bilder zeigten weiß auf orange:

 stand für fettige Haut, die Produktkategorie lautete *anti Nachfettung*, das gezeigte Produkt trug die Bezeichnung *pur & matt*,

 für »energetisierende« Gesichtspflege unter der Bezeichnung *anti müde-Haut* und mit dem Produkt *Hydra Energy*,

 für *anti Hautspannung* [sic] und das Beispielprodukt *Falten Stop*,

 für *anti Mimik-Falten* und das Produkt mit dem Namen *Vita Lift*.

Quelle: L'Oreal 2006

200 http://www.viola-taube.de/

Inzwischen sind diese Dinge längst von der L'Oreal-Website und auch aus anderen Werbemitteln verschwunden. Seit einigen Jahren schon ist L'Oreal zur Normalität zurückgekehrt, denn die Männer haben sich Dank des Marktdrucks und der enormen Berichterstattung längst an Kosmetikprodukte in ihrem Eck des Badezimmerschranks gewöhnt. Doch am Anfang halfen sie beim Einstieg, sie halfen, das System zu erkennen und zu verstehen.

Männer sind von Motorsägen, Autos, Musikanlagen und allen Dingen genau dann begeistert, wenn sie etwas sehr Spezielles besser können als alle Konkurrenzprodukte, oder wenn sie besonders leistungsstark sind. Spezialisierung und Leistung sind also sehr wichtig. Am besten funktioniert das über Zahlen: Kilometer pro Stunde, Umdrehungszahl, Funktionsumfang, Dezibel, Druck pro Quadratzentimeter, Höhe und so weiter. Systematiker lieben Zahlen. Und sie lieben Leistung. Wenn sie sie nicht sehen können, hören sie sie gerne. Was für Frauen unangenehm wie ein Schwarm aufgescheuchter Hornissen klingt, ist für Männer der liebliche Klang eines Formel-1-Wagens im hohen Drehzahlbereich. Natürlich wissen Sounddesigner das, und so sorgen sie dafür, dass Männer Leistung hören können. Auch das dürfte auf unser evolutionäres Erbe zurückzuführen sein. Männer verfügen über das spezielle Vermögen, Tierstimmen zu erkennen. Aus ihrer Zeit als Jäger wissen Männer instinktiv, dass Tiere mit einer tiefen Stimme stärker und gefährlicher sind als Geschöpfe mit höheren Stimmen. Aus der noch jungen Infraschall-Forschung bei Tieren wissen wir, dass manche Tierarten sich über sehr weite Strecken mit Infraschall verständigen, darunter Elefanten und Wale. (Elefanten »hören« Infraschall mit ihren Füßen.) Lange dachte man, dass Giraffen stumm seien, aber Forscher haben herausgefunden, dass sie höchst geschwätzig sind – nur eben im für Menschen unhörbaren Bereich. Das, was wir nicht hören, können wir aber dennoch spüren. Raubtiere, allen voran Tiger, brüllen laut und furchterregend. Es hat sich herausgestellt, dass ihr Gebrüll ebenfalls einen Infraschall-Anteil enthält, der Beute zu lähmen vermag. Es lohnt sich also, Leistungsmerkmale und tierische Analogien hervorzuheben. Leistung zu hören ist besser, als *über* Leistung zu hören oder zu lesen.

Überhaupt sind alle Themen geeignet, die sich auf das frühere Leben der Männer beziehen. Womöglich war der Jagderfolg für die Ernährung in manchen Regionen der Erde tatsächlich nicht so wichtig wie einst angenommen, doch während der Kaltzeiten und in frostigen und unfruchtbaren Gegenden war er es schon. Und alles, was auf diese Fähigkeiten abzielt, funktioniert hervorragend. Nicht umsonst ist Sportsponsoring so ein riesiger Werbemarkt.

Die Jagd und der Jagderfolg sind für angeblich so rationale Männer zwei von vielen sehr emotionalen Themen. Wer immer über »Emotionalität« in der Werbung nachdenkt, sollte sich erstmal überlegen, bei wem welches Gefühl hervorgerufen werden soll und ob es wirklich angemessen ist. Es wirkt ermüdend, wenn jeder Kleinwagen als »süß«, »entzückend« und seine Scheinwerfer als »Kulleraugen« bezeichnet werden. Aggressionen sind bei Frauen durchweg negativ besetzt. Nicht so bei Männern: Hier kann die Thematisierung einer gerichteten Aggressivität durchaus erwünscht oder sinnvoll sein, beispielsweise, wenn Durchsetzungsfähigkeit gewünscht wird. Aggressionen müssen nicht immer in körperlichen Auseinandersetzungen enden. Bei Autos wird Aggressivität in der Kommunikation nicht verwendet, doch das Autodesign spricht Bände. Die beliebtesten Marken und Modelle weisen genau diese Merkmale auf. Lamborghini war einst ein italienischer Traktorhersteller. Weil Signore Lamborghini sich immer darüber ärgerte, dass seine Tipps von Ferrari nicht angenommen wurden, gründete er eines Tages seine eigene Automarke. In seinem Stolz gekränkt wie er war, wollte er es Ferrari heimzahlen. Er schwor sich, Autos zu bauen, die am aggressivsten und brutalsten von allen aussehen sollten. Und seine Antwort auf Ferraris »Pferdchen«-Markenzeichen war der Bulle, der mit gesenktem Kopf und gereckten Hörnern kurz vor dem Angriff steht. Der Bulle steht für Kraft und Potenz. Red Bull toppt das noch. Nicht nur, dass die Marke den Bullen schon im Namen trägt – auf dem Logo sind es sogar zwei, die aufeinander zurasen, bereit, dem anderen ernsthafte Wunden zu schlagen.

Abb. 13: Lamborghini-Logo

Abb. 14: Red Bull-Logo

6.7.3. Werbung für Empathinnen

Eine weit verbreitete Unsitte ist, bei Empathinnen mit Zahlen, Daten und Fakten zu argumentieren oder mit angeblichen wissenschaftlichen Erkenntnissen und chemischen Fach- oder Fantasiebegriffen um sich zu werfen. Beliebt ist das ausgerechnet in der Kosmetikindustrie.[201] Vor einigen Jahren gab es eine Kampagne für eine Gesichtscreme, die tatsächlich mit dem »Wirkstoff A-HA« warb. Auch wenn tatsächlich ein derart benannter Wirkstoff existiert, so war die Platzierung doch recht ungeschickt. (Ich war gewiss nicht die Einzige, die sich schon sehr wunderte, statt einen AHA-Effekt zu verspüren.) Dies ist eindeutig eine Strategie für Systematiker.

Frauen sind Empathinnen und voll auf Menschen ausgerichtet, Produkte spielen *keine zentrale* Rolle. Deswegen empfinden Frauen die meiste Werbung als aufdringlich und so subtil wie eine Dampfwalze. Noch immer hat sich nicht herumgesprochen, dass sie sich kaum je für Dinge per se interessieren. *Frauen wollen wissen, auf welche Weise ihnen das Produkt nutzt oder wie es in ihr Leben passt.* Drei hervorragend gemachte Spots zeigen alle ausgerechnet Heidi Klum, und wie die beworbenen Produkte in ihr Leben passen. Die Werbung für den VW Tiguan zeigt Heidi Klum, wie sie auf einer Hochstraße in einem schwarzen Tiguan fährt und erzählt, dass sie ja die Wilde in ihrer Beziehung sei. Es sei geradezu beneidenswert, wie ruhig und gelassen ihr Mann sei. Genau unter ihr rast ein weißer Tiguan über Stock und Stein, darin Heidi Klums Mann, der Sänger Seal. Seal brüllt vor Spaß. Beide kommen zeitgleich »daheim« an. Heidi Klum bemerkt die Matsch-Spuren am weißen Tiguan, schöpft etwas Verdacht und fragt ihren Mann nach Besonderheiten während der Fahrt. Der Spot läuft aus, als man ihn

---

[201] Pantene Pro-V Volumen Pur: http://bit.ly/a2dUi4

kaum noch antworten hört, alles sei ruhig, die Straßen seien frei gewesen.[202] In keinem Moment wird über das Auto und seine Eigenschaften gesprochen. Die Autos sind Statisten in einer gut erzählten Geschichte, sie sind ein wichtiger Bestandteil der Erzählung, denn ohne diese Wagen könnte das, was Heidi Klum erzählt, gar nicht konterkariert werden. Das ist subtile Werbung, die Frauen lieben. Ich erinnere mich noch, wie ich damals in einem Interview mit der *Stuttgarter Zeitung* meine Begeisterung äußerte. Drei Tage nach Erscheinen des Interviews zog VW den Spot zurück – er war so erfolgreich, dass der Autobauer mit der Produktion nicht mehr nachkam.

Die anderen beiden Spots von McDonald's folgen derselben Strategie. Auch hier sind die Produkte Bestandteil der Geschichte, »nur« Teil von etwas Größerem und Wichtigerem. In dem Spot »Für Sie nur das Beste« von 2007 betritt Heidi Klum ein McDonald's-Restaurant und kann sich nicht sofort entscheiden. Sie bekommt von dem jungen Mitarbeiter zwei Artikel aufs Tablett gelegt mit dem Spruch »Für Sie nur das Beste«. Heidi Klum meint beim Weggehen: »Das sagst du wohl zu jeder«, er entgegnet: »Quatsch!« Nach ihr tritt Barbara Meier an den Tresen, die Gewinnerin von *Germany's Next Topmodel 2007*, dem von Heidi Klum moderierten Model-Wettbewerb. Im Weggehen hört Heidi Klum, wie der junge Mitarbeiter doch tatsächlich denselben Spruch zu einer anderen sagt. Sie kommt zurück und »stellt« den McDonald's-Jüngling und die verwirrte Barbara Meier. Ohne ein Wort, nur mit Mimik lässt sie ihn ihre Missbilligung spüren. Erst nach Beendigung dieser Story folgt die Bewerbung des Chicken Wraps.[203]

Der zweite gelungene McDonald's-Spot zeigt, wie Heidi Klum in einem VW-Cabrio im Drive-In vorfährt, begleitet von zwei weiteren, gerademal durchschnittlich aussehenden junge Frauen (ja, das fällt einen kleinen Moment lang auf, bevor die Geschichte in Gang kommt). Aus dem Fenster lehnt sich ein junger McDonald's-Mitarbeiter (ein anderer als zuvor) und schaut. Heidi Klum bremst: »Da guckste, wa? 200 PS, elektrisches Verdeck, Ledersitze und darauf ...« »Drei bezaubernde Mädels« wird der Satz von der hinten Sitzenden ergänzt. Alle drei schenken dem Mitarbeiter auf Kommando ein ausgeprägtes Pferdegrinsen. Klum: »Was hast'n *du* anzubieten?« Und dann, als wären sie beim einem Skatspiel Grand Ouvert, »zeigt« der McD-Mitarbeiter seine »Trümpfe«, indem er die Bestandteile des Chi-

---

[202] Deutscher Tiguan-Spot: http://bit.ly/aUL6BV – englischer Tiguan-Spot: http://bit.ly/azJXHZ
[203] http://bit.ly/9IoDeM

cken-Wraps aufzählt. Heidi Klum dreht sich »geschlagen« weg und murmelt »Angeber«. Die Aufzählung der Wrap-Zutaten erfolgt so schnell, dass die Vorstellung des Produkts im Anschluss langsamer wiederholt werden muss.[204]

Auch bei diesen beiden Spots sind die Produkte in die Geschichte eingebaut. Ohne sie gäbe es die erzählte Geschichte nicht. Diese Subtilität wissen Frauen sehr zu schätzen. Menschen sind wichtig, und sie umgeben sich mit Dingen, nicht anders herum. Die weibliche Empathie geht soweit, dass im Jahr 2008 nachgewiesen werden konnte, dass der Anblick von Babys nicht nur bei Müttern, sondern auch bei Frauen, die nie schwanger gewesen sind, eine starke Reaktion im Belohnungszentrum des Gehirns auslöst.[205] Auch wenn viele Fragen in diesem Zusammenhang noch offen sind, können wir auf jeden Fall festhalten, dass das weibliche Gehirn Frauen mit Dopaminschüben belohnt, wenn sie sich Babys anschauen. Ich bin ausgesprochen zuversichtlich, dass sich in einigen Jahren beweisen wird, dass das weibliche Gehirn auch auf weitere Darstellungen von Gesichtern und Menschen mit Dopaminausstößen reagiert.

Die Abbildung eines freigestellten Produkts in einer Anzeige sagt Frauen dagegen gar nichts. Frauen wollen Menschen sehen. Und sie erwarten, dass das, was ihnen gezeigt wird, *überzeugend* und *erstrebenswert* ist. Wie oben gesehen, vermögen Frauen mittels ihrer ausgeprägten intuitiven Fähigkeiten durch Ausschnitte, die die Werbung liefert, auf den Rest des Lebens der Werbefigur schließen. Gelungene Werbegeschichten enthalten verschiedene Figuren, kommunikative Aspekte, Details, das Umfeld und natürlich auch das Produkt. Alles ist miteinander unauflösbar vernetzt. Bei einer Fixierung auf das Produkt entsteht dagegen ein körperlich spürbares Gefühl von Enge, denn die Fokussierung verhindert die Wahrnehmung von Zusammenhängen und anderen Aspekten. So funktioniert das weibliche Gehirn einfach nicht. Es mit Unmengen animierter Details, Vitamintropfen, die in fließende Emulsionen eintauchen, mit irgendwelchen Prozenten, Werten, Fachbegriffen und anderem Sperenzchen zu fluten, bringt rein gar nichts.

Procter & Gamble (P&G) hatte das Problem, das Ekelthema Staub und Schmutz für *Swiffer, den Staubmagneten* und die *Bodentücher* auf positive Weise zu visualisieren. Die Kreativen behalfen sich, indem sie verlassene Besen und Wischmops in den unterschiedlichsten Ländern zu quasi lebenden Wesen erklärten. In einem Werbespot aus dem anglo-amerikanischen

204 http://bit.ly/bDNfpr
205 Glocker, Melanie L. (2009)

Raum wischt eine junge Frau ihr Laminat mit dem Swiffer Bodentuch. Da ertönt aus ihrem Radio die Ankündigung, hier komme ein Song, der Mary gewidmet sei. Offensichtlich ist diese junge Frau gemeint. Der Song beginnt. Es ist *Human Leagues* »Don't you want me« aus den achtziger Jahren. Umschnitt auf das Radio-Studio: Da rockt der DJ im Sitzen, selbst ein visuelles Überbleibsel aus der Zeit des Lieds, und daneben, auf dem Sessel neben ihm, »sitzt« der alte Besen. Offenbar ist er der Absender des Liebeslieds.[206]

Eine etwas andere Variante wählte Procter & Gamble für den *Swiffer Staubmagneten*, eine junge Variante des klassischen Staubtuchs, im deutschsprachigen Raum sowie Italien. Hier sind es nicht alte Besen, die zum Leben erwachen, sondern riesige Staubklöße (als Staubkorn lässt sich das Monster beim besten Willen nicht mehr bezeichnen). In der deutschsprachigen Variante wird »*der* Staub« erwischt, wie er sich wieder eingeschlichen hat und nun mitten auf dem Couchtisch thront. Die Hausfrau zwingt ihn, Leine zu ziehen, und so sieht man, wie »der Staub«, seinen Koffer hinter sich herziehend (!), die Straße entlanggeht und wie ein aus der Stadt vertriebener, einsamer und trauriger Cowboy ins Ungewisse zieht.[207] Die italienische Variante ist im Prinzip ähnlich, nur sehr viel ausführlicher und ebenfalls sehr sehenswert.[208] Mit dieser Strategie wird ein Ding bzw. eine schrecklich unbeliebte, für viele auch ekelige Tätigkeit positiv besetzt, aber vor allem wird sie in die weibliche Wahrnehmung von Menschen und Geschichten eingepasst.

Werbung für Waschmittel und andere »Frauenware« enthält nicht so oft Angebote wie Apelle. Wendet man Friedemann Schulz von Thuns Kommunikationsquadrat[209] mit den vier Seiten einer Nachricht an, dann enthält jede Werbebotschaft – in unterschiedlichem Verhältnis – vier grundsätzlich verschiedene Inhalte:

- die Sachebene mit der sachlichen Produktinformation;
- die Selbstkundgabe des Senders, also absichtliche und unbewusste Informationen darüber, wer der Sender in Wahrheit ist, was er über sich denkt, wie er sich darstellen will etc.;
- die Beziehungsebene, in der der Sender seine Sicht über das Verhältnis zwischen ihm und der Empfängerin / dem Empfänger seiner Werbebotschaft preisgibt (wie bei Dell und Della sowie der Sparkasse);

206 http://bit.ly/bxff28
207 http://bit.ly/aIW7lh
208 http://bit.ly/aoSpE7
209 http://www.schulz-von-thun.de/mod-komquad.html

- und einem Apell, der enthält, was der Sender bei den Empfängern der Botschaft erreichen will.

Als Empathinnen und, wie wir später noch sehen werden, als Beziehungsmenschen sind Frauen besonders trainiert, die Beziehungsebene und den an sie gerichteten Appell zu hören und darauf zu reagieren. Theoretisch müssten Frauen auch sehr gut darin sein, die Selbstaussage des Senders zu erkennen, doch im »richtigen« Leben finden Frauen selten die Zeit, sich mit ihrem Leben so auseinanderzusetzen, dass es ihnen gelingt, ihre eigenen Prägungen derart zu reflektieren, dass sie einen wirklich freien Blick auf ihr Gegenüber erhalten. Menschen, die eine Therapie oder ein Coaching durchlaufen haben, gelingt das wesentlich besser als solchen, die noch Verletzungen oder gar Traumata mit sich herumtragen. Allerdings absolvieren Frauen grundsätzlich bereitwilliger eine Psychotherapie als Männer. Auf jeden Fall spüren Frauen den Bezug zu anderen Menschen und haben ein feines Gespür dafür, was andere sich von ihnen wünschen oder von ihnen erwarten. Wenn sie also einen Appell (»kauf mich«, »sei schlau und kauf das«, »sei nicht blöd und kauf das endlich«) oder eine Aussage auf der Beziehungsebene wahrnehmen (»du kannst zu uns gehören – du musst das nur kaufen«, »sei du auch schlank und trink dies«), überlegen sie unbewusst, ob sie eine Bindung mit dem Gesehenen eingehen wollen. Ist die Situation, die sie betrachten, zu absurd, zu trist, zu langweilig, zu traurig, zu dumm etc., dann wollen sie diese Beziehung mit dem Sender der Werbebotschaft keineswegs. (Es ist mir völlig unverständlich, wie der neue Frauensender sixx mit weißen Hühnern vor quietschgrünem Hintergrund als Kennzeichen agieren kann!) Wenn Frauen sich über Werbung ärgern, ist das eine ganz deutliche Abwehrreaktion. Sie enhält Gedanken wie »das bin ich nicht!«, »das will ich nicht!«, »wie schrecklich!«, »so siehst du mich?«, »bleib mir vom Leib«.

Cortal Consors hat im April 2010, also eigentlich noch während der Wirtschaftskrise, zwei schwarz-weiße TV-Spots unter dem Motto »Mein Geld. Meine Freiheit.« gelauncht. Im ersten erzählt eine junge Frau nachdenklich, dass sie hart gearbeitet hatte, alles gut lief, und sie begonnen hatte, über ihre Zukunft nachzudenken. Sie berichtet, dass sie sogar ihre Oma überredet hatte, »ihr Erspartes zu investieren«. »Und dann traute ich alles dem abgebrühtesten, raffiniertesten und profitorientiertesten Menschen an, den ich kenne.« Das Gesicht der jungen Frau ist von größter Abscheu gezeichnet. Lange Pause. Man ahnt schon das Schlimmste. Das Gesicht hellt sich plötzlich auf: »Mir selbst.« Nach einem Einblender kommt noch einmal der Hinweis auf »3,2 % aufs Tagesgeld«.[210] Im anderen Spot hinterfragt der Mann, ob seine Fokussierung der vergangenen Jahre auf seine Depots und Geldanlagen sein Engagement wirklich wert war. Er fragt, ob die wahre Schönheit nicht in den Wellenbewegungen des Wassers oder der Rundung eines Steins lägen, um dann zur Schlussfolgerung zu kommen: »Nö.«[211]

Die Darstellung dieser Personen ist Frauen in höchstem Maße unsympathisch. Sie finden das nicht komisch. Aus weiblicher Sicht ist das nicht erstrebenswert. Mit solchen Leuten will frau auch nichts zu tun haben.

Die Betrachterinnen von Werbung erwarten nichts weniger, als erkennen zu können, dass die gezeigte Person ein gutes Leben führt, denn Frauen vergleichen damit quasi ihr eigenes Leben und ihre Vorstellung davon. *Pantene Pro-V* konzentriert sich normalerweise auf die Darstellung von perfektem Haar nach einer mehrwöchigen Anwendung dieser Haarpflege und einer Verbreitung dieser Botschaft mittels ansehnlicher Mediabudgets. Deutlich besser war ein kleines Promotion-Video der Marke, das die Lebensgeschichte von Barbara Meier seit dem Sieg des Topmodel-Contests erzählte. Barbara Meier ist fast immer überzeugend, auch, was sehr wichtig ist, stimmlich. Dieses Video ist keine klassische Werbung, allerdings eignet es sich durch seine Machart hervorragend für diverse Kommunikationskanäle.[212]

Gar nicht komisch ist, was der Versandhändler Otto sich überlegt hat, um auch im digitalen Zeitalter eine Rechtfertigung für den gedruckten Katalog zu finden. In diesem Machwerk bereitet sich ein Paar fürs Ausgehen vor. Sie hält sich ein Kleid vor, betrachtet sich im Spiegel, ist zufrieden mit ihrer Wahl und dreht sich zu ihrem Mann, der ohne Hose neben ihr seine Krawatte bindet, um seine Bestätigung einzuholen. Gleichgültig und unempathisch, wie er ist, gibt er ihr mit einem leichten Kopfschütteln zu verstehen, dass es ihm nicht gefällt. Sie ist – für eine Frau – offensichtlich enttäuscht, verletzt und verärgert. (Die Zuschauerin fühlt mit ihr.) Um sich Luft zu machen wirft sie ihrem Mann das Kleid an den Kopf. Er greift neben sich, greift nach einem großen Kopfkissen und schmeißt es an ihren frisierten und geschminkten Kopf, während sie gerade ein langweiliges Jacket anzieht. (Die Zuschauerin ist befremdet. Das Kissen ist doch gar keine angemessene Reaktion.) Die Frau bückt sich, um das Kissen zurückzuwer-

---

210 http://bit.ly/dCsMoA
211 http://bit.ly/b6zj5E
212 http://bit.ly/agodij

fen, er revanchiert sich und beginnt, hämisch zu lachen. (Die Zuschauerin fühlt mit der Frau, die ganz offensichtlich sehr geknickt ist.) Das Ganze wiederholt sich nochmal, bis der Mann beginnt, der Frau gehässig und immer wieder mit dem Kissen ins Gesicht zu schlagen. (Hier wissen die Zuschauerinnen längst, dass jegliche Grenze überschritten ist.) Die Frau bückt sich, greift zu einem Katalog und beginnt, auf den Mann einzuprügeln, der schon nach dem ersten Schlag zu Boden geht. (Das geht gar nicht! Nur sehr wenige Frauen werden je gewalttätig.) Sie wirft den Katalog aufs Bett und man sieht, dass dies der Otto-Katalog ist. Einblendung: »Kataloge braucht man immer. Für jeden den Passenden auf www.otto.de.«[213] Dafür gibt es nur ein Wort: abstoßend. Nein, mir fällt noch ein zweites ein: empörend. Otto propagierte damit offen Gewalt. Und Gewalt unter Eheleuten ist alles andere als komisch.

Ines Imdahl vom Rheingold-Institut erzählte mir, dass ihre Analysen ergeben hätten, dass Frauen sich stets dann und nur dann über die Werbedarstellerinnen bzw. die dargestellten Werbefiguren aufregen, wenn sie sich in der dargestellten Situation nicht wiederfinden.[214] Ich schließe daraus, dass Frauen ihr diffuses Gefühl von »da stimmt was nicht« auf die Person übertragen, die sie sehen können.

Ob in einem Gespräch oder in einer Werbebotschaft: Das, was gesagt wird, die Sachebene, macht nur zehn Prozent der Gesamtinformation aus, die eine Frau aus der Situation bezieht. Weitere zehn bis zwanzig Prozent werden über akustische Signale bezogen, darunter Tonhöhe der sprechenden Person, Sprechgeschwindigkeit und vor allem aus dem Ausdruck. Die restlichen siebzig bis achtzig Prozent ihrer Information entnehmen Empathinnen der Körpersprache und Mimik der Person oder Werbefigur.[215] Die Empathin besitzt also sehr genaue Rezeptoren und Fühler für die Darstellungen und Aussagen – und sie vermag wesentlich besser zu erkennen, ob die Aussage stimmig ist oder nicht. Die US-amerikanische Fernsehserie *Lie to me* handelt von Beratern, die darauf spezialisiert sind zu erkennen, wann jemand lügt, wann jemand die Wahrheit sagt, oder wie die Wahrheit herauszukriegen ist. Die Serienheld/inn/en bedienen sich des vom US-amerikanischen Anthropologen und Psychologen Paul Ekman entwickelten *Facial Action Coding Systems (FACS)*, eines Systems, das alle so genannten Mikroausdrücke erfasst hat, unwillkürliche, unkontrollierbare Gesichtsausdrücke, von denen eine

---

[213] http://bit.ly/aWHmK6
[214] Imdahl, Ines (2009) und in persönlichen Gesprächen im Mai 2009 sowie im Juni 2010
[215] Jaffé, Diana (2005), S. 143

beträchtliche Anzahl genauen Aufschluss über die Gedanken bzw. das Empfinden einer Person gibt. Gute Schauspieler unterscheiden sich von schlechten vor allem darin, dass ihre Darstellung authentisch ist. Das einst von Lee Strasberg entwickelte *Method Acting* ist ein Schauspielansatz, bei dem die Schauspieler ihnen bekannte Emotionen aus konkreten Situationen heraufbeschwören sollen. Diese wiederholten, wiederum realen Empfindungen ermöglichen es den Schauspielern, sich in der vorgegebenen Szene angemessen und überzeugend zu verhalten. Schauspieler wie beispielsweise Dustin Hoffman vermögen so, zu überzeugen und völlig mit ihren Rollen zu verschmelzen.[216] Was für die Mikroausdrücke gilt, gilt gleichermaßen für den stimmlichen Ausdruck, auch wenn es hierfür noch kein System gibt.

Viele Prominente, aber auch »normale« Menschen überzeugen als Werbe-Testimonials nicht. Thomas Gottschalk ist ein gutes Beispiel, wie man überzeugen kann. Er vermag seinen persönlichen Stil, der seit vielen Jahrzehnten durch TV-Shows bekannt ist, zuverlässig auf die Haribo-Süßigkeiten und alles weitere zu übertragen. Das ist zwar nicht Thomas Gottschalk privat, aber der interessiert ja auch nicht, weil seine öffentliche Darstellung so gut bekannt ist und viel Sympathie heraufbeschwört. Ganz anders beispielsweise bei einem TV-Spot für Gilettes *Venus*-Rasierer Modell *Embrace* vom Frühjahr 2010. Ich möchte glaubhaft versichern, dass ich weder ein Fan von *Germany's Next Topmodel* bin, noch mehr davon gesehen habe als beim gelegentlichen Hineinzappen in der zweiten und dritten Staffel. Meine Recherchen für dieses Buch haben einfach gute Beispiele aus diesem Zusammenhang zutage gefördert. Gilette, Werbepartner der Serie für Mädchenträume, lässt Finalistinnen in eigenen Werbespots auftreten, um ihre Bekanntheit zu nutzen. Clever. Blöd nur, wenn nicht alle jungen Frauen überzeugen. Das fällt vielleicht jungen Zuschauerinnen noch nicht so auf, älteren aber ganz gewiss. Alisar Ailabouni fällt schon in der Annäherungssequenz des jungen Mannes durch, so wenig kann sie Vertrautheit und sexuelle Anziehung heucheln. Richtig schlimm wird es für weibliche Ohren ab ca. zwanzig Jahren, wenn es zur tonalen Bekräftigung kommt, wie glatt ihre Beine durch den Gilette-Venus-Rasierer sind.[217] Andere schlechte Auftritte in der Werbung sind nicht immer derart auffällig, aber immer mindestens schwer irritierend, wenn nicht gleich unglaubwürdig.

---

216 Ich möchte natürlich nicht den Eindruck erwecken, als sei diese Methode ungefährlich. Schon viele Schauspieler quälten sich ihr Leben lang oder starben schon früh auf tragische Weise, weil sie, um diese Methode ausüben zu können, ihre seelischen Verletzungen nicht reflektieren und heilen durften.

217 http://bit.ly/cMqmXJ

Wie eine ausgesprochen überzeugende Darstellung aussieht? Einer meiner größten Favoriten der letzten Jahre ist die Orsay-Kampagne *Thank God I'm a Woman*. Die Münchner Agentur thinknewgroup entwickelte für die bis dahin doch eher verwechselbare Handelsmarke eine internationale Kampagne, deren Bilder absolut überzeugen und ein gutes Lebensgefühl vermitteln. Auch wenn die Bilder vorwiegend »nur« aus Portraits bestehen, so sind diese ausgesprochen glaubhaft und schön. Auch der Leitsatz ist so prägnant, dass ich den Verantwortlichen sogar das stereotype Pink verzeihen kann. Die Kampagne gefällt mir so gut, dass ich die thinknewgroup mit Genehmigung von Orsay gebeten habe, in einer Case Study zu skizzieren, wie sie die Kreation ursprünglich entwickelt haben (vgl. Kapitel 16).

Darf man also niemals reine Produktdarstellungen verwenden, wenn die Werbung bei Frauen wirken soll? In Ausnahmefällen funktioniert es. Diese Ausnahmefälle bestehen aus Produkten, die Frauen bekannt und einschätzbar sind. Beispielsweise funktionieren Haushaltsgegenstände, bei denen es nicht um die Funktion, sondern um Form und Dekor geht. Schmuck kann geeignet sein, sofern es sich nicht um gänzlich neue Schmuckarten handelt oder Stücke, die ausgefallen sind und nur wenigen Frauen stehen würden, etwa Sonnenbrillen. Dann benötigen Frauen wieder Bezüge, um Proportionen, Wirkung etc. zu erfassen. Wenn der Wert eines Schmuckstücks oder einer Uhr nicht klar ist, bedarf es weiterer Informationen, die durch Menschen oft leichter zu transportieren sind als durch andere Gegenstände. Bei den meisten Frauen ziehen Bilder von Handys, Autos, elektronischen Waren etc. keine Wurst vom Teller. Als Faustformel gilt: Wenn es sich aus Sicht einer Frau um einen Gegenstand mit hohem ästhetischen Wert handelt und dies sein Hauptzweck ist, eignet er sich zur isolierten Darstellung. Blumen, Kunstgegenstände, Handwerkliche Erzeugnisse sind Beispiele für geeignete Eyecatcher.

7. Das Geschlecht der Dinge

In den neunziger Jahren wurde in den USA eine Studie durchgeführt um festzustellen, ob Investitions- und Konsumgütern ein Geschlecht jenseits ihrer jeweiligen grammatikalischen Genera zugewiesen wird. Leider wurde diese Studie mit dem Namen »Sales Preference Survey« nie veröffentlicht, allerdings basieren einige Ergebnisse des im Jahr 2000 erschienenen Buchs *Gendersell* von Judith Tingley und Lee Robert darauf. Die Studien-Zitate darin sind spärlich, aber wichtig. Die Autoren verrieten in ihrem Buch immerhin, dass Schmuck als weiblich empfunden wurde und Finanzprodukte als männlich, Häuser als weiblich, Bürohäuser dagegen als männlich. Bis ich das las, hatte ich noch nie über so etwas nachgedacht. Ich war verblüfft. Vollends überzeugt war ich jedoch, als ich die meines Erachtens wichtigste Erkenntnis dieses Buches las: *Frauen kaufen am liebsten weibliche Produkte von Verkäuferinnen, und Männer kaufen am liebsten männliche Produkte von Verkäufern.* Zum einen unterstellen Kundinnen und Kunden Verkaufsberatern desselben Geschlechts wie dem des Produkts mehr Fachkenntnis, zum anderen funktioniert die Kommunikation zwischen einer Kundin und einer Verkäuferin bzw. zwischen einem Kunden und einem Verkäufer reibungsloser, weil die Beteiligten denselben Sprachstil verwenden.[218]

In mehreren Vorträgen und Workshops testete ich die These hinsichtlich eines Geschlechts bei Dingen. Ich stellte fest, dass Frauen wie Männer bei vorgegebenen Begriffen tatsächlich gelernte Bilder abrufen. Bei dem Begriff »Chefsessel« hatten alle einen schweren schwarzen Ledersessel vor Augen. In diesem Sessel sahen sie vor ihrem geistigen Auge stets einen Mann sitzen, denn das schwarze Ungetüm in ihrem Kopf ließ sich so gar nicht mit einer Frau verbinden. Anschließend zeigte ich ihnen ein ebensolches Bild und erhielt die Bestätigung, dass ihre Vorstellung dem gezeigten Produktfoto entsprach. Danach erweiterte ich Tingleys und Roberts Experi-

---

[218] Tingley, Judith C., Lee E. Robert (2000), S. 8f.

Werbung für Adam und Eva. Diana Jaffé und Saskia Riedel
Copyright © 2010 WILEY-VCH Verlag GmbH & Co. KGaA
ISBN 978-3-527-50549-4

ment, indem ich den Teilnehmerinnen und Teilnehmern einen Büro-Ledersessel in Cremeweiß zeigte, und erst jetzt konnten sie sich eine Frau, eine Chefin darin vorstellen.

Ich wiederholte dieses Experiment mit weiteren Gegenständen und erhielt eine eindeutige Bestätigung für Tingleys und Roberts sowie meine Thesen. Ich erkannte darüber hinaus, dass sich die Vorstellungen von einem Produkt oder einer Produktgattung durch Veränderungen einzelner Parameter völlig verändern lassen. Mehr noch: Frauen und Männer nehmen solche Veränderungen bereitwillig an, *sofern es sich um kulturell oder gesellschaftlich geprägte Vorstellungen handelt*. Man muss sich lediglich des vorhandenen Wissens bedienen und neue Verknüpfungen schaffen.[219] Allerdings funktioniert das nicht mit angeborenen Eigenschaften bzw. mit solchen, die durch die Geschlechterbiologie (zum Beispiel Gehirnaufbau, Hormone) bedingt werden.

Nach einiger Zeit reifte eine neue Überlegung in mir heran: Wenn Frauen und Männer eine Vorstellung vom Geschlecht eines Gegenstands haben, dann muss das auch Auswirkungen auf die Marketing-Kommunikation haben! Wenn man wüsste, welches Produkt von Frauen für männlich gehalten wird, dann müsste man viel stärker verdeutlichen, weshalb es auch weiblich und für Frauen angemessen sein kann. Umgekehrt müssten weibliche Produkte vermännlicht werden, um Männern den Zugang dazu überhaupt zu ermöglichen, immerhin ist es für Männer alles Weibliche indiskutabel und absolut inakzeptabel.

Jetzt wollte ich mehr wissen. Viel mehr! Ich versuchte, die beiden Autoren zu kontaktieren, leider vergeblich, denn alle erhältlichen Kontakthinweise waren inzwischen ungültig. Ich kam also nicht an die Originaldaten des Sales Preference Survey heran, allerdings wäre ihre Aussagekraft inzwischen beschränkt gewesen. Die Studie lag viele Jahre zurück. Seither hatte die Schmuckindustrie mit Erfolg Männerschmuck auf dem US-amerikanischen Markt platziert. Außerdem war die Studie in den USA durchgeführt worden. Ich war mir sicher, dass es in anderen Ländern bei manchen Produkten abweichende Auffassungen geben würde. Also beschloss ich, die Studie zu wiederholen. 2009 sammelten meine Mitarbeiter und ich die ausgefüllten Fragebogen von Seminar- und Workshopteilnehmern ein. Vera F. Birkenbihl, einige ihrer Kollegen und Mitarbeiter unterstützten uns

---

219 Vera F. Birkenbihl bezeichnet das bei einem Menschen vorhandene Wissen als »Wissensnetz«, dessen Maschen umso enger sind, je mehr Wissen vorhanden ist. Ein Lernprozess schafft neue Verbindungen innerhalb dieses Netzes und führt zu neuen Knotenpunkten.

sehr, indem sie unsere Fragebögen auch in ihren Seminaren herumgehen ließen. 2010 ergänzten wir unseren Datenbestand durch eine Online-Untersuchung, die von Ende März bis Anfang Juni lief. Insgesamt haben sich 1 190 Personen beteiligt, aufgeteilt auf 791 Frauen (66,47 Prozent), 379 Männer (31,85 Prozent) sowie 20 Personen ohne Geschlechtsangabe (1,68 Prozent).

Unsere Daten stammen aus Deutschland, Österreich und der Schweiz. Sie sind nicht bevölkerungsrepräsentativ, da sich kaum Personen mit geringem Bildungsstand beteiligt haben. Dennoch sind sie sehr aufregend, denn sie geben uns eindeutige Hinweise darauf, wie die Bevölkerung Gegenstände wahrnimmt. Allein die Tatsache, dass es keine signifikanten Unterschiede zwischen Deutschland, Österreich und zumindest der deutschsprachigen Schweiz zu geben scheint, ist eine bedeutsame Erkenntnis.

Ein paar Worte noch zur Methodik: Normalerweise bin ich keine Verfechterin von Befragungen. Alle, die mich kennen, haben von mir hierzu schon mindestens einmal eine flammende Rede zu hören bekommen. Ich bin mir sehr wohl der Tatsache bewusst, dass die Aussagen von Befragten aus verschiedenen Gründen sehr zweifelhaft sind, weil das Gehirn nachträglich alles zu rationalisieren vermag (selbst wenn die Aussage keinerlei Bezug zur Realität hat), weil Frauen gefallen wollen, weil Männer imponieren wollen etc.[220] Dennoch baten wir die Teilnehmerinnen und Teilnehmer, wenn möglich zu begründen, wie sie zu ihrer weiblich/männlich-Bewertung gekommen sind. Ich hoffte, die Kommentare würden uns einen Einblick gewähren, welche Denkmuster überhaupt zum Einsatz kommen, wie viele versuchen, politisch korrekte Kreuzchen zu setzen und vieles andere mehr. Zum gegenwärtigen Zeitpunkt sind noch nicht alle Auswertungen beendet, aber viele Antworten sind sehr überraschend. Am besten gefiel mir persönlich das Kriterium einer Person, die das Geschlecht danach zuwies, ob der jeweilige Gegenstand hart (= männlich) oder weich und fluffig (= nu' raten Sie mal) ist. 11,87 Prozent der Teilnehmer und 16,31 Prozent der Teilnehmerinnen nahmen sich teilweise reichlich Zeit, um ihre Einträge ausführlich zu kommentieren. Übrigens gab es für die Teilnahme weder eine Vergütung, noch die Aussicht auf einen Gewinn. Die Ergebnisse lassen tief blicken – daher mein tiefempfundener Dank an alle, die daran mitgearbeitet haben.

220 vgl. Jaffé, Diana (2005), S. 194 ff.

7.1. Mobilität, Verkehr, Tourismus

Obwohl Frauen sich selbst so viele Autos kaufen und soviel Mitsprache beim Partner-, Paar- und Familienauto üben wie nie zuvor, fühlt sich das Auto für die meisten von ihnen noch immer sehr männlich an. Die Männer fühlen sich offenbar gut von der Automobilindustrie angesprochen.

Ein kaum besseres Bild bei Navigationsgeräten: Bis heute fahren die meisten Frauen noch immer ohne Navigationsgerät Auto. Viele von ihnen nutzen nicht einmal die fest eingebauten Streckenweiser, weil sie mit der Bedienung nicht klarkommen. Eigentlich wären Navis das perfekte Gerät für sie, denn 90 Prozent aller Frauen orientieren sich schlechter als Männer. Bis heute hat es keiner der vielen Navi-Anbieter geschafft, sich erfolgreich an Frauen zu richten. 2007 versuchte es Garmin – und beging dabei prompt die größtmöglichen Fehler. Zuerst wurde ein bereits vorhandenes Gerät mit einem rosafarbenen Gehäuse und einer ebensolchen Hülle versehen, damit es in einer vermeintlich zugemüllten Damenhandtasche nicht hässlich verkratzt. Auf die Idee, ob Frauen eventuell Wert auf eine einfachere Handhabung und eine andere Benutzerführung legen oder anderer Halterungen bedürfen, ist offenbar niemand gekommen. Das rosa Gerät wurde auf den Namen »pink nüvi« getauft – und ausschließlich in Männermedien kommuniziert. Die Plakat-Kampagne zu Weihnachten 2007 ist ein Beispiel, wie man es auf gar keinen Fall machen sollte. Auf den City-Light-Postern war das pink nüvi abgebildet. Darüber stand der Text »Danke für das pink nüvi. Mein Geschenk wartet im Schlafzimmer auf Dich.« Aus dem pink nüvi kam eine Sprechblase mit dem allseits bekannten Schlusssatz: »Sie haben Ihr Ziel erreicht.« Diese schlüpfrige Werbung kam weder bei Frauen an (die damit ja auch gar nicht gemeint waren), noch konnte sie Männer davon überzeugen, die Peinlichkeit auf sich zu nehmen und im Fachhandel nach einem rosa Navigationsgerät zu fragen. Kurz nach dem Jahreswechsel wurde das pink nüvi nach etwas mehr als einem Jahr vom Markt genommen. TomTom versuchte es 2009 mit einem immerhin weißen Gerät, dessen Besonderheit für Frauen daraus bestand, dass alle Einkaufsmöglichkeiten einer Destination aufgeführt waren, weil Frauen in der Vorstellung der Produktmanager offensichtlich nur in andere Städte einfallen, um H&M- und Armani-Shops zu besuchen. Dass Frauen den Großteil aller Städte- und Kulturreisenden ausmachen, ist ihnen offenbar noch immer entgangen.

Überhaupt wird Tourismus und Reiseplanung offenbar als überwiegend weibliche Domäne betrachtet. Unsere Studie hat aus einer anderen Warte bestätigt, was andere zahlreiche Tourismus-Studien auch schon gezeigt haben: Frauen sind die Hauptentscheider, wenn es um Reisen geht. Dem stimmen sogar die Männer zu.

Gegenstand	Geschlecht	Gesamt	Frauen	Männer
Auto	männlich	85,97 %	82,81 %	89,45 %
	weiblich	6,22 %	7,21 %	3,96 %
	beides	7,90 %	8,85 %	5,80 %
	weiß nicht / k. A.	1,01 %	1,14 %	0,79 %
Navigationsgerät	männlich	70,59 %	67,26 %	77,31 %
	weiblich	18,91 %	20,73 %	15,30 %
	beides	8,32 %	9,86 %	5,28 %
	weiß nicht / k. A.	2,18 %	2,15 %	2,11 %
Urlaubsreise	männlich	9,75 %	7,46 %	13,72 %
	weiblich	68,24 %	68,65 %	67,55 %
	beides	18,91 %	21,37 %	14,51 %
	weiß nicht / k. A.	3,11 %	2,53 %	4,22 %

Quelle: Bluestone AG 2010

7.2. Medien

Buchhändler wissen, dass achzig Prozent aller Bücher von Frauen gekauft und gelesen werden. Frauen genießen es, sich Dank ihrer Vielzahl an Spiegelneuronen in die Romanfiguren hineinzuversetzen. Männer lesen weitaus weniger Belletristik, dafür mehr Sachbücher. Manche Männer sehen sich offenbar auch in der Tradition der großen Denker und Schriftsteller, von denen die große Mehrheit männlich war. Doch noch immer mehr als die Hälfte schätzt Bücher als weiblich ein.

Zeitungen besitzen eine Themenhierarchie, die männliche Interessen den weiblichen gegenüber bevorzugt. Der Politik-, der Wirtschafts-, der Sport- und der Wissenschaftsteil sind präsenter als der Lokalteil, »aus aller Welt« und »schöner leben«. Dazu bestehen die Prämien für Abonnenten stets aus Herrenarmbanduhren, schwarzen Reisekoffersets und Schweizer Offiziersmessern. Das nehmen die Leserinnen und Leser offensichtlich wahr.

Radio, TV und Internet sortieren viele offenbar stärker bei Technik ein, was nach wie vor als männliche Domäne gilt. Außerdem scheint bei der Befragung für viele eine Rolle gespielt zu haben, inwieweit sie den betreffenden Gegenstand selbst benutzen bzw. wer ihn aus ihrem direkten Umfeld, zum Beispiel in der Familie, noch benutzt. Deswegen womöglich weisen Männer den Fernseher als weiblicher aus, als Frauen selbst. Radio, TV und Internet wird von Frauen »geschlechtlich ausgewogener« gesehen. Es steht zu vermuten, dass die medialen Inhalte eine stärkere Berücksichtigung bei ihnen finden, allerdings bedarf diese Hypothese noch genauerer Überprüfung.

Gegenstand	Geschlecht	Gesamt	Frauen	Männer
Buch	männlich	15,88 %	10,87 %	25,86 %
	weiblich	66,30 %	72,06 %	54,35 %
	beides	15,29 %	14,79 %	16,89 %
	weiß nicht / k. A.	2,52 %	2,28 %	2,90 %
Zeitung	männlich	64,03 %	57,65 %	75,73 %
	weiblich	17,14 %	19,34 %	13,46 %
	beides	15,97 %	20,10 %	8,18 %
	weiß nicht / k. A.	2,86 %	2,91 %	2,64 %
Radiogerät	männlich	52,27 %	46,02 %	64,91 %
	weiblich	29,33 %	32,62 %	22,16 %
	beides	14,62 %	17,83 %	8,71 %
	weiß nicht / k. A.	3,78 %	3,54 %	4,22 %
TV	männlich	54,42 %	56,71 %	45,63 %
	weiblich	21,29 %	19,75 %	27,18 %
	beides	20,08 %	20,00 %	20,39 %
	weiß nicht / k. A.	4,22 %	3,54 %	6,80 %
Internet	männlich	63,11 %	57,40 %	74,41 %
	weiblich	15,97 %	18,20 %	11,35 %
	beides	17,48 %	20,61 %	11,61 %
	weiß nicht / k. A.	3,45 %	3,79 %	2,64 %

Quelle: Bluestone AG 2010

7.3. Werkzeug

Eindeutiger können die Aussagen nicht sein: Die überwältigende Mehrheit der Frauen und Männer empfindet elektrisch betriebenes Werkzeug und Gartengerät nach wie vor als männlich. Obwohl Bosch sich seit einigen

Jahren mit großem Erfolg auch an Kundinnen richtet, ist der Baumarkt noch immer eine männliche Domäne. Händler wie *toom* sind an der weiblichen Kundschaft aufgrund mangelnder Kentnisse gescheitert. Erst verkündeten sie die konsequente Ausrichtung auf Frauen und ihre Bedürfnisse, um schon bald darauf wieder zurückzuschwenken. Um das zu verdeutlichen, hat toom die »Ohne-Scheiss-Kampagne« gestartet.[221]

Gegenstand	Geschlecht	Gesamt	Frauen	Männer
Bohrmaschine	männlich	94,58 %	94,94 %	93,20 %
	weiblich	3,01 %	2,78 %	3,88 %
	beides	1,81 %	1,52 %	2,91 %
	weiß nicht / k. A.	0,60 %	0,76 %	0,00 %
Motorsäge	männlich	96,72 %	96,71 %	97,10 %
	weiblich	2,35 %	2,02 %	2,64 %
	beides	0,50 %	0,63 %	0,26 %
	weiß nicht / k. A.	0,42 %	0,63 %	0,00 %
Rasenmäher	männlich	91,16 %	91,14 %	91,26 %
	weiblich	4,02 %	4,30 %	2,91 %
	beides	3,61 %	3,04 %	5,83 %
	weiß nicht / k. A.	1,20 %	1,52 %	0,00 %

Quelle: Bluestone AG 2010

7.4. Technik

Während Computer von Frauen wie Männern als männlich betrachtet werden, fällt die Bewertung von Laptops wesentlich ausgewogener aus. Das umgekehrte Bild zeigt sich bei Telefonen und Handys: Telefone werden für viel weiblicher gehalten. Womöglich trägt die frühere Erinnerung an lange Gespräche zwischen Freundinnen zu diesem Eindruck bei. Telefone in privaten Haushalten waren ja auch nie ein Ausbund an technischer Rafinesse. Handys werden offenbar öfter in die geistige Schublade mit dem Etikett »Technik« bzw. »technisches Spielzeug« gesteckt als in die reine Kommunikation.

Fotoapparate haben Frauen inzwischen Dank moderner, leicht bedienbarer Technik stärker adaptiert, als vielen Männern bewusst ist. Allerdings

[221] http://bit.ly/9vsU6y

würde die überwiegende Anzahl der Männer sich kein simples Gerät aussuchen, sondern ein cleveres mit tausend Features, ob sie sie jemals brauchen oder nicht.

Gegenstand	Geschlecht	Gesamt	Frauen	Männer
Computer	männlich	79,83 %	76,11 %	87,07 %
	weiblich	7,65 %	9,23 %	4,49 %
	beides	11,01 %	12,90 %	7,39 %
	weiß nicht / k. A.	1,51 %	1,77 %	1,06 %
Laptop	männlich	44,78 %	41,01 %	59,22 %
	weiblich	32,93 %	37,22 %	16,50 %
	beides	18,67 %	18,48 %	19,42 %
	weiß nicht / k. A.	3,61 %	3,29 %	4,85 %
Handy	männlich	38,76 %	40,25 %	33,01 %
	weiblich	31,73 %	32,15 %	30,10 %
	beides	24,50 %	23,04 %	30,10 %
	weiß nicht / k. A.	5,02 %	4,56 %	6,80 %
Telefon	männlich	22,52 %	18,58 %	30,08 %
	weiblich	60,67 %	63,08 %	55,94 %
	beides	14,20 %	15,68 %	11,61 %
	weiß nicht / k. A.	2,61 %	2,65 %	2,37 %
Fotoapparat	männlich	61,26 %	54,11 %	74,93 %
	weiblich	25,29 %	30,09 %	16,09 %
	beides	11,60 %	13,78 %	7,65 %
	weiß nicht / k. A.	1,85 %	2,02 %	1,32 %

Quelle: Bluestone AG 2010

7.5. Wohnen und Büro

Oben habe ich bereits beschrieben, wie es sich mit den Vorstellungen rund um den Chefsessel verhält. Die Bilder von Chefsesseln in den Köpfen der meisten Menschen zeigen ein schweres schwarzes Ungetüm, das für eine Frau wenig »kleidsam« erscheint. Einige Personen, die in Zusammenhang damit nicht »männlich« ankreuzten, verwiesen auf ihre persönlich favorisierten politischen und sozialen Gleichstellungsziele bei der Besetzung von Führungspositionen.

Der Zusatz »Design« bei Möbeln sorgt für eine Vermännlichung, denn die Heimeinrichtung ist eine ausgesprochene Frauendomäne. Laut einer Studie des Verbands der Deutschen Möbelindustrie (VDM) haben nur zehn Prozent aller Männer jemals ein Möbelstück ohne weibliche Hilfe gekauft. Unter den Berlinern waren es sogar nur 1,2 Prozent.[222] Wann immer ich bei meinen Vorträgen den Namen IKEA nenne, strahlen die Gesichter der Frauen auf. Gleichzeitig fallen die Männer in sich zusammen, als hätte jemand eine Nadel in einen Ballon gepiekt, ihr Stöhnen klingt bei großem Publikum wie der Wind während eines Orkans. Das Zuhause unterliegt strikt dem weiblichen Regime. Das gilt auch für Länder, in denen Frauen gesellschaftlich benachteiligt sind. Der Mann bestimmt in der Außenwelt, die Frau in der Innenwelt.

In Bezug auf Wohneigentum sind sich Frauen und Männer recht uneinig, denn die Begriffe der Hausherrin und des Familienvorstands konkurrieren stark miteinander. Dazu kommt, dass Männer sich überwiegend noch immer als Versorger betrachten, womit ihnen auf den ersten Blick die finanzielle Hauptlast an der Immobilienfinanzierung zukommt. Relativiert wird dieser Eindruck natürlich spätestens dann, wenn man das Engagement der Partnerinnen in Familie und Haushalt einbringt, unabhängig von der Frage, ob sie zusätzlich berufstätig ist. Die Fronten sind also nicht abschließend geklärt.

Ganz anders beim Putzmittel. Auch wenn Frauen sich mehr Unterstützung ihrer Partner im Haushalt wünschen und Pril den männlichen Abwascher erfunden hat, spüren alle insgeheim, dass das leidige Putzen noch immer weit überwiegend Frauensache ist. Unsere männlichen Studienteilnehmer wissen das natürlich am besten.

Lampen und insbesondere Vasen sind typisch weibliche Objekte. Frauen verschenken öfter Blumen als Männer und gönnen sich gerne auch selbst mal einen schönen Strauß, der natürlich auch eine schöne Vase benötigt. Für die meisten Männer ist es hierzulande unvorstellbar, sich selbst mit Blumen zu erfreuen. Ganz anders in Lettland. Hier werden Blumen zu allen Anlässen verschenkt. Außerdem hat sich in diesem kleinen Land die Blumensprache erhalten, die es früher auch in vielen anderen Ländern gab. Vor der Erfindung der vorgedruckten Glückwunsch- und Trauerkarten sagte die Auswahl der Blumenart alles, was gesagt werden sollte. Wer um ein lettisches Mädchen buhlt, darf dies nur mit einer ungeraden Anzahl Blumen tun – eine gerade Anzahl ist nur für die Toten, wie man dort sagt.

[222] http://bit.ly/ay13yP

Gegenstand	Geschlecht	Gesamt	Frauen	Männer
Chefsessel	männlich	84,14 %	83,54 %	86,41 %
	weiblich	7,43 %	8,10 %	4,85 %
	beides	7,23 %	7,59 %	5,83 %
	weiß nicht / k. A.	1,20 %	0,76 %	2,91 %
Design-Möbel	männlich	32,52 %	32,49 %	31,66 %
	weiblich	55,71 %	54,74 %	58,31 %
	beides	9,75 %	10,37 %	8,97 %
	weiß nicht / k. A.	2,10 %	2,53 %	1,06 %
Kleiderschrank	männlich	9,24 %	8,86 %	10,68 %
	weiblich	84,94 %	85,32 %	83,50 %
	beides	4,02 %	3,80 %	4,85 %
	weiß nicht / k. A.	1,81 %	2,03 %	0,97 %
Lampe	männlich	15,29 %	15,55 %	15,30 %
	weiblich	73,70 %	72,69 %	75,20 %
	beides	7,90 %	8,22 %	7,39 %
	weiß nicht / k. A.	3,11 %	3,54 %	2,11 %
Vase	männlich	2,21 %	1,77 %	3,88 %
	weiblich	95,98 %	96,71 %	93,20 %
	beides	1,00 %	0,51 %	2,91 %
	weiß nicht / k. A.	0,80 %	1,01 %	0,00 %
Einfamilienhaus	männlich	36,13 %	30,34 %	47,76 %
	weiblich	48,07 %	51,33 %	41,16 %
	beides	13,19 %	15,80 %	8,44 %
	weiß nicht / k. A.	2,61 %	2,53 %	2,64 %
Putzmittel	männlich	11,60 %	12,39 %	9,50 %
	weiblich	81,34 %	79,65 %	84,96 %
	beides	4,96 %	5,56 %	3,96 %
	weiß nicht / k. A.	2,10 %	2,40 %	1,58 %

Quelle: Bluestone AG 2010

7.6. Nahrungs- und Genussmittel

Bei einer Vielzahl von Nahrungsmitteln ist das Lager derer, die sie verspeisen, gespalten. Männer haben ein viel größeres Bedürfnis nach viel Fleisch. Frauen essen abwechslungsreicher, leichter, süßer und mögen mehr verschiedene Geschmacks- und Texturerlebnisse bei einer Mahlzeit als Männer. Diese Erkenntnisse spiegeln sich auch in unseren Studienergebnissen wider. Wie schon bei vielen der anderen Produkte und Objekte spielt die eigene Vorliebe sowie die des beobachteten sozialen Umfelds bei der geschlechtlichen Einteilung eine Rolle. Lediglich beim Wein zeigt sich ein recht ausgewogenes Verhältnis bei den Geschlechtern. Bier, Mineralwasser und Limonaden haben wir nicht in die Befragung aufgenommen, weil die Geschlechtszuweisungen aus anderen Untersuchungen ableitbar sind.

Gegenstand	Geschlecht	Gesamt	Frauen	Männer
Eisbecher	männlich	13,95 %	12,52 %	17,15 %
	weiblich	75,63 %	76,61 %	73,35 %
	beides	8,15 %	8,34 %	7,65 %
	weiß nicht / k. A.	2,27 %	2,53 %	1,85 %
Hamburger	männlich	87,15 %	89,37 %	78,64 %
	weiblich	5,22 %	4,81 %	6,80 %
	beides	4,42 %	3,54 %	7,77 %
	weiß nicht / k. A.	3,21 %	2,28 %	6,80 %
Obst	männlich	4,45 %	2,91 %	7,92 %
	weiblich	87,23 %	89,38 %	82,32 %
	beides	6,22 %	6,07 %	6,60 %
	weiß nicht / k. A.	2,10 %	1,64 %	3,17 %
Wein	männlich	38,32 %	33,00 %	49,08 %
	weiblich	43,61 %	46,14 %	38,26 %
	beides	15,80 %	18,96 %	9,50 %
	weiß nicht / k. A.	2,27 %	1,90 %	3,17 %

Quelle: Bluestone AG 2010

7.7. Mode, Accessoires – und Kaufhäuser

Mode und Schmuck sind »Frauensache«. Jeans haben sich von der Arbeitshose zum unverzichtbaren Kleidungsstück für alle entwickelt. Armbanduhren sind in vielen Ländern, Deutschland, Österreich und die Schweiz inbegriffen, nach der Wahl der Krawattennadel zum hoffnungslos spießigsten »Dings«, beinahe der einzig akzeptable Schmuck für Herren und ein Statussymbol obendrein, wenn sie von Top-Marken wie Patek Philippe, Lange & Söhne etc. stammen.

Dass die meisten Männer Kaufhäuser beinahe fürchten wie der Teufel das Weihwasser, ist nicht neu. 87 Prozent der männlichen Teilnehmer unserer Studie sind der Auffassung, Kaufhäuser sind Tempel weiblicher Göttinnen, deren Anbetung nur durch Kundinnen gestattet ist. Lediglich mit dem Verkaufspersonal als Priesterschaft hapert es noch zu häufig.

Gegenstand	Geschlecht	Gesamt	Frauen	Männer
Armbanduhr	männlich	65,66 %	66,58 %	62,14 %
	weiblich	19,08 %	18,23 %	22,33 %
	beides	13,25 %	13,16 %	13,59 %
	weiß nicht / k. A.	2,01 %	2,03 %	1,94 %
Schmuck	männlich	2,35 %	1,90 %	3,17 %
	weiblich	94,79 %	94,94 %	94,46 %
	beides	2,10 %	2,28 %	1,85 %
	weiß nicht / k. A.	0,76 %	0,88 %	0,53 %
Jeans	männlich	41,26 %	39,19 %	45,65 %
	weiblich	37,06 %	36,16 %	38,26 %
	beides	19,41 %	22,25 %	14,25 %
	weiß nicht / k. A.	2,27 %	2,40 %	1,85 %
Mode	männlich	2,01 %	1,77 %	2,91 %
	weiblich	89,16 %	89,11 %	89,32 %
	beides	7,43 %	7,34 %	7,77 %
	weiß nicht / k. A.	1,41 %	1,77 %	0,00 %
Kaufhaus	männlich	9,92 %	10,62 %	8,18 %
	weiblich	84,03 %	82,55 %	87,34 %
	beides	3,95 %	4,42 %	3,17 %
	weiß nicht / k. A.	2,10 %	2,40 %	1,32 %

Quelle: Bluestone AG 2010

7.8. Finanzen

Obwohl Frauen über so viel eigenes Vermögen verfügen wie nie zuvor, und obwohl Sicherheit und Absicherung Themen sind, die Frauen näher liegen als Männern, haben die Finanzdienstleister bis heute versäumt, sich der weiblichen Zielgruppe überhaupt zu nähern. Nach wie vor ist eine hohe Anzahl von Frauen hoffnungslos unterversichert, insbesondere im Hinblick auf ihre Altersvorsorge. Ihre Kenntnisse selbst grundlegender Faktoren sind bei Frauen geringer ausgeprägt als bei Männern, wie Studien der Commerzbank aus den Jahren 2002 und 2003 gezeigt haben. Zwar sind vermögendere Anlegerinnen mit ihren Anlagestrategien erfolgreicher als Männer, wie die DAB bank seit 2000 immer wieder feststellt[223], doch das Gros gibt ihr Geld gegenwärtig lieber aus oder nimmt sogar Kredite zur Finanzierung ihres Konsums auf. Die Banken und Versicherungen verzichten damit nicht nur gegenwärtig, sondern auch zukünftig auf durchaus nennenswerte Umsätze. Offenbar haben Entscheider in der Finanzbranche Wichtigeres zu tun.

Gegenstand	Geschlecht	Gesamt	Frauen	Männer
Geld	männlich	54,45 %	49,43 %	64,38 %
	weiblich	26,13 %	29,20 %	20,05 %
	beides	16,64 %	18,46 %	13,19 %
	weiß nicht / k. A.	2,77 %	2,91 %	2,37 %
Versicherung	männlich	62,94 %	62,71 %	62,80 %
	weiblich	24,12 %	22,25 %	28,23 %
	beides	11,26 %	13,27 %	7,65 %
	weiß nicht / k. A.	1,68 %	1,77 %	1,32 %

Quelle: Bluestone AG 2010

7.9. Top 10

In der Gesamtwertung haben wir klare Sieger bei den »weiblichsten« und den »männlichsten« Dingen. (Es sei natürlich darauf hingewiesen, dass es sich nicht generell um die »weiblichsten« oder »männlichsten« Objekte handelt, sondern um die in dieser Studie untersuchten.)

[223] http://bit.ly/cfchpB

Top 10 der weiblichsten Dinge			Top 10 der männlichsten Dinge		
Platz	Gegenstand	Wertung	Platz	Gegenstand	Wertung
1	Vase	95,98 %	1	Motorsäge	96,72 %
2	Schmuck	94,79 %	2	Bohrmaschine	94,58 %
3	Mode	89,16 %	3	Rasenmäher	91,16 %
4	Obst	87,23 %	4	Hamburger	87,15 %
5	Kleiderschrank	84,94 %	5	Auto	85,97 %
6	Kaufhaus	84,03 %	6	Chefsessel	84,14 %
7	Putzmittel	81,34 %	7	Computer	79,83 %
8	Eisbecher	75,63 %	8	Navigationsgerät	70,59 %
9	Lampe	73,70 %	9	Armbanduhr	65,66 %
10	Urlaubsreise	68,24 %	10	Zeitung	64,03 %

Quelle: Bluestone AG 2010

Ich weiß, dass einiges davon nach purem Klischee riecht. Ich kann nichts dafür, ich bin nur die Botin! Das ist ein kleines Abbild einer Welt, wie sie sich in unseren Breitengraden teils evolutionär, teils kulturell gebildet hat. Der kulturelle Anteil lässt sich verändern.

7.10. Keine Aussage ist auch eine Aussage

Mich erreichen auch einige E-Mails, deren Absenderinnen und ein Absender mir mitteilten, dass sich sich außerstande fühlten, eine geschlechtliche Zuordnung für Gegenstände und Virtuelles wie Geld, Versicherungen und Urlaubsreisen zu treffen. Es seien doch Dinge und keine Menschen! Ich hege die Annahme, dass es nicht nur diesen Personen so ging. Insgeheim hatte ich auf solche Reaktionen gehofft. Umso mehr freute ich mich, als sie tatsächlich in Form dieser Nachrichten eintrafen. Ich hatte gehofft, dass es eine Verbindung zwischen der Erkenntnis von Jennifer Connellan und Anna Ba'tkti gäbe, wonach schon ein Tag alte Jungen eine Präferenz für Dinge und Mädchen für Menschen zeigen (vgl. Kapitel 6).[224] Tatsächlich waren Frauen öfter überzeugt als Männer, ein Gegenstand sei »beides«, also weiblich *und* männlich, keins von beidem oder neutral. Und einige, sofern wir es nachvollziehen können weit überwiegend Frauen, unterschieden so konsequent zwischen Menschen und Dingen, dass sie auch bei größter Anstrengung keine Geschlechterzuweisung treffen konn-

[224] Baron-Cohen, Simon (2004), S. 85

ten. Ich erhielt von einigen von ihnen E-Mails, in denen sie mir ihr Bedauern schilderten, aus diesem Grund nicht helfen zu können. Soweit es uns ersichtlich wurde, war dies eine klare Minderheit, die uns aber umso stärker verdeutlicht, dass Frauen menschenzentriert denken. Um sie mit einer Marketing-Kommunikation zu erreichen, müssen Menschen ins Zentrum gerückt werden, gleich, welche Inhalte darin transportiert werden.

8. Die Lebensphasen

Louann Brizendine hat bei Frauen und Männern Lebensphasen definiert. Sie hatte festgestellt, dass die Hormone mit ihren enormen Schwankungen maßgeblich für Lebensabschnitte sind. Mit ihrem Auftauchen und Abtreten, mit den spezifischen Kombinationen bei Frauen und Männern bewirken sie nicht nur die Arterhaltung im Sinne Darwins, sondern bestimmen zu einem enormen Anteil, was uns interessiert, wie wir uns verhalten, ja sogar, wer wir sind.

Pubertierende Mädchen sind keine Mütter, Frauen nach der Menopause unterscheiden sich von jungen Frauen. Ein junger männlicher Single unterscheidet sich vom Mann in den Wechseljahren wie vom Vater. Die Lebensphase kann von großem Belang sein. Kinderspielzeug lässt sich sowohl an Kinder, als auch an Eltern adressieren. Selbstverwirklichung ist für so genannte *Empty Nesters*, also Eltern, deren Kinder flügge geworden sind, nicht gleichermaßen wichtig. Das Bedürfnis, einen neuen Sinn im Leben zu finden und ihn auszuleben, betrifft insbesondere Frauen ab der Menopause und wird durch die enormen körperlichen und geistigen Umstellungen durch den Hormonwechsel bewirkt. Macht und Aufstieg sind überwiegend männliche Lebensthemen. Am leistungsstärksten sind Männer zwischen 25 und 30 Jahren. Das zeigt sich sowohl in den exzeptionellen Leistungen von Genies, die ihre herausragendsten wissenschaftlichen und künstlerischen Arbeiten in diesem Alter schufen, als auch bei Straftätern, die im selben Zeitraum ihre spektakulärsten Delikte begehen. Das gilt jedoch nur für Männer, die in diesem Alter noch nicht verheiratet sind.[225]

Bei den folgenden Auflistungen handelt es sich ausschließlich um biologische Faktoren. Selbstverständlich spielen in den genannten Lebensphasen auch weitere Einflüsse wie beispielsweise Bildung und Umfeld eine Rolle, doch die Biologie liegt als Basis unter allem anderen. Das bedingt, dass viele Menschen gar nicht wissen, weshalb sie sich zu gewissen Zeiten ein Kind wünschen, die Karriere vorantreiben oder gar ihren Partner verlas-

---

[225] Kanazawa, Satoshi (2003)

Werbung für Adam und Eva. Diana Jaffé und Saskia Riedel
Copyright © 2010 WILEY-VCH Verlag GmbH & Co. KGaA
ISBN 978-3-527-50549-4

sen. Sie finden eine Menge Erklärungen, wenn sie nur willig genug danach suchen, doch in Wahrheit sind es die Hormone & Co., die uns nach Liebhaber/inne/n verlangen, den Wettkampf suchen oder zu bestimmten Zeiten im Monat besonders viele Süßigkeiten in uns hineinstopfen lassen. Natürlich haben wir als Menschen eine Wahl, uns für ein Verhalten zu entscheiden und ein anderes zu unterbinden – jedoch nur, wenn wir um unsere Natur wissen.

Die folgenden Inhalte sind – mit teilweise starken Kürzungen – Louann Brizendines Büchern *Das weibliche Gehirn* aus dem Jahr 2007 sowie *Das männliche Gehirn* von 2010 entnommen.

8.1. Die weiblichen biologischen Motivatoren

Phase	Typische Veränderungen	Hauptinteressen
Kindheit	Verstärkung der Schaltkreise für verbale und emotionale Fähigkeiten.	Spielen und Spaßhaben mit anderen Mädchen, nicht mit Jungen.
Pubertät	Gehirn entwickelt sich bei Mädchen zwei Jahre früher als bei Jungen. Zunehmende Empfindlichkeit und Wachstum der Schaltkreise für Stress, verbale Fähigkeiten, Gefühle und Sexualität.	Sexuelle Attraktivität, Verliebtheit, Meiden der Eltern.
Sexuelle Reife, Single-Frau	Frühere Reifung der Schaltkreise für Entscheidungen und Gefühlssteuerung.	Mehr Aufmerksamkeit für Beziehungen, Suche nach einem Lebenspartner, Wahl von Beruf oder Karriere je nach der Vereinbarkeit mit Familiengründung, Liebe.
Schwangerschaft	Unterdrückung der Stress-Schaltkreise, Progesteron beruhigt das Gehirn; Gehirn schrumpft; Hormone von Fötus und Plazenta bestimmen über Gehirn und Körper. Fokussierung auf Geborgenheit und Versorgung der Familie, Beruf und Konkurrenzverhalten treten in den Hintergrund.	Körperliches Wohlbefinden, Bewältigung von Müdigkeit, Übelkeit und Hunger; Sorge um die Gesundheit des Ungeborenen; Erhaltung des Arbeitsplatzes; Planung des Mutterschaftsurlaubs.
Stillzeit	Stress-Schaltkreise werden weiterhin unterdrückt; Sex- und Gefühlsschaltkreise werden der Kinderversorgung untergeordnet.	Hauptaugenmerk auf dem Baby. Umgang mit Müdigkeit, Milchproduktion, wunde Brustwarzen, Überstehen der nächsten vierundzwanzig Stunden.

Phase	Typische Veränderungen	Hauptinteressen
Kinderbetreuung	Verstärkte Funktion der Schaltkreise für Stress, Sorgen und emotionale Bindungen.	Weniger Interesse an Sex, mehr Sorge um die Kinder. Wohlergehen Entwicklung, Erziehung und Sicherheit der Kinder; Bewältigung von erhöhtem Stress und Beruf.
Wechseljahre	Schwankende Lust auf Sex, Schlafstörungen, häufige Erschöpfung, Sorgen, Stimmungsschwankungen, Hitzewallungen, Reizbarkeit.	Überstehen des nächsten Tages, Bewältigung des körperlichen und emotionalen Auf und Ab.
Menopause	Letzte hormonell bedingte plötzliche Änderungen im Gehirn.	Gesundheit, verbessertes Wohlbefinden, Annehmen neuer Herausforderungen.
Nach den Wechseljahren	Mehr Ruhe. Gehirnschaltkreise reagieren weniger auf Stress und sind weniger emotional.	Entfaltung der eigenen Persönlichkeit; weniger Interesse an der Fürsorge für andere.

Quelle: Brizendine, Louann (2007)

8.2. Die männlichen biologischen Motivatoren

Phase	Typische Veränderungen	Hauptinteressen
Kindheit	Weitere Gehirnschaltkreise für Neugier und lebhafte Muskelbewegungen; Schaltkreise für männliches Sexualverhalten entwickeln sich weiter.	Siegen, Bewegung, Jagd nach Objekten, wilde Spiele mit Jungen, aber nicht mit Mädchen.
Pubertät	Zwanzigfacher Anstieg des Testosteronspiegels, steigender Vasopressinspiegel. Zunehmende Ansprechbarkeit und Wachstum der Schaltkreise für sexuelle Bestrebungen und Revierverteidigung. Schaltkreise für visuelle sexuelle Anziehung konzentrieren sich auf weibliche Gestalten; männliche Gesichter werden als feindselig wahrgenommen; Veränderungen der Geruchswahrnehmung für Pheromone, der akustischen Wahrnehmung und der Schaltkreise für den Schlafzyklus.	Interesse an Revierverteidigung, sozialen Interaktionen, Körperteilen der Mädchen; sexuelle Phantasien, Masturbation, Hierarchiebewusstsein; spates Einschlafen und Aufwachen; Distanz zu Eltern, Autorität wird infrage gestellt.

Phase	Typische Veränderungen	Hauptinteressen
Geschlechtsreifer, alleinstehender Mann	Ständig hoher Testosteronspiegel aktiviert Schaltkreise für Sexualität, Partnerwahl, Schutz, Hierarchie und Revierbewusstsein. Konzentration auf kurvenreiche, fruchtbare Frauen; will zuerst Sex, Liebe und Beziehung *können* folgen; starke Libido.	Starke Bestrebungen, Sexualpartnerinnen zu finden; Konzentration auf Arbeit, Geld und berufliches Fortkommen
Vater	Schaltkreise für Sexualtrieb werden durch niedrigen Testosteron- und hohen Vasopressinspiegel unterdrückt; Einklang zwischen Vater und Baby entwickelt sich.	Schutz von Mutter und Kind, Verdienen des Lebensunterhalts, Finanzierung der Familie; hört Babys besser schreien als Nicht-Väter.
Mittleres Erwachsenenalter	Allmählich verringerte [Gehirn-]Aktivität durch Testosteron und Vasopressin.	Weiterhin Konzentration auf Sex, Revierverteidigung und attraktive Frauen. Großziehen der Kinder, Sicherung von Macht und beruflicher Stellung; geringes Interesse an »Sex sofort«.
Wechseljahre des Mannes (Andropause)	Rückgang des Testosteronspiegels; dieser ist mit achtzig Jahren nur noch halb so hoch wie mit zwanzig.	Fortpflanzungsfähigkeit bleibt erhalten; weiterhin Konzentration auf Sex und attraktive Frauen. Gesundheit, Verbesserung von Lebensqualität, Ehe, Sexualleben; Enkel, Regelung des Nachlasses; stärkste Annäherung an die hormonellen Verhältnisse bei Frauen: oxytocinbedingte stärkere Aufgeschlossenheit für Zuneigung und Gefühle, geringere testosteronbedingte Aggressivität.

Quelle: Brizendine, Louann (2010)

9. Wie sie die Welt wahrnimmt, wie er denkt – Themen für die Gender Marketing Communication

Marti Barletta hat einst formuliert, wie sich die Einstellung von Frauen und Männern zum Leben unterscheidet. Die weibliche Lebensmaxime lautet: »*I helped to make the world a better place*« (etwa: »Ich habe geholfen, die Welt zu verbessern«). Im Gegensatz dazu lautet die der Männer »*I made my mark in the world*« (etwa: »Ich habe der Welt meinen Stempel aufgedrückt«).[226]

Frauen nehmen die Welt ganz anders wahr als Männer. Viele der unterschiedlichen Sichtweisen der Geschlechter sind für das Marketing entscheidend. Die bisherige Unkenntnis der jeweils bevorzugten Denk- und Handlungsweisen hat Unternehmen schon viele unnütze Produkte entwickeln und wieder einstampfen lassen. Auch der Handel ordert aus Unwissenheit die falschen Waren – und wundert sich, dass sie nicht gekauft werden, wie erhofft. Und natürlich gilt dasselbe für die Unternehmenskommunikation: Wer das falsche Thema präsentiert, wird ignoriert.

In diesem Kapitel widmen wir uns zunächst der weiblichen Lebenswelt. Wir betrachten, was aus Sicht von Frauen wichtig ist (allerdings ohne Anspruch auf Vollständigkeit). Danach leiten wir die entsprechenden Hinweise für die Marketing-Kommunikation mit Frauen ab. Später gehen wir zu den Männern über und tun hier dasselbe: Wir versetzen uns in Männer hinein, betrachten die Welt aus ihren Augen und bewerten sie mit ihren Gehirnen. Im Anschluss an diesen Abschnitt werden die Erkenntnisse aus dieser Welt für die Gender Marketing Communication zusammengefasst.

Einen aus meiner Sicht sehr wichtigen Hinweis möchte ich meiner Leserschaft an dieser Stelle noch mitgeben: Seien Sie bitte achtsam, das andere Geschlecht nicht mit den Maßstäben Ihres eigenen Geschlechts zu messen. In den inzwischen zehn Jahren meiner Beschäftigung mit den Gemeinsamkeiten und Unterschieden zwischen Frauen und Männern habe ich oft erlebt, wie unverständlich Männer auf Denk- und Handlungs-

---

[226] Barletta, Marti (2006), S. 50

Werbung für Adam und Eva. Diana Jaffé und Saskia Riedel
Copyright © 2010 WILEY-VCH Verlag GmbH & Co. KGaA
ISBN 978-3-527-50549-4

weisen von Frauen und Frauen auf die Weltsicht von Männern reagiert haben. Dieses Unverständnis hat oft zur Herabsetzung des anderen Geschlechts geführt, jedoch nie zu irgendetwas Konstruktivem. Unzählige Philosophen, Anthropologen, Theologen, Etologen, Psychologen, Sozio- und viele andere -logen haben sich über Jahrtausende mit der Frage befasst, weshalb Frauen und Männer so verschieden voneinander sein müssen. Manchen reicht die Antwort »weil es über viele Jahrmillionen dem Überleben der Spezies gedient hat«, anderen reicht sie nicht. So oder so bleibt uns nichts als die Einsicht, dass die Verschiedenheit real ist, und je eher wir das Anders-Sein akzeptieren können, desto mehr Zeit bleibt uns, um uns ihm mit Neugier und Faszination zu nähern.

9.1. Frauen

Wie wir aus Kapitel 6 wissen, sind die meisten Frauen geborene Empathinnen. Das bedeutet nicht nur, dass sie die Empfindungen anderer Menschen wesentlich besser zu identifizieren vermögen als Systematiker, sondern dass sie das, was sie sehen, auch interessiert. Wie wir auch gesehen haben, ist die angemessene Reaktion auf die Gefühle anderer ein unverzichtbarer Bestandteil der Empathie. Empathinnen ist der andere Mensch und die Interaktion mit ihm wichtig. Andere Menschen und die Beziehungen mit ihnen prägen das Leben von Frauen daher in besonderem Maße, wie wir sehen werden.

9.1.1. Beziehungen

9.1.1.1. Wir sind miteinander verbunden

Frauen sehen alle Menschen als Teile von Gruppen, im Gegensatz zu Männern, die alle Menschen als Individuen wahrnehmen. In Wahrheit leben auch Frauen als Individuen, aber doch immer als Individuen, die mit anderen fest vernetzt sind. Dafür gibt es mindestens die folgenden Gründe:

1. Gleich, ob man den Darwinismus oder die Bibel zugrunde legt, in einem sind sich beide einig: Die Sicherung des Fortbestands unserer Art ist die mit Abstand wichtigste Lebensaufgabe. Betrachten wir die Arterhaltung aus der vorsintflutlichen Perspektive, frei von allen neuzeitlichen Sicherungssystemen wie Hartz IV etc.: Um ihrem Anteil an der Erhaltung der Spezies Mensch nachzukommen, müssen Frauen einen Partner finden, um mit ihm eine Familie zu gründen. Der Part-

ner muss treu veranlagt sein, weil die so genannte parentale Investition des Mannes, also seine Verantwortung und sein Engagement als Vater, für die Aufzucht und das Überleben des Nachwuchses sehr wichtig ist. Es kann zwar schon mal vorkommen, dass sich eine Frau an ihren fruchtbaren Tagen von untreuen, aber höchst attraktiven Macho-Schlawinern angezogen fühlt, die sie zwei Tage später nicht näher als 20 Meter an sich heran ließe, aber im Allgemeinen werden treue, aber durchsetzungsfähige Versorger vorgezogen. Mit der Geburt des ersten Kindes verändert sich alles. Wie wir bereits in Kapitel 8 festgestellt haben, sorgt ein Hormoncocktail für den Umbau des weiblichen Gehirns in ein Muttergehirn. Diese Veränderung ist irreversibel. Die Mutter stellt danach die eigenen Bedürfnisse hinter denen der Familie zurück. Sie muss sich darum kümmern, dass ihr Mikrokosmos Familie blüht und gedeiht. Dazu gehört die optimale Versorgung des Nachwuchses ebenso, wie die Bindung des Partners, damit er seine Aufmerksamkeit nicht auch anderen Frauen angedeihen lässt. Als Partnerin und als Mutter steht die Frau nie allein, sondern stets in Verbindung mit anderen.
2. Als Menschen noch in Clans und später in Großfamilien zusammenlebten, wurden viele Aufgaben gemeinschaftlich bewältigt und geteilt, darunter auch die Betreuung der Kinder. Gingen einige Mütter gemeinsam auf Nahrungssuche, zum Wasserholen oder Ähnliches, konnten sie ihre Kinder bei anderen Frauen aus der Gemeinschaft zurücklassen. Ein anderes Mal erwiesen sie selbst anderen denselben Dienst.
3. Die Gruppe bot Frauen seit Vorzeiten Schutz. Wurde der Partner im Kampf oder auf der Jagd schwer verwundet oder gar getötet, war die Frau mit den Kindern auf die Gemeinschaft angewiesen, die sie beschützen und sie bei der Versorgung unterstützen würde.
4. In Gefahrensituationen reagieren Menschen, wie es so schon heißt, mit Flucht oder Kampf. Jedenfalls hat das der US-amerikanische Physiologe Walter Cannon 1915 so postuliert.[227] Gerne wird landläufig vergessen, dass es im Tierreich und bewiesenermaßen auch beim Menschen als dritte Variante das Totstellen gibt. Doch über all dies hinaus gibt es auch eine vierte Gefahrenstrategie, die Wissenschaftlern erst vor wenigen Jahren überhaupt aufgefallen ist. Diese Gefahrenbewältigungsstrategie verwenden nur Frauen. Frauen sind keine körperlich gefährlichen Gegner, wenn sie allein sind (jedenfalls die nicht, die

---

[227] Cannon, Walter B. (1915)

keine Kampfausbildung genossen haben). Wenn sie ihre Kräfte jedoch mit anderen Geschlechtsgenossinnen vereinen, dann sieht die Lage plötzlich ganz anders aus: Eine Frau mag schwach sein, aber zehn Frauen verwandeln sich in kampfbereite Furien, wenn es darum geht, Leib und Leben zu beschützen. Frauen rotten sich zusammen und sind in der Gruppe stark. Eine kämpfende Gruppe von Frauen flößt da Respekt ein, wo die einzelne verloren gewesen wäre.

5. Die neuere Forschung hat darüber hinaus Belege für Verhalten gefunden, das die Bezeichnung *Tend and Befriend* trägt, etwa *Pflegen und Befreunden*. Die Studien von Shelley Taylor und Kollegen besagen, dass Frauen sich verstärkt um ihre Kinder kümmern, wenn sie unter Stress stehen, wohingegen sich Männer in vergleichbaren Situationen zurückziehen.[228] Denselben beruhigenden Effekt zeigt die Beziehungspflege mit anderen Frauen, bevorzugt nahestehende. Bei Affen kennen wir denselben Effekt vom Lausen. Dieses Verhalten bewirkt den Ausstoß von Oxytocin und Endorphinen, wie gegenwärtig angenommen wird, was dazu führt, dass das Cortisol-Niveau im Körper sinkt und sich ein Gefühl von Wohlbefinden und Beruhigung einstellt.[229]

Es ist zwar bekannt, dass ein gutes soziales Netz die Überlebenschancen von Männern, deren langjährige Partnerin verstorben ist, enorm erhöht, wir können jedoch davon ausgehen, dass der Effekt, der dadurch ausgelöst wird, dass sich jemand kümmert, deutlich geringer ist als bei Frauen.

Deborah Tannen lässt ihre Studentinnen und Studenten in jedem Semester zur Übung alltägliche Unterhaltungen aufzeichnen und transkribieren. Die Untersuchungen führen immer zum selben Ergebnis. Eine Studie von Barbara Johnstone[230] ergab dasselbe Bild. Zur besseren Darstellung dient uns eine Beispielstudie mit vierzehn Männern und zwölf Frauen.[231] Ausnahmslos alle Männer erzählten von sich selbst. Sechs Frauen erzählten von sich selbst, während die andere Hälfte von anderen Menschen und ihren Erlebnissen erzählten. Die Männer erzählten von Protagonisten und Widersachern und kamen in ihren Geschichten fast immer gut weg. Zwei der Männer erzählten, wie sie durch ihre hervorragenden Leistungen das gesamte Team zum Sieg geführt haben. Die meisten Männer erzählten

[228] Repetti, Rena L. (1994), Repetti, Rena L. und Jenifer Woods (1997)
[229] Taylor, Shelley E. et al. (2000)
[230] Johnstone, Barbara (1989)
[231] Tannen, Deborah (2004), S. 193 ff.

Geschichten, die vom Wettstreit handelten, von Schlägereien ebenso wie von sozialen Kämpfen. Die Männer erzählten, wie sie ihre intellektuellen oder sonstigen außergewöhnlichen Fähigkeiten einsetzten, um ihre Ehre zu verteidigen und zu siegen. Männer siegen über Menschen oder – zum Beispiel beim Jagen oder Fischen – über die Natur. Wann immer Männer der Welt allein entgegentraten, gingen sie aus dieser Begegnung als Sieger hervor. Offensichtlich ist es für Männer wichtig, eine gute Figur zu machen und einen starken Eindruck zu hinterlassen. In den seltenen Fällen, in denen nicht sie selbst der Protagonist waren, war es auf jeden Fall irgendein anderer Mann. Männer erzählen nie Geschichten über Frauen, und nie waren Frauen die Heldinnen in ihren Erzählungen. In nur vier von zwanzig Geschichten erhielt der Held Unterstützung oder Hilfe von anderen.

Die Geschichten der Frauen handelten eher von Gemeinschaft, von ihren Normen und vor allem von gemeinschaftlichen Aktivitäten oder Interaktionen. Mal verletzten sie darin versehentlich soziale Regeln, was ihnen peinlich oder unangenehm war, mal waren sie die Dummen. Sie erzählten, wie sie anderen geholfen hatten, wie sie ihren Partner kennen gelernt haben oder wie sie zu ihrer Katze gekommen sind. Sie schilderten das aus ihrer Sicht merkwürdige Benehmen von Leuten und erzählten abstruse Begebenheiten, die sich am Ende aufklärten. Die seltenen Fälle, in denen Frauen von Alleingängen berichteten, gingen stets schlecht aus. Hilfe erhielt die Heldin in elf von 26 Geschichten. Die Erzählungen der Frauen hatten offenbar nie das Ziel, sich selbst gut zu präsentieren. Ihre Geschichten handelten von ihnen selbst, wie auch von anderen Frauen und Männern. Johnstone schlussfolgert, dass Frauen die Gemeinschaft als Quelle der Macht ansehen. Während Männer das Leben als Wettkampf gegen die Natur und andere Männer sehen, in dem sie allein bestehen müssen, »sehen Frauen das Leben als Kampf gegen die Gefahr, von ihrer Gemeinschaft abgeschnitten zu werden«.[232]

Frauen wollen unbedingt zu anderen Gruppen gehören. Dafür verhandeln sie ständig über Nähe, Übereinstimmung, Bestätigung und Unterstützung, die sie geben und wiedererhalten wollen. Das unbewusste Ziel dieser ebenfalls unbewussten Verhandlungen besteht darin, sich vor dem Ausschluss aus der betreffenden Gemeinschaft zu schützen.[233] Für Frauen gehört das Ausgestoßen-Werden und die soziale Isolation zum Schlimmsten und Schmerzhaftesten, was ihr überhaupt passieren kann. Daher

[232] Tannen, Deborah (2004), S. 195
[233] Tannen, Deborah (2004), S. 20

scheint der alte TV-Spot von Apollo-Optik zwar auf den ersten Blick komisch, bei dem eine Narzisse auf der Wiese aufblüht und dann eine junge, durchaus gut aussehende Frau erblickt, die allerdings eine nicht sehr geschmackvolle Brille trägt. Die junge Frau lächelt beim Anblick der Blume, worauf die Blume sich – laut Apollo Optik nur wegen der Brille – übergibt.[234] Genutzt wird jedoch die weibliche Angst vor Ablehnung.

9.1.1.2. Der Partner

Auch wenn im Internet die Seitensprung-Agenturen blühen wie Pickel auf der Stirn eines Teenagers, sind Frauen primär an festen Partnerschaften interessiert. Allerdings sind Frauen dabei wählerisch. Obwohl es um nichts weniger als die Erhaltung der menschlichen Gattung geht, gibt es eine Reihe grundlegender Anforderungen, die Männer erfüllen müssen, bevor sie ihren Beitrag dazu leisten dürfen. Zunächst einmal müssen sie genetisch zueinander »passen«. Das bedeutet, dass die Partner ihrem künftigen Nachwuchs die bestmöglichen Startbedingungen hinsichtlich seines genetischen Materials und seiner Überlebensfähigkeit mitgeben müssen. Aber das bedeutet auch, dass beide Elternteile sich aufopferungsvoll der Aufzucht ihrer Kinder widmen müssen.[235] Die optimale Partnerwahl erhält Priorität, immerhin besitzt eine Frau nur eine begrenzte Anzahl von Eizellen. Außerdem kostet sie jede Schwangerschaft 80 000 Kalorien[236], und im Fall einer Trennung verantwortet sie die Aufzucht des Kindes oder der Kinder oft ganz allein[237]. Das ist in Ländern mit Sozialhilfe schwierig genug, aber wie schwer ist es erst in Ländern ohne staatliche oder anderweitige Unterstützung?! Bei manchen indigenen Völkern führt die Anwesenheit des Vaters zu einer Steigerung der Überlebensrate der Kinder um nicht weniger als das Dreifache![238]

Anders als in manchem Science-Fiction-Film gibt es bei uns keine Erdregierung, die Paaren eine Erlaubnis für die Fortpflanzung erteilen muss. Das ist aus dem Standpunkt eines noch nicht gezeugten Kindes auch gar nicht nötig, denn seine Mutter wird den ersten Kuss mit dem potenziellen Vater besser analysieren, als der beste Chemie-Laborant der Welt. In allen Gesellschaften, in denen Ehen nicht arrangiert werden, sichert die Natur auf diese Weise, dass die künftige Mutter sich ausgiebig über die Beschaf-

---

234 http://bit.ly/asXSCe
235 Buss, David M. und David P. Schmitt (1993)
236 Coad, Jane und Melvin Dunstall (2007), S. 324
237 Trivers, Robert (1972)
238 Hill, Kim und H. Kaplan (1988)

fenheit des Immunsystems des männlichen Mit-Küssers auf genetischer Basis informiert.[239] In ritualisierter Form finden wir den klassischen Immunsystem-Check in der US-amerikanischen *Dating*-Prozedur wieder, die uns aus einer Unzahl von Hollywood-Filmen bekannt ist. Das Dating unterliegt strengen Regeln. Spätestens nach dem dritten gemeinsamen Ausgehen muss der ausführende Mann die Heldin vor ihrer Haustür geküsst haben. Hat er es nicht versucht, stimmt etwas mit ihm nicht. Will sie ihn danach nicht wiedersehen, stimmt wieder etwas nicht mit ihm, zumindest aus Sicht der geküssten Frau.

Doch über den stimmigen Kuss hinaus sind noch weitere Faktoren für die Wahl des richtigen Mannes wichtig. Zunächst soll der Wunschpartner mindestens zehn Zentimeter größer und etwa 3,5 Jahre älter sein, was die Sache für Männer kleinen Wuchses mächtig erschwert.[240] Jetzt aber wird es richtig interessant: Der Evolutionspsychologe David Buss untersuchte fünf Jahre lang mehr als zehntausend Personen in 37 über die ganze Welt verteilten Kulturkreisen. Seine Untersuchungen enthielten Deutsche ebenso wie Taiwanesen und Mbuti-Pygmäen. Diese umfassendste aller bisherigen Analysen förderte die Erkenntnis zutage, dass Frauen ohne Ausnahme in all diesen Kulturen auf gutes Aussehen bei einem Mann verzichten können. Was weitaus wichtiger ist, ist die Höhe seines materiellen Vermögens und sein gesellschaftlicher Status.[241] Dabei achten Frauen darauf, dass er sein Vermögen erarbeitet hat. Lottogewinner sind uninteressant. Es geht also nicht um das Geld, sondern um seine Fähigkeit, sich durchzusetzen und für die Erhaltung der Familie zu sorgen. Der Anthropologe John Marshall Townsend und sein Kollege Gary Levy präsentierten Frauen Fotos von Männern, die einmal mit Anzügen und einmal mit Burger-King-Uniformen bekleidet waren. Die Männer wurden immer als attraktiver bewertet, wenn sie Anzüge trugen.[242] In einem anderen Experiment legten die Forscher Probandinnen erneut Fotos von Männern vor. Hatten die Frauen zuvor die Information erhalten, es handle sich um einen Arzt, stieg der Attraktivitätsquotient des jeweiligen Mannes auf wundersame Weise.[243]

Neuere Untersuchungen haben gezeigt, dass auch die vermögendsten, erfolgreichsten und angesehensten Frauen dieselben Anforderungen an einen Partner stellen wie alle anderen Frauen. Da Männer gerne »nach

---

239 http://bit.ly/cZzgSw
240 Pinker, Susan (2008), S. 101
241 Buss, David (1990)
242 John Marshall Townsend und Gary Levy (1990a)
243 John Marshall Townsend und Gary Levy (1990b)

unten« heiraten, bleiben viele der Frauen mit hohem Status partnerlos. Sind Frauen somit anspruchsvoller als Männer? Der Sozialpsychologe Douglas Kenrick würde diese Frage bejahen. In seinen Untersuchungen stellten Frauen bei der Partnerwahl in den Punkten Status, Freundlichkeit und emotionale Stabilität höhere Ansprüche an einen potenziellen Partner als Männer an ihre Zukünftige.[244] Ein Mann muss nur schön sein, wenn sie einen One-Night-Stand sucht.[245]

Beobachtet man Frauen bei der Betrachtung von männlichen Models, Schauspielern und anderen Männern auf Fotos oder in Filmsequenzen, kann man ihren Kommentaren entnehmen, dass sie dem betreffenden Mann allein aufgrund seines Aussehens ziemlich präzise Eigenschaften und Charakterzüge zuweisen. Ist alles reine Fantasie? Ganz sicher nicht, denn die Sexualhormone bestimmen das menschliche Aussehen, sowohl den Körperbau, als auch das Gesicht. Bei Babys lässt sich am Aussehen noch nicht erkennen, ob es sich um einen Jungen oder ein Mädchen handelt. Mit Beginn der Pubertät sorgt bei Männern Testosteron für die Ausprägung ihrer Züge. Das Kinn wird länger und stärker, der Kiefer prägt sich aus, ebenso die Wangenknochen, die Wangen selbst werden schmaler, die Stirnwülste wachsen, wodurch die Augen zurücktreten, die Stirn wird flacher, die Nase wächst und nimmt eine markante Form an, die Haut wird gröber und die Haare beginnen zu sprießen. Zuviel Testosteron macht allerdings unattraktiv: supermännlich-markante Gesichter werden als dominant, unehrlich und zu wenig emotional empfunden. Besitzern solcher Gesichter werden schlechtere väterliche Fähigkeiten unterstellt. Männliche Dominanz wirkt auf Frauen wohl nur bis zu einem gewissen Grad attraktiv, bevor sie beginnt, ihnen Angst zu machen. Michael Stirrat und David Perret wiesen erst vor Kurzem nach, dass es tatsächlich einen Zusammenhang zwischen Vertrauenswürdigkeit und der Breite eines männlichen Gesichts gibt, die ausschließlich vom Testosteron-Spiegel bestimmt wird. Inhaber breiter Gesichter missbrauchten das Vertrauen anderer Menschen signifikant häufiger.[246]

Partnerschaften sind in der Marketing-Kommunikation seit einigen Jahren mit einem »Geschmäckle« verbunden: Sie sind alt, sie sind langweilig, sie sind aus Sicht der Werbungtreibenden nicht mit einem coolen Produkt zu verbinden. DeBeers pries Diamanten über Jahre in vielen Ländern damit an, dass Männer ihren langjährigen Partnerinnen eine wortlose

244 Kenrick, Douglas et al. (1993)
245 Renz, Ulrich (2007), S. 130
246 Stirrat, Michael und David I. Perrett (2010)

Bestätigung der Verbindungsstabilität geben können. Als dieses Thema irgendwann ausgereizt war, ging DeBeers dazu über, die Dame ohne (männlichen) Partner anzusprechen und ihr Ringe für die rechte Hand anzudienen, die seither für die Selbstbeschenkung der vermögenden Frau statt Verlobungsring stehen.

Das Kennenlernen von Junge und Mädchen bleibt in unserer Werbung ein eher infantiles Thema, pardon: ein Werbethema für junge Produkte. Seit unnennbaren Zeiten zeigt Dr. Oetker für seine Ristorante Tiefkühlpizza ein Paar, das an gedeckten Tischen im Freien besagte Pizza verspeist. Allerdings bleibt unklar, ob es sich um ein Rendezvous oder um einen romantischen Pärchenabend handelt. Seit Jahren verwendet Duplo ein Motiv, in dem zwei junge Männer um das Herz einer jungen Frau konkurrieren, was auch keine klassische Dating-Situation ist. In der Merci-Lebensstory flackert in der Darstellung des Lebensstroms maximal zwei Sekunden lang das Kennenlernen auf. Am ehesten griff Levi's in den achziger und neunziger Jahren das Thema »Begegnung« und »Anziehung« (neudeutsch: *attraction*) auf. Damalige Jungschauspieler wie Brad Pitt machten die 501 zum Kultobjekt und beschritten ihren ruhmreichen Weg zum Star-Olymp.[247] Es ist doch erstaunlich, wie wenig das Rendezvous in unsere Werbewelt Eingang findet, obwohl es doch für Frauen und Männer ein so wichtiges Lebensmotiv ist.

9.1.1.3. Die Familie

Frauen sind bis zum heutigen Tag die Hauptentscheiderinnen in Familien. Natürlich gilt das für manche Produktbereiche mehr als für andere. Bei den Fast Moving Consumer Goods (FMCG), also Lebensmitteln, Hygieneartikeln etc., gilt das laut Gesellschaft für Konsumforschung (GfK) zu über neunzig Prozent.[248] *National Starch Food Innovation* hat vor einigen Jahren eine Untersuchung durchführen lassen. Der internationale Zulieferer für die Lebensmittelindustrie wollte wissen, wer für wen welche Kaufentscheidung bei Nahrungs- und Genussmitteln trifft. Das Ergebnis war überwältigend eindeutig: Der größte Teil aller Waren wurde von Frauen für ihre Familie gekauft. Mit großem Abstand folgte der weitaus geringere Anteil am gesamten Absatzvolumen, den Frauen für sich selbst kauften. Nur ein Bruchteil davon wiederum wurde von Männern für sich selbst

---

[247] http://bit.ly/cZzgSw
Übrigens wechselte Brad Pitt 1992, nur ein Jahr nach dem Levi's-Spot zum asiatischen Wettbewerber Edwin: http://bit.ly/cOf5Xk
[248] Jaffé, Diana (2005), S. 104

gekauft. Fast unmerklich war der Anteil, den Männer für andere kauften, etwa ihre Familie. Ein kurzer Blick in die Socken- und Unterwäscheabteilung zeigt, dass dies noch immer Hochburgen weiblicher Käufer sind. Nur zwanzig Prozent aller Autos werden in Deutschland ohne Einflussnahme einer Frau abgesetzt.[249] Geschenke für den Familien- und Freundeskreis sind »Frauensache«. Die meisten Urlaubsreisen, insbesondere Kultur- und Städtereisen werden von Frauen entschieden.[250] Selbst wenn es um die Reise mit Freunden geht, mit oder ohne Kinder, übernehmen Frauen die Entscheidungsverantwortung.

Frauen wollen, dass ihre Liebsten glücklich sind. Die beste Anschaffung ist aus ihrer Sicht die, mit der alle in höchstem Maß einverstanden sind. Insofern sind die Studien über den Einfluss von Kindern auf familiäre Kaufentscheidungen nicht völlig von der Hand zu weisen. Dabei sollte man aber nicht übersehen, dass es meistens noch immer die Mutter ist, die die Hand auf der Geldbörse hat. Marken, die sich bei Kindern durchsetzen wollen, schaffen es nur vergleichsweise selten an den Müttern vorbei. Sobald ihr Einverständnis vorliegt, vergrößert sich der Markt um ein Vielfaches, wie nicht nur die Merchandising-Verantwortlichen von Tokio Hotel feststellen konnten. Ohne mütterliche Zustimmung hätten sie kaum so viele Bettwäsche-Sets mit den Konterfeis der Bandmitglieder verkauft.

Die Rolle der Hausfrau und Mutter ist in der Werbung nach wie vor bei allen recht populär – nur nicht bei den Frauen. Es mag sich inzwischen herumgesprochen haben, dass Senioren nicht als alte Menschen dargestellt werden wollen, weil ihr Selbstbild mindestens ein Jahrzehnt jünger ist. Allerdings hat es sich noch nicht herumgesprochen, dass die heutigen Mütter nicht altbacken wirken mögen. Abgesehen davon, dass heute viel mehr Mütter als jemals zuvor berufstätig sind, ist das Leben insgesamt moderner geworden. Diese Tatsache scheint aber viele Werber hierzulande noch nicht erreicht zu haben. Die englischen Werber dagegen übertreiben zwar gerne, zum Beispiel, wenn sie in einer Kondomwerbung von *G. I. Jonny* zeigen, wie eine altmodisch wirkende Mutter ihrem Sohn Kondom- und Liebestipps gibt, während er gerade mit seiner neuen Flamme zugange ist.[251] Aber letztlich dürfte diese Darstellung von vielen heutigen Müttern gegenüber den bei uns üblichen Mutter-Bildern in der Werbung bevorzugt werden. Irgendwie ist die englische Mom doch auch wieder cool.

249 Jaffé, Diana (2010), S. 124
250 Opaschowski, Horst W. (2001)
251 http://bit.ly/cHhiM5

Das weibliche Gehirn baut sich in beträchtlichen Teilen zum *Muttergehirn* um, sobald die Besitzerin dieses Gehirns ein Kind ausgetragen hat. Die Verwandlung beginnt mit der Befruchtung der Eizelle. Der Fötus produziert in der Plazenta Neurohormone[252], die durch den Blutkreislauf in das Gehirn der Mutter wandern. Diese Neurohormone bewirken, dass die werdende Mutter schläfriger wird und die Hunger- sowie Durstzentren des Gehirns ihre Aktivitäten enorm steigern, aber auch, dass der Geruchssinn und der Appetit sich vorläufig verändern, um dem Fötus zu optimalen Versorgungsbedingungen zu verhelfen. Während das Kind heranwächst, nimmt die werdende Mutter immer mehr von ihm wahr und beginnt, eine Beziehung mit ihm herzustellen. In den ersten vier Schwangerschaftsmonaten steigt der Progesteron-Spiegel bis zum Hundertfachen seines üblichen Werts an und bewirkt eine Beruhigung wie Valium. Zusammen mit einem hohen Östrogen-Spiegel ergibt sich daraus eine hohe Stress-Resistenz bei der Mutter. Die benötigt sie, weil der Fötus für eine riesige Menge an Stresshormonen sorgt, die einzig und allein den Zweck haben, dass die Mutter sich allzeit achtsam verhält, um das Ungeborene zu schützen. Zwischen dem sechsten Schwangerschaftsmonat bis zu zwei Wochen vor der Geburt schrumpft das Gehirn etwas. Dabei verändern sich verschiedene Bereiche des Muttergehirns hinsichtlich ihrer Größe unterschiedlich: Manche schrumpfen, andere wachsen. Noch ist nicht bekannt, was es mit diesen Veränderungen auf sich hat. Während das Gehirn in den letzten zwei Schwangerschaftswochen wieder anwächst, bildet es spezifische Schaltkreise für Mutterverhalten aus.[253] Energieschübe halten an, wenn der Termin der Niederkunft näher rückt. Sobald das Kind vor dem Geburtskanal liegt und die Fruchtblase platzt, überschwemmt eine enorme Menge Oxytocin das Gehirn und den gesamten Organismus der Mutter. Das Oxytocin löst die Kontraktionen der Gebärmutter aus und schaltet das Muttergehirn ein, das für das unlösbare Band zwischen Mutter und Kind sorgt. Eine Welle der Euphorie erfasst die Mutter und all ihre Sinne werden geschärft. Nach der Geburt prägt sich das Muttergehirn den Duft des Babys sowie all seiner Körperflüssigkeiten, seine Stimme, sein Geschrei, seine Körperteile und seine Bewegungen ein. Die Frau wird von einem enormen Beschützerinstinkt ergriffen und ist zu jeder Ausschreitung bereit, sollte sich jemand an ihrem Kind vergreifen. Durch all diese Veränderungen verschieben sich nicht nur die Prioritäten im Leben dieser Frau, sondern ihre Weltsicht ver-

---

252 Soldin, Offie P. et al. (2005)
253 Pawluski, Jodi L. und Liisa A. M. Galea (2006)

ändert sich radikal. Auch wenn viele körperliche und neuronale Effekte sich etwa ein halbes Jahr nach der Schwangerschaft wieder zurückbilden, so bleibt das Muttergehirn bis zu seinem Tod irreversibel bestehen.[254] Das bedeutet, dass dieser Frau für den Rest ihres Lebens das Wohlergehen ihrer Lieben das Wichtigste sein wird.

Als die *Pampers*-Wegwerfwindel auf den Markt gebracht wurde, war das den Verantwortlichen nicht klar. Ihre ersten Kampagnen transportierten die Botschaft, dass Pampers da wäre, um den Müttern das Leben zu erleichtern. Die Pampers lagen wie Blei in den Regalen, bis schließlich jemand erkannte, dass die Mütter von Neugeborenen sich keineswegs das Leben erleichtern wollen, so anstrengend der Neuankömmling auch sein mag. Sie interessieren sich nur für das Wohlergehen ihres Nachwuchses. Als Pampers die Strategie dahingehend veränderte, das Wohl des Kindes herauszustellen, errang Pampers den Markt und verteidigt seither die Marktführerschaft. Seither wurde der Ansatz auch nie wieder infrage gestellt. Bis heute wird das Kindeswohl thematisiert. Der Zeitgeist findet nur insofern geringfügig Eingang, als aktuelle Kinderthemen eingepflegt werden. Gegenwärtig wird kommuniziert, wie das Kind dank Pampers-Windeln besser lernt.[255] Wettbewerber wie *Huggies* laufen dem Pampers-Erfolg hinterher, weil sich das Kindeswohl nicht toppen lässt – und weil sie es nicht verstanden haben. Da helfen auch humorige Spots nicht, in denen Jungs sehr beachtliche Strull-Qualitäten aufbieten um zu zeigen, wie dicht die Huggies-Windel hält.[256] Marken wie *Rotbäckchen* haben das zu allen Zeiten gewusst und über Jahrzehnte ebenfalls immer nur die Gesundheit und die gute Entwicklung durch den Trank in den Vordergrund gestellt.[257] 2010 bewarb *Skoda* den *Roomster* ebenfalls mit dem Argument des Kindeswohls: Zuerst wird im Spot ein dünner waagerechter Streifen verschiedener Landschafts- und Stadtansichten gezeigt. Dann erläutert eine Stimme aus dem Off, was es damit auf sich hat: Dies sei der Blick, mit dem sich Kinder in den meisten Autos zufriedengeben müssten. Dann weitet sich der Streifen über den gesamten Bildschirm zur Information aus dem Off, der Skoda Roomster sei »für große Perspektiven« gebaut.[258] Dabei interessieren sich die meisten Kinder gar nicht für das, was außerhalb des Autos während einer Fahrt geschieht, sondern wollen auf Reisen beschäftigt werden.

[254] Brizendine, Louann (2007), S. 152 ff.
[255] http://bit.ly/9gi7Oc, http://bit.ly/dpQYg6,
[256] http://bit.ly/bn7KFU
[257] http://bit.ly/98ubQO, http://bit.ly/dqYcTa, http://bit.ly/9OvleK
[258] http://bit.ly/bA2EfC

In den letzten Jahren war es immer wieder recht beliebt, Werbung mit Kindern zu zeigen, die so schlimm sind, dass ihnen die Bezeichnung »Monster« bei Weitem nicht gerecht wird. Thematisiert wurden die Kinder, nicht die Eltern, die diese Blagen dazu erzogen haben, was sie nun sind. Als Volkswagen den Touran bewarb, wurden Kinder gezeigt, die zu Cole Porters legendärem Hit *Let's misbehave* eine Villa zerlegten, Wände beschmierten, Pfannkuchen in den CD-Player einlegten, mit Platten Frisbee spielten, die Membranen von Boxen mit dem Finger einpiekten und ihr Skateboard auf der Treppe ließen, damit Papa, ein Tablett heruntertragend, darauf durchs Treppenhaus segelt. Nur der VW Touran vor dem Haus bleibt undemoliert.[259] Der Spot besagt, neben der Behauptung, dass den Touran alle lieben und respektieren, dass die Käufer eines Tourans Eltern sind, die außerstande sind, mehr als Chaoten zu produzieren. Die Information, dass der Touran für Familien gedacht ist, geht so gut wie unter.

Wenn Kinder in die Pubertät eintreten, können Eltern ein Lied davon singen, wie anstrengend das für sie, die Eltern, ist. Mal sind es die eigenen Sprösslinge, mal der Freund der Tochter, der die Zähne erst auseinander kriegt und schlagartig zugänglich wird, als er den Tiefkühl-Hefekloß von der österreichischen Marke *Toni Kaiser* vorgesetzt bekommt, der ihn an einen Ski-Unfall in der Kindheit erinnert, von dem er sich durch Mamas Hefekloß mit Liebe erholt hat.[260] Doch im richtigen Leben steht insbesondere das Verhältnis von Müttern und Töchtern unter riesiger Spannung, und die erlebte Frustration ist für viele von ihnen unbeschreiblich. Einfache Kampagnen wie die Einführung von heißen Schokoladengetränken bei McDonald's in den USA sorgen bei Zuschauerinnen für das Gefühl von Verbindung zwischen Mutter und Tochter. Das ist ein wirklich gutes, bei uns überhaupt noch nicht verwendetes Werbethema. Der Spot bringt weibliche Familienmitglieder unterschwellig wieder auf die Idee, gemeinsam etwas Schönes zu unternehmen. Im McDonald's-Spot betreten Mutter und Tochter ein McD"-Schnellrestaurant und werden mit dem für viele Mädchen und Frauen verlockenden Thema *Schokolade* empfangen. Die Sprache der Angestellten enthält erstaunlich oft das Wort *chocolate*, Mutter und Tochter werden ganz in den Schokoladen-Bann gezogen, die Schmackhaftigkeit der schokoladigen Getränke wird aus dem Off beschrieben, die Tochter wird kurz bei dem Genuss gezeigt. Das triggert im Muttergehirn kurz

[259] http://bit.ly/br4zLJ
[260] http://bit.ly/a1ZVQW

das eben erwähnte Thema *kindliches Wohlbefinden* an, beide verlassen mit ihren Pappbechern glücklich lächelnd das Fast-Food-Restaurant.

Unsere familiäre Werberealität sieht sehr anders aus.[261] Dass sie so absurd ist, dass sie sich noch parodieren lässt, zeigt ein recht unbekannter älterer Werbespot für die Buchstabensuppe von *Maggi*, in dem Kinder, die bei Tisch nicht sprechen dürfen, die Buchstaben aus der Maggi-Suppe für stumme Beschimpfungen nutzen, bis der Vater auf dieselbe Weise eingreift.[262] Die heile Welt wie einst trauen sich Werber kaum noch zu zeigen.[263] Aber es ist doch erstaunlich, in wie vielen Ländern dasselbe traditionelle Bild verwendet wird, wie beispielsweise *Knorr*, bei denen man zwischen Thailand und Brasilien keinen Unterschied feststellen könnte, wären da nicht das Aussehen der Familie und die unterschiedlichen Gerichte. Nicht nur die Familien, sogar die Wohnungen sehen bei Knorr-Familien überall auf der Welt gleich aus.[264]

Erinnern Sie sich noch an den *Melitta*-Mann?[265] Egon Wellenbrink war der erste Mann, der für ein bis dahin typisches Frauen- und Familienprodukt warb. Bis dahin waren die Empfehlung und der Kauf von gemahlenem Kaffee reine Frauensache. Die Kampagne mit dem Melitta-Mann war so erfolgreich, dass sie über viele Jahre fortgesetzt und schließlich mit einem Vater-Sohn-Gespann verjüngt wurde.[266] Der Mann als Sympathieträger für das Produkt, das Frauen kaufen, wurde auch in andere Länder exportiert.[267] Melitta hatte einen Trend gesetzt: Männer in typischen Mutterrollen. Aber irgendwas war anders geworden. Heute kriegen keine Frauen Besuch, sondern Männer, die entsprechend ihres Auftraggebers *Wagner Piccolinis*[268] oder *Ferrero Küsschen*[269] servieren. 2010 überraschte *Mondamin* mit einem jungen Single, der in einer unverschämt großzügigen Altbauwohnung für Soßenbinder (!) warb, indem er sich von seinen entzückenden jungen Nachbarinnen besuchen ließ, die sich ständig in ihrer Dusseligkeit aussperrten. In Wahrheit waren sie natürlich scharf auf den jungen Mann, so scharf, dass eben ihr Gedächtnis darunter litt. Und

261 http://bit.ly/d5CUcc
262 http://bit.ly/9SFDWT
263 http://bit.ly/ajXeSG
264 http://bit.ly/deVhcR, http://bit.ly/aLJMg4, http://bit.ly/aJyDNn
265 http://bit.ly/8XPzqf
266 http://bit.ly/c63Lcc
267 http://bit.ly/9kOSAl
268 http://bit.ly/cfd8vP
269 http://bit.ly/9AMvLi

während sie bei ihm Zuflucht suchten und sich gegenseitig ins Gehege kamen, holen sie sich vorgeblich Kochtipps von ihm. Dass ihr Problem damit nicht gelöst war und sie weiterhin nicht in ihre Wohnung kamen, hatte keinerlei weitere Bedeutung.[270]

Ebenfalls 2010 präsentierte Maggi einen Spot für die Kaisersuppe, in der ein junger, cooler Typ erzählt, dass er Suppen liebt, ebenso wie seinen Lieblingsneffen Kai, und dass er Kai jeden Mittwoch zu sich nimmt. Kais Mutter legt Wert darauf, dass Kai genug Gemüse zu sich nimmt, also serviert der coole, gut aussehende Onkel deswegen die Maggi Kaisersuppe mit Gemüseklößen. Wir wollen an dieser Stelle nicht diskutieren, wie glaubhaft der Gesundheitsaspekt bei Tütensuppen ist. Vielmehr stellt sich die Frage, an wen sich diese Spots richten und was die Marken-Manager und ihre Werbeagenturen damit beabsichtigen. Eine Menge Leute, darunter Marketingfachleute, leiten daraus ab, dass sich die Werbung an eine männliche Zielgruppe richtet, und dass das bedeuten muss, dass Männer sich immer mehr für Haushalt, Kochen etc. interessieren. Weil es die Werbung gibt, leiten viele ab, dass die Urheber über Studien verfügen müssen, die klar besagen, dass Männer weiblicher werden. Diese Unterstellungen sind mir in den vergangenen Jahren schon viel zu oft untergekommen.

Ja, es gibt den Trend zum Kochen bei Männern, allerdings kochen die wenigsten Männer im Alltag. Für die meisten ist Kochen zu einer Freizeitbeschäftigung geworden, bei der sie persönliche Höchstleistungen anstreben, mit denen sie Freunde beeindrucken wollen. Fertigsuppen etc. passen nicht in das Image eines raffinierten Meisterkochs oder Barbeque-Wettkampfsiegers. Im Alltag kochen die Partnerinnen, die Inhaber von Imbissen oder die Köche in Restaurants. Die Zahlen sind weiterhin eindeutig: Über neunzig Prozent aller Lebensmittel werden von Frauen gekauft.

Was also soll dann die beinahe unkontrollierte Vermehrung von Männern in der Werbung für Nahrungsmittel? Die Antwort wird viele verblüffen: Die Hersteller und die Kreativen in den Werbeagenturen sind der Ansicht, Produkte, die jedes Sex-Appeals entbehren, also besonders altmodisch wirkende Waren, bräuchten eine Verjüngungskur, vielleicht sogar eine gründliche Image-Rundum-Modernisierung. Allerdings haben die Verantwortlichen keine Idee, wie sie interessante Frauen im Haushalt darstellen sollen. Frisch und ungewohnt wirkt aber aus ihrer Sicht ein Mann, insbesondere, wenn er jung und knackig ist. Wenn junge Männer als Ver-

[270] http://bit.ly/bZRGf7

wender von Tütensuppen, Kaffee oder Soßenbinder gezeigt werden, dann soll die Marke oder das Produkt dadurch cooler werden.

Es gibt nur mehrere Probleme bei dieser Strategie, sogar recht große:

1. Selbst wenn junge Frauen den Darsteller knuffig finden, dann sehen sie sich selbst noch nicht als Verwenderinnen. Frauen identifizieren sich nicht mit Personen, sondern mit den gezeigten *Situationen*, wie das Rheingold-Institut herausgefunden hat.[271] In den genannten Spots kommen sie aber entweder gar nicht vor, oder als nicht besonders raffinierte Wesen, die sich einem Kerl an den Hals schmeißen. Zumindest früher haben Mütter ihren Töchtern beigebracht, dass ein Mädchen so etwas nicht tut.
2. Die wenigen Darstellerinnen befinden sich im Alter von Studentinnen. Ältere Verwenderinnen finden sich weder in den Personen, noch in den gezeigten Situationen wieder. Wird ein Produkt einer solchen Radikalkur im Hinblick auf das Alter unterzogen, ist klassischerweise der Verlust der früheren Kundschaft vorprogrammiert.
3. In dem Bild junger dynamischer Männer finden sich sicherlich viele der für die Werbung Verantwortlichen selbst wieder. Da sie keine Empathen sind, können sie sich die weibliche Lebens- und Wahrnehmungswelt nicht vorstellen. Es ist sehr häufig am Ergebnis zu erkennen, wenn sich Systematiker in der Produktentwicklung und in diversen Marketing-Bereichen nicht in andere hineindenken können. Dann projizieren sie aus Ermangelung besserer Informationen ihre Eigenwahrnehmung von sich selbst auf ihre Zielgruppe. Wie es immer so schön heißt, muss der Köder dem Fisch schmecken. Doch in diesen Fällen schmeckt der Köder nur dem Angler und seinen Angelkumpanen. Derweilen schwimmen die Fische ihrer Wege.

9.1.1.4. Die Symmetrie in Beziehungen

Deborah Tannen beschreibt in ihrem Buch *Du kannst mich einfach nicht verstehen* die Charakteristika von Beziehungen aus weiblicher Sicht. Demnach kann Gemeinschaft nur durch Symmetrie entstehen, denn nur durch Symmetrie entsteht Nähe, ohne die keine Gemeinschaft entstehen kann.[272] Gleiches gilt für Beziehungen. Die wichtigste Voraussetzung für eine Beziehung ist demnach, dass alle Menschen im Grunde gleichgestellt sind. Deborah Tannen beschreibt weibliche Bindungen so: »Das entscheidende

[271] Imdahl, Ines (2009)
[272] Tannen, Deborah (2004), S. 25

Merkmal von Bindung ist Symmetrie: Die Menschen sind gleich und fühlen sich einander gleichermaßen verbunden.«[273]

Dies gilt natürlich vor allem für private Beziehungen. Im öffentlichen Leben kennen Frauen auch Asymmetrien. Als Angestellte oder als Führungspersonen erfahren sie, wie es ist, Chefs oder untergebene Mitarbeiter zu haben. Für viele ist es nicht immer einfach, die Hierarchiestufen einwandfrei zu erkennen und mit ihnen klarzukommen, was ihnen leicht den Ruf als Unruhestifterinnen oder als führungsschwache Frau einbringt. Wenn Frauen Filmstars anhimmeln, dann wird der- oder diejenige auf einen extrem hohen Sockel gestellt. Die Schwärmerei führt zu einem Gefälle, bei dem es unvorstellbar wird, dass dieses perfekte Wesen beim morgendlichen Aufwachen aus dem Mund riecht wie jede andere Person auch.

Doch abgesehen davon bevorzugen Frauen immer die Begegnung auf Augenhöhe. Frauen hassen es, herablassend behandelt zu werden. Männliche Verkäufer begehen in der Beratung oft den Fehler, sich als Experten aufzuspielen und die Frauen dabei herabzusetzen. Wann immer das passiert, kommt es zu keinem Kaufabschluss, gleich, ob es sich um eine billige Seife oder um ein Auto handelt. Frauen reagieren auf eine schlechte Behandlung sensibel. Es sollte mal eine Studie durchgeführt werden, wieviel Geschäft dem Handel durch herablassendes Verhalten entgeht. Untersuchungen haben gezeigt, dass Frauen von Verkäufern tatsächlich schlechter behandelt werden als Männer und dass sie sich wünschen, als Kundinnen respektvoll, mit Wertschätzung, als intelligente Menschen und als mit finanziellen Möglichkeiten ausgestattete Personen behandelt zu werden.[274] Das lässt sich beim besten Willen nicht als überzogene Forderung werten.

Symmetrische Beziehungen sind schwer aufrecht zu erhalten. Man stelle sich vor, wie zwei Frauen auf einer Kinderwippe sitzen und versuchen, die Wippe genau in der Waagerechten zu halten, obwohl die eine 20 Kilo mehr wiegt als die andere, die wiederum 23 cm größer ist und Schluckauf hat, während eine steife Brise mit Windstärke 5 und Böen bis 8 aus drehender Richtung weht. Dabei muss jede ihre Haltung unentwegt an ihre Wipppartnerin und die äußeren Einflüsse anpassen. Und nun stelle man sich vor, wie jede der beiden Frauen gleichzeitig auf mehreren Wippen sitzt und dasselbe mit vielen anderen Wipppartnerinnen vollführt ... So, und nun stellen Sie sich dazwischen einige Männer auf weiteren Wippen vor, die versu-

---

273 Tannen, Deborah (2004), S. 24
274 Tingley, Judith C. und Lee E. Robert (2000), S. 36 f.

chen, mit aller Macht die Oberhand zu erlangen, während die Frauen versuchen, weiterhin alles in der waagerechten Schwebe zu halten. Wenn Sie sich dieses Bild vorstellen können, dann haben Sie eine Beschreibung für die weibliche Art, Beziehungen zu führen.

In der symmetrischen Beziehung wird jedes Signal genutzt, gedeutet, ausgewertet, um festzustellen, in welcher Stellung sich die Wippe gerade befindet. Von den Beteiligten gehen Statusmeldungen aus, indem sie ihre freundschaftlichen Gefühle ausdrücken.[275] Mitgefühl und Empathie[276] sind essentielle Fähigkeiten, um die Signale anderer korrekt zu deuten und adäquat darauf zu reagieren. Ziel aller an der Symmetrie Interessierten ist, das Gleichgewicht zu erhalten. Mädchen lernen bereits sehr früh, dass zwei »Talente« von entscheidender Bedeutung für sie sind: von ihresgleichen gemocht zu werden sowie nützlich und hilfreich zu sein.[277] Es ist oft in alltäglichen Gesprächen wie am Arbeitsplatz zu beobachten, wie Frauen ihr Licht unter den Scheffel stellen, um Symmetrie mit ihrem Gegenüber herzustellen. Sie machen sich dafür eigens schlechter, sowohl in Hinsicht auf ihren Besitz (»Diese Bluse? Das olle Ding habe ich billig von *Charme & Anmut!*«), als auch auf ihre Leistungen und Erfolge.[278] Bedauerlicherweise können sich die meisten Frauen von diesem Verhalten auch nicht distanzieren, wenn sie sich in einer Bewerbungs-, Beförderungs- oder Konkurrenzsituation mit Männern befinden, was ihnen ausnahmslos immer zum Nachteil gereicht.

Symmetrie und Nähe können nur durch Empathie erlangt und aufrecht erhalten werden. Empathie ist also die zwingende Voraussetzung für das Überleben des Nachwuchses und für alle weiblichen Beziehungen.

9.1.1.5. Freundinnen

Der Erfolg von Serien wie *Sex and the City* gründet sich auf den dargestellten Freundschaften, nicht auf den Schuhen. Das haben viele Männer, darunter zu viele Journalisten, nicht verstanden. Diese Missdeutung führte in vielen Ländern zu dem neuen Klischee, dass Frauen Schuh-Fetischistinnen sind. Wären die Männer etwas empathischer, hätten sie gesehen, worin die wahre Attraktivität der Serie liegt. Das New Yorker Nachtleben, der promiskuitive Sex, die Kleidung, Mr. Big, sämtliche Serien-Requisiten und Marotten der Figuren würden einer Frau keinerlei Spaß machen, wenn sie

---

[275] Tannen, Deborah (2004), S. 24
[276] Baron-Cohen, Simon (2004), S. 55
[277] Tannen, Deborah (2004), S. 29, Brennan, Bridget (2009), S. 55
[278] Tannen, Deborah (2004), S. 302 ff.

in ihrem Leben damit allein gelassen wäre. Der Reiz besteht darin, all dies mit den besten Freundinnen zu teilen und selbst für all die Dinge, »die man nicht tut«, nicht wie im richtigen Leben verurteilt, sondern akzeptiert zu werden. Alles ist erlaubt, solange einen die Freundinnen nicht kritisieren oder gar verstoßen. Für nur wenige Frauen ist Django oder jeder andere einsame Kämpfer, der allein seinen Weg geht und der Welt trotzt, ein praktikables Rollenmodell. Natürlich gehen auch Frauen durch Dick und Dünn, aber sie sind noch viel zäher, wenn sie sich den Widrigkeiten gemeinsam mit anderen stellen. Selbst Mutter Theresa pflegte die Lepra-Kranken Indiens nicht allein. Sie tat es gemeinsam mit ihren Ordensschwestern.

Die seit Jahren einzige Werbung, die Frauenfreundschaften nicht nur thematisiert, sondern sogar als Positionierung nutzt, ist *Jules Mumm*. Jules Mumm ist der Sekt für Freundinnen.[279] Seit Jahren zeigt die Sektmarke der Nation, dass jeder Mann abgeschrieben ist, sobald die Freundinnen aufkreuzen – selbstverständlich mit einer Sektflasche dieser Marke. Dann müssen Männer entweder gemeinsam im Auto oder alleine in der Badewanne versauern und warten. Und natürlich warten die Männer in diesen Kampagnen mit einer Engelsgeduld, von der Frauen im richtigen Leben nur träumen können.

Neuerdings zeigt Dove auf seiner Website[280] Flash-Filme mit den Dove-Models, wie sie sich mit gewaschenen, feuchten Haaren zu den anderen gesellen, wie eine Frau in weißer Unterwäsche sich das Gesicht mit Wasser wäscht und von einer anderen Frau ein Handtuch gereicht bekommt etc. Die Sequenzen, in denen die Frauen miteinander interagieren, sind weitaus authentischer, als die gestellten, bei denen Models so tun, als würden sie ein Dove-Produkt anwenden.

Freundschaften zu knüpfen ist schon für kleine Mädchen wichtig. Wenn Jungen miteinander wetteifern, kaum, dass sie laufen können, üben sich die Mädchen im Schließen von Freundschaften. Bei Gruppenspielen wechseln sich Mädchen ab, jede kommt einmal an die Reihe. Die wenigsten ihrer Spiele haben Sieger oder Verlierer. Geschickten Mädchen steht es nicht zu, sich hervorzutun. Mit einem Sieg oder einer Fähigkeit zu prahlen, gehört zu den größtmöglichen Verstößen innerhalb einer Mädchengemeinschaft.[281] Die wichtigste Regel ist die Betonung der Gleichheit und Gemeinsamkeit.[282] Was die Gruppe spielt, gibt nicht ein Mädchen vor, son-

---

279 http://www.julesmumm.de
280 http://www.dove.de
281 Tannen, Deborah (2004), S. 41 f.
282 Tannen, Deborah (2004), S. 239

dern alle Mädchen machen Vorschläge. Die Vorschlagsrunde wird erst dann beendet, wenn alle Mädchen sich einverstanden erklärt haben. Die wenigsten Mädchen wollen im Mittelpunkt stehen, daher konkurrieren sie auch nicht offen um Statuspositionen.[283] Tannen schreibt: »Das Spiel der Frauen heißt »Magst du mich?«, das der Männer »Hast du Respekt vor mir?«.«[284]

Mädchen – und später auch Frauen – haben einen großen Bekanntenkreis, jedoch nur wenige Freundinnen und Freunde. Die Anzahl möglicher enger Bindungen ist begrenzt. Mädchenfreundschaften gründen nicht auf Gruppenaktivitäten, sondern auf Intimität, und um die aufzubauen, benötigen Mädchen viel Zeit. Auch wenn Mädchen sich innerhalb ihrer gemeinsamen Gruppen nicht hervortun, so handelt es sich dabei keineswegs um eine egalitäre Gesellschaft. Mädchen versuchen stets, ihr eigenes Ansehen zu erhöhen, indem sie die Freundschaft von Mädchen mit hohem Status erringen.[285] »Beliebtheit ist eine« subtile »Form von Status«, die ausschließlich durch Beziehungen entsteht. Beliebtheit bringt Mädchen paradoxerweise auch in große Schwierigkeiten. Sie werden häufig nicht besonders gemocht, weil sie die vielen Freundschaftsangebote anderer meistens zurückweisen müssen, was ihnen den Ruf der Arroganz einbringt. Dabei ist es ihnen schlicht unmöglich, so viele intime Beziehungen aufzubauen und gleichzeitig aufrecht zu erhalten.[286] Mädchen bzw. Frauen haben guten Grund, die Ablehnung ihrer Geschlechtsgenossinnen zu fürchten, sobald sie zu erfolgreich werden.[287]

9.1.1.6. Geheimnisse als Freundschaftswährung

Ein fester Bestandteil der Freundschaftsbildung unter Mädchen und Frauen ist das Teilen von Geheimnissen. Dazu zählt auch die Offenbarung von Ängsten und Schwächen. Damit machen sich Mädchen und Frauen zwar anfällig für Gerüchte und Verrat, aber das wird bereitwillig in Kauf genommen, weil dies der Preis für Nähe ist.[288] Die Mitteilung von Vertraulichem fungiert wie eine Art Währung unter Mädchen, die nur Dank der Symmetrie-Bestrebungen funktioniert. Wenn die Eine ein Geheimnis investiert, muss die Andere auch etwas offenbaren, sonst entstünde ein Ungleichgewicht. Und wie wir gesehen haben, ist das inakzeptabel.

283 Tannen, Deborah (2004), S. 41 f.
284 Tannen, Deborah (2004), S. 137 f.
285 Eckert, Penelope (1990)
286 Tannen, Deborah (2004), S. 45
287 Tannen, Deborah (2004), S. 239
288 Baron-Cohen, Simon (2004), S. 70 f.

Für Jungen und Männer wäre es vollkommen unvorstellbar, einander die eigenen Schwächen und Fälle von Versagen zu verraten. Bei ihnen ist das Dominanzstreben so ausgeprägt, dass sie sich eher wie ein Kugelfisch aufpumpen oder wie eine Katze ihr Fell sträuben und die Beine versteifen, um größer, imposanter und Angst einflößender zu erscheinen. Es kostet sie so viel, einander zu übertrumpfen, um Ansehen zu gewinnen, dass sie diese Anstrengungen niemals selbst damit torpedieren würden, indem sie ihre Schwächen verraten. Sie können sicher sein, dass andere ein solches Wissen nützen würden. Sie selbst würden schließlich auch nicht anders verfahren, könnten sie einen Vorteil daraus ziehen.

9.1.1.7. Stress, Stress, Stress

Oft werden Frauen belächelt, wenn sie von ihrem stressigen Tag berichten. Tatsächlich reagieren Frauen wesentlich empfindlicher auf Stress als Männer.[289] Die schwankenden Östrogen- und Progesteronspiegel sind die Ursache dafür.[290] Frauen reagieren auf Konflikte und anderweitige Belastungen in ihren Beziehungen am stärksten, insbesondere auf soziale Ausgrenzung. Männer reagieren empfindlich, wenn ihre Autorität in Zweifel gezogen wird.[291]

9.1.1.8. Wenn Frauen sich mit Frauen umgeben

Kleine Mädchen spielen am liebsten mit ihresgleichen. Jungen wollen aus ihrer Sicht zu viel bestimmen und zerstören dadurch das vorsichtig austarierte Gleichgewicht innerhalb der Mädchengruppe. Auch im Erwachsenenalter fühlen sich Frauen innerhalb der vertrauten Gesellschaft anderer Frauen am wohlsten. Untersuchungen haben gezeigt, dass eine gestresste Frau sich schnell erholt, wenn sie sich Menschen aus ihrem innersten Kreis zuwendet.[292] Doch der Effekt tritt in abgemilderter Form auch bei entfernteren Frauen auf. Das soziale Netzwerk ist für Frauen sogar entscheidend für das Überleben von Krebserkrankungen.[293] Das Wohlbefinden und das Gefühl von Verbundenheit in einer Freundschaft wird durch die Ausschüttung des Hormons Oxytocin bewirkt.[294] Oxytocin wirkt überraschenderweise auch über Distanz, wie eine Studie von Leslie J. Seltzer und Kollegen ergab. Für ihren Versuch setzten sie Mädchen im Alter

---

[289] Stroud, Laura R., (2004)
[290] Putnam, Karen et al. (2005), Taylor, Shelley E. (2006)
[291] Brizendine, Louann (2007), S. 61 f.
[292] Pinker, Susan (2008), S. 148
[293] Taylor, Shelley E. (2002)
[294] Pinker, Susan (2008), S. 149

zwischen sieben und zwölf Jahren einer Stresssituation in Form einer öffentlichen Rede und Rechenaufgaben aus. Ein Teil der Mädchen erhielt sofort im Anschluss eine Umarmung von der Mutter, der zweite Teil durfte unmittelbar danach mit ihren Müttern telefonieren, der dritte Teil erhielt keinen Kontakt zur Mutter. Die Forscher maßen die Konzentration des Stresshormons Cortisol im Speichel aller Mädchen und die Menge des oft als »Kuschelhormon« bezeichneten Oxytocins in ihrem Urin. Das Ergebnis zeigte eindeutig, dass die Mädchen, die ihre Mutter umarmen oder mit ihr telefonieren durften, umgehend wieder beruhigt waren, während die Mädchen, die auf den Kontakt verzichten mussten, noch lange brauchten, um ihren Stress zu verarbeiten.[295] Ob Jungen denselben Effekt verspüren, wurde in diesem Versuch nicht untersucht.

Die jedoch meiner Ansicht nach wichtigste Erkenntnis ist ein absoluter Knaller, sie verdient einen ausgedehnten Trommelwirbel: Wenn Mädchen oder Frauen sich mit vertrauten Geschlechtsgenossinnen unterhalten, werden in ihren Gehirnen die Lustzentren aktiviert.[296] Dabei handelt es sich keineswegs um eine kleine Aktivierung, sondern um ein großes Lustgefühl. Mit sexueller Lust hat das nichts zu tun, schließlich gibt es auch andere Arten von Verlangen, Spaß, Motivation, Freude und Genuss! Im Gehirn wird eine hohe Menge an Dopamin und Oxytocin ausgestoßen, was nach dem Orgasmus die zweitgrößte Belohnung ist, die das Gehirn zu verschenken hat. Während der Pubertät sorgt das Östrogen bei Mädchen für die Produktion von Dopamin und Oxytocin[297], deswegen ist die beste Freundin in dieser Zeit so besonders wichtig. Wenn Freundinnen sich über romantische oder sexuelle Themen austauschen, erhöht das das Lustempfinden noch mehr. Das dürfte auch die Ursache für den immensen, bisher einzigartigen Erfolg von *Sex and the City* sein. Offenbar haben die Zuschauerinnen allein durch das Zuschauen große Lust und Freude verspürt.

Wenn Frauen sich in reinen Frauengruppen bewegen, schließen sie schnell Kontakte. In gemischten Gruppen nehmen sich Frauen dagegen stärker zurück und überlassen den Männern viel stärker die Bühne. Frauen bewegen sich im öffentlichen Raum mit deutlich mehr Zurückhaltung als Männer, aber dennoch spielen sich viele Ereignisse im Leben von Frauen im öffentlichen Raum ab, seien es Hochzeitsfeiern, Wirtschaftskonferenzen oder ein Picknick im Park.

---

295 Seltzer, Leslie J. et al. (2010)
296 Glazer, Ilsa M. (1992)
297 Dluzen, Dean E. (2005), Walker, Q. David et al. (2000)

Und für alle, die schon immer wissen wollten, warum Mädchen in der Schule und Frauen in Restaurants sowie auf Partys gemeinsam die Toiletten aufsuchen, ist hier die einfache Erklärung: Das ist der einzige Ort im öffentlichen Raum, um vertrauliche Gespräche zu führen.[298] Im gemeinsamen Gespräch können Frauen sich kurz entspannen und eine Art private Blase um sich herum schaffen, wenn sonst gerade niemand anders diesen Ort frequentiert. Und wo sonst könnten Freundinnen sich etwas mitteilen, was nicht für die Ohren der anderen am Tisch bestimmt ist?

9.1.1.9. Wenn Frauen mit Männern sprechen, führt das bei den Frauen zu Stress

Wir haben gesehen, dass Frauen um symmetrische Beziehungen bemüht sind. Das gilt sowohl für den Kontakt mit Frauen, als auch für Begegnungen mit Männern. Leider verstehen die Männer das nicht. Sie wissen nichts von der Symmetrie in der weiblichen Beziehungswelt, denn ihre Welt ist, wie wir noch ausführlicher sehen werden, asymmetrisch. In einem Gespräch wird eine Frau, die von diesen Unterschieden ebenfalls nichts weiß, selbstverständlich und wie es in ihrer Welt üblich ist, bemüht sein, Augenhöhe mit ihrem Gegenüber herzustellen. Dafür wird sie Gemeinsamkeiten betonen, Angebereien vermeiden und auf gemeinschaftliche Abstimmung sinnen. Für Männer ist ein solches Verhalten nicht anders erklärbar, als mit Unsicherheit, Inkompetenz[299], Unterlegenheit und schlimmstenfalls Unterwerfung.

Einst wurde ich gebeten, die Werbekampagne einer Reisedestination zu beurteilen. Nur eins der Motive war aus weiblicher Sicht in Ordnung. Alle anderen wiesen teilweise gravierende Fehler auf. Beispielsweise war die Protagonistin auf allen Plakaten der Motivserie auf ihrer Erlebnistour durch die Stadt entweder allein, oder sie war mit Bediensteten oder Kindern abgebildet, also Menschen, die insbesondere in diesem außergewöhnlich statusbewussten Land sozial unter ihr standen. Nie war sie mit Freundinnen oder anderen Gleichgestellten zu sehen. Am schlimmsten war jedoch ein Motiv, das die junge Frau allein im Biergarten zeigte. Vor ihr stand ein Teller mit einer riesigen Haxe ohne Beilagen. Die Frau riss die Augen auf und war im Begriff, Messer und Gabel mit Schmackes in das immense Fleischstück zu rammen. Hinter ihr befand sich ein weiterer Tisch. Daran saßen vier junge Männer, die halbleeren Bierhumpen zum Anstoß erhoben. Sie waren zwar

---
298 Brizendine, Louann (2007), S. 63
299 Tannen, Deborah (2004), S. 138

im Begriff anzustoßen, aber sie alle blickten grinsend zu der jungen Blondine am Nebentisch, die die Männer gar nicht sehen konnte, weil sie sich hinter ihrem Rücken befanden.

Dieses Motiv enthält eine ganze Reihe von Fehlern:

1. Frauen gehen nicht alleine in Biergärten. Es ist für sie unvorstellbar, sich allein an einen Ort der Geselligkeit zu begeben. Was würden sie dort alleine tun? Allein ein Bier trinken? Die meisten Frauen mögen Bier nicht, weil es zu bitter ist.

   Allein unterwegs zu sein, ist für Frauen, die aus Ländern mit einer hohen Rate an Gewaltstraftaten stammen, ohnehin kaum vorstellbar. Sie bevorzugen sichere Reiseziele und die Gewissheit, sich ohne besondere Sicherheitsvorkehrungen bewegen zu können. Jedoch würden sie auch in einem sicheren Land auf die Einhaltung eines Mindestmaßes an Sicherheitsvorkehrungen achten, denn das ist für sie ihr gewohntes Verhalten.

2. Die Haxe: Frauen können sich für riesige Fleischberge nicht begeistern. Männer schon. Frauen haben andere Essgewohnheiten als Männer. Frauen und Männer vertragen und schmecken Nahrungsmittel unterschiedlich. Daher präferieren sie auch verschiedene Speisen.

   Viel Fleisch begeistert Männer (abgesehen natürlich von den vergleichsweise wenig Vegetariern). Auf Frauen wirken XXXL-Schnitzel, XXXL-Haxen & Co. eher abstoßend.

3. Das Schlimmste an diesem Motiv war jedoch, dass die junge Frau allein unter Männern gezeigt wird. Mary C. Murphy und ihre Kollegen stellten fest, dass Männer sich allein unter Frauen durchaus sehr wohl fühlen. Sie genießen es, der »Hahn im Korb« zu sein. Frauen dagegen fühlen sich allein unter Männern regelrecht bedroht. Selbst der Anblick von Videos, in denen Frauen scheinbar in völlig unverfänglichen Situationen allein unter Männern gezeigt wurden, lösten bei Betrachterinnen massive Stresssymptome wie beschleunigten Herzschlag und Schweißausbrüche aus. Viele Männer stellen für eine einzelne Frau somit nachgewiesenermaßen eine außerordentliche Bedrohung dar.[300] Frauen dürfen niemals in einer Unterzahl mit einer deutlich höheren Anzahl von Männern gezeigt werden! Dies *muss* zum Grundwissen aller Kommunikationsfachleute gehören.

4. Und zu guter Letzt: Die Männer auf dem Bild trinken zudem Alkohol, was die ohnehin schon heikle Bedrohungssituation noch weiter ver-

[300] Murphy, Mary C. et al. (2007)

schärft. Viele alkoholisierte Männer neigen zu aggressivem Verhalten und weisen eine reduzierte Impulskontrolle auf. Aus weiblicher Sicht wird das Risiko unkalkulierbar.

Es war klar, dass dieses Motiv ganz sicher nicht dazu geeignet war, Frauen einen guten Eindruck von dieser Hauptstadt zu vermitteln, ein freudiges Gefühl auszulösen und Reiselust zu wecken. Bei Männern hätte es in dieser oder in der umgekehrten Form, ein Mann unter vier Frauen, die sich über ihn freuen, sicherlich funktioniert, aber an sie richtete sich diese Kampagne nun einmal nicht. Ich riet den Verantwortlichen, zumindest auf diese Werbeanzeige zu verzichten und war sehr erleichtert, als sie meine Empfehlung beherzigten. Für weitere Änderungen an den anderen Motiven blieb bedauerlicherweise keine Zeit mehr.

Frauen stimmen sich gerne in allen Lebenslagen mit anderen ab, darunter auch am Arbeitsplatz[301] und mit ihrem Partner. Allein das Gespräch über das Für und Wider drückt für sie Verbundenheit aus. Männer dagegen halten es für selbstverständlich, ihre Entscheidungen, mit nur wenigen Ausnahmen, allein zu treffen.[302] Dasselbe Verhalten lässt sich bei Kaufentscheidungen beobachten. Für Frauen fühlt es sich oft nur dann richtig an, wenn sie jede geplante Anschaffung, die beiden dienen soll, mit ihrem Partner besprechen. Meistens allerdings handelt es sich dabei um Dinge, die den Mann nicht im Geringsten interessieren. Er nickt alle vorgebrachten Argumente ab, die für die Anschaffung sprechen, damit sie endlich das Thema wechselt. Dieses Ungleichgewicht zeigt sich bei genauerem Hinsehen bei allen Studien, in denen Frauen und Männer danach befragt werden, wer eine Kaufentscheidung getroffen hat. Frauen geben häufiger an, als es der Realität entspricht, dass sie gemeinsam mit ihrem Partner entschieden hätten, während Männer öfter aussagen, sie hätten allein entschieden.[303] Dabei erzählte mir vor Jahren der Besitzer eines sehr exklusiven *BMW*-Tuning-Unternehmens, dessen Mitarbeiter erst mit ihrer Arbeit begannen, wenn alle anderen Tuning-Möglichkeiten ausgereizt waren, etwas sehr Interessantes: Alle seine Kunden waren Männer. Sie stammten nicht nur aus Deutschland, sondern auch aus dem Ausland, eine beträchtliche Anzahl sogar aus den Arabischen Emiraten. Er konnte sich an keinen Kunden in all den Jahren erinnern, der ein Tuning in Auftrag gegeben hätte, ohne sich das Einverständnis seiner Partnerin eingeholt zu haben.

---

[301] Tannen, Deborah (2004), S. 36 f.
[302] Tannen, Deborah (2004), S. 23
[303] vgl. Jaffé, Diana (2005), S. 204 ff.

Dasselbe schilderte mir schon bald darauf ein Berater für Heimwerkergeräte der Firma Bosch. Sein Job bestand darin, durch die Republik zu reisen und in Baumärkten auf Sonderflächen Promotion und Fachberatung für die Bosch Power Tools zu bieten. Wann immer er einen Interessent für die Geräte gewinnen konnte, der ohne seine Partnerin im Heimwerkermarkt unterwegs war, verabschiedete sich dieser mit den Worten, er müsse die Anschaffung mit seiner Frau besprechen. Spontan gekauft wurde immer nur dann, wenn die Partnerin dabei war.

9.1.1.10. Weibliches Konfliktverhalten

Zickigkeit ist unter Frauen weitaus seltener, als es den Anschein hat. Frauen vertragen Konflikte nämlich wesentlich schlechter als Männer. Das weibliche Gehirn reagiert mit mehreren Gehirnbereichen auf Streitsituationen, die sich unter anderem bei Stress bemerkbar machen. Das männliche Gehirn zeigt bei Auseinandersetzungen keine vergleichbaren Reaktionen.[304]

Frauen verfolgen bei Konflikten im Grunde zwei verschiedene Strategien. Sie verabscheuen offene Konflikte und vermeiden sie, wann immer es geht, auch wenn sie für die Wahrung des Friedens weitgehende Kompromisse eingehen müssen. Die männliche Konflikt-Strategie, die darin besteht, auf dem eigenen Standpunkt zu beharren, an die Einhaltung von Regeln zu appellieren oder gar mit dem Einsatz physischer Gewalt zu drohen, nutzen Frauen zuweilen, aber selten.[305] Wesentlich häufiger verbreitet ist die subtile Methode. Die Gegnerin wird »unbeabsichtigt« vor der Gemeinschaft bloßgestellt. In der Werbung für *Jacobs Krönung* in den siebziger Jahren wurde immer eine Gastgeberin gezeigt, deren Kaffee von den Gästen verschmäht wurde. Sie war ganz geknickt, denn ihre Qualität als gute Gastgeberin bemaß sich daran, dass Kaffee und Kuchen ihre Gäste gleichermaßen glücklich machte. Wann immer eine der Gastgeberinnen aus der Jacobs-Werbung mit dem abgeräumten Geschirr auf dem Tablett die Küche betrat, wartete dort Frau Sommer, die gut meinende Freundin. Das freundschaftliche Gespräch war immer dasselbe: Die Gastgeberin beklagte den verschmähten Kaffee und schloss daraus persönliches Versagen. Auf die Selbstzweifel reagierte Frau Sommer stets verständnisvoll mit dem Satz: »Mühe allein genügt nicht!«, gefolgt von dem Hinweis auf den guten Jacobs-Kaffee. Damit stellte Frau Sommer sicher, dass die Integrität der Gastgeberin gewahrt blieb, die sich für ihre Gäste ehrlich bemühte. Mit

304 Shirao, Naoko et al. (2005)
305 Tannen, Deborah (2004), S. 43

dem Hinweis auf Jacobs Krönung verhalf Frau Sommer ihr zum künftig ewigen Erfolg.

Wäre Frau Sommer nicht Jacobs' gute Botschafterin gewesen, sondern eine fiese Ziege, dann hätte sie noch bei Kaffee und Kuchen gefragt, ob das Wasser in dieser Wohngegend sehr chemikalienbelastet wäre oder hätte vermutet, dass die Milch sauer wäre, um alle »dezent« darauf hinzuweisen, dass der Kaffee schmeckt wie aus einer Pfütze geschöpft. Die gemeine Frau Sommer hätte auf diese Weise den Anschein erweckt, freundlich und gut meinend zu sein. Tatsächlich hat sie ihre Beziehung zu den anderen Gruppenmitgliedern nicht gefährdet, aber ihrer Gegnerin doch empfindlich geschadet.

Offen würde sich die Gastgeberin nur zum Kampf stellen, wenn sie Frau Sommer seit Jahren regelmäßig in bester Absicht einladen würde, und diese, obwohl die Gastgeberin die Torte stets beim besten Konditor der Stadt bestellt und immer Jacobs Krönung auftischt, sie jedes Mal vor versammelter Mannschaft fies behandelt. Die Gastgeberin würde Frau Sommers Demütigungen lange dulden, weil Frau Sommer einen hohen Status in der Stadt genießt. Aber irgendwann würde das Maß voll sein und das Fass zum Überlaufen bringen. Die Gastgeberin würde den Krieg verkünden, beginnend damit, dass sie Frau Sommer die Tür weist. Das, was nun folgt, entbehrt jeder Gnade.

9.1.1.11. Bitten, Aufforderungen und der Umgang mit Hilfeersuchen

Bitten und Aufforderungen gehören zu den selbstverständlichen Umgangsformen von Frauen. Das liegt an der Symmetrie weiblicher Beziehungen. Frauen haben daher keinerlei Bedenken oder Einwände einer Bitte nachzukommen. Mit derselben Selbstverständlichkeit äußern sie ihrerseits Wünsche und erwarten, dass sie ihnen erfüllt werden, insbesondere, wenn für die oder den anderen wenig Mühe damit verbunden zu sein scheint. Umso unverständlicher erscheint es ihnen, wenn Männer einen großen Aufstand veranstalten und alles Erdenkliche tun, nur um ihren Bitten nicht zu entsprechen. Frauen erwarten in der Regel gar nicht mehr, dass ihnen ein Mann ihre Wünsche von den Augen abliest. Sie sprechen sie aus und wiederholen sie nötigenfalls unendlich oft in der unerschütterlichen Überzeugung, dass der Mann, an den die Bitte adressiert ist, ihrem Wunsch entsprechen wird, sobald ihm endlich klar geworden ist, wie viel ihr an der Erfüllung liegt. Bitten nachzukommen ist für Männer oft unvorstellbar, insbesondere, wenn diese von einer Frau geäußert werden.[306] Bitten und Auf-

---

[306] Tannen, Deborah (2004), S. 27 f.

forderungen untergraben die männlichen Gefühle von Freiheit und Selbstbestimmung. Einen erbetenen Gefallen zu tätigen oder gar einen Liebesdienst zu erweisen, käme nur als Untergebener infrage, also verweigert der Mann seinen Dienst oder zögert das Unvermeidliche so lange hinaus, bis er sich selbst davon überzeugt hat, zumindest den Zeitpunkt frei und unbeeinflusst gewählt zu haben und damit selbst entschieden zu haben, einer Tätigkeit nachzukommen. Bei Rauchern lässt sich wunderbar beobachten, dass jede Bitte automatisch eine Raucherpause einleitet.

Auch wenn es um Hilfe geht, um das Hilfeersuchen oder um die Gewährung, lassen sich so gut wie keine Gemeinsamkeiten bei Frauen und Männern finden. Wie wir bereits weiter oben gesehen haben, suchen Frauen in Bedrängnis Verstärkung bei anderen Menschen. Deswegen verwundert es kaum, dass das bloße Ersuchen um Hilfe bei Frauen zu einer Stressreduktion führt.[307]

Unter Frauen erfolgt das Hilfsangebot in aller Regel innerhalb eines symmetrischen Kontexts. Damit wird Anteilnahme signalisiert und die Beziehung gefestigt.[308] Wann immer eine Frau ihrer Freundin oder nahestehenden Verwandten von einem Problem erzählt, wird sie Zuspruch oder ein Unterstützungsangebot erhalten. Von der Freundin wird die Zusage erwartet, auf die Schilderung der schwierigen Situation mit der Antwort »Das stehen wir gemeinsam durch!« zu reagieren.[309] Wir haben das bereits bei unserem Jacobs-Krönung-Beispiel gesehen: Die verzweifelte Gastgeberin erhofft sich von Frau Sommer Hilfe und erhält sie. Besonders beliebt ist die Verwendung von Hilfeersuchen seit Jahrzehnten in der Waschmittelwerbung. Ariels Klementine[310] lebte davon ebenso wie die Vanish-Produktwerbung[311] heute.

Im Gegensatz zu Bitten und Aufforderungen scheint es eine Art Gesellschaftsvertrag zu geben, wenn es um Hilfe geht. Viele Frauen lassen sich nicht nur zuweilen gerne von Männern helfen, sondern fühlen sich in gewissen Situationen sogar moralisch verpflichtet, sie um Hilfe zu bitten. Und plötzlich haben es die Damen mit edlen Rittern zu tun. Die Männer empfinden es dann nämlich als Ehrensache zu helfen, selbst wenn es ihnen gerade sehr ungelegen kommt.[312] Bedauerlicherweise reichen die Fähigkei-

---

307 Pinker, Susan (2008), S. 147 f.
308 Tannen, Deborah (2004), S. 28 f.
309 Pinker, Susan (2008), S. 151
310 http://bit.ly/c2DYZK, http://bit.ly/bGSShj
311 http://bit.ly/cGvxux
312 Tannen, Deborah (2004), S. 66

ten der Ritter nicht immer aus, um die erbetene Aufgabe zu erfüllen, aber selbst dann sind sie nicht mehr zu stoppen. Zuzugeben, dass man keine ausreichende Ahnung hat, ist unmöglich.

Etwas Interessantes darüber lernte ich, nachdem mich mehrere Kunden zurate gezogen hatten, um die Kommunikationsstrategien oder Werbekampagnen, die ihre Agenturen entwickelt hatten, final zu überprüfen. Was ich zu sehen bekam, wies ausnahmslos große Kenntnislücken in der geschlechtsspezifischen Kommunikation auf. Schließlich überkam mich die Neugier. Ich fragte meine Kunden, warum sie nicht schon früher zu mir gekommen seien. Ich hätte sie und ihre Agentur frühzeitig beraten können. Die Antwort, die ich immer erhielt, überraschte mich, und ich machte anfangs den Fehler, die falschen Schlüsse daraus zu ziehen. Sie lautet, die – immer männlichen – Geschäftsführer seien sehr überzeugend darin gewesen, die angebliche Kompetenz ihrer Agentur darzustellen. Wie es in Wahrheit um die Expertise der Agentur bestellt sei, hätten sie erst durch mich erfahren. Nachdem ich diese Antwort zu meiner Verblüffung jedes Mal erhalten hatte, dachte ich zuerst, hier hätte sich die Selbstüberschätzung einiger Alpha-Tierchen in all ihrer Pracht gezeigt. Es tat mir für die Unternehmen und ihre Verantwortlichen leid, dass sie in bester Absicht ihren Kundinnen bzw. Kunden gegenüber eine Gender-Marketing-Kommunikationskampagne in Auftrag gegeben hatten und diese Ergebnisse erhalten hatten, die viel kosteten und bestenfalls keinen Effekt hatten, im schlimmsten Fall aber dauerhaft geschäftsschädigend wirkten. Erst als ich auf das männliche Verhalten bei Hilfeersuchen stieß, wurde mir klar, dass Agentur-Geschäftsführer bei Aufträgen zuweilen ritterliches Verhalten zeigen könnten, bei dem die Gewährung der erbetenen Hilfe wichtiger ist als die Frage, ob die Aufgabe gut erfüllt werden kann.

Zu dem Gesellschaftsvertrag gehört auch, dass die gewährte Hilfe mit einem angemessenen Ausdruck von Dankbarkeit vergolten wird. Selbst wenn die Bitte, einen Nagel in die Wand zu schlagen, um daran ein Bild aufzuhängen, in einem unbeabsichtigten Hausabriss resultiert, fühlen wir uns verpflichtet, die Zeit und die Bemühung des anderen im selben Maß zu würdigen.[313]

9.1.1.12. Ratschläge – unter Frauen die beste Informationsvermittlung

Wenn Geheimnisse die Währung in Frauenfreundschaften sind, dann ist die gegenseitige Beratung der soziale Kitt. Wir kennen die Ratschläge in

---

313 Tannen, Deborah (2004), S. 66 f.

Form von ungebetener Einmischung in private Angelegenheiten, wie auch die höchstwillkommene Empfehlung von guten Ärzten, den besten Restaurants, Schulen, Einkaufsmöglichkeiten, Fachexperten, den freundlichsten Verkäufern etc. Im Marketing wird dieses für Frauen völlig natürliche Verhalten neudeutsch *Word of Mouth* oder *Buzz-Marketing* (kommerzielle Variante) genannt. Die darauf spezialisierten Agenturen versuchen im Grunde, soziale Trendsetter zu identifizieren, die sie mit dem Empfehlungsmarketing innerhalb ihres gesellschaftlichen Umfelds beauftragen. Da Frauen nicht in Hierarchien, sondern innerhalb von Netzstrukturen leben, gibt es unter ihnen vergleichsweise selten solche Buzz-Hierarchien. Vielmehr darf prinzipiell jede Frau von ihren guten oder auch schlechten Erfahrungen berichten. Das Buch *Nachtzug nach Lissabon* von Pascal Mercier (alias Peter Bieri) aus dem Jahr 2004 hatte den Weg nur in sehr wenige Buchhandlungen geschafft. Es waren Leserinnen, die das Buch so beständig untereinander weiterempfohlen, dass es einige Jahre später auf den Bestsellerlisten landete. Es ist noch immer erstaunlich, wie wenig dieser Aspekt verstanden und im Marketing verwertet wird.

Danone hat 2007 für den Joghurt Activia in mehreren Ländern eine Empfehlungskampagne gestartet. Eine in Auftrag gegebene Studie hatte – wenig überraschend – ergeben, dass eine hohe Anzahl der befragten Frauen auf Ärzte, Apotheker und Freundinnen hören, wenn es um »gesundheitsfördernde Lebensmittel« geht. Activia wird als verdauungsfördernder Joghurt ausschließlich an Frauen vermarktet, weil Frauen angeblich häufiger Verdauungsstörungen haben oder sich stärker an Verstopfungen bzw. Flatulenz stören. Mit diesem Verkaufsargument hatte Activia die Marktführung bei den Fruchtjoghurts errungen (12 Prozent Marktanteil in 2007). Der Joghurt wird gewöhnlich in Viererpackungen verkauft. Ende 2007 startete die *Freundschaftsbecher*-Kampagne: Die Verkaufspackungen enthielten zwei weitere Becher, die nicht mit dem üblichen Aufdruck versehen waren, sondern mit fotorealistischen Blumendrucken. Sechs verschiedene Blumenmotive gab es, darunter Rosen und Sonnenblumen. Die Verpackungen dieser zwei Extra-Becher pro Verkaufseinheit sahen aus, als hätte es beim Beamen von Geburtstagsgeschenken einen Unfall gegeben, sodass Blumenstrauß, Geschenkpapier und Geschenk beim Re-Materialisieren verschmolzen sind. Kurz: Die Becher waren sehr hübsch anzusehen. Und so hübsch wie sie waren, sollten sie einer Freundin zum Probieren gereicht werden. Flankiert wurde diese über viele Monate ausgedehnte Aktion von einer TV-Kampagne, in der den Kundinnen quasi beigebracht wurde, wie sie den Freundschaftsbecher an andere Frauen zum Probieren weitergeben sollten.[314] Danone erreichte damit auch die vielen Frauen, die das Risiko scheuen, ein neues Produkt zu kaufen, weil sie befürchten, es vielleicht doch nicht zu mögen und das Geld dann aus dem Fenster geschmissen zu haben.

9.1.2. Ganzheitliches Denken: Alles ist verbunden

In der weiblichen Welt sind nicht nur Menschen miteinander verbunden, sondern auch Dinge, Gedanken, Prinzipien etc. Frauen denken nicht in linearen Ursache-Wirkungs-Prinzipien wie Männer, sondern in Netzen. Wer A sagt, muss nicht nur B, sondern auch K, M, Q und Y sagen, aus denen jeweils wiederum weitere Verknüpfungen wie zum Beispiel Kb, Kd, Mg, Qr, Qz, Yh entstehen und so weiter. Dieses Buch zu schreiben ist für mich deswegen gar nicht so einfach, denn die für mich schwierigste Aufgabe besteht darin, ein Geflecht von Zusammenhängen in eine für alle verständliche *Reihenfolge* zu bringen.

Vermutlich hängt diese Art zu denken mit der Gehirnorganisation bei Frauen zusammen. Das Corpus Callosum, die Brücke, die beide Gehirnhälften verbindet, besteht bei Frauen in einigen Bereichen aus bis zu dreißig Prozent mehr Neuronen und neuronalen Verbindungen.[315] Dazu kommt, dass die emotionale Verarbeitung recht gleichmäßig über die gesamte Hirnrinde verteilt ist und die Spiegelneuronen zahlreicher und aktiver sind als bei Männern. Weibliche Gehirne arbeiten mit stärkerer Vernetzung verschiedener Funktionen und Regionen als männliche. Das ist einer der Gründe, weshalb Männer Frauen so lange als zu emotional und irrational, ja sogar wirr empfunden haben: Frauen sehen mehr Zusammenhänge als Männer. Das bringt so manchen Vorteil, denn Frauen können mehr Konsequenzen einer Entscheidung oder Handlung erkennen als Männer. Das kommt ihrem großen Bedürfnis nach Sicherheit sehr entgegen, zu dem wir noch kommen werden. Die vernetzte Denkweise ermöglicht Frauen jedoch auch, das Wohl und die Interessen anderer Menschen im Vorfeld einer Anschaffung oder Urlaubsentscheidung zu erwägen.

Im Alltag zeigt sich diese Herangehensweise am offensten, wenn Frauen Dinge zweckentfremden. (Ich selbst habe schon einmal in Ermangelung eines Hammers den Kopf eines Fahrradschlosses zum Hämmern verwendet.) Es zeigt sich aber auch in der Vermischung von Dienstlichem und Pri-

---

314 http://bit.ly/cgjifi
315 Allen, Laura S. et al. (1991)

vatem. Unternehmen gehen noch immer von einem Weltbild aus, in dem Produkte in die zwei unterschiedlichen Segmente »privat« und »Beruf« eingeteilt sind. Frauen sehen das völlig anders. Hat sich etwas im Privatleben bewährt, das sie auch in ihrem Berufsleben benötigen, steht der Übertragung aus weiblicher Sicht nichts entgegen. Frauen gründen immer häufiger ein eigenes Geschäft. Sie gründen in viel kleinerem Maßstab, mit geringerem Startkapital, oft ohne weitere Mitarbeiter. Meist können sie nicht einmal auf mithelfende Familienangehörige als Unterstützung zurückgreifen. Frauen treffen aus diesen Gründen oft und gerne pragmatische Entscheidungen. Deshalb verwenden sie, was ihnen vertraut ist, was sich bei ihnen oder im Freundes- und Familienkreis bewährt hat. Dieselbe Strategie wenden Frauen auch in allen anderen Lebensbereichen an. Ein Catering-Service, der beim Empfang im Büro das wunderbare Buffet aufgebaut hat, wird beim nächsten runden Geburtstag engagiert. So kann sie den Abend entspannt mit ihren Freunden verbringen, statt nach hektischen Vorbereitungen und Putzorgien abgearbeitet zusammenzubrechen.

9.1.3. Beruf und Karriere

In der Werbung sehen wir Frauen häufig allein, in der Rolle der Partnerin oder als Familienmutter. Am Arbeitsplatz erscheinen Frauen so gut wie nie. Coke light und o. b. zeigen Frauen seit Jahren als Büromäuschen. Dabei wissen wir, dass Frauen sich bevorzugt für menschennahe Berufe entscheiden. Die einzige Lehrerin, die wir jedoch im Werbefernsehen zu sehen bekommen, ist eine verbiesterte Alte im altmodischen Kostüm, die der Versicherung *WWK* in all ihrer offen dargebotenen Humorlosigkeit als Prellbock für einen unerträglichen Jungen dient. Die WWK beabsichtigt mit dieser Kampagne auszudrücken, dass ganz gleich, was passiert, eine starke Versicherung jedes Missgeschick aufzuräumen vermag. Aber was in Wahrheit transportiert wird, ist in höchstem Maße bedenklich: Der Junge darf seine Lehrerin in den WWK-Spots mit Tafelzeichnungen verhöhnen[316] und im Museum anfassen, was er nicht anfassen darf, sodass er durch das Herausziehen des Fußknochens ein Sauriersklelett zum Zusammenbruch bringt.[317] Der Ärger und Tadel der Lehrerin wird als ungehörig dargestellt, der Junge mit dem Rückhalt aller Jungen und Mädchen seiner Klasse belohnt. Übertrüge man diese Aussagen auf Versicherungen, dann würde das bedeuten, dass jeder Depp, der nicht imstande ist nachzudenken, stän-

---
316 http://bit.ly/bT6xvc
317 http://bit.ly/9VfrcM

dig sein Ego auf Kosten anderer auslebt. Die Schäden, die er dabei verursacht, werden von anderen bezahlt, die dafür sogar bereitwillig Erhöhungen ihrer Versicherungsprämien in Kauf nehmen. Dabei ist es heute keineswegs mehr ein Geheimnis, das jede Versicherung sich unverzüglich von den Kunden trennt, die aus Versicherungssicht zu hohe Kosten verursachen. Schaut man hinter die oberflächliche Werbebotschaft sieht man, dass die WWK Schüler (und womöglich auch die zuschauenden Eltern von Schulkindern) zum Lehrer-Mobbing ermuntert werden. Heutige Lehrer wissen über dieses Problem so manches Lied zu singen. Wachsende Krankheitsstände und Frühverrentungen belegen dies.

Dabei wählen Frauen bevorzugt Berufe, in denen sie viel mit Menschen zu tun haben. Frauen ziehen es oft vor, andere Menschen zu unterstützen. Als Empathinnen wählen zwar auch immer häufiger Frauen technische Berufe, die ihnen so manche »Karriere« ermöglichen, doch viele von ihnen steigen irgendwann aus ihrer steilen »Karriere« aus, wenn es ihnen zu einsam wird.[318] Ich selbst kannte einst eine Physikerin, die Spezialistin für einen sehr ausgefallenen Bereich war, in dem es keine zehn anderen Fachleute weltweit gab. Eines Tages schmiss sie ihren gut dotierten Job hin, machte ein Praktikum als Fotografin und spezialisierte sich auf Schwangeren- und Babyfotos. Niemand hat sie dazu gezwungen.

In den letzten Jahren wurde öffentlich viel über die Berufswahl und berufliche Entscheidungen von Frauen diskutiert. Es wurde und wird gemutmaßt, weshalb Frauen vielversprechende Karrieren hinschmeißen, einen gesellschaftlich weniger angesehenen Job übernehmen oder gar Mütter werden. Mitten in der Karriere auszusteigen und Mutter zu werden wird von der Öffentlichkeit derzeit als Synonym für »ich habe die Schnauze voll vom männlichen System« interpretiert. Es passt gegenwärtig so gar nicht in das politische Ziel der Gleichstellung, dass auch eine gebildete und beruflich erfolgreiche Frau ein Kind aufziehen möchte. Die Natur muss der Politik weichen, selbst wenn andernorts der andauernde Rückgang der Geburtenraten beklagt wird.[319] Weil es allerdings so wenig in das gesellschaftliche Bild der heutigen Frau passt, betont die Psychologin und Journalistin Susan

---

[318] Pinker, Susan (2008): S. 90 ff
[319] Im Umkehrschluss würde die Forderung nach Karrierefrauen ohne Kinder bedeuten, dass nur Hartz-IV-Empfängerinnen Kinder kriegen sollten. Ihre Kinder würden aber mit einer recht hohen Wahrscheinlichkeit nur eine schlechte Bildung erhalten und später arbeitslos sein, was mittelfristig zu einem weiteren Anstieg der Bedürftigen führen würde, deren staatliche Unterstützung nicht mehr aufgebracht werden kann, weil es zu wenig berufstägige Menschen gibt.

Pinker im Hinblick auf die Berufswahl und radikal erscheinenden Entscheidungen auf dem Karriereweg: »Frauen sind autonome Wesen, die wissen, was sie wollen.«[320]

In der Werbung sehen wir Frauen als Hausfrauen, Partnerinnen, Mütter oder als Mäuschen im Großraumbüro. Damit zeigen Unternehmensentscheider und Werber unverstellt, welche Frauenbilder ihr Denken dominieren. In ihrer Welt gibt es keine Kindergärtnerinnen, Altenpflegerinnen, Ärztinnen, Schneiderinnen, Forscherinnen oder Fabrikarbeiterinnen. Die meisten dieser Jobs gelten auch nicht wirklich als glamourös. Tatsächlich schätzen wir in unserer Gesellschaft den Umgang mit Dingen, die Produktion von Luxusuhren und Strumpfhosen, Billigautos und Schokoriegeln als höherwertiger ein, als die Erziehung von Kindern, die Rettung suizidaler Teenager und Witwer, die Heilung Kranker und die Pflege alter Menschen. Ich meine, darüber sollten wir noch einmal gründlich nachdenken.

Neuerdings sehen wir frühere, amtierende und angehende Topmodels von Heidi Klum recht häufig, gleich, ob sie gerade für *Gilette*-Rasierer, *C&A*-Bekleidung oder *Müller*-Joghurt werben. Da die häufige TV-Präsenz von Heidi Klum jedoch allmählich bei der Nation umschlägt in Übersättigung, wird dieses TV-Format womöglich nicht mehr sehr lange mit der Mär von dem schnellen Erfolg locken. Gegen all das erscheint so manche Werbung aus den achtziger Jahren geradezu fortschrittlich. Damals zeigte uns Schwarzkopf, wie die *Taft*-Haarspray-Trägerin als erfolgreiche Geschäftsfrau mit dem Learjet entspannt von Kontinent zu Kontinent flog. Und auch L'Oreal ließ für den Nagellack Marke *Jet Set* atemberaubend schöne Chefinnen in pastellfarbenen Kostümen Trägern uniformer schwarzer Anzüge unmissverständliche Anweisungen erteilen.

9.1.4. Risiko, Sicherheit, Wettbewerb, Peinlichkeit

9.1.4.1. Wettbewerb

Als Nike Anfang 2009 mit einer Kampagne für *Nike+* auf allen Kontinenten on air ging, beging das Unternehmen einen gravierenden Fehler. Nike hat sich unter anderem weltweit als Laufspezialist im Breitensport positioniert. Anders als die Marke *Asics*, die sich vornehmlich auf Schuhtechnik spezialisiert hat, deckt Nike auch den Bekleidungs- und Accessoire-Bereich vollständig ab. Nike+ ist ein kleiner Laufcomputer, mit dem ambitioniertere Freizeitläufer die absolvierte Distanz, die gelaufene Zeit und den Kalorien-

[320] Pinker, Susan (2008): S. 124

verbrauch aufzeichnen können. Er wird in einen Nike-Schuh gesteckt und mit einem Apple iPod oder einem Nike-Senderarmband verbunden. Daheim angekommen, können die Daten auf das persönliche Profil auf der Nike-Website geladen werden, das den Nutzerinnen und Nutzern ermöglicht, die eigenen Trainingsfortschritte zu verfolgen. Darüber hinaus finden sich auf der Website Tipps und User-Foren.[321] So weit, so gut.

Die Kampagne *Men vs. Women* rief Frauen und Männer zum Geschlechterkampf auf, oder besser gesagt: Zum Geschlechterrennen. Frauen sollten ihre mit Nike+ ermittelten Laufergebnisse hochladen und in das kollektive Frauenergebnis einbringen. Für Männer galt natürlich dasselbe. Am Ende sollte sich anhand der weltweit gesammelten Ergebnisse zeigen, wer wem überlegen sein würde. Beworben wurde das Geschlechterwettrennen mit einem ausgesprochen sympathischen TV-Spot, für den unter anderem der Tennisprofi Roger Federer und die Schauspielerin Eva Longoria verpflichtet wurden. In diesem Werbespot rannten Läuferinnen mit Läufern gleichermaßen leistungsorientiert um die Wette. Die Zwischenergebnisse auf der Nike-Website zeigten im Spot ein Kopf-an-Kopf-Rennen. Dazwischen wurde gerne auch mal ein klein wenig getrickst, etwa, wenn Eva Longoria die Laufschuhe ihres Liebsten vom Balkon schmeißt, als er kurz wegschaut. Ein toll gemachter Spot mit rasanter Musik, der Spaß am Mitkämpfen weckt.[322] Jedenfalls bei manchen.

Nach Ablauf der Aktion zeigten sich die Ergebnisse auf der Website keinesfalls so knapp wie von Nike und der verantwortlichen Agentur angenommen. Während die Frauen es auf insgesamt 454 710 km bei einer durchschnittlichen Laufstrecke von 8,77 km brachten, kamen die Männer auf insgesamt 1 028 923 km und 14,45 km im Durchschnitt pro Lauf. Auch wenn die mit Abstand längste Laufstrecke mit 85,42 km von einer Frau absolviert wurde, konnten die Frauen angesichts der Balkendiagramme ganz offensichtlich nicht im Mindesten mithalten. Rechnet man diese Angaben um, dann wurden bei den Frauen insgesamt 51 848 Läufe registriert und bei den Männern 71 205.

Diese Ergebnisse sollten nicht wirklich verwundern. Es ist nicht gerade eine neue Erkenntnis, dass die körperliche Leistungsfähigkeit von Frauen an die der Männer nicht heranreicht. Dabei ist die Feststellung müßig, dass es Frauen gibt, die schneller laufen können als die meisten Männer. Natürlich gibt es die. Es gibt aber keine Frauen, die so schnell laufen können wie

---

321 http://www.nikeplus.com
322 Langer deutscher Spot: http://bit.ly/cdXqOB, kürzerer internationaler Spot: http://bit.ly/aE8Sev

die schnellsten Männer. Wenn Frauen in sportlichen Disziplinen gegen Männer antreten sollen, dann sind sie ihnen körperlich in aller Regel unterlegen.

Obwohl es eine zunehmende Zahl von Büchern gibt, die davon handeln, wie Frauen ihre Gegner aus dem Weg räumen, scheuen die meisten Frauen nach wie vor Wettbewerbe und Konkurrenzkämpfe. Männer empfinden durch Wettbewerbssituationen eine positive Stimulation. In solchen Situationen steigt ihr Adrenalinspiegel, während er bei Frauen absinkt. Die hormonellen Systeme von Frauen und Männern lassen sie Konkurrenzsituationen sehr unterschiedlich erleben.[323] Darüber hinaus bergen Wettbewerbe die Gelegenheit, sich darzustellen, aus der Masse herauszuragen und den Sieg davonzutragen. Für die weibliche, von Symmetrie gekennzeichnete Beziehungsform, in der alle Mitglieder einer Gruppe, zumindest oberflächlich betrachtet, gleich sein müssen, ist es nicht vorgesehen, dass eine Frau sich derart exponiert. Deswegen reagieren so viele Frauen auch mit Verlegenheit und Unwohlsein, wenn sie eine öffentliche Ehrung oder ein Lob entgegen nehmen sollen. Und wenn es um Erfolg geht, dann zeigt sich, dass nur wenige Frauen mit der unbeirrbaren Überzeugung gesegnet sind, siegen zu können.

Frauen schätzen ihre Chancen in vielen Lebensbereichen pessimistischer und mit deutlich mehr Bedacht ein als Männer.[324] Männer verfügen über ein wesentlich schwerer zu erschütterndes Selbstvertrauen und eine hohe Misserfolgstoleranz. Müssen Frauen mit Männern konkurrieren, lassen sie sich von ihrem Imponierverhalten leicht beeindrucken und einschüchtern. Wenn sie der Wettbewerbssituation ausweichen können, dann tun sie es, selbst wenn sie wissen, dass sie dem jeweiligen Mann überlegen sind. Die Bereitschaft, gegen andere Frauen anzutreten, ist bei einer Frau nur dann höher, wenn sie sich ganz sicher ist, besser abzuschneiden als die andere[325], allerdings kann ein Wettstreit unter Frauen dazu führen, dass beide sogar eine geringere Leistung erbringen, als ihnen unter anderen Umständen möglich gewesen wäre[326].

Die wahrscheinlichste Ursache für die weibliche Wettbewerbsscheu ist die naheliegendste: Frauen mussten nie auf dieselbe Weise um Männer konkurrieren, wie Männer um Frauen. Auch wenn bei unserer Spezies nicht allein den Frauen, sondern auch den Männern eine gewisse Wahl-

---

[323] Pinker, Susan (2008), S. 271 f.
[324] Seligman, Martin E. P. et al. (2007), S. 108
[325] Cronin, Carol L. (1980)
[326] Gneezy, Uri und Aldo Rustichini (2004)

möglichkeit zusteht[327], ist es für Frauen prinzipiell immer möglich, irgendeinen Partner zu finden, während es für Männer keineswegs so selbstverständlich ist, eine Mutter für ihre Kinder zu gewinnen.[328] Ein offener Kampf wird von Frauen daher vergleichsweise selten geführt. Die Evolution hat Frauen eine Konkurrenzform mitgegeben, die mit symmetrischer Beziehungsführung vereinbar ist. Frauen können sich mit allem hervortun, was sich als Gottesgeschenk tarnen lässt, allem voran körperliche Attraktivität. Schließlich kann eine schöne Frau doch nichts dafür, wie sie geboren wurde, also darf ihr niemand einen Strick aus ihrem Aussehen drehen, ohne sich selbst vor der Gruppe mit Schuld zu beladen und die eigene Position zu schwächen.

Ein Adidas-Spot zur Fußball-Weltmeisterschaft 2003 der Frauen scheint vieles des Gesagten zu konterkarieren. Die WM sollte in China abgehalten werden, wurde wegen des SARS-Risikos jedoch kurzerhand in die USA verlegt. In dem Spot werden chinesische Fußballerinnen gezeigt, die synchron höchst akrobatische Übungen mit Bällen vollbringen. Der Rasen, auf dem sie ihre Ball-Zauberkunst ausüben, befindet sich vor dem Hotel der deutschen Spielerinnen. Diese schauen aus ihrem Hotelgebäude heraus zu und kommen schließlich heraus. Die chinesische Anführerin fordert die Spielerinnen des Deutschen Fußball-Nationalteams mit einer besonders gewagten Kombination heraus, die allerdings ganz cool bleiben und dadurch etwas entgegensetzen. Die Chinesin kickt den Ball zu den Deutschen, die ihn, wie die Herausforderung, annehmen.[329] Es ist ein toller Spot, allerdings hat er kaum etwas mit all den Frauen zu tun, die keinen ambitionierten Sport betreiben. In diesem Spot geht es nicht um weibliche Sportler, sondern um Profis, bei denen das Geschlecht bestenfalls zweitrangig ist.

Übrigens finde ich es völlig unerträglich, dass die WM im Heimatland der Deutschen Weltklasse-Spielerinnen unter dem unsäglichen Claim *»20elf von seiner schönsten Seite«* erfolgt. Diese WM wäre *die* Gelegenheit gewesen, den Frauenfußball richtig nach vorne zu bringen. Mit diesem Claim wird die athletische Leistung der Spielerinnen aus aller Welt überhaupt nicht zur Sprache gebracht. Vielmehr werden damit nur Klischees bedient. Mit diesem Claim soll womöglich die Diskussion um den Anteil der lesbischen Spielerinnen umgangen werden (als ob Lesbierinnen keine Frauen seien …). Die Verantwortlichen haben sich damit ein Geschirr aus

---

[327] Bischof-Köhler, Doris (2006), S. 133, Pinker, Susan (2008), S. 280
[328] Bischof-Köhler, Doris (2006), S. 300
[329] http://bit.ly/bSEP5m

zweiter Wahl verdient, wie es die Nationalspielerinnen 1989 für den Sieg bei der Europameisterschaft als einzige Prämie erhalten haben.

9.1.4.2. Peinlichkeit und Scham

Wenn die Verantwortlichen bei Nike ein klein wenig recherchiert hätten, dann hätten sie all das herausfinden können. Sie beabsichtigten, einen fröhlichen, fairen Wettkampf auszurufen, das erzielte, für alle einsehbare Ergebnis war genau das, was Frauen insgeheim fürchten: zutiefst peinlich.

Frauen haben ein hohes Schamempfinden. Dieser Aspekt wird auch von vielen Fachleuten massiv unterschätzt. In vielen beruflichen und privaten Gesprächen mit anderen Frauen höre ich überreichlichen Ärger und Entsetzen über das Verhalten anderer Leute. In den meisten Fällen handelte es sich dabei um Männer – Chefs, Kollegen, Politiker, Banker, Geschäftspartner etc. Die Schilderungen waren von der Fassungslosigkeit über das dämliche, schädliche, arrogante oder unverfrorene Verhalten dieser Männer gekennzeichnet. Sämtliche Frauen beschließen solche Erzählungen immer mit dem Unverständnis, wieso den Männern ihr Verhalten nicht so peinlich sei, dass sie sich darüber in Luft auflösen wollten.

Die Gefühle von Peinlichkeit und Scham scheinen bei Frauen deutlich ausgeprägter zu sein als bei Männern. Das Empfinden von Peinlichkeit stellt sich ein, wenn einem etwas misslungen oder Blödes passiert ist und jemand anderer Zeuge davon wird, der das Geschehene aller Voraussicht nach missbilligen wird.[330] Scham dagegen resultiert aus einem Verstoß gegen allgemeingültige Regeln und Werte.[331] Wenn wir bei Glatteis ausrutschen und mit Schmackes und wehenden Röcken unelegant auf dem Allerwertesten landen, dann ist es sicher schmerzhaft, aber nicht weiter der Rede wert, wenn wir dabei allein und unbeobachtet sind. Passiert uns das allerdings an einem Samstagvormittag in der Fußgängerzone, ist das ausgesprochen peinlich, ganz gleich, wie viel Beifall ein Komiker oder Stuntman für dieselbe artistische Nummer erhalten hätte. Geschieht dasselbe während einer feierlichen Prozession, haben wir mit unserem unbeabsichtigten Sturz die Würde des ganzen Rituals und aller anderen Beteiligten verletzt. Das tut man nicht, deswegen ist das ein Grund sich zu schämen.

Ich vermute, dass die weibliche Sensibilität gegenüber Peinlichkeit und Scham darin begründet liegt, dass Frauen ihren Status von anderen weiblichen Gruppenmitgliedern zugesprochen bekommen. Frauen haben vergli-

---

[330] Modigliani, André (1968)
[331] Babcock, Mary K., John Sabini (1989)

chen mit Männern nur geringe Möglichkeiten, die Einschätzungen der eigenen Person durch andere Frauen zu beeinflussen. Frauen werden vielmehr von anderen Frauen eingeschätzt, falsches Verhalten wird streng sanktioniert. Ein Übermaß an Verstößen gegen Gruppenregeln kann schlimmstenfalls zum Ausschluss führen, was Frauen zu Recht sehr fürchten, wie wir oben gesehen haben. Männer können durch eigene Handlungen viel mehr Einfluss auf die Wahrnehmung ihrer Person nehmen und sind insgesamt weniger abhängig von der Meinung anderer über sie.[332] Männer sind so gesehen Stehaufmännchen, die jederzeit jede Scharte wieder auswetzen können. Peinlichkeit ist kein tief empfundenes Gefühl, sondern bestenfalls ein Grund zum Witzeln. Als der Jedi Obi Wan in *Star Wars* im Archiv der Jedi-Ritter nach einem bestimmten Planeten sucht und diesen in den Karten am angegebenen Ort nicht zu finden vermag, sucht er bei dem Jedi-Meister und Lehrer Yoda Rat. Yoda unterbricht für Obi Wans Anfrage die Unterweisung seiner Jedi-Grundschüler. Nachdem Yoda Obi Wans Dilemma angehört hat, lautet sein kopfschüttelnder Kommentar vor der versammelten Schülerschar: »Obi Wan einen Planeten verloren hat! Wie peinlich, wie peinlich!«[333] Die Kinder kichern, Obi Wan grinst, die Kinozuschauer wiehern, und niemand verspürt darüber irgendein »gschamiges« Gefühl.

9.1.4.3. Sicherheit und Risiko

Ebenso wie den Wettbewerb, verabscheuen die meisten Frauen Risiken. Ist das Risikobewusstsein vieler insbesondere junger Männer zu wenig ausgeprägt, so ist das weibliche Sicherheitsbedürfnis ausgesprochen hoch, was sich in den unterschiedlichsten Lebenslagen zeigt. Für die wenigsten Frauen käme eine Extremsportart infrage. Beim Autofahren lassen sie mehr Abstand zum vor ihnen fahrenden Wagen (außer sie stammen aus Holland, wo alle, gemessen an in Deutschland gelehrten Verkehrsregeln, extrem auffahren) und verhalten sich insgesamt so defensiv, dass sie tatsächlich weitaus weniger Unfälle mit deutlich geringeren Schäden verursachen als Männer. Beim Autokauf sind Frauen stärker auf die Sicherheitssysteme bedacht. Frauen können jeden Mann in den Wahnsinn treiben, wenn sie sich anscheinend nicht entscheiden können, dabei wägen sie nur die Vorteile gegen die Risiken ab, sei es bei ihrem Abend-Outfit oder bei der Suche nach einer neuen Lieblingsmayonnaise, weil ihre gewohnte Salat-

---

332 Savin-Williams, Ritch C. (1979), Savin-Williams, Ritch C. (1987)
333 Meister Yoda in *Star Wars Episode II: Angriff der Klonkrieger*

creme vom Markt genommen worden ist. Bei einer Übung während einer Kundenschulung, in der es darum ging, Frauen beim Möbelkauf zu beobachten, konnte sich einer der Teilnehmer nicht erklären, weshalb eine der von ihm beobachteten Kundinnen geschlagene zwanzig Minuten dafür brauchte, um sich für den Kauf eines Duschvorhangs zu entscheiden. Es war nicht einmal so, dass sie aus einem großen Sortiment zu wählen hatte. Sie hatte sich bereits für ein bestimmtes Modell und Dessin entschieden. Dennoch zeigte seine Uhr zwanzig Minuten an, in denen die Kundin den Duschvorhang wechselweise berührte, zwischen ihren Fingern prüfte, ihn wieder zurücklegte und immer wieder anstarrte. Der Schulungsteilnehmer war völlig ratlos, was in dieser Zeit im Kopf dieser Dame vorging, zumal dieser Vorhang lediglich 14,95 Euro kostete. Als er später in der Runde von dieser Beobachtung berichtete und nach Erklärungen suchte, erzählte er natürlich auch, wie er es gemacht hätte: Für diesen »lächerlich geringen« Preis hätte er den Duschvorhang gekauft, zu Hause ausprobiert und gegebenenfalls wieder in das Geschäft zurückgebracht, um ihn umzutauschen oder zurückzugeben. Nicht so diese Kundin, die stellvertretend für sehr viele Frauen stand: Sie überlegte alle Pros und Kontras ganz genau im Vorhinein. Sie wollte einen Fehlkauf von Anfang an ausschließen, denn wer weiß, welcher Ärger, welche Mühen oder gar Konflikte daraus entstehen könnten? Was, wenn der Vorhang trotz aller Rücknahmegarantien doch nicht angenommen würde? Und all die zusätzliche Fahrzeit, der Ärger, den sie verspüren würde, wenn sie feststellen müsste, dass etwas mit ihrer Auswahl nicht stimmt … (Sie erinnern sich: Frauen sind stolz darauf, eine hervorragende Kaufentscheidung treffen zu können.)

Dieses unterschiedliche Verhältnis von Frauen und Männern zu Risiken bzw. Sicherheit bedingt, dass Frauen alles im Vorhinein gründlich durchdenken müssen. Erst wenn sie sich sicher sind, alles bedacht, Lösungen für alle Eventualitäten parat zu haben, handeln sie. Das kann also bei verzwickten Sachverhalten eine Weile dauern. Männer dagegen handeln zuerst – und denken anschließend nach. Das lässt sich ausgezeichnet beobachten, wann immer irgendwelche Politiker unmittelbar nach einem unvorhergesehenen Vorfall wie einem Eisenbahnunglück oder einem Amoklauf die Verschärfung von Gesetzen fordern. Das ist keineswegs immer nur Kalkül, um in die Medien zu gelangen. Nachdem sich die Gemüter beruhigt haben, gibt es kaum noch jemanden, der die spontane Forderung tatsächlich ernsthaft verfolgt. Diese Menschen verspüren den Impuls, das Problem zu lösen und zu handeln. Unserer Kanzlerin Angela Merkel wird in ihrer zweiten Amtszeit zu viel Untätigkeit vorgeworfen, Blockierhaltungen etc. Womöglich entsteht dieser Eindruck unter anderem aufgrund dessen, dass sie manche Dinge gut durchdacht wissen will?!

Das Thema Sicherheit ist kein ganz neues Thema. In den fünfziger Jahren warb eine Gesichtsreinigungscreme der Marke Dorothy Gray mit der absoluten Sicherheit: Diese Reinigungscreme würde am Abend alle Verschmutzungen des Tages entfernen, einschließlich der gefährlichen radioaktiven Partikel, die sich über den Tag im Gesicht ansammeln. Als »Beweis« hielt ein Forscher aus einem »unabhängigen Labor« einen Geigerzähler an das Gesicht einer hübschen, noch geschminkten jungen Frau.[334] In dieser Zeit der Atom-Euphorie und Atom-Angst, in der selbst eine rechtzeitig über den Kopf gezogene Zeitung vor dem gegnerischen Atomschlag schützten sollte[335], ließen sich alle Produkte gut verkaufen, die nicht nur Sicherheit und Schutz gegen die normalen Bedrohungen des Alltags boten, sondern auch gegen die atomaren.

9.1.5. Schönheit

Bei vielen Spezies wählen die Weibchen die Männchen aus. Deswegen sind die Männchen mit aufwändiger Schönheit gesegnet. Diese auffälligen Merkmale, beispielsweise besonders lange und bunte Schwänze bei Paradiesvögeln, wecken eine erwünschte Aufmerksamkeit bei Weibchen und eine unerwünschte bei Rivalen und Fressfeinden. Die langen Schwanzfedern erschweren den Flug und die Flucht. Lange rätselten Wissenschaftler, wozu die Tiere solch unbequeme Schönheitssignale benötigten. Inzwischen herrscht die Ansicht vor, die extremen Merkmalsausprägungen seien ein äußeres Signal für potenzielle Partnerinnen, dass die Gene dieses Männchens von so hervorragender Güte seien, dass er sich diese überflüssigen Extreme vollauf leisten kann. Der Evolutionspsychologe Donald Symons prägte dafür den Begriff *Gute-Gene-Hypothese*. Demnach ist Schönheit ein *Fitnessindikator*.[336] Und diese Fitnessindikatoren müssen fälschungssicher sein, damit niemand eine hohe Genqualität vortäuschen kann. Das Biologenpaar Amotz und Avishag Zahavi nannte die Tatsache, dass nur außergewöhnlich starke Individuen sich die prächtigsten Merkmale leisten können, »Handycap-Prinzip«.[337] Tatsächlich ergaben Experimente, dass beispielsweise Pfauen mit mehr Schwanzfedern und größeren Augen von

---

[334] http://bit.ly/azVDpL
[335] http://bit.ly/dDBcf1
[336] Symons, Donald (1979)
[337] Zahavi, Amotz und Avishag Zahavi (1998)

Weibchen bevorzugt werden und dass auch nach mehreren Generationen eine höhere Anzahl ihrer Nachkommen überlebt hat.[338]

Ausgerechnet beim Menschen ist Schönheit aber viel eher bei Frauen zu finden als bei Männern. Schönheit gilt bei unserer Spezies primär als weiblich.[339] Und es sind die Männer, denen die Schönheit ihrer Partnerin wichtig ist, während Frauen mehr Wert auf Vermögen und Status und einige andere Eigenschaften ihres Partners legen (siehe oben). Schönheit ist das Kapital einer Frau bei der Anziehung des besten Partners. Entgegen früherer Ansichten, die aus dem Tierreich abgeleitet wurden, wählen nicht allein die Frauen den Partner – auch die Männer haben ein Mitspracherecht.[340] Somit konkurrieren Frauen mittels ihres Aussehens um durchsetzungsfähige und erfolgreiche Männer, sondern auch auf subtile Weise untereinander.

In der Pubertät beginnen Mädchen, sich für ihr Aussehen und ihre Wirkung auf andere, insbesondere Jungs, zu interessieren. Der Körper erlebt einen Östrogen-Schub, die bereits vom Embryo erzeugten Eizellen beginnen nun zu reifen, die Menstruation setzt ein. Auch das Gehirn wird mit Östrogen geflutet. Äußerlich wird die Verwandlung des Mädchens durch ein Längenwachstum der Extremitäten sichtbar. Eine Zeit lang sind die Beine länger als der Torso. Deswegen müssen Topmodels lange Beine haben: Sie stehen wie kein anderes Zeichen für Jugendlichkeit.

Die Glorifizierung von Jugendlichkeit ist kein neues Phänomen. Weibliche Jugendlichkeit ist ein evolutionär ausgeprägtes Attraktivitätssignal beim Menschen. Unsere nächsten Verwandten, die Schimpansen, bevorzugen ältere, erfahrene Weibchen. Jugendlichkeit steht für die lange Fruchtbarkeitsphase, die eine Frau in ihrem Leben noch vor sich hat.[341] Außerdem erhöhte die Jugendlichkeit früher die Chance, ein freies, verfügbares und fruchtbares Exemplar zu erwischen, denn Berechnungen zufolge waren Frauen zu 99 Prozent aufgrund von Schwangerschaft und Stillzeit unfruchtbar.[342] Das erklärt unser heutiges Schönheitsideal, das auf dem Körperbau pubertierender Mädchen basiert, insbesondere, weil die Schwängerung Minderjähriger in unserer Gesellschaft als Tabubruch gilt. Dabei sind es gar nicht die Männer, die kurvenlose Körper bevorzugen. Frauen mit Körpern, die als »unweiblich« galten, wurden vor wenigen Jahr-

---

338 Petrie, Marion et al. (1991), Petrie, Marion (1994)
339 Ford, Clellan S. und Frank A. Beach (1951), Williams, John E. und Deborah L. Best (1990)
340 Pinker, Susan (2008), S. 283
341 Renz, Ulrich (2007), S. 126 f.
342 Etcoff, Nancy, 2001, S. 83

zehnten noch mit der durchaus als Beleidigung gemeinten Bezeichnung »Tischlerstöchter« belegt. Männer in den meisten Kulturen mit guter Nahrungsmittel-Versorgung bevorzugen bei Frauen ein Taillen-Hüften-Verhältnis (*waist hip ratio*) von 0,7. Alle Schönheitsköniginnen in den USA und alle Playboy-Bunnies weisen dieselbe waist hip ratio auf. Dies ist jedoch kein universelles Maß. Bei den Inuit in Alaska sowie bei manchen Stämmen in Peru und Afrika liegt das körperliche Schönheitsideal bei 0,9. In diesen Regionen ist ein »Futterpolster« wichtig, denn die Nahrungsmittel hängen vom Jagdglück oder von einem ausreichenden Niederschlag ab. In Ländern mit heißem Klima, beispielsweise in den asiatischen, erschwert Übergewicht das tägliche Leben, daher werden zierliche Frauen bevorzugt.[343] Mit zunehmendem Alter legen Frauen an der Taille zu. Doch auch während einer Schwangerschaft verschwindet die Taille im selben Maß, wie der Bauch wächst. Die waist hip ratio sagt auf den ersten Blick etwas über den Östrogenspiegel, also über den Grad der Fruchtbarkeit einer Frau und über eine eventuelle Schwangerschaft aus.[344] Die verschiedenen Geschmäcker in den unterschiedlichen Regionen zeigen aber auch, dass nicht nur der Hormonspiegel stimmen muss, sondern dass auch weitere körperliche Faktoren wie der Fettanteil an die Umweltbedingungen des jeweiligen Lebensraums sowie an die regionale Nahrungsmittelversorgung angepasst sein müssen. Sehr überraschend, jedoch bei näherem Hinsehen plausibel erscheint das Forschungsergebnis, demzufolge die gesellschaftliche Stellung der Frau eine Rolle bei der Bewertung ihrer Figur spielt: Je einflussreicher und mächtiger sie ist, desto schlanker muss sie sein, um von Männern als Partnerin akzeptiert zu werden.[345]

Frauen vergleichen sich im Hinblick auf die eigene Schönheit instinktiv mit anderen Frauen, wenn sie sich auf Partnersuche befinden. Für eine Frau ist es wichtig, vor einem potenziellen Partner im wahrsten Sinne des Wortes eine gute Figur zu machen. Wie eine Frau in ihren eigenen Vergleichen abschneidet, hängt davon ab, in welcher Phase ihres Zyklus' sie sich gerade befindet. Während des Eisprungs, also während der fruchtbaren Tage, erscheinen ihr andere Frauen unattraktiver und unsympathischer als an allen anderen Tagen des Monats. Tatsächlich sind Frauen während ihrer empfänglichen Tage aber auch deutlich hübscher als zu anderen Zeiten, wie Untersuchungen eindeutig nachweisen konnten.[346]

[343] Singh, Devendra (2002)
[344] Singh, Devendra und Suwardi Luis (1995), Marlowe, Frank et al. (2005)
[345] Anderson, Judith et al. (1992)
[346] Fisher, Maryanne L. (2004)

Schönheitsideale unterliegen darüber hinaus auch der Mode[347], allerdings wechselt die Körpermode bei Frauen deutlich schneller und radikaler als bei Männern[348]. Als noch die Ständegesellschaft bestand, war nur die hart arbeitende Bevölkerung dünn. Die Kleriker und Angehörige des Adels demonstrierten ihren Wohlstand auch durch ihr Bauch- und Hüftgold. Jugendlichkeit und Fraulichkeit wechseln sich immer wieder ab, allerdings immer auch mit wechselnden Details. Bereits im Mittelalter und in der Renaissance war weibliche Jugendlichkeit beliebt, allerdings mit breitem Becken und kleinen Brüsten. In der Renaissance gehörte es für höhergestellte Frauen zum gesellschaftlichen Chic, die Stirn höher erscheinen zu lassen, indem der Haaransatz durch Ausrupfen der Stirnhaare nach hinten verlegt wurde. Kurios erscheint diese Praxis nur, bis man sich erinnert, was heutzutage alles mit Augenbrauen angestellt wird. In Brasilien galt bis vor relativ wenigen Jahren das klassische Schönheitsideal. Die Fixierung lag auf einem ausgeprägten Po und der Busen hatte klein zu sein. Dann trugen US-amerikanische Filme und Soap-Operas das Schönheitsideal aus Hollywood mit schmalen Becken und großen Brüsten bis in die letzten Winkel jeder Favela. Diese Körpermode widerspricht dem natürlichen Bauplan des weiblichen Körpers, weil Fett sich in aller Regel nicht so selektiv niederschlägt.

Gleich, ob es sich um Luxusgüter, Markenprodukte oder um den menschlichen Körper handelt: Begehrenswert ist immer das, was schwer zu erreichen ist, womit nur wenige gesegnet sind und worum alle anderen schwer kämpfen oder in das sie viel investieren müssen. Die westlichen Gesellschaften erliegen ganz allmählich der Verfettung, weil die Nahrungsmittelindustrie inzwischen mehr für den menschlichen Körper ungesunde als gesunde Produkte zu bieten hat. Und wir bedienen uns gerne dieser ungesunden Produkte, weil sie uns gut schmecken. Wir gehen auf wie die leckeren Hefekuchen, und es ist umso schwieriger, schlank zu bleiben oder zu werden. Deswegen ist dies der Schönheitsausdruck unserer Zeit.

Zuerst trennt jede Luxus-Innovation die Obersten einer Gesellschaft von allen, die darunter kommen. Dann, nach einiger Zeit, sickert der Trend durch die Schichten nach unten durch, bis er am Ende auch die sozial Schwächsten erreicht. Galt Salz einstmals als weißes Gold, ist es heute einer der billigsten Artikel in jedem Supermarkt. Waren Kreuzfahrten ursprünglich nur den Betuchten vorbehalten, kann heute jeder mit einem

347 Anderson, Judith et al. (1992)
348 Renz, Ulrich (2007), S. 126 f.

der *Aida*-Schiffe oder notfalls mit *Easy Cruise* auf den Weltmeeren feiern. Warum sollte ausgerechnet unser Körper von diesen Entwicklungen verschont bleiben?

Bei genauerer Betrachtung erscheint es schon extrem, wenn ältere Frauen der internationalen High Society ein zwar faltenfreies, dafür aber uniformes und maskenhaftes Aussehen, schlauchbootartig aufgepumpte Lippen und eine hinter die Ohren gezogene Haut besitzen, die jeden Betrachter fürchten lässt, sie könnte aufgrund ihrer Spannung jeden Moment platzen. Indem jedoch die Boulevard-Medien uns jeden Tag in Zeitschriften, TV-Promisendungen und People-Seiten im Internet Hollywood-Schauspielerinnen vorführen, die die Phase ihrer Jugend mit Botox oder Operationen verlängert haben, gewöhnen wir uns daran. Diese Bilder, die unter Mitwirkung von Top-Visagisten und Photoshop-Profis entstehen, werden zu unserem neuen Standard, an dem sich alle Frauen messen lassen müssen. Wer es sich leisten kann, hintergeht die Natur mittels Schönheitsoperationen, notfalls unzähligen. Schönheit ist so begehrt wie eh und je, aber ist sie noch ein natürliches Signal, wenn jeder daran herumschrauben kann?

Längst ist Schönheit und Jugend nicht mehr den Privilegiertesten vorbehalten. Im Hausfrauenfernsehen läuft beinahe jeden Tag eine Doku-Soap, in der sich eine Friseurin oder eine Hausfrau chirurgisch aufpimpen lässt, als sei sie ein abgewracktes Auto in einer US-amerikanischen Schrauberserie, das rundum erneuert wird. Wer sich nicht verbessern lässt, ist selber schuld. Schöne Menschen sind erfolgreicher, gelten als vertrauenswürdiger, und jeder möchte mit ihnen befreundet sein, um seinen Status durch sie zu erhöhen.[349] Wer Operationen strikt ablehnt oder sie sich nicht leisten kann, kann sich wenigstens mit einer Haarblondierung vom Friseur oder aus der Drogerie Jugend und Attraktivität erkaufen. Die Wissenschaft hat inzwischen nachgewiesen, dass der Filmtitel *Blondinen bevorzugt* (Originaltitel: *Gentlemen Prefere Blondes*) vollkommen zutreffend ist: Zeigt man Männern Fotos von Frauen, deren Haare einmal blond, einmal dunkel gefärbt sind, werden die Blond-Varianten durchgehend als attraktiver, weiblicher, emotionaler und genusssüchtiger bewertet. Den dunklen Varianten wurde dafür mehr Intelligenz unterstellt.[350]

Eine zeitlang versprachen Schönheitsoperationen ein glücklicheres oder aufregendes Leben, je nach Wunsch. Und war Pamela Anderson nicht

---

[349] Perrett, David I. et al. (1998)
[350] Renz, Ulrich (2007) S. 321

lange ein überzeugendes Beispiel? Doch irgendwie erinnert das alles an die einstigen Lockungen der Haushaltsgeräte-Hersteller. Sie versprachen Hausfrauen den Gewinn von mehr Freizeit durch die Anschaffung einer halb- oder vollautomatischen Waschmaschine. Seither ist viel Zeit vergangen. Die Haushalte sind voller Geräte, und jede Frau weiß, dass sie durch keines dieser modernen Heinzelmännchen Freizeit gewonnen hat, denn mit jeder Neuerung steigen auch die Ansprüche in der Gesellschaft.

Schönheit besitzt auch kulturelle Anteile. Nicht das Natürliche ist schön, sondern das, was bearbeitet werden musste, um schön zu werden. Schönheit ist also immer das, was dem Natürlichen entfremdet wird. Uns erscheint es zuweilen skurril, was manche Völker für ihr Verständnis von Schönheit treiben. Manche ziehen sich Knochen durch die Nase, andere vergrößern die Unterlippe mit riesigen Holztellern oder verlängern optisch ihren Penis. Wir finden vernarbte Körper bei den Nuba, kultische Ganzkörper-Tätowierungen bei den Maori, Giraffenhälse bei den Frauen der Padaung, und wir enthaaren uns inzwischen vollständig, als ob die Pubertät abgeschafft worden wäre. Ulrich Renz vermutet, dass die Attraktivität von Haarlosigkeit beim Menschen zur Abgrenzung unserer Art gegenüber unseren nächsten Artverwandten, den Primaten dient, damit wir uns nicht versehentlich mit ihnen paaren. Er führt dieses Gebaren auf den Neandertaler zurück, der bereits vor 25 000 Jahren ausstarb.[351] Seither stecke derselbe Wunsch noch immer in uns. Das ist sicherlich nicht ganz von der Hand zu weisen, jedoch stellt sich die Frage, wieso das *Brazilian Waxing* und die männliche Ganzkörperenthaarung erst jetzt in Mode kommen und sich ausschließlich über die Medien verbreitet.

Schönheit ist also vieldimensional und nicht mehr nur mit der Symmetrie-Theorie abzutun, wonach schön ist, was symmetrisch ist, weil Symmetrie für Gesundheit und genetische Güte steht.[352] Für viele Spezies mag das gelten, neuere Forschung stellt diese Hypothese in Bezug auf den Menschen mächtig infrage.[353] Es kann gar nicht deutlich genug gesagt werden: Die eigene Schönheit und Attraktivität ist für Frauen wichtig. Wie wichtig sie als Lebensthema für Frauen ist, zeigen ihre Ausgaben im Multimilliarden-Markt für Bekleidung, Accessoires, Schmuck, Make-up, Wellness-Reisen und Ayurveda-Urlaub, Ernährungsberatung, Sportstudios und inzwischen sogar zunehmend bei Autos und Gadgets (technologischen Spiele-

---

[351] Renz, Ulrich (2007) S. 124 f.
[352] Møller, Anders Pape (1992)
[353] Kalick, S. Michael et al. (1998)

reien). Wie leicht die Aufmerksamkeit von Männern mit Autos zu binden ist, erfuhr ich selbst 1994, als ich übers Wochenende den weißen 5er BMW meines damaligen Chefs bekam. Er war weiß, hatte als Leasing-Wagen ein Münchner Kennzeichen und war mit einem Autotelefon ausgestattet. Ich fuhr mit derselben Freundin und in derselben Aufmachung zwischen denselben Berliner Clubs herum wie sonst immer mit meinem zum Surf-Mobil aufgetakelten Opel. Der Unterschied, den der Wagen machte, war unbeschreiblich! Nie zuvor hatte ich so viel Aufmerksamkeit von anderen, natürlich immer männlichen, Autofahrern erfahren! Ich tat mein Desinteresse kund, genauso, wie ich es immer aus meinem Opel heraus tat, nur eben öfter. Doch nur, weil es ein BMW war, waren die Abgewiesenen so schwer beleidigt, dass sie mich als »Münchner Zicke« titulierten. Ich konnte es schließlich kaum noch erwarten, wieder in meinen Opel Kombi umzusteigen.

Die »Initiative für wahre Schönheit«[354] von Dove[355] genießt nicht umsonst die Sympathie all derer, denen der grassierende Perfektionierungswahn suspekt geworden ist. Die Verantwortlichen taten Gutes, als sie die Tricks derer offenlegten, die an der Schönheitsindustrie verdienen. Wir brauchen die öffentliche Diskussion über die weit übermenschlichen Ansprüche an Frauen und ihre äußere Erscheinung sehr dringend. Sie werden das evolutionäre Bedürfnis von Frauen nach maximaler Schönheit nicht verändern können. Doch wenigstens wird dadurch etwas Bewusstsein für das an Tempo enorm zunehmende »Wettrüsten« gebildet. Dadurch sind Frauen nicht hilflos in der »Rüstungsspirale« gefangen, sondern können eine Wahl treffen. Damit ist für die Frauen schon viel gewonnen.

9.1.6. Der weibliche Sinn für Ästhetik

Wieso werden die meisten Kulturreisen von Frauen gebucht?[356] Weshalb sind unter den Museums-, Opern und Ballettbesuchern mehr Frauen als Männer? Weshalb legen Frauen auf die Ausstattung ihres Heimes, auf Bilder, auf das Design und Dekor ihres Essgeschirrs so viel Wert? Wieso verbringen sie so gerne ihre Zeit beim Shoppen und ganz besonders bei IKEA? Wieso geben sie viel Geld für Blumensträuße und die »Verschönerung« ihrer Haustiere aus, um nur einige Beispiele zu nennen? Die Ant-

---

[354] http://www.initiativefuerwahreschoenheit.de/
[355] http://www.dove.de
[356] Opaschowski, Horst W. (2001), S. 97

wort ist naheliegend, aber keineswegs trivial: Frauen lieben es, sich mit schönen Dingen zu umgeben.

Ich kann schon jetzt, während ich diese Zeilen schreibe, hören, wie all diejenigen männlichen Leser in Entrüstung aufschreien, die zumindest einige dieser Leidenschaften teilen, die Theatergänger unter ihnen, die Museumsbesucher, Designer und Grafiker und und und. Ich höre auch die anderen, die sich mit Empörung umsehen: Ist nicht auch Autodesign eine perfekte Symbiose aus Sportlichkeit, Windschlüpfrigkeit und einer herrlichen Formensprache? Ist eine Uhr von A. Lange & Söhne nicht eine beispiellose Vermählung von meisterlicher Uhrmechanik und visueller Pracht? Natürlich ist Männern der Sinn für Ästhetik nicht abzusprechen, denn das wäre schlicht falsch. Es ist jedoch bezeichnend, welche unterschiedlichen Dinge und welch unterschiedliche Formensprache Frauen und Männer bevorzugen. Tatsächlich verarbeiten sie die ästhetische Wahrnehmung in unterschiedlichen Gehirnbereichen, wie eine spanische Untersuchung ergeben hat, bei der Frauen und Männer Gemälde zu betrachten hatten.[357]

Unsere Schönheitswahrnehmung gilt als alt, weil sie der Reproduktion dient. Im Gehirn ist sie im Mandelkern und im so genannten ventralen Striatum angesiedelt, Bereiche, die auch das Mäusegehirn besitzt.[358] Das *Empfinden* von Schönheit ist allerdings ein entwicklungsgeschichtlich junges Phänomen. Nach heutigem Wissensstand tauchten erst vor rund 40 000 Jahren Höhlenmalereien, figürliche Darstellungen und Schmuck auf.[359] Erst durch die vergleichsweise späte Entwicklung unseres Frontalhirns (*Präfrontaler Cortex*) wurde es uns möglich, Schönheit zu empfinden und zu schaffen.[360] Der so genannte mediale orbitofrontale Cortex reagiert bei der Betrachtung von Gesichtern am stärksten, denn sie werden als schöner als alles andere empfunden. Die zweitstärksten Reaktionen sind bei der Betrachtung von Landschaften zu beobachten. Die geringsten Reaktionen zeigen sich bei der Betrachtung von abstrakter Kunst. Offensichtlich können ihr die meisten Betrachter nur sehr wenig abgewinnen.[361] 2009 wies Camilo Cela-Conde von der Universität der Balearischen Inseln in Palma de Mallorca mit seinem Team nach, dass Gehirne von Frauen und Männer unterschiedlich auf ästhetische Eindrücke reagieren. Wenn Männer etwas

---

357 Cela-Conde, Camilo J. et al. (2009)
358 Spitzer, Manfred (2009), S. 27
359 Spitzer, Manfred (2006)
360 Cela-Conde, Camilo J. et al. (2004)
361 Kawabata, Hideaki und Semir Zeki (2004)

betrachten, das sie als schön empfinden, reagiert die Parietalregion in ihrer rechten Gehirnhälfte. Betrachten Frauen etwas Schönes, dann leuchten die Parietalregionen in beiden Hirnhemisphären auf.[362]

Eine italienische Forschergruppe untersuchte, was unsere Gehirne mit dem Anblick von Skulpturen aus der Antike und aus der Renaissance anstellen. Ihre Messergebnisse führten sie zu der Schlussfolgerung, dass es sowohl ein subjektives Schönheitsempfinden, als auch eine objektive, quasi universelle Schönheit gibt, zu der auch der Goldene Schnitt gehört. Bei der Verarbeitung von objektiver Schönheit zeigt sich eine gemeinsame Aktivierung von kortikalen Neuronen und von der Insula. Wurde subjektive Schönheit wahrgenommen, zeigte die rechte Amygdala Aktivitäten.[363]

Welche Schlussfolgerungen können wir aus diesen Erkenntnissen ziehen? Der renommierte Gehirnforscher Manfred Spitzer vertritt hinsichtlich der Bevorzugung des Gehirns von Gesichtern und Landschaften die Ansicht, dass es sich bei unserem Sinn für Ästhetik um einen »biologisch begründeten Mechanismus« handelt, und nicht um »kulturell gelernte Inhalte«.[364]

Die zitierten Forschungsarbeiten sind noch sehr frisch. Erstaunlicherweise beginnen die Untersuchungen über unseren Schönheits- und ästhetischen Sinn gerade erst. Ich befasse mich seit 2001 mit Gender Marketing und habe viele Frauen und Männer beobachtet, befragt und eingehend analysiert. Auf Basis dieser Erkenntnisse wage ich einige Hypothesen, von denen ich glaube, dass sie innerhalb der kommenden Jahre nachgewiesen werden können.

Hypothese 1:
Die ästhetischen Vorlieben von Frauen gehen unter anderem auf ihre Vergangenheit als Sammlerinnen zurück: Schöne Früchte, Wurzeln etc. waren reif und daher essbar und schmackhaft. Hässliche Esswaren waren verschrumpelt, mit allerlei Gewürm befallen, mit Pilzen überzogen oder von ihnen zersetzt etc. Der Anblick verrotteter Nahrungsmittel löst bei uns Ekel aus, der als Selbstschutz fungiert. Bei Frauen wird das Ekelgefühl leichter ausgelöst als bei Männern.[365] Für diese Hypothese spricht meines Erachtens zudem auch die Präferenz der Farbe rot gegenüber grün, braun, grau etc.

362 Cela-Conde, Camilo J. et al. (2009)
363 Di Dio, Cinzia et al. (2007)
364 Spitzer, Manfred (2009), S. 27 f.
365 Flohr, Udo (2010)

Hypothese 2:
Bei Männern leuchtet die rechte Parietalregion auf, wenn sie etwas Schönes betrachten. In der rechten Gehirnhemisphäre befindet sich auch das räumlich-visuelle Zentrum, das bei den meisten Männern stärker ausgeprägt ist als bei den meisten Frauen. Bereits kleine Jungen verspüren eine immense Faszination für mechanische und elektronische Geräte.[366] Außerdem benutzen männliche Gehirne für die Verarbeitung von Emotionen die rechte Amygdala, den Gehirnteil, in dem auch subjektiv wahrgenommene Schönheit verarbeitet wird. Ich vermute stark, dass Forscher, die Männern im Magnettomografen eines Tages nicht nur Gemälde oder Skulpturen, sondern stattdessen Sportwagen oder Ähnliches zeigen, einen Zusammenhang zwischen ihrer Vorliebe für technische Dinge, ihrem Schönheitsempfinden und dem Erleben von positiven Gefühlen entdecken werden.

Hypothese 3:
Frauen verarbeiten subjektiv empfundene Schönheit sowohl in der rechten, wie in der linken Parietalregion. Durch das ausgeprägte Corpus Callosum sind beide Gehirnhälften stärker verbunden als bei Männern. Laut der berühmten Hirnforscherin Sandra F. Witelson, die unter anderem Berühmtheit erlangte, weil sie Einsteins Gehirn vermessen durfte, ist auch die Emotionsverarbeitung im weiblichen Gehirn über die gesamte Oberfläche beider Gehirnhälften verteilt. Ich gehe aufgrund meiner Beobachtungen davon aus, dass Frauen ästhetische Eindrücke ganzheitlicher, mehrschichtiger und intensiver empfinden können als Männer. Außerdem bevorzugen Frauen und Männer bei den meisten Dingen eine differente Form- und Farbwahrnehmung. Es gibt nicht viele Produkte, die wie Apples Computer, Laptops, iPods, iPads und iPhones vermögen, Vertreter beider Geschlechter zu begeistern. Dabei ist allerdings nicht zu vernachlässigen, dass der Apfel-Kult sowie die Begeisterung für das visuelle Design bei Weitem nicht von allen geteilt werden. Bei den Computern und Laptops brachte es Apple laut Marktforschungsinstitut Gartner im ersten Quartal 2010 auf dem US-Markt auf acht Prozent Marktanteil, auf dem Weltmarkt liegt Apple unter fünf Prozent.[367]

366 Hutt, Corinne (1972)
367 http://bit.ly/d7FZId

Hypothese 4:
Ich vermute, dass die Betrachtung schöner Dinge, Bilder etc. auch das Belohnungszentrum im Gehirn aktiviert, das unter anderem auch bei Drogen-[368], Schokoladen-[368], Musikkonsum[369], Sex sowie beim Lernen anspringt. Es ist inzwischen bekannt, dass das männliche Belohnungszentrum aktiviert wird, wenn Männer schöne Frauen betrachten.[370] Alle diese Tätigkeiten, sinnliche Wahrnehmungen und Erlebnisse bereiten Vergnügen. Unser Gehirn veranlasst uns angenehme Dinge zu wiederholen, indem es uns mit Dopaminausschüttungen belohnt, die uns glücklich und zufrieden stellen. Und es lässt sich beobachten, dass es viele Menschen sehr glücklich macht, wenn sie sich mit als schön empfundenen Menschen und Dingen umgeben. Wenn also meine dritte Hypothese zutrifft, dann empfinden Frauen Kunstwerke und schönes Design ganzheitlicher, intensiver und freudvoller als Männer.

9.1.7. Status

Weiblicher Status funktioniert ganz anders als männlicher Status. Das Prinzip des weiblichen Status basiert auf der symmetrischen Natur weiblicher Beziehungen. Frauen erlangen und erhalten ihren Status nicht allgemein, sondern innerhalb einer Gemeinschaft. Sie können sich den Status nicht mit Leistung erringen, wie es Männern möglich ist. Sie können ihn sich nicht durch Taten verdienen oder erkämpfen. *Status wird Frauen von anderen zuerkannt.* Frauen müssen somit einer Gruppe, einer Gemeinschaft angehören. Die Akzeptanz durch die anderen Gruppenmitglieder ist für den Eintritt und den Verbleib entscheidend. Wie wir oben gesehen haben, entscheidet die Gruppenzugehörigkeit über Leben oder Tod einer Frau. Deswegen tut es ihr so weh, von einer Gruppe abgelehnt oder aus ihr ausgeschlossen zu werden. Alain de Botton beginnt sein Buch *Statusangst* mit der These, dass das Streben nach Status gleichbedeutend mit dem Wunsch nach Liebe ist.

Natürlich besteht der Status eines Menschen nicht nur aus seinem materiellen Besitz. Doch an dieser Stelle würde es zu weit führen, sich mit den Ansichten der Humanisten zu Status zu befassen. Ich werde mich daher auf den materiellen Ausdruck, wie er bei uns seit Langem üblich ist, beschränken.

---

368 Small, Dana M. et al. (2001)
369 Blood, Anne J. und Robert J. Zatorre (2001)
370 Aharon, Itzhak et al. (2001)

In Gesellschaften mit ausgeprägtem Klassenbewusstsein spielt der gebürtige Stand die entscheidende Rolle. Das indische Kastenwesen und die bis heute mit hohem Standesbewusstsein versehene britische Gesellschaft waren sich einst recht ähnlich: Eine Heirat über Kastengrenzen ist, trotz vieler gegenläufiger Entwicklungen, für die allermeisten noch heute genauso undenkbar, wie früher eine unangemessene Vermählung in einer alten englischen Familie. Die Literatur des Viktorianischen Zeitalters kannte im Prinzip kein anderes Thema. Noch 1936 führte die unstandesgemäße Verbindung mit der geschiedenen Amerikanerin Wallis Simpson zum Verzicht Edward VIII auf den britischen Thron.

In den meisten Ländern hat irgendwann das Leistungsprinzip das Geburtsrecht abgelöst. Staatsposten und Leitungsfunktionen wurden nicht länger ausschließlich an Familien- oder Standesangehörige vergeben, sondern an den dafür (vermeintlich) qualifiziertesten Kandidaten. Napoleon etablierte als erster westlicher Herrscher gleich, nachdem er an die Macht gelangt war, das Prinzip »*carrières ouvertes aux talents*« und eröffnete den Talentierten damit unabhängig von ihrer Herkunft alle Möglichkeiten.[371] Dieses Prinzip herrscht theoretisch bis heute vor. (Das ließe sich natürlich vor der Tatsache, dass Frauen aus vielen wirtschaftlichen Führungsetagen ausgeschlossen sind, infrage stellen.) Als die Meritokratie begann, die Stände abzulösen, änderte sich das Status-System für Männer stärker als für Frauen, doch dazu später mehr.

Oft verhilft auch Schönheit zum Aufstieg, denn schönen Menschen wird ein höherer Status zugemessen. Jeder umgibt sich gerne mit schönen Menschen, um durch sie insgeheim eine Aufwertung zu erfahren.[372]

Auch für die Partnerwahl spielen Symbole eine wichtige Rolle. Wie wir gesehen haben, ist für Frauen nicht das Aussehen eines Mannes wichtig, sondern sein Status und seine finanzielle Ausstattung. Mit Besitz signalisieren Frauen Männern, in welcher Gesellschaftsgruppe welchen Niveaus sie sich bewegen. Sie wollen mindestens gleich-, besser jedoch höherrangige Männer anziehen und allen niedriger anzusiedelnden Männern signalisieren, dass sie nicht infrage kommen.

Frauen und Männer kaufen gleichermaßen Statussymbole, allerdings wollen sie Unterschiedliches damit ausdrücken und erreichen. Auch wenn wir uns dem männlichen Status später ausführlicher widmen, sei hier schon einmal soviel in aller Kürze verraten: Männer kaufen Statussymbole,

---

[371] de Botton, Alain (2006), S. 92 ff.
[372] Kalick, S. Michael (1988)

um sich optimal zu präsentieren, möglichst »hochwertige« Frauen anzulocken und Feinde abzuschrecken. Frauen kaufen Statussymbole, um damit zu signalisieren, dass sie zu den anderen Gruppenmitgliedern passen, und dass sie daher auch in diese Gruppe gehören. Erich Fromm beklagte schon vor vielen Jahren, dass das Haben das Sein abgelöst hat, dass also nicht Wissen, Persönlichkeits- und Herzensbildung über den Status einer Person entscheiden, sondern dass, was sie sich gekauft hat.[373] Er bemerkte, dass Identität keinem inneren Prozess mehr unterliegt, sondern mit den Dingen erworben wird. Obwohl er diese Erkenntnisse vor vier und mehr Jahrzehnten aufschrieb, gilt dies heute mehr denn je: Marketing-Fachleute zerbrechen sich den Kopf, mit welchen »Werten« und »Charakteristika« sie ihre Marken ausstatten, die die Käuferinnen und Käufer der Marke auf sich selbst transferieren können.

Und das ist exakt das Prinzip, mit dem weiblicher Status heute operiert. Natürlich gibt es auch Gruppen, bei denen es tatsächlich auf innere Werte, Leistung, Wissen etc., einzeln oder in Kombination ankommt. Doch in den achziger Jahren setzte sich der Konsum als wichtiger Faktor in westlichen Gesellschaften durch, was sich schon damals auch an Schulen niederschlug. Ich selbst gehörte zu den Kindern, die ihren Eltern nicht begreiflich machen konnten, welche Marken zur Akzeptanz und welche unweigerlich zur gesellschaftlichen Ächtung führten. Meine Eltern, die aus einer Gesellschaft stammten, in der nur eine Parteizugehörigkeit oder Leistung zum Statuserwerb taugte, konnten diesen Gesellschaftsfaktor überhaupt nicht nachvollziehen. Es gibt keine Beschreibung für den Gesichtsausdruck meiner Mutter, als sie erfuhr, was meine Cowboystiefel gekostet hatten (300 DM!), die ich mit meinem Diskotheken-Job neben der Schule finanziert hatte. Ich war selbst erstaunt, wie sehr mein Ansehen nur durch ein Paar Stiefel und eine Hose der richtigen Marken stieg.

Die Angehörigkeit zu einer Gruppe ist in den meisten westlichen Gesellschaften nicht lebenslang ausgelegt. Überall dort, wo der soziale Aufstieg eine Rolle spielt, ist Besitz der gesellschaftliche Gradmesser für Erfolg. Am Besitz wird abgelesen, wo und mit wem die Besitzerin verkehrt. Allerdings ist die Eigentümerin der entsprechenden Statussymbole darauf angewiesen, dass sie erkannt und richtig gelesen werden.

Was begehrenswert ist, ist unter Frauen abhängig von der sozialen Gruppe, der sie bereits angehören oder von der sie aufgenommen werden möchten. Aufgenommen zu werden ist gleichbedeutend mit einem Auf-

---

373 vgl. Fromm, Erich (1956, 1976, 1989, 2000)

stieg. In Schulen in sozial schwachen Großstadtbezirken lässt sich beobachten, dass es für die Schülerinnen eine enorme Errungenschaft und einen enormen Gewinn für ihren Status und ihr Selbstwertgefühl darstellt, wenigstens einige Kleidungsstücke aus einem anderen Geschäft als KiK zu besitzen. Für sie stellt Bekleidung von KiK das Geringste dar. Wer Kleidungsstücke besitzt, die geringfügig teurer sind, kann sich von den »Nur-KiK«-Trägerinnen abheben. Dieselbe Taktik können wir am entgegengesetzten Ende der finanziellen Gesellschaftsskala beobachten: »Altes Geld« will sich um jeden Preis von Neureichen absetzen. Dafür wird nicht nur der Habitus verwendet, sondern auch Besitztümer, die »richtigen« Urlaubsorte, die »richtigen« Freunde und der »richtige«, also von dieser speziellen Gruppe offiziell verabschiedete, für alle Mitglieder verpflichtende Geschmack. Dazwischen gibt es alle erdenklichen Abstufungen – und natürlich Statussymbole.

Daraus folgt, dass eine Marke so gesehen aus der Sicht von Konsumentinnen keinen absoluten Wert besitzt, sondern einen relativen, also von der jeweiligen sozialen Schicht und der darin befindlichen Gruppe abhängigen. Insbesondere Marken im Preis- und Status-Mittelfeld können für einige »Billigzeugs« und für andere der Traum ihres Lebens sein. Wenige Marken wie Louis Vuitton haben es geschafft, eine derart tiefe wie breite Bekanntheit und Begehrlichkeit zu erzeugen, dass sie von fast allen Frauen erkannt werden. Die Verpflichtung der weltbesten und womöglich teuersten Prominenten-, Mode- und Werbefotografin Annie Leibovitz sowie von Steffi Graf und Andre Agassi oder einigen Top-Fußballern, Vater und Tochter Coppola etc. trägt dazu bei, die Tradition und die Kernwerte der Marke zu unterstreichen. Georges Vuitton, Sohn des Firmengründers Louis Vuitton, schuf die noch heute bekannte Markenstrategie in der Absicht, das Reisegepäck von Louis Vuitton möge anderen den Reichtum und den Geschmack seines Besitzers zeigen. Und obwohl ein Großteil der Taschen und Koffer aus vinylgetränktem Baumwollgewebe bestehen (bis zu den fünfziger Jahren waren es mit Roggenmehl bestrichene und imprägnierte Leinentücher)[374], erfreuen sie sich einer immensen Beliebtheit, weil sie noch immer für Reichtum und vermeintlichen Geschmack stehen. Damit alle den Status ihrer Besitzerinnen erkennen können, bietet der Hersteller relativ günstige Einstiegsmodelle, die sich auch jobbende Schülerinnen nach einigen Monaten leisten können. Ich erinnere mich an ein Interview, das ich vor Jahren las. Darin erklärte eine ehemalige Mitarbeiterin, dass die Angestell-

---

[374] http://bit.ly/cgRfhX

ten angewiesen waren, selbst auf offensichtliche Fälschungen, die in ihr Geschäft getragen wurden, nicht zu reagieren und die Damen zu behandeln, als hätten sie ein Original am Arm.

Marken sind nicht immer aufgrund ihrer Qualität begehrt, sondern weil sie für bestimmte »Kreise« eine Aussage haben. Sie verkürzen einen Bedeutungsraum auf ein Symbol. Dieses Symbol muss man lesen können. Kann man es lesen, gehört man zu den Kundigen, kann man es nicht lesen, zu den Ignoranten.

Für Frauen gilt: Unser Besitz zeigt nach außen, in welche soziale Gruppe wir gehören. Entweder, uns gelingt die »Besitzsprache« oder nicht. Dazu gehört, dass unser Umfeld dieselbe Sprache spricht, also das, was wir mit unserem Besitz ausdrücken, auch erkennen kann. Menschen sind gewohnt, auf die Besitztümer anderer zur reagieren, insbesondere, wenn es sich um herausragende Stücke handelt, peinliche wie beneidenswerte. Aus alledem entsteht ein interessantes Interaktionsschema, das für alle interessant sein muss, die ihre Produkte, Dienstleistungen oder Marken im Status- bzw. Luxussegment ansiedeln wollen.

1. Die erste Reaktionsvariante: Ich erkenne das, was du besitzt, und kann daher sagen, ob du sozial über oder unter mir stehst oder ob wir in dieselbe Kaste gehören. Ich wähle mein Verhalten dir gegenüber:
   - Ich verhalte mich als Übergeordnete neutral gegenüber dem sichtbaren sozialen Unterschied.
   - Es ist mir egal oder
   - ich habe gelernt, andere Menschen nicht nach ihrem Äußeren zu beurteilen, weil man sich da ganz schön vertun kann.
   - Ich beneide dich und fühle mich vielleicht sogar unterlegen.
   - Ich fühle mich dir überlegen und lasse es dich spüren.
2. Die zweite Reaktionsvariante: Ich erkenne deinen Besitz nicht und kann dich nicht einordnen.
   - Da meins zu dem – durch die angebrachte Marke – sichtbar Teuersten gehört, ist deins entweder teurer, weil es keine Marke hat, dann stehst du über mir.
   - Ich verhalte mich vorsichtig und schaue auf deinen Habitus und andere Signale, ob du mich erkennst und zuerst einschätzend reagierst.
   - Ich sehe dadurch, dass du nicht dieselben Marken trägst wie ich / durch den Mangel an (für mich) erkennbaren Zeichen, dass wir eindeutig nicht in dieselbe Kaste gehören.

- Ich muss annehmen, dass du nur Billigzeug trägst und nun hängt es von meinem Charakter ab, wie ich dich behandle.
3. Die dritte Reaktionsvariante: Es ist mir vollständig unwichtig und ich achte nicht auf so etwas / kenne mich damit nicht aus. Hauptsache, du läufst ordentlich rum, siehst gut aus und riechst nicht unangenehm.
   - Ich werde vom anderen, der sich wichtiger nimmt, untergebuttert.
   - Der andere besitzt auch andere Kriterien und ich kann mich auf einem anderen Gebiet ausreichend durch meine Fähigkeiten oder meine soziale Stellung passiv behaupten, weil das, was ich statt der äußeren Symbole mitbringe, dem anderen erstrebenswert scheint.
   - Dem anderen ist das auch komplett egal und wir unterhalten uns über interessante Dinge.

Menschen ist nicht nur wichtig zu zeigen, wer sie sind, sondern wer sie sein möchten. Oder anders formuliert: Sie schummeln mit ihren Statussymbolen. Bereits im Mittelalter waren die Edlen Europas sehr einfallsreich, wenn es darum ging, den Status mittels der Bekleidung zu demonstrieren bzw. Nichtadlige davon abzuhalten, die höfische Mode nachzuahmen. Im 14. und 15. Jahrhundert wurde die Kleiderordnung gar auf Reichstagen verhandelt. Die verabschiedeten Gesetze verfolgten unterschiedliche Ziele: Trennung der Stände, Kenntlichmachung gesellschaftlicher Gruppen (Handwerksgesellen, Studenten) und Randgruppen (Vagabunden, Gaukler, Juden, Prostituierte, Ketzer), Sicherstellung von Sittlichkeit und Moral sowie der Schutz der Bürger vor dem Ruin durch ihren Modewahn. Bauern in Bayern durften ab 1244 nur noch billige graue Stoffe tragen. In Göttingen durften kostbare Bekleidung und Schmuck ab 1354 nur noch in Abhängigkeit der Steuerleistung der Männer getragen werden. Diejenigen, die gegen diese Modegesetze verstießen, wurden mit Strafen belegt. Da diese nicht allzu wirksam waren, ließ die Reglementierung im 15. Jahrhundert allmählich nach.[375] Auch heute gibt es gesellschaftliche Kleidungsregeln, nicht nur zu besonderen Anlässen mit *black tie* (Smoking und langes Kleid) oder *white tie* (Frack und Ballkleid). Ulrich Renz führt auch Kriterien jenseits des schnöden Preises auf: »Man kann auch andere Lasten und Lästigkeiten auf sich nehmen, um seinen Status zu unterstreichen: eng geknöpfte Kragen mit Würgerkrawatten, einengende Jacketts, möglichst noch – für Freunde höherer Handicap-Klassen – mit Weste, und das bei 40 Grad Außentemperatur. Oder glatte Sohlen, zu Trippelschritten zwingende

375 http://bit.ly/aEt6im

Stöckelschuhe, feine Stoffe, Hauptsache teuer und nicht waschmaschinenfest.«[376]

Wenn Menschen mit ihren Statussymbolen schummeln, dann liegt ihnen daran, besser dazustehen, als es in der Realität der Fall ist. Gefälschte Markenturnschuhe, gefälschte Louis-Vuitton-Taschen, falsche *Rolex*-Armbanduhren und viele *Fakes* mehr sollen einen guten Eindruck verschaffen. Als ich 2000 im Begriff war, meine Firma zu gründen, waren Business Angels sehr in Mode. Viele boten ihre Dienste gegen Firmenanteile an, wie ich allerdings feststellen musste, entbehren die meisten von ihnen sowohl jeglicher finanzieller Mittel, als auch jeglichen Sachverstands. Einer, mit dem ich mich anfangs ein klein wenig ausführlicher befasste, »besaß« mehrere Wohnungen in diversen Städten, die komplett den Banken gehörten. Er fuhr einen Mercedes SLK, der damals als supercool galt. Er hatte sich schon das Nachfolgemodell bestellt. Es kam früher als erwartet, der Käufer für sein altes Modell war ihm abgesprungen, der »Geschäftsengel« war völlig pleite und eine Einkunft nicht in Sicht. Das wusste ich zu diesem Zeitpunkt allerdings noch nicht. Ich erinnere mich nur, wie wir darin durch Frankfurt fuhren und er mir auf irgendeine Frage wortwörtlich antwortete: »Wenn ich mir dieses Auto leisten könnte, würde ich es nicht fahren.« Überflüssig zu sagen, dass wir miteinander nicht ins Geschäft gekommen sind.

Jedes gesellschaftliche Umfeld erwartete von seinen Mitgliedern die eine oder andere Leistungsfähigkeit. Dummerweise haben die meisten verlernt, die richtigen Zeichen zu erkennen und sind daher auf die Marken als Symbole angewiesen. Die geschäftliche Fähigkeit und bedauerlicherweise inzwischen auch der Wert eines Menschen werden an seinem Auto, seinen Schuhen und seiner Armbanduhr gemessen. Aufgrund dessen, was wir sehen, wählen wir unser Verhalten ihm gegenüber.

9.1.8. Humor

Allem nach, was ich in den vergangenen Jahren beobachten konnte, mögen Frauen Humor immer dann, wenn sie dadurch amüsiert werden. Klingt einfach, nicht wahr? Dahinter verbirgt sich jedoch mehr als es scheint.

Frauen mögen humorvolle Männer und humorvolle Werbung. Letzteres sagen zumindest viele Studien. Fangen wir mit den Männern an: Es gibt

[376] Renz, Ulrich (2007), S. 119

durchaus humorvolle Männer, die von Frauen allerdings gar nicht geschätzt werden. Frauen mögen Männer, die *sie* zum lachen bringen. Um eine bestimmte Frau zu amüsieren, bedarf es der Zuwendung, einer großen Aufmerksamkeit und einer gehörigen Portion Empathie. Humor ist somit ein weiteres Anzeichen dafür, wie sehr sich dieser Mann um die Frau bemüht, und ob er einfühlsam genug ist, um zu verstehen, was sie amüsiert und was nicht. Wenn eine Frau über die Witze eines Mannes lacht, dann findet sie ihn nicht immer komisch. Unter Umständen signalisiert sie damit unbewusst, dass sie mit seinen Bemühungen zufrieden ist. (Bekanntlich gibt es ja viele Arten des Lachens, die bei Weitem nicht alle ein Zeichen für Belustigung sind, sondern ein weiteres Kommunikationsmittel, zusätzlich zur Sprache, zur Körpersprache, Mimik etc.[377]) Außerdem führt Lachen natürlich zu Wohlbefinden und Gesundheit[378], weshalb es ja Lachkurse für alle und Besuche von Arzt-Clowns insbesondere für chronisch kranke Kinder in Krankenhäusern gibt[379]. Es gibt sogar eine *Gesellschaft zur Förderung von Humor in Therapie, Pflege, Pädagogik und Beratung*[380] und Humorkongresse[381]. Bringt ein Mann eine Frau zum Lachen, sorgt er bei ihr für ein gutes Gefühl. Dieses gute Gefühl verbindet sie natürlich mit ihm, nicht mit der Tatsache, dass sie gelacht hat.

Im Prinzip funktioniert es mit Werbung genauso. Bringt ein Unternehmen eine Frau zum Lachen, gibt es ihr zu verstehen, dass es ihre Lebenswelt versteht und dass es sich auf sie einlässt. Durch das Lachen entsteht ein Wohlgefühl und Entspannung. Fühlt sich eine Frau wohl, verbindet sie das Wohlgefühl mit der Marke, sofern die Verbindung aus Werbeplot und Marke sichtbar und verständlich ist. Entscheidend ist, dass Frauen sich in der gezeigten Situation wiederfinden können. Einen wirklich komischen Spot hat *Sealect Tuna*, ein thailändischer Anbieter von Thunfisch in Dosen, gebracht. Die Besucherin einer Party und ihr Bauchnabel sind unterschiedlicher Ansicht darüber, was sie essen sollte. Und das wurde auf eine höchst unterhaltsame Weise in Szene gesetzt. Ich empfehle die Ansicht auf YouTube und möchte daher nicht zuviel verraten.[382]

Der Umgang mit Humor ist keinesfalls trivial. 2006 erschien ein Spot für *Tassimo*, das Kaffeepad-System von *Kraft Foods*. Dafür muss Kraft Foods

---

[377] Merziger, Barbara Maria (2005)
[378] Berk, L. S. et al. (2001)
[379] http://www.humor.ch
[380] http://www.humorcare.com
[381] http://www.humor-badzurzach.ch
[382] http://bit.ly/bBiJcc

mit einem Geräte-Hersteller kooperiert haben, an den ich mich leider nicht erinnere. In diesem Spot wurde gezeigt, wie »Jenny« ihre Nachbarin »Anna« durch ein Fernglas beobachtete, die einem Handwerker auf der Terrasse ihres Grundstücks mit Haus, Garten und Swimmingpool einen Tassimo-Kaffee aus ihrer Maschine zog. Aus dem Off erläuterte eine Erzählerstimme, was ein Zuschauer da gerade sehen konnte und was »Jenny« fühlte: brennende Eifersucht. Schließlich entblödet sich »Jenny« nicht und hockt sich hinter »Annas« Busch, um empört und entsetzt ganz aus der Nähe zu beobachten, was »Anna« da mit ihrem Handwerker tut. Off: »Seit Anna die neue Tassimo hat, bekommt sie jeden Handwerker.« Im Zusammenhang mit diesem Werbespot taucht Komik nur mit einem zeitlichen Abstand von vier Jahren und gänzlich unfreiwillig auf. Bedauerlicherweise wurde der Spot bei YouTube »aufgrund Verstößen gegen die Nutzungsbedingungen entfernt«. Wurde auch Zeit, dass es den Verantwortlichen peinlich ist und sie sämtliche Spuren tilgen wollen.

»Witzigkeit« ist Frauen also keineswegs immer willkommen. Männer nutzen Humor unter anderem, um sich innerhalb einer Gruppe vor anderen hervorzutun. Wer gut Witze zu erzählen vermag und andere zum lachen bringt, führt, zumindest in dieser Situation. Auch der Narr bei Hofe hatte eine Sonderstellung. Er durfte durch den Einsatz von Humor einige Dinge von sich geben, die andere womöglich den Kopf gekostet hätten (und sicherlich haben Narren im Durchschnitt kein hohes Lebensalter erreicht). Eine Gruppe gekonnt zu unterhalten, bringt Pluspunkte bei den Frauen, auch bei der eigenen Partnerin. Wer jedoch regelmäßig seine Pointen versaut oder andere Rohrkrepierer präsentiert, wird seiner Frau oder Freundin schnell peinlich. Sie schämt sich, weil sie der Ansicht ist, dass es ihm doch nicht entgehen dürfte, dass die anderen nicht versessen auf noch eine fade Geschichte sind. Und in genau diese Kategorie fallen »humorige« Werbungen wie der Tassimo-Spot. Da wollen sich Frauen nur noch ärgern oder fremdschämen.

9.2. Was machen wir aus diesen Erkenntnissen in der Kommunikation?

Die Welt zu einem besseren Ort machen – das ist ein Thema, das Firmen aus dem Bio-Umfeld für sich besetzt haben, und das bevorzugt bei der Zielgruppe der LOHAS (Lifestyle of Health and Sustainability) bei Frauen und Männern gleichermaßen eingesetzt wird. Dabei eignet sich dieses Thema ganz hervorragend für andere Branchen, um insbesondere Verbraucherinnen auf sich aufmerksam zu machen. Frauen, die die Welt zu einem besseren Ort machen wollen, gibt es mehr als männliche und weibliche LOHAS zusammen genommen. Geldanlagen, die vornehmlich in regenerative Energien investieren, sind keineswegs nur ein Thema für Öko-Freaks. Alles, was Kinder oder Gemeinschaften stärkt, Umwelt- und Denkmalschutz, Wohltätigkeitsorganisationen und Altenpflege, Versicherungen, Bekleidung aus umweltfreundlicher Produktion und natürlich alles, was mit fairem Handel zu tun hat, Transport auf der Schiene und der Bezug landwirtschaftlicher Güter aus der Region – die Liste lässt sich beliebig lang fortsetzen.

Frauen sind ausgeprägte Beziehungsmenschen. Wieso werden sie dann in der Werbung so selten in Beziehungen außerhalb ihres Familienkreises gezeigt? Ein Großteil der Werbung in TV und Print zeigt Frauen noch immer allein. Wenn die Werbung ein Testimonial enthält, dann eignen sich die Zuschauer nicht als »Interaktionspartner«. Frauen fühlen sich allein nicht wohl. Frauen sind nicht zum Alleinsein gemacht. Frauen brauchen Gesellschaft. Und diese Gesellschaft sollte sich nicht darin beschränken, gemeinsam auf der Parkbank Joghurts der Marke *Jogolé* zu löffeln und sich über die sportlichen Burschen zu freuen, die da heranbrausen und den Mädels mächtig imponieren.

Für Frauen sind Partnerschaften sehr, sehr wichtig. Und Frauen sind durchaus bereit, sehr viel Geld in ihr Aussehen und alles andere zu investieren, das ihrer Ansicht nach ihre Chancen auf dem Partnermarkt verbessert. Es liegt halt in den Genen und der Wunsch nach der Optimierung der eigenen Attraktivität beginnt in der Pubertät. Allerdings stellen Frauen, wie wir gesehen haben, andere Ansprüche an einen Partner, als Männer an eine Partnerin. Die Werbung suggeriert ständig, dass protzende Männer lächerlich sind. Im TV-Spot für *Twix* hält ein junger Mann mit Basecap im schicken Cabrio und versucht, das Interesse einer Gruppe junger Frauen in einem Straßencafé auf sich zu lenken. Als er sie mit voller Aufmerksamkeit anglotzt, senkt sich eine Autoschranke und landet unsanft auf seinem Kopf. Die jungen Frauen lachen ihn aus, und dann lacht er auch selbst. Was das mit Twix zu tun hat und für wen der Spot gedacht war, hat sich mir bis heute noch nicht erschlossen.

Die Agenturen feiern den smarten, ewig jungen Sunnyboy. Er schert sich nicht um Karriere und Aufstieg, jedenfalls nicht auf herkömmliche Weise. Das mag dem Teil der Gesellschaft entsprechen, der sich auf die eine oder andere Weise gegen gesellschaftliche Konventionen auflehnt, und vor allem den, der bekanntermaßen keine Verantwortung übernehmen und wie Peter

Pan niemals erwachsen werden will. Städte wie Berlin sind voll von nicht mehr ganz jungen, überwiegend männlichen Leuten, die sich die Bezeichnung *Digitale Bohème* gegeben haben. Einige von ihnen haben den alternativen Lebensstil gewählt, andere sehen sich dazu gezwungen, weil es mit einer festen Anstellung über Jahre nicht klappen wollte, aber das mögen viele sich nicht unbedingt eingestehen. Wer Skateboard fährt oder einem ungeregelten Leben nachgeht, ist nach dem Abschluss seines Studiums für die allermeisten Frauen schlichtweg uninteressant. Ein Freund von mir ist seit vielen Jahren Chauffeur. Er fährt Betuchte oder Touristen wohin sie ihn auch immer gebucht haben und trägt selbstverständlich immer einen Anzug. Wann immer er einen großen Mercedes fährt und keine Gäste im Fond hat, kann er sich vor interessierten Frauen nicht mehr retten, die ihn aus ihren Autos anstrahlen. Er sieht zweifellos gut aus, aber wenn er seinen Privatwagen fährt, wird er nie so bemerkt, als wenn er in einem S-Klasse-Modell der Marke mit dem Stern sitzt. Und dabei versucht er nicht mal, Eindruck zu schinden.

Wenn Coca Cola seine Coke Light damit bewirbt, dass ein schicker Fensterputzer oder ein anderer Arbeiter die Aufmerksamkeit sämtlicher Büroangestellten auf sich zieht, dann ist dennoch nicht zu erwarten, dass sich sämtliche Frauen einer nie dagewesenen Lüsternheit ergeben und sämtliche Manieren vergessen. Frauen sind keine »Männer, nur umgekehrt«. Für die meisten Frauen ist das Schielen nach schönen Männern kein ewiger Drang. Nur wenige sind – trotz des ausgeprägten weiblichen Sinns für Schönheit und Ästhetik – so sehr am Aussehen von Männern interessiert. Zudem ist es sehr selten, dass zwei Frauen denselben Geschmack haben. Wie wahrscheinlich mag es da sein, dass ein gesamtes Großraumbüro denselben Geschmack teilt? Die gezeigten Männer mögen gut aussehen, aber sie stehen als eindeutig erkennbare Arbeiter gesellschaftlich unter den Frauen. Da Frauen sich durch die Partnerwahl jedoch immer verbessern wollen, wird ein älterer Manager mit einem »Sixpack«, das tief unter Bauchspeck versteckt ist, für sie in der Realität sehr viel mehr Attraktivität besitzen als ein Angehöriger der Arbeiterklasse, mag dieser so gut aussehen, wie er will. Selbst Serien wie *Bauer sucht Frau* bei RTL zeigen, dass ein eigener Hof auch den unzugänglichsten und nicht besonders hübschen Landwirt attraktiv genug macht, dass Frauen in Scharen ihr Interesse anmelden. Wir leben in einer Zeit, in der alle Statistiken und Bevölkerungsanalysen dieselbe Botschaft senden, dass es nämlich immer weniger adäquate Männer für immer besser ausgebildete Frauen gibt. In Zeiten, in denen viele tolle Frauen einen Mann suchen, der zu ihnen passen könnte, erscheint ein potenzieller Partner, der nur halbwegs die biologisch bedingten Anforderungen der finanziell unabhängigen und teilweise ausgesprochen erfolgreichen Frauen zu erfüllen vermag, wie ein Segen. Und was ihn ausmacht, ist Zuverlässigkeit und seine Versorgungsfähigkeit einer Familie, selbst wenn keine Kinder mehr geplant sind. Frauen mögen Romantikerinnen sein und so manche Schmonzette verschlingen, aber sobald es wirklich beginnt ihr Leben zu betreffen, geht die Romantik zum Teufel.

Nachtrag: Wir werden noch später sehen, an welchen biologischen Aspekten es liegt, dass Männer so viel stärker nach Frauen gieren, Frauen aber nicht nach Männern. Sich nach Männern umzudrehen kann in manchen Ländern als gesellschaftlich durchaus akzeptabel etabliert werden, aber es kann mit den hormonell bedingten Bedürfnissen und dem daraus resultierenden Verhalten nicht ernsthaft konkurrieren.

Mütter kümmern sich vor allem um ihre Familien. Wie sehr, verdeutlicht die folgende Tabelle aus einer internationalen Befragung eines US-amerikanischen Arms der *Boston Consulting Group*. Auf die Frage »*What is your first priority?*« (etwa: um wen kümmern Sie sich zuerst) antworteten die Frauen aus den unterschiedlichsten Lebenslagen und Lebensphasen so:

Priorität	Single	%	Verheiratet ohne Kinder	%	Verheiratet mit Kindern	%
Als erstes	Eltern	27,4	Ehemann	46,7	Kinder	61,2
Als zweites	Selbst	25,1	Selbst	20,8	Ehemann / Partner	15,2
Als drittes	Partner	12,1	Eltern	13,2	Selbst	7,3
Priorität	Kinder aus dem Haus	%	Geschieden	%	Verwitwet	%
Als erstes	Ehemann / Partner	43,2	Kinder	46,2	Kinder	44,7
Als zweites	Kinder	23,7	Selbst	17,8	Selbst	16,2
Als drittes	Selbst	15,2	Eltern	7,1	Religion / religiöse Gemeinschaft	7,9

Quelle: Michael J. Silverstein und Kate Sayre[383]

Die Sorge um das Wohl von Kindern und den Lieben ist also ein durchaus geeignetes Thema für das Marketing, zumindest, wenn damit eindeutig

[383] Silverstein, Michael J. und Kate Sayre (2009) S. 26

Frauen addressiert werden. Fraglos sollte die Geschichte so aufgebaut werden, dass sich Nicht-Mütter weder ausgeschlossen, noch von Stereotypen genervt fühlen.

Wann immer Kinder gezeigt werden, entsteht kaum der Eindruck einer Familie. Die Szenen sind steril. Die Kinder werden beinahe nie berührt, niemals geküsst. Das geziemt sich wohl nicht, wenn die Rolle des Kindes von einem Kindermodel besetzt wird. Doch Mütter lieben ihre Kinder in aller Regel, selbst wenn sie sich manchmal den Besuch einer Zauberfee wünschen, die das Balg über Nacht gegen ein ruhigeres Exemplar austauscht. Als der zweite Melitta-Mann kumpelhaft mit seinem Sohn umging, war das angemessen. Mütter verhalten sich jedoch in der Regel weder kumpelhaft, noch so distanziert wie im Werbefernsehen. Eine körperliche und seelische Interaktion mit Kindern findet in typischen Werbeszenen bestenfalls dann statt, wenn es um Folgemilch nach dem Abstillen geht. Kinder sind meistens Requisiten, die nur dazu dienen klarzustellen, dass es sich bei der gezeigten Frau um eine Mutter handelt.

Hausfrauen und Mütter sind im deutschsprachigen Fernsehen ein Ärgernis für die Zuschauerinnen. Dass es auch ganz anders geht, weiß man beispielsweise in Italien. In einer Werbung für das Färbemittel *Coloreria Italiana* entscheidet eine attraktive Frau beim Anblick ihres wenig appetitlichen Gatten, ihn kurzerhand in der Waschmaschine umzufärben. Das geschieht zunächst zwar gegen seinen Willen, aber das Ergebnis hat den Aufwand durchaus gelohnt.[384] Diese Werbung erläutert, *wofür* das Produkt gedacht ist, auch wenn die Botschaft übertrieben ist. Doch die Hauptaussage »dies ist ein Produkt zum einfachen Färben in der Waschmaschine« ist so klar, dass man sie auch völlig ohne Italienisch-Kenntnisse versteht. Das ist klare Frauensprache: Frauen wollen wissen, wozu ihnen ein Produkt nützt und ob es die Lösung für ihr Problem ist.

Einen ganz anderen Weg geht Procter & Gamble pünktlich zur Winterolympiade 2009/2010. In einem der Spots aus der Dachmarken-Kampagne fragt das Unternehmen, ob es etwas Tolleres gibt, als ein US-Olympionike zu sein. Es beantwortet die Frage selbst: Ja, das gibt es. Die Mutter von US-Olympia-Teilnehmern zu sein. Dazwischen sind Aufnahmen von Müttern geschnitten, die ihren Töchtern und Söhnen, die nicht gezeigt werden, zujubeln. Der Spot endet mit dem Claim »*P&G. Proud Sponsor of Moms*« (»P&G. Stolzer Sponsor von Müttern«) und dem kurzen Aufflackern der wichtigsten

384 http://bit.ly/agTm4j

Marken.[385] Die Kampagne wird in Kurzspots der P&G-Einzelmarken Tide & Co. fortgeführt. Die Agentur von P&G USA hat geschafft, was hierzulande scheinbar niemand zu schaffen vermag: Müttern ein cooles Image zu verpassen. Mütter der besten Sportler müssen einfach supercool sein.

Dolce & Gabbana macht zweifellos schöne Mode, doch die Printkampagnen der letzten Jahre sind, wie eine Freundin von mir sagen würde, nur mit einem »sehr langen, männerfeindlichen Schimpfwort mit vielen Ausrufezeichen« zu belegen. Die freundlichsten Worte, die ich dafür finden kann, sind »Dekadenz für tote Seelen«. Ein Motiv zeigt ein weibliches Model, das von einem männlichen Modell mit blankem Oberkörper auf einer erhöhten Fläche hinabgedrückt wird, als wolle er sie gleich vergewaltigen. Vier andere männliche Models sind gleichgültige oder geringfügig neugierige Voyeure dieser Szene. Es ist klar, dass niemand eingreifen wird.[386] (Eine noch infamere Variante deutet einen Gang-Bang an einem nackten Mann an, natürlich ebenfalls mit Voyeuren.[387]) Es geht nicht nur um die ethisch-moralische Fragwürdigkeit solcher Darstellungen. Wir können klar feststellen, dass hier ärgster Missbrauch von Menschen gezeigt wird, und keine Rethorik vermag das zu Kunst herauszureden. Die gezeigten Szenen sind widerlich. Solche Bilder machen Frauen überdies Angst. Es bedarf einer immensen Abgestumpftheit, damit Frauen auf derartige Darstellungen nicht mit – bestenfalls – größtem Unbehagen reagieren. Solche Werbung bringt die Marke mittel- bis langfristig in eine große Bredouille, denn schon jetzt sieht man in diversen Großstädten Europas männliche Jugendliche, meist mit einem Migrationshintergrund, die in einem gewaltbereiten Umfeld aufwachsen, die die jüngere Marke D&G von Dolce & Gabbana tragen. Verfolgen die Modemacher weiterhin dieselbe Kommunikationsstrategie, ist es nur noch eine Frage der Zeit, bis sie selbst den Dekadenten zu gruselig wird.

Frauen werden zu selten »in ihrem natürlichen Habitat« dargestellt. Natürlich ist es nicht wirklich knallig oder gar kreativ, sie bei einer ihrer liebsten und natürlichsten Tätigkeiten abzubilden: bei einem Gespräch mit der Freundin. Und es ist auch keineswegs trivial, großartige Kampagnen auf dieser Basis aufzubauen. Als Jacobs Kaffee mit Annett Louisans eigens dafür komponiertem Song *Lass uns reden* eine plauschende Gruppe von Freundinnen im Garten untermalte, kam nichts Gutes dabei raus. Neben

---

385 http://bit.ly/9vLiY7
386 http://bit.ly/9wMv0d
387 http://bit.ly/aBCZaz

den Damen, die gemeinsam an einem Gartentisch saßen und wild gestikulierten, mähte der Mann der Gastgeberin den Rasen. Am Ende war der Rasen gemäht und es blieb nur noch der hochgewachsene Rasen da, wo die Frauen noch immer saßen, auch als die Sonne bereits unterging. Dazwischen irgendwann machte der liebende Gatte ein Gesicht, als ob er die Weiber für total bescheuert hält. Dieser Spot lief nicht lange und wurde schließlich durch einen zweiten ersetzt, bei dem zwei Frauen sich in einem alten VW-Bulli am Strand verquatschen. Bei Sonnenuntergang steht der Bulli schon halb über die Reifen im Wasser der Flut. Bedauerlicherweise stellen beide Spots Frauen als dumm und dämlich dar, zusätzlich zu einer körpersprachlich höchst unglaubwürdigen Darstellung einer »angeregten Unterhaltung«. Und Annett Louisan singt wieder. Geplant war ursprünglich eine ganze Reihe von TV-Spots[388], doch womöglich haben die Verantwortlichen bei Kraft Foods doch ihre Meinung geändert.

Obwohl es sicherlich eine kleine Herausforderung darstellt, ist es keineswegs unmöglich, eine gute Story zu entwickeln *und* Frauen glaubwürdig darzustellen. Dazu gehört vor allem ein wesentlich höherer Anteil von Frauen gemeinsam mit anderen Personen, mit denen sie symmetrische Beziehungen führen. Und wenn Freundinnen gezeigt werden, dann müssen die keineswegs nur zusammen Schuhe kaufen. Einige Beispiele für Tätigkeiten, die Frauen gemeinsam verrichten: Frauen unterstützen einander im Alltag und in Notsituationen, helfen aus, treiben Sport, trösten, unternehmen etwas gemeinsam, reisen, essen, gehen aus, lesen, betreuen Kinder, arbeiten gemeinsam, dolmetschen, besichtigen Wohnungen, begleiten zum Zahnarzt, beraten beim Autokauf, geben berufliche Tipps, liegen gemeinsam am Strand, gehen ins Theater, sitzen bei Behörden, schneiden Hecken, kochen, reden, malen, analysieren, basteln, renovieren, füttern Spatzen, gehen schwimmen, gehen zu Hochzeiten, beerdigen Haustiere, helfen beim Umzug und ernten Erdbeeren. Da muss doch die eine oder andere neue Geschichte drin sein, oder?

Nicht empfehlen möchte ich das, was Storck 2010 für Toffifee über den Äther geschickt hat: Da sitzt eine Gruppe von gestylten »Müttern« auf der Sitzgruppe und »diskutiert« die Vorteile von Toffifee für ihre Familien. Da scheint jemand (eine Agentur?) eine angeleitete Fokus-Gruppe auf die Couch verlagert zu haben, nachdem eine Horde Modeberater, Friseure und Visagisten über die »Mütter« hergefallen ist. Der Aufmerksamkeit heischende Beraterton gehört einfach nicht in eine Frauengruppe.

[388] http://bit.ly/bUJsNx

Eine Gruppe, die stark macht, ist das, was Frauen heute am stärksten vermissen. Einst warb die Versicherung WWK mit ihrer »starken Gemeinschaft«. In heutigen Zeiten ist die Gemeinschaft genau das, was Frauen fehlt, um Beruf und Alltag, womöglich auch noch Partnerschaft oder gar Familie unter einen Hut bringen zu können: Sie können sich ihre Aufgaben nicht mit anderen teilen, insbesondere nicht die gemeinsame Kinderbetreuung, bei der sich alle miteinander abwechseln. Gemeinsame Aktivitäten sind gut, gegenseitige Unterstützung ist besser. Alles, was das Risiko für Leib und Leben minimiert und möglichst sogar soziale Sicherheit bietet, ist prädestiniert, um Frauen ein beruhigendes Gefühl zu verschaffen.

Weil Frauen Beziehungsmenschen und als Kundinnen extrem treu sind (sofern sie zufrieden sind), sollten Unternehmen sehr bemüht sein, mit ihren bestehenden und künftigen Kundinnen langfristige Beziehungen aufzubauen. Und das funktioniert aus weiblicher Sicht nur in der Dialogform, was bedeutet, dass sich Unternehmen viel stärker als bisher darauf einlassen müssen, sich freundschaftlich zu verhalten. Sie müssen Gelegenheiten bieten, damit Frauen sich mit ihren Marken verbinden möchten. Vor einigen Jahren veranstaltete die US-amerikanische Sprühsahne-Marke *Reddi wip* einen kleinen Wettbewerb, bei dem die (überwiegend weiblichen) Teilnehmer ihre besten Erinnerungen und Erlebnisse mit dieser tradierten Sprühsahne erzählen sollten. Es kamen Geschichten aus allen Lebenslagen und Lebensphasen zusammen, einige davon so lala, einige grandios und anrührend. Und das bei Sprühsahne! Die Teilnehmerinnen schickten teilweise auch Fotos. Sämtliche Einsendungen wurden auf der Reddi-wip-Homepage veröffentlicht und anschließend prämiert. Ob die Prämierung durch Mitarbeiter des Unternehmens oder durch die Userinnen erfolgte, vermag ich nicht mehr zu sagen. Auf diese Weise kamen ganz nebenbei viele Geschichten zusammen, die eine Überprüfung der Marken-Positionierung ermöglicht hätten und gute Anregungen für die weitere Unternehmenskommunikation boten. Ob sie tatsächlich so verwendet wurden, kann ich leider nicht sagen. Es wäre eine Verschwendung, wenn nicht.

Eine Beziehung im Sinne der Gender Marketing Communication kann dann entstehen, wenn Frauen sich gemeint und angesprochen fühlen. Voraussetzung dafür ist allerdings, dass sich ein Unternehmen tatsächlich darum kümmert, was Frauen wollen, wie es ihnen und ihren Lieben das Leben erleichtern oder verschönern kann. Und ebendies darf nicht nur behauptet werden, sondern muss für Kundinnen bei jeder Berührung mit dem Unternehmen erlebbar werden. Dafür müssen ganzheitliche Konzepte entwickelt werden, die auf einer präzisen Analyse beruhen, welche Berührungspunkte es mit der Kundin gibt oder geben könnte. Wenn auf eine gute Erfahrung in einem Bereich eine womöglich schlechtere in einem anderen folgt, ist der Bruch enorm, die Enttäuschung groß. Oft geben Frauen Unternehmen eine zweite und gegebenenfalls noch eine dritte Chance, aber dann reicht es auch den langmütigsten unter ihnen und sie sind weg.

Der Dialog bedarf des Verständnisses dafür, dass Frauen ihre Rückfragen lieber an eine Person stellen als endlose *FAQs (Frequently Asked Questions* – »häufig gestellte Fragen«, das sind meistens furchtbar lange Antwortsammlungen) lesen. Für Frauen gibt es keine Beziehung ohne Kommunikation, und das bedeutet, dass beide miteinander sprechen und einander zuhören. Es ist ein absolutes Unding, dass so viele Unternehmen es sich immer noch »leisten«, kostenpflichtige »Service«-Nummern anzubieten, und wenn sie nur auf Mayonnaise-Gläsern aufgedruckt sind. Wer sich gar nicht überwinden kann, sollte es bei einer regulären Ortsnummer belassen. 01805-Nummern oder noch teurere Vorwahlen sagen Kundinnen vielleicht noch deutlicher als Kunden, wie wenig Kontakt das Unternehmen / die Marke zu ihnen wünscht: am liebsten gar keinen. Und wenn es denn schon sein muss, dann soll die Kundschaft gefälligst für die Arbeitszeit bezahlen. Da fragt man sich doch glatt, warum die Firmen in den USA noch immer nicht pleite sind, wo doch so gut wie alle so genannte *toll free numbers* anbieten – kostenlose Hotlines. Bei den richtig guten muss man nicht einmal lange warten. Und es ist dort auch längst selbstverständlich, dass die Marken ihre kostenlose 1-800-Nummern auch aktiv bewerben um zu zeigen, dass sie den Kontakt mit ihren Kundinnen sehr wünschen.

Früher hatte Amercan Airlines einen Link mit dem Abbild einer Call-Center-Mitarbeiterin und der Aufschrift *»Need help?«* (»Brauchen Sie Hilfe?«) auf der Website, der während des Buchungsvorgangs eines Flugs erschien. Wer die Buchungsroutine nicht durchschauen konnte, drückte den Link, gab seine Telefonnummer an und erhielt innerhalb von 30 Sekunden einen Rückruf von einem oder einer Call-Center-Angestellten, die bei der Buchung behilflich waren.[389] Aus irgendeinem unerfindlichen Grund ist die Hilfsmöglichkeit inzwischen verschwunden. Wenn ich daran denke, wie unsicher meine Eltern sich noch bei der Online-Buchung von Flügen oder Bahntickets fühlen, dann weiß ich, dass solche Angebote ausgesprochen hilfreich für sie sein könnten, insbesondere für meine Mutter,

---

[389] Brennan, Bridget (2009) S. 61 f.

die wie in den meisten Familien, für die Reisevorbereitungen zuständig ist. Natürlich helfe ich meinen Eltern gerne, doch ich weiß auch, dass sie gelegentlich lieber etwas unabhängiger wären.

Werbethemen für Frauen sind schier unerschöpflich. Die geeigneten Themen liegen auf der Straße – oder buchstäblich im Klo, man muss sie nur … na ja, »aufheben« ist hier wohl das falsche Wort: Tankstellen-Ketten trauen sich nicht, das Thema der sauberen Toiletten aufzugreifen, weil sie meinen, nicht für jeden Tankstellen-Pächter sprechen zu können. Offenbar fürchten sie einzelne Schmutzfinken darunter. Dabei wären saubere Toiletten für Frauen ein viel wichtigerer Grund, eine bestimmte Tankstellenkette anzusteuern, als irgendwelche Additive, die den Sprit vermeintlich oder tatsächlich sauberer verbrennen oder *bis zu* einem Liter Benzin Ersparnis auf eine Tankfüllung von über fünfzig Litern bringen könnten. Heute wird immer und überall getrunken. Getränke sind jederzeit und überall erhältlich, selbst Kaffee wird nicht mehr zum nachmittäglichen Kuchenkränzchen gebrüht, sondern im Pappbecher durch die Gegend getragen. Viele Frauen tragen insbesondere im Sommer Wasserflaschen mit sich herum, um auf ihre zwei Liter Flüssigkeit am Tag zu kommen, die sie laut ärztlichem Rat zum Gesundbleiben benötigen. Die Menschen brauchen Toiletten viel mehr als früher. Und dennoch wird das als anrüchiges Thema betrachtet. Schade. Mit etwas Sorgfalt ist es ein geeignetes Thema, für Mütter, die einen Wickeltisch für ihr Baby benötigen ebenso, wie für Mütter von Kleinkindern, deren Kinder bereits »stubenrein« sind und eigenständig auf die Toilette gehen können. Bei IKEA gibt es auf den Damentoiletten stets eine Kabine mit einem kleineren und niedriger hängenden Kinder-Toilettenbecken und ein ebensolches Waschbecken im Vorraum. In den heutigen mobilen Zeiten wäre das ein gutes Signal für Tank- und Raststätten an Familien, die mit Kindern ohnehin mehr Pausen auf Reisen einlegen müssen. Doch auch ohne Kinder wissen Frauen vieler Länder hygienische Bedingungen auf dem »Örtchen« sehr zu schätzen. Bei einem entsprechenden Angebot könnten sie erkennen, dass sich jemand tatsächlich Gedanken über ihre Bedürfnisse gemacht hat.

Sky (ehemals *Premiere*) gab im Juli 2010 scheinbar vor, genau das zu tun, indem er eine Kampagne für das Fußball-Angebot seines Bezahlsenders unter dem Titel *Sorry Mädels* bewarb. In den Spots werden Frauen gezeigt, die am Frühstückstisch die Fußball-Werbeanzeigen aus Zeitschriften rausreißen und *aufessen*, damit ihr Zeitung lesender Mann sie nicht zu sehen bekommt.³⁹⁰ Ein normaler Mensch würde ja diverse Ideen haben, wie eine entfernte Anzeige in einem Haushalt entsorgt werden könnte, aber das halten die Verantwortlichen bei Sender und Agentur offensichtlich für komisch. Aber das ist es nicht. Es sagt nur viel über die Macher und ihr Frauenbild aus. Selbst Fachzeitschriften ist nicht aufgefallen, dass diese weitere unter dem Attribut »augenzwinkernd« platzierte Kampagne bei einem beträchtlichen Teil der Sky-Zielgruppe die Empfänglichkeit für die Diffamierung von Frauen legitimiert. Darüber werden viele Frauen erzürnter sein als über ein bezahlpflichtiges Fußball-Paket im TV. Im Übrigen ist die Idee nicht wirklich neu, da der Internet-Schuhversand Zalando bereits seit Monaten mit einem jungen Mann wirbt, der den vermeintlich männlichen Zuschauer wie in einer letzten Botschaft vor dem Auftritt des Monster-Mörders warnt, falls seine Frau / Freundin / Schwester je von Zalando erfährt, sei es mit seinem Leben vorbei.³⁹¹

Dagegen ist jede Marke gut bedient, die den weiblichen Sinn für Schönheit und Ästhetik anspricht. Und Neues zu sehen, weckt die weibliche Neugier. Besonders dankbar reagiert das weibliche Gehirn, wenn beides kombiniert wird und das Neue auch schön anzusehen ist. Der Internet-Reiseanbieter *Opodo* hat 2009 einen ausgesprochen hübschen und ungewöhnlichen Spot verantwortet, bei dem sich Reisesehenswürdigkeiten aus aller Welt, von der Giraffe bis zum Buddha, in einem quietschbunten Kaleidoskop drehen, zu Cowboy-Hüten mutieren und von Schmetterlingen durchflogen werden.³⁹² Bedauerlicherweise war dieser Spot nicht Bestandteil einer ganzheitlichen Kampagne. Die Website von Opodo glich jeder anderen Website von Reiseportalen: unübersichtlich, hässlich anzusehen und mit aus weiblicher Sicht miserabler Usability. Sie hatte keinerlei Ähnlichkeit zum Spot. Sie griff nicht einmal ein einziges Symbol auf der Einstiegsseite aus dem Spot auf. Der Bruch hätte nicht größer sein können. Das war definitiv eine vertane Chance. Wirklich zu schade, denn die Grundidee hätte sich hervorragend für die gesamte Kommunikation durchdeklinieren lassen.

IKEA hat aus Möbeln und Wohnaccessoires aus der Design-Serie *PS* surreale Landschaften entstehen lassen, die Schwärme von Kommoden durchfliegen und Schalen oder Messbecher durchschwimmen.³⁹³ Der Spot erinnert sehr entfernt an die schönen Landschaften auf Naboo, der Heimat der

390 http://bit.ly/aDWFPw
391 http://bit.ly/bYy34V
392 http://bit.ly/9xmYH0
393 http://bit.ly/bqdxSE

Prinzessin und späteren Senatorin Amidala aus *Star Wars*, samt der Unterwasserstädte der Gungans.

Auch wenn es oft nicht so scheint, benötigen Frauen zuweilen eine Bestärkung bei einer Kaufentscheidung. Wie wir gesehen haben, kümmern sich Frauen zuerst um andere, bevor sie sich um ihre eigenen Bedürfnisse kümmern. Frauen neigen dazu, sich schuldiger als Männer zu fühlen, wenn sie Geld für sich selbst ausgeben, insbesondere, wenn es sich um Dinge handelt, die sie nicht ganz dringend brauchen. *LG Electronics* hat 2007 in den USA zwei Werbespots herausgebracht, die Frauen gezielt ermuntern, sich von alten Dingen zu trennen. Bei den US-Amerikanerinnen sind diese Spots sehr gut angekommen.[394] In dem einen geht eine Frau an einem Geschäft vorbei und sieht eine neue rote Waschmaschine neben einem neuen roten Wäschetrockner von LG in einem Schaufenster. Sie gefallen ihr und ihr kommen sogleich Gedanken, wie sie ihre alten Geräte loswerden kann. Während sie ihre alten Geräte im Geiste von einer Klippe wirft, mit dem Onager (einem spätantiken Katapult) »entsorgt« und mit einem Presslufthammer bearbeitet, sagt eine weiche Stimme aus dem Off: »Das einzige, was zwischen Ihnen und ihrer neuen LG Waschmaschine und dem Trockner steht, sind ihre alte Waschmaschine und Trockner.«[395] Der zweite Spot verläuft im Prinzip ähnlich und handelt von einem LG-Kühlschrank.[396] Verständlicherweise sind umweltbewusstere Menschen angesichts eines Aufrufs zur Entsorgung funktionstüchtiger Geräte und der Ermunterung zum hemmungslosen Konsum entsetzt. Doch die Idee an sich ist bemerkenswert. Statt des millionenfach wiederholten und stets gleich klingenden Appells »Gönnen Sie sich dies« findet hier eine eigene Form der Ermunterung statt. Übrigens: LG verfügt über eine hohe Bekanntheit bei Männern durch das Sponsoring von Sportarten wie Cricket, Formel 1 und Basketball. Ab 2010 sollte der Bekanntheitsgrad durch Sponsoring gezielt bei Frauen und Müttern gesteigert werden. Mitte 2010 wurden passende Sponsoring-Partnerschaften gesucht.[397]

Wenn Frauen sich schließlich für eine Anschaffung entschieden haben, dann wünschen sie sich, wie wir gesehen haben, Bestätigung und Lob für die Wahl, die sie getroffen haben. Zum großen Bedauern der meisten Frauen erhalten sie das Lob nur selten von ihren Lieben daheim. *Henkel* setzt die Lob-Taktik bereits seit vielen Jahren für die ehemalige Ost-Wasch-

[394] Brennan, Bridget (2009) S. 72
[395] http://bit.ly/bXJP9R
[396] http://bit.ly/9So7SV
[397] Campbell, Matthew (2010)

mittel-Marke *Spee* ein. Die Spots sind weder schön anzusehen noch werden sie mit jeder Wiederholung besser, aber eins können sie gut: Die Wäscherin oder den Wäscher stellvertretend für alle Spee-Kunden loben. Um den Eindruck von Herablassung zu vermeiden, hat man sich bei Henkel des animierten »Schlaufuchses« bedient. Ob Kirsten, Marco oder wie sie sonst heißen mögen: Sie alle sind schlau, weil sie sich für Spee entschieden haben. Das haben sie gut gemacht.[398] Cleverer Spot. Da möchte ich fast einen eigenen Bestätigungsfuchs an Henkel schicken.

Bridget Brennan, Autorin des Buchs *Why She Buys*, nennt Frauen »*the thank-you people of this world*« und meint damit, dass Frauen sich anderen gegenüber dankbar verhalten und es auch zu schätzen wissen, wenn andere ihre Bemühungen zu schätzen wissen. Brennan empfiehlt, Frauen jederzeit Respekt und Dankbarkeit zu erweisen, weil dies der einfachste Weg sei, sie für das Neugeschäft zu gewinnen und von ihnen weiterempfohlen zu werden. Frauen nehmen es wahr, wenn sie kein zumindest verbales Dankeschön erhalten. Sie bevorzugen den Kauf von Marken, die ihnen ihre Wertschätzung mitteilen. Und dafür revanchieren sich die Frauen mit Treue und vielen Empfehlungen.[399]

Bevor Frauen sich an eine Marke binden, wird diese sorgfältig geprüft. Was Frauen von einer Marke wissen wollen:

1. Meinst du mich?
2. Kenn ich dich?
3. Kann ich dir vertrauen?
4. Was tust du für mich?
5. Warum soll ich dich wählen?
6. Werden andere mich um dich beneiden?
7. Werde ich (dauerhaft) glücklich mit dir?

---

[398] http://bit.ly/cJQd04
[399] Brennan, Bridget (2009) S. 73

9.3 Männer

»Winning isn't everything, it's the only thing.«
(Gewinnen ist nicht alles, es ist das Einzige.)

John Wayne als Football-Coach Stephen »Steve« Aloysius Williams in Trouble along the Way (1953) [400]

Männer haben es heute in den Ländern der so genannten Ersten Welt schwer, denn die Gesellschaften bedürfen einer Vielzahl der männlichen Fähigkeiten nicht mehr. Die Aspekte des Systematikers sind durchaus noch gefragt, sehr viel weniger jedoch die des Jägers und Kämpfers. Der Bedarf, aber auch die Perspektiven haben sich in den vergangenen Jahrhunderten beinahe ins Gegenteil verkehrt: Heute dient der Kampf nicht länger primär der Verteidigung von Familie, Sippe oder der Nahrung gegen Angriffe von Nachbarstämmen und Völkerwanderungen. Eroberungsfeldzüge sind längst nicht mehr heroisch, sondern werden als politisch und moralisch verwerflich angeprangert. Was Alexander dem Großen einst zu seinem ewigen Ruhm verhalf, ist in der heutigen Welt undenkbar geworden. Und das liegt nur zum Teil an der Weiterentwicklung des Kriegsgeräts, das im Gegensatz zu den frühen Schlachten der Menschheitsgeschichte heute viel mehr Gegner zu töten vermag, und das ohne dafür das eigene Leben riskieren zu müssen. Wir haben uns ethisch, also in unserem sittlichen Verständnis, sowie hinsichtlich unserer moralischen Handlungsweisen innerhalb der letzten 2 000 Jahre weiterentwickelt, wenigstens theoretisch. Wir urteilen hart über diejenigen, die sich noch immer archaisch verhalten (z. B. die Verantwortlichen des Kosovo-Kriegs und ihre Schergen) und sind uns selbst nicht bewusst, dass im Ernstfall unsere biologische Programmierung die Macht über unser Handeln übernimmt. Die Zivilisation ist eine sehr dünne Schicht, die in einer Gefahrensituation schnell von Instinkten überstimmt wird, wie beispielsweise Massenpaniken zeigen. Doch auch aus New Orleans während des Ausnahmezustands nach der Verwüstung durch den Hurrikan Katrina im Jahr 2005 sind unzählige Greuelgeschichten bekannt. Plünderungen waren das kleinste Problem, obwohl davon auch Krankenhäuser betroffen waren. 10 000 bis 20 000 Menschen hatten sich in das Convention Center geflüchtet, doch sicher waren sie dort keinesfalls. Sie mussten fünf Tage lang vollständig ohne Versorgung auskommen.

---

400 Der Ausspruch wird fälschlicherweise dem legendären Football-Trainer Vince Lombardi zugeschrieben.

Sie hausten im Schutt und Müll des Hurrikans, die Toiletten fielen schon am ersten Tag aus. Menschen starben an Entkräftung und durch Mord, Mädchen wurden vergewaltigt, Jungen ebenfalls, Babys verhungerten. Niemand von offizieller Stelle kam, um zu helfen. Truppen, die sich in der Nähe befanden, verbarrikadierten sich in der Nähe des Convention Centers, als ob sie befürchteten, von den leidenden Massen gestürmt zu werden. Als Angehörige von Spezialeinheiten später eintrafen, verglichen sie den Anblick mit den Bedingungen in Bagdad zu den schlimmsten Zeiten. Die Medien sprachen von Tagen der Schande für das ganze Land.[401]

Die Berichterstattung über die Naturkatastrophe zeigte zwei Seiten der männlichen Natur: Auf der einen Seite gab es rivalisierende Jugendbanden, die die Menschen erbarmungslos terrorisierten und sich auch noch unter diesen Umständen gegenseitig bekämpften. Sie lebten all das aus, was eine gut versorgte Gesellschaft an Männern verdammt. Doch dies war auch der Moment für Helden. Väter beschützten ihre Frauen und Kinder. Einige der als Plünderer Diffamierten versorgten mit dem »Diebesgut« andere Leidende. Als die Regierung versagte, besorgten sie Getränke und etwas Nahrung, auch für die Babys und Kinder anderer, die nicht zu ihrer eigenen Familie gehörten. Diese Männer taten in diesen Tagen, wozu die Natur sie ausgestattet hatte: Sie beschützten andere Menschen, auch unter Einsatz ihres eigenen Lebens. Und sie taten es, ohne dafür bezahlt oder anderweitig entlohnt zu werden, während Polizisten und Soldaten trotz Soldes nur zu- oder weggesehen hatten.

Und obwohl das heutige Leben in den wohlhabenden Ländern nur noch wenig Bedarf zu zeigen scheint, lieben wir Helden. Wir legen Hoffnungen in Menschen wie Barack Obama, wir feiern Sportler, als wären sie Drachentöter. Der Großteil unserer Populärkultur basiert auf Heldenverehrung, sei es in Form der inbrünstigen Ergebenheit vor (inzwischen auf tragische Weise verstorbenen) Musikern wie Elvis Presley, Jimi Hendrix, John Lennon oder Michael Jackson, sei es in Form von Buchhelden wie Harry Potter oder Filmfiguren in Blockbustern, einschließlich der Schauspieler, die diese Rollen ausfüllen. Wir brauchen Fantasiegestalten und Projektionsflächen, weil wir den potenziellen Helden im wirklichen Leben nicht mehr viele Möglichkeiten geben zu reüssieren.

---

[401] Egan, Mark (2005), Haygood, Wil und Ann Scott Tyson (2005), Borger, Julian (2005)

9.3.1. Wann ist ein Mann ein Mann?

Herbert Grönemeyers Frage, was es bedeutet, ein Mann zu sein, ist heute womöglich schwerer zu beantworten als je zuvor. Im Großen und Ganzen bekommen Männer nicht mehr viele Gelegenheiten, das Heroische an sich zu entdecken. Eigentlich wollen sich viel mehr Männer ritterlich verhalten, doch ihr Umfeld gibt ihnen zu verstehen, dass es ehrenvolles Verhalten für lächerlich und sogar dumm hält. Was zählt, ist das »Ergebnis«, unter dem inzwischen große Teile der Gesellschaft den schnellen Profit verstehen. So gesehen sind die Männer in der von Erich Fromm beschriebenen Entwicklung der vergangenen Jahrzehnte vom Sein zum Haben unter die Räder gekommen.

So bleibt auf den ersten Blick nur (anscheinend) Banales: Männer müssen sich von Frauen abheben. Bei manchen Völkern ist es noch immer üblich, dass die Initiationsriten ernste Gefahren für Leib und Leben bedeuten. In der Psychologie ist bekannt, dass eine schwere Initiation den Absolventen viel stärker an die Gemeinschaft bindet als eine leichtere. Auch standesbewusste Studentenverbindungen bedienen sich dieses Mechanismus', um durch Erniedrigung und durch Aussetzung der Gefahr eine verschworene Gemeinschaft zu erschaffen, die in jeder späteren Notlage bedingungslos für einander einsteht. Für einen Jungen, der durch die Bewältigung einer schweren Prüfung zum Mann wird, stellt das Mann-Sein einen hohen Wert dar, und seine Bindung zu anderen Männern ist entsprechend stark. Schrieb Simone de Beauvoir einst, man werde nicht als Frau geboren, sondern dazu gemacht[402], so ist das angesichts des heutigen Wissens über Empathinnen und Systematiker, über Hormone und Gehirnstrukturen nicht mehr haltbar. Laut männlicher Regeln wird niemand als Mann geboren. Ein Junge muss erst zum Manne werden. In den heutigen westlichen Gesellschaften, in denen Frauen sich den Männern in Bezug auf die Fähigkeit als Ernährer und als Arbeitnehmer zunehmend angleichen, ist es für viele Männer schon ziemlich schwierig geworden, sich von Frauen abzuheben.[403]

In diesem Zusammenhang stellt der Blick auf die Rolle des Y-Chromosoms bei der embryonalen Entwicklung eine interessante Parallele dar: Das Y-Chromosom ist für die Entwicklung des noch geschlechtsunspezifischen Kindes zum Männlichen hin verantwortlich. Nur durch die Bildung des Testosterons entwickelt sich das Kind nicht als Mädchen weiter. Augen-

---

[402] de Beauvoir, Simone (1949)
[403] Schwanitz, Dietrich (2001), S. 63 ff.

zwinkernd lässt sich feststellen, dass schon der männliche Fötus versucht, von der Weiblichkeit wegzukommen.

Dietrich Schwanitz führt in seinem Buch *Männer* an, dass der im Mittelmeer-Raum noch immer recht verbreitete Begriff von Männlichkeit noch immer mit dem Begriff der Ehre belegt wird. »Dabei ist der Verlust der Ehre gleichbedeutend mit dem Ruin der männlichen Identität. Ein Mann verliert seine Ehre, wenn er sich feige verhält, wenn er eine Beleidigung nicht ahndet, wenn er sich von seiner Frau herumkommandieren lässt, wenn er sich hörnen lässt, ohne mit dem Schuldigen blutig abzurechnen, und er verliert sie auch, wenn er nicht in der Lage ist, bei seiner Frau seinen Mann zu stehen.

Mit der Todesverachtung, die der Mann bei der Ahndung einer Beleidigung im Duell beweist, gibt er zu verstehen, dass ihm seine Identität als Mann wichtiger ist als das Leben: lieber tot als kein Mann mehr!« Doch natürlich teilen nicht alle Männer diese Auffassung. Bekanntlich steigen der Differenzierungsgrad und der Anspruch an sich selbst mit dem Maß an Bildung und Reflexion.

Das Problem vieler Männer ist heute, dass in der postmateriellen Gesellschaft keine allgemeingültigen Regeln mehr existieren, die ein Mann befolgen muss, um als Mann zu gelten. Alles ist so viel komplizierter geworden als früher. Dabei sind Regeln aus männlicher Sicht absolut unverzichtbar.

9.3.2. Männer und Regeln

Vera F. Birkenbihl hat mich durch einen ihrer Vorträge zum Thema »Männer – Frauen«[404] auf einen hochinteressanten Aspekt des männlichen Lebens aufmerksam gemacht, der in den allermeisten Fachbüchern unbeachtet und unerwähnt bleibt: die Bedeutung von Regeln. Erforscht hat dies insbesondere der Soziologe Dieter Otten. In seinem Buch *MannerVersagen* berichtet er von seiner Studie, die seit ihrer erstmaligen Durchführung 1989 regelmäßig deutschlandweit wiederholt wird. Bis zur Buchererscheinung im Jahr 2000 war die Teilnehmerzahl an der Reihenuntersuchung auf 60 000 Personen im Alter zwischen 15 und 40 Jahren angewachsen. Mit einem so genannten Lifestyle-Fragebogen untersuchten er und sein Team alle Lebensbereiche des Alltags, ganz besonders jedoch die Werte und Moralvorstellungen der Probanden. Der Fragebogen enthielt 600 Fragen, die Otten selbst für indiskret hält. Kernstück der Untersu-

---

[404] erhältlich als DVD: Birkenbihl, Vera F. (2005)

chung ist die »Moralskala«. Darin wird abgefragt, ob man sich auf bestimmte Weise verhalten darf oder nicht. Otten: »Die Pointe der Skala ist von vornherein, dass alle Statements unter moralischem Gesichtspunkt strikt abzulehnen sind, weil es sich in jedem Fall um amoralische Taten handelt.«

Zu den Fragen gehört unter anderem, ob man, *wenn es dem eigenen Vorteil dient,*

1. beim Kartenspielen schummeln,
2. lügen,
3. betrügen,
4. Gewalt anwenden,
5. oder sogar töten darf.

Die Antworten der Probanden wurden nach Frauen und Männern ausgewertet. Otten selbst bezeichnet das Ergebnis als verblüffend. Die meisten Frauen betrachten das Schummeln beim Kartenspiel als akzeptabel. Im Gegensatz dazu erkennen fast alle Frauen laut Otten »den amoralischen Charakter der Sätze« in der Studie sofort und lehnen sie ab. Nur ganz wenige Frauen sind der Ansicht, dass man bei Familienbetrug, Schummeleien in der Schule oder Verkehrsdelikten Milde walten lassen könnte. Sobald es um Gewalt und Mord geht, liegt die weibliche Toleranz bei null.

Anders die Männer: So gut wie alle Männer sind der Ansicht, dass beim Kartenspiel um keinen Preis der Welt gemogelt werden darf. Dagegen halten 74 Prozent der Befragten Lügen im Alltag für in Ordnung. Mehr als die Hälfte wäre bereit, andere für den eigenen Vorteil zu betrügen. Mehr als ein Viertel ist durchaus bereit, für die Durchsetzung eigener Interessen und Vorteile Gewalt anzuwenden, und fast 15 Prozent wäre bereit dafür auch zu töten.

Otten berichtet, dass sich zwar Unterschiede zwischen verschiedenen sozialen Gruppen feststellen lassen, folgert aus seiner Studie jedoch, dass rund ein Drittel der erwachsenen Männer in Deutschland billigen, moralisch verwerfliche oder kriminelle Akte zu begehen. Nur das Schummeln beim Kartenspiel ist auf keinen Fall akzeptabel.[405]

Otten untersuchte ausführlich die Einstellungen von Frauen und Männern zu Moral und Ethik. Dabei stellte er fest: »Für Männer besteht der moralische Imperativ in dem Gebot, Regeln einzuhalten. Für Frauen besteht er darin, die erkennbaren Probleme des Lebens, der Menschen, der

[405] Otten, Dieter (2000), S. 78 ff.

Betroffenen zu lösen, die Probleme abzustellen oder mindestens zu lindern.«[406]

Und tatsächlich sind sich viele Forscher einig: Der Mann braucht Regeln. Deswegen gibt es beispielsweise im Sport so viele davon. Und auch Männerzeitschriften sind voll davon. Die deutschsprachige *GQ* berichtet im Artikel »Die Mathematik der Liebe« [sic] von »Liebesregeln«[407], und empfiehlt dem Gentleman keine Tischmanieren, sondern »Tischregeln«[408]. Die *Bild* kennt die »6 goldenen Regeln für die heißen Tage«[409], die »10 goldenen Regeln beim Immobilienkauf«[410] und nach Herta BSCs Abstieg 2010 auch Trainer Markus »Babbels 10 goldene Regeln für den Aufstieg«[411]. Bei der *Men's Health* kann man »Die wichtigsten Blink-Regeln«[412] beim Autofahren lernen. Regeln sind überall: Es gibt Saunaregeln, Spielregeln, Verkehrsregeln und sogar Bordellregeln.

Otten schreibt, dass Männer sich Regeln derart verpflichtet fühlen, dass sie sich auch dann noch regelkonform verhalten, wenn klar ist, dass die Regeln vollkommen ungeeignet sind, um ein bestimmtes Problem zu lösen. Aufgrund der Regeln in ihrem Bezugssystem sind Männer durchaus bereit zu töten.[413] Das erklärt sowohl die Gewalttätigkeit in Gangs, als auch die so genannten Ehrenmorde, zu denen sich männliche Familienmitglieder geradezu gezwungen sehen, wenn ihre Schwestern oder Töchter aus der Reihe tanzen, die ihnen durch die jeweiligen gesellschaftlichen Regeln vorgegeben wurden. Frauen hingegen bleiben stets den Menschen verpflichtet.[414]

Regeln sind so »männlich«, dass es schon sehr absurd erscheint, dass die weibliche Menstruation im Deutschen synonym mit »Regel« bezeichnet wird, auch wenn sich diese Begrifflichkeit wohl eher von der »Regelmäßigkeit« ableitet. Die Macher der Serie *Star Trek – The Next Generation* (TNG) waren sich der Regelhaftigkeit der Männer so bewusst, dass sie eine Spezies im Star-Trek-Universum schufen, die extrem patriarchalisch ist, bei der »Weibliche« nicht vor die Tür dürfen, zu Hause nackt herumlaufen und

---

406 Otten, Dieter (2000), S. 81
407 http://bit.ly/d8za3U
408 http://bit.ly/d4rAqt
409 http://bit.ly/aKzi5s
410 http://bit.ly/ablwnO
411 http://bit.ly/coAoNL
412 http://bit.ly/cs8v3C
413 Otten, Dieter (2000), S. 82
414 Otten, Dieter (2000), S. 82

ihren Männern und Söhnen die Lieblingsspeisen (diverse Schnecken und Maden) vorkauen müssen. Selbstverständlich dürfen diese Frauen bei Sippenstrafe nicht arbeiten. Die Rede ist von den *Ferengi*. Die Ferengi-Gesellschaft huldigt nur einem Gott: dem Profit. Der Himmel, an den sie nach dem Tode glauben, heißt »die goldene Schatzkammer«. Wie der Profit zu erlangen und was dafür alles erlaubt ist, steht in den 285 *Erwerbsregeln* der Ferengi.[415] Hier einige Beispiele aus den Erwerbsregeln:

Regel 004: Sex und Profit sind zwei Dinge, an denen man sich nie lang genug erfreuen kann.

Regel 005: Wenn du einen Vertrag nicht brechen kannst, interpretiere ihn.

Regel 010: Gier währt ewig.

Regel 012: Alles, das wert ist verkauft zu werden, ist auch wert zweimal verkauft zu werden.

Regel 023: Wenn Du dich bedienen kannst, wozu fragen.

Regel 048: Hohes Alter und Gier werden immer Jugend und Talent übertreffen.

Regel 049: Bluffe niemals einen Klingonen [eine andere, kriegerische und gewalttätige Spezies].

Regel 067: Mitleid ist kein Ersatz für Profit.

Regel 069: Nimm das Geld. Sollen sich doch die Kunden darum kümmern, wie sie an die Waren kommen.

Regel 105: Ein weiser Mann lügt nicht. Er biegt sich die Wahrheit nur zurecht.

Regel 112: Schlafe nie mit der Frau deines Chefs, außer du bezahlst ihn.

Regel 141: Wettbewerb und Fairness schließen sich gegenseitig aus.

Regel 168: Ein Ferengi ohne Profit ist kein Ferengi.

Regel 182: Ein Vertrag ist ein Vertrag ist ein Vertrag ... aber nur zwischen Ferengi. [Gertrude Stein lässt grüßen: »rose is a rose is a rose is a rose«[416]]

Regel 202: Ein Freund in Not ist ein potentieller Kunde.

Regel 203: Ein Ferengi in Not tut nie etwas umsonst.

Regel 208: Gib jemandem einen Fisch und du ernährst ihn für einen Tag. Lehre jemanden zu fischen und du verlierst einen verlässlichen Kunden.

Regel 223: Reiche Leute kommen nicht um zu kaufen. Sie kommen um zu nehmen.

Regel 253: Ein Vertrag ohne Kleingedrucktes ist das Werk eines Idioten.

---

[415] z. B. http://bit.ly/9paqYo
[416] Stein, Gertrude (1922), S. 178 ff. – Gedicht: Sacred Emily

Regel 261: Ein weiser Mann kann sich alles leisten ... außer einem Gewissen.
Regel 268: Wenn du nicht mehr weißt, was du tun sollst ... lüge!
Regel 281: Blut ist dicker als Wasser, aber schwerer zu verkaufen.

Die Ferengi sind offensichtlich eine Parodie auf »menschliche Männchen«, wie die Ferengi Männer der Spezies Mensch auch nennen. In den Star-Trek-Serien (*TNG*, *Deep Space 9* und in einer *Voyager*-Folge) sind sie in höchstem Maße unterhaltsam. Erst bei der Lektüre sämtlicher Erwerbsregeln wird deutlich, dass so einige Wünsche und Einstellungen mancher Erden-Männer unserer Zeit darin zwar teilweise enorm überspitzt, doch eigentlich sehr präzise wiedergegeben werden. In der Zukunft wird sich das alles natürlich noch ändern: Sofern man Gene Roddenberry glaubt, dem inzwischen verstorbenen »Vater« von Star Trek, wird sich die zukünftige Erdengesellschaft und die meisten anderen Mitglieder der »Föderation der Planeten« vollständig von Habgier und Diskriminierung befreit haben.

Nun können die Ferengi und Star Trek kaum als wissenschaftliche Belege herhalten, zumal bis heute weder Physiker, noch die Star-Trek-Drehbuchautoren selbst erklären können, wie der Warp-Antrieb funktioniert. Nicht nur bei Otten, sondern auch beispielsweise bei Laurence J. Peter und Deborah Tannen finden sich Hinweise darauf, wofür Männer Regelwerke benötigen, und wie sie sich auswirken. Carol Gilligan stellte 1982 fest, dass Männer, im Gegensatz zu Frauen, einen Orientierungsrahmen in Form eines Regelwerks benötigen, um sich moralisch zu verhalten. Otten verweist auf Kriege, Bürgerkriege und Revolutionen, regellose Zeiten, in denen jede Grausamkeit erlaubt zu sein scheint. Den Aufbau von Gesellschaften und Ländern schreibt Otten den Frauen zu, die ein eigenes Empfinden für Moralität besitzen.[417] Dass Otten nicht so falsch liegen kann, zeigt die Einführung der Genfer Konventionen, deren erste Fassung 1864 zwischen den ersten zwölf Unterzeichnerstaaten den Umgang mit Kriegsverwundeten regelte. Dieses Regelwerk war offenbar nötig, um »überflüssige« Grausamkeiten zu verhindern. Seither werden die Genfer Konventionen immer weiter ausgebaut und nachgebessert. 1949 trat die bis heute gültige Fassung in Kraft, jedoch wurde sie erst 2005 durch ein drittes Zusatzprotokoll ergänzt. Wie man weiß, bedeutet die Existenz und selbst die Ratifizierung durch ein Land natürlich nicht zwingend, dass sich die Soldaten tatsächlich an diesen Ehrenkodex halten, und so kommt leider auch immer wieder die Zivilbevölkerung zu Schaden, die es eigentlich um jeden Preis zu schützen gilt.

417 Otten, Dieter (2000), S. 164

Noch einmal: Was heute aus Sicht von Bewohnern der so genannten Ersten Welt als überflüssig grausames Verhalten bei Männern anmutet, bedeutet unter anderen Umständen den Unterschied zwischen Überleben und Tod ganzer Sippen. Das Leben in Frieden und Überfluss ist den meisten Menschen auf unserem Planeten auch heute noch nicht gegeben. Hunger, Mangel, Dürren, Naturkatastrophen und die Unterlegenheit gegenüber mächtigeren Parteien, die für die Durchsetzung ihrer eigenen Interessen den Schaden anderer in Kauf nehmen, sind die tägliche Realität der meisten heute lebenden Menschen. Ethik und Moral sind für all jene weit entfernt, die von weniger als einem Dollar am Tag mit ihren Kindern überleben müssen. Sie sind auf die Durchsetzungsfähigkeit des Mannes angewiesen, um allein die Existenz zu sichern. Die heutigen Werte, die die entwickelten Länder prägen, symbolisieren den Wohlstand und markieren den Weg, den unsere Gesellschaften in den vergangenen Jahrhunderten zurückgelegt haben. Die Verdammung von Gewalt verdanken wir nicht nur den Zehn Geboten, sondern auch systematischen Denkern aus den vergangenen Jahrhunderten, die Regelwerke entwickelten, durch die wir wissen, was verwerflich und was ehrenhaft ist.

Die Psychologin Susan Pinker behandelt seit Jahrzehnten verhaltensauffällige Kinder. Sie verglich die Lebensläufe der einstmals renitenten Jungen mit denen von systemkonformen Mädchen. Ihre Ergebnisse hat sie in dem Buch *Das Geschlechter-Paradox* veröffentlicht. Sie fand unter anderem heraus, dass ein signifikanter Anteil der schwierigen Jungen, darunter viele Schulabbrecher, an den vorgegebenen Karrierewegen vorbei im Erwachsenenalter große Leistungen vollbrachte und dafür Anerkennung genoss. Sie brachen die Regeln (wohl teilweise auch aus Unkenntnis) und machten ihren Weg. Für Jungen, die aus der Norm fallen, existiert demnach ein alternativer Karriereweg. Pinker stellt fest, dass Mädchen sich dagegen an die vorgegebenen Wege von Schule, Studium und dem Aufstieg der Karriereleiter von der ersten Stufe an halten.[418]

Niklas Luhmann gibt uns den entscheidenden Hinweis auf den wichtigsten Aspekt von Regeln: Sie bringen Ordnung in komplexe Verhältnisse und damit in Zustände, die oft als chaotisch empfunden werden. Und eine optimale, am leichtesten überschaubare und handhabbare Ordnung besteht aus Hierarchien. Das hierzu notwendige Regelwerk muss leicht erlernbar sein und es verlangt »nur« eine bedingungslose Einhaltung und Loyali-

---

[418] Pinker, Susan (2008), S. 295

tät.[419] Oder wie Otten schreibt: »Hierarchie erleichtert das Betrachten und ist von daher eine Ausgangsstufe oder die erste Komplexitätsstufe wissenschaftlicher Ordnung.«[420]

9.3.3. Das asymmetrische Weltbild und die Hierarchien

Wir haben bereits gesehen, dass die weibliche Welt von dem Bedürfnis nach symmetrischen Beziehungen geprägt ist. Solches ist Männern absolut fremd. Für sie gibt es nichts Selbstverständlicheres als asymmetrische Beziehungen, oder mit anderen Worten: Hierarchien. Männer verstehen sich als Individuen innerhalb einer Gesellschaft, die ständig mit allen anderen darüber verhandeln, wer über- und wer unterlegen ist. Sie versuchen, gegenüber anderen die Oberhand zu gewinnen und müssen sich gegen andere verteidigen, denn der Unterlegene hat eine schlechte Behandlung durch die Überlegenen zu befürchten.[421] Seit frühester Kindheit üben sich Jungen in dem ständigen Wettkampf um die Rangordnung, die in jeder neuen Personenkonstellation ständig wieder neu festgelegt werden muss. Aus einer weiblichen Perspektive birgt ein solches Verhalten viel verabscheuungswürdige Gewalt, ja zuweilen sogar Niedertracht in sich. Doch aus männlicher Sicht kann es gar nicht so bewertet werden, denn es gehört zu ihrer Realität und zu ihrem selbstverständlichen Verständnis von der Welt. Es ist sozusagen naturgegeben.

Um die tiefere Bedeutung der Rangordnung zu verstehen, genügt ein kurzer Besuch bei den Yanomami-Indianern. In einer Untersuchung wurde – übrigens nicht nur dort – festgestellt, dass die Rangordnung in direktem Zusammenhang mit dem Reproduktionserfolg steht. Die Häuptlinge der Yanomami zeugen bis zum Alter von 35 Jahren acht Kinder und damit im Durchschnitt doppelt so viele wie Rangniedere.[422] In anderen Zählungen hat sich, wenn auch nicht durchgängig, gezeigt, dass die Kinder von Anführern bei vielen Völkern auch eine höhere Überlebensrate aufweisen. Solche Beobachtungen lassen sich inzwischen nur noch bei naturnah lebenden Gemeinschaften durchführen. Die in den so genannten zivilisierten Gesellschaften vorhandenen und empfohlenen Verhütungsmittel verhindern die unmittelbare Messung der Bedeutung eines Mannes. Der Zusammenhang zwischen der Anzahl der Nachkommen und der Rangord-

---

419 vgl. Luhmann, Nicklas (1991)
420 Otten, Dieter (2000), S. 202
421 Tannen, Deborah (2004), S. 20
422 Uhl, Matthias und Eckart Voland (2002), S. 47

nung des Vaters mag durch kulturelle Einflüsse in vielen Regionen der Erde aufgehoben worden sein, doch dafür ist in wohlhabenden Ländern an diese Stelle ein anderes Prinzip getreten. In Zeiten schlechter medizinischer Versorgung, in denen eine Bedrohung durch Raubtiere und womöglich noch eine unsichere Nahrungsmittelsituation gegeben ist, ist es sinnvoll, viele Kinder in die Welt zu setzen, um eine möglichst hohe Chance zu erzielen, dass wenigstens einige von ihnen eventuelle Seuchen oder Hungersnöte überleben. In Zeiten, die von einer ausgezeichneten Medizin sowie einer allgemein sicheren Versorgungslage gekennzeichnet sind, bietet sich eine andere Strategie an: wenig Kinder, dafür größere Investition in eine optimale Vorbereitung für einen gesellschaftlichen Einstieg auf hohem Niveau. Heute zeichnen sich Männer mit hohem Status in westlichen Ländern somit nicht durch viele Kinder, sondern durch weniger Kinder aus, die eine ausgezeichnete Ausbildung hinsichtlich ihres Wissens und Verhaltens genießen. In gewisser Hinsicht lässt sich der gesellschaftliche Rang eines Mannes nach wie vor an seinen Kindern ablesen, nur eben nicht mehr an ihrer Anzahl. Und in arabischen Ländern leisten sich die Scheichs beides: viele Kinder, die die beste Ausbildung genießen.

Doch ob Kinder vorhanden sind oder nicht: Das biologische Programm von einst läuft noch weiter. Die Evolution schreitet nur sehr langsam voran. Für heutige Männer ist es überall auf der Welt noch immer das Wichtigste, sich eine gute Position in der Gesellschaft zu sichern, denn Frauen wollen, wie wir ja schon gesehen haben, keinen schönen Mann, sondern einen exzellenten Versorger, gleichgültig, wie erfolgreich sie heute schon selbst sind. Männer müssen, um eine Chance auf dem Heiratsmarkt und damit auf Nachwuchs zu haben, somit schon alles in die Waagschale werfen und sich vor allen anderen Männern hervortun.

Asymmetrie bedeutet ständige Ungleichheit.[423] Als Symbol dient eine Treppe. Aus männlicher Sicht hat auf jeder Stufe nur einer Platz. Wer auf welcher Stufe steht, wer wen dominiert, wird ausgekämpft. Dabei folgen sie einer Prämisse, die der der Frauen diametral entgegen steht: Wenn einer gewinnt, müssen alle anderen verlieren.

Männer lernen schon im Kindesalter, dass sie durch die Demonstration von Überlegenheit höheren Status erwerben können. Mädchen erfahren dagegen, dass das Ausleben von Überlegenheit sie von ihrem Ziel, die Zugehörigkeit zu einer Gruppe, weiter entfernt.[424]

---

[423] Tannen, Deborah (2004), S. 24
[424] Tannen, Deborah (2004), S. 239

Für Männer und sogar schon Jungen ist es ausgesprochen wichtig, von ihresgleichen respektiert zu werden.[425] Ein Verlierer muss anderen Respekt zollen. Viele Männer haben dieses Verhalten so stark verinnerlicht, dass sie es bei sich selbst und anderen gar nicht mehr bewusst erkennen können. Mir selbst ist es schon passiert, dass ich in einem Seminar von einem Teilnehmer scharf angegangen wurde, weil er unbedingt seine Ansicht durchsetzen wollte, dass Männer keineswegs immer um die Oberhand kämpfen müssen. Er wurde schließlich so rabiat, dass alle anderen Seminarteilnehmerinnen und -teilnehmer genau sehen konnten, was gemeint war.

Bereits in den fünfziger Jahren begann Laurence J. Peter, Hierarchien zu analysieren. Sein Forschungsschwerpunkt lag auf den Unternehmenshierarchien. Vielen dürfte Peter durch seinen berühmtesten Satz bekannt sein: »In einer Hierarchie neigt jeder Beschäftigte dazu, bis zu seiner Stufe der Unfähigkeit aufzusteigen.«[426] Damit drückte er aus, dass Mitarbeiter in Unternehmen weit über ihren Leistungszenit hinaus befördert werden, sodass sie am Ende ihrer Laufbahn beginnen, dem Unternehmen großen Schaden zuzufügen, bis sie aus ihrem höchsten Amt ein letztes Mal befördert werden – aufs Abstellgleis. Doch überdies beschrieb Peter viele weitere wichtige Aspekte von Hierarchien, vor allem ihre Entwicklung von einer effizienten Organisation zu monströsen, unbeweglichen, ausschließlich mit sich selbst beschäftigten Bürokratien. Peter warnte eindringlich vor Hierarchie-Entwicklungen, die in die Unproduktivität führen.

Es erschien wie ein Treppenwitz der Geschichte, als Anfang 2010 eines der (vielen) bestgehüteten Geheimnisse der Sowjetunion herauskam. 1978 setzte der sowjetische Geheimdienst KGB alles daran, dass Anatolij Karpow seinen Weltmeister-Titel im Schach gegen Wiktor Kortschnoi verteidigt. Während die beiden auf den Philippinen um die Meisterschaft kämpften, analysierten die vom KGB versammelten besten Schachspieler der UdSSR die unterbrochenen Partien. Sie nutzten dieselben Kommunikationskanäle, über die sie mit Informationen versorgt worden waren, um Karpow Tipps zu geben. Wiktor Litwinow, der für die Aktion verantwortliche KGB-Oberst im Ruhestand, begründete die Unterstützung mit dem Ziel der Sowjetunion: Mit Karpows Sieg sollte der Beweis für die intellektuelle Überlegenheit des Kommunismus geführt werden. Das Duell der Schach-Giganten war brisant: Karpows Gegner Kortschnoi war 1976 aus der UdSSR geflüch-

---

425 Tannen, Deborah (2004), S. 115
426 Peter, Laurence J. (1972), S. 25

tet. Zu jener Zeit hatte Litwinow auch Garri Kasparow unter Kontrolle[427], der 1980 von Null auf Platz 14 der Schach-Weltrangliste sprang und bereits 1984 vor Karpow auf Platz 1 lag. Heute ist Kasparow einer der führenden Oppositionellen gegen Wladimir Putin.

Anhand dieses Beispiels stellt sich jedoch auch die Frage, welche Motivation Karpow trieb, dieses Spiel mitzuspielen. War es nicht klar, dass diese Geschichte bei einer Beteiligung so vieler Menschen irgendwann herauskommen würde? War es nur Karpows bedingungsloser Wille zu siegen? Oder war er nur ein kleines Rädchen gegen den KGB?

Genau genommen war Karpow zwar die Nummer eins der Schach-Weltrangliste, doch er stand innerhalb der gesamten Sowjet-Hierarchie ein gehöriges Stück tiefer. Er war für das System zweifellos wichtig, um mitten im Kalten Krieg dem Westen gegenüber die immensen geistigen Ressourcen des kommunistischen Reiches zu verkörpern. Männliche Hierarchien besitzen jedoch eine ganz besondere Eigenschaft: Ihre Angehörigen sind dem System und ihren Oberen gegenüber *loyal*. Wie loyal, hat unter anderem die Bankenkrise von 2008, der *Enron*-Skandal, »Bernie« Madoffs Milliardenbetrug, aber auch die *Karstadt*-Pleite unter Thomas Middelhoff gezeigt. Es ist unglaubwürdig, dass derart große Unternehmen in die Insolvenz rutschen, ohne dass irgendeiner im Vorfeld merkt, wohin die Reise geht. Fast immer, wenn das Ausmaß der Krisen in solchen Unternehmen sichtbar wird, gibt es im Nachhinein Interviews mit ehemaligen Mitarbeitern aus dem Management, die zugeben, dass sie die Katastrophe schon lange kommen sahen. Doch sie gaben auch alle zu, nichts getan zu haben, weil die jeweiligen Geschäftsführer, Inhaber oder Vorstände die Richtung vorgegeben haben, und dieser Anweisung galt es zu folgen. Die bedingungslose Gefolgschaft unter Männern innerhalb stabiler Hierarchien ist *das* Mittel zur Befriedung aller Beteiligten. Die Akzeptanz der »Befehlskette« vermeidet, dass die Beteiligten sich für alle Zeiten und bis aufs Blut bekämpfen. Wie bereits gezeigt, dient die Hierarchie der Schaffung von Strukturen im Chaos. Die Akzeptanz eines Anführers und die Ausführung seiner Anweisungen ist ein Instrument zur Wahrung der Stabilität. Die meisten Firmen haben dieses Verfahren ihrer Unternehmenskultur wie selbstverständlich einverleibt, sodass sich nicht nur die männlichen, sondern auch viele der weiblichen Mitarbeiter den Vorgaben »von oben« schließlich unterordnen. Begründet wird das oftmals mit einem Gefühl der Machtlosigkeit und mit Angst vor dem Arbeitsplatzverlust. In den ganz sel-

[427] o. V. / Der Spiegel (2010), S. 135

tenen Fällen, in denen jemand ausschert, um Informationen über Misswirtschaft oder gar Betrug an eine Aufsichtsbehörde bzw. an die Öffentlichkeit weiterzuleiten, wird der- oder diejenige als Nestbeschmutzer beschimpft. Um Menschen die Gelegenheit zu geben, der Öffentlichkeit wichtige Informationen anonym zur Verfügung zu stellen, gründete Julian Assange die Plattform *WikiLeaks*.[428] Inzwischen wird WikiLeaks auch von Personen genutzt, um geheime Informationen über den tatsächlichen Stand des Afghanistan-Kriegs zu veröffentlichen.

9.3.4. Freiheit und Unabhängigkeit

Männer streben nach Freiheit und Unabhängigkeit. Untergeordnete in einer Hierarchie sind nach männlichem Verständnis stets von den Höherstehenden abhängig. Deborah Tannen dazu: »In einer Statuswelt ist Unabhängigkeit der Schlüssel, denn Befehle zu erteilen ist ein primäres Mittel der Statusbegründung und die Entgegennahme von Befehlen ein Merkmal von niedrigem Status.«[429] In einer Hierarchie hört der Obere einem Unterstellten nicht zu, denn das gehört zu seinen Privilegien.[430] Aus diesem Grund sind Männer so sorgsam darauf bedacht, nicht von jedem Befehle anzunehmen, andernfalls würde es unvermeidlich zum Statusverlust führen, was sie unverzüglich der Allmacht anderer ausliefern würde.[431] Somit ist nur der Dominanteste von allen wirklich unabhängig. Innerhalb dieser Logik muss jemand, der von anderen unabhängig sein will, die anderen dominieren und in Kauf nehmen bzw. wollen, dass andere von ihm abhängen. Im Gegensatz zu Frauen können sich Männer nicht vorstellen, dass es eine Unabhängigkeit gibt, die mit einer hierarchischen Position nichts zu tun hat.[432]

Männer lieben Dinge wie ihre Navigationsgeräte, weil sie dadurch niemand anderes um Rat oder gar Hilfe bitten müssen. Doch natürlich gilt dasselbe auch für alle anderen Lebensbereiche: Wer innerhalb einer hierarchischen Gesellschaftsordnung um Hilfe bittet, verliert dem Angefragten gegenüber an Status – und an Unabhängigkeit.[433] Von hier kommt das alte Sprichwort: »Wissen ist Macht.« Der exklusive Besitz einer Information

---

[428] http://www.wikileaks.org
[429] Tannen, Deborah (2004), S. 21 f.
[430] Helgesen, Sally (1995), S. 243 f.
[431] Tannen, Deborah (2004), S. 45
[432] Tannen, Deborah (2004), S. 325
[433] Tannen, Deborah (2004), S. 63

verleiht Überlegenheit. Voraussetzung dafür ist, dass sie ein anderer benötigen könnte, was zum Beispiel für den Durchmesser des weltgrößten Kaugummiklumpens wohl eher nicht gilt. In Japan existiert eine Konversationsregel für festliche Dinner, die besagt, dass der Gast mit dem höchsten Status die Leitung des Gesprächs übernehmen soll. Um dies zu ermöglichen, stellen ihm die anderen Gäste gezielt solche Fragen, die der hohe Gast überlegen und fachkundig zu beantworten vermag.[434]

Anderen so viel Ehre zuzubilligen, ist in anderen Gesellschaften undenkbar. Manche Männer weigern sich geradezu, Informationen anzunehmen, ganz besonders von Frauen. Nicht selten kommt es deswegen zu Auseinandersetzungen in der Partnerschaft. Manche Frauen verbergen ihr Wissen daher wohlweislich, um Konfrontationen zu umgehen.[435] Doch Männer vermeiden es auch tunlichst, anderen ungebeten Ratschläge zu erteilen, es sei denn, sie befinden sich in der Rolle des Vaters, eines Instruktors oder Chefs. Hilfe oder Rat bietet ein Mann nur jenen an, die er für inkompetent hält.[436]

Ein Mann ist gerne bereit, mehr Zeit und Mühe in seine Weg- oder Lösungssuche zu investieren, denn die eigenständige Lösung verschafft ihm das wichtige Gefühl, autark – und frei – zu sein.[437] Philip Blumstein und Pepper Schwartz ermittelten in ihrer Studie *American Couples*, dass Männer von anderen unabhängig sein wollen, es aber mögen, wenn andere von ihnen abhängig sind. Frauen streben ebenfalls Unabhängigkeit an, allerdings bedeutet das für sie, dass sie unabhängig sind, und dass auch niemand von ihnen abhängig ist. Das spiegelt exakt die männliche Vorliebe für Hierarchie und gleichzeitig die weibliche Abneigung dafür wider. Susan Pinker fasst die Bewältigungsstrategien von Herausforderungen der Geschlechter folgendermaßen zusammen: Bei Männern heißt es »Ich pack das alleine.« Bei Frauen: »Wir stehen das zusammen durch.«[438]

So genanntes ritterliches Verhalten basiert bei Männern auf der Kombination aus Statussensibilität, ihrem Bedürfnis nach Selbstbestätigung und der Hilfsbedürftigkeit anderer, insbesondere den Hilfeersuchen von Frauen.[439] Diese Verbindung macht es Männern leicht und vor allem *angenehm*, sich überlegen zu fühlen. Doch für jene, die die Hilfe in Anspruch

---

[434] Befu, Harami (1981), S. 108-120
[435] Tannen, Deborah (2004), S. 64 f.
[436] Pease, Allan und Barbara Pease (2002), S. 138
[437] Tannen, Deborah (2004), S. 63
[438] Pinker, Susan (2008), S. 151
[439] Tannen, Deborah (2004), S. 73

nehmen, bedeutet es gleichzeitig, sich als Unterlegene einrahmen zu lassen. Und genau daraus entsteht in Gesellschaften, die nach Gleichstellung streben, ein großes Dilemma: Männer verhalten sich gerne ritterlich, doch die Frauen spüren insgeheim genau, dass sie das galante Verhalten eines Mannes ins gesellschaftliche Hintertreffen bringt. Wenn Frauen die Gleichberechtigung und Augenhöhe anstreben, dürfen sie es nicht zulassen, sich als Hilfsbedürftige einrahmen zu lassen. (Schon recht viele Frauen lehnen es ab, sich von einem Mann nur die Tür aufhalten zu lassen, weil sie dies für den Versuch einer Unterdrückung halten.) In dem Moment, wo Frauen sich der unterlegenen Rolle verweigern, sind Männer ihrer Ritterlichkeit beraubt. Aus männlicher Sicht nehmen Frauen ihnen die Möglichkeit, sich freundlich zu verhalten. Der Geschlechterkampf, den ich persönlich zutiefst verabscheue, beginnt bei dem nun einsetzenden Gerangel um die Oberhand.

9.3.5. Der Wettbewerb

Kehren wir zum Ursprung allen Statusdenkens zurück und zu dessen Motivation. Frauen sind in der Anzahl der Kinder, die sie gebären können, begrenzt. Männer dagegen wären imstande, eine Vielzahl von Nachkommen zu zeugen, nur stehen ihnen dafür nicht genügend Frauen zur Verfügung, da die Geburtenraten von Frauen und Männern beinahe identisch sind. In Ländern und Zeiten mit guter Ernährung werden mehr Männer als Frauen geboren. So gesehen leiden Männer prinzipiell immer unter *Partnerknappheit*. Verschärft wird die Situation überall dort, wo mächtigere Männer mehrere Frauen unterhalten. Dann gehen andere völlig leer aus. Zudem sind Frauen in der Wahl ihres Partners wählerisch. Ihnen bekommt die Strategie besser, auf den Erstbesten zugunsten des Bestmöglichen zu verzichten. Diese Partnerknappheit löst den Konkurrenzdruck unter Männern aus, und schließlich den Konkurrenzkampf.[440]

Anders als bei anderen Spezies, führt der Kampf um die Oberhand unter Männern nicht zwangsweise zu Verletzungen oder gar zum Tode. Jedenfalls nicht mehr. In vorindustriellen Gesellschaften wurde jeder dritte junge Mann im Kampf getötet. Dabei befanden sich die Kämpfer keineswegs im Krieg. Vielmehr ging es um die »Wiederherstellung der Ehre« nach einem »Gesichtsverlust« aufgrund einer Rufschädigung. Durch die Tötung des Widersachers erfuhr der Status des Gewinners einen kometenhaften Auf-

[440] Bischof-Köhler, Doris (2006), S. 114 ff.

stieg. In unseren Gesellschaften werden Mörder weggesperrt, doch früher genossen Männer, die einen gesellschaftlich motivierten Mord »nach den Regeln dieser Gesellschaft« verübt hatten, großes Ansehen.[441] Diese Diskrepanz erschließt sich so genannten »Ehren-Mördern«, die das vermeintliche Fehlverhalten eines weiblichen Familienmitglieds noch heute mit seiner Tötung ahnden, nicht.

Die meisten Kämpfe um die Dominanzhierarchie sind beim Menschen ritueller Natur. Die Regeln und der Ausgang einer Auseinandersetzung hängen bei jeder Spezies vom jeweiligen Fortpflanzungsverhalten ab. In komplexen Gesellschaften, in denen auch Rangniedere benötigt werden, ist der Ritualisierungsgrad des Hierarchie-Kampfes hoch und das körperliche Verletzungsrisiko vergleichsweise gering. Augenkontakt, Muskeln spielen lassen, Brüllen, Drohgebärden überwiegen. Das Imponiergehabe hat sich entwickelt, um ernsthafte Auseinandersetzungen zu vermeiden. Erst wenn es nicht ausreicht, um einen der Gegner zum Rückzug zu bewegen, kommt es zur nächsten Eskalationsstufe und damit zum offenen Kampf. Hemm-Mechanismen sorgen dafür, dass die Auseinandersetzungen nicht grenzenlos eskalieren. Der Sieger stellt den Kampf ein, sobald der Verlierer sich geschlagen gibt. Letzterer kann das Feld in aller Ruhe räumen, denn niemand setzt ihm nach. Spezies, die in Gruppen leben, darunter auch wir Menschen, bilden Rangstrukturen aus, in denen irgendwo Platz für jeden ist. Der Sieger nimmt für sich Privilegien in Anspruch und übernimmt die Führungsrolle, die Verlierer ordnen sich entsprechend unter. Die Unterordnung erfolgt bei Männern überwiegend *stressfrei*, wodurch Koexistenz und Kooperationen erst möglich werden.[442] Männer haben feine Antennen für geringste Statusschwankungen in ihren Beziehungen.[443] Sobald sie die Chance auf die Neuverteilung der Karten wittern, wagen sie einen neuen Versuch, sich zu verbessern. Bei diesen Konkurrenzen wird nicht die gesamte Hierarchie-Kette ausgekämpft. Vielmehr werden anhand exemplarischer Auseinandersetzungen alle weiteren Positionen logisch errechnet: Wenn Anton stärker ist als Bert und dieser wiederum Christian geschlagen hat, Dietmar gegen Christian verloren und gegen Emil gewonnen hat, dann steht Emil auf der untersten Stufe der Hierarchie.[444] Nach ihm kommen nur noch Susanne, Martina und Klothilde, weil Frauen überhaupt nicht kämpfen. Dieses Prinzip der Auseinandersetzung ist ihnen fremd.

441 Baron-Cohen, Simon (2004), S. 59
442 Bischof-Köhler, Doris (2006), S.117 ff.
443 Tannen, Deborah (2004), S. 45
444 Baron-Cohen, Simon (2004), S. 61

Oft wird eingewandt, dass Frauen sich ja ebenfalls wettbewerbsorientiert verhalten. Das ist richtig, jedoch konkurrieren sie deutlich weniger[445], anders – und mehr mit anderen Frauen als mit Männern.[446] Wenn Frauen konkurrieren, dann nicht primär, um andere zu dominieren, sondern um andere davon abzuhalten aufzusteigen. Inzwischen wird dieses Verhalten in der einschlägigen Literatur mit Krabbenkörben verglichen: Fischer bedecken ihre Körbe mit gefangenen Krabben nicht mit Deckeln, weil alle Krabben versuchen, am Rand nach oben zu steigen. Stets kommt eine andere von unten, die die oberen als Treppenstufen gebrauchen will. Irgendwann hält die »Statik« nicht mehr, das Gebilde gerät ins Wanken, alle Krabben fallen wieder auf den Grund des Korbs.[447] Auf diese Weise kann sich in Frauengruppen keine dauerhafte Hierarchie herausbilden.[448] Und Frauen konkurrieren verdeckt, um bestehende soziale Bindungen nicht zu gefährden. Da die Schönheit anderer Frauen die größte Bedrohung für sie ist, verlegen sich Frauen darauf, die Schönheit ihrer Konkurrentinnen in Zweifel zu ziehen, deren Alter, Gesundheit und ihre Treue. Damit sprechen sie ihren Rivalinnen all jene Qualitäten ab, auf die Männer besonderen Wert bei der Auswahl einer Partnerin legen.[449]

Doch Frauen müssen Stress sowie physische Auseinandersetzungen vermeiden, weil dies dem eventuellen Nachwuchs schaden könnte.[450] Inzwischen ist bekannt, dass der Adrenalin- und der Cortisolspiegel bei Männern beim Wettbewerb ansteigen, hingegen bei Frauen sinken. Aufgrund ihres neuroendokrinen Systems erleben Männer Konkurrenz als etwas Belebendes und Lustvolles, wohingegen ein solcher Kraftvergleich den allermeisten Frauen höchst unangenehm ist.[451] Das erklärt, weshalb sich Männer so gerne auf unterschiedlichsten Niveaus im sportlichen Wettkampf messen oder anderen dabei zuschauen, wohingegen viele Frauen Sportarten bevorzugen, bei denen es zu keinerlei direkter Konkurrenz kommt. Auch in anderen Stress-Situationen erhöht sich der weibliche Adrenalinspiegel kaum, sodass das Kräftemessen sich für sie ungleich unbehaglicher anfühlt als für Männer.[452] Frauen sind nicht so versessen auf den Gewinn, wie es

---

445 Niederle, Muriel und Lise Versterlund (2007)
446 Pinker, Susan (2008), S. 291
447 Geym, H. (1987)
448 Bischof-Köhler, Doris (2006), S. 290
449 Buss, David M. (2004)
450 Bischof-Köhler, Doris (2006), S. 293
451 Frankenhaeuser, Marianne (1982)
452 Frankenhaeuser, Marianne et al. (1978)

Männer sind. Frauen ziehen es vor, sich einem Wettbewerb erst dann zu stellen, wenn sich der Wettbewerb gut anfühlt und ihnen der Preis den Einsatz wirklich wert ist.[453]

Dass Männer nicht emotional seien, ist angesichts der Auswertungen von Ausschreitungen zwischen Fußball-Fans nicht haltbar. Untersuchungen in Großbritannien zufolge zeigen Fans von Clubs, die ein Match gewonnen haben, eine höhere Neigung zu Gewalttätigkeit als die Fans der Verlierermannschaft. Die Angriffe auf die gegnerischen Fans sind auf den erhöhten Erregungszustand zurückzuführen, nicht auf die Entladung von Frustrationen.[454]

Die Psychologin Susan Pinker schließt aus dem männlichen Wettbewerbsverhalten: »Besonders aggressive und wettbewerbsorientierte Männer bauen diese Fähigkeiten [Selbstdarstellung, Revierverteidigung, Gewinnen und Verlieren] weiter aus, indem sie entsprechende kulturelle Angebote wie gewalttätige Computerspiele oder Paintball nutzen, die einen natürlichen Reiz auf sie ausüben. Diese Aktivitäten machen sie nicht aggressiv – vielmehr machen sie denjenigen Spaß, die es bereits sind.«[455]

Jennifer Klinesmith und ihre Kollegen gingen einen Schritt weiter. Sie reichten dreißig männlichen, üblicherweise durchschnittlich aggressiven bzw. friedlichen College-Studenten entweder für 15 Minuten ein Kinderspielzeug oder eine Waffe. Sie nahmen ihnen vor und nach der Aushändigung des jeweiligen Gegenstandes Speichelproben ab und ermittelten daraus den Testosteronspiegel. Außerdem sollten die Studenten für eine vermeintlich andere, ihnen unbekannte Person einen »Drink« mixen, den diese angeblich trinken müsste. Dazu erhielten die Testpersonen ein Glas Wasser und eine Flasche mit scharfer Sauce. Und nun das Ergebnis dieses Experiments: Diejenigen, die die Waffe gehalten hatten, wiesen nach 15 Minuten nicht nur einen signifikant höheren Testosteronspiegel auf, sondern verwendeten für den »Drink« ungleich viel mehr von der scharfen Sauce.[456] In diesem Versuch kam ein weiterer Effekt zur Wirkung: Der Gedanke, dass jemand anders das scharfe Gesöff trinken muss, ließ ihr Belohnungszentrum anspringen. Männer empfinden Freude, wenn sie andere bestrafen oder bei Bestrafungen zusehen, zumindest, wenn sie annehmen, dass die Strafe verdient ist. In ihren Gehirnen zeigten sich kaum messbare Zeichen von Empathie. Anders als bei Frauen, die immer

---

[453] Pinker, Susan (2008), S. 306
[454] Taylor, Paul (2005)
[455] Pinker, Susan (2008), S. 263
[456] Klinesmith, Jennifer et al. (2006)

mit Mitgefühl reagierten, sowohl bei Unschuldigen, als auch bei vermeintlichen Übeltätern.⁴⁵⁷ (Wissenschaftler vermuten, dass die Fähigkeit zur Sanktionierung und Bestrafung eine wichtige Rolle nicht nur beim Machterhalt, sondern auch bei der Erhaltung gesellschaftlicher Strukturen spielt.) Der männliche Testosteronspiegel und ihr Belohnungszentrum können demnach von vielen Dingen in Wallung gebracht werden. Männer sollten sich dessen bewusst sein, um bessere Entscheidungen treffen zu können, weniger mit dem Gesetz in Konflikt zu geraten – und um bessere Überlebenschancen zu haben.

9.3.6. Leistungsorientierung

Seit Jahren wird in Deutschland gefordert, nicht nur die Bezüge von Abgeordneten und Top-Managern offen zu legen, sondern auch die anderer Führungskräfte, ja selbst von Otto und Anna Normalverbraucher. In den USA hat die Börsenaufsicht Topmanager 1993 erstmals gezwungen, ihre Einkommen zu veröffentlichen. Wie jetzt in Deutschland dachte man damals auch auf der anderen Seite des Atlantiks, die Offenlegung würde die öffentliche Moral aktivieren und übertriebene Zahlungen verhindern. Hatten Manager 1976 durchschnittlich das 36-fache eines Arbeiters verdient, war es 1993 bereits das 131-fache. Doch das genaue Gegenteil trat ein: Sobald die Gehälter bekannt wurden, waren die Medien voll davon. Die Höhe des Einkommens wurde zum viel diskutierten Thema und gewann an Bedeutung. Es gab plötzlich Ranglisten, die die Manager nach ihrem Vermögen auflisteten. Die Führungskräfte verglichen sich untereinander. Das Ergebnis von alledem war, dass die Gehälter brutal in die Höhe schossen. 2008 verdiente ein Manager in den USA bereits das 369-fache eines Arbeiters.⁴⁵⁸ Längst ging es nicht mehr um die Qualität der Arbeit, sondern das Geld war in den Fokus gerückt. Auch in Deutschland gibt es Ranglisten, zwar noch nicht der Bestverdiener, aber immerhin schon darüber, wer die Reichsten des Landes sind. Das *manager-magazin* gibt dazu sogar Sonderhefte heraus.⁴⁵⁹ In Ländern wie denen der ehemaligen Sowjetunion, die den Kapitalismus erst frisch für sich entdeckt haben, werden Männer ausgelacht, die eine Gelegenheit zum großen Gewinn nicht ergriffen haben, selbst wenn es sich dabei um etwas Illegales handelte.

---

457 Singer, Tania et al. (2004)
458 Ariely, Dan (2008), S. 39 ff.
459 http://bit.ly/a3jqfV

Das war keinesfalls immer so. Eigentlich ist Männern Leistung wichtig, denn sie sind Systematiker. Manche Männer haben sich auf inhaltliche Themen spezialisiert, sind Ingenieure, Chirurgen, Testfahrer, Mathematiker, Piloten, Tee-Einkäufer, Modedesigner von Weltrang etc., andere spezialisieren sich auf die Statusseite. Letztere sind somit Spezialisten für den Aufstieg und das Geldverdienen. Das ist auch eine bemerkenswerte Leistung, die von der Gesellschaft – und Frauen – immens honoriert wird, doch bedauerlicherweise haben diese Personen keine Substanz, die nach allgemeinem Verständnis Werte schafft.

Neben der von schierer Kraft erkämpften Hierarchie gab es auch von jeher die Anerkennung für den Spezialisten. Schon immer genossen Werkzeugmacher und Männer mit anderen seltenen, doch benötigten Fähigkeiten ein hohes Ansehen. Und auch heute noch werden Spezialisten mit vielen Preisen geehrt, allen voran mit dem Nobelpreis. Der Nobelpreis ist die höchste Auszeichnung der Welt für Leistung. Und dennoch kam es 1997 zur Auszeichnung von Myon S. Scholes und Robert C. Merton für ihre mathematische Formel zur Berechnung des Wertes von Aktienoptionen. 1994 hatten Scholes und Merton die Firma *Long-Term Capital Management (LTCM)* für den Handel mit Aktienoptionen nach ihrer Formel gegründet. 1998 rutschte die Firma mit Pauken und Trompeten in die Insolvenz – die Formel hatte versagt. LTCM wurde in einer bis damals einmaligen Aktion durch Finanzspritzen großer Institute gestützt, doch es nützte nichts. Danach ging Merton als Professor zurück an die Harvard Business School, während Scholes sofort nach der Insolvenz eine neue Firma gründete, die ihre Hedge-Fonds angeblich nach derselben Methode verwaltet wie bei LTCM. Dieses Beispiel zeigt wie viele andere, dass einmal durch Leistung erworbener Status sich wie ein Mythos vielleicht ankratzen, doch nicht zerstören lässt.

Der Psychologe Satoshi Kanazawa untersuchte in einer Forschungsarbeit Leistung bei Männern. Dazu verglich er die Biographien von 280 Wissenschaftlern und Künstlern (16. Jahrhundert bis heute) mit den Alterskurven und Verbrechensprofilen von Straftätern. Das erscheint schon sehr skurril. Das Ergebnis war jedoch weit mehr als verblüffend, es zeigten sich nämlich eindeutige Parallelen: Orson Wells hatte den Meilenstein des Films *Citizen Kane* geschrieben und produziert, die Regie geführt, war Hauptdarsteller und dabei erst 26 Jahre alt. Paul McCartney schrieb Musikgeschichte, hatte nach der Auflösung der Beatles jedoch nie wieder einen großen Hit, J. D. Salinger hat nach dem sensationellen Erfolg seines Buchs *Der Fänger im Roggen* kaum noch etwas geschrieben, und das ist nicht nur meiner Ansicht nach wirklich nicht lesenswert. Große Wissenschaftler, darunter James Watson, der Mit-Entdecker der Molekularstruktur der DNS, machten ihre größten Entdeckungen mit Mitte zwanzig. Wissenschaftler erreichen ihren Zenit mit 30 Jahren. Selbst Albert Einstein sagte: »A person who has not made his great contribution to science before the age of thirty will never do so.«[460] (Etwa: Hat eine Person ihren großen Beitrag zu den Wissenschaften bis zum Alter von dreißig noch nicht geleistet, wird sie das nie tun.) Jazz-Musiker und Maler hatten ihren Zenit mit Mitte Dreißig, geniale Autoren mit Mitte Vierzig.[461] Kanazawa nennt die Graphen »age-genius-curves« (»Alter-Genialitäts-Kurven«). Der Anstieg der Kurven beginnt stets mit Anfang zwanzig und sie haben immer die Form eines Spitzhutes. Nur Buchautoren besaßen eine breitere Schaffensperiode.

Die verurteilten Straftäter wiesen dieselben »Leistungskurven« auf: Im Zenit ihrer Leistungsfähigkeit mit ca. Mitte zwanzig »drehten« sie ihre spektakulärsten und profitabelsten »Dinger«. Kanazawa zufolge drängt ihr genetisches Erbe Männer dazu, sich hervorzutun und den Erfolg zu suchen. Dafür sind sie bereit, Höchstleistungen zu erbringen oder größte Risiken auf sich zu nehmen. Den Gewinnern winken Frauen und Kinder. Im Übrigen stellt Kanazawa auch fest, dass die Gesetzesbrecher eigentlich nie wissen, weshalb sie überhaupt die Straftaten begehen.

Der Spitz- oder Zaubererhut gilt für alle Männer – mit einer Einschränkung: Sie müssen unverheiratet sein. Kanazawas Untersuchungen zufolge geht die höchste Leistungsfähigkeit bei Männern mit der Umwerbungs- und Wettbewerbsphase um eine Partnerin einher. Und diese Phase wird durch einen hohen Testosteron-Spiegel bewirkt. Das Eingehen einer festen Bindung und die Geburt von Kindern bewirkt bei Männern ein Absinken des Testosteron-Spiegels bei einem gleichzeitigen Anstieg des Prolactins.[462] Ausgelöst wird diese hormonelle Veränderung durch die Schwangerschaftspheromone, die von der Haut der Partnerin ausgehen.[463] Ein Rückgang des Testosterons bewirkt, dass die Risikofreude, aber auch eine eventuelle Gewaltbereitschaft der Männer sinkt, denn nun werden sie von der Familie gebraucht – als Beschützer.

Übrigens weist die weibliche Leistungskurve eine gänzlich andere Form auf. Sie gleicht einem Cowboy-Hut. Die Leistungsspitze ist verzögert und flacher, dafür umfasst sie einen längeren Zeitraum. Der Höhepunkt wird

[460] Einstein in: Brodetsky, Selig (1942)
[461] Miller, Geoffrey F. (1999)
[462] Exton, Michael S. et al. (2001)
[463] Vaglio, Stefano et al. (2009)

mit ca. 45 Jahren erreicht und hält bis Ende 50 an. Davor binden Kinder die weiblichen Energien.[464]

Nicht nur junge Singles lieben Leistung. Auch Familienväter haben nach wie vor ein Faible dafür. Das zeigt sich vor allem bei Produkten, die angeblich oder tatsächlich vor Kraft strotzen. Da ist es beinahe egal, ob die angegebene Leistung überhaupt noch sinnvoll ist. Im Herbst 2010 kam der *Bugatti 16.4 Super Sport* auf den Markt. Mit 1200 PS und 1500 Nm ist er noch stärker als das Standard-Modell des Veyrons, das »nur« 1001 PS und 1250 Nm Drehmoment in die Waagschale werfen kann. Das als »Höhepunkt« bezeichnete neue Modell ist mit Rücksicht auf die Reifen abgeregelt und ist daher auf 415 km/h begrenzt.[465] Das alles toppt noch ein Dragster, der in England eine Straßenzulassung bekommen hat. Der Rennwagen mit dem Namen *Red Victor* bringt 2200 PS auf den Asphalt und schlägt den Veyron, der für die Beschleunigung von 200 auf 300 Stundenkilometer 9,4 Sekunden braucht, denn Red Victor braucht dafür nur drei Sekunden.[466]

Mehr Leistung ist gut. Das dachten sich anfangs auch die Hersteller von Digitalkameras, als sie 10-Megapixel-Kameras auf den Markt brachten. Das Problem war in den ersten Jahren nur, dass die Chips der Kompaktkameras im selben Maße schrumpften, wodurch sich mehr Bildfehler einschlichen und Bildrauschen entstand, was im Vergleich zu Kameras mit weniger Megapixeln sogar zu schlechterer Bildqualität führte. Erst die Entwicklung von Entrauschungsprogrammen für die Kameras vermochte die Bildqualität wieder zu steigern.

»More Power« war der Schlachtruf von Tim Taylor in der Sitcom *Home Improvement* (deutsch: *Hör mal, wer da hämmert*), einer Familienserie rund um den »Heimwerkerkönig«, seine Familie, Kollegen und Nachbarn. Tim Taylor (gespielt von Tim Allen) präsentiert in seiner Heimwerkersendung *Tool Time* Heimwerkertipps und lebt sein Faible für aufgemotztes Werkzeug aus. Es vergeht fast keine der insgesamt 204 Folgen, ohne dass etwas explodiert, Feuer fängt, eine getunte Waschmaschine durch die Küche der mehr als geduldigen Ehefrau schießt, oder ihr geliebtes Oldtimer-Auto von einem Stahlträger zerstört wird. Für Tim muss ein Männergrill die Qualitäten eines Flammenwerfers besitzen, ein automatisches Nagelgerät die Geschwindigkeit eines Schnellfeuer-Gewehrs erreichen.[467] Das geht naturgemäß immer in irgendjemands Auge.

---

[464] Pinker, Susan (2008), S. 294
[465] http://bit.ly/aIVygz
[466] http://bit.ly/d17dQO
[467] http://bit.ly/94tI1a

Leistung ist Männern so wichtig, dass sie nicht einmal zum Arzt gehen, wenn sie erkranken, um sich nicht eingestehen zu müssen, dass ihre Leistungsfähigkeit beeinträchtigt ist. Und auch *Viagra* konnte nur zu einem solchen Erfolg werden, weil Männer damit ihre Leistungsfähigkeit über Gebühr erhöhen wollen.

9.3.7. Risikobereitschaft

Neben einer hohen Leistungsbereitschaft bringen Männer mit ihrer – aus weiblicher Sicht – immens hohen Risikobereitschaft einen weiteren Faktor in den Wettbewerb ein. Ein Team von Wissenschaftlern rund um James Byrnes analysierte für eine Meta-Studie 150 Untersuchungen zur Risikobereitschaft von Männern und Frauen. Sie definierten 16 verschiedene Arten von riskantem Verhalten. In zwei Bereichen, zu denen beispielsweise Rauchen und Sex gehörten, gab es nur geringe Unterschiede. In den übrigen 14 Risikofeldern zeigten sich große geschlechtsspezifische Unterschiede. Die größten Differenzen fanden sich beim Glücksspiel (96 Prozent der Top-Spieler in Online-Kasinos sind männlich, und die meisten von ihnen haben keinen Schulabschluss[468]), bei risikoreichen Experimenten, im intellektuellen Bereich sowie beim Einsatz von Körper und Leben.[469]

Der geringere Wagemut birgt für Frauen eine Reihe von Nachteilen: Es schützt ihr Leben und das ihrer womöglich noch ungeborenen Kinder, doch Untersuchungen haben gezeigt, dass Frauen auch seltener das Risiko eingehen, nach Gehaltserhöhungen zu fragen und dafür womöglich eine Zurückweisung zu kassieren. Wie ungern Frauen verhandeln, zeigen unterschiedliche Untersuchungen von Linda Babcock und Kollegen. In einem Experiment forderten Männer neunmal häufiger eine höhere Entlohnung als Frauen.[470] In einem anderen stellte sich heraus, dass Chefinnen sowohl Männer, als auch Frauen sanktionierten, die nach Gehaltserhöhungen fragten, wohingegen männliche Chefs in derselben Situation gegenüber Mitarbeiterinnen eine höhere Abneigung verspürten. Mitarbeiterinnen wiederum verhandeln lieber mit Chefinnen als mit Chefs. Trotz alledem zahlt es sich für Frauen aus, das Gehalt zu verhandeln, weil sie sich manchmal trotz aller Widrigkeiten durchzusetzen vermögen.[471]

---

[468] Pinker, Susan (2008), S. 297
[469] Byrnes, James P. et al. (1999)
[470] Babcock, Linda und Sara Laschever (2003), S. 2
[471] Bowles, Hannah Riley et al. (2005)

Männer hingegen gehen Risiken selbst dann ein, wenn sie genau wissen, dass es sich um eine wirklich schlechte Idee handelt. Ihre Risikobereitschaft, doch auch die Todesrate, entspricht in Form, im zeitlichem Ablauf und Alter exakt dem zuvor erwähnten Zaubererhut: Sie ist zum von Kanazawa ermittelten Höhepunkt der Leistungsfähigkeit am höchsten, weil dies exakt die Zeit der Partnersuche und Nachkommensicherung ist, und nimmt mit dem Alter ab. In höherem Alter haben sich die Unterschiede im Risikoverhalten von Frauen und Männern minimiert.[472] In jungen Jahren jedoch beträgt das Verhältnis der Todesfälle von Männern und Frauen jedoch 3:1.

Seit 1994 werden alljährlich die *Darwin-Awards*[473] verliehen, allerdings nicht, wie der Name zunächst vermuten lässt, für beste Überlebensstrategien, sondern für die riskantesten, absurdesten und dümmsten Methoden, um aus dem Leben zu scheiden. Die Ehrung erfolgt somit meistens posthum – und trifft zu neunzig Prozent Männer. 2006 erhielt ein 33-jähriger Engländer namens Darren den Darwin-Award, nachdem er mit Stichwunden verblutet in seinem Flur gefunden worden war. Die Eingangstür war angelehnt, es gab keinerlei Kampfspuren und neben ihm lag ein blutiges Messer. Der Gerichtsmediziner kam zum Schluss, dass die Wunden von dem Toten sich selbst zugefügt worden sein müssen. Alle waren ratlos, denn er galt nicht als selbstmordgefährdet. Seine Frau befand sich während dieses Vorfalls auf Urlaubsreise. Als sie zurückkam, brachte sie Licht ins Dunkel der Ermittlungen: Darren hatte feststellen wollen, ob seine neu erworbene Jacke sicher vor Messerstichen schützte. Und statt dies nun auszuprobieren, während die Jacke über einem Stuhlrücken hing, probierte er es sogleich buchstäblich am eigenen Leib aus.[474]

Ein 26-jähriger Mann aus Belize ließ einen Drachen steigen. Weil seine Leine zu kurz war, verlängerte er sie kurzerhand mit einem Kupferdraht. Dann geriet sein Drache in die Nähe einer Hochspannungsleitung und der junge Mann wurde von einem Stromschlag durch den Kupferdraht getötet. Er hätte es besser wissen sollen – er war von Beruf Elektriker.[475]

Doch nicht jedes Risiko ist auf Dummheiten oder kriminelles Verhalten zurückzuführen. Gäbe es die Risikobereitschaft bei Männern nicht, hätten wir wohl keine Astronauten, keine Feuerwehrleute, keine Rennfahrer, keine Forscher und keine Bergwacht, um nur einige Beispiele zu nennen.

---

472 Byrnes, James P. et al. (1999)
473 http://www.darwinawards.com
474 http://bit.ly/cPaXXJ
475 http://bit.ly/aTaHQ6

(Natürlich sei den Frauen in diesen Berufen derselbe Respekt gezollt.) Wir hätten weder griechische Heldensagen oder Menschen mit Zivilcourage wie Dominik Brunner, der 2009 sogar mit seinem Leben bezahlte, als er Kinder vor den Übergriffen zweier Jugendlicher schützte, noch einen Mohandas Karamchand (Mahatma) Gandhi, der die Welt durch seine Gewaltlosigkeit veränderte. Übrigens sind Männer immer dann zu noch riskanterem Verhalten bereit, als ohnehin schon, wenn sie wissen, dass ihnen eine Frau gerade zuschaut.[476] Wenn ihr Bemühen gut geht, werden sie fortan zu Helden. Wenn nicht … nun ja.

Wenden wir uns der Frage zu, weshalb Männer das Risiko so schätzen. Risiko birgt die Chance auf den totalen Gewinn oder den vollständigen Verlust. Doch ob Gewinn oder Verlust – jemand, der alles riskiert, ist auffällig, vielleicht auch innovativ, doch er erregt auf jeden Fall Aufsehen. Was auch immer ein Mann tut: Wenn es etwas Großes ist, ist es auch immer großartig und spektakulär.[477] Jeder schaut hin. Wie schon das Beispiel von den Rhesus-Affen in Kapitel 11 gezeigt hat, werden hochrangige Affen oft und viel angeschaut, selbst wenn es der Betrachter sich etwas kosten lassen muss. Der Effekt lässt sich sogar umkehren: Wer oft angeschaut wird, besitzt einen hohen gesellschaftlichen Status.[478] Die Parallele zum Menschen ist verblüffend: Karl Schawelka, Professor an der Bauhaus Universität, weist darauf hin, dass es bis zum Ende des 18. Jahrhunderts die Männer waren, die durch ihr Äußeres die meisten Blicke auf sich zogen. »Das Privileg, durch auffällige Farbigkeit die Blicke auf sich zu lenken, war vorher an die Macht, den Rang, also an die gesellschaftliche Stellung gekoppelt, weshalb Frauen selten mit den männlichen Prälaten und Fürsten konkurrieren konnten.«[479]

Seither hat sich wenig verändert, wie wir täglich in unseren Medien sehen können: Wer wichtig ist, ist oft in den Medien. In den Nachrichten sehen wir die Anführer der regierenden Parteien, natürlich unterschiedlich oft in Abhängigkeit von ihrer Bedeutung. Die Führer der Oppositionsparteien werden hingegen kaum je gezeigt. Deswegen müssen sie sich bei jedem auch noch so verzeihlichen Patzer eines politischen Gegners zu Wort melden, sonst kommen sie nie ins Bild. Und auch die Klatschpresse zeigt, wer wichtig ist. Auf diese Weise kommen nicht nur Angehörige von Königshäusern und Filmstars in die Blätter, sondern auch weitgehend

---

[476] Frankenhuis, Willem E. et al. (2010)
[477] Bischof-Köhler, Doris (2006), S. 270 f.
[478] Chance, Michael R. A. (1976)
[479] Schawelka, Karl (2008), S. 185

talentfreie Personen, die durch keine andere Leistung Bedeutung gewinnen, als dass sie in diesen Medien abgelichtet werden, allen voran das Medien-Phänomen Paris Hilton mit ihren wechselnden Freundinnen. Doch Paris Hilton & Co. wissen genau, dass das Interesse der anderen nachlässt, sobald sie nicht länger selbst dafür sorgen, ständig in den Medien zu erscheinen. Buchstäblich »zu Ansehen« kommen demnach Menschen, die tatsächlich eine hohe Leistung vollbracht haben, als auch diejenigen, die lediglich das Instrumentarium beherrschen, um bekannt zu werden. Bedauerlicherweise ist vielen von uns die Fähigkeit abhanden gekommen, Helden, Könner und Forscher von den Schreihälsen trennen zu können.[480]

Doris Bischof-Köhler schreibt dazu: »Da nun die typisch männlichen Tätigkeiten häufig den Charakter haben, Aufsehen zu erregen, werden sie spontan und ohne viel nachzudenken als Hinweis auf 'Ranghöhe' gewertet. In diesem Mechanismus ist letztlich die Ursache für die *Höherbewertung alles Männlichen* zu suchen.«[481] Genau darin sieht sie »den eigentlichen Kern der Diskriminierung von Frauen«. Frauen gehen ihren Aufgaben beharrlich, sorgfältig und verantwortungsbewusst nach. Bei weitgehend archaisch lebenden Stämmen, beispielsweise den Buschleuten, sind Frauen als Sammlerinnen für den Großteil des Nahrungsbedarfs zuständig. Dafür kennen sie eine hohe Anzahl essbarer und giftiger Pflanzen. Ihre Versorgungsleistung erfährt keine hohe soziale Anerkennung. Anders die der Männer. Zwar ziehen sie erst zur Jagd los, wenn alle der Ansicht sind, dass mal wieder ein Stück Fleisch angenehm wäre, doch wenn sie losziehen, dann begleitet von Pauken und Trompeten. Ihre Rückkehr wird mit Spannung erwartet. Niemand weiß, wann sie wiederkommen und was sie mitbringen werden. Wenn sie dann irgendwann wieder zurück sind, stellen die Zubereitung und die Verteilung gemäß der Rangfolge in der Gruppe große Ereignisse dar. Der »Sonntagsbraten« sorgt für Abwechslung im täglichen Einerlei und genießt daher besondere Aufmerksamkeit.[482] Und auch hier zeigen sich wieder Parallelen zu unserem Leben: Seit einigen Jahren ist es Mode, dass auch Männer kochen. Doch natürlich tun sie es nicht im Alltag für die Familie, vielmehr ist der kochende Mann ein Großereignis. Er braucht das Werkzeug eines Profis, auch wenn er seine Freunde nur wenige Male im Jahr zum Essen einlädt. Inzwischen geben diverse spezi-

---

480 Bischof-Köhler, Doris (1992)
481 Bischof-Köhler, Doris (2006), S. 271
482 Bischof-Köhler, Doris (2006), S. 271 f.

elle Wein- und Koch-Magazine vor, wie ein richtiger Kerl kocht und grillt, darunter seit 2010 zum Beispiel *Beef!* (»für Männer mit Geschmack«)[483] von Gruner + Jahr. Da wird nicht wie in jeder beliebigen Frauenzeitschrift gekocht, da wird das Kochen männlich zelebriert. Doch würde diese Strategie nicht einen großen Eindruck bei anderen Männern und Frauen hinterlassen, wäre sie aus unserem Sozialverhalten längst verschwunden. Allein die Tatsache, dass diese Variante des Imponiergehabes funktioniert, spricht für ihre Daseinsberechtigung.

9.3.8. Das männliche Selbstbewusstsein und die männliche Misserfolgstoleranz

Beim Kampf um Status und Partnerinnen zum Zeugen vieler kleiner Helden müssen Männer jede Gelegenheit wahrnehmen, selbst wenn sie recht aussichtslos erscheint. Man(n) kann halt nie wissen, ob es nicht doch klappt! Um vom Dauerkampf nicht zermürbt zu werden, benötigen Männer eine besondere Ausstattung, um Niederlagen nicht so niederschmetternd zu erleben. Depressive Männer stellen sich keiner Auseinandersetzung mehr und kriegen daher keine Chance mehr auf Nachwuchs. Männer müssen sich daher schöner, größer, fähiger und mutiger sehen, als sie oft tatsächlich sind. So gesehen besitzen Männer eine biologische rosarote Brille. Mit ihrer Hilfe gelingt es ihnen, sich immer wieder neuen Herausforderungen zu stellen, doch auch die Verleugnung erlebter Misserfolge. Männer besitzen eine hohe Misserfolgstoleranz und damit die Fähigkeit, das Scheitern zu ertragen und trotzdem weiterzumachen.

Für viele Frauen ist es vollkommen unverständlich, wie Manager scheitern, indem sie Entscheidungen mit katastrophalen Konsequenzen treffen, und anschließend weitermachen, als wäre nichts geschehen. Frauen erwarten an dieser Stelle mindestens einen öffentlichen Kniefall. Wenn ihnen dasselbe passiert wäre, hätten sie sich längst eingegraben und nie wieder an die frische Luft getraut. Sie wären buchstäblich vor Scham vergangen. Nicht so die Männer. Sie empfinden ihre Fehler als weitaus weniger gravierend. Und scheitert tatsächlich einer gänzlich, so kann er sich des Respekts anderer Männer versichern, indem er wieder aufsteht und weitermacht. Dieses Denken ist Frauen vollkommen fremd.

[483] http://www.beef.de/

9.3.9. Aggressivität

Männern wird nicht nur in Wettbewerbssituationen oftmals eine hohe Aggressivität bescheinigt. Bei Kindern werden drei Mal so viele Jungen wie Mädchen aggressionsauffällig.[484] Dieser Aggressionsbegriff ist jedoch zu allgemein für die tatsächlichen Vorgänge, denn es gibt insgesamt drei bekannte Arten von Aggressionen: *instrumentelle, hostile und assertive*.[485]

In den meisten Fällen werden Männer aggressiv, nicht weil sie anderen absichtlichen Schaden zufügen wollen, sondern weil sie am Erreichen ihres Zieles behindert werden. Somit handelt es sich bei einer aggressiven Reaktion auf eine derartige Situation um eine *instrumentelle* Aggression, die auf *Frustration* basiert. Man(n) will sich des anderen entledigen, um aus der frustrierenden Situation herauszukommen bzw. die Behinderung aufzuheben, nicht, um dem anderen zu schaden. Wenn der andere nicht mehr darin enthalten ist, so die Hoffnung, dann löst sich die frustrierende Situation wieder auf. Anders die *hostile*, feindliche Aggression. Dahinter verbirgt sich eine gezielte Absicht, einem anderen Schaden und Schmerz zuzufügen.[486] Der Verursacher *genießt* die Schädigung des Opfers oder gar seinen Tod. Diese Art der Aggression ist nach heutigem Wissensstand dem Menschen und einigen Primaten vorbehalten, da sich dahinter die Notwendigkeit der Theory of Mind verbirgt (vgl. Kapitel 6). Jemand, der einem anderen voller Absicht wehtun will, muss wissen, mit welchen Mitteln er dieses Ziel erreicht und dass es erreicht wurde.[487] Diese beiden Aggressionsarten kommen bei Frauen und Männern vor, wenn auch in unterschiedlichem Maße und in verschiedenen Ausdrucksformen. Männer zeigen eher offen geäußerte Aggressionen und wenden dabei in unterschiedlichem Maße auch körperliche Gewalt an. Frauen hingegen verhalten sich weit überwiegend indirekt aggressiv. Sie wenden eine Art »empathischer Gewalt« an, indem sie hinter ihrem Rücken schlecht über andere reden, sie aus der Gruppe ausschließen oder verbale Seitenhiebe verteilen, auch wenn die körperliche Gewalt unter Mädchen und Frauen in den vergangenen Jahren zugenommen hat. So beunruhigend dies grundsätzlich ist, so marginal sind die absoluten Zahlen noch immer im Vergleich zur körperlichen Gewalt durch Männer.[488] Die Toberei von Jungen, bei der es durchaus »zur

[484] Pinker, Susan (2008), S. 55 f.
[485] Bischof-Köhler, Doris (2006), S. 116
[486] Feshbach, S. (1970), Kornadt, Hans-Joachim (1982)
[487] Bischof-Köhler, Doris (2006), S. 116 f.
[488] Baron-Cohen, Simon (2004), S. 58 f.

Sache« gehen kann, darf hingegen keineswegs mit Aggression verwechselt werden. Hier geht es um ein spielerisches Kräftemessen, das dem Muskelaufbau und der Übung des Durchsetzungsvermögens dient.[489]

Die Form der Kampflust, die sogar schon bei Insekten zu finden ist und als älteste phylogenetische (stammesgeschichtliche) Aggression gilt, wird als *assertive* Aggression bezeichnet. Die assertive Aggression wird durch den bloßen Anblick eines Rivalen ausgelöst. Der Unterschied zu Frustrationsaggressionen besteht darin, dass diese *reaktiv* auf eine bestehende Situation erfolgen. Erst muss eine bestimmte Ver- oder Behinderung eintreten, woraufhin eine wütende Reaktion beim Individuum entsteht. Die assertive Aggression hingegen ist eine *spontane* Reaktion auf die Anwesenheit eines potenziellen Konkurrenten. Sie hat zum Ziel, den anderen zu besiegen, nicht jedoch die Zufügung ernsthaften Schadens. Es geht um die *Unterwerfung* des anderen.[490]

9.3.10. Besitz und Statussymbole

Wie wir gesehen haben, ist Status kein Selbstzweck, sondern ein Mittel, um potenziellen Partnerinnen die Tauglichkeit eines Mannes und seinen Wert zu signalisieren. Da Frauen auf Partnersuche nicht ständig irgendwelchen Männern hinterherlaufen können, um jeden ihrer Kämpfe zu beobachten, bedarf es offen sichtbarer Zeichen, mit denen Männer ihren jeweiligen Platz in der Rangordnung zur Schau stellen können. Die dafür notwendigen Symbole müssen auch zum Ausdruck bringen, dass der Mann ein guter Versorger ist, da dies ein wichtiges Auswahlkriterium für Frauen ist (vgl. Kapitel 9). Die Philosophen der Biowissenschaften Matthias Uhl und Eckart Voland stellen fest: »Besitz korreliert regelmäßig mit Reproduktionserfolg.« Zu dieser Erkenntnis brachten sie Studien über vormoderne bäuerliche Gesellschaften aus Iran, Kenia, Kaschmir sowie von den Mormonen und den Amish in den USA. All diese Untersuchungen stellten unisono fest, dass großer Besitz gleichbedeutend ist mit einer hohen Anzahl von Nachkommen.[491] Und das gilt nicht nur für Gesellschaften mit Vielweiberei. Uhl und Voland erklären dies so: »Menschen haben die universell verbreitete, weil genetisch fixierte Tendenz, vorteilhafte Lebensumstände in Reproduktion umzusetzen.«[492] Ihr Buch heißt übrigens *Angeber haben mehr vom Leben*.

---

489 Maccoby, Eleanor E. und Carol N. Jacklin (1974), Maccoby, Eleanor E. (1998)
490 Bischof-Köhler, Doris (2006), S. 117
491 Uhl, Matthias und Eckart Voland (2002), S. 48 f.
492 Uhl, Matthias und Eckart Voland (2002), S. 49

Man kann also unumwunden feststellen, dass Status und Besitz die Attraktivität eines Mannes steigern. Aus diesem Grund wird immer wieder gern in allen »Preisklassen« geschummelt, und deswegen blüht der Handel mit Markenfälschungen von Adidas bis Rolex, die von den Käufern wissentlich erworben werden. »Mehr Schein als Sein« charakterisiert die Absicht dahinter vorzüglich. Woher der Ausdruck »auf großem Fuß leben« stammt, ist umstritten. Eine der vielen verbreiteten Erklärungen würde gut an diese Stelle passen. Sie lautet wie folgt: Der Spruch »auf großem Fuß leben« geht (angeblich) auf das Mittelalter zurück, als Ritter durch die Länge ihrer Schnabelschuhe anzeigen durften, wie reich sie waren. Manche hatten so lange Schuhe, dass sie längst nicht mehr laufen konnten. Aus heutiger Sicht würden wir wohl mutmaßen, dass ein Ritter genug Geld besessen haben müsste, um sich Diener zu leisten, die ihn mit seinen überlangen Schuhen durch die Gegend tragen mussten. Sicher ist nur, dass viele schon damals so manchen Zentimeter dazu geschummelt haben, um noch etwas besser dazustehen. Oder zu sitzen. Wie man's nimmt.

Aus einer anderen Richtung nähert sich Clotaire Rapaille dem Besitz. Seine Forschung über kulturelle Bedeutungen führte ihn auch zu der Frage, was Geld und Besitz für die US-amerikanische Gesellschaft bedeuten. Er stellt eine etwas gewagte These auf, nämlich dass es in den USA in Ermangelung einer Feudalgesellschaft keine Titel gibt, die besonders erfolgreichen Staatsbürgern verliehen werden können, um ihre Verdienste für alle sichtbar zu machen. Im Vergleich dazu verleiht die Queen verdienstvollen Bürgern Großbritanniens, aber auch anderer Staaten »The Most Excellent Order of the British Empire« in fünf Stufen. Darüber hinaus gibt es zahlreiche andere Ehrenzeichen und Orden mit und ohne Verleihung der Ritterwürde, mit oder ohne Erhebung in den Adelsstand.[493] In anderen Ländern, in denen die Monarchien vollständig abgeschafft wurden, ist oft noch immer eine wie auch immer geartete Adelstradition vorhanden. Die USA selbst hatten so etwas nie, auch vor dem Unabhängigkeitskrieg nicht. Rapaille schließt aus der Geschichte der Vereinigten Staaten von Amerika: »In der amerikanischen Gesellschaft wird der soziale Status an Luxusgütern sichtbar, und der amerikanische Kultur-Code für Luxus lautet Rangabzeichen.«[494] Insofern stimmt Rapailles Analyse-Ergebnis mit den evolutionsbiologischen Erkenntnissen überein. Und obwohl Rapaille diese Bedeutung nur für die USA ermittelt hat, lässt sich deswegen eine

---

[493] http://bit.ly/dla6zH
[494] Rapaille, Clotaire (2006), S. 236

starke Ähnlichkeit zu der allgemeinen Bedeutung von Statussymbolen auch diesseits des Atlantiks erkennen. Rapaille stellt eine weitere Parallele her, indem er auf die Verbindung zwischen Rangabzeichen und militärischen Dienstgraden hinweist. Wie es unterschiedliche Dienstgrade gibt, gibt es auch unterschiedliche Luxusgrade oder, übertragen auf Statussymbole, verschiedene Klassifikationen für Besitztümer.[495] Es macht eben doch einen großen Unterschied, ob sich jemand einen zehn Jahre alten Gebrauchtwagen oder einen Neuwagen kauft, ob er einen *Tata Nano*, einen *Dacia Logan* oder einen *Volkswagen* kauft. Es macht einen immensen Unterschied, ob sich jemand eine A-, C-, E- oder S-Klasse von Mercedes kauft. Am Besitz lässt sich somit genau ablesen, was für einen erfolgreichen Menschen man vor sich stehen hat.

Der Besitz und das Herzeigen von Statussymbolen soll, ebenso wie riskantes Verhalten, Aufmerksamkeit erregen. Gleichzeitig demonstriert es den Rang und eventuell auch noch die Gruppenzugehörigkeit. Gesellschaftliche Aufsteiger wollen immer zur nächsthöheren Gesellschaftsschicht aufschließen, während die Oberen versuchen, diese Bemühungen abzuwehren. Karl Schawelka beschreibt den Prozess so:

»Jedes Mittel, die Aufmerksamkeit auf sich zu ziehen, hat nämlich etwas von einem Wettrüsten an sich. Womit man sich auszeichnet und höheren Status erlangt, wird nachgeahmt, damit entwertet, perzeptuell ebenso wie sozial, also bedarf es gesteigerter Mittel, die aber wiederum nachgeahmt werden, usw. Irgendwann ist dann ein Punkt erreicht, wo eine weitere Steigerung unmöglich oder absurd wird. (...) Ein solcher Sättigungspunkt ist in den Fußgängerzonen oder innerhalb der Werbebeilagen in unseren Printmedien erreicht worden. Die Lösung, die dann oft gefunden wird, besteht darin, wieder zu einem schlichten, einfachen Stil zurückzukehren, der allerdings eine neue Stufe der Raffinesse beinhaltet. Die Oberschichten laufen ja nicht Gefahr, mit den wirklich Armen verwechselt zu werden. Sie müssen sich vor allem von den nachdrängenden, als neureich diffamierten Schichten absetzen, und wenn dies nicht durch den offensichtlich betriebenen Aufwand gelingt, dann wird so etwas als schlechter Geschmack diffamiert und dagegen die natürliche Grazie und schlichte Eleganz als Prärogative des wahren Adels gefeiert.«[496]

Vor einigen Jahren las ich eine Zwischenüberschrift in einem Artikel über hochwertige Bekleidung, die da lautete: »Ein Gentleman trägt keine

---

[495] Rapaille, Clotaire (2006), S. 236 f.
[496] Schawelka, Karl (2008), S. 187

fremden Zeichen.« Gemeint war, dass jemand, der etwas auf sich hält, keine sichtbaren Markenzeichen irgendwelcher Bekleidungshersteller tragen sollte. Dieser Hinweis ist von Herren, die ihre Anzüge nach *Bespoke-Art*[497] in der *Savile Row* Londons fertigen lassen, leichter zu beachten. Die meisten anderen Männer (und Frauen) tragen gerne »fremde Zeichen«, also Marken, damit sie anderen zu erkennen geben können, wie sie gesehen werden möchten. Um uns also gut in diesem Teil der Welt zurecht zu finden, benötigen wir eine umfangreiche Markenkenntnis, damit wir stets die richtigen Zeichen zu senden und andere als unseresgleichen zu erkennen vermögen.

Statussymbole sind also sehr aussagekräftig. Sie sind auch innerhalb von Unternehmen sehr beliebt, allen voran die Marke und das Modell des Dienstwagens. Doch dieses »Zeig mir deins, dann zeig ich dir meins« hat auch Schattenseiten: Status schafft Distanz zu anderen. Ein Management, das sich möglichst stark von seinen Mitarbeiterinnen und Mitarbeitern abheben will, schafft mit der Zeit unüberwindbare Gräben. Dauert der Prozess lange genug an, entstehen Bürokratien, die die meiste Zeit damit verbringen, sich zu organisieren, statt sich ums Geschäft zu kümmern. Und es gibt Unternehmenslenker, die sich um ihre eigene Bedeutung so viele Gedanken machen, dass ihnen keine Zeit mehr bleibt, über die Kundschaft nachzudenken. So ist dann häufig auch das gesamte Unternehmen aufgestellt: Die Mitarbeiter achten darauf, dem Chef zu gefallen – nicht den Kundinnen und Kunden.

9.3.11. Das Vatergehirn

Waren Männer mit all ihrem Wetteifern und Werben, mit der Darstellung ihrer Fähigkeiten und ihres Besitzes erfolgreich, können sie heiraten und endlich Helden (oder auch Heldinnen) zeugen. Auch wenn Eltern, Mütter wie Väter, in Ländern der Ersten Welt bei der Geburt des ersten Kindes immer älter werden und in vielen Ländern die Geburtenrate nur noch bei 1,4 Kindern pro Familie oder gar noch darunter beträgt, ist es für die meisten Menschen irgendwann Zeit für Nachwuchs. Entgegen früherer Ansichten weiß man heute, dass sich nicht nur das weibliche Gehirn zum Muttergehirn umbaut, sondern dass auch das männliche Gehirn sich zum Vatergehirn wandelt.

---

[497] *Bespoke* bedeutet, dass bei den Top-Schneidern des britischen Königreichs jeder Anzug nur nach ausführlicher Besprechung für den einzelnen Kunden gefertigt wird.

Während der Schwangerschaft sorgen weibliche Pheromone beim Mann für Hormonverschiebungen. Dabei kann es bei Männern auch zum *Couvade-Syndrom* kommen, sozusagen einer »Schwangerschaft aus Sympathie«, bei der es zu einer Reihe von Krankheitssymptomen kommt, die physiologisch nicht erklärbar sind. Das Couvade-Syndrom gilt nach wie vor als zu wenig erforscht. Bekannt ist jedoch, dass es bei Männern Verdauungsstörungen, Durchfall und Verstopfungen verursachen kann, einen verstärkten oder geringeren Appetit, Gewichtszunahme, Kopf- und Zahnschmerzen. Die Symptome verschwinden unmittelbar nach Geburt des Kindes wieder.[498]

Ist das Kind erst geboren, teilen sich die Väter in zwei Gruppen: diejenigen, die sich viel mit ihrem Kind beschäftigen, und diejenigen, die ihre Kinder kaum zu Gesicht bekommen. Bei denjenigen, die sich kaum um ihre Kinder kümmern, verändert sich im Prinzip nichts. Bei denen jedoch, die einen engen Kontakt zu ihren Kindern pflegen, reagiert der Körper in hohem Maße. Die Veränderungen sind zwar nach heutigen Erkenntnissen geringer als bei Müttern, aber dennoch enorm. Untersuchungen haben gezeigt, dass Väter, die sich stark um ihre Kinder kümmern, einen geringeren Testosteronspiegel aufweisen. Nur lässt sich noch nicht sagen, ob der Testosteronspiegel durch die Beschäftigung mit dem Kind sinkt, beispielsweise als Schutzmechanismus, oder ob sich die Väter verstärkt um ihre Kinder kümmern, die einen geringeren Testosteronspiegel besitzen.[499]

Was aber noch viel wichtiger ist: Ebenso wie bei Paaren sowie zwischen Müttern und Kindern, werden auch bei Vätern Dopamin und Oxytocin in hohen Dosen ausgeschüttet, wenn sie Blick- und Körperkontakt mit dem Kind pflegen. Der Umgang mit dem Kind aktiviert das Belohnungszentrum, je mehr, desto stärker. Der Einklang zwischen Vater und Kind entsteht durch chemische und physikalische Veränderungen im Gehirn.[500]

Interessanterweise entsteht eine intensivere Interaktion zwischen Vater und Kind, wenn die Mutter nicht anwesend ist oder zumindest nicht zuschaut. Vater und Kind reagieren unmittelbarer und spontaner aufeinander, wenn sie miteinander allein sind.[501] Außerdem sind sie weniger dem »korrigierenden Eingreifen« der Mutter ausgesetzt. Männer, die in einer guten Partnerschaft leben, zeigen ihren Kindern mehr Zuneigung.[502] Wie

498 Klein, Hillary (1991)
499 Brizendine, Louann (2010), S. 110
500 Brizendine, Louann (2010), S. 111 ff.
501 Cannon, Elizabeth A. et al. (2008)
502 Schoppe-Sullivan, Sarah J. et al. (2008)

sich gezeigt hat, wirkt sich die Förderung des Kontakts zwischen Vater und Kind durch die Mutter wiederum sehr positiv auf die Partnerschaft aus.[503] Besondere Vorzüge genießen jedoch die Kinder, deren Väter viel mit ihnen spielen. Väter spielen anders als Mütter, körperbetonter, überraschender, kreativer und auch lustiger. Das steigert die Neugier und die Lernfähigkeit der Kinder.[504] Väter sind keine Mütter, und Mütter keine Väter. Kinder spüren die Unterschiede genau.

9.3.12. Männer und ihr Hobby

Männer und ihr Hobby sind eine unzertrennliche Einheit. Weil viele Männer ihr »Spielzeug« mehr zu lieben scheinen als ihre Partnerinnen, sind schon viele Ehen zerbrochen. Ich erinnere mich an eine Reise nach Israel. Damals beobachteten mein Lebensgefährte und ich, wie die jungen israelischen Männer zu zweit oder zu dritt in ihrem Pickup auf den Strand fuhren und begannen, mit großer Show begleitet ihre Sportgeräte von der Ladefläche zu hieven. Da gab es alles, was das Herz begehrt – und was in den meisten Ländern auf einem normalen Strand wohl verboten wäre. Surfboards waren kaum dabei, dafür JetSki in diversen Größen, Modellflugzeuge und echtes Fluggefährt in Form von Paraglidern und sogar Ultraleichtfliegern, mit denen die todesmutigen Piloten über die Strandbesucher hinweg rasten. Während all dieses Brimboriums gaben sich die Grüppchen junger Frauen, die das Imponiergehabe aus ihrem gemeinsamen Militärdienst schon kannten, gänzlich uninteressiert. Und auch die jungen Männer taten so, als wären sie vollkommen auf ihr Sportgerät konzentriert. Es versteht sich von selbst, dass die jungen Männer zweifellos zeigen wollten, was sie zu bieten hatten und welch gute Partie sie waren – inklusive Pickup. Dieses ganze Getue lief so routiniert ab, dass mein Lebensgefährte, der mich auf dieser Reise begleitete, nach einer Weile die Hände in die Luft warf und ausrief: »Ich verstehe wirklich nicht, wie die Israelis es schaffen, sich kennen zu lernen und nicht auszusterben!«

Hier ging es also zweifellos nicht um die primäre Beschäftigung mit dem Hobby. Bei meinen Recherchen zu diesem Buch hatte ich die ganze Zeit das Gefühl, dass die Fachliteratur über Männer bzw. über Frauen und Männer einen wichtigen Aspekt übersieht. Es dauerte eine ganze Weile, aber dann wusste ich es: die Leidenschaft der Männer, die sie für ihre liebste

---

[503] Pasley, Kay et al. (2002)
[504] Brizendine, Louann (2010), S. 117

Freizeitbeschäftigung empfinden. Obwohl sich dahinter riesige Märkte verbergen, weil Männer für ihr Hobby gerne viel tiefer in die Tasche greifen, scheint sich kaum jemand ernsthaft damit zu beschäftigen. Männer mit Hobbys werden belächelt, wie allein schon die Tatsache zeigt, dass der Privatsender *Kabel Eins* 2010 eine Serie unter dem Titel *Mein Mann, sein Hobby & ich* ausgestrahlt hat.

Meine Analysen haben elf charakteristische Kriterien zu den Hobbys von Männern zutage gefördert:

1. Männer tun viele verschiedene Dinge in ihrer Freizeit. Die meisten davon sind kein Hobby. Das Hobby zeichnet sich vor allem durch das Erlebnis von Autonomie und Kontrolle aus: Ein Mann hat die Wahl, das heißt, er nimmt sich die Zeit, schafft die Möglichkeit für das Hobby und folgt seinen Interessen.
2. Das Hobby bietet Männern einen Freiraum außerhalb der von außen oder ihnen selbst auferlegten und sehr ernst genommenen Pflichten als Mitarbeiter, als Familienernährer etc.
3. Sein Hobby ist eines der wenigen verbliebenen Refugien eines Mannes, in denen er seine biologisch bedingten Bedürfnisse ausleben kann, z. B. in Form eines Trainings der Hand-Augen-Koordination, der Erschaffung von Dingen, Sport, Abenteuer, Orientierung, Ausleben des Spiel- und Forschungstriebs. Daher weisen vergleichsweise viele Hobbys von Männern früher oder später Merkmale der Grenzerkundung auf. Nach jedem noch so glückvollen und vielleicht auch zufälligen Gelingen wird die noch größere Herausforderung gesucht, und selbstgebaute elektrische Geräte werden irgendwann bis zur Sinnlosigkeit hochmotorisiert.
4. Oft sind die Hobbys berufsbegleitend oder sogar karrierefördernd ausgewählt. Mit manchen Hobbys wird Wissen vertieft, das schließlich auch einen beruflichen Vorteil bringt. Manchmal sollen sie Erholung und Ausgleich bieten, um fit für den Job zu sein. Viele haben begonnen Golf zu spielen, um auf dem Platz die nötigen Kontakte zu knüpfen. Ich habe auch schon öfter gehört, dass Vorstände internationaler Unternehmen sämtlichen Mitarbeitern anbieten, sie zu begleiten, während sie vor Ort sind und joggen gehen. Dann würden sie Gelegenheit erhalten, dem Obersten ihre Überlegungen mitzuteilen. So mancher hat dadurch überhaupt erst mit dem Joggen begonnen.
5. Meist geht es um ein selbst ausgesuchtes Hobby, das frei gewählt wurde. Ganz wichtig ist dabei der Aspekt der autonomen Entscheidung.

6. Daneben gibt es die sozial bedingte Freizeitbeschäftigung, die vom Engagement im Hospiz bis zur Mitgliedschaft im Schützenverein reicht.
7. Männer gehen ihrem Hobby mindestens mit demselben Ernst nach, wie ihrer Arbeit.
8. Männer setzen sich bei ihrem Hobby Ziele, die sie zu erreichen suchen. Leistungssteigerung gehört immer dazu. Viele suchen die Perfektion, ob nun in der perfekten Welle oder im perfekten Maßstab.
9. Bei einem Hobby spüren Männer sich selbst, wie bei keiner anderen Tätigkeit. Das Hobby vermittelt ihnen ein Gefühl für ihre Fähigkeiten und ihre Leistung.
10. Männer erfahren durch diese Leistung Anerkennung bei anderen Männern. Sie können als Spezialisten innerhalb dieser Gruppenhierarchie aufsteigen, selbst wenn sie im restlichen Leben ein eher kleines Licht sind. Falls sie mit ihrer Leistung auch Frauen imponieren, stellt dies eine erwünschte Nebenwirkung mit Statuseffekt dar. In aller Regel sind Männerhobbys jedoch das, was mein Lebensgefährte als »fortpflanzungsfeindlich« bezeichnet – sie werden von Frauen zumeist mit Geringschätzung bedacht.
11. Die Voraussetzung für die Ausübung eines Hobbys ist eine Gesellschaft mit viel Freizeit.

9.3.13. Metrosexuelle?!?

Seit Posh Spice ihren David Beckham zur männlichen Mode-Ikone gestylt hat, geistert der Begriff des Metrosexuellen durch alle Medien. Seither werde ich regelmäßig in Interviews um die Bestätigung für die Verweiblichung des Mannes gebeten. Hartnäckig hält sich seit Jahren dasselbe Gerücht, und die vermeintliche Metrosexualität wird als Beleg für eine angebliche Verweiblichung der Gesellschaft, ja des gesamten Jahrhunderts genommen. Trendforscher haben diese Behauptung in die Welt gesetzt, und nach Beweisen hat sie nie jemand gefragt. Selbst Studenten bauen die Thesen ihrer Bachelor- und Master-Abschlussarbeiten darauf auf.

Wer die Tatsache, dass einige Männer gegenwärtig verstärkt auf ihr Äußeres achten, als neues Phänomen erkennen will, beweist nur mangelhafte Geschichtskenntnisse. Wer jemals in einem Museum für historische Gemälde war, muss irgendwelche Darstellungen von Männern bis zum 18. Jahrhundert gesehen und erkannt haben, wie wichtig ihnen ihr Aussehen war. Nicht umsonst war die hungernde Bevölkerung Frankreichs angesichts des Prunks am Hofe Ludwig XVI so erbost, dass sie meuterte und ihn schließlich hinrichtete. Man schrieb das Jahr 1789, das Ereignis hieß Französische Revolution. Die Männer der Kirche und des Adels trugen prächtigste Gewänder, die des Adels zudem mächtige Perücken, Berge von Puder und Schönheitspflästerchen. Schön sein war wichtig, ebenso wie in Adelshäusern anderer Länder. Insgeheim dienten Schönheit und prächtige Kleidung den Mächtigen, also den Edlen und Klerikern, um sich abseits politisch arrangierter Ehen Vergnügen zu verschaffen. Offiziell signalisierte die am Körper getragene Pracht den Stand. In vielen Ländern zu vielen Zeiten gab es strenge Bekleidungsvorschriften, die auf den ersten Blick zeigten, auf welcher gesellschaftlichen Stufe die Person einzuordnen ist, die sich über den Burghof bewegt. Manchmal schlossen die Regelungen religiöse Minderheiten ein.

Ulrich Renz berichtet in seinem Buch *Schönheit* von der Schöpfung des »schönen Geschlechts«, das wir noch heute als das weibliche kennen. Es ist eine Erfindung des bürgerlichen Zeitalters. Waren Männer zuvor, abhängig von ihrem Stand, genauso prächtig oder ärmlich gekleidet wie ihre Frauen, begann nun eine äußerliche Teilung, die wir heute für selbstverständlich, natürlich, ja beinahe als gottgegeben halten. Renz beschreibt die Teilung mit klaren Worten: »Die protestantisch-puritanische Revolution hat einen neuen Typ Mensch hervorgebracht: den Geschäftsmann – ein Wesen, wie es der Globus noch nicht gesehen hat: Es sucht nicht Vergnügen, sondern Arbeit. Der graue Anzug ist das äußere Zeichen dieser Wende.«[505]

Warum scheinen heute so viele Männer auf ihr Äußeres bedacht zu sein? Nun, zuerst wäre der Richtigkeit halber einzuwenden, dass wir gar nicht wissen, wie viele Männer es tatsächlich sind. Wir wissen auch nicht, wie viele bi- oder homosexuelle Männer darunter sind, von denen eine beträchtliche Anzahl auch vor dem angeblich plötzlichen Auftauchen des verweiblichten Mannes schon zum Cremetiegel griff. In Ermangelung eines spezifischen Angebots für Männer waren es womöglich Pflegeprodukte für Damen. (Ich selbst hatte in meinen wilden Zeiten viele rauschende Partynächte mit einigen von ihnen, für die wir uns gemeinsam aufgehübscht haben.) Wir können beobachten, dass bestimmte äußerliche Ausdrücke mit der sozialen Herkunft korrelieren. Inzwischen ist allseits bekannt, dass gut aussehende Männer mehr Erfolg im Job haben. Wer Karriere machen will, muss jung und dynamisch aussehen. Graue Haare, Falten, müde Haut und

[505] Renz, Ulrich (2007), S. 27

runde Bäuche machen alt, sie signalisieren nachlassende Leistungsfähigkeit, sind Karrierekiller in einer der Jugend verschriebenen Gesellschaft. Als der damalige Bundeskanzler Gerhard Schröder 2002 vor den Kadi zog, lachte die ganze Nation (und sicherlich auch einige unserer Nachbarn). Er verklagte die Nachrichtenagentur ddp, die eine Imageberaterin mit ihrer Ansicht zitiert hat, Schröder solle seine Haare nicht färben, weil graue Schläfen in seinem Alter seine Glaubwürdigkeit unterstützen würden. Schröder gewann den Prozess,[506] alle waren sich sicher, dass er färbte, und seither scheint es im Fernsehen keinen Mann zwischen 20 und 70 mehr zu geben, dem graue Haare wachsen könnten. Die Medien zeigen nur noch gebügelte und gestärkte Männer und zeigen Werbung für neue Produkte, die das gute Aussehen legitimieren. Die Kollegen sehen auf einmal irgendwie geglättet und verjüngt aus. Was dich umgibt, das prägt dich. Der Druck, gut auszusehen, steigt in manchen Berufsgruppen, insbesondere dort, wo Vertrauenswürdigkeit eine Rolle spielt, denn schöne Menschen genießen mehr Vertrauen. Vor allem aber verschafft gutes Aussehen ein erhöhtes Ansehen: Wer gut aussieht, dem wird ein höherer Status zugemessen.[507]

Und wen weder der kleine historische Ausflug, noch die Ausführung über die gesellschaftliche Lage davon überzeugt, dass das Interesse der Männer für ihr Aussehen kein neuzeutliches Phänomen darstellt, dem möchte ich den Artikel »Mit euch Tigern möchte ich ein Wörtchen reden«[508] aus dem *Spiegel* vom 25. April 1966 (!) ans Herz legen. Der Autor Richard R. Lingeman berichtet über die fragwürdige Entwicklung seiner Zeit, insbesondere über die »schleichende Verweiblichung« der Männer. Sie haben richtig gelesen. Das ist ein Artikel aus der Zeit, in der Popcorn im Deutschen noch *Puffmais* hieß, als die damalige Über-Frau vom Planeten Krypton stammen musste, wo einer »*die physischen Dimensionen der idealen Frau auf einer IBM-Lochkarte ausgestanzt*« haben musste, damit der Computer sie aus diesen Anweisungen bauen konnte.

Ich selbst habe meine modische Wahrnehmung erstmals in den achziger Jahren geschult. Als Jahrgang 1969, der gerade die Siebziger überstanden hatte, war es mir völlig unverständlich, wie man sich jemals über die langen Haare der Beatles aufregen konnte. Lingeman zitiert eine Frauenzeitschrift jener Zeit, die in einem Artikel über den »Neuen Jungen Mann« das lange wallende Haar von Paul McCartney preist. (Zur Erinnerung: Die Beat-

---

506 http://bit.ly/9dX36T
507 Kalick, S. Michael (1988)
508 Lingeman, Richard R. (1966)

les trugen die berühmten Pilzköpfe und gingen nie nach Woodstock.) Im selben Artikel heißt es weiter: »Der Beau unserer Zeit trägt seine Eitelkeit als Zierde. Heute sammelt er ernsthaft Kölnisch Wasser, Parfums, Puder, Rasiercremes und Shampoos. Morgen wird er Salben für seinen Teint bestellen, Gesichtsmasken zur besseren Durchblutung und – wer weiß? – Make-up für seine Schönheit.« Lingeman zitiert den US-amerikanischen Literaturprofessor und Kulturkritiker Leslie Fiedler, der die Hinlenkung zur männlichen Schönheit als Beweis dafür sieht, dass die Aggression bei Männern nachlässt und sie die Anmut der Frauen übernehmen. Lingman führt auch das *Wall Street Journal* an, das sich bildreich über die neue Herrenmode echauffiert, die angeblich zu starke Anleihen an der Damenmode genommen hat. Besonders deftige Kritik trifft diejenigen, die sich mit Wolken von Eau de Cologne umhüllen. Lingeman berichtet auch von der Kosmetikindustrie, die nach dem Sieg der Duftwässerchen nun auch zur Entwicklung von Gesichtscremes und Lidschatten für Männer schreite. Lingeman verschont nicht einmal die Modetänze seiner Zeit. Er hatte ja keine Ahnung, welchen Lebens- und Modestil die Hippies erst noch erschaffen würden!

Wie weiblich wurden die Männer damals tatsächlich? Der Feminismus nahm seinen Kampf gegen das Patriarchat erst in den siebziger Jahren nach Jahrzehnten der weitgehenden Ruhe erneut auf. Und auch heute kämpfen wir, unsere Gesellschaft und die Politik, gegen die Machos, die Frauen gleichen Lohn für gleiche Arbeit verweigern. Was ist aus dem »Neuen Jungen Mann« von damals geworden? Wie wurde die Gesellschaft von der »schleichenden Verweiblichung« geprägt?

Und im selben Sinne möchte ich noch an die Schöpfungen von Vivien Westwoods damaligem Lebensgefährten Malcolm McLaren erinnern: Mitte der siebziger Jahre führte er als Manager der *Sex Pistols* den Punk zum Erfolg, indem er auch deren Bekleidung, Haartracht und Körperschmuck verantwortete. In den späten Siebzigern sah er den Sog, der sich aus David Bowies Spielen mit der Androgynität, Verkleidung und Schminke entwickelte, Steve Strange ließ sich davon so beeinflussen, dass nur top gestylte Menschen den exklusiven Londoner Club *Blitz*, für den er als Türsteher arbeitete, betreten durften. Viele Prominente durften nie einen Fuß hineinsetzen, weil ihre Bekleidung nicht fantastisch genug und sie selbst nicht geschminkt waren. Diese Mode bekam pünktlich zu Beginn der Achtziger die Bezeichnung *New Romantic*. Das war die Geburtsstunde einer neuen Mode- und Musikrichtung. Steve Strange wurde mit seiner Musik-Combo *Visage* in der westlichen Welt berühmt. Malcolm McLaren wurde Manager von *Adam and the Ants*, der Rest ist Geschichte: In der Hochzeit der New Romantic hatte in der populären Musikwelt niemand eine Chance, der keine gefärbten und gestärkten Haare in Kombination mit einem ausführlichen Make-up und mindestens Lipgloss vorzuweisen hatte. Noch während der New Romantic entwickelten sich die geradezu monströsen Schulterpolster für Damenkostüme, derer sich auch die Damen von *Propaganda* (ihr größter Hit war »Dr. Mabuse«) gerne bei ihren Auftritten bedienten, um eine Kühle und Distanz zu verbreiten, die den Männern zu dieser Zeit so ganz abhanden gekommen schien. Beendet wurde die New Romantic durch eine einsetzende Verweigerung in den USA. Hier wollte man Männer und den guten alten Rock'n'roll zurück. Tatsächlich wurde das Feld aber mit einer neuen Generation von Rockern zurückerobert, Bands wie *Europe*, denen auch ein Blinder ansah, dass ihr langes Rockerhaar mit einer Menge Bleiche blondiert, mit Dauerwellen gepflegt, die Gesichtshaut künstlich gebräunt und mit Schminkzutaten nicht sehr dezent verziert war.[509]

Männlicher wurde es erst wieder gegen Ende der Achtziger. Die Metrosexualität wurde ausgerufen, nachdem David Beckham seine Victoria Adams (alias »Posh« Spice) 1999 geheiratet und sie ihm nach einigen Jahren mehrere für jene Zeit ungewöhnlich auffällige Stylings für einen Mann verpasst hatte. Schafft der modische Geschmack von Victoria Beckham somit Beweise für die Wissenschaften, dass es zu einer Annäherung der Geschlechter kommt? Was also am Metrosexuellen ist neu? Und wie wahrscheinlich ist es, dass die heutigen Männer und Gesellschaften »verweiblichen«?

9.4. Marketing-Kommunikation für Männer

Es ist erstaunlich, wie wenig Werbung Helden einsetzt. Die US-amerikanische Bier-Holding *Anheuser-Busch*, zu der unter anderem Budweiser gehört, hat das Thema in patriotischer Weise verwendet. Der einminütige Spot beginnt in einem Flughafengebäude. Leute sitzen herum, warten auf ihren Flug. Dann beginnen die ersten Köpfe, sich zu drehen, man hört seltsame Geräusche, schließlich erkennt man Applaus, erst leise von einzelnen, dann immer lauter von immer mehr Personen. Die ersten stehen zu Ovationen auf. Dann sieht man junge Soldatinnen und Soldaten durch das Terminal gehen. Man kann nicht erkennen, ob die Truppe ankommt oder

---

[509] Frank Jastfelder: »Welcome to the Eighties. Synthie-Pop & New Romantic«, Erstausstrahlung: Arte, 11.08.2009

abfliegen wird. Insgesamt sehen alle ernst, ruhig, gefasst, aber auch erholt aus. Immer mehr Leute stehen auf, klatschen, kommen heran. Niemanden hält es auf den Stühlen. (Wenn dies in Wahrheit passieren würde, gäbe es sogleich Großalarm, weil alle ihr Gepäck verlassen haben.) Die Soldatinnen und Soldaten passieren das Spalier, lächeln verlegen. Die ersten schütteln den Soldaten die Hand. Dazu eine triefende Synthie-Musik mit nur sehr entfernter Ähnlichkeit zu Streichern. Nach fast einer Minute die Einblendung »Thank you.«, gefolgt vom Anheuser-Busch-Logo.[509] Heldenverehrung auf Amerikanisch in der Werbung.

Ein Spot für die After-Shave-Marke *Hero* zeigte in den achtziger Jahren diverse »Helden des Alltags«, zumeist attraktive Männer als Cowboys oder Großstadt-Spaßvögel in rasanten und romantischen Situationen mit Frauen, untermalt von Bonnie Tylers Song »Hero« aus dem damaligen Teenie-Film *Footloose*.[511]

Eine moderne, ja rasante Version stammt, wie einige andere, von Red Bull. Die Sportler, die von Red Bull gesponsert werden, sind für ihre Fans definitiv moderne Helden, immerhin vermögen sie sportliche Höchstleistungen, von denen andere nicht einmal träumen können, weil ihre Fantasie dazu nicht ausreicht. Mit einem Spot, der das fliegerische Können des Red Bull Air Race World Champions Kirby Chambliss zeigt, lädt Red Bull in seine Welt ein.[512]

Wie Männer sich von Frauen unterscheiden wollen, fand *Nestlés* Agentur für den in Großbritannien und in den USA erhältlichen Schokoriegel *Yorkie* heraus. In den USA wurde Yorkie nur als Schokoriegel für richtige Männer positioniert. Wesentlich humoriger dagegen wurde es im Königreich: Hier wurde Yorkie mutiger und sehr britisch-klassenbewusst als Schokoriegel »not for girls« (nicht für Mädchen) positioniert. In einem Spot betritt eine junge, als Bauarbeiter verkleidete Frau einen Krämerladen. Sie bestellt einen Yorkie. Der grauhaarige, weißbärtige Ladeninhaber versichert sich, dass sie kein Mädchen ist. Dafür geht er nach einem Regelwerk vor: Sie muss die Abseitsregel erklären, ein Glas eingelegter Walnüsse aufdrehen, soll zwischen Strumpfhosen und Strümpfen wählen (wohl was sie/er sexier findet), erschrickt nicht vor einer plötzlich hervorgezogenen Plastik-Spinne und erhält schließlich den Yorkie-Riegel, nachdem sie die Prüfung vollständig bestanden hat. Dann ein letzter, verwegener Test: »Das Blau der Verpa-

---

510 http://bit.ly/bZFmRI
511 http://bit.ly/b3FJvF
512 http://bit.ly/cckkJv

ckung bringt das wunderschöne Blau deiner Augen wunderbar heraus.« Sie blinkert verzückt mit den Augen: »Wirklich?« Der Ladeninhaber schaut ärgerlich und reißt ihr den Yorkie-Riegel wieder aus den Händen. Off: Bewerbung des Riegels. Schnitt auf den Inhaber, der kernig, eben wie ein richtiger Kerl, ein Stück vom Riegel abbeißt. Schnitt auf den Riegel und den Claim »Yorkie – it's not for girls«.[513] Dieser Spot ist nicht pseudo-lustig, sondern wirklich komisch. Im Vergleich dazu ist die amerikanische Kampagne als unfreiwillig komisch zu werten. Umso mehr gilt das natürlich für Versionen aus den vergangenen Jahrzehnten.[514] Doch auch darin waren die Macher stets bestrebt zu zeigen, was einen richtigen Mann ausmacht.

Holsten hat Mitte des ersten Jahrzehnts des 21. Jahrhunderts zum Claim »Holsten. Auf uns, Männer« eine Reihe von Spots produziert. Zweifellos richtete sich diese Biermarke an Männer mit geringem Bildungsgrad, denn was ihnen gemeinsam war, war Selbstüberschätzung und Frauenverachtung. Cool konnten dies nur Männer finden, die selbst in einem Umfeld mit geringem Grad an Manieren groß geworden sind. In dem Spot *Revierverhalten* wurde die Grenze zwischen Mann-sein-Wollen und Flegelei deutlich überschritten. Der Plot: In einem Garten steht ein kleiner Grill. Eine Frau nähert sich ihm mit Käse-Tomaten-Spießen. Ein Mann, der gerade daneben steht, gibt ein »lustiges« Röhren von sich. Während die Frau ihn noch irritiert anschaut, kommen von der anderen Seite zwei Männer gelaufen, schieben sie beiseite und schmeißen ein riesiges Steak auf den Grill, sodass nichts anderes mehr drauf passt. Dann drängen sie die empört schauende Frau körperlich weg und stoßen mit Bierflaschen (wo auch immer die plötzlich herkommen) an. Dann erscheint der Claim in Bild und Ton.[515] Spots dieser Art bringen Männer auf die Idee bzw. bestärken sie darin, Frauen schlecht zu behandeln. Holsten gehört zu *Carlsberg*, einer Unternehmensgruppe, die fast ausschließlich Bier herstellt. Fast. Denn seit geraumer Zeit gibt es auch einen *Bionade*-Abguss (nach dem deutschen Bier-Reinheitsgebot gebraute Limonade) namens *Beo*. Die gesamte Aufmachung lässt eindeutig erkennen, dass sich das Produkt gleichermaßen an eine männliche wie weibliche Zielgruppe richten soll (ob das Konzept gelungen ist oder nicht, ist eine andere Frage). Sobald ein Unternehmen auch Frauen als Zielgruppe hat oder wünscht, sind Aufrufe zu frauenverachtendem Verhalten eher als kontraproduktiv zu werten. Und

---

513 http://bit.ly/922ny6
514 http://bit.ly/coMuW3 und http://bit.ly/9XaqI2
515 http://bit.ly/appFFu

der Bierkonsum ist im deutschsprachigen Raum seit vielen Jahren stark rückläufig.

Der Einsatz des Themas »Regeln« ist gar nicht so einfach, dafür jedoch auf sehr unterschiedliche Weise möglich. In den USA wird dieses Motiv häufiger in der Werbung eingesetzt als im deutschsprachigen Raum.

Pepsi hat den Gebrauch von Regeln in einem Werbespot zur Fußball-WM der Männer 2002 in Japan und Südkorea auf ungewöhnliche Weise umgesetzt. Darin ist zu sehen, wie die brasilianische Nationalmannschaft an einem Spalier von Menschen vorbeiläuft. Da tritt ein kleiner japanischer Junge auf Roberto Carlos zu und bittet ihn um ein Autogramm. Carlos bleibt stehen und schreibt seinen Namen auf den Block des Jungen. Der Kleine freut sich, reicht dem Spieler eine Flasche Pepsi und verbeugt sich, wie es in Japan zum Gruße, zum Zeichen der Ehrfurcht und zum Dank üblich ist. Carlos nimmt einen Schluck Pepsi und verbeugt sich ebenso tief vor dem Jungen. Später wird er gefoult und soll einen Strafstoß ausführen. Dann kommt ihm eine Idee, als er sich an den kleinen Jungen erinnert. Carlos verbeugt sich tief vor den gegnerischen japanischen Spielern. Diese verhalten sich regel- und gesellschaftskonform und verbeugen sich natürlich auch, und mit ihnen der Torwart. In diesem Moment schießt Roberto Carlos über sie hinweg den Ball ins Tor. Dann erscheint der Pepsi-Claim: »Ask for more« (etwa: verlang mehr).[516] Carlos hat die Fußball-Regeln eingehalten. Darüber hinaus ist Betrug für den eigenen Vorteil durchaus erlaubt, wie wir ja gelernt haben.

Die beliebteste Werbung des Super-Bowl-Finales 2010 kam von der US-amerikanischen Snackmarke *Doritos* (Tortilla-Chips). Ein Mann, offensichtlich noch eine frische Bekanntschaft, sucht eine allein erziehende Mutter auf. Wahrscheinlich möchte er sie zu einem Date ausführen. Sie begrüßt ihn an der Tür, nimmt den Blumenstrauß entgegen, stellt den Besucher (Kyle) kurz dem Sohn vor, bietet ihm eine Sitzgelegenheit an und begibt sich in die Küche, um eine Vase für die Blumen zu holen. Kyle sieht ihr nach, insbesondere ihrem Hintern im kurzen Jeans-Rock (halbnahe Aufnahme). Der kleine Sohn sieht das, ist wütend, lässt die Steuerung seiner Spielkonsole fallen. Kyle lässt sich auf die Couch fallen, macht einige Sprüche zu dem Kleinen und greift sich ein Dorito aus der Schüssel vom Couchtisch. Mitten im Satz ohrfeigt ihn der Junge, der im Stehen deutlich kleiner ist als der Interessent für die Mutter. Mit großer Autorität befiehlt der Kleine, den Dorito-Chip zurückzulegen. Nase an Nase erklärt der Kleine die

516 http://bit.ly/a2kPDh

Hausregeln: »1. Finger weg von meiner Mama. 2. Finger weg von meinen Doritos.« Einblendung des Dorito-Logos. Mamas Stimme aus dem Off: »Spielt Ihr schön?«[517]

Wieder ganz anders ging die US-amerikanische Biermarke *Coors* mit Regeln in der Werbung um. Der offizielle Sponsor der US-amerikanischen *National Football League (NFL)* in den Jahren 2002 bis 2011 verantwortet drei Werbespots, die Aussagen des NFL-Trainers Dennis Green während öffentlicher Interviews verwenden. Diese Aussagen werden mit vermeintlichen Journalisten-Fragen zusammengeschnitten. Im Spot *»the rules are fair«* spricht ein »Journalist« mit einem Coors-Light-Paket, das Bierdosen enthält, auf der Schulter: »Coach! Coors Light Silver Ticket Promotion: Sie erhalten eiskalte Erfrischung plus die Gelegenheit, NFL-Eintrittskarten zu gewinnen.« Green: »Jeder kriegt die Chance auf ein Stück des Kuchens.« Anderer »Journalist« mit Coors-Light-Dose in der Hand: »Sie sagen also, dass *jeder* die Chance erhält, NFL-Tickets zu gewinnen?« Green: »Die Regeln sind fair.« Dritter Journalist: »Reglements?« Green: »Das Reglement ist fair.« Vierter Journalist mit einem Ticket in der Hand: »Der Wettbewerb?« Green: »Der Wettbewerb ist fair.« Dann folgt die Einblendung von Coors Light (Logo und Produktpackung) sowie der Infos zur Aktion der Biermarke und einem Abschluss-Witz.[518]

Überhaupt scheint Coors es mit Regeln zu haben. In einem anderen Spot sitzt eine Frau an einem Bar-Tresen. Der Bartender reicht ihr ein Coors Light. Der US-amerikanische Schauspieler und Comedian David Spade stürmt in die Bar, bestellt beim Barkeeper ebenfalls Coors Light, erblickt die attraktive Frau und beginnt, sie mit großkotzigem Gehabe anzugraben. Er will ihr ein Coors Light ausgeben, bemerkt dann, dass schon eins vor ihr steht. Sie verdreht genervt die Augen. Nach einigem weiteren Getue lässt der Barkeeper Spade wissen, dass in dieser Bar keine Kerle bedient werden, die Frauen belästigen. Er schiebt ihm ein Buch über den Tresen, auf dem »Bar Rules« – Bar Regeln eingeprägt steht. Barkeeper: »Und überhaupt: Regeln sind Regeln.« Schnitt auf die Flasche Coors Light. Spade im Off: »Das ist verfassungswidrig!«[519] [Sämtliche Übersetzungen von der Autorin.]

Doch mit Regeln ist auch Vorsicht geboten, wie ein Spot der Brauerei *Hasseröder* zeigt. Darin wartet ein Mann am Fuße einer hölzernen Treppe in

---

517 http://bit.ly/9RnNTH
518 http://bit.ly/b8BF2I
519 http://bit.ly/9b5vzK

einem Einfamilienhaus auf seine Partnerin. Er ruft: »Schatz, kommst du? Shopping!« Während er noch spricht, sieht man sie die Treppe herunterkommen – und den Hund umfallen. Erschrocken ruft sie »Tim?!« und meint damit den Hund. Schon hat er den anscheinend leidenden Hund aufgehoben und leiert wie auswendig gelernt herunter: »Ich glaube, es ist ernst. Tim geht's nicht so gut. Ich geh' zum Tierarzt, du gehst zum Shoppen. Sei nicht sauer. Ich lieb' dich.« Sie zieht ein zweifelndes Gesicht. Umschnitt: Ein Fußballplatz, vier Männer und ein Kasten Hasseröder. Tim und sein Herrchen kommen dazu. Einer der Kumpel: »Das ging aber schnell. Wie hast du das denn gemacht?« Das Herrchen gibt Tim das Kommando »Shopping«, der Hund fällt wieder auf den Rücken. Die Freunde lachen und stoßen gemeinsam an. Großaufnahme des Hundes neben der Bierkiste. Off: »Kannste mir auch so einen besorgen?« Antwort: »Klar.« Umschnitt auf die Biertrinker.[520]

Aus Sicht vieler Männer ist mogeln, lügen und betrügen also durchaus erlaubt, um seine Ziele zu erreichen. Aus Sicht einer Frau stellt das im Hasseröder-Spot gezeigte Verhalten moralisch verwerflichen Betrug dar. Keine Frau will jemals so von ihrem Partner behandelt werden, viele würden so einen Kerl im Wiederholungsfall verlassen. Jedoch gibt es noch eine zweite Deutungsvariante desselben Spots. Als ich ihn die ersten Male sah, war ich fassungslos. Der Kerl hatte keinen »Arsch in der Hose«! Ich konnte nicht glauben, dass er ein solcher Feigling war, dass er seiner Frau nicht einmal sagen konnte, dass er sie nicht begleiten will. Die Darstellerin der Partnerin machte während ihrer wenigen, ultrakurzen Einblendungen gut mit ihrer Körperhaltung und Mimik klar, dass sie sich nicht für dumm verkaufen ließ. Der Typ glaubte, sie erfolgreich geleimt zu haben, doch die aufmerksame Zuschauerin erkannte ohne Weiteres, wie sehr er sich mit dieser Annahme täuschte.

Zusammengefasst möchte ich davor warnen, solche Mogelthemen unvorsichtig zu verwenden. Ist eine Zielgruppe ausschließlich männlich, lassen sich solche Darstellungen einsetzen. Auf jeden Fall ist größte Vorsicht geboten, wenn auch Frauen solche Werbung sehen. Produktsegmente wie Bier eignen sich noch am ehesten dafür, weil nur wenige Frauen diese Waren selbst konsumieren. Es darf jedoch nicht außer Acht gelassen werden, dass Frauen ihren Partnern auch mal ein oder zwei Bier vom Einkauf mitbringen. Frauen als Chefeinkäuferinnen der Partnerschaften und Familien können in den Konflikt geraten, zwischen dem Marken-Wunsch des

---

[520] http://bit.ly/94AXsX

Partners und der eigenen Abneigung gegen diese Marke wählen zu müssen. Es ist zu erwarten, dass die eigene Abneigung in vielen Fällen über den Wunsch selbst eines über alles geliebten Partners siegt.

Die Tatsache, dass Männer nicht nach dem Weg fragen, wurde ausgerechnet in einem Werbespot von *Mercedes Benz* auf sehr originelle Weise aufgegriffen. Zu Beginn sieht man Spermien ruhig, doch gezielt von links nach rechts über den Bildschirm schwimmen. Dazu erklingt passende klassische Musik. Dann erscheint die Frage: »Warum braucht man 500 Millionen Spermien, um eine Eizelle zu befruchten?« Eine Spermie verhält sich untypisch und schwimmt schließlich nach einem Bogen zurück in die Richtung, aus der sie gekommen ist. Antwort: »Weil Männer grundsätzlich nicht nach dem Weg fragen.« Die Werbung diente der Bekanntmachung der *Auto-Pilot-Systeme (APS)* von Mercedes.[521]

Duraflame, ein in den USA ansässiger Hersteller von Brennmaterial für Kamine und Barbecue-Grills, hat das Thema »Geschlechterkampf« auf eine sanfte Weise verwendet, um die 2009 eingeführten *Duraflame Stax* zu kommunizieren. Einer der Spots beginnt damit, wie ein Mann (voller übertrieben dargestellter Angst) sich auf einer Drehscheibe im Zirkus von einem Messerwerfer bewerfen lassen muss. Dann gibt es eine Rückblende: Er steht in seinem Wohnzimmer, seine Frau ist am Kamin zugange. Er (männlich: schneidet sich stehend mit dem Messer Käse oder ähnliches von einem Stück in seiner Hand ab und isst auf diese Weise): »Was ist das?« Sie: »Duraflame Stax-Holzscheite. Brandneue Brennholzscheite, die aussehen und brennen wie echte Scheite, nur dass sie besser sind, weil sie 50 Prozent sauberer verbrennen und nur drei Stück den ganzen Abend lang brennen.« Er: »Wenn das stimmt, trete ich dem Zirkus bei.« Er sieht, dass das Feuer einwandfrei brennt und die drei gestapelten Scheite gut aussehen. Sein Gesicht verzieht sich. Einblendung des Produkts, Beschreibung aus dem Off, dass dieses Produkt nur aus erneuerbaren Materialien hergestellt ist.[522] Dasselbe gibt es noch einmal mit einem anderen Paar und der Verwandlung des Ungläubigen in den Osterhasen.[523] Ganz offensichtlich richtet sich das Produkt an Käuferinnen. Sie werden sympathisch und fortschrittlich dargestellt, wohingegen ihre Partner sich wie Höhlenmenschen benehmen. Spätestens beim dritten Sehen fragt sich die Zuschauerin, weshalb die gezeigten Frauen mit so tumben Männern zusammen sind.

---

[521] http://bit.ly/bhCCm7
[522] http://bit.ly/dsC35H
[523] http://bit.ly/9ZBIGG

Wie ich in vielen Gesprächen und Beobachtungen feststellen musste, stören sich Männer deutlich seltener und meistens auch weniger über Darstellungen dämlicher Geschlechtsgenossen in der Werbung als Frauen. Oft fühlen sie sich gar nicht angesprochen oder gemeint. Im Gegensatz dazu würden schon weitaus weniger kränkende weibliche Werbefiguren in so mancher Zuschauerin gegenüber den Verantwortlichen der Werbung Mordgelüste wecken. Womöglich ist der persönliche Empathie-Grad Ursache für solche unterschiedlich starke Reaktionen. Obwohl es nicht ratsam wäre, bei einer männlichen Zielgruppe den Bogen zu überspannen, beweisen ausgerechnet die Werbespots von Biermarken Budweiser, Miller und Heineken stets aufs Neue, dass Männer doch über männliche Dummheiten lachen können, und dass sie dabei eine ganze Menge vertragen. Doch natürlich schätzen Männer Werbung sehr, in der sie sich mit Schlauen und Gewinnern identifizieren können.

Hollands Brauerei *Heineken* ist nicht gerade für Zimperlichkeit bekannt. In einem angeblich wieder zurückgezogenen Spot wird die Schauspielerin Jennifer Aniston gezeigt, wie sie in einem Supermarkt vergeblich versucht, an einige Flaschen auf dem obersten Regal heranzukommen. Ein junger Mann schaut ihren Bemühungen zu und erfreut sich am Anblick der Haut unter der hochgerutschten Bluse. Als er schließlich Jennifer Aniston erkennt, schaut er fassungslos. Er tritt heran, sie bemerkt ihn und freut sich, weil sie denkt, dass sie gleich Hilfe bekommt. Er begreift, greift ins Regal, holt die letzten zwei Flaschen Heineken herunter, doch statt sie Jennifer Aniston zu reichen, überlegt er es sich anders und geht mit ihnen davon.[524] Von solchen Spots haben Firmen wie Heineken viele zu bieten.

Mit der Thematisierung eines Geschlechterkampfs kann eigentlich niemand gewinnen. In dem Moment, wo eine Partei verliert, ist die Akzeptanz von Frauen verloren. Etwas völlig Neues wäre es, wenn eine Auseinandersetzung zwischen einem Mann und einer Frau am Ende zu einer Win-Win-Situation führte. Das könnte auf zweierlei Weise passieren:

1. Entweder, er hat Recht *und* sie hat Recht, worauf beide zwei verschiedene Produkte wählen, mit denen sie zufrieden sind (und die Akzeptanz der /des jeweils anderen genießen).
2. Oder beide stellen am Ende fest, dass es für die unterschiedlichen Dinge, die sie und er wollen, eine gemeinsame Lösung gibt. Diese Variante würde Frauen besonders gut gefallen.

524 http://bit.ly/96ZYJk

Für Wettbewerb und Status haben sich einstmals die *Sparkassen* fest in den Köpfen der Fernsehzuschauer verankert. Legendär ist der Spot, in dem sich zwei ehemalige Schulkameraden in einem Restaurant begegnen. Nachdem sie festgestellt haben, dass es ihnen blendend geht, zückt der eine drei Fotos, die er wie Trümpfe im Kartenspiel auf den Tisch knallt: »Mein Haus, mein Auto, mein Boot.« Der – viel sympathischere – Zweite nickt und packt nach einer kurzen Gedankenpause seine Fotos aus: »*Mein* Haus, *mein* Auto, *mein* Boot, meine *Dusche*, meine *Badewanne*, mein *Schaukelpferdchen*.« Der Erste zuckt verwundet zurück: »Aber in der Schule, da warst du …« Letzter Trumpf, diesmal eine Visitenkarte: »Mein Anlageberater.« Jingle: »Wenn's um Geld geht – Sparkasse.«[525] Zwei Männer wetteifern und der Bessere gewinnt.

Nur kurz lief der *Burger-King*-Spot im Deutschen Fernsehen, bei dem ein Clown mit gesenktem Haupt, Hut und Trenchcoat an den Bestelltresen kommt. Er wird von der hübschen Verkäuferin gefragt: »Ein *Big King* wie immer?« Er wartet, greift sich dann die Tüte mit dem Inhalt und versucht, unerkannt zu entkommen. Doch die freundlich lächelnde Verkäuferin ruft ihm nach: »Ronald!« Der Käufer zuckt hoch, man sieht seinen ertappten Gesichtsausdruck. Es ist Ronald McDonald, die McDonald's-Figur. Die Restaurant-Verkäuferin winkt: »Bis morgen.«[526] Solche Art von Werbung spiegelt stets den Wettbewerbsgeist der Verantwortlichen im Unternehmen wider.

In den USA ist vergleichende und konkurrierende Werbung dieser Art seit Jahrzehnten üblich. Männer lieben und brauchen Sieger. Die gibt es jedoch nur, wenn es einen Wettbewerb und einen Verlierer gibt. Wettbewerbe lösen in den Gehirnen von Männern Adrenalin und Dopamin aus, Botenstoffe, die eine Auseinandersetzung aufregend und wunderbar erscheinen lassen. Männern geht es gut, wenn sie sich in eine Wettbewerbssituation begeben oder eine solche beobachten. Legendär sind die gegenseitigen Herabsetzungen von Coca Cola und Pepsi. In einem der unzähligen Spots geht ein Junge in einer heiß anmutenden, staubigen Stadt an einen Getränkeautomaten, der an der Straße steht. Man hört – vermutlich südamerikanische – Gitarrenmusik. Er zieht sich eine Dose Coke, stellt sie auf den Boden. Dann zieht er eine zweite Dose, stellt sie ebenfalls ab. Dann steigt er auf beide drauf, streckt sich und kommt so an die Pepsi-Taste. Er drückt sie, entnimmt dann dem Automaten die Pepsi-Dose und

[525] http://bit.ly/byato6
[526] http://bit.ly/cDRpkf

geht von dannen. Die Coke-Dosen lässt er auf dem Boden zurück.[527] In Deutschland würden viele Eltern sogleich der Ansicht sein, dass ein Junge, der zu klein ist, um die Pepsi-Taste zu erreichen, ohnehin zu jung für schädliche Cola sei. Nicht so in den USA. Hier trinken alle koffeinhaltige Limonaden, und hier geht es auch um den Gewinn des Besten.

Kraft und Leistung ergeben sichere Positionierungen. »Power« ist ein beliebter Zusatz zu Markennamen. Mit Power und Leistung werben heute die unterschiedlichsten Produktgruppen und Marken, und treffen damit bei Männern ins Schwarze. Einige sehr unterschiedliche Beispiele sind: *Gillette Fusion Power*[528], die nötigenfalls auch Wrestler ins Rennen schicken[529], *Audi TT TDI Power*[530], Bastian Schweinsteiger für *Bifi*[531] und die Deutsche Bank wirbt mit »Leistung aus Leidenschaft«[532]. Ziemlich angestaubt wirkt *Arals* Spot zum Claim »ein großer Name verpflichtet zu Leistung«.[533] Legendär war der *Audi Quattro*, der die verschneite Ski-Schanze mit einer Steigung von 37,5° hochfuhr.[534] Für *Pattex*, den berühmten Kraftkleber, muss Kraft immer wieder anschaulich dargestellt werden. Mitte 2010 wurde hierzu eine inzwischen preisgekrönte Kreation entwickelt, die einen Bodybuilder mit Pattex-gelbem Slip in einer Kraftpose zeigt. Statt eines Kopfes »trägt« er die schwarze Verschlusskappe von Pattex.[535]

Dass Kraft und Leistung nicht immer nur bierernst genommen werden müssen, zeigt *Shell V-Powers* Leistungstest mit einem Rasenmäher.[536] Pepsi zeigt, wohin die Anstrengungen eines kleinen Jungen führen können.[537] *Old Spice* bewirbt den *Odor Blocker*, ein Duschgel, das 16 Stunden lang vor Körpergeruch schützt, mit eindrucksvollen Demonstrationen seiner Kraft.[538] In einem Spot für den amerikanischen Energy-Drink *Amp* gibt ein Trucker auf eine etwas ungewöhnliche Weise einem liegen gebliebenen Wagen Starthilfe – alles nur eine Frage der Power.[539] *Pirelli* verbindet den Claim

527 http://bit.ly/aUr2Yb
528 http://bit.ly/aX1CuI
529 http://bit.ly/dlnUTh
530 http://bit.ly/c8QpWs
531 http://bit.ly/arPeYN
532 http://bit.ly/ckHe4f
533 http://bit.ly/9nY7Lh
534 http://bit.ly/9syX13
535 http://bit.ly/9mKBri
536 http://bit.ly/9Ijyel
537 http://bit.ly/bYoBBC
538 http://bit.ly/dr9ohn
539 http://bit.ly/9oJFTO

»Power is nothing without control« mit eindrucksvollen Geschichten.[540] Legendär ist das Plakat mit dem damals weltbesten Läufer Carl Lewis in Startposition. Erst bei genauem Hinsehen fallen die knallroten *High Heels* an Carl Lewis' Füßen ins Auge.[541] Besser ließ sich »Kraft ist nichts ohne Kontrolle« nicht visualisieren.

In Toyotas vermutlich australischer Werbung wird gezeigt, wie kraftvoll die japanischen Trucks sind. Der Versuch, mit der Stoßstange einen schiefen Zaun zu begradigen, bringt einen Weidezaun selbst bei größter Vorsicht auf ganzer Länge zum Umkippen, und australische Zäune sind lang! Bei dem Versuch, einen Traktor abzuschleppen, reißt die Vorderachse ab. Das Ergebnis des Versuchs, eine im Morast steckengebliebene Kuh mit Hilfe des Toyotas wieder herauszuziehen, wird gar nicht erst gezeigt. Und als der Truck anfährt, verfehlt selbst der Farm-Hund die Pritsche.[542]

Wer *Axe*-Spots nur unter dem Gesichtspunkt sieht, dass Axe (oder international auch *Lynx*) »nur« Frauen anzieht, übersieht die Tatsache, dass Axe eine besondere Deo- oder Duschgel-Leistung verspricht. Da kommen die schönsten Frauen in rauen Mengen von nah und fern über die Berge, durch die Wüste und über das Meer geschwommen, um über einen einzelnen, wenig attraktiven Dödel herzufallen, der das Deo todesmutig aus zwei Dosen gleichzeitig über sich versprüht.[543] Axe bringt Frauen dazu, sich reihenweise merkwürdig zu benehmen[544] und gibt Männern die Leistung, viele Frauen auf einmal zu vernaschen.[545]

Doch die ultimative Aussage zu echter Leistung bringt ein weitgehend unbekannter BMW-Spot. Gezeigt wird ein Raketenwagen in der Wüste. Er wird aus diversen Perspektiven gezeigt, wie er durch einen ausgetrockneten Salzsee rast. Schließlich überholt das aufnehmende Gefährt den Raketenwagen. Dann wird dessen Bremsfallschirm ausgelöst. Die Kamera läuft weiter. Ein Mann in Rennmontur zeigt sich in der weiterlaufenden Kamera. Dann ein Umschnitt: Der Mann stellt die Kamera aus, die außen an einer BMW-Limousine befestigt ist. Es handelt sich um eine Werbung für das Modell M5.[546]

---

540 http://bit.ly/9hyIwc und http://bit.ly/biTwJV
541 http://bit.ly/bLAv1C
542 http://bit.ly/d4pzIJ
543 http://bit.ly/9ed9Ei
544 http://bit.ly/dyfWhr
545 http://bit.ly/bfEm6S
546 http://bit.ly/d3Q4it

Um die Leistungsfähigkeit eines Mannes geht es in einem Spot der US-amerikanischen Marke *Just for Men*, die Haarfärbemittel nur für Männer herstellt. Zusätzlich zu den seit Jahrzehnten produzierten Haarfarben wurde Anfang 2009 die Line Extension *Touch of Gray* beworben. In dem Spot sitzt ein Mann in mittlerem Alter auf einer Couch und sieht seinem Bewerbungsgespräch entgegen. Ihm gegenüber sitzt eine Frau im Kostüm auf einem Sessel, beschäftigt mit Papieren und Notizen. Text aus dem Off: »Früher oder später werden Sie und Ihr graues Haar eine Identitätskrise erleben.« Der Mann wird zweigeteilt, indem aus ihm heraus ein jüngeres Selbst rutscht und am anderen Ende des Sofas zu sitzen kommt. Der ältere der beiden mit dem grauen Haar: »Mein Haar drückt Erfahrung aus.« Der Jüngere mit dem dunklen Haar: »Mein Haar drückt Energie aus.« Einblendung des Produkts. Off: »Touch of Gray (»ein Hauch von Grau«) – das Beste von beidem. Kämmt das Grau ein wenig weg, ohne es vollständig loszuwerden.« Gezeigt wird der ältere Mann, wie er sich mit dem Kamm an der Tube durch das Haar fährt. Dann sieht man, wie der jüngere wieder mit dem älteren Mann auf der Couch zu dem mit mittelgrauem Haar verschmilzt. Off: »Niemals zu viel. Genau richtig.« Der Mann auf der Couch: »Jetzt sehe ich aus wie jemand, der weiß was er tut und es noch tun kann.« Die Dame im Sessel setzt ihre Brille ab und einen dezent-lüsternen Blick auf. Einblendung der Produktpackung. Off: Touch of Gray – das Beste von beidem. Danach sieht man, wie der Mann das Büro verlässt und im Vorraum einen Zweigeteilten mit demselben Problem sieht, das er zuvor hatte. Der Kerl strotzt vor Selbstbewusstsein. Er macht einen blöden Spruch, der ihn über den anderen stellt, der sein Farbproblem offenbar noch nicht gelöst hat.[547] Der Seitenhieb verschafft ihm eine überlegene Position, obwohl er, der entspannten Körperhaltung nach zu folgern, offenbar schon ein erfolgreiches Gespräch hatte.

Dass Männer ein großes Selbstbewusstsein und eine noch höhere Misserfolgstoleranz besitzen, zeigt sich am besten in völlig verbaselter Werbung. Insbesondere die Regionalsender in den USA haben besondere Klopper zu bieten. »Gary« war so einmalig, dass seine Werbung Mitte 2010 bereits über 1,6 Millionen Zuschauer auf YouTube verzeichnete. Allerdings konnte sich Gary mit den schlechten Zähnen nicht rühmen, eine gute Werbung gemacht zu haben. Vielmehr hat er die Güte seiner Kalauer und seiner Verkleidungen für seinen Matratzenladen weit überschätzt. Sein Spot ist ein echter Kandidat fürs Fremdschämen.[548]

[547] http://bit.ly/9OEgJE
[548] http://bit.ly/9oYxgo

Wie bereits festgestellt, werden Männer als Väter oder im Haushalt vor allem dann eingesetzt, wenn ein biederes Produkt aufgepeppt werden soll. Derselben Strategie folgte *Hipp* 2010 mit der Einführung eines Spots für die Hipp Kindermilch. Darin sitzen Vater und Sohn am Gartentisch, während die Mutter weiter hinten im Garten rödelt. Mittig auf dem Tisch steht das Glas Milch. Während der Vater mit der Hipp-Packung in der Hand über die Vorzüge der Milch und ihre tollen Effekte doziert, angelt sich der kleine Sohn die Milch vom Tisch. Als der Vater den Kleinen zum Austrinken ermuntern will, hat dieser das Glas längst geleert. Der Spot endet mit der üblichen Qualitätsgarantie von Herrn Hipp.[549]

Männer konkurrieren nicht nur untereinander, sondern wenn nötig auch mit der Mutter ihres Kindes um die Gunst des gemeinsamen Nachwuchses. Gute Väter tun das jedenfalls, meinte McDonald's. In einem US-amerikanischen Spot kauft ein Elternpaar im McD-Restaurant einer Großstadt ein Kindermenü (»*McDonald's Happy Meal*«) und macht sich auf den Weg nach Hause, jedoch nicht gemessenen Schrittes, sondern sie rennen. Beide reißen sich gegenseitig bei jeder Gelegenheit die Tüte aus der Hand. Ganz offenbar wollen sie sich bei ihrem Kind einschmeicheln. Auf ihrem Nach-Hause-Rennen werden sie beinahe überfahren. Schließlich kommen sie in einem gut situierten Appartementhaus an, ein letztes Mal entreißt der Vater der Mutter die Tüte, stürzt sich in den Fahrstuhl, sodass sie die Treppe nehmen muss. Fast gleichzeitig, der Vater voran, stürzen sie in die Wohnung, wo der Junge mit seiner Nanny Hausaufgaben macht oder spielt. Der Vater überreicht strahlend die Tüte. Der Junge nimmt sie entgegen, freut sich, sagt »thanks mom« und umarmt die Mutter. Der Vater (geringfügig indigniert): »Gern geschehen.«[550]

Das Vater-Thema wurde auch in einem Spot für die Mercedes S-Klasse verwendet. Das Töchterchen vermisst daheim ihren Hamster Spikey. Gemeinsam mit ihrer Mutter wird das Haus auf den Kopf gestellt, kein Ort bleibt undurchsucht, doch vergeblich. Der Hamster bleibt verschwunden. Dann ruft die verzweifelte kleine Tochter ihren Vater an und bittet ihn um Hilfe, der im Auto unterwegs ist. Der gibt nochmal Gas und rast nach Hause, um zu helfen. Väter tun sowas für ihre Töchter. Die Musik bricht in voller Dynamik aus. Umschnitt auf die Felge: Hier rennt der Hamster, dem sein Laufrad wohl zu langweilig geworden ist. Der Musik nach hat der Hamster mächtig Spaß.[551]

549 http://bit.ly/d3yoWo
550 http://bit.ly/dodYvE
551 http://bit.ly/9LdVzL

10. Sinn und Sinnlichkeit

Ein Dankeschön an Jane Austen, bei der ich den Titel dieses Kapitels dreist gemopst habe. Das macht aber nichts, denn das 1811 erstmals erschienene Buch erscheint seit geraumer Zeit unter dem neuen Titel *Gefühl und Verstand*. Der neue Titel würde uns bei diesem Kapitel nicht sonderlich helfen, denn nun geht es um die menschlichen Sinne. Durch unsere Sinne erfahren wir die Welt. Was wir riechen, schmecken, fühlen, hören und sehen können, bildet unsere Wahrnehmung. Aus der Wahrnehmung formen sich unser Verständnis und unsere Erfahrung. Gemäß der Aufklärung reflektiert unser Verstand das Verständnis und die Erfahrungen und bildet daraus unsere Erkenntnisse über die Welt und das Leben.

Da wir heute wissen, dass Immanuel Kant die Bedeutung der emotionalen Komponenten unserer Natur nicht angemessen zu würdigen wusste[552], fügen wir auch etwas Naturgegebenes hinzu, denn über die Emotionen erhalten wir (unter vielem anderen) eben jene Signale, ob uns ein Sinneseindruck angenehm oder unangenehm erscheint. Das Aushalten unangenehmer Sinneseindrücke kann ernsthafte Konsequenzen haben: Schauen wir zu lange in die Sonne, können wir erblinden. Hören wir zu lange unangenehmen und zu lauten Klang, werden wir taub. Essen wir etwas Ekelhaftes oder Bitteres, vergiften wir uns. Riechen wir nicht rechtzeitig die Angstreaktionen im Schweiß anderer, laufen wir Gefahr, verletzt oder gar getötet zu werden. Stechen wir uns, ergeht es uns vielleicht wie Dornröschen, denn Allergiker können in extremeren Fällen schon nach harmlos erscheinenden Insektenstichen ins Koma fallen.

Wenn wir über unsere Sinne unsere Außenwelt erfahren und sich aus unseren Sinneseindrücken schließlich unser Verständnis von der Welt herausbildet – was würde passieren, wenn Frauen und Männer unterschiedliche Informationen aus ihren fünf Sinnen beziehen würden? Der Logik folgend müssten sie unterschiedliche Schlussfolgerungen ziehen

---

552 vgl. Kast, Bas (2007), Kapitel 7

Werbung für Adam und Eva. Diana Jaffé und Saskia Riedel
Copyright © 2010 WILEY-VCH Verlag GmbH & Co. KGaA
ISBN 978-3-527-50549-4

und differierende Weltbilder erhalten. Und das ist tatsächlich das, was passiert: Frauen und Männer erhalten wirklich unterschiedliche Eindrücke von der Welt um sie herum. Das ist ein weiterer Grund dafür, dass Frauen und Männer in unterschiedlichen Welten zu leben scheinen.

Kurz gesagt lässt sich zusammenfassen, dass bei Frauen sämtliche Sinne signifikant besser ausgeprägt sind. Die weiblichen Sinne weisen wesentlich geringere Schwellenwerte auf, sind damit feiner und sensibler. Somit reagieren sie schon auf deutlich geringere Reize als Männer. Im alltäglichen Leben fällt das den meisten nicht auf. Es ist nicht überlebenswichtig, ob ein Mann einen Wollpullover kratzig findet, seine Frau aber nicht (weil sie differenziertere Informationen von ihrer Hautoberfläche bekommt). Wir, die wir in Steinhäusern wohnen, werden nicht von wilden Tieren bedroht und müssen daher nicht mehr versiert in der Erkennung von Tierstimmen sein, doch die, die in Jurten oder anderen leichten Behausungen wohnen, schon. Und die Bewohner von Slums und Favelas müssen zwischen den alltäglichen Geräuschen und den Klängen unterscheiden können, die die Kriminalität mit sich bringt.

Wie gesagt: Die meisten von uns leben nicht unter archaischen Bedingungen, sondern »zivilisiert«, was im Grunde bedeutet, dass wir uns vor den einstigen Bedrohungen der menschlichen Spezies recht gut zu schützen verstehen. Deswegen nehmen wir es kaum wahr, dass sich die Sinne von Männern und Frauen derart unterscheiden. Doch für das Marketing ist es wichtig, insbesondere in einer Gesellschaft, deren Grundbedürfnisse weit mehr als gedeckt sind. Die Kenntnis der bevorzugten Sinneseindrücke kann zur Entwicklung relevanter Differenzierungsmerkmale führen. Und daher ist auch die Frage angebracht, was Werbung bewirken kann, die von den Sinnen und vom Gehirn der Zielgruppe nicht oder nicht wie gewünscht wahrgenommen wird.

In den letzten Jahren ist weltweit viel über die unterschiedlich ausgeprägten Sinne der Geschlechter geforscht worden. Viele spannende Antworten liegen vor, viele stehen noch aus. Inzwischen wissen wir, dass die sinnliche Wahrnehmung sogar vom aktuellen Hormonspiegel abhängen kann, denn die Hormone können an verschiedenen Stellen des Wahrnehmungs- und Verarbeitungsprozesses eingreifen und die Empfindlichkeit herauf- oder herabsetzen. Eine ausführliche Darstellung bedarf eines eigenen Buchs, doch um einen Eindruck vom Umfang der Unterschiede zu ermöglichen, habe ich eine kleine Auswahl getroffen, die insbesondere für die Marketing-Kommunikation eine große Rolle spielt.

10.1. Sehen

Das menschliche Auge weist auf der Netzhaut zapfenförmige Zellen auf, die für die Farbwahrnehmung zuständig sind. Stäbchenförmige Zellen »sehen« Schwarz und Weiß. Etwa sieben Millionen Farbrezeptoren sorgen für 55 000 unterschiedlich wahrnehmbare Farbtöne. Theoretisch. Denn Frauen sehen sehr viel mehr Farben als Männer, und zwar nicht nur, weil viele Männer Farbverwechsler oder gar farbenblind sind. Farbenblindheit wird von der Mutter auf dem X-Chromosom weitervererbt. Frauen können durch ihre zwei X-Chromosomen Farbenblindheit oder Fehlsichtigkeit ausgleichen, außer, sie haben diesbezüglich fehlerhafte X-Chromosomen von der Mutter *und* vom Vater geerbt. Männer müssen sich mit einem X-Chromosom begnügen. Ist hier eine Farbfehlsichtigkeit verankert, können Männer sie genetisch nicht ausgleichen. Die Augen von Frauen und Männern sind ähnlich aufgebaut, aber nicht gleich. Ebenso werden die Signale des Auges unterschiedlich im Gehirn verarbeitet.

Die Stäbchen und die Zapfen leiten ihre Informationen an die Ganglienzellen weiter, die wiederum Impulse über den Sehnerv an den *Corpus geniculatum laterale* im Gehirn leiten. Die Ganglienzellen sorgen quasi für die Vorverarbeitung von Informationen. Jede der zwanzig Arten ist für eine bestimmte Aufgabe zuständig. Unter ihnen befinden sich unter anderem die magnozellulären (M-Zellen) und parvozellulären (P-Zellen) Ganglienzellen. Über die P-Zellen werden Informationen zur Form und Farbe von Objekten verarbeitet, während die M-Zellen Orts- und Bewegungsinformation verarbeiten, dafür aber farbenblind sind.[553] P-Zellen ermöglichen die Erkenntnis, um *was* es sich für ein Objekt handelt, während M-Zellen für das Erkennen stehen, *wo* sich ein Objekt befindet. Frauen besitzen mehr P-Zellen und Männer mehr M-Zellen, was erklärt, wieso Frauen wissen, welche Farben sich hinter »Mauve« und »Nude« verbergen. Es erklärt auch, weshalb Männer den Anblick von Bewegung so lieben, sodass manche Automarken auch in Printanzeigen den Eindruck eines mit Warp 9,5 dahinrasenden Geschosses erwecken wollen.

Ford »erfand« 2005 das *Ford kinetic Design*. In der Werbung konnte ich nie verstehen, was damit gemeint war und wozu das gut sein sollte.[554] Auf der Website wurde auch noch 2010 erläutert, welcher Ansatz sich dahinter verbirgt: [Der Chef-Designer] »Martin Smith definiert das Ford kinetic Design unmissverständlich als ›die Formensprache der kräftigen, dynami-

---

[553] Meissirel, Claire et al. (1997), Kaplan, Ehud und Ethan Benardete (2001), Peichl, Leo (1990)
[554] http://bit.ly/aj9E5q

schen Linien und der vollen Flächen. Wenn man das Ford kinetic Design betrachtet, fällt sofort auf, dass es Energie in Bewegung visualisiert.‹ Mit anderen Worten: Unsere Automobile sehen immer aus, als wären sie in Bewegung, selbst wenn sie stehen.«[555]

Die M-Zellen der Männer sorgen dafür, dass Männer Bewegungen besser wahrnehmen, und die Art, wie diese Information im Gehirn verarbeitet wird, ist dafür verantwortlich, dass Männer es lieben, Gegenstände in Bewegung zu sehen. Ford hat also offensichtlich versucht, den Eindruck von Bewegung permanent in das Auto-Design zu gießen, damit Männer ihren Anblick anderen Marken und Modellen gegenüber bevorzugen.

Die P-Zellen sorgen dafür, dass Frauen (mit Ausnahme der wenigen farbenblinden) zwar alle Farben ausgezeichnet sehen können, dass sie jedoch eine besondere Präferenz für Rot, Orange, Grün und Beige besitzen. Männer sehen Schwarz, Blau, Grau und Silber besser. Untersuchungen haben gezeigt, dass Frauen ein Objekt besser spezifizieren können, während Männer sagen können, wo es ist.[556] (Ein klein wenig erinnert mich das an den Quantenphysik-Witz, bei dem Werner Heisenberg Auto fährt. Er wird von einer Polizeistreife gestoppt. Der Polizist fragt Heisenberg, ob er wisse, wie schnell er gefahren sei, worauf Heisenberg antwortet: »Nein, aber ich weiß wo ich bin.«[557])

Das männliche Auge ist auf Fernsicht eingestellt, das weibliche auf Nahsicht. Männer sehen besser, was in der Ferne passiert, Frauen dagegen, was sich in ihrer Nähe und um sie herum abspielt. Ihr Sehfeld ist seitlich breiter (*periphere Sicht*). Auch wenn sie an den Seiten nicht mehr scharf sehen können, wenn sie geradeaus schauen, können sie dennoch mehr erkennen, ohne den Kopf dafür drehen zu müssen. Die gute Nahsicht ermöglicht es den Frauen, lange ermüdungsfrei am Computer zu arbeiten und lange zu lesen. Ich hatte es schon öfter mit Topmanagern zu tun, die meine Frage nach ihrem Lieblingsschriftsteller mit dem Hinweis darauf beantworteten, dass sie tagsüber so viele Zahlen und Berichte lesen müssen, dass sie

---

[555] http://bit.ly/a9QxbU
[556] Sax, Leonard (2005), S. 22
[557] Für alle Nicht-Physiker: Quanten sind für Physiker ein bisschen unbequemer als andere Teilchen. Quanten zeigen sowohl das Verhalten von Teilchen, als auch von Wellen. Von Quanten lässt sich entweder ihr Aufenthaltsort *oder* ihr Impuls bestimmen, nie jedoch beides gemeinsam. Ist aber auch irgendwie logisch: Die Ortsbestimmung eines Teilchens ist eine Momentaufnahme, quasi wie ein Foto. Um den Impuls zu bestimmen, muss jedoch die Differenz zwischen Ausgangspunkt A und neuem Bestimmungsort B gemessen werden. Während das Teilchen von A nach B unterwegs ist, lässt sich nicht genau sagen, wo es steckt.

abends nichts mehr lesen wollen. Sie waren der Ansicht, jeden Tag genügend zu lesen oder lesen zu müssen.

Legt man Frauen zweidimensionale Bilder vor, beispielsweise einen Architekturplan eines Hauses, das Foto einer Straßenschlucht in Manhatten etc., sehen sie zweidimensionale Bilder. Legt man Männern dieselben Bilder vor, sehen sie alles dreidimensional, wie die Psychologieprofessorin Camilla Benbow herausgefunden hat.[558] Dafür sind so gesehen natürlich nicht die Augen zuständig, sondern die Auswertung des Gesehenen im Gehirn.

10.2. Hören

Um Aufmerksamkeit zu erregen, schalten viele Werbesender die Lautstärke bei den Werbeblöcken und Filmtrailern hoch. Sie wissen offenbar nicht, dass Frauen sehr viel besser hören als Männer und der Lautstärkenwechsel für viele geradezu schmerzhaft sein kann. Der äußere Gehörgang weist bei Frauen eine andere Form auf als bei Männern. Er ist außerdem kleiner, was zu einer effektiveren Verstärkung des Schalls führt, der aus der Umwelt aufgenommen wird. Frauen verfügen über eine geringere Hörschwelle als Männer, das heißt, sie hören schon sehr leise Geräusche, die Männer nicht wahrnehmen.

Frauen hören auch höhere Frequenzen als Männer. In Kombination mit der geringen notwendigen Lautstärke können Frauen ihre Kinder am Klang erkennen und wachen auf, wenn ihre Kinder nachts das eine oder andere Bedürfnis äußern. Wie wir heute wissen, hören Väter Kinder besser als Männer, die noch keine Väter geworden sind.[559] Dieses spezifisch erweiterte Gehör wird auf einen veränderten Testosteron- und Vasopressin-Spiegel zurückgeführt.

Männer können die Richtung erkennen, aus der ein Geräusch stammt. Der räumliche Hörsinn ist beim Nachfahren des Jägers besser ausgeprägt. Auch Tierstimmen erkennen sie besser. Als Nicht-Empathen sind sie jedoch häufig völlig aufgeschmissen, wenn sie aus der Stimme ihres Gesprächspartners dessen Befindlichkeit heraushören sollen. Für Frauen ist das eine ihrer leichtesten Übungen. Der stimmliche Klang eines Menschen liefert ihnen genauen Aufschluss über seine aktuelle Stimmungslage. Ruft eine Frau eine nahestehende Person an, kann sie am Hallo der

---

[558] Pease, Allen und Barbara Pease (2001), S. 166
[559] Brizendine, Louann (2010), S. 25

Begrüßung schon erkennen, wie es der oder dem anderen geht. Bei der männlichen Stimme ist diese Aufgabe etwas schwerer zu meistern, weil sie über eine geringere Modulation verfügt und damit weniger Signale transportiert.

Inzwischen ist unter Wissenschaftlern bekannt, dass die Stimme redundante Informationen zur Mimik, aber auch zum Körperbau bestimmt, aus dem unbewusste Teile des Gehirns den Hormonspiegel einer Person herauszulesen vermögen. Bei der Partnerwahl spielt es hinsichtlich unserer Natur eine immense Rolle, ob der Östrogenspiegel einer Frau hoch ist, was für ihre Fruchtbarkeit und ein im Allgemeinen junges Alter spricht. Doch auch Frauen wollen wissen, ob ihr Partner Nachwuchs mit einer hohen Überlebenschance zeugen kann. Blindversuche mit Stimmen haben gezeigt, dass Männer Frauen mit hohem Östrogenspiegel heraushören können, ebenso wie Frauen Männer mit tiefen Stimmen vorziehen, weil diese durch einen hohen Testosteron-Level bedingt werden. Das erklärt den Erfolg des Schmusesängers Barry White. Die Evolutionspsychologin und biologische Anthropologin Coren Apicella von der Harvard University konnte nachweisen, dass der Reproduktionserfolg von Männern mit ihrer Stimme korreliert: Männer mit einer tiefen Stimme haben mehr Kinder. Bei Frauen zeigt sich kein vergleichbarer Effekt.[560]

Wer viel reist, hat sicherlich schon festgestellt, dass das Werbefernsehen überall gleich klingt. Wenn man die Landessprache nicht spricht, wird das Klangmuster umso deutlicher: Alle Sprecherinnen haben dieselbe über mehrere Oktaven springende Modulation, die männlichen Sprecher sprechen ebenfalls tonal ausdrucksvoller. Die mit Appellen gepaarte Begeisterung springt einem auf jedem privaten Fernsehkanal entgegen. Begeisterung ist das Lieblingsgefühl der Werbetreibenden. Es soll die Zuschauer mitreißen und zum Kauf anstacheln. Die Variationen erscheinen im Vergleich recht gering. In den USA gibt es mehr Ausdruck von Stolz und ernster Fürsorge, in Russland ist alles nur spaßig und toll. All das ist nur am Ton erkennbar, auch ganz ohne Sprachkenntnis. Aus Sicht von Verbrauchern stellt sich die Frage, wie sich die werbenden Marken oder Produkte unterscheiden sollen, wenn alle dasselbe Gefühl besetzen wollen. Ist es dann nicht egal, was man kauft, wenn man von allem gleichermaßen begeistert sein wird? Nur zur Erinnerung: Empathinnen vermögen bis zu 412 unterschiedliche Emotionen zu erkennen. Ein beträchtlicher Anteil der Erkennung erfolgt über den Klang von Stimmen.

560 Apicella, Coren Lee et al. (2007)

10.3. Riechen

Unser Geruchssinn ist in jeder Lebenssituation wichtig. Er ermöglicht uns, passende Sexualpartner anhand ihrer Pheromone ausfindig zu machen, verrottete Nahrungsmittel zu erkennen bevor wir sie uns in den Mund stecken, Familienangehörige zu erkennen, Freude und Gefahr zu riechen[561] sowie vieles, vieles mehr. Viele der wichtigsten Gerüche nehmen wir nicht einmal bewusst wahr, und gerade dadurch beeinflussen sie unser Verhalten. Die Pheromone, die über den Kopf eines Babys abgegeben werden, können bei anderen Frauen einen Kinderwunsch auslösen.[562] Bei Männern ist dieser Effekt nicht bekannt. Wir können die Angst anderer Menschen riechen – und Frauen und Männer reagieren situativ unterschiedlich darauf. Mütter können Erkrankungen zuweilen bei ihren Babys riechen, bevor sie sich anderweitig bemerkbar machen. Ich selbst habe vor einigen Jahren gerochen, dass mein Kater (!) erkrankte, obwohl er sich ganz normal verhielt. Er roch einfach erkennbar anders als sonst, nicht schlechter, nur anders. Ich fuhr zu seiner Tierärztin, die ihn sofort medikamentös behandelte.

Bei Frauen entwickelt sich der Geruchssinn zwischen Pubertät und Menopause unentwegt zu mehr Feinheit. Bei Männern ist eine solche Entwicklung nicht bekannt. Die Feinheit der weiblichen Nase wird zuweilen von verschwitzten Männerkörpern beleidigt. Nimmt man an, dass die Verströmer dieser unangenehmen Körpergerüche nicht einfach nachlässig handeln, dann gibt die Tatsache, dass sie den Schweiß in ihrem T-Shirt selbst nicht zu riechen vermögen, einen Hinweis auf die Dimension der Unterschiede zwischen dem weiblichen und dem männlichen Geruchssinn.

Während einer Schwangerschaft sorgt der Fötus mit Hormonausschüttungen dafür, dass sich die werdenden Mütter von Stoffen, die für ihn ungesund sein könnten, fernhalten. Viele können beispielsweise plötzlich keinen Kaffeegeruch mehr ertragen. Nicht umsonst, denn Koffein schädigt das Ungeborene. Wie Daniel Broman von der Universität Umeå auf der Jahrestagung der Gesellschaft für Neurowissenschaften in New Orleans 2003 berichteten, registrieren siebzig Prozent während der ersten Schwangerschaftsmonate ungewöhnliche Geruchswahrnehmungen. Dazu gehören nicht nur plötzliche Abneigungen, die sich allerspätestens nach der Entbindung wieder zurückgebildet haben, sondern auch die Wahrnehmung geringer Duftmengen.

---

561 Chen, Denise und Jeannette Haviland-Jones (2000)
562 Brizendine, Louann (2007) S. 152

Düfte vermögen bei Frauen und Männern emotionale Zustände zu erzeugen oder zu verändern. Angenehme Düfte können richtiggehend zu guter Laune führen, unangenehme zu schlechter. Es ist erstaunlich, wie wenig dies in der Marketing-Kommunikation in Betracht gezogen wird. Früher pflegten Damen besondere Briefe zu parfümieren. Das ist zugegebenermaßen eine Weile her, doch was hält die Versender von Drucksachen zu Werbezwecken davon ab, die Sendungen zu beduften? Dass Duft überzeugen kann, weiß jeder Bäcker, jeder Fleischer und jede Parfum-Abteilung. Zuweilen werden auch Verkaufsräume unter der Wahrnehmungsschwelle mit Düften geflutet, die die Kauflust anregen sollen. Duftproben in Zeitschriften sind erstaunlich aus der Mode gekommen, dabei besitzen sie gegenüber den reinen Anzeigen große, weil überzeugende Vorteile. Insbesondere bei Frauen spielen angenehme Gerüche eine große Rolle, denn bei ihnen vermögen angenehme Düfte sogar Schmerz zu lindern. Bei Männern gibt es diesen Effekt nicht.[563]

10.4. Schmecken

In der Marketing-Kommunikation spielt der Geschmack praktisch nur da eine Rolle, wo die Vergabe von Geschmacksproben möglich ist, also bei Events, bei Verkostungen am POS, oder wenn doch mal eine Geschmacksprobe verschickt wird, was jedoch eher bei Katzenfutter gemacht wird.

Der unterschiedliche Geschmack von Frauen und Männern sollte jedoch bei der Zielgruppendefinition, bei der Produktentwicklung und bei der Positionierung zurate gezogen werden. 2006 war ich als Vortragsrednerin für eine Veranstaltung gebucht, zu der Produktentwickler und Produktmanager beiderlei Geschlechts aus der Lebensmittelbranche eingeladen waren. Es ging bei der mehrtägigen Konferenz um geschlechtsspezifische Genuss- und Nahrungsmittel. Ich war sehr verblüfft, dass sich so gut wie niemand der mehreren hundert Teilnehmer jemals Gedanken darüber gemacht hatte, dabei zeigt ein Blick in die Supermarkt-Regale, dass eine beträchtliche Anzahl von Produkten typischerweise schon an Frauen oder Männer gerichtet werden. Ist das etwa der reine Verdienst derer, die vermarkten müssen, was andere fröhlich vor sich hin entwickelt haben?

Frauen und Männer bevorzugen unterschiedliche Speisen und Geschmacksrichtungen. Kurz und sehr grob zusammengefasst lässt sich bei Frauen aufgrund ihrer Geschichte als Sammlerinnen eine Präferenz für

[563] Marchand, Serge und Pierre Arsenault (2002)

Süßes feststellen und bei Männern für Salziges und Bitteres. Bitteres war für Sammlerinnen ein Zeichen für die Unreife einer Frucht oder für Giftigkeit. Saures und Umami stehen als Einzelgeschmäcker nach.

10.5. Tasten und fühlen

Die weibliche Haut ist im Durchschnitt zehnmal berührungsempfindlicher als die männliche. Auch das dürfte auf die Bedürfnisse von Kindern zurückzuführen sein. Kinder, die keine ausreichende körperliche Berührung erhalten, sterben. Aus diesem Grund wird die Mutter-Kind-Bindung über körperliche Berührung gefestigt, denn bei jeder Berührung erfahren die Gehirne von Mutter und Kind einen Oxytocin-Schub. Oxytocin schafft Bindungen und sorgt in hohem Maße für Wohlbefinden. Das Vorspiel dient der Frau dazu, die nötige situative Bindung zu ihrem Partner aufzubauen und mit dem hormonellen Wohlgefühl womöglich Gedanken über die zu erledigende Wäsche und die Bezahlung der Rechnungen beiseite zu schieben, um mit ihm Sex haben zu können. Paare, die sich wenig berühren, leben sich schnell auseinander. Aus diesem Grund halten Verliebte Händchen, denn das stärkt im wahrsten Sinne des Wortes ihre Verbindung. Ich bin der Ansicht, dass Oxytocin auch der Grund dafür ist, dass viele Frauen liebendgerne Wellness-Angebote buchen. Deutschland, Österreich und die Schweiz gehören zu den Ländern mit vergleichsweise geringem körperlichem Kontakt. Der Bedarf an Körperlichkeit ist aber groß. Daher halten wir uns Haustiere zum Kuscheln und gehen zur Massage und Gesichtsbehandlung – damit wir zu der nötigen Berührung kommen. Übrigens: Auch Männer kennen die Auswirkungen von Oxytocin, jedoch in weitaus geringerem Maße als Frauen.

Der weibliche Tastsinn ist wesentlich feiner als der männliche. Frauen berühren im Geschäft so oft die Ware, weil ihnen ihr Tastsinn sehr viel über das Produkt verrät. Ihre Fingerspitzen und Nervenenden auf der ganzen Haut geben ihnen Informationen, die sie auf keinem anderen Wege erhalten könnten. Männern bleiben die meisten Dinge daher verborgen, die bei Frauen eine Kaufentscheidung auslösen können, oder aber zur strikten Ablehnung führen. Diese Tatsache muss sowohl bei der Gestaltung von Verpackungen, als auch von allen anderen Kommunikationsmaßnahmen berücksichtigt werden. Das Papier von Werbesendungen spielt sicherlich nur in Ausnahmefällen eine Rolle in der bewussten Wahrnehmung. Doch umso größer ist seine unbewusst wirkende Botschaft! Der Weg über die Haptik ist für Frauen ein hervorragender und vor allem zuverlässiger Informationsweg. Es ist erstaunlich, wie viele Marken aus allen Branchen versäumen, ihre Kommunikationskampagne auch haptisch durchzudeklinieren.

Ich wundere mich im Übrigen auch immer wieder, wie wenig der Online-Handel über die enorme Bedeutung der taktilen Information für Kundinnen weiß. Ihm entgeht viel Geschäft, weil Frauen die angebotenen Waren nicht berühren können. Da wäre es doch mal allerhöchste Zeit, über Möglichkeiten der Kompensation dieses Sinnesmangels nachzudenken.

11. Sex sells?!

In einem Buch mit dem Titel *Werbung für Adam und Eva* darf die Behandlung der Frage nicht fehlen, ob die freizügige Darstellung von Menschen den Verkauf von Waren ankurbelt, oder nicht. Oder anders ausgedrückt: Dient Sex dem Verkauf oder nicht?

Es gibt inzwischen diverse Studien, von denen viele eine politisch korrekte Aussage treffen. Sie behaupten, Beweise dafür gefunden zu haben, dass spärlich oder gänzlich unbekleidete Frauen *keine* Produkte verkaufen. Sind diese Behauptungen belastbar und universell gültig? Ich habe da so meine Zweifel.

2005 hat Robert Deaner mit seinem Team das Sozialverhalten von Rhesus Makaken studiert. Ihre Ausgangsbasis war, dass in den Gesellschaften der Primaten Verwandtschaft, Dominanz und reproduktiver Status die sozialen Interaktionen reguliert. Aus diesem Grund würden soziale Informationen systematischen Einfluss haben. (»In primate societies, kinship, dominance, and reproductive status regulate social interactions and should therefore systematically influence the value of social information«). Die Forscher wollten wissen, wie viel Orangensaft die Affen hergeben würden, um Fotos von Angehörigen ihrer Sozialgruppe anschauen zu dürfen. Die Ergebnisse der Forscher waren ausgesprochen verblüffend: Die Affen bezahlten mit großen Mengen der flüssigen Währung, um Fotos ihrer Rudelführer sehen zu dürfen – und von weiblichen Affenhintern. Sollten die Tiere sich Fotos sozial niedriggestellter Rudelmitglieder anschauen, forderten sie dafür wiederum Bezahlung ein.[564] Ist das wirklich nur bei Affen so?

Viele verschiedene naturwissenschaftliche Studien haben nachgewiesen, dass Männer sowohl körperlich, als auch psychisch stärker durch visuell dargebotene sexuelle Reize stimuliert werden als Frauen. Außerdem besitzen Männer eine höhere Motivation, solche Stimuli aktiv zu suchen und

---

[564] Deaner, Robert O. et al. (2005)

mit ihnen zu interagieren.⁵⁶⁵ Dieser spezifische Unterschied zwischen den Geschlechtern wird in den evolutionären und soziobiologischen Theorien darauf zurückgeführt, dass es für Männer aus biologischer Sicht sinnvoll ist, jede Gelegenheit für die Reproduktion zu erkennen. Dadurch erhöht sich die Wahrscheinlichkeit, dass er seine Gene weitergeben kann. Da Frauen allerdings eine wesentlich höhere maternale Investition in eine Schwangerschaft einbringen als Männer, ist die Wahl des richtigen Partners entsprechend wichtig für den »Bruterfolg«. Eine schnelle Erregung würde bei Frauen zum immensen Fortpflanzungsnachteil gereichen.

Stephen Hamann wies 2005 per fMRT nach, dass sich die unterschiedliche Erregung im Gehirn bemerkbar macht: Bei Männern wurden die rechte und die linke Amygdala sowie der Hypothalamus stark aktiviert – und bei Frauen gar nicht. Bei Vergleichsbildern mit neutralen und angenehmen, nicht-sexuellen Stimuli zeigten sich in den untersuchten Bereichen keine Unterschiede zwischen den Geschlechtern.⁵⁶⁶ Noch deutlicher ist der Effekt, der sich aus der bloßen Anwesenheit einer Frau ergibt: Eine Frau muss nur einen Raum betreten, um zu bewirken, dass der Testosteronspiegel des darin befindlichen Mannes steigt. Der Testosteronanstieg ist bei Männern umso stärker, wenn sie Singles sind, eine überdurchschnittlich aggressive Persönlichkeit besitzen und/oder seit mindestens einem Monat keinen Sexualkontakt mehr hatten.⁵⁶⁷

Wir können also feststellen, dass Bilder nackter Frauen bei Männern grundsätzlich eine hohe Aufmerksamkeit bewirken. Umgekehrt reagieren Frauen auf Fotos nackter Männer nicht in derselben Weise interessiert. Es ist bekannt, dass Fotokalender mit nackten Männern bevorzugt von homosexuellen Männern oder von Frauen, die ihre Freundinnen bei einem festlichen Anlass in Verlegenheit bringen wollen, gekauft werden.

Dass mit dem männlichen Interesse nicht nur Pornos verkauft werden können, sondern auch Hamburger und Flugreisen, weiß *Hooters*. Wer im Service dieses Unternehmens arbeiten will, muss jung, hübsch und vor allem weiblich sein. Nackt muss jedoch noch lange niemand herumlaufen. Hooters schickt die Mädels in Top, Shorts, blickdichten Strumpfhosen, Sportstrümpfen und Turnschuhen in den Service. Die USA sind nun einmal etwas prüder als viele europäische Länder. (Mitte der neunziger Jahre war ich wiederholt in den USA. Als ich einmal in einem Außenbezirk New

---

565 Symons, Donald (1979)
566 Hamann, Stephan (2005)
567 van der Meij, Leander et al. (2008)

Yorks auf den Bus wartete, hielt ein Wagen mit heruntergekurbelten Fenstern direkt vor mir. Ich schaute hinein und erblickte einen Mann im mittleren Alter in Unterwäsche. Er machte eine mir unbekannte Geste. Es dauerte nicht nur einen, sondern zwei oder drei Momente, bis ich die Situation überhaupt begriff. Es war ein amerikanischer Exhibitionist: Er kam nicht zu Fuß, sondern mit dem Wagen vorgefahren, und er war nicht nackt, sondern trug Unterwäsche. Ich musste so schallend lachen, dass es ihm doch noch peinlich wurde und er mit einem Kickstart davonraste.)

Es sind insbesondere Bowling-Runden und sonstige Männergruppen, die einen Hooters-Hamburger zu sich nehmen oder den Hooters-Transport wählen. Bei Hooters machen die Mädels nicht nur einen Unterschied zur Konkurrenz aus, sie *sind* der Unterschied. Oder noch genauer: Die jungen Frauen stellen den Kauf entscheidenden Mehrwert dar.

Wie steht es nun in der Marketing-Kommunikation?

Eine Automesse ohne hübsche Hostessen erscheint undenkbar. Wenn man in Betracht zieht, dass Autos ein (noch immer vor allem) männliches Statussymbol sind, dann ist die Präsentation einer Frau in diesem Zusammenhang logisch sinnvoll. Männer kaufen unter anderem Autos um potenziellen Partnerinnen zu demonstrieren, welch gute Versorger sie sind (und das gilt im Prinzip auch, wenn sie bereits vergeben sind – man weiß ja nie, wann sich nicht doch eine zusätzliche Gelegenheit ergibt). Was wäre also sinnvoller, als gleich zu zeigen, *welch* eine tolle Frau der Käufer eines bestimmten Modells voraussichtlich ergattern kann? Und dazu gibt es mindestens noch einen zweiten Aspekt: Der Anblick von Frauen erhöht auch den Testosteronspiegel des Mannes. Dies ist natürlich eine gewünschte Übertragung auf die Autos, denn sie verheißt, dass der künftige Eigentümer des präsentierten Modells männlicher wird.

Funktioniert die sexuelle Aufladung bei allen Produkten? Zu dieser Frage sind mir bisher keine überzeugenden Untersuchungen bekannt. Ich persönlich bin sicher, dass sich die meisten Artikel dadurch nicht verkaufen lassen. Margarine, Zahnbürsten und Vogelfutter sind ebenso wenig geeignet, durch sexuell erregende Bilder von Frauen verkauft zu werden, wie Nasenhaarschneider und Computer. *Perrier* engagierte 2010 die Burlesque-Wiederentdeckerin Dita von Teese, um für das Mineralwasser zu werben. In dem Spot haucht sie verheißungsvoll »you're lucky« (»du hast Glück«), zieht ihr Kleid aus und gießt sich ein Fläschchen Perrier über ihr Dekolleté und ins Mieder, steckt sich kurz den Finger in den Mund und verlässt das Bild. Zurück bleibt ein bis auf die Recamière im Vordergrund leerer

Schloss-Saal.[568] Ich habe meine Zweifel, dass Perrier (auf diese Weise) wirklich als sexy Wasser positioniert werden kann.

Es gibt jedoch zwei Bereiche, wo Frauen den Verkauf ankurbeln können:
1. Überall da, wo glaubhaft gemacht werden kann, dass der Erwerb eines Gegenstands oder einer Marke zur Verbesserung der Chancen bei Frauen beitragen kann, wird Sex als Verkaufsanreiz funktionieren. Voraussetzung ist allerdings, dass die Blicklenkung gut geplant ist. Auf einer Automobil-Show konkurrieren die männlichen Interessen miteinander: Frau oder Auto? Außerdem bleibt jedem Besucher genug Gelegenheit, sich satt zu sehen. Der Messebesucher kann das Automodell und die weibliche »Verzierung« von allen Seiten betrachten. (Viele lassen sich es, zum Leidwesen der Messe-Hostessen, nicht nehmen, sie anzufassen und dabei fast kein Körperteil auszulassen.[569]) Alles, was Männer als Statussymbol auslegen, ist geeignet, unabhängig von der Preisklasse.
2. Die zweite sinnvolle Einsatzmöglichkeit sind Produktbereiche, in denen ein hoher Testosteronspiegel von Nutzen oder gar gewünscht ist. Zu diesem Bereich gehören beispielsweise sportliche Aktivitäten oder auch Computer-Spiele. Bei meinen Besuchen auf der Games Convention konnte ich beobachten, wie beliebt junge Frauen in knappen Outfits bei den Jungs und jungen Männern waren. Sie dienten nicht nur dazu, die non-verbale Botschaft zu senden, dass auch Nerds und Computer-Spieler irgendwann ihre große Chance bei einem Mädel erhalten. Vielmehr lösten sie zusätzlich zu den Adrenalin-treibenden Spielen einen Testosteron-Schub aus, was sich wiederum positiv auf ihre Test-Spiele auswirken konnte. Die Psychologie dahinter lässt sich leicht erraten: Wer ein Spiel testet und eine große Freude dabei verspürt, wird dieses Spiel mit hoher Wahrscheinlichkeit kaufen und mit seinen Freunden spielen.

Überhaupt werden Frauen gerne als Messe-Hostessen eingesetzt, allerdings traditionell vornehmlich deswegen, weil sie die aufmerksameren Gastgeberinnen sind.

In der Werbung ist der Einsatz attraktiver Frauen schwieriger. Auf jedem zweidimensionalen Medium müssen die bevorzugt betrachteten Körperteile so in die Werbung eingepasst werden, dass der Blick auf die wesentli-

568 http://bit.ly/ceWY9m
569 http://bit.ly/aCvUmg

chen Informationen gelenkt wird. Das ist zugegebenermaßen schwierig, insbesondere, weil sehr viele Werbung, aber auch besonders Webseiten den Blick eher verwirren, als die Informationen gehirngerecht zu präsentieren. Es braucht nicht zwingend leicht bekleideten Mädchen, um von der Werbebotschaft abzulenken – viele Werbungtreibende schaffen es auch ohne. Insgesamt gilt, dass die Anzahl der Reize und Informationen minimiert und die verwendeten dafür fokussiert werden müssen.

Unbedingt vom Einsatz sexueller Stimuli möchte ich abraten, wenn Frauen zu den Käufern zählen. Ebenfalls abzuraten ist, wenn Frauen nicht die primären Käuferinnen sind, aber dieselbe Werbung zu Gesicht bekommen. Wenn Männern quasi Frauen als Belohnung für den Erwerb einer Ware versprochen werden, dann dürfen Frauen sich nie als die versprochene Belohnung begreifen, insbesondere, wenn ihr Partner der Käufer war oder sie einen Besitzer des so beworbenen Stücks kennen lernen.

Und was ist mit den Frauen?

Frauen reagieren also nicht auf entblößte Männer. Umso mehr reagieren sie jedoch auf dieselben Zeichen, die sie im realen Leben bei Männern präferieren, nämlich die eines begehrenswerten Partners. Dieser ist nicht nur ein guter Versorger, sondern zudem ein guter Gesprächspartner und ein zärtlich zugewandter Freund. Die Werbung darf hier ruhig ein klein wenig übertreiben. Vorsicht bei so großen Übertreibungen wie der Darstellung eines liebend gerne shoppenden Begleiters – der wird mit hoher Wahrscheinlichkeit als schwuler Freund interpretiert. Es sind vor allem die kleinen Gesten, die Frauen im Alltag vermissen und in der Werbung gerne sehen: Aufmerksamkeit, Hilfsbereitschaft, Zärtlichkeit etc. Und das lässt sich auch visuell mit dem ausgewählten Modell transportieren, denn Frauen interpretieren in das Aussehen eines Mannes vermeintliche Eigenschaften. Sie sehen keine braune Augen, sondern kluge. Sie sehen zärtliche Hände, sinnliche Münder, Schultern zum Anlehnen und weitere Körperteile, von denen sie sich zum Wohlfühlen eingeladen fühlen, sofern Model und Darstellung stimmen. Frauen wollen nicht Sex, sondern Liebe. Und sie wollen keine handfesten Tatsachen sehen, sondern Dinge, die ihre Fantasie anregen. Bei Männern findet Sex unter der Gürtellinie statt, bei Frauen im Gehirn. Deswegen fruchten die Bemühungen der Pharmakonzerne seit über zehn Jahren nicht, ein Viagra für Frauen zu entwickeln.

Und noch ein wichtiger Hinweis: Werden Fotos von Menschen in einer Werbekreation verwendet, ist die Weise, wie sie dargestellt werden, von entscheidender Bedeutung für die Betrachter beiderlei Geschlechts. Bei Frauen und Männern reagiert das Belohnungszentrum umso stärker auf die Bilder unbekannter Personen, je attraktiver die gezeigte Person ist, jedoch nur, wenn sie ihren Blick direkt auf die Betrachter richtet. Schaut die attraktive Person weg, ist die Reaktion weitaus geringer. Unattraktive Personen lösen überhaupt keine Belohnungseffekte aus.[570]

Knut Kampe, der Verantwortliche dieser Studie, interpretierte die Ergebnisse so, dass die Aufmerksamkeit einer attraktiven Person eine Art soziales Geschenk darstellt. Und tatsächlich kennt wahrscheinlich jede/r von uns den Moment, in dem wir unerwartet dem Blick einer attraktiven Person des anderen Geschlechts begegneten und uns ein Schauer durchfuhr. Demgegenüber empfinden wir Bedauern, wenn wir von einer begehrenswerten Person schlicht übersehen werden. Kampe betonte auch, dass diese Reaktionen nicht sexuell bedingt sind, denn sie sind grundsätzlich unabhängig vom Geschlecht. Er vertrat die These, dass es eine belohnende Wirkung auf uns hat, wenn wir einen potenziellen neuen Freund oder eine einflussreiche Persönlichkeit treffen, die einen positiven Einfluss auf unseren Status haben könnte. Und damit wären wir im Prinzip wieder bei den Affen am Beginn dieses Kapitels.

---

[570] Kampe, Knut et al. (2001)

12. Kommunikationsstile

Nach allem, was wir bisher über die biologischen Eigenheiten und das unterschiedliche Verhalten erfahren haben, wird es Zeit, sich mit einigen Hinweisen zum Kommunikationsaufbau zu befassen. Frauen und Männer denken und fühlen nicht nur unterschiedlich, sie verwenden auch Sprache auf verschiedene Weise, bedürfen und bedienen sich unterschiedlicher Bilder und bevorzugen sogar unterschiedliche Farben. Genaueres darüber zu wissen hilft, langweilige, weil tausend Mal gesehene Werbestereotypen weit hinter sich zu lassen und die Relevanz der Kommunikation zu steigern, indem eine bisher unbekannte Vielfalt und Lebensnähe in die Markenführung und Marketing-Kommunikation Einzug hält.

Dieses Kapitel befasst sich mit dem Kommunikationsverhalten und der Art, wie Frauen und Männer Sprache tatsächlich verwenden. Außerdem widmen wir uns der Auswahl von Bildern und Farben.

12.1. Wer hört was?

Männer hören die Sachebene einer Botschaft vor allen anderen Mitteilungen, die auch noch darin stecken. Als Nicht-Empathen sind ihnen viele der parallel zur Sachebene mitgesendeten Informationen schlichtweg nicht zugänglich, zumal nur wenige Männer ihre diesbezüglichen Anlagen trainieren, sodass sie mehr Zwischentöne und Signale aufnehmen können. Deswegen sind präzise Begriffsdefinitionen für Männer so wichtig, denn die richtige Begriffswahl hilft ihnen auszudrücken, was sie sagen wollen.

Die meisten Frauen sind weniger auf die Verwendung exakter Begriffe versessen, weil ihnen eine Fülle zusätzlicher Ausdrucksmöglichkeiten zur Verfügung steht. Wie schon in Kapitel 6 erwähnt, macht die Sachinformation für Frauen lediglich zehn Prozent der Gesamtinformation aus. Zehn bis zwanzig Prozent werden aus Tonhöhe, Sprechgeschwindigkeit und insbesondere aus der Stimmmodulation bezogen. Die verbliebenen siebzig bis achtzig Prozent ihrer Information entnehmen Frauen aus der Körpersprache und Mimik ihres Gesprächspartners. Bei einem Telefonat, einer Rundfunk-Sendung oder einem Podcast werden die fehlenden visuellen Informationen kompensiert.

12.2. Wer ist ›geschwätziger‹?

Lange Zeit herrschte die Ansicht vor, dass Frauen viel mehr reden als Männer. Das habe ich auch geglaubt. Stimmt es also?

Nein. Dieses Gerücht hat sich nur durch permanente Wiederholung lange gehalten. Oft haben Männer das Gefühl, Frauen würden zuviel reden – doch umgekehrt ist es genauso: Frauen sind der Ansicht, die Männer reden gelegentlich zuviel.[571] Tatsächlich reden Frauen und Männer über den gesamten Tag ungefähr gleich viel – nur eben völlig unterschiedlich auf Anlässe und Gelegenheiten verteilt. Frauen sprechen vorwiegend im privaten Umfeld, und damit dort, wo Männer das Reden wenig reizvoll finden. Deborah Tannen hat für die unterschiedlichen Arten, Sprache zu verwenden, die Begriffe *rapport talk* und *report talk* geprägt. *Rapport talk* ist die Beziehungssprache der Frauen, mit der sie Kontakt zu anderen aufnehmen und Gemeinschaften bilden. Die Beziehungssprache dient der Herausstellung von Gemeinsamkeiten sowie Erfahrungen, aber auch der Herstellung von Gleichheit: Tut sich ein Mädchen innerhalb einer Mädchengruppe hervor, wird sie kritisiert. Deborah Tannen bezeichnet Gespräche aus weiblicher Sicht als den »Kitt, der Beziehungen zusammenhält«.[572] Und der beste Ort dafür ist das Zuhause. Nur im privaten Umfeld entspannen sich Frauen, um frei von der Leber weg sprechen zu können.[573] Zum größten Bedauern der Frauen ist dies genau der Ort, an dem Männer mit Worten geradezu geizen. Je näher ein Gesprächspartner einer Frau steht, desto größer ist ihr Bedarf am *rapport talk*, und desto weniger kontrolliert sie ihre Außenwirkung. Frauen üben ihr Leben lang, um ihre Gedanken und Gefühle in Sprache zu gießen und anderen zugänglich zu machen. Männer üben sich ihr Leben lang, um ihre Gedanken und Gefühle zu ignorieren und für sich zu behalten.[574]

Männer sprechen immer dann am liebsten, wenn es jemanden gibt, den sie beeindrucken wollen, insbesondere, wenn sie vielen Personen auf einmal imponieren wollen. Männer sprechen also vorzugsweise bei öffentli-

---

[571] Tannen, Deborah (2004), S. 78
[572] Tannen, Deborah (2004), S. 88
[573] Tannen, Deborah (2004), S. 89 f.
[574] Tannen, Deborah (2004), S. 86

chen Gelegenheiten. Sie pflegen das, was Deborah Tannen den *report talk* nennt.

Report talk ist die männliche Berichtssprache.[575] Allerdings setzen sie sie keineswegs nur zur Verteilung von Sachinformationen ein. Sprachwissenschaftler haben die Charakteristika der männlichen Kommunikation in der Öffentlichkeit untersucht. Sie fanden beispielsweise heraus, dass die ersten Anrufer bei Talk-Show-Sendungen, die durchgestellt werden, Männer sind.[576] Oft stellen die Anrufer solcher Sendungen keine Frage, sondern geben lange Statements ab, sie müssen häufig ermahnt werden, ihre Frage zu stellen, dabei haben sie manchmal gar keine. (Bei Anruferinnen ist insbesondere im Radio häufig zu beobachten, dass sie erst einmal ihrer Begeisterung für die Sendereihe und die Moderatoren Ausdruck verleihen, also vor ihrer Frage die Beziehungsebene »klären«.) Männer ergreifen bei Vorträgen und öffentlichen Diskussionen im Durchschnitt dreimal häufiger und mindestens zweimal, oft sogar bis zu sechsmal länger das Mikrofon. Auf die Beantwortung ihrer Frage reagieren sie gerne mit einer weiteren Frage oder einer Erwiderung. Die längsten Sprechbeiträge von Frauen sind kürzer als die kürzesten von Männern.[577]

Vor Jahren war ich zu einem Kongress auf der *CeBIT* eingeladen. Wir waren drei Frauen und drei Männer auf dem Podium. Wir drei Frauen antworteten auf die uns gestellten Fragen punktgenau und waren daran interessiert, kompetent und fair zu erscheinen. Aus Sicht der männlichen Redner waren wir taktisch unklug, weil wir so wenig Zeit beanspruchten. Sie waren viel klüger. Der »klügste« war ein hochgestellter Herr aus dem Wirtschaftsministerium, der diverse Male den Eindruck erweckte, er würde gar nicht mehr aufhören wollen. Dabei verlor man leicht den Überblick, worüber er überhaupt noch sprach. Die Länge seiner Antworten sprengte jegliche Proportion zur Eloquenz des Gesagten. Bald machte sich bei den Damen im Publikum Unruhe breit, wann immer einer der Herren sprach. Irgendwann platzte einer Zuhörerin der Kragen. Sie stand tatsächlich auf und sprach aus, was alle Frauen im Raum dachten: Sie kritisierte die Weitschweifigkeit der Herren und lobte uns Frauen. Aus ihrer Sicht stimmte das, was sie sagte. Aus meiner allerdings auch.

Damals wusste auch ich noch nicht, was diese Sprechweise eigentlich bezweckt.

---

[575] Tannen, Deborah (2004), S. 79
[576] Tannen, Deborah (2004), S. 77 f.
[577] Tannen, Deborah (2004), S. 77 f.

12.3. Kommunikationsverhalten

Frauen und Männer unterscheiden sich teilweise stark in ihren Sprechweisen. Das liegt nicht nur an den ausgeprägteren Sprachfähigkeiten von Frauen, sondern ebenfalls an der Gehirnarchitektur, der Hormonmischung, der Sozialisation, den gesellschaftlichen Zielen und dem Weltbild. Sind Gespräche für Frauen das Mittel, das Beziehungen zusammenhält, so dienen sie Männern dazu, ihre Unabhängigkeit zu bewahren und in einer – aus ihrer Sicht – hierarchischen Welt Status heranzubilden[578] mit dem Ziel, andere zu beherrschen. Und Sprache ist ihr Instrument, mit dem sie sich Gehör und Anerkennung verschaffen können, indem sie ihr Wissen, ihr Können sowie ihren Status ausdrücken. Sie erzählen Witze und geben Informationen, um sich in den Mittelpunkt zu rücken. Sie haben seit ihrer frühen Kindheit geübt, sich Aufmerksamkeit zu holen und sie zu binden. Am wohlsten fühlen sie sich in Gegenwart von Menschen, die sie nicht so gut kennen. Doch selbst private Gespräche vermögen sie in »öffentliche« zu verwandeln, indem sie dozieren, berichten, anweisen. Wenn sie es für notwendig halten, dann prahlen oder provozieren Männer auch schon mal, machen andere lächerlich, drohen und versuchen zu dominieren.[579] Die Nicht-Empathen unter den Männern interessieren sich nur wenig für ihr Gegenüber und seine oder ihre Gedanken und Gefühle.[580] Schnell kann ein so genannter *monologischer Diskurs* entstehen, bei dem zwei Gesprächsteilnehmer ihre Standpunkte erläutern, ohne miteinander zu verhandeln, was schnell zu einem Konflikt führen kann. Frauen verfolgen ihre Ziele ebenfalls energisch, jedoch verhandeln sie gewöhnlich darüber.[581] Sie verfügen über ein differenziertes Arsenal an Vorschlägen und Argumenten.

Im männlichen Sprachstil am Arbeitsplatz regiert das Wort »ich«. Während Frauen gerne den kooperativen Geist beschwören und »wir« verwenden, tendieren Männer dazu, den Beitrag anderer eher nicht anzuerkennen.[582] Hier zeigt sich erneut, dass Frauen in Gemeinschaften denken und Männer lauter Individuen sehen, wenn sie in die Welt schauen. Simon Baron-Cohen ist der Ansicht, die Unterschiede zwischen der weiblichen und der männlichen Sprechweise würden aufschlussreiche Hinweise auf den »Grad der Selbstbezogenheit bzw. der Bezogenheit auf andere« geben.

---

[578] Tannen, Deborah (2004), S. 79
[579] Baron-Cohen, Simon (2004), S. 78
[580] Baron-Cohen, Simon (2004), S. 79
[581] Baron-Cohen, Simon (2004), S. 77
[582] Baron-Cohen, Simon (2004), S. 83

Männer sind überzeugt davon, dass sie eine objektive Weltsicht besitzen und dass ihre persönliche Ansicht rein zufällig der für alle gültigen Wahrheit entspricht. Frauen (außerhalb radikaler Kulturen) vertreten dagegen vornehmlich die Ansicht, dass es Meinungen gibt und dass sich Meinungen unterscheiden können. Für Männer gibt es keine Alternative zur »Wahrheit«.[583] Man kann wunderbar beobachten, wie gerne in manchen Berufen und Branchen Aussagen gemacht werden, die dann kaum je von irgendjemandem hinterfragt werden. Heutzutage reicht es vollkommen aus, Behauptungen aufzustellen, die gar nicht erst belegt werden müssen. Die klassische Argumentation ist schon lange außer Mode. In den letzten Jahren habe ich mich über viele Wirtschaftsbücher wundern müssen, in denen Unmengen von Unhaltbarem publiziert wurde. Im Marketing sind sogar einige Pseudowissenschaften entstanden, die sich durch nichts belegen lassen und die sogar regulär an Universitäten gelehrt werden. Ich weiß, dass die Autoren der entsprechenden Bücher gefragte Vortragsredner und Berater sind, und nicht alle davon sind Männer. Doch insgesamt neigen Frauen eher dazu, Aussagen mit persönlichen Erfahrungen und der Schilderung von erlebten Einzelfällen zu belegen. Unter Frauen steigert dies ihre Glaubwürdigkeit – und verhindert die Akzeptanz durch Männer.[584]

Wenn Männer Beziehungen aufbauen oder pflegen wollen, suchen sie dafür nur dann das Gespräch, wenn sie an einer Frau interessiert sind. Das ist zwar in einem bestimmten Altersspektrum recht häufig verbreitet, doch selbst junge Männer kennen entgegen der Mutmaßung mancher Leute tatsächlich Beziehungen ohne sexuellen Hintergrund. Und diese Beziehungen werden gepflegt, indem man gemeinsam etwas unternimmt. Die Gespräche drehen sich um solche Aktivitäten, beispielsweise Sport und im Erwachsenenalter gerne auch mal über Politik. Bei alledem geht es aber immer auch um ihren Status. Daheim dagegen nehmen sie sich zurück und legen eine Pause von der permanenten öffentlichen Exposition ein.[585]

Für Deborah Tannen besteht der entscheidende Unterschied zwischen Berichts- und Beziehungssprache darin, dass Männer in einem Gespräch gerne die Aufmerksamkeit auf sich ziehen, weil sie sich dabei wohlfühlen und Frauen eben nicht.[586] Aber das muss man wohl präzisieren: Männer ziehen, anders als Frauen, in der Öffentlichkeit gerne Aufmerksamkeit auf

---

[583] Baron-Cohen, Simon (2004), S. 76
[584] Tannen, Deborah (2004), S. 95
[585] Tannen, Deborah (2004), S. 88 f.
[586] Tannen, Deborah (2004), S. 92

sich. Frauen benötigen die Aufmerksamkeit von den Menschen, die ihnen nahestehen.

Aber was ist für Männer und Frauen ein gutes Gespräch? Männer sind der Ansicht, dass ein gutes Gespräch aus einem unpersönlichen Thema besteht, das auf der Sachebene erläutert wird und ein Gesprächsziel haben soll. Frauen vertreten die konträre Ansicht: Für sie muss ein Gespräch sich unbedingt um persönliche Angelegenheiten drehen[587], und die Gefühle sind dabei sehr wichtig. Männer wie Frauen befürchten den Ausschluss aus einer Konversation, allerdings aus gänzlich unterschiedlichen Gründen: Frauen befürchten die Zurückweisung, weil sie nicht ausreichend über die aktuelle Lebenssituation aller relevanten Personen in ihrem Lebensumfeld informiert sind. Männer fürchten ausgeschlossen zu werden, weil sie bei Wissens- und Verständnislücken hinsichtlich des Weltgeschehens erwischt werden.[588]

Eine Untersuchung über Gesprächsthemen von Frauen und Männern in einer Betriebskantine hat ergeben, dass Männer untereinander am liebsten über Geschäftliches sprachen, jedoch niemals über andere Personen, auch keine Kollegen. Es folgten in der genannten Reihenfolge: das Essen, Sport und Freizeitaktivitäten. Frauen sprachen am liebsten – und das überrascht allmählich ja nicht mehr – über Menschen (Freunde, Kinder und Partner, selten über Kollegen), gefolgt von ihrer Arbeit und Gesundheit, einschließlich des Themas Diäten. Saßen und aßen Männer und Frauen zusammen, vermieden sie die jeweiligen Lieblingsthemen und versuchten, Gesprächsinhalte zu finden, die beide Gruppen interessierten. Themen wie das Essen interessierten grundsätzlich beide Gruppen, jedoch fand ausschließlich der männliche Gesprächsstil Anwendung. Statt über Gewichtskontrolle und Gesundheit wurde über das vorliegende Mahl gesprochen, Restaurants etc. Bei Immobilienthemen ging es nicht um Wohnwert und Einrichtung, Raumaufteilung oder Putzhilfen, sondern um Standorte, Eigentumswerte und den Arbeitsweg. Aus diesen Gründen empfinden Frauen Unterhaltungen mit Männern oft als unbefriedigend, wohingegen Männer hinsichtlich derselben Konversationen nur selten etwas zu bemängeln haben.[589]

Bereits im Jugendalter treten die angeborenen Präferenzen in den Unterhaltungen von Jungen und Mädchen deutlich hervor. Jungen reden miteinander nur sehr kurz über ihre Freundschaft oder andere Leute, dafür

---

[587] Tannen, Deborah (2004), S. 109
[588] Tannen, Deborah (2004), S. 117 f.
[589] Tannen, Deborah (2004), 260 ff.

wesentlich ausführlicher über Objekte und Aktivitäten.[590] Zwanzig bis vierzig Jahre später wollen sie nichts weniger, als sämtliche Weltprobleme lösen und interessieren sich sehr für Details aus Politik und Sport, sowie die Nachrichten.[591] Mädchen sprechen mit ihren Freundinnen dagegen fast ausschließlich über ihre Freundschaft. Jungs kommt derartiges erschütternd langweilig vor, jedoch attestieren Linguisten und Soziologen diesen Gesprächen eine enorme Komplexität, die in den Jungengesprächen nicht erkennbar wird.[592]

Männer vermeiden die Preisgabe von allem Persönlichen, da die Exposition ihrer Gefühle und Ansichten, Schwächen und Betrübnisse sie im Kampf um Status und Führung schwächen würde.[593] Andere Männer verfolgen für sich dieselben Ziele, und auf einer Hierarchiestufe hat immer nur einer Platz. Die meisten Männer würden nicht zögern, die ihnen bekannten Schwächen eines anderen gegen denjenigen zu verwenden, wenn es ihnen einen aus ihrer Sicht wichtigen Vorteil bringt. Da es alle wissen, und weil sich alle gegeneinander schützen wollen, trainieren sie seit ihrer Kindheit ihre Pokerfaces. Nie würden Männer miteinander ernsthaft Geheimnisse austauschen.

Haben Männer doch einmal Kummer, über den sie sprechen möchten, bevorzugen sie Frauen als ihre Gesprächspartner.[594] Wenn Jungen miteinander über Kümmernisse reden, spricht jeder über seins (falls beide ein Problem haben) und banalisiert die Probleme des jeweils anderen.[595] Dadurch wollen sie einander Mut zusprechen, denn dahinter steckt die Aussage: »Hör auf dich mies zu fühlen, so schlimm ist dein Problem nicht, es kommt schon in Ordnung.«[596]

Auch wenn Frauen ständig über Probleme zu sprechen scheinen, haben sie womöglich gar nicht viel mehr davon als Männer. Die Problemgespräche dienen der seelischen Abstimmung miteinander. Erzählt eine Frau eine betrübliche Begebenheit, erwartet sie von ihrer Gesprächspartnerin, dass diese gleich wie sie selbst darüber empfindet und dies zu erkennen gibt. Es geht um die Festigung der Beziehung.[597] Unter Frauen funktioniert das

---

[590] Tannen, Deborah (2004), S. 294
[591] Tannen, Deborah (2004), S. 117
[592] Tannen, Deborah (2004), S. 294
[593] Tannen, Deborah (2004), S. 118
[594] Tannen, Deborah (2004), S. 106
[595] Tannen, Deborah (2004), S. 55
[596] Tannen, Deborah (2004), S. 58
[597] Tannen, Deborah (2004), S. 51 f.

ganz hervorragend, da ihre Gehirne gleich lang im »Mitgefühlsbereich« der Spiegelneuronen verbleiben. Männliche Gehirne bleiben jedoch nur kurz im »Verständnismodus«. Sie schalten schnell in einen anderen Bereich um, den nämlich, der für die Problemlösung zuständig ist. Mit diesem »Lösungsgehirn«, ihren vielen guten Ideen und der ehrlichen Absicht zu helfen treiben sie Frauen überall auf der Welt unabsichtlich in den Wahnsinn. Frauen wünschen sich die Rückmeldung »wir sind gleich«, doch sie erhalten, wie Tannen so schön formuliert: »Wir sind nicht gleich. Du hast die Probleme. Ich habe die Lösungen.«[598] Frauen fühlen sich davon oft angegriffen.[599]

Männer bemängeln bei Frauen dagegen, dass sie sie ständig bestätigen. Wenn Frauen Männern zu verstehen geben, dass sie wissen, wie es ihnen geht, dass ihnen dasselbe auch schon widerfahren ist, fühlen sich Männer nicht selten um ihre einzigartige Erfahrung gebracht.[600] Sie wollen nicht in derselben Weise verstanden werden.

Frauen lieben Klatsch und Männer verdrehen leidend die Augen, wenn sie den Begriff nur hören. Doch würde man Frauen und Männer fragen, was Klatsch eigentlich ist, würden die meisten es gar nicht so genau sagen können. Bei Klatsch denken viele an Boulevard-Zeitschriften, die uns den Klatsch aus den Königshäusern Europas und von *Brangelina* liefern, und das in wöchentlichem Wechsel: Brad Pitt trennt sich von Angelina Jolie, Angelina ist schon wieder schwanger, Brad hat die Nase endgültig voll von dem Chaos daheim und trennt sich etc. Was also ist Klatsch?

Klatsch ist tatsächlich das Gespräch über Menschen. In erster Linie ist Klatsch der Austausch persönlicher Erlebnisse. In der Regel sind es Frauen, die Freud und Leid miteinander teilen, aber mit schwulen Freunden geht es genauso gut. Freundinnen erwarten voneinander, über die wichtigen Ereignisse informiert zu werden. Die Preisgabe von Geheimnissen, von Beziehungsdetails etc. kann aus Bekanntschaften Freundschaften schmieden, wohingegen eine lückenhafte Mitteilung genau das Gegenteil bewirken kann, nämlich dass eine der beiden Freundinnen dies als Zeichen wertet, die andere ginge auf Distanz zu ihr. Klatsch ist unter Frauen also Bindemittel, aber auch eine Verpflichtung. Männer schweigen sich dagegen aus, selbst über große Veränderungen wie die Trennung von der langjährigen Partnerin.[601] Klatsch verbindet Frauen untereinander und zuweilen auch

---

[598] Tannen, Deborah (2004), S. 51 f.
[599] Tannen, Deborah (2004), S. 62
[600] Tannen, Deborah (2004), S. 49 f.
[601] Tannen, Deborah (2004), S. 103

Frauen und Männer, jedoch hat er in Männerfreundschaften nichts verloren.[602]

Doch natürlich gibt es auch den Klatsch, der sich um andere Leute dreht. Und hier muss man unterscheiden, wie dieser Klatsch beschaffen ist: Ist er rein informativ (Anita und Rainer haben jetzt einen Hund), ist er wohlwollend und freundlich (Anitas und Rainers neuer Hund ist supersüß, er passt gut zu den beiden), oder ist er gemein und bösartig (na, nun haben sie den Hund, weil Anita es schon seit Jahren nicht auf die Reihe kriegt, endlich schwanger zu werden)? Informativer und freundlicher Klatsch schaffen Symmetrie in sämtlichen Beziehungen, bösartiger Klatsch dagegen schafft Asymmetrie gegenüber der Person, über die getratscht wird. Wir können beobachten, dass die Boulevardmedien, gleich ob Print, TV oder Internet, in den vergangenen Jahren immer gehässiger geworden sind. Damit bezwecken die Verlage, eine starke »Leserinnen-Blatt-Bindung« bzw. »Zuschauerinnen-Sendung-Bindung« herzustellen, indem eine Verbündung mit der Leserin oder der Zuschauerin stattfindet. Sprechen zwei schlecht über eine dritte Person, die nicht anwesend ist, schafft dieses Gespräch zwar eine Asymmetrie zur dritten Person, jedoch eine symmetrische Beziehung zwischen den ersten beiden. Und das ist der primäre Zweck der üblen Nachrede.[603] Und diesen Aspekt überschätzen Männer meistens gewaltig, wenn es um Klatsch geht, denn sie sind der Ansicht, dass Schwächen und Fehlschläge anderer Personen breitgetreten werden, um sich ein Gefühl von Überlegenheit zu verschaffen.[604] Doch genau das wollen Frauen durch Klatsch in aller Regel vermeiden.

Gelten Gefühle landläufig als weibliche Domäne, schreibt die Öffentlichkeit Expertentum und Wissen den Männern zu. Ihre Geburt als Systematiker rechtfertigt diese Annahme grundsätzlich, allerdings wissen wir ja, dass nicht nur in den westlichen, sondern zunehmend auch in den Entwicklungsländern die Bildung der Mädchen und Frauen die der Jungen bzw. Männer immer öfter übersteigt. Immer mehr Frauen machen Karriere und dafür bilden sie sich als Expertinnen aus, selbst wenn sie dafür mehr Aufwand treiben müssen als Männer, weil ihre Ausgangsbasis hierfür schwieriger ist. Im Berufsleben finden wir also immer mehr Spezialistinnen. Dennoch sind viele Gesellschaften nicht gewohnt, Frauen als Expertinnen gezeigt zu bekommen, was nicht zuletzt daran liegt, dass sich viele Frauen,

---

[602] Tannen, Deborah (2004), S. 106
[603] Cheepen, Christine (1988), S. 116
[604] Tannen, Deborah (2004), S. 128

die etwas erreicht haben, ungern öffentlich exponieren. Mir haben schon viele Journalisten beiderlei Geschlechts erzählt, dass sie gezielt Geschäftsführerinnen oder andere weibliche Spitzenkräfte interviewen wollten, diese sich jedoch nicht zur Verfügung stellten. Ihre Gründe, die Möglichkeit für eine heutzutage wichtige Publizität auszuschlagen, lagen nicht im überbordenden Terminkalender, sondern in der Befürchtung, keine ausreichend gute Figur abzugeben. Es gibt heute schon viele Expertinnen für die unterschiedlichsten Themen, nur sind sie der Öffentlichkeit unbekannt, und dies ist einer der entscheidenden Gründe, weshalb Experten für wahrscheinlicher gehalten werden. Doch Gewöhnung kann durch neue Sichtweisen ersetzt werden, wie alle Innovatoren und Öffentlichkeitsarbeiter wissen. Daher wäre es ausgesprochen sinnvoll, auf die Darstellung von Expertinnen und Experten zu achten. Expertinnen sollten nicht nur gute Ratgeberinnen für Hausfrauen beim Putzen sein, oder verschämt gefälschte Expertinnen wie bei der Zahnpastamarke *Perlweiß*, die ihre Zahncreme über viele Jahre nicht von Zahnärztinnen empfehlen ließen, sondern von »Zahnarztfrauen« im weißen Kittel.

Das Expertenthema taucht in diesem Kapitel über Sprache auf, weil Frauen und Männer Wissen gänzlich unterschiedlich kommunizieren. Für Männer ist Wissen ein wichtiges Mittel, um vor anderen Status zu erringen und aufrecht zu erhalten. Wissen wird in Managementzeitschriften im gleichen Atemzug mit *Wissensvorsprung* verwendet. Wer anderen gegenüber einen Vorsprung hat, wird ihn nicht einfach so hergeben, denn damit würde ein Mann seine Vorteile aufgeben. Aus männlicher Sicht wäre das schon ziemlich blöd. Außerdem genießen Männer das Gefühl, mehr zu wissen als andere. Dieses Gefühl wird verstärkt, wenn sie die Rückmeldung erhalten, dass ihre kunstvoll-schwierige Erklärung nicht verstanden wurde. Ein großer Teil der männlichen Experten verfolgen in Vorträgen und Büchern das primäre Ziel, sich zu präsentieren und darzustellen.[605] Anders die Empathinnen unter den Expertinnen: Sie sind auf Bindungen fixiert und wollen den Eindruck von Gleichheit herstellen. Um das hinzukriegen, müssen sie die Unterschiede im Fachwissen minimieren, was bedeutet, dass sie nicht nur ihr Wissen preisgeben, sondern auch darauf achten, dass sie auch wirklich verstanden werden.[606] So sehr das alles gilt, ist jedoch auch zu bedenken, dass Frauen, die ihr Wissen in Vorträgen und Büchern exponieren, damit auch die Gelegenheit nutzen, sich zu präsentieren.

---

605 Tannen, Deborah (2004), S. 69
606 Tannen, Deborah (2004), S. 69 f.

Und es gibt noch einen wichtigen Umgang mit Wissen: Für Frauen ist es das Selbstverständlichste, dass man »ich weiß es nicht« sagt, wenn man eine Auskunft nicht geben kann. Männer halten es für demütigend, bei einer »Unwissenheit« ertappt zu werden, und sei sie auch banal. Deswegen können sich viele Männer gar nicht vorstellen, dass andere ihnen immer die Wahrheit sagen, denn sie unterstellen insgeheim, dass andere sich eher etwas ausdenken, als ihre Ahnungslosigkeit zuzugeben. In Ländern wie Mexico gehört es tatsächlich zu den Gepflogenheiten, sich nötigenfalls eine Antwort auszudenken.[607] Da fragt man sich doch, wie viele Menschen ständig durch die Straßen dieses großen Landes irren, weil sie ins Blaue geschickt werden. (Mensch, muss das ein Markt für Navigationsgeräte sein!)

12.4. Direkte und indirekte Sprache, Konfliktsprache

Jungen und Männer pflegen überwiegend den direkten Sprachstil mit klaren Ansagen und Befehlen wie »gib mir das!«, »hör auf!«, »lass das!«. Sie scheuen keinen Konflikt, der sich daraus ergeben könnte, weil sich ein anderer darüber erzürnt, herumkommandiert zu werden. Ganz anders Frauen. Offene Meinungsverschiedenheiten fürchten Frauen beinahe wie der Teufel das Weihwasser, weil sie die für Frauen so wichtige Nähe und Intimität gefährden.[608] Aus diesem Grund werden Wünsche und Forderungen als Vorschläge formuliert, weil diese das Gespräch offen halten, auch wenn die andere Person den Vorschlag ablehnt. Ihr bleibt die Möglichkeit, einen Gegenvorschlag zu unterbreiten und auf diese Weise die eigenen Vorstellungen ins Spiel zu bringen. Dummerweise führt diese von Vorsicht getriebene Vorgehensweise der Frauen bei Männern ausgerechnet zu dem Gefühl, manipuliert zu werden, weil die Frauen eben nicht klar sagen, was sie wollen.[609]

Für Männer gehören Forderungen und Befehle zum regulären (Dominanz-)Verhalten. Frauen sind jedoch, obwohl sie seit Jahrhunderttausenden mit Männern zusammenleben, keineswegs daran gewöhnt, dass sich jemand »nur« deshalb durchsetzen will, um eine überlegene Position einzunehmen. Aus diesem Grund sind sie außerstande, die Forderungen anderer aus Prinzip abzulehnen und würden nie auf die Idee kommen,

---

[607] Tannen, Deborah (2004), S. 64
[608] Tannen, Deborah (2004), S. 183
[609] Tannen, Deborah (2004), S. 167

dass jemand anders sich so verhalten könnte.[610] Die deutlichen Forderungen der Männer wiederum können zuweilen dazu führen, dass Frauen ihre Partner eher verlassen, als sich ihnen offen zu widersetzen.[611]

Sind »Friede, Freude, Eierkuchen« die Merkmale weiblicher Beziehungen, kann die Verbundenheit zwischen Männern durchaus auf Konflikten basieren. Konflikte und sogar körperliche Aggressionen eignen sich aus männlicher Sicht hervorragend, um eine Interaktion zu initiieren.[612] Abweichende Meinungen sind nach Ansicht von Männern interessantere Beiträge zu einer Diskussion als reine Zustimmung. Abweichende Ansichten ausdrücken zu können, spricht für Männer von Vertrauen.[613] Dieses Verhalten kann man schon bei Kindern beobachten: Um auf Spielplätzen Kontakt zu einer spielenden Gruppe aufzunehmen, inszenieren Jungen einen Konflikt.[614]

Mir selbst ist gelegentliches Konfliktverhalten aus Vorträgen meiner ersten Jahre gut bekannt. Ich fühlte mich von den teilweise sehr scharfen Einwänden zuweilen sehr angegriffen, auch wenn ich mir das nicht anmerken ließ. Ich ging damit sehr sachlich um, bis ich schließlich lernte, dass Männer auf ihre durchaus sehr emotional geführten Beleidigungen und Anzweiflungen meiner Kompetenz eine ebensolche Erwiderung erwarteten. Nachdem ich das aus Deborah Tannens Buch *Job-Talk* gelernt hatte, musste ich mein Wissen gleich am nächsten Tag in der Praxis ausprobieren. Es war der unverschämteste Einwurf, den ich je erlebt habe, und er kam von einem Professor, den ich bereits am Abend vor dem Kongress kennen gelernt hatte. Ich ging exakt nach Lehrbuch vor und deklassierte den Professor und einige seiner Behauptungen, während ich einige andere gar nicht mehr würdigte. Gleich nach meiner Erwiderung begann die Mittagspause und ich konnte überhaupt nicht einschätzen, was nun passieren würde. Als Allererstes kam – entgegen allem, was ich je erwartet hätte – der Professor auf mich zu, schüttelte mir strahlend die Hand und drückte seine Begeisterung für meinen Vortrag aus. Ich war fassungslos. Nun wusste ich, dass ich bei den Männern damit durchgekommen war, aber was war mit den Frauen? Das war kein weibliches Kommunikationsmuster und es ist bekannt, dass es Frauen in vielen Fällen nicht verziehen wird, wenn sie sich wie Männer verhalten. Nach dem ersten kurzen Beschnuppern strahlten

---

610 Tannen, Deborah (2004), S. 167
611 Tannen, Deborah (2004), S. 202
612 Tannen, Deborah (2004), S. 176
613 Tannen, Deborah (2004), S. 182 f.
614 Tannen, Deborah (2004), S. 179

mich ganz plötzlich auch die Frauen am Mittagstisch an. Im Gespräch ergab sich, dass sie es toll gefunden hatten, dass ich den ihrem Empfinden nach ungehobelten Fatzke in seine Grenzen gewiesen hatte. Dieses Ereignis ist nun schon einige Jahre her, und seither ist mir nichts Vergleichbares mehr passiert.

Die Verwendung indirekter Sprache zur Vermeidung von Konflikten ist keineswegs ein Zeichen von Machtlosigkeit oder Schwäche. Wenn Frauen bemerken, dass »der Müll runtergebracht werden muss«, dann ist das keine bloße Feststellung, auch wenn Männer sie meist so verstehen. Doch nach einigen Jahren mit ihrer Partnerin haben sie gelernt, dass dies ein Befehl ist, der ihnen gilt. Diese Formulierung lässt ihnen lediglich einen gewissen zeitlichen Spielraum, den Frauen ihnen einräumen, um sich Konflikte vom Hals zu halten. Indirektheit ist darüber hinaus ein Zeichen der Mächtigen. Wenn Queen Elizabeth II. feststellt, dass »es kühl ist« führt es dazu, dass ein anderer die Fenster schließt, den Kamin befeuert und eine warme Decke bringt. Die Japaner sind Spitzenreiter der Indirektheit.[615] Obwohl es für Nein das Wort »ie« gibt, wird es so gut wie nie verwendet. Die Japaner kennen unzählige Wege, um mit dem Wort Ja nein zu sagen.

Tatsächlich verwenden die meisten Kulturen eine indirekte Sprache, mit Ausnahme der Männer in den westlichen Ländern.[616] Doch es gibt auch Themen, in denen Männer indirekte Formulierungen verwenden. Das ist immer dann der Fall, wenn sie über Beziehungen und ihre Gefühle sprechen.[617]

12.5. Detail-Tiefe

Frauen genießen die Details einer interessanten Geschichte, wohingegen Männer sich gerne auf die wesentlichen Punkte, am besten in Form einer kurzen Inhaltsangabe beschränken.[618] Frauen nehmen mehr Details und Einzelerlebnisse wahr. Wenn Frauen und Männer einen Stapel Karten zu einem beliebigen Thema nach Kriterien sortieren sollen, die sie sich selbst überlegt haben, dann haben Frauen mehr kleine Stapel als Männer, die wenige große Stapel gebildet haben. Männer registrieren viele der Details nicht, die Frauen sehen, und sie spielen für die Männer auch gar keine so

---

615 Tannen, Deborah (2004), S. 249
616 Tannen, Deborah (2004), S. 250
617 Tannen, Deborah (2004), S. 307
618 Why She Buys S. 74

große Rolle wie für die Frauen.[619] Für die Werbung heißt das: Die Beschränkung auf wenige Hauptargumente für ein Produkt reicht für Frauen einfach nicht aus.

Männer interessieren sich nicht für Details, wenn es sich um Menschen handelt. Dafür vertiefen sie sich gerne in alle Einzelheiten, wenn es um ein Ding, beispielsweise ein Auto, einen Computer oder um irgendein anderes, für sie interessantes System handelt. Newtonmeter, Lichtsekunden, Watt, Ohm, Amperestunden, die Funktionsweise von Warp-Antrieben, die Ausschmückung ihrer *World-of-Warcraft*-Avatare, Rosenzüchtung oder gar die Feinheiten der klingonischen Oper vermögen sie über lange Zeit zu fesseln.

In anderen Bereichen spielen Details ebenfalls große Rollen. Da wären zunächst Details in der Berichterstattung. Weshalb ist es wichtig, genaue Beschreibungen von einem Geschehen zu erhalten? Als es noch kein Farbfernsehen gab, wurde bei Übertragungen von gesellschaftlichen Anlässen die Farben der Kleider der Damen aufgezählt, und nach dem Attentat auf John F. Kennedy wurde genau beschrieben, durch welche Korridore er im Krankenhaus geschoben wurde. Noch heute können wir auch in seriösen Zeitschriften Reportagen lesen, die mit der Beschreibung der Bekleidung, Sitzhaltung, dem Entspanntheitsgrad, der Frisur und Mimik der interviewten Person beginnen, selbst wenn der Artikel auch Fotos von der Interviewsituation umfasst. All diese Details geben den Lesern und Zuschauern das Gefühl, dabei gewesen zu sein.[620] Und ganz besonders, wenn es sich um prominente oder sehr mächtige Personen handelt, schaffen Details die Nähe, die den Eindruck erweckt, den Schönen und Mächtigen näher gekommen zu sein. Das Individuum fühlt sich dadurch selbst ein kleines bisschen wichtiger. Umgekehrt lehnen Frauen Details ab, wenn sie von Personen preisgegeben werden, mit denen sie keine Vertraulichkeiten wünschen.[621]

Über all das hinaus wird »Hausfrauenwerbung« so häufig als langweilig empfunden, weil es den vermeintlichen Wohnungen an interessanten Details fehlt. In diesen Wohnungen fehlt jedes Zeichen von Persönlichkeit. Gibt es Kinder im Haushalt, hängen in keiner Küche hässliche Kühlschrankmagneten, die von den Kindern gemalte Bilder halten. Alles ist so durchgestylt, dass der Spot in möglichst vielen Ländern eingesetzt werden

---

[619] Barletta S. 28 f.
[620] Tannen, Deborah (2004), S. 120
[621] Tannen, Deborah (2004), S. 124

kann, und nirgends darf es bei der Vorzeigehausfrau unordentlich aussehen. Die Bilderbuchhausfrauen sind aus weiblicher Sicht einfach zu langweilig. Sie haben weder Ecken, noch Kanten, und schon gar keine Persönlichkeit, Vorlieben oder Exzentrik. Und deswegen will keine Frau so sein wie eine von denen.

12.6. Prahlerei und Übertreibung

Frauen und Männer neigen zu Übertreibungen, jedoch in unterschiedlichen Bereichen. Männer bauschen Fakten und Daten auf. Die Anekdoten darüber, wie groß zwanzig Zentimeter tatsächlich sind, wenn es um des Mannes bestes Stück geht, sind weit verbreitet. Frauen hingegen spielen Gefühle hoch. Wer was zu wem gesagt hat und wie empört oder verletzt die andere war, muss in einer Erzählung aufgepeppt werden, damit sich die empfundenen Gefühle über die Zeit retten lassen. Übertreibungen machen Schilderungen dramatischer und interessanter.[622]

Beim Prahlen sind Frauen zurückhaltender als Männer.[623] Sie erzählen höchstens im privatesten Kreis von ihren Leistungen und Belohnungen, weil nur Menschen, die sie wirklich gut kennen, das Erzählte richtig einordnen und trotzdem eine symmetrische Beziehung aufrecht erhalten können.[624] Für Frauen gilt nach wie vor, dass ihnen Bescheidenheit eher zu Gesicht steht. Die Gesellschaft verzeiht Frauen nicht, wenn sie von ihren Errungenschaften und Erfolgen berichten. Daher reagieren Frauen oft auch empfindlich, wenn ihr Partner sich ins rechte Licht rückt. Männer sehen das vollkommen anders: Ihrer Ansicht nach ist die Zurschaustellung ihres Verdienstes eine Notwendigkeit, denn in ihrer Welt müssen sie anzeigen, dass sie Respekt verdienen. Zuweilen sind Männer der Ansicht, dass Frauen ihr Licht unter den Scheffel stellen[625], doch wenn es real darum geht, eine Beförderung von einer Frau weggeschnappt zu bekommen oder hinsichtlich des beruflichen Erfolgs hinter der eigenen Partnerin zurückstehen zu müssen, kriegen noch immer sehr viele Männer ein echtes Problem.

---

622 Pease, Allen und Barbara Pease (2002), S. 199 f.
623 Tannen, Deborah (2004), S. 241
624 Tannen, Deborah (2004), S. 246 f.
625 Tannen, Deborah (2004), S. 241 f.

12.7. Die Körperhaltung beim Sprechen

Wenn Mädchen bzw. Frauen sich unterhalten, dann sitzen sie sich gegenüber, nah beieinander und schauen sich direkt an. Deborah Tannen nennt diese »visuelle Grundhaltung« *Verankerungsblick*, denn die an der Unterhaltung beteiligten Frauen wenden ihn vergleichsweise selten voneinander ab.

Jungen und Männer schauen sich kaum je an, wenn sie miteinander reden. Sie nehmen eine parallele Körperhaltung ein, als würden sie gemeinsam auf dem Fahrer- und Beifahrersitz eines Autos sitzen und verankern ihren Blick an irgendeinem Gegenstand.[626] Am besten kommen Gespräche überhaupt erst in Gang, wenn sie etwas gemeinsam unternehmen. Vera F. Birkenbihl empfiehlt immer eine gemeinsame Aktivität, wenn Eltern ihrem Sohn ein Gespräch entlocken wollen.

12.8. Wortwahl und Produktnamen

Männer fallen nicht in Ohnmacht. In Ohnmacht fallen nur Frauen. Männer kippen um.

Wir haben viele sprachliche Besonderheiten für die Geschlechter. Doch Männer und Frauen verwenden auch gerne unterschiedliche Formulierungen und Begriffe. Sie spiegeln zu einem großen Teil die biologischen Bedürfnisse, aber auch kulturellen Geschlechterbilder wider. Eine schöne Zusammenstellung stammt von Bridget Brennan, die einigen Titelblatt-Überschriften aus dem Magazin O der Talklegende Oprah Winfrey Überschriften aus diversen Männerzeitschriften gegenüberstellt:

Titel von Oprah Winfreys O[627]:
- »You Are an Excellent Woman!« How to finally let that message seep into your bones (»Du bist eine großartige Frau!« Wie du diese Erkenntnis endlich wirklich annehmen kannst)
- Makeover! Is your hair color working for you – or against you? (Makeover! Arbeitet Deine Haarfarbe für Dich – oder gegen Dich)
- And THEN What Happened? Get swept away by 8 riveting, true stories – a wife and a knife; the shocking phone call; lost life, new life ... and more (Und was passierte dann? Mitgerissen von acht fesselnden, wahren Geschichten – eine Ehefrau und ein Messer, ein schockierender Anruf, ein verlorenes Leben und ein neues – und weitere)

---

[626] Tannen, Deborah (2004), S. 271 f., S. 295
[627] Brennan, Bridget (2009), S. 69

- The Perfect Summer Dinner Party, Period. (Die perfekte Sommer-Dinner-Party. Basta.)
- She's 48 and Starting to Date – A post-divorce wardrobe plan (Sie ist 48 Jahre alt und beginnt gerade wieder mit Rendezvous – ein Garderoben-Plan für die Zeit nach der Scheidung)

Titel der US-Männermagazine[628]:

- Lance: The Relentless Drive of America's Alpha Bachelor (etwa: Lance: Der unerbittliche Antrieb des amerikanischen Alpha-Junggesellen)
- NASCAR Bad Boy Tony Stewart (Der böse Junge Tony Stewart der NASCAR (US-amerikanisches Äquivalent zur Formel 1))
- Death to Sportswriters! (Tod den Sportredakteuren!)
- Inside the Quarterback Factory (Blick in die Quarterback-Fabrik)
- Best Beers 2008 (Die besten Biere 2008)
- Great Fall Adventures (Großartige Herbst-Abenteuer)

Schaut man sich die Titel des deutschen *Manager-Magazins* aus den letzten Jahren an, kommt auch ein hübscher Strauß zusammen, der uns zeigt, welche Metaphern bei Männern gut ankommen:

- Porsches Power Play
- Clanchef Porsche greift durch
- McKinsey contra Boston Consulting
- Hat Porsche sich verzockt?
- Verliert Schlecker den Handelskrieg?
- Audi fährt an die Spitze
- Monaco macht mobil
- Patzer packt aus
- Berger, McKinsey, Boston: Wer ist der Beste?
- Daimler gegen BMW

Bei *Men's Health* dagegen sind etwas andere Themen Trumpf:

- In Rekordzeit stark & sexy!
- Test: Das beste Bier für Sportler
- Das beste Müsli für Männer
- 11 Flirt-Tricks, die direkt in ihr Bett führen
- So werden Sie Grill-Weltmeister
- 10 Flirt-Tricks, auf die jede Frau anspringt

[628] Brennan, Bridget (2009), S. 71

- So wachsen sexy Muskeln
- Fit mit Fast Food. Die beste Wahl bei Burger, Pizza, Döner & Co.
- Das beste Sex-Food für Männer
- Essen Sie das!
- Füttern Sie Ihre Muskeln
- Schärfer aussehen
- 17 Sex-Turbos

Auch wenn die inhaltlichen Themen variieren, sind die Auslöser in den Magazinen sehr eng gewählt. In den klassischen Frauenzeitschriften dominieren Schönheitsthemen (inkl. Mode, Make-up und Diäten), Gesundheit, Freundschaft / Familie, Wohn-Ideen und Reisen. Bei Männern ist es der Wettbewerb / Sieger / Verlierer, ein Ranking der besten irgendwas, Frauen, Bier, Handlungsanweisungen, Selbstbezogenheit. Nur Zeitschriften wie *Eltern* durchbrechen diese Geschlechterstereotypen, weil sie sich auf die primären Bedürfnisse von Müttern bzw. auch Vätern konzentrieren. Hier geht es primär um das Kindeswohl, doch zuweilen kommt einem die Sprache doch wieder bekannt vor. Hier einige Titel:

- Action! 64 Spielideen für die Kleinsten
- Mütter-Diät
- Wollen wir noch ein Kind?
- Baby-Ernährung
- Freunde?
- Was fühlt mein Baby?
- »Mein Baby hat mich verändert«
- Einkaufen fürs Baby

Welcher Artikel sich an Mama oder Papa richtet, ist auch hier offensichtlich.

Immer mehr Menschen fühlen sich von diesem immer gleichen Angebot der Großverlage übersättigt, daher blüht das Angebot mit alternativen Angeboten in in Kleinauflage. Wirtschaftszeitschriften für Frauen wie die *existenzi*elle, das bereits erwähnte *Cooler Mag*, das *Missy Magazine* (»Popkultur für Frauen«) und viele andere Angebote für Frauen, Männer oder beide bieten endlich mehr Themen- und zuweilen sogar sprachliche Vielfalt. Doch noch immer haben Bewohner größerer Städte mit einer ordentlichen Zeitschriftenhandlung am Bahnhof oder am Flughafen einen besseren Zugang zu diesem alternativen Angebot, als die Bewohner von Kleinstädten.

Sprache findet sich natürlich nicht nur in den Print-Medien, sondern auch auf Produkten. Einige Beispiele: Rasierer heißen heute Mach 3 und Quattro, wenn Männer ihr Gesicht damit rasieren sollen, dagegen Venus oder Intuition, wenn Frauen sie für alle anderen Körperteile verwenden sollen. In den USA führte *Unilever* in den neunziger Jahren eine Seife ein, die sich primär an Männer richtete. Sie hat eine eckige, fast sechseckige Form und trägt die Bezeichnung *Lever 2000*[629]. Dasselbe könnte auch auf einem Computer stehen. Auf der Website sind vor allem Fotos von Vätern mit ihren Söhnen (!) zu sehen.

Ein ehemaliger Mitarbeiter von Procter & Gamble erzählte mir, dass die Waschmittelmarken *Dash* und *Ariel* unterschiedlich positioniert wurden. Tatsächlich nahmen die Verbraucherinnen Ariel als männliches Waschmittel wahr, während Dash als weiblich galt. Eine Untersuchung ergab, dass in erstaunlich vielen Haushalten beide Waschmittel gekauft wurden. Zur großen Verblüffung der P&G-Mitarbeiter verwendeten die Frauen Ariel für die Wäsche ihres Partners und der Kinder, dagegen Dash für die eigene.

US-amerikanische Autos sprechen von Abenteuer, erzählen die Besiedelungsgeschichte, strotzen vor Natur und können vor Kraft (im Namen) kaum fahren. Sie heißen *Yukon*, *Navigator*, *Expedition*, *Suburban* (Außenbezirk), *Hummer*, *Durango* (Region in Colorado, beliebt bei Skiläufern, Jägern und Fischern), *Escalade* (to escalate = eskalieren, (sich) ausweiten) und *Ram* (Widder). Im Land der Auto-Erfinder heißen die Modelle *S600*, *A6*, *5er*, *X3*, *Z4*, *911* und viele weitere Zahlen, die die Kunden sich merken sollen. Und dann gibt es ja noch die »Ausrutscher« wie *Mitsubishis Pajero*, was auf Spanisch »Weichei« und sogar »Wichser« bedeutet, *Fiat Uno* (Finnisch: Uuno = Trottel), *Toyotas MR2* (auf Französisch ausgesprochen klingt das wie »merde« = Scheiße), *Nissan Pivo* (Tschechisch und Russisch: Pivo = Bier), *Ford Pinto* (Südamerika: Pinto = Bandit, Feigling, Betrunkener), *Ford Kuga* (Kroatien: Kuga – Pest). Fast hätte *Rolls Royce* in den siebziger Jahren nach den Modellen *Silver Cloud* (»silberne Wolke«) und *Silver Spirit* (»silberner Geist«) auch silbernen Nebel auf den Markt gebracht, aber nach einer Warnung haben sich die Verantwortlichen doch gegen *Silver Mist* entschieden. Toyota plant gegenwärtig ein Modell für eine junge Zielgruppe unter dem Namen *Opa* auf den Markt zu bringen, abgeleitet vom portugiesischen Überraschungslaut »opa«. Den größten Vogel der letzten Zeit hat aber *Audi* abgeschossen: Die Modellstudie des Sportwagenmodells *R8* mit reinem Elektroantrieb wurde Audi R8 E-Tron genannt. Auf Französisch heißt »étron« Stuhlgang bzw. Kothaufen.

---

[629] http://www.lever2000.com

Besser hat es da gerade ein italienischer Autobauer drauf: Den Weg der Automobilgeschichte ein kleines Stückchen zurück ging *Alfa Romeo*, als 2010 die *Giulietta* (italienisch für »Julia«) wieder mächtig verjüngt aus der Versenkung aufgetaucht ist. Erstens gibt es erstmals seit Langem wieder einen Frauennamen zwischen all dem Zahlen- und Buchstabensalat, den lustigen Benennungen (Mini, Twingo, Lupo etc.), den überdimensionierten Kraftpaketen und den peinlichen Ausrutschern. Und diese Dame kommt recht elegant daher. Für den Spot zur Einführung der neuen Giulietta wurde Uma Thurman verpflichtet, die in ihren Filmen gezeigt hat, dass sie Stärke, Sportlichkeit und Weiblichkeit hervorragend zu vereinen weiß. Und auf sehr elegante Weise erzählt der Spot (oder natürlich Uma Thurman im Spot), wieso künftig mit der Giulietta zu rechnen sein wird. Der Spot ist außergewöhnlich komplex: Während Uma Thurman im Abendkleid in einen kleinen Bergsee steigt und ihre Stimme aus dem Off spricht, kommen Texteinblendungen mit völlig anderen Botschaften als Stimme und Bilder aussagen.

Bild: Uma Thurman im weißen Abendkleid vor / im Wasser. Umschnitt: Auto fährt durch Landschaft. Schnitt: Uma Thurman trainiert in schwarzem Outfit in leerer Lagerhalle
Stimme (stark und erotisch zugleich, eben die Synchronstimme von Uma Thurman): »Ich bin die Klarheit.«
Texteinblendung: »Geringer Verbrauch und Emissionen«

Bild: Uma trainiert noch. Schnitt: Giulietta rast auf einer Straße durch einen winterlichen Wald (die Bäume sind kahl) auf die Zuschauer zu
Stimme: »Ich bin die Kraft.«
Text: »Kraftvolle Turbomotoren«

Bild: Schnitte Auto außen, Auto innen, Auto Außen, Uma spielt mit einer Neonröhre, die entfernt den Eindruck eines Lichtschwerts aus *Star Wars* vermittelt, und gleichzeitig an Umas Schwertkampf-Szenen aus *Kill Bill* erinnert.
Stimme: »Ich bin die Technologie.«
Text: »Multiair Technologie und Alfa D. N. A.« (was immer D. N. A. heißen soll)
Musik: Leise im Hintergrund, Spannung aufbauend.

Bild: Diverse Schnitte im Auto, auf Uma, Uma steigt im schwarzen Cocktail-Kleid vor einem Gebäude bei Nacht auf einsamer Straße aus den Wagen und geht davon.
Stimme: »Ich bin Giulietta. Ich bin der Stoff, aus dem die Träume sind.«

Text (langsame, verzögerte Einblendung in der Bildmitte: »Wir sind der Stoff, aus dem die Träume sind. W. Shakespeare«
Musik: Leise im Hintergrund, Spannung aufbauend.
  Bild: Einblendung des Giulietta-Logos in Großaufnahme.
Stimme und parallele Einblendung des Texts: »Ohne Herz wären wir nur Maschinen.«
Musik: Leise im Hintergrund, Spannung aufbauend.
  Bild: Einblendung des Alfa-Romeo-Logos, Preiseinblendung (ab € 19.990,–) und eines auf die Schnelle völlig unlesbaren Hinweises auf die Erzielung von fünf Sternen beim NCAP-Test.
Musik: Kurzes Crescendo und Schlusspunkt.

In diesem Spot ist für Frauen und Männer inhaltlich fast alles enthalten, was beide interessiert (natürlich mit der Einschränkung Alter und Elternschaft). Schon Uma Thurmans Synchron-Stimme ist einfach großartig! Für mich ist der Giulietta-Spot[630] die mit Abstand beste Werbung, die ich in den letzten Jahren gesehen habe.

[630] http://bit.ly/9GxyaO

13. Farben

Im Oktober 2008 ging eine wissenschaftliche Studie um die ganze Welt. Alle griffen sie auf, von der *BBC* über die *Chicago Tribune*, *Neue Züricher Zeitung*, die *Süddeutsche Zeitung* und auch die *Ghana News*. Sie alle berichteten, was Andrew Elliott und Daniela Niesta herausgefunden hatten: Frauen gewinnen für Männer an Attraktivität und werden begehrenswert, wenn sie rote Kleidung tragen.[631]

Farben spielen eine große Rolle für unsere Befindlichkeit. Wir umgeben uns mit Lieblingsfarben, damit es uns gut geht. Die Mode präsentiert uns in jeder Saison neue Farben, die all diejenigen tragen sollen, die *en vogue* sein wollen. Die Modefarben für Autos durchleben längere Zyklen und haben keinerlei Bezug zu den Modefarben der Bekleidungsindustrie. In der Werbung gibt es ebenfalls Farbmoden. Eine Zeit lang stand beispielsweise weiß für den Neuaufbruch, wurde dann aber von der Farbe Schwarz abgelöst, was nicht für den Pessimismus der Wirtschaftskrise stand, sondern für den Optimismus im Zusammenhang mit der Wahl Barak Obamas zum Präsidenten der USA.[632]

Heute darf jeder jede Farbe für alles verwenden. Das war nicht immer so. Das europäische Mittelalter war bei der Erfindung der Bekleidungsvorschriften sehr einfallsreich. Hier war genau geklärt, wer welche Farbe tragen durfte. Die Gewinnung von Farben war unterschiedlich aufwändig, und die teuersten Farben waren natürlich die, die am schwierigsten zu produzieren waren. Die teuersten waren damit dem Hochadel oder den Kirchenoberen vorbehalten. Anderen war es bei Strafe verboten, sich darin erwischen zu lassen.

Der gesellschaftliche Farbcodex der Standesfarben erledigte sich endgültig mit dem Beginn der chemischen Farberzeugung im Industriezeitalter. Die letzte berühmte Trägerin einer exklusiven Farbe war Queen Victoria.

---

[631] Andrew J. Elliot and Daniela Niesta
[632] Imdahl, Ines (2009)

Werbung für Adam und Eva. Diana Jaffé und Saskia Riedel
Copyright © 2010 WILEY-VCH Verlag GmbH & Co. KGaA
ISBN 978-3-527-50549-4

Legendär ist ihr mauvefarbenes Samtkleid, das sie 1862 zum Geburtstag ihrer Tochter trug. Sie liebte das kostbare Violett, wofür unzählige Purpurschnecken vorzeitig das Zeitliche hatten segnen müssen. Noch zu Lebzeiten Victorias konnte schließlich auch Lila, chemisch gesehen die letzte geheimnisvolle Farbe, synthetisiert werden.

Bei der Verwendung von Farben in der Marketing-Kommunikation ist vor allem zu beachten, dass neun Prozent aller Männer farbenblind sind (ein Prozent bei Frauen). Dazu gibt es regionale Farbenblindheiten. In der Äquatorregion führt die hohe Lichtmenge zu einer Einschränkung bei der Wahrnehmung von Blautönen. Ebenso wie die Haut schützt sich bei manchen der in Äquatornähe ansässigen Völkern die Hornhaut durch eine starke Pigmentierung. Durch die verstärkte Pigmentierung wird das blaue und blauviolette Lichtspektrum herausgefiltert, obwohl die für diese Farbwahrnehmung notwendigen S-Zapfen im Auge in der üblichen Zahl vorhanden und uneingeschränkt funktionstüchtig sind.[633] Außerdem ist, wie bereits erwähnt, zu beachten, dass das weibliche Auge mehr P-Zellen enthält, was eine große Vorliebe für alle Farben, insbesondere jedoch für Rot, Orange, Grün und Beige mit sich bringt. Die Männer dagegen weisen mehr M-Zellen im Auge auf, wodurch sie Schwarz, Blau, Grau und Silber am besten erkennen können.

Die Farbempfindung ist subjektiv, ebenso wie Schmerz-, Temperatur-, Geschmacksempfindungen etc.[634] Es gibt keine Standards, die für alle gelten würden. Und Farben sind biologisch relevant. Versuche mit »falsch« eingefärbten Nahrungsmitteln und ganzen Menüs haben schon so manchem Probanden den Appetit verdorben. Blaue Spaghetti sind ebenso wenig reizvoll wie alles außer Schlumpf-Eis, denn wir verbinden Blau mit Vielem, sogar mit Wasser, jedoch nicht mit Nahrung. Manche Farben müssen im Zusammenhang mit Lebensmitteln erst erlernt werden, beispielsweise bei *Seppie alle Veneziana*, der Speise, in der der Tintenfisch in seiner eigenen Tinte schwimmt. Fachleute sprechen von *Prototypikalität*, wenn sie von den typischen Eigenschaften von Dingen sprechen. Tomatenmark ist prototypisch rot. Alles verliert seine Identität, sobald es seine charakteristische Farbe einbüßt.[635] Als die Tankstellenkette *Aral* einst Bier in blauen Dosen herausbrachte, wurde dies zu einem enormen Flop.[636] Bier ist nicht blau, auch wenn es blau macht. (Ausnahme: Das Australische *Foster's Beer*.

---

633 Schawelka, Karl (2008), S. 102 f.
634 Schawelka, Karl (2008), S. 25
635 Schawelka, Karl (2008), S. 182
636 Schawelka, Karl (2008), S. 33

Doch im aus großen Wüsten bestehenden Land steht das Blau wie keine andere Farbe für Erfrischung. Es wird im Logo mit Gold und Weiß kombiniert, was die Farbe von Bier und Blume wieder aufgreift.) Schließlich nahm sich Red Bull der Lücke bei blauen Lebens- und Genussmitteln an. Die Dosen von Red Bull sind blau. Das war nicht weiter problematisch, weil auch das Getränk eine neue Kategorie darstellte und von den Verbrauchern gelernt werden musste.

Der Verlust der Farbsicht durch einen Verkehrsunfall hat einem Maler, von dem Oliver Sacks berichtete, Essen und seine weiblichen Akt-Modelle nur noch fad und langweilig erscheinen lassen.[637] Und unser Geruchssinn lässt sich täuschen, wenn zum selben Duft unterschiedliche Farben gereicht werden. Die Probanden solcher Experimente würden Stein und Bein schwören, dass es sich um unterschiedliche Düfte handelt. Farbe intensiviert Gerüche, die durch die Nase inhaliert werden gegenüber Gerüchen, die oral (als Lösungen im Mund) aufgenommen werden, enorm.[638]

13.1. Die Verbindung aus Farbe und Bedeutung

Wir haben unzählige Namen für Farben, und jeder Farbe messen wir Bedeutungen zu. So ist grün in der Symbolsprache die Farbe der Hoffnung, aber auch der Natur, des Lebens, des Islams, des Frühlings, der beginnenden Liebe, des Heiligen Geistes, der herben Frische, gesunder Salate, der Unreife und Jugend, des Jägers, des Gifts, der beruhigenden Mitte, des Teufels (Darstellung im Grünrock des Jägers – erst seit der Romantik) und der Iren, um nur einige Beispiele zu nennen.[639]

Jede Farbe wirkt bei unterschiedlichem Licht anders. Alle Farben lassen sich durch die sie umgebenden Farben verändern. Auch das knalligste Orange wird braun wirken, sobald man hellere, strahlende Fraben herumdrapiert.[640]

Mit der Kombination von Farben hat sich die inzwischen verstorbene Psychologin und Soziologin Eva Heller eingehend befasst. Ihre Ergebnisse fasste sie in ihrem Buch *Wie Farben wirken* zusammen. Das Buch basiert auf einer Studie mit 1888 Frauen und Männer im Alter von 14 bis 83 Jahren. Die Befragten sollten Begriffen aus den unterschiedlichsten Gefühls- und Erfahrungsbereichen einer Farbe zuordnen. Konnten sie sich nicht für

---

637 Sacks, Oliver (1997)
638 Koza, Brian J. et al. (2005)
639 Heller, Eva (2006), 71 ff.
640 Schawelka, Karl (2008), S. 48

eine einzige Farbe entscheiden, durften sie zwei auswählen. Zur Auswahl standen Blau, Braun, Gelb, Gold, Grau, Grün, Orange, Rosa, Rot, Schwarz, Silber, Violett und Weiß. Eva Heller begründete ihre Auswahl so:

»Um die Befragten nicht durch vorgegebene Farbnuancen zu beeinflussen, wurden die Farben schriftlich aufgelistet. Alle Farben mit psychologisch eigenständiger Wirkung sind hier erfaßt. Auch die oft ignorierten Mischfarben Orange, Rosa, Grau, Braun und die Metallfarben Gold und Silber haben eine eigenständige Bedeutung, die durch keine andere Farbe ersetzt werden kann.«

Diese Vorgaben erscheinen angesichts unserer vielfältigen Farbempfindungen sehr grob. Allein für die Lieblingsfarbe der Deutschen, Blau, findet Heller 105 Varianten in der Deutschen Sprache. Von diesen vielen Farben sehen und kennen Frauen viel mehr als Männer.

Und es gibt mehr Befindlichkeiten als Farben. Es sind die Nuancen, die über unsere Zuordnungen zu Empfindungen entscheiden. Darüberhinaus spielen jedoch Farbkombinationen eine Rolle. Eva Heller stellte bei der Auswertung der Untersuchung fest, dass der Begriff »Kälte« nicht allein durch einen Blauton symbolisiert wird, sondern aus der Kombination aus 47 % Blau, 23 % Weiß, 14 % Grau, 11 % Silber und einigen weiteren Farben mit so geringen Anteilen, dass sie vernachlässigbar sind. Durch Hellers Methodik lassen sich nicht nur konkrete, anfassbare Dinge farblich beschreiben, sondern auch so abstrakte Begriffe wie

- Lebensfreude (29 % Rot, 17 % Gelb, 13 % Orange, 12 % Grün, 12 % Blau, 10 % Rosa, 7 % Weiß),
- das Leichte (42 % Weiß, 21 % Gelb, 20 % Rosa, 11 % Blau, 6 % Silber),
- Gefühllosigkeit (26 % Grau, 18 % Schwarz, 11 % Blau, 11 % Gelb, 7 % Braun, 6 % Silber, 6 % Violett, 6 % Weiß),
- und Stolz (24 % Gold, 14 % Violett, 14 % Blau, 13 % Weiß, 11 % Rot, 10 % Silber, 8 % Schwarz, 6 % Braun).

Eva Hellers Arbeit gibt uns demnach einen ganz entscheidenden Hinweis darauf, dass wir uns bei vielen Marketing-Themen nicht länger mit einfacher Farbsymbolik oder Modefarben begnügen können, sondern dass die Botschaft der Kommunikation einen farblich passenden Ausdruck benötigt.

13.2. Lieblingsfarben

Eva Heller hat die beliebtesten und die unbeliebtesten Farben von Frauen und Männern zusammengestellt. Sie werden all diejenigen eines Besseren belehren, die der Ansicht sind, alles, was Frauen betrifft, rosa kennzeichnen zu müssen. Es hat sich nämlich gezeigt, dass Frauen und Männer in ihren drei liebsten Farben zumindest im deutschsprachigen Raum übereinstimmen.

Die Lieblingsfarben

Rang	in %	Frauen	in %	Männer
1	36 %	Blau	40 %	Blau
2	20 %	Rot	20 %	Rot
3	12 %	Grün	12 %	Grün
4	8 %	Rosa	8 %	Schwarz
5	8 %	Schwarz	5 %	Gelb
6	5 %	Violett	3 %	Weiß
7	4 %	Gelb	3 %	Grau
8	3 %	Weiß	2 %	Rosa
9	2 %	Braun	2 %	Gold
10	1 %	Gold	1 %	Violett
11	1 %	Orange	1 %	Braun
12	0 %	Grau	1 %	Silber
13	0 %	Silber	0 %	Orange

Quelle: Eva Heller

Die unbeliebtesten Farben

Rang	in %	Frauen	in %	Männer
1	30 %	Braun	24 %	Braun
2	14 %	Orange	12 %	Violett
3	10 %	Violett	12 %	Rosa
4	9 %	Schwarz	10 %	Grün
5	8 %	Grün	10 %	Grau
6	7 %	Grau	9 %	Orange
7	7 %	Rosa	7 %	Schwarz
8	6 %	Gelb	5 %	Gelb
9	3 %	Gold	4 %	Gold
10	3 %	Rot	2 %	Silber
11	2 %	Silber	2 %	Rot
12	1 %	Blau	2 %	Blau
13	0 %	Weiß	1 %	Weiß

Quelle: Eva Heller

13.3. Ein Wort (oder auch zwei) zu Rosa

Insbesondere für Männer ist Rosa oder auch Pink *die* Frauen-Farbe. Doch so einfach ist das alles nicht. Karl Schawelka von der Bauhaus-Universität erhellt den Hintergrund:

»Rosa« im Deutschen stammt, wie bei den meisten europäischen Sprachen, vom Lateinischen »roseus« ab, d. h. »rosenfarben« bzw. Farbe der Rose. Die Rose stammte ursprünglich wohl aus Asien und war bereits in Ägypten ein Symbol der Regeneration. Es gibt mythologische und diverse geschichtliche sowie literarische Hinweise auf die Verbindung »zwischen der Farbe der Rose und dem Erröten einer jungen attraktiven Frau angesichts männlicher sexueller Avancen. Dazu passt, dass das Wort 'Nymphe' im Griechischen sowohl die Rosenknospe als auch die Braut bezeichnete. Damit sind eigentlich schon alle Ingredienzien genannt, die im Bedeutungsfeld von Rosa eine Rolle spielen.«[641]

»Rose« ist im Deutschen ein Anagramm für »Eros«, und in Johann Wolfgang von Goethes Gedicht *Heideröslein* ist von einer Blume die Rede, die gepflückt werden wolle. Damit spielte Goethe auf eine im Mittelalter verbreitete Metaphorik an, in der die Rose für das weibliche Genital steht. Und Jahrhunderte der Malerei brachten zahllose weibliche Akte zustande, in denen sich die Dargestellten mit rosa Tüchern mehr entblößen als bedecken.[642] Die Akte selbst weisen stets einen deutlichen rosa Hautton auf. Doch nicht die menschliche Haut an sich ist rosa, vielmehr nimmt Haut diesen Farbton an, wenn sie gut durchblutet wird. Eine gute Durchblutung wird, zumindest an bestimmten Körperstellen, schnell mit Sexuellem in Verbindung gebracht. Rosa steht somit nicht nur für die Rose, Weichheit, Unschuld, Jugend, Reinheit, Unbeschwertheit, Blüten, Wangen, Babys, Prinzessinnen aus Märchen, Diddl, Barbie, den legendären Pink Cadillac, die Rosa Dreiecke als Kennzeichnung für Homosexuelle im Dritten Reich, den *Pink Slip* in den USA (= Kündigung), den *Pink Tourism* (= Gay Tourism), gesunde Flamingos, neuerdings aufgesexte Preteens[643], Pink Panther und *Pink Collar Work* (traditionell weibliche Berufe)[644], sondern auch für sexuelle Erregung und Wallung. Das erklärt natürlich, wieso Frauen, die jünger wirken möchten, als sie tatsächlich sind, und Frauen, die die Aufmerksamkeit von Männern auf sich ziehen wollen, so offensiv mit dieser Farbe umgehen.

641 Schawelka, Karl (2008), S. 195
642 Schawelka, Karl (2008), S. 197
643 vgl. Lamb, Sharon und Lyn Mikel Brown (2006)
644 Kapp Howe, Louise (1978)

Interessant auch, was Schawelka zur Verwendung von Farbe bei Groschenromanen herausgefunden hat:

»Die an Bahnhofsbuchhandlungen zu erwerbenden Frauenromane in Heftform kennen eine ausgeprägte Farbikonografie. Ein unausgesprochener, aber wirksamer Code signalisiert den Kundinnen den zu erwartenden Inhalt. Gold weist auf historische Romane im Adelsmilieu hin, Blau auf die sachliche Welt moderner Frauen in der Gegenwart. Was die Explizitheit der Erotik angeht, steht Grün für soft, Rosa für romantische Liebe und Knallrosa oder Magenta für geradezu pornografische Darstellungen.«[645]

Doch das ist bei Weitem nicht alles, was es über Rosa zu wissen gibt. Rosa ist in verschiedenen Kulturen unterschiedlich verankert. Im Deutschsprachigen Raum ist die Farbe verpönt, weil sie insbesondere überall da anzufinden ist, wo Männer sich von Frauen distanzieren wollen. Das inzwischen geflügelte Wort »*pink it and shrink it*« (etwa: mach es rosa und schrumpf es) steht für die Denkweise männlicher Entwickler, wenn sie an eine weibliche Zielgruppe denken. Im Deutschsprachigen Raum gibt es keine positive Kultur für Rosa. Anders in Asien, wo Pink nicht mit »P« wie »Peinlichkeit« beginnt. In den USA steht Pink seit den siebziger Jahren für die Frauenbewegung. 1991 besetzte darüber hinaus die Kampagne gegen Brustkrebs diese Farbe. Statt roter Schleifen wie bei der Solidarisierung gegen AIDS verteilt die Anti-Brustkrebs-Koalition stets rosa Schleifen. Wer in den letzten zwanzig Jahren etwas auf sich hielt, unterstützte den Kampf der Amerikanerinnen gegen den Brustkrebs. Begonnen damit hat im Prinzip das Kosmetikunternehmen *Estee Lauder*, das gemeinsam mit dem Magazin *Self* die ersten 1,5 Millionen Anstecker unter die Frauen gebracht hat. Und schließlich erblickte 2005 die Zeitschrift *Pink* das Licht der Welt, ein Magazin für die Karrierefrau.[646] Dennoch würde sich keine Frau mit einem rosa Laptop ins Management-Meeting begeben, außer, sie ist im Management eines Kosmetikkonzerns.

Insbesondere Männer glauben, alles über Rosa zu wissen, was man(n) wissen muss. Oft denke ich, dass eine ins Magenta neigende Färbung nicht das Signal ist, dass es hier etwas für Frauen gibt, sondern ein Warnsignal für Männer, sich davon fernzuhalten. In diesem Zusammenhang war ich auch sehr verwundert, dass *Burda* Pink 2010 quasi als Leitfarbe für den ersten DLD-Women-Kongress verwendet hat, der als Gegenstück zur traditionellen DLD-Konferenz (Inhalte: Digitaler Lifestyle) zu jedem Anfang eines Jahres eingerichtet wurde.

---

645 Schawelka, Karl (2008), S. 200
646 Brennan, Bridget (2009), S. 162

Spannendes erfuhr ich von Daniela Späth, einer Schweizer Farb-Spezialistin. Sie erforscht Farben hinsichtlich ihrer Wirkung auf die menschliche Psyche und Physis. In Zusammenarbeit mit mehreren Krankenhäusern führte sie eine Studie inklusive Blindreihen mit rund 800 Probanden durch. Bei Frauen und Männern wurden Blutdruck und Puls gemessen, bevor sie eine Kabine betraten, die mit einer von sechs Farben gestrichen war.[647] Bei einem bestimmten Rosa-Farbton trat ein Effekt ein, der mit keiner anderen Farbe nachzubilden war: Blutdruck und Puls sanken ab, die Probanden beruhigten sich nachweislich. Das galt auch für die männlichen Teilnehmer der Studie, die sich eingangs abfällig über den Farbton geäußert hatten. Daniela Späth hat sich diesen Farbton unter der Bezeichnung *Cool Down Pink* schützen lassen. Inzwischen wird er auch testweise in mehreren Schweizer Haftanstalten für Gewaltverbrecher eingesetzt.[648] Der Langzeitversuch zeigt, dass die Strafgefangenen sehr viel ruhiger und kaum gewalttätig sind. Ähnliche Effekte sind auch aus Justizvollzugsanstalten aus den USA mit Schwerstverbrechern bekannt.

Daniela Späth hat sich mit diesem Effekt ausführlicher befasst. Sie stellte unter anderem fest, dass nicht nur Mädchen Rosa mögen, sondern auch die Jungen, zumindest bis sie in den Kindergarten kommen und dort lernen, dass Rosa nichts für Jungen ist. Die Beraterin führt die Vorliebe von Kindern für Rosa darauf zurück, dass diese Farbe ihnen Ruhe verschafft, solange ihre Reizfilter noch nicht vollständig ausgebildet sind. Dabei sind Kinder heute mehr denn je einer ständigen Reizüberflutung ausgesetzt. Vielleicht sollte man Kindern, die angeblich unter dem Aufmerksamkeitsdefizitsyndrom (ADHS) leiden, statt Ritalin einfach etwas Ruhe und Rosa verordnen.

647 http://www.colormotion.ch/farbforschung.html
648 http://bit.ly/9oKcil

14. Visible / invisible Strategy – sichtbar oder unsichtbar?

2004 erschien in den USA das Buch *Don't Think Pink* von Lisa Johnson und Andrea Learned. Es befasst sich ausschließlich mit der Frage, ob man Produkte und Werbekampagnen, die sich an Frauen richten, ganz offensichtlich gestalten und mit dem sichtbaren Zusatz »für Frauen« versehen soll (*visible strategy*), oder ob eine subtile Vorgehensweise günstiger ist, die zwar alle Signale sendet, auf die Frauen reagieren, die jedoch auf den aufgedruckten Hinweis »für Frauen« verzichtet (*invisible strategy*). Die Autorinnen empfehlen schließlich eine dritte Variante, die so genannte hybride Strategie, die sich sowohl aus der sichtbaren, wie auch der unsichtbaren Strategie zusammensetzt. Dieser Empfehlung kann ich mich nicht anschließen, denn das, was die Autorinnen darunter verstehen, ist keine klare Marketing-Strategie mehr, sondern ein unentschlossenes Mäandern zwischen »ja«, »nein« und »vielleicht« – innerhalb einer einzigen Kampagne. Das ist verwirrend.

Die ersten beiden Varianten allerdings lohnen einen genaueren Blick. Die Ausführungen von Johnson und Learned beschränken sich weitgehend auf den US-amerikanischen Markt und sind sehr eng gefasst. Sie lassen sich nicht auf andere Märkte übertragen. Doch für Unternehmen, die auf globale Kampagnen setzen, verbirgt sich dahinter eine ausgesprochen wichtige Frage.

Unsichtbare Strategien werden beispielsweise von Danone für Activia genutzt, ein Joghurt, der gezielt an Frauen vermarktet wird, ohne jedoch offen auszusprechen, dass Männer ihn nicht zu sich nehmen sollen. Die meisten Putz- und Waschmittel arbeiten »unsichtbar«. Viele Deo- und Shampoo-Marken (zum Beispiel *Nivea*, *Rexona*, *Fa*) kennzeichnen zwar ihre Herrenlinien mit dem Aufdruck *for men*, doch viele der Damenprodukte tragen keineswegs den Hinweis *for women*. Dennoch verstehen Frauen im Falle gut gemachter Kampagnen (oder traditionell in den weiblichen Aufgabenbereich fallender Produkte), dass sie gemeint sind. Unternehmen wie Porsche oder der Computerhersteller *Alienware*[649] wissen gleichermaßen,

[649] http://www.alienware.com/

wie sie vor allem die Aufmerksamkeit männlicher Interessenten auf sich ziehen können, ohne »für Männer« auf das Produkt zu drucken.

Sichtbare Strategien finden sich in Westeuropa fast ausschließlich bei Männerprodukten. Als Holsten vor einigen Jahren mit dem Claim »auf uns Männer!« warb, wollten sie Männern ebenso die Gelegenheit bieten, sich von Frauen abzuheben, wie der Schweizer Uhrenhersteller *IWC*. Die Werbung der letzten Jahre von IWC genießt einen solchen Kultstatus, dass ihre Fans daraus viele neue Motive generiert haben, die seither im Internet weitergereicht werden und von den Originalen nicht mehr zu unterscheiden sind. (Darunter befinden sich offenkundig frauenfeindliche Motive, die IWC allerdings nicht zu stören scheinen. Diese Duldung wird sich für die Marke gleichwohl auf Dauer negativ auszahlen, da sich von den gehässigen Motiven im Wesentlichen nur jene angezogen fühlen, die den Ruf dieser Marke auf die eine oder andere Weise schädigen.[650])

Für Männer ist es wichtig, sich von Frauen abzuheben. Viele verschiedene Initiationsriten bei den unterschiedlichsten Völkern sind bis zum heutigen Tage dazu gedacht, den Jungen zum Mann zu befördern. Dazu muss sich der Junge beweisen und Gefahren stellen. Es kostet ihn große Anstrengung, sich vom Weibe zu unterscheiden. Viele Männer haben ihr Leben lang das Gefühl, sich ständig aufs Neue beweisen zu müssen, damit sie nicht wieder zur Frau werden.[651] Für männliche Zielgruppen kann die Differenzierung von Frauen also eine durchaus wirksame Kommunikationsstrategie darstellen.

In welchem Maße und in welcher Ausdrucksform dies geschieht, hängt natürlich ganz von den Kommunikationszielen ab – und von der Frage, inwieweit es sich die Marke leisten kann, sich langfristig von Frauen abzuwenden. Ist es nicht gänzlich ausgeschlossen, die Marke mittel- oder langfristig doch einmal an Frauen als Käuferinnen oder Verwenderinnen zu adressieren, empfiehlt es sich, um Diffamierungen einen ganz weiten

---

650 Buberry, die hochpreisige Bekleidungsmarke, deren Produkte sich stets am typischen Karo-Muster erkennen lassen, hat genau dieses Problem: der Marke haben sich die falschen Leute angeschlossen. Vor einigen Jahren fassten die Verantwortlichen den Entschluss, die Marke Burberry noch hochwertiger zu positionieren und ihr damit Zugang in ein sehr luxuriöses Marktsegment zu verschaffen. Mit großer Anstrengung wurde Burberry Prorsum erfolgreich als Top-Marke gelauncht. Ungefähr zeitgleich entdeckten ausgerechnet die britischen Hooligans Burberry für sich. Marken wie Fred Perry reichten ihnen nicht länger aus. Burberry, die Luxus-Marke für standesbewusste Menschen, wird nun ausgerechnet von Mitgliedern der Arbeiterklasse und Arbeitslosen mit Stolz spaziert und zum Prügeln getragen. *Das* ist ein wahrer Image-Schaden!

651 Schwanitz, Dietrich (2001), S. 63 ff.

Bogen zu machen. Für Bier mag die Distanzierung von Frauen in der Vergangenheit in Ordnung gewesen sein, denn der Geschmack von Bier ist so bitter, dass ihn nur vergleichsweise wenige Frauen mögen. Deswegen ist bisher auch jeder Versuch, Bier an eine größere Anzahl von Frauen zu vermarkten, gescheitert. Allerdings befinden sich die Bierbrauer in den angestammten Märkten in einer schwierigen Lage. Seit Jahren stagniert der Bierkonsum nicht nur in Deutschland in beträchtlicher Weise. Der Kampf um Marktanteile wird bereits seit Langem über den Preis geführt.[652] Deswegen versuchen es einige doch immer wieder mit unterschiedlichen Konzepten für eine weibliche Zielgruppe. Eine »Nur-für-Männer-Strategie« eignet sich daher nicht einmal für alle Biermarken. Vorsicht ist beispielsweise bei allen Unternehmen geboten, die es *Karlsberg* nachtun wollen. Das Unternehmen versucht seit geraumer Zeit, Frauen für den Konsum für Karlsberg-Biergetränke zu begeistern. Das ist allerdings nur durch die Erweiterung des »Einsatzgebietes« von Bier möglich. Dafür wählt Karlsberg Apotheken (!) als Vertriebsweg und positioniert das »Damen-Bier« der Marke *Karla* wenig überraschend als Wellness-Getränk mit 1,0 % Alkohol sowie mit Frucht- und Vitaminbeimischungen. Karla wird unter den Bezeichnungen *Karla balance* und *Karla well-be* vertrieben[653] und dürfte für die Karlsberg-Holding keine nennenswerte Umsatzquelle darstellen. Dennoch wird Karlsberg es tunlichst vermeiden, potenzielle Karla-Käuferinnen von der Karlsberg-Marke abzuschneiden. Eine Marke oder auch nur ein Produkt ausschließlich für Männer zu positionieren und dies auch noch hinauszukrähen, bedarf also einer Entscheidung, die auf viel Weitsicht gründet.

Wenden wir uns nun den Frauen als Zielgruppe zu. Hier ist die Frage nach sichtbarer oder unsichtbarer Strategie um einiges schwieriger zu beantworten. Die hier wirkenden kulturellen Faktoren sind weitaus komplexer und abhängiger vom gegenwärtigen Stand in der gesellschaftlichen Entwicklung des betreffenden Landes als bei männlichen Zielgruppen. Gegenwärtig finden wir weltweit bei grober Betrachtung drei kennzeichnende Situationen für Frauen, die für Positionierungen und Markenkampagnen eine Rolle spielen:

1. Die Gesellschaft bewegt sich von der Ungleichheit und Schlechterstellung der Frauen hin zur Gleichstellung. Hierzu gehören beispielsweise Deutschland, Österreich, die Schweiz, die USA und Japan, die hinsichtlich ihrer diesbezüglichen Entwicklung unterschiedlich fortgeschritten sind.

---

[652] Brück, Mario (2010)
[653] http://www.karlsberg.org/karla/karla.htm

2. Die Gesellschaft bewegt sich vom beruflichen und zumindest teilweisen gesellschaftlichen Gleichzwang eines totalitären kommunistischen Regimes zur freien Gesellschaft und befindet sich gerade in der Übergangsphase (oft stark genznzeichnet vom so genannten Raubtierkapitalismus). Zu diesen Ländern gehören unter anderem Russland und andere Länder des Ostblocks, aber auch China.
3. Die Gesellschaft ist nach wie vor stark patriarchalisch geprägt und unterdrückt Frauen. Hierzu gehören beispielsweise fundamentalistisch-islamische Länder aus dem Nahen Osten.

In Ländern der ersten Kategorie kann es geradezu verpönt sein, die weibliche Andersartigkeit zu betonen. Zu lange und zu hart kämpften Frauen um die politische, gesellschaftliche und vor allem berufliche Gleichstellung. Errungen wurde sie insbesondere im Beruflichen bis heute nur auf dem Papier. Die Frauenbewegung in diesen Ländern hat große Teile einer Generation geprägt. Für all diejenigen, die die Schlechtbehandlung bis heute noch innerlich verspüren können, besitzt das Frau-Sein aus Erfahrung einen Beigeschmack von Minderwertigkeit. Verstärkt wird diese Erfahrung durch gravierende Marketing-Fehler in der Vergangenheit. Gelegentliche Versuche, ein Produkt-Angebot für Frauen zu lancieren, scheiterten an der offensichtlichen Unkenntnis der weiblichen Bedürfnisse. Diese Produkte waren indiskutabel schlecht. Die Frauen lehnten sie ab, aber dennoch blieb das Gefühl von minderwertiger Behandlung zurück, während die gescheiterten Manager die falsche Überzeugung gewannen, Frauen wollten keine Frauenprodukte. Die meisten Unternehmen haben in den Jahrzehnten bis heute nichts dazugelernt. Deswegen sind viele der von der Frauenbewegung geprägten Frauen noch immer sehr skeptisch und ablehnend, wenn sie auf den Hinweis »für Frauen« stoßen. Die jüngeren Frauen sind diesbezüglich schon offener, denn sie haben gewisse Erfahrungen (noch) nicht gesammelt. Viele von ihnen sind der Ansicht, die Gleichstellung sei bereits erreicht, und tatsächlich mag sich diese Überzeugung für die eine oder andere bereits bewahrheiten.

Frauen aus Ländern der zweiten Kategorie sind heute oft durch betont weibliche Kleidung, viel Make-up, noch mehr Schmuck und ein entsprechendes Verhalten auf den ersten Blick zu erkennen. Russische Frauen fallen in westlichen Städten durch eine visuelle Opulenz auf, die ganz entfernt an den Zarismus erinnern könnte. Als mich 1998 erstmals eine berufliche Aufgabe nach St. Petersburg verschlug, kam ich aus dem Staunen nicht mehr heraus: Die Stadt war voll von »blutjungen« und gleichzeitig bildschönen Frauen, gekleidet in den teuersten westlichen Marken. Mir tränten schon bald die Augen vor lauter Versace. Ich fragte mich, wie sie sich das alles leisten konnten, so kurz nach der Wende, mitten im gesellschaftlichen Umbruch. In westlichen Ländern hatte ich noch nie solch einen unübersehbaren Markenrausch erlebt. Und ständig musste ich mich neidvoll wundern, wie schlank diese Frauen waren. Einige Tage später erfuhr ich, dass viele von ihnen am Essen sparten, ja hungerten, um sich all diese Dinge zu leisten, die zweifelsfrei alle echt waren. Die Russinnen tun sich aus westlicher Sicht vielleicht nicht immer durch den besten Geschmack hervor, aber ganz sicher durch eine große Ansammlung von Original-Marken. Je teurer, und je mehr, desto besser. Um in den Genuss dieses Luxus zu kommen, ist es in Russland in den wenigen Jahren der post-kommunistischen Ära bei vielen jungen Frauen Mode geworden, sich einen möglichst vermögenden Kerl zu angeln und sich zumindest so lange aushalten zu lassen, wie die Frau jung und hübsch ist. Es gibt sogar ein umfangreiches Angebot sehr beliebter Kurse, in denen die jungen Frauen den Lap Dance, sich auszuziehen und sich so unterwürfig zu verhalten lernen, dass er sie eine Weile bei sich behält – am Boden kriechen inklusive. Keine dieser Kursteilnehmerinnen hofft ernsthaft, geheiratet zu werden. Aus Sicht der Männer ist nur der ein echter Mann, der als Businessman erfolgreich alle anderen über den Tisch zieht und viel Kohle verdient, um eine schöne Frau mit zahllosen Zobeln und Nerzen zu behängen. Natürlich hat er so viel zu tun, dass er seine Frau und seine Kinder so gut wie gar nicht sieht. Wo immer es sich die Frauen leisten können, arbeiten sie nicht. Nicht arbeiten zu müssen wird nur davon getoppt, eine der wenigen super-erfolgreichen Frauen des Landes zu werden, die sich vornehmlich in einer der Schönheitsbranchen tummeln (Pelze, Juwelen, Kosmetik, teilweise auch sonstige Bekleidung, Immobilien).

Frauen aus Ostblock-Ländern oder China sind zutiefst von der Gleichartigkeit und vom Erlebnis der Mangelwirtschaft geprägt. Für die meisten war das Geld knapp und auch das Nötigste kaum je erhältlich. Nur wenige waren durch ihren Beruf oder ihre politische Karriere derart priviligiert, dass sie keinerlei Not zu leiden hatten. Dennoch war die Auswahl an modischer Bekleidung und Schmuck auch für sie äußerst begrenzt, selbst wenn sie in besonderen Fällen Zugriff auf Importe aus dem westlichen Ausland hatten. Besonders extrem war es so besehen natürlich in China, wo der Sun-Yat-sen-Einheitsanzug, bei uns als Mao-Anzug bekannt, nach 1949 zur einzig erlaubten Bekleidung für Frauen und Männer wurde. Traditionelle Kleidungsstücke aus dem Kaiserreich waren nach der Kulturrevolution ebenso verboten, wie Anzüge und Kleider westlicher Prägung, die sich zu

Beginn des 20. Jahrhunderts in Städten wie Shanghai großer Beliebtheit erfreuten. Fast ein halbes Jahrhundert lang mussten Frauen und Männer im selben Anzug alle Dinge des Lebens verrichten, also arbeiten und sogar darin heiraten. Es verwundert nicht, dass es gegenwärtig bei vielen gerade älteren Ehepaaren beliebt ist, die Hochzeit mit weißen Hochzeitskleidern und schicken schwarzen Anzügen nachzustellen. Sie feiern die Hochzeit kein zweites Mal, und es gibt auch keine Erneuerung früherer Gelübde. Die Paare haben ein immenses Bedürfnis, das Besondere ihrer Vereinigung nachzuholen, und das ist für sie das Offensichtlichste: die Hochzeitsbekleidung. Was ihnen davon bleibt, ist das lang ersehnte Erlebnis und ein Stapel Bilder vom Fotografen, Faltenglättung mit Photoshop inklusive.

In China waren Frauen genauso Arbeiterinnen wie ihre Männer, in Polen Bäuerinnen, in Litauen Kranführerinnen, in Russland Raketeningenieurinnen. Die Berufe haben sie keineswegs nach Neigung, sondern nach Notwendigkeit gewählt, sofern sie überhaupt eine Wahl hatten. Die berufliche Gleichstellung war bei gleichermaßen geringen Löhnen in Plan- und Mangelwirtschaften längst Realität. Als ich 2003 verschiedene Aufträge in Lettland und Litauen erfüllte, machte ich die Erfahrung, dass es alltäglich war, wenn Frauen die Vorgesetzten ihrer eigenen Ehemänner in derselben Firma waren. (Dass die Frauen nicht vollständig gleichgestellt waren, zeigte sich am Arbeitsplatz nur in dem Detail, dass viele Männer sich nur untereinander die Hand zum Gruße reichten, nicht aber einer Frau.[654]) Umgekehrt war es für Männer selbstverständlich, sich an der Aufzucht und För-

---

[654] Im Privatbereich sah es dagegen viel schlimmer aus. Was ich in Gesprächen mit Mitarbeiterinnen eines Litauischen Unternehmens erfuhr, war unbeschreiblich gruselig: Im Privatleben wurden Frauen keineswegs als gleichwertig behandelt. Die wenigen Frauen, die nicht alles daran setzten, den Erstbesten zu heiraten, galten als Exotinnen und wurden von ihren Freundinnen oft bedrängt, sich endlich unter die Haube zu begeben, ganz gleich mit wem. Die Vergewaltigung von Frauen durch ganze Männergruppen war weit verbreitet. Oft bestanden die Vergewaltigergruppen zumindest zum Teil aus Bekannten des Opfers. Eine Anzeige verfolgte die Polizei jedoch nur dann, wenn das Opfer einen Beweis für die Vergewaltigung im Zusammenhang mit den Tätern beibringen konnte, was so gut wie unmöglich war. Die Beweissicherung durch Ärzte und Aufklärung durch die Polizei, wie bei uns, war dort nicht üblich. Auch war es nicht üblich, die Opfer von weiblichen Polizeikräften betreuen zu lassen. Stattdessen hatten sie mit unterbezahlten, wenig motivierten Polizisten zu tun, die es satt hatten, von niemandem so recht ernst genommen zu werden und jede Gelegenheit nutzten, ihre nicht vorhandene Autorität an irgendwem auszulassen. Selbst wenn meine letzten diesbezüglichen Gespräche schon sieben Jahre alt sind, befürchte ich, dass sich in der Zwischenzeit wenig geändert hat.

derung der Kinder zu beteiligen, indem sie Aufmerksamkeit und Liebe schenkten. Nach so viel erzwungener Gleichheit besteht in diesen Gesellschaften ein enormer Wunsch, den Geschlechtsdimorphismus, also die sichtbaren Unterschiede zwischen Frauen und Männern, zu betonen (vgl. hierzu die Fallstudie zu Orsay in Kapitel 16).

Frauen aus Ländern der dritten Kategorie verfügen über eine Bandbreite von Entscheidungsmöglichkeiten, abhängig von ihrem Heimatland. Es gibt Länder mit sehr strengen Regimen, in denen Frauen nur sehr eingeschränkte Entscheidungsmöglichkeiten haben und solche, in denen zumindest in den Großstädten die westlichen Einflüsse stark sind. Die Gefälle innerhalb einzelner Länder können sehr groß sein. Üblicherweise zeigen sich die Unterschiede zwischen Städten und den ländlichen Gebieten. Sie stehen in engem Zusammenhang mit dem vorherrschenden Bildungsgrad. In Ländern wie Saudi-Arabien sind Frauen traditionell stark abhängig von den Männern, viele Berufe sind verwehrt, selbst das Autofahren ist ihnen nicht erlaubt. Sittenwächter achten auf die Einhaltung der Scharia und ihrer vorherrschenden Auslegung. Das Leben dieser Frauen ist aber weniger reglementiert, als es auf den ersten Blick den Anschein hat. Es ist eben vor allem ins Private verlagert. Diese Frauen geben viel Geld aus für Schönheit, Bekleidung, Schmuck, Accessoires, Frisuren, Make-up und Nagellack. Das mag uns die Frage entlocken, wozu das nützt, wenn die Schönheit dieser Frauen keine öffentliche Bewunderung findet. Doch insbesondere bei den Wohlhabenden wird die Logik ersichtlich: Frauen protzen unter sich oder zu Hause vor Verwandten und engen Freunden. Also spielt auch die Ausstattung des Heimes eine große Rolle. Trotz all dem sind manche Unternehmen in diesen Ländern sehr viel fortschrittlicher als bei uns. Es war zuerst eine der Arabischen Airlines, die in einer speziellen Kampagne weibliche Reisende ansprach. Erst danach, 2007, entschloss sich American Airlines, ein spezielles Internet-Informationsangebot für Frauen anzubieten.[655]

Soll man in Ländern dieser Prägung also eine sichtbare oder eine unsichtbare Strategie anwenden, wenn man sich an eine weibliche Zielgruppe wendet? Eine Visible Strategy bietet sich am ehesten an, wenn das Kommunikationsziel lautet, etwas typisch Weibliches zu verstärken. Sofern es sich nicht um unstritig positiv besetzte weibliche Fähigkeiten, Eingenschaften, Tugenden, Machtbereiche etc. handelt, ist eine Invisible Strategy vorzuziehen. Bei alledem müssen Werbungtreibende in erster Linie die Scharia und deren lokale Auslegung beachten.

655 http://bit.ly/cWjM6x

15. Kommunikationsinstrumente

Die Liste der Kommunikationsinstrumente ist heute länger als je zuvor. Waren die Möglichkeiten früher noch übersichtlich, ist die heutige Vielfalt für kaum jemanden noch überblickbar. Es ist keineswegs beliebig, welche kommunikativen Mittel gewählt werden, zumal das frühere Ziel der maximalen Reichweite heute kein universelles Zahlungsmittel mehr ist. Bei vielen Produkten und Marken kommt es nicht mehr darauf an, dass möglichst viele Menschen von der Werbebotschaft Notiz nehmen, sondern darauf, dass es die richtigen sind. Was nützt es, eine priviligierte 23-jährige Studentin zu erwischen, wenn man einen fünfzigjährigen Arbeiter erreichen wollte?

Die Märkte haben sich gravierend verändert, und mit ihnen das Kommunikationsumfeld. Vor hundert Jahren herrschte in den USA noch ein Verkäufermarkt, der sich seither, mit Ausnahme der Jahre während der Teilnahme der USA am Zweiten Weltkrieg, kontinuierlich zum Käufermarkt entwickelt hat. In den westlichen Ländern begann die Wandlung ungefähr Ende der fünfziger Jahre. Deutschland erlebte Dank der USA bereits in den fünfziger Jahre einen bis dahin ungekannten Wirtschaftsboom. Der Wohlstand beschleunigte die Ausweitung des Angebots. In den Ostblockländern hielt sich der Verkäufermarkt dank der sozialistischen Planwirtschaft teilweise sogar noch bis tief in die neunziger Jahre hinein. Nun kann man davon ausgehen, dass mit Ausnahme Nordkoreas, großer Teile des afrikanischen Kontinents und einiger »wunderlicher Bergvölker« fast alle in der Konsumgesellschaft angekommen sind, in der die Märkte vor Angeboten geradezu zu bersten drohen. Ein Großteil dieser Angebote besteht aus Me-too-Produkten. Und weil verständlicherweise trotzdem alle ein Stück vom Kuchen wollen, müssen sie die Vermarktung der eigenen Güter wohlweislich planen.

Werbung für Adam und Eva. Diana Jaffé und Saskia Riedel
Copyright © 2010 WILEY-VCH Verlag GmbH & Co. KGaA
ISBN 978-3-527-50549-4

15.1. Kommunikation ist nicht mehr das, was sie mal war

Das Angebot an Medien für die Kommunikation zu Werbezwecken ist seit Mitte der neunziger Jahre, gemessen an den vorhergehenden Jahrzehnten, geradezu explosionsartig gewachsen. Die Art, wie Unternehmen mit Verbraucherinnen und Verbrauchern kommunizieren, hat sich dadurch ebenfalls verändert. Gegenwärtig sind noch viele Unternehmen von den Möglichkeiten der sozialen Netzwerke schier überwältigt. Blogs, Facebook, Twitter & Co. haben die Produktionsbedingungen für Unternehmens-, Produkt- und Markennachrichten in die Hände der Konsumenten, aber auch Konsum- und Marken-Hasser gespielt. Die Deutungshoheit über Marken und Waren liegt längst nicht mehr allein bei den Unternehmen. Gleichzeitig sind die potenziellen Kundinnen und Kunden immer schwerer zu erreichen. Wie glitschige Fische schlüpfen insbesondere die jungen Exemplare unter ihnen von Technologie zu Technologie, von Plattform zu Plattform, sodass man kaum hinterherkommt. Bis es die Manager geschnallt haben, sind die meisten Kids schon längst wieder weg. Derweilen kleben insbesondere viele der vom Marketing entdeckten älteren Mitbürger teilweise noch stark an den tradierten Medien. Gleichzeitig erleben wir die erste Generation, die kein Leben vor dem Internet-Zeitalter kennt. Die Zielgruppenschere geht auf, und damit entsteht der Spagat für die Kommunikation.

Gender Marketing Communication bedarf einer besonderen Sorgfalt bei der Auswahl der Kommunikationsinstrumente, denn wie wir zuvor gesehen haben, bedarf die weibliche Natur eines Beziehungsverhältnisses sowie eines Dialogs auf Augenhöhe. Männer, die in einer hierarchischen Welt leben, akzeptieren die einseitige Kommunikation. Viele beherrschen den Dialog gar nicht, verfügen aber (bedingt durch die Evolution) über einen vergleichsweise hohen Selbstdarstellungsdrang und konkurrieren mit anderen um die Überlegenheit. Warum sollten sie dies nicht auch mit den Unternehmen versuchen, zumal ihnen die Mittel dafür zur Verfügung stehen, die sie aufgrund ihrer hohen technischen Affinität mit Herzenslust nutzen?

Die Kombination aus geschlechtsspezifischem Kommunikationsverhalten sowie alten und neuen Kommunikationsinstrumenten verändert die Sichtweise auf Unternehmenskommunikation radikal – und für immer.

15.2. Wir alle sind jetzt Prosumenten

Der US-amerikanische Schriftsteller und Futurologe Alvin Toffler beschrieb bereits 1980 seine Vision vom *Prosumenten*, einem Mischwesen, das sowohl produziert als auch konsumiert.[656] Die Prosumenten unserer Zeit sind im digitalen Raum entstanden und nehmen von dort Einfluss auf die »reale« Welt. Das hat Einfluss darauf, nach welchem Prinzip Informationen fließen und wer mit wem kommuniziert. Die ehemaligen Konsumenten, die Dank der technischen Möglichkeiten zu Prosumenten mutiert sind, zwingen die Unternehmen ebenfalls dazu, Prosumenten zu werden, auch wenn die meisten das noch gar nicht bemerkt haben.

Betrachtet man das Ganze noch etwas genauer, stellt man fest, dass Vereinigungen wie Unternehmen, aber auch politische Parteien, Regierungs- und Nicht-Regierungsorganisationen sowie sonstige Verbände neben der externen auch eine interne Kommunikation pflegen oder zumindest unbedingt pflegen müssten. Mitarbeiter sind nicht nur pflichterfüllende Lohnempfänger, sondern Vorgesetzte im mittleren oder unteren Management, Mitarbeiter im Vertrieb und im Kundendienst, Teilnehmer an Innovationsprogrammen sowie – hoffentlich – Entwickler von Verbesserungsvorschlägen wie auch selbstverständlich Botschafter ihres Arbeitgebers in ihrem sozialen Umfeld und Freizeitblogger. Somit werden auch Mitglieder, Mitarbeiterinnen und Mitarbeiter zu Kommunikationsteilnehmern mit Bedeutung. Die folgende Tabelle verdeutlicht, wer Kommunikationssender und wer Empfänger ist.

Kommunikatoren	Kommunikanden
Unternehmen (intern – extern)	Unternehmen (neu)
Politik (intern – extern)	Politik (neu)
Non-Governmental Organizations (intern – extern)	–
Sonstige Verbände (intern – extern)	Verbände
Verbraucherschutzvertreter	Verbraucherschutzvertreter
VerbraucherInnen (neu)	VerbraucherInnen
MitarbeiterInnen (neu)	MitarbeiterInnen

Wir müssen uns also von der einseitigen Kommunikation verabschieden. Wenn Informationen nun jedoch von überall herkommen können und jeder Sender und / oder Empfänger sein kann, dann hinterlässt dieser Gedanke zuerst einen unangenehmen Eindruck von Chaos. Doch es gibt ein ganz einfaches Modell einer *GMC-Kommunikationsrichtungsachse*, das die neuen Informationsflüsse verdeutlicht.

---

656 Toffler, Alvin (1984), S. 11

15.3. Die GMC-Kommunikationsrichtungsachse

Die *GMC-Kommunikationsrichtungsachse* ist, wie der Name schon sagt, eine Achse. Die einseitige Kommunikation stellt die Pole dar. Ein Pol wird von Unternehmen, der andere von Konsumenten besetzt. Treffen sich beide Seiten, Unternehmen und Konsumenten, jetzt beide im Prinzip Prosumenten, in der Mitte, entsteht ein Dialog. Zwischen den Polen und dem Dialog befindet sich der Raum für Abstufungen. Je einseitiger die Kommunikation wird, desto stärker bewegt sich sich zu einem der beiden Pole hin. Je stärker der Dialog zum Einsatz kommt, desto weiter rückt er zur Mitte der Achse.

Natürlich könnten die Unternehmen das Gezwitscher der Konsumenten, Lob, Kritik, Parodien, Geheimnisverrat, Weiterempfehlungen und desgleichen weiterhin ignorieren, doch eigentlich kann sich das heutzutage nur noch jemand mit einem Kultstatus wie Tom Ford, Louis Vuitton oder Apple leisten, und auch bei ihnen wäre Vorsicht geboten. Tom Ford definiert wie einstmals Giorgio Armani, was supercool ist, Louis Vuitton ist ein Status-Erkennungsmerkmal und dadurch begehrenswert, und Apple hat sich dieses Privileg durch kontinuierliche Innovationsarbeit zurückerobert. Doch nur wenige Firmen können derartiges leisten. Firmen, die einen Ruf wie Tom Ford, Louis Vuitton oder Apple genießen, werden von den Kundinnen und Kunden in ihrem Bereich als führend und daher als Autoritäten angesehen. Alle anderen werden für ihre Ignoranz einen hohen Preis zahlen.

Die offizielle Kommunikation können Unternehmen natürlich trotz allem noch weitgehend kontrollieren. Für inoffizielle Botschafter wie Mitarbeiter gilt das nicht. Unliebsame Veröffentlichungen lassen sich am besten mit einem guten Geschäftsklima und vorbildlichem Verhalten von Vorgesetzten verhindern. Was die Empfänger mit der Information anstellen, kann ein Unternehmen nicht kontrollieren, allerdings können Spezialisten innerhalb des Unternehmens oder gute Berater von außerhalb die Qualität und die Glaubwürdigkeit von Kommunikationsinhalten prüfen. Empfehlenswert ist der Einsatz von Empathen bei solchen Aufgaben. Sie können am besten antizipieren, wie die Öffentlichkeit darauf reagieren wird.

15.4. Vom Informationskonsumenten zum Prosumenten

Manche Konsumenten, die ihr Recht auf Kommunikation ergreifen, haben viel Nutzbringendes beizutragen. Dabei handelt es sich längst nicht mehr ausschließlich um Technikthemen. In den USA haben sich einige Teenager durchgesetzt, die ihr einstiges Hobby, die Berichterstattung über Mode-Neuheiten, nun semiprofessionell betreiben oder gänzlich zum Beruf gemacht haben. Sie bieten auf ihre Weise eine Auswahl aus dem unüberschaubaren Angebot. Auch wenn ihnen das Fachwissen der Modeprofis fehlt, sind sie doch zu einem Faktor geworden, mit denen die etablierten Magazine rechnen müssen.[657] Es ist kaum zu glauben, aber die nur 13-jährige Tavi Gevinson, Chefin des Fashionblogs *Style Rookie*[658], entwirft schon Kleidungsstücke mit Modedesignern und erhält Einladungen für Modeschauen in aller Welt. Und sie ist längst nicht die Einzige! Inzwischen beliefern viele Modemarken die MacherInnen erfolgreicher Modeblogs wie reguläre Zeitschriftenredaktionen mit Produktmustern und Einladungen.

Die Macht anderer Prosumenten mit lauter Online-Stimme mag nicht ganz soweit reichen, aber sobald sie andere durch die Präsentation eigener Informationen davon überzeugen können, eine Marke oder ein bestimmtes Produkt zu kaufen oder die Finger davon zu lassen, nehmen sie Einfluss. Es sind nicht wenige, die auf YouTube ihre persönliche Version einer Werbung präsentieren, diese auf Facebook mit Freunden und Bekannten teilen und sie über Twitter potenziell in alle Welt kommunizieren, zumindest wenn der Tweet auf Englisch erfolgt.

Über diejenigen hinaus, die ein gerüttelt Maß an Kreativität beweisen, gibt es auch die Frustrierten. Sie teilen sich auf in diejenigen, die sich von einer Marke oder einem Produkt enttäuscht fühlen und diejenigen, die von der ganzen Welt enttäuscht sind. Beide verhalten sich in hohem Maße destruktiv. Die von der Welt enttäuschten fühlen sich zu wenig gesehen und geschätzt. Sie greifen Marken und wahllos Menschen an, weil sie keinen anderen Umgang mit ihren Frustrationen finden. Doch auch sie sind Produzenten von Informationen, die mit hoher Wahrscheinlichkeit jemand liest – und überzeugend findet. Die Foren sind voll von fiesen Beiträgen, die meist schon auf den ersten Blick an der katastrophalen Orthographie erkennbar sind. Die meisten dieser Verfasser sind männlich, wie schon der erste Blick zeigt.

[657] Stengle, Jamie (2010)
[658] http://www.thestylerookie.com/

15.5. Dialog muss man können, nicht beherrschen

Mittig zwischen den kommunikativen Polen befindet sich der ausgewogene Dialog: Unternehmen und Konsumenten begegnen sich auf Augenhöhe. Der Dialog ist von Unternehmen nur insofern kontrollierbar, als es um das eigene Auftreten und Verhalten geht. Mehr ist in einem ernst gemeinten Dialog auch gar nicht nötig, denn meist genügt das anständige Verhalten einer Partei, um die andere ebenfalls zur Vernunft zu bewegen. *Beide* Seiten akzeptieren einander, hören einander zu und suchen die Bereicherung durch den jeweils anderen. Das wird vor allem von Frauen geschätzt, da es ihrem Beziehungsverhalten und Bindungsbedürfnis entspricht. Da jedoch die meisten Unternehmen von Hierarchien geprägt sind, ist dieser echte Dialog für sie nicht einmal theoretisch vorstellbar. Das ist sehr schade, denn der Dialog kann auch genutzt werden, um insbesondere die Kundinnen, aber auch die Kunden zu fragen, was sie sich denn wünschen. IKEA hat im August 2009 in Ermangelung eigener Ideen in einer Aktion einfach die Kundinnen gefragt, welche Web-2.0-Dienste sie sich von IKEA wünschen. Die Agentur Vizeum hat in IKEAs Auftrag Kontakt zur Kundschaft aufgenommen. Bedauerlicherweise wurde die Aktion nicht gründlich durchgeführt, denn obwohl die allermeisten Kunden von IKEA weiblich sind, stammen alle Posts bis auf einen von Männern. Und insgesamt stammten sie von nur sechs Personen, von denen einige eine Zusammenarbeit in Hoffnung auf Vergütung anboten.[659] Offenbar war die ausreichende Bekanntmachung und Verbreitung dieser Aktion nicht gelungen. Sehr schade. Natürlich ist die Wiederholung nur zu empfehlen, dann muss jedoch darauf geachtet werden, die richtige Zielgruppe in ausreichendem Maße zu erreichen.

Sehr viel häufiger erreichen Berichte über unverhältnismäßiges Verhalten seitens der Unternehmen die Öffentlichkeit. Ein prominentes Lehrstück entspann sich um Deutschlands größten internationalen musikalischen Erfolg seit 1982. Lena Meyer-Landruts Interpretation des Songs *Satellite* brachte ihr nicht nur den Gewinn des *Eurovision Song Contest 2010* ein, sondern auch eine Menge Fans. Eine Studentengruppe aus Münster dichtete das Stück passend zur Fußball-WM desselben Jahres um und interpretierte *Schland o Schland* unter dem Combo-Namen *Uwu Lena*. Umgehend landete eine Aufnahme auf YouTube[660] sowie auf einigen anderen Social-Media-Seiten. Die Plattenfirma EMI, die die Autoren des Grand-Prix-

---

[659] http://bit.ly/bykUhs
[660] Inzwischen ist nur noch die offizielle Version online: http://bit.ly/cZ5Am1

Gewinnersongs vertritt, verstand da keinen Spaß und setzte – wie so oft üblich – Anwälte in die Spur, um diese ungebührliche Rechteverletzung zu stoppen. Das Video wurde von den YouTube-Seiten getilgt, doch es war schon zu spät: Zu viele Fans hatten es schon weiterverbreitet. Da musste erst wieder einmal Stefan Raab kommen, der einzigartige Versteher des Massengeschmacks, um den Schland-o-Schland-Dichtern nur wenige Tage später einen Plattenvertrag bei Universal zu verschaffen, mit dem auch die Autoren des Original-Songs sehr zufrieden schienen.[661]

Und auch der Teamsport-Ausrüster *JAKO* hat sich nicht mit Ruhm bekleckert, als ein Hobby-Fußballtrainer und Fußball-Blogger das zum zwanzigsten Firmenjubiläum neu entwickelte JAKO-Logo mit deftigen Worten belegte (die Presse berichtete gar von Fäkalsprache). Das oberste Management war tief getroffen und schickte Anwälte, die eine Unterlassungsklage erwirken sollten. Sie erwirkten, der Blogger handelte den Betrag herunter, zahlte und löschte seinen Beitrag. Leider sorgte eine tschechische Nachrichtenmaschine für das Wiederauftauchen des Betrags. Nun wetzten die Anwälte wegen Wiederholung die Messer, und das sollte richtig teuer werden. Der unglückliche Blogger wandte sich an die Netzgemeinde und erhielt die verzweifelt gesuchte Rückendeckung. JAKO wurde zum Hassobjekt, die Geschichte zog viel negative Presse und einen kapitalen Image-Schaden nach sich. Inzwischen gibt es dazu Einträge auf Wikipedia, auf Deutsch[662] und auf Englisch[663]. Erst nachdem der Schaden unermesslich geworden ist, kamen Bedenken auf. Der Vorstandsvorsitzende äußerte schließlich gegenüber der Presse, dass es wohl doch klüger gewesen wäre, wenn man sich dem Blogger friedlich genähert hätte.[664]

Der Dialog bedarf zuallererst der Bereitschaft und dann der Fähigkeit, anderen zuzuhören. Im Management fehlen meistens genau diese beiden Kriterien. Sally Helgesen, eine US-amerikanische Management-Expertin, und Deborah Tannen erklären die fehlende Bereitschaft unabhängig von einander mit der männlichen Hierarchie. Demnach halten vor allem männliche Manager Zuhören für eine Pflicht Untergebener. In der männlichen Welt müssen Söhne ihren Vätern zuhören, Mitarbeiter ihren Vorgesetzten.[665] Zum Aufstieg und einer übergeordneten Position gehört das Privi-

---

661 Frost, Simon (2010)
662 http://de.wikipedia.org/wiki/JAKO
663 http://en.wikipedia.org/wiki/Jako
664 Fritze, Heiko (2009)
665 Tannen, Deborah (2004), S. 149

leg, ohne Ab- oder Zustimmung zu handeln. Zuhören ist daher ein Zeichen von niederem Status.[666]

Ganz offenbar sind sich viele Führungskräfte nicht bewusst, wie sehr sie sich ihrer Kundschaft überlegen fühlen, sonst hätte der Dialog schon längst einen ganz anderen Stellenwert in der Unternehmenskommunikation. Das gelungene Zwiegespräch bedarf einer Begegnung auf Augenhöhe und gegenseitigem Respekt. Es bedarf der Fähigkeit, zu verstehen. Verständnis entsteht aus der Kombination von Empathie und einer möglichst guten Kenntnis der Denk- und Lebenswelt des Gegenübers. Über *Villeroy & Boch* kursiert eine Geschichte, wonach dieser Spezialist für Glas, Porzellan und Keramik regelmäßige Gesprächsrunden mit Kundinnen pflegt. Vor Jahren soll es sich begeben haben, dass Kundinnen in einer Gruppendiskussion zum Thema Bad- und Sanitärobjekte geäußert haben sollen, sie seien mit dem allgemeinen Angebot zufrieden. Lediglich das Putzen sei mühsam. In der Runde saß jemand, der das Problem begriff: Nicht das Design war das Thema, sondern das Putzen. Aus dieser Erkenntnis entstand schon bald eine Serie von Waschbecken und anderen Badkeramiken, die mit dem Lotoseffekt versehen waren. Wie bei den Blättern der Lotospflanze perlen Wasser und Schmutz einfach ab. Die Nachfrage soll nach der Markteinführung so groß gewesen sein, dass Villeroy & Boch mit der Produktion der *ceramicplus*-Serie[667] nicht mehr nachkommen konnte. Ohne Hinweis der Kundinnen (und womöglich auch Nicht-Kundinnen) wäre das Unternehmen wohl nie auf diesen Produktnutzen mit Alleinstellungsmerkmal gekommen.

Für alle Skeptiker, die meinen, dieser Effekt sei mit herkömmlicher Kommunikation nicht zu erreichen, habe ich das folgende Beispiel für ein ausgefallenes und äußerst innovatives Geschäftsmodell ausgesucht, das sogar mit Männern funktioniert: Der Autodesigner Jay Rogers, Gründer von *Local Motors*, führt auf seiner Website[668] regelmäßig Designwettbewerbe durch. Autofreaks und Fachleute stellen ihre Designs online. Am Ende stimmt die Community über den besten Entwurf ab. Der erste Sieger dieses 2008 gelaunchten Unternehmenskonzepts stand noch im selben Jahr fest. Innerhalb von nur sechzig Tagen hatten Produktionsspezialisten und Fahrzeugingenieure den Siegerentwurf durchgeplant. Der Prototyp wurde Anfang 2010 bereits in der Wüste Nevadas getestet. Jeder Entwicklungsschritt wird

---

[666] Helgesen, Sally (1995), S. 243 f.
[667] http://bit.ly/dyusYv
[668] http://www.local-motors.com/

auf der Website und auf YouTube dokumentiert.[669] Der *Rally Fighter* sieht wie eine Mischung aus Batmobil und Bigfoot-SUV aus. Er besteht aus Kostengründen aus Serienteilen anderer Hersteller, was man ihm aber keinesfalls ansehen kann. Zusammengebaut wird der Rally Fighter in einer ehemaligen Lagerhalle, die 250 000 Dollar gekostet hat, nicht 2,5 Milliarden Dollar wie andere Automobil-Fertigungsbetriebe. Er wird von zehn Mitarbeitern zusammengebaut, und es müssen nur fünfhundert Stück verkauft werden, damit der Rally Fighter sich trägt. Bereits im Mai 2010 lagen hundert Vorbestellungen vor.[670] Den Rally Fighter gibt es nur in einer einzigen Ausführung. Die Kunden können nichts konfigurieren. Das erinnert an Apple und an die Anfangszeiten von Ford, als Henry Ford über das T-Modell gesagt haben soll: »Sie können jede Farbe haben – solange sie schwarz ist.«

Wendet man den Dialog gegenüber Männern an, dann lässt man sie am besten an etwas mitarbeiten. Männer lieben es zu handeln, sie lieben es, Aufgaben und Probleme zu lösen. Wenn sie sich tatkräftig einbringen können, fühlen sie sich am wohlsten, so wie bei Local Motors. (Für alle, denen es zu teuer erscheint, eine eigene Innovationsplattform aufzubauen, gibt es fertige Plattformen gegen geringe Gebühr wie beispielsweise beim Schweizer Anbieter *Atizo*.[671]) Auf diese Weise ist Open-Source-Software wie *Linux* entstanden, und nach diesem Prinzip funktioniert auch Wikipedia weitgehend. Männer von einem Entwicklungsprozess auszuschließen und sie anschließend nur um eine Bewertung zu bitten, kann gehörig schiefgehen. Die Bitte um eine Bewertung kann verweigert werden. Eine Aufforderung kann sie schnell zu der unbewussten Überzeugung verführen, sie seien wichtig und überlegen. Es zeigt sich immer wieder, dass das dadurch entstehende Machtgefühl schnell zu ausfälligem Verhalten führen kann, insbesondere, wenn die Person anonym bleiben kann. Bekanntlich lassen dann erschreckend viele Menschen alle Hemmungen fallen, sodass es unter Schülern verschiedener Länder aufgrund von Cyber-Mobbing[672] bereits erste Selbstmorde gab.[673]

Mit Frauen nutzt man den Dialog am besten, indem ein verbaler Austausch und eventuell auch ein visueller über Fotos stattfindet. Der Wunsch nach einer Mitwirkung an Entwicklungen ist bei den meisten Frauen gerin-

---

669 http://bit.ly/bCmkKn
670 Hillenbrand, Thomas (2010)
671 http://www.atizo.com
672 http://mobbing.net/cybermobbing.htm
673 Brauer, Markus (2009)

ger. Die Auswahl aus einem vorgegebenen Angebot funktioniert bei Frauen gut. Bietet man ihnen eine Vorauswahl von Kombinationsmöblichkeiten, werden sie das, was sie sich wünschen, zusammenstellen.

Im Gegensatz zu Männern werden Frauen nicht ausfallend, sobald eine Beziehung etabliert worden ist. Das Ziel beim Dialog mit einer weiblichen Zielgruppe muss immer sein, eine langfristige, symmetrische Beziehung aufzubauen und Kundenbindung zu betreiben. Der optimale Nutzen entsteht aus Unternehmenssicht dann, wenn mit der Maßnahme eine Informationserhebung im Sinne einer Marktforschung verbunden wird. Diese Marktforschung sollte nur in Ausnahmefällen quantitativer Art sein. Besser als Befragungen sind qualitative Forschungsmethoden, beispielsweise die Beobachtung der Selbstdarstellung, die Erkundung der Lebenswelten der Kundinnen und gezielt auch der Nicht-Kundinnen, die Erfassung ihrer Wünsche und Bedürfnisse. Das Internet bietet hervorragende Möglichkeiten, die entsprechenden Tools zu entwerfen.

Für eine Marke mit gleichermaßen männlicher wie weiblicher Zielgruppe lassen sich Dialog-Komponenten ebenfalls gut einsetzen. Dafür müssen die Bereiche für Jungen bzw. Männer und Mädchen bzw. Frauen voneinander getrennt werden. Das kann subtil oder auch erkennbar erfolgen. Eine Sportmarke wie Nike oder eine Marke für Körperpflege wie beispielsweise Nivea, Dove oder L'Oreal bieten für Frauen und Männer unterschiedliche Linien an und damit auch quasi geschlossene Bereiche auf ihren Websites. Der Zugang zu den geschlechtsspezifischen Angeboten könnte von dort aus erfolgen. Volkswagen, Bosch sowie andere Marken, die sich nicht offensichtlich geschlechtsspezifisch ausrichten, können mit Microsites arbeiten oder die Themen so subtil wählen, dass sie für das jeweils andere Geschlecht vollkommen uninteressant sind.

15.6. Kommunikationsziele

Eine der häufigsten Fragen zu Gender Marketing Communication lautet, welche Inhalte ein Unternehmen damit an wen vermitteln kann, also welche Ziele sich mittels geschlechtsspezifischer Kommunikation erreichen lassen. Die Antwort ist einfach, kurz, schmerzlos und gut zu verkraften: alle. Alle, die bisher von der Unternehmenskommunikation auch schon anvisiert wurden, nur gelingt es mittels Gender Marketing Communication besser, die Ziele auch tatsächlich zu treffen.

Im Überblick sieht das folgendermaßen aus:
1. Abverkaufs- und Wachstumsziele
   - Produkt-Werbung /-PR
   - Image-Kampagnen
   - Markenpositionierung und Marken-Management
   - Kundenservice / Beschwerdemanagement
   - Kundenbindung / Beziehungsmanagement höchster Güte
   - Unternehmenskommunikation (Corporate Communication inklusive der internen Unternehmenskommunikation)
   - Reputation Management
   - Corporate Responsibility / CSR

2. Ressourcen sichern
   - Darstellung des Unternehmens als attraktiver Arbeitgeber / Sicherung von neuen Mitarbeitern (Recruitment, Talent Management, Employer Branding, Talent Retention)
   - Mitarbeiterinformation
   - Sicherung des Zugangs zu Rohstoffen und Finanzen
   - Information von Lieferanten

3. Themenplatzierung und Meinungslenkung
   - Einflussnahme auf Politik und
   - Gesellschaft

4. Krisenbewältigung
   - Produktrückrufe
   - Entlassungen
   - Naturkatastrophen
   - Neu: Bei Informationsfälschungen erwischt – wenn das vermeintliche Kundenlob eine Auftragsarbeit war …

Zu den schlechtesten Bewältigungen von Krisen in den vergangenen Jahrzehnten zählt das Versagen von Toyota und *BP*. In den Jahren 2009 und 2010 musste Toyota rund zehn Millionen Autos der unterschiedlichsten Modelle, darunter auch von Lexus, zurückrufen, nachdem sich Unfälle mit Todesfolge aufgrund verkeilter Gaspedale, aussetzender Bremsen und weiterer Schäden häuften. Der Ruf des einstigen Branchenprimus' war am Boden. Noch viele Meter tiefer fiel er, als im Februar 2010, wenige Tage vor der Aussage des Enkels des Firmengründers vor dem US-Kongress zu dieser Pannenserie, durch die Presse ein Skandal lanciert wurde: Ein ranghoher Toyota-Manager hatte sich in einer internen Präsentation gerühmt, durch Lobbyarbeit bereits 2008 eine Rückrufaktion vermieden und dem Unternehmen damit 100 Millionen Dollar gespart zu haben.[674] Nach einigen Monaten startete Toyota parallel mehrere große Werbekampagnen (keine davon ganzheitlich angelegt), die zum Zeitpunkt der Fertigstellung dieses Buchs noch andauern. Mit Spots und Anzeigenmotiven, in denen Toyota-Fertigungsmitarbeiter aus aller Welt darauf hinweisen, dass der Toyota, an dem sie gerade arbeiten, auch ihr Toyota sei (Sie rufen immer »My Toyota!«, nicht alle auf Englisch), will das Unternehmen das verlorene Vertrauen in den Konzern über das Vertrauen in einzelne, vermeintlich glaubwürdige Mitarbeiter wieder auffangen.[675] Diese Mitarbeiter sollen dem anonymen Großkonzern nicht nur persönliche Gesichter verleihen, sondern auch den Eindruck erwecken, dass es sich bei Toyota um eine Ansammlung von Menschen handelt, mit denen man reale Beziehungen aufbauen kann. Und sie sollen auf das empathische Empfinden und die Spiegelneuronen einwirken. Natürlich wird das alles nicht reichen, um das Image zu verbessern, aber irgendwie muss man ja anfangen. Das wird noch ein sehr langer, steiniger Weg. Und das Tragischste an allem: Mitte 2010 wurden vereinzelt Zwischenergebnisse einer unabhängigen Studie publiziert, die zu dem Ergebnis kam, dass das initiale Problem womöglich niemals existiert hat. Die Unfälle hätten sich in weitaus geringerem Umfang ereignet und wären auf Bedienfehler der Fahrer zurückzuführen.[676]

Wie die Zukunft für BP aussieht, ist noch gar nicht abzusehen, während ich dieses Buch schreibe. Für die Golf-Region erst recht nicht. Der mittlerweile zurückgetretene BP-Chef Tony Hayward glänzte mit dem schlechtesten Krisenmanagement und der denkbar jämmerlichsten Öffentlichkeitsarbeit. Man muss weder Hellseher, noch ein großartiger Empath sein, um zu verstehen, dass die Öffentlichkeit nicht sehr besonnen auf die Nachricht reagiert, dass der Leiter des Verursachers des größten menschengemachten Umweltschadens aller Zeiten inmitten der Krise segeln geht.[677] Tony Hayward steht inzwischen international sinnbildlich für den typischen egoistischen Manager an der Spitze eines fiesen Konzerns, der sich nicht um das Leid anderer Menschen kümmert, dem es also an jeglicher Empathie fehlt.

674 http://bit.ly/9ZHlpQ
675 http://bit.ly/cuFPo4
676 http://bit.ly/9csFCo
677 Schulz, Bettina (2010)

Informationsfälschungen sind ein noch recht neues Thema, das keinesfalls unterschätzt werden darf. Die Internetgemeinde ahndet derartige Verfehlungen drakonisch. 2009 kam heraus, dass die *Deutsche Bahn* 2007 aus Anlass des Bahnstreiks unter anderem Blog- und Forenbeiträge anfertigen ließ, allerdings nicht unter eigenem Namen, sondern unter dem Namen fiktiver Privatpersonen. Das Ziel der Deutschen Bahn war die Manipulation von Meinungen. Als diese Absicht an die Öffentlichkeit kam, führte das zum direkten Gegenteil dessen, was mit dieser Aktion beabsichtigt war. Statt das schlechte Image der Deutschen Bahn zu verbessern, hatte es sich durch die gescheiterte Manipulation noch weiter verschlechtert.

Konnten sich Unternehmen früher darauf verlassen, dass Pannen, schlechte Kampagnen sowie Verfehlungen von der Öffentlichkeit übersehen oder vergessen werden, so zeigen jüngste Entwicklungen, dass diese Sicherheit ein für alle Zeiten vorbei ist. Das Internet übersieht, vergisst und verzeiht nichts. Die heutigen Medien-Nutzer erwarten eine hohe Professionalität und ahnden Verstöße mit nie zuvor gekannter Härte.

Bei allen Kommunikationszielen, besonders jedoch im Beziehungsmarketing spielen graduelle Unterschiede eine Rolle, abhängig davon, ob eine Marke zum Luxussegment zählt, oder ob sie sich im Massenmarkt bewegt. Je erlauchter der Kundenkreis ist, desto exklusiver muss auch die Kommunikation gestaltet, ja zelebriert werden.

15.7. Welche Kommunikationsinstrumente gibt es derzeit?

Die Fülle der Kommunikationsinstrumente erscheint beinahe unübersichtlich. Die folgende, zum gegenwärtigen Zeitpunkt weitgehend vollständige Auflistung der derzeitigen Instrumente für Gender Marketing Communication enthält kurze Erläuterungen der etwas ungewöhnlicheren Maßnahmen. Im nächsten Unterkapitel werden wir uns genauer anschauen, welche Maßnahmen an welcher Stelle der *GMC-Kommunikationsrichtungsachse* anzusiedeln sind *und* welche sich am besten für die Kommunikation mit Frauen und / oder Männer eignen.

Eine Trennung in *Above the line* und *Below the line* wie ehedem spielt für die Gender Marketing Communication keine Rolle. Diese Aufteilung geht auf Zeiten zurück, in denen eine möglichst große Reichweite angestrebt wurde und detailliertere Zielgruppen kaum bekannt waren. Die Zeiten haben sich geändert. Das Ziel besteht heute darin, mit dem richtigen Mix aller Kommunikationsmaßnahmen, -instrumente und Medien die *richtigen*

Personen zu informieren und somit das Kommunikationsbudget optimal einzusetzen.

15.7.1. Werbung

a) Klassische Werbung

- Anzeige
- TV-Spot
- Kino-Spot
- Radio-Spot
- Plakat

b) Internet

Homepage:
Obwohl Frauen und Männer das Internet sehr unterschiedlich nutzen, machen sich erstaunlich wenig Unternehmen und Agenturen Gedanken darüber, wie sie diese Erkenntnis auf einer Homepage umsetzen. Bis heute gibt es keine Internet-Agentur, die sich darauf spezialisiert hätte. Google und *Microsoft* geben große Beträge aus, um das Blau für die Darstellung von Links auf ihren Suchmaschinen zu finden, das die User (beiderlei Geschlechts) allen anderen Farben gegenüber so sehr bevorzugen, dass sie es öfter anklicken. Microsoft erhofft sich von der Link-Darstellung in der Farbe mit der Hexadezimal-Bezeichnung #0044CC Mehreinnahmen in Höhe von achtzig bis neunzig Millionen Dollar pro Jahr. Googles Nutzer bevorzugen einen anderen Farbton.[678] Wenn also die Farbe eines Links schon derart gründlich gewählt werden muss, wie steht es dann erst um alle weiteren Faktoren – Navigation und Benutzerführung, Struktur, Themen, Blicklenkung, Bilder, Sprache, Farben etc.

- Full Site
- Microsite auf eigener Homepage
- Microsite bei anderen, zum Beispiel Pressepublikationen

Werbeschaltungen aller Formate:
Werbebanner, Werbespots, Google AdWords etc.

678 http://bit.ly/b6noxh

Viralkampagne:

Seit den neunziger Jahren beschränken sich Viralkampagnen im Wesentlichen auf die Produktion und Versendung amüsanter Spots und Spiele, die von den Empfängern mit Vergnügen freiwillig weitergegeben werden. Eine der ersten kommerziellen Viralkampagnen im Internet stammte von *John West*, einem Hersteller von Fischkonserven, für seinen eingedosten Lachs. Darin kämpft ein Fischer mit einem Bären um einen Lachs.[679] Der im November 2000 gestartete Spot erreicht auch viele Länder, in denen gar keine John-West-Produkte erhältlich sind. Bis 2006 war er schon mehr als 300 Millionen Mal gesehen worden.[680]

Virale Botschaften werden gegenwärtig per E-Mail, über Social Media, Webseiten, Blogs, Foren und Chat-Rooms, über Computer, aber auch mobil (hier auch als SMS oder MMS) verbreitet. Viralkampagnen hätten auch außerhalb des Internets großes Potenzial.

Ambient Media:

Die Werbung wird im Lebensumfeld der jeweiligen Zielgruppe platziert. Die Medien können sehr unterschiedlich sein: Aufdrucke auf Pizzaschachteln oder Brötchentüten, Produktproben in Reinigungen, Kassenbons, Zapfpistolen, Golflöcher *Edgar*-Cards in Cafés und Kneipen, Kanaldeckel etc.

Doch es geht bei Weitem nicht nur darum, den ausgefallendsten Werbeträger zu finden. Manchmal kommt es vor allem darauf, die gewünschte Zielgruppe überhaupt zu erreichen. Ein Beispiel: Das Management der vor allem auf Reifen spezialisierten Handels- und Werkstattkette *Euromaster* wurde sich des deutlich steigerungsfähigen Marken-Bekanntheitsgrads unter den Autobesitzerinnen und -fahrerinnen bewusst. Im Gegensatz zu fast allen anderen Akteuren im automobilen Sales- und Aftersalesbereich gedachte es, diesen Zustand zu ändern. Die Verantwortlichen suchten nach einer Möglichkeit, sich bei den potenziellen Kundinnen vorzustellen. Die Frauenzeitschriften stellten keinerlei Hilfe dar. Sie waren, wie ich schon so oft von anderen gehört und auch bereits wiederholt selbst erlebt habe, der Ansicht, genau zu wissen, dass ihre Leserinnen nichts über Autoreifen und ihre Bedeutung für die Sicherheit der Insassen wissen wollten. Dass Desinteresse viel mit Berührungsängsten aufgrund zu geringer Kenntnis einer Thematik zu tun hat, machen sich die Redakteurinnen nicht bewusst, denn

---

679 http://bit.ly/9W9kDa
680 http://bit.ly/d6R1UG

oft genug sind sie wahrscheinlich selbst betroffen. Es musste also eine Alternative zu den Frauenzeitschriften her. Euromaster fand sie ausgerechnet in der Zusammenarbeit mit *Tchibo*. Diese in höchstem Maße von Frauen frequentierte Handelskette kann mit Euromaster ein exklusives Angebot bieten und das eigene Sortiment, das ihnen von Kundinnen längst nicht mehr so aus den Händen gerissen wird wie einst, sinnvoll erweitern. Seit 2006 bietet Euromaster beinahe jährlich zum Winteranfang einen 15-prozentigen Rabatt, der nur über Tchibo erhältlich ist. Die Tchibo-Kundinnen gehen auf diese Offerte ausgesprochen bereitwillig ein und lernen so Euromaster kennen. Und der Weg ist nicht nur aufgrund des Rabatts leicht beschreitbar. Außer Euromaster gibt es ja niemanden, der sich auch nur halbwegs ernsthaft um sie als Kundinnen bemüht.

c) In-Game Advertising

Die in Deutschland bekannteste Kombination aus Werbung und Spiel erschütterte Deutschland schon 1999, als *Johnny Walker* das Moorhuhn zum Abschuss freigab. Die URL zum Spiel verbreitete sich buchstäblich wie ein Virus. Über Jahre büßten Unternehmen Unmengen an Arbeitszeit ein, in der süchtige Moorhuhn-Schützen dem Federvieh hinterher jagten. Das Moorhuhn-Spiel bewirkte eine signifikante Verjüngung der Marke Johnny Walker.[681]

Seither ist im Bereich In-Game Advertising viel passiert. Heute können Plakatwände sogar innerhalb der Top-Spiele mit Werbung belegt, Special-Level von einer Marke präsentiert werden wie das Wetter im TV, oder Spiele rund um eine Marke entwickelt werden. Spezialisierte Agenturen wie *IGA Worldwide*[682] machen es möglich, sowohl in Kaufspielen, als auch in Online-Spielen zu werben. Derzeit sind Spiele eines der Top-Medien, um Jungen und Männer bis zum Alter von 34 Jahren zu erreichen. Doch dank *Nintendo* wandelt sich der Spielemarkt. Nintendo erreicht mit der *Wii* und den portablen *DS*-Modellen Menschen, die früher nie gespielt haben, insbesondere Frauen und Ältere. Sobald auch andere Spiele-Hersteller Frauen endlich besser verstehen, wird Werbung in Spielen auch für Unternehmen attraktiver, die weibliche Zielgruppen erreichen wollen. Bislang ist das Angebot noch recht »übersichtlich«. Das meistgekaufte Spiel der Welt heißt *Die Sims*[683], das ist eine Gesellschaftssimulation, die zu über siebzig Prozent

---

681 Bauer, Hans H. et al. (2001)
682 http://bit.ly/942JTe
683 http://thesims.ea.com

von Frauen gekauft und gespielt wird.[684] Längst gibt es unzählige kostenpflichtige Spielerweiterungen. Marken wie H&M oder IKEA nutzen die Gelegenheit, Software für rund zwanzig Euro für Shops mit ihren Artikeln zu verkaufen. Und das wird reichlich gekauft! Auf Microsofts Plattform msn.com werden Spiele durch Werbespots unterbrochen. Insbesondere diejenigen Spiele, die von Frauen bevorzugt werden, zeigen in den »Werbepausen« zwischen den Leveln Spots für Produkte, die sich an Frauen richten, darunter diverse Kosmetika und Putzmittel. Womöglich sind Spiele das Medium, mit dem man am genauesten geschlechtsspezifisch planen kann.

d) Sensation Marketing
»Sensationsmarketing« soll KonsumentInnen überraschen und begeistern. Die bekanntesten Varianten lauten:

Guerilla Marketing:
Mit kleinen und kleinsten Budgets sollen möglichst große Effekte erzielt werden. Eignet sich besonders für Klein- und Nischenanbieter.
Einer typischen Auslegung nach sollen Wettbewerber durch nötigenfalls destruktive Aktionen zermürbt werden. Dieser Aspekt entspricht jedoch nicht dem konstruktiven und kundenorientierten Geist von Gender Marketing Communication und kommt daher so nicht zum Einsatz (in anderer Ausprägung wäre es durchaus denkbar).

Ambush Marketing:
»Marketing aus dem Hinterhalt«, auch zutreffend »Trittbrettfahrer-« oder »Schmarotzer-Marketing« genannt, ist bei der Gender Marketing Communication nur mit viel Bedacht zu verwenden. Häufigste Form: Ein Unternehmen versucht, von Werbung (Fan-Artikel, Give-Aways, Werbezeppeline etc.) während einer Veranstaltung zu profitieren, bei der ein anderer, meist ein Wettbewerber, Sponsor ist. Denkbar ist der Einsatz in der Gender Marketing Communication im Zusammenhang mit inhaltlichen Wettbewerbsthemen einer Kampagne. Eignet sich in dieser Form daher für männliche Zielgruppen bzw. Themen, nicht aber für weibliche.

e) Direct Marketing
Hier erreicht die Werbung ihren Empfänger ohne Fremdmedium auf direktem Weg. Mailings sind ein typisches Beispiel.

684 http://bit.ly/bBaNMQ

f) One-to-One-Marketing

Hierdurch wird Unternehmenswerbung – theoretisch – durch Zusendung oder auf elektronischem Weg (E-Mail, Platzierung auf Webseiten etc.) passgenau beim einzelnen Konsumenten platziert. In der Praxis sind die individuellen Kundenprofile meistens doch zu ungenau, eingekaufte Adressen veraltet oder anderweitig kontaminiert, Targeting-Kriterien statistisch vielleicht richtig, nicht aber auf individueller Basis. One-to-One-Marketing funktioniert eigentlich nur richtig, wenn man seine Adressaten tatsächlich aus Vorkontakten gut kennt, persönlich oder aufgrund von realen Kaufprofilen.

g) Verkaufsförderung (Sales Promotion)

Die Verkaufsförderung soll Endkunden über einen begrenzten Zeitraum zusätzliche Kaufanreize bieten. Sie richtet sich an:

Handel und sonstige Absatzmittler:
zum Beispiel Rabatte, Aktionsangebote, Fachmessen, Handelskonferenzen, Dekorationshilfen, Gemeinschaftswerbung

Verkaufspersonal (eigenes und / oder das von Absatzmittlern):
zum Beispiel Produkt- und Verkaufsschulungen, Wettbewerbe, Incentives

Endverbraucher:
zum Beispiel Sonderpreise, Sonderpackungen, Proben, Coupons, Rücknahmeangebote

h) Aktionen am Point of Sale

i) Promotion-Teams

Ob im Kaufhaus oder in Nobel-Clubs: Promotions eignen sich hervorragend, um Marken in einem Umfeld zu platzieren. Was aber noch viel wichtiger ist: Promotions geben insbesondere risikoscheuen Frauen die Gelegenheit, ein Produkt zu testen, die es aufgrund der Befürchtung, es nicht zu mögen, nicht gekauft hätten. Männer sind weniger risikoscheu. Sie reagieren stärker auf Promotions, in denen der Status des Produkts / der Marke und seines / ihres Besitzers transportiert wird.

j) **Sponsoring**

k) **Product Placement**

Die Platzierung von Marken bzw. Produkten funktioniert in Filmen für Frauen und Männer gleichermaßen. Der Film *Sex and the City 2* war eine einzige Aneinanderreihung von Kauf-mich-Botschaften.

l) **Messen**

15.7.2. PR / Öffentlichkeitsarbeit

In der Praxis herrscht oft eine Rangelei, ob die PR, definiert als Press Relations oder sogar nur Produkt-bezogene Press Relations dem Marketing unterzuordnen sei, oder ob PR in der Definition als Public Relations Bestandteil eines eigenen, in der Praxis noch sehr unterbewerteten Unternehmensbereichs sei: der Unternehmenskommunikation. In der Gender Marketing Communication stellt die PR eine Schnittmenge aus Unternehmenskommunikation und Marketing dar. Sie ist damit keine Funktion unter vielen sondern vor allem Katalysator und verbindendes, übergreifendes Mittel. Sie umfasst:

- Produkt-PR
- Unternehmenskommunikation (Corporate Communication)
- Interne Kommunikation
- Finanzkommunikation
  - Analyst Relation
  - Investor Relation
- Reputation Management
  - Corporate Social Responsibility / CSR
- Public Affairs / Lobbyarbeit
- HR Communication
- Krisen-PR
  - Produktrückrufe
  - Entlassungen
  - Fälschungen: Beim Eigenlob – nicht Kundenlob – erwischt

15.7.3. Dialog-Marketing

Das bisher stiefmütterlich behandelte Dialog-Marketing kommt in der Gender Marketing Communication endlich zu voller Blüte. Insbesondere die weibliche Zielgruppe wünscht symmetrische Beziehungen. Männer wollen sich insbesondere in Entwicklungsarbeit einbringen (vgl. oben).

15.7.4. Empfehlungsmarketing / Word of Mouth

a) Persönliche Empfehlungen: Mund-zu-Mund-Propaganda

Empfehlungen aus dem privaten Umfeld sind in vielen Branchen (zum Beispiel Tourismus) zur wichtigsten Informationsquelle geworden, weit vor Expertenempfehlungen, unabhängiger Berichterstattung oder Werbematerial. Empfehlungsmarketing ist fester Bestandteil des weiblichen Kommunikationsstils. Männer geben nur Tipps, wenn sie gezielt danach gefragt werden (was andere Männer nur im äußersten Notfall tun). Frauen sind schwerer zufriedenzustellen als Männer und leichter zu enttäuschen. Deswegen geben Frauen gerne ihre guten Erfahrungen weiter, aber auch ihre schlechten – diese sogar besonders häufig, im Durchschnitt 33 Mal![685] Persönliche Empfehlungen sind weitaus glaubwürdiger und für die Konsumentinnen besser einschätzbar als alle anderen werblichen Informationen aus der Wirtschaft, einschließlich redaktioneller Inhalte der Medien. Gleichzeitig erreichen sie fast alle, die sie benötigen und sind dabei für das Unternehmen sogar völlig kostenlos.

b) Kommerzielle Empfehlungen: Buzz-Marketing

Neben den persönlichen Empfehlungen findet seit Jahren eine Kommerzialisierung des Empfehlungsmarketings statt. Unter dem Begriff *Buzz-Marketing* rekrutieren Agenturen gezielt vermeintliche oder echte Meinungsführer, die für ihre Empfehlungen vergütet werden. Die Nutzer von Buzz-Marketing verlassen sich offenbar nicht auf die Qualität ihrer Erzeugnisse, wenn sie »Überzeugte« erst kaufen müssen. Das Problem dabei ist, dass eine mindere Güte die Glaubwürdigkeit des gekauften »Überzeugten« verringert. Machen die (meist weiblichen) Beratenen mit dem Rat einer bestimmten Person eine schlechte Erfahrung, werden sie ihren Empfehlungen künftig nicht mehr vertrauen. Das System kann also die Reputation des Einzelnen in seinem Umfeld zerstören und sich somit schnell aufbrauchen. Es werden immer neue »Meinungsmacher« benötigt.

In der Gender Marketing Communication ist es daher empfehlenswert, möglichst viel mit dem weiblichen Empfehlungsmarketing zu arbeiten, da dies keinem »Verschleiß« unterliegt.[686]

---

[685] Jaffé, Diana (2005), S. 55
[686] vgl. Jaffé, Diana (2005), S. 172 ff.

c) Viral Marketing

Das oben aufgeführte Viral Marketing könnte nicht nur im digitalen, sondern auch im realen Lebensraum gezielt eingesetzt werden. Dann würde es vermutlich einen neuen Namen brauchen und dürfte nicht nur aus Filmen und Spielen bestehen.

15.7.5. Customer Driven Communication

a) Web 2.0

Web 2.0 und Social Media werden häufig synonym verwendet. In der Gender Marketing Communication ist eine Unterscheidung dagegen wichtig. Unter Web 2.0 fassen wir jegliche Kommunikation zusammen, die von Usern, Verbrauchern, Unternehmensmitarbeitern beispielsweise in ihrer Freizeit verfasst und verbreitet wird, um in irgendeiner Form über Unternehmen, Marken, Produkte, Services etc. zu berichten. Web 2.0 hat ihren Schwerpunkt in der einseitigen Kommunikation. Sie ist vorwiegend eine Customer Driven Communication, die in der Praxis jedoch von Unternehmen in Form von Testprodukten, Einladungen zu Produktpräsentationen, Zulieferung von Presseinformationen etc. unterstützt wird. Eine finanzielle Zuwendung ist zumindest theoretisch nicht zulässig, damit die Unabhängigkeit des jeweiligen Mediums gewahrt bleibt. Zu den typischen Web 2.0-Medien gehören vornehmlich elektronische Medien, allen voran Internet-Seiten und Blogs mit geringem Austausch zwischen Autoren und Lesern.

b) Social Media

Die Mehrheit der Nutzer von Social-Media-Plattformen ist weiblich.[687] Das verwundert nicht, denn das Ziel dieser Internet-Angebote besteht darin, Beziehungen zwischen Menschen herzustellen. Und Beziehungen sind bekanntlich »Frauensache«.

Wer Social Media betreibt, verpflichtet sich, wie der Name bereits andeutet, dem Austausch. Selbst wenn sich Fachexperten oder Promis bei Facebook, Twitter & Co. exponieren, können sie prinzipiell von jedem Normalbürger kontaktiert und angeschrieben werden. Im Social Web sind alle (fast) gleich. Letztlich lassen sich auch Blogs zu Social Media rechnen, in denen die Verfasser ausgiebig mit ihren Lesern diskutieren und sich austauschen. Für Unternehmen bedeutet diese Trennung von Web 2.0 und Social Media, dass sie frühzeitig eine Entscheidung treffen müssen, ob sie

---

687 http://bit.ly/dumHzO und http://bit.ly/buqrFh

den Input der Userinnen und User wünschen oder nicht. 2010 führte Burda als erster deutscher Großverlag einen so genannten »Social Media Newsroom«[688] ein. In diesem PR-Tool bieten sie alle Informationen gesammelt an, die sie über sämtliche Medienkanäle verbreitet haben, von der Pressemitteilung über das YouTube-Video bis zum Tweet auf Twitter.[689] Doch natürlich hat das nach der Definition von Gender Marketing Communication nichts mit Social Media zu tun, sondern mit reiner PR, denn bei alledem handelt es sich um Informationen, die einseitig vom Unternehmen verbreitet und kontrolliert werden.

Der Austausch ermöglicht der oder dem Kundigen, schnell und günstig wichtige Informationen zu beziehen und zu handeln. Als BMW vor längerer Zeit seine Presseclippings der vergangenen Jahre geprüft hatte, stellten die Kommunikationsverantwortlichen fest, dass immer dieselben Journalisten Schlechtes über die Marke berichteten. Als sie nachhakten, erfuhren sie, dass all diese Berichterstatter in ihrer Vergangenheit schlechte Erfahrungen mit BMWs gemacht hatten, mit undichten Cabriodächern etc. Der Hersteller bot den Betroffenen die kostenfeie Nutzung eines BMW-Neuwagens an, um die früheren Erfahrungen erneut zu überprüfen. Danach zeigten sich viele Journalisten »bekehrt«. Früher hat die Identifizierung der Verfasser »schlechter Presse« lange benötigt. In dieser Zeit wurde noch mehr negative Berichterstattung angesammelt. Die Zeiten haben sich bekanntlich geändert. Heute geht viel mehr viel schneller. Dank der elektronischen Medien und Google können Unternehmen, die an der Zukunftssicherung ihres Unternehmens, und daher auch am Kundenwohl interessiert sind, schnell herausfinden, wer diejenigen sind, die aus irgendeinem Grund unglücklich sind und daher schlecht über die eigene Marke berichten. Inzwischen gibt es auch eine Reihe spezialisierter Dienstleister, die die Suche gegen Gebühr übernehmen. Tatsächlich haben erste Untersuchungen Mitte 2010 ergeben, dass verärgerte Kunden sich tatsächlich über ihre Social Media Accounts Luft verschaffen, indem sie ihren Ärger bloggen, posten oder twittern. Es gibt ein Buch mit dem Titel *Satisfied Customers Tell Three Friends, Angry Customers Tell 3,000* und es beschreibt genau die Problematik, die sich heute den Unternehmen stellt.

Mit der richtigen Taktik ist es sicher sinnvoll zu erfahren, ob alle negativen Berichterstatter unterschiedliche oder dieselben Erfahrungen gemacht haben, was sie sich wünschen, was sie benötigen, was sie begehren, zu wel-

---

688 http://www.burda-news.de
689 http://bit.ly/dmUu99

chem Wettbewerber sie gewechselt sind. Klug angestellt, fühlen sich die einst Verärgerten gebauchpinselt und können unter den passenden Umständen zu treuen Fans werden. Solange sich jemand noch richtig ärgert, besteht eine Bindung. Erst wenn er wieder bei Gleichgültigkeit angekommen ist, ist ein Kunde verloren. Es ist immer wieder erstaunlich, wie viele Unternehmen Kunden zu verschenken haben. Der größte US-amerikanische Kabelbetreiber *Comcast* musste erst den gesamten Lernprozess durchleben: 2007 machten sie sich Bob Garfield, den Chefredakteur der größten Fachzeitschrift für die Werbebranche, zum Feind, als er mit dem Kundenservice aneinander geriet. Daraufhin eröffnete er den Blog *Comcast Must Die*[690] (»Comcast muss sterben«), auf dem alle wütenden Comcast-Kunden ihre Geschichte erzählen durften. Der Blog stellte die Frage: *Are they giving you customer service, or customer circus?* (»Bieten sie dir Kundenservice oder Kundenzirkus?«) Inzwischen ist der Streit beigelegt, weil Comcast schließlich reagiert hat. Heute befassen sich Mitarbeiter mit den verschiedenen »sozialen« Kommunikationskanälen und reagieren prompt. Von 2008 auf 2009 ist der Zufriedenheitsindex um 9,3 Prozent gestiegen.[691]

15.7.6. Mobile Marketing

Handy-Marketing gilt dank der Smartphones als *der* Wachstumsmarkt schlechthin. Manche Studien sagen bis 2012 bereits eine Verbreitung der multimedialen Handys von 25 Prozent voraus. Leider hat sich die Übersichtlichkeit über das gesamte Angebot nicht verbessert. Auch die Smartphones sind dank schlechter Websites bei Herstellern und Telefon-Providern für Unkundige und weniger Interessierte nicht unterscheidbar. Es verwundert daher nicht, dass Apples iPhone sich so großer Beliebtheit erfreut, selbst wenn Apple-Guru Steve Jobs stets besser als jeder andere zu wissen scheint, was für alle das Beste ist. Die Anwendungen werden sich für Frauen und Männer unterscheiden müssen. Noch immer hat sich nicht bei allen Entwicklern herumgesprochen, dass viele User nicht zu den technikaffinen, spielwütigen jungen Männern gehören, die bereit sind, für Gadgets (technische Spielereien) zu bezahlen, selbst wenn sie sie gar nicht benötigen. Es gibt viele ältere Menschen, die schon von der Benutzerführung und den Funktionen der altmodischsten Mobiltelefone überfordert

---

[690] http://comcastmustdie.com
[691] Bush, Michael (2010)

sind. Und selbst unter den jungen Mädchen und Frauen, die sich nicht mehr an ein Leben vor dem Handyzeitalter erinnern können, wollen viele coole, nützliche Unterstützung oder Applikationen, mit denen sie viel Spaß haben können, weil sie imstande sind, sie ohne Aufwand verstehen und anwenden zu können. Frauen schätzen gut durchdachte und schöne Dinge.

Ein besonderes Augenmerk muss den *Apps* geschenkt werden. Diese Mini-Applikationen vermögen die Werbewelt umzudrehen: Gehen Verbraucher der meisten Werbung bevorzugt aus dem Weg, holen sie sich bei Gefallen oder auch aus reiner Neugier Apps freiwillig auf ihr Handy. Mit gegenwärtig über 250 000 Apps im iTunes-Shop von Apple wurden die meisten für das iPhone entwickelt. Außerhalb des iTunes-Shops gibt es natürlich noch viel mehr, allerdings nur inoffiziell, und meist nur für gehackte iPhone-Betriebssysteme. Diese Apps haben sich Steve Job's Wohlwollen und Einverständnis offenbar nicht verdient. Für andere Systeme gibt es gegenwärtig weitaus weniger Apps, was für manche ein Grund ist, sich ein iPhone anzuschaffen. Außerdem gibt es nur für das iPhone einen zentralen App-Shop (iTunes-Shop). Es steht zu vermuten, dass Anbieter für andere Systeme sich ähnlich schwertun wie zuvor bei Musik-Online-Shops.

Ob sich die Entwicklung für alle Plattformen lohnt, also auch für Googles Betriebssystem *Android* oder für *Mobile Windows*, hängt von den Zielmärkten ab. Gegenwärtig sind die Plattformen in verschiedenen Regionen sehr unterschiedlich verteilt. i-mode, das sich in Deutschland nie durchgesetzt hat, ist in Asien sehr stark.

Gegenwärtig ist es üblich, dass Unternehmens- und Marken-Apps kostenlos abgegeben werden. Einige davon sind mit der heißen Nadel gestrickt und buggy (voller Fehler), einige haben wenig oder gar nichts mit der Marke zu tun, manche sind langweilig, wenige gut. Dies ist nicht allein meine persönliche Einschätzung sondern entstammt überwiegend den Bewertungen der User. Die Unternehmen und ihre Agenturen sind unterschiedlich einfallsreich im Hinblick auf ihr zumeist kostenloses App-Angebot. Die User sind aber selbst dann sehr kritisch, wenn sie für eine App nicht bezahlen müssen. Sie wollen sich überraschen lassen, sind aber ungnädig, wenn die App weder einen persönlichen Nutzen, noch Spaß oder Anerkennung von Freunden für den Wissensvorsprung gibt. Wenn sie sich schon freiwillig mit Werbung befassen, erwarten sie einen mindestens angemessenen Gegenwert. Die User-Bewertungen sind im iTunes-Store einsichtig wie Buchbewertungen bei *Amazon*. So haben sich die *Volks- und Raiffeisenbanken* Mitte 2010 mit ihrem Mobile-Banking stolze 4,5 von 5 möglichen »Sternen« verdient, *Nikon* mit dem Fotografie-Tutorial vier

Sterne, Alfons Schubeck und sein Verlag bieten eine App für 0,79 Euro, die sein Gewürze-Kochbuch bewirbt (vier Sterne), *Audi* erhält für die Autorennenspiel-App zur Einführung des neuen Modells *A1* nur 2,5 Sterne, ebenso wie *Tiffany*, deren App dazu dient, sich – ganz amerikanisch – einen Verlobungsring auszusuchen und zu speichern. Die Wirtschaftskrise in den USA hat zu Angeboten wie *Make it @ Home* geführt. Diese App dient den Fast-Food-Königen der Welt dazu, Geld zu sparen, indem wieder daheim gekocht wird. Wer jemals einen Blick in einen US-amerikanischen Supermarkt geworfen und sich mit durchschnittlichen Amerikanern über das Kochen unterhalten hat, weiß, dass sie das Kochen, wie wir es noch kennen, vollständig verlernt haben. Make it @ Home ist ein kleines Programm für PC oder MAC, das Rezepte und die passende Einkaufsliste pro Rezept bietet. Die Einkaufsliste kann auf das iPhone geladen werden. Diese Einkaufsliste zeigt die empfohlenen Produkte mittels Abbildung der Produktpackungen. Somit werden spezielle Marken aktiv empfohlen. Vor Jahren gab es eine HP-Druckerwerbung, in der eine Frau ihren Mann zum Einkaufen schickte. Er hatte eine »Einkaufsliste« bei sich, die aus ausgedruckten Digitalfotos der Produkte bestand, die er kaufen sollte. Immerhin kennt beinahe jede Frau den Effekt, dass Männer trotz aller Bemühungen und Ermahnungen immer auch mal falsche Waren vom Einkauf nach Hause bringen. Nun, mit dieser App ist ein Fotografieren und Ausdrucken nicht länger nötig. Und niemand braucht mehr an das Einstecken der Einkaufsliste zu denken – nun hat man sie immer dabei.

Für Frauen und Männer unterschiedliche Apps anzubieten, kann sich auch für Marken lohnen, die an beide Geschlechter verkauft werden. Das Argument des beschränkten Budgets darf auch hier nicht der Maßstab für alle Entscheidungen werden, denn sonst hieße es, das Budget dafür zu verwenden, um einem Teil der Kundschaft zu signalisieren, dass man ihn gar nicht haben will. Mit der eingeschlechtlichen Kundenbindung finanziert man tatsächlich die Abstoßung eines anderen Kundenteils. Wichtig ist, dass die App, insbesondere, wenn sie auch die weibliche Zielgruppe ansprechen soll, in ein ganzheitliches Kommunikationskonzept eingebunden wird. Sie muss zur Marke passen. Gegenwärtig sind die Nutzer von Smartphones jung, technikaffin und / oder stylisch. Wer jetzt Apps anbietet, muss sich dessen bewusst sein. Daher lohnt es sich nicht, sich an eine coole junge Nutzerschaft richten, wenn diese gar nicht zur Kundschaft gehört. In einigen Jahren, falls uns die technische Entwicklung bis dahin nicht schon wieder mit Neuem überrascht hat, wird es sehr sinnvoll werden, eine »Pillen-App« zu entwickeln, die Senioren rechtzeitig an ihre

Medikamenteneinnahme erinnert, inklusive der Eingabemöglichkeit der gesamten verordneten Medikation. Eine solche App kann von einem Pharmakonzern angeboten werden, von einer Ärztevereinigung oder Ähnliches. Verständlich, dass eine solche App eine gute Usability bieten muss – und sich überwiegend an Frauen richtet, denn die meisten Menschen in Deutschland ab gegenwärtig 57 Jahren sind weiblich.[692]

15.7.7. Produktverpackungen

Produktverpackungen sind eine weitere Form der einseitigen Unternehmenskommunikation. Der Aufwand für Verpackungsdesign ist über die letzten Jahre kontinuierlich gestiegen. Es sieht inzwischen oft recht gut aus und ist manchmal auch ein haptisches Vergnügen. Ältere Menschen lesen die Verpackungen öfter als jüngere, Frauen mehr als Männer. Daher verwundert es noch immer, wie klein die Schrift darauf ist. Es scheint beinahe, als wollten die Verpackungsdesigner nur rechtliche Normen erfüllen, doch sie scheinen nicht damit zu rechnen, dass es tatsächlich Menschen gibt, die weiterführende Informationen suchen. Selbst wenn die Informationsmöglichkeiten sich durch das Internet enorm erweitert haben, so gibt es eine Reihe von Informationen, die nur über den Verpackungsaufdruck erhältlich sind. Außerdem gibt es noch immer eine beträchtliche Anzahl von Menschen, die keinen Zugang zu den neuen Medien haben, sei es aus finanziellen Gründen, weil sie sich davon überfordert fühlen, oder weil sie schlichtweg nicht interessiert sind. Zu den letzteren gehören überwiegend Frauen, die meisten sind schon älter. Die meisten Menschen benötigen im fortgeschrittenen Alter eine Sehhilfe. Seit beinahe zehn Jahren sammle ich Beschwerden über zu kleine Packungsaufdrucke, die ich an dieser Stelle weitergeben möchte. To whom it may concern.

15.7.8. Events

Die meisten Events sind erstaunlich fantasielos und aus Sicht der Besucher leicht mit anderen Veranstaltungen zu verwechseln. Fast immer mangelt es ihnen an echten geschlechtsspezifischen Komponenten, was sehr schade ist, denn so sind diese Veranstaltungen letztlich rausgeschmissenes Geld. Dabei lassen sich Events hervorragend zu unvergesslichen Erlebnissen für die Gäste machen und gleichzeitig auch mit Werbung, Marktfor-

[692] Statistisches Bundesamt: 11. Koordinierte Bevölkerungsvorausberechnung, Variante 1-W1, 2006

schung, Empfehlungen und weiteren Marketing-Tools höchst nutzbringend für den Veranstalter verbinden. Meistens sind die Veranstalter so bemüht, gut auszusehen, dass sie ihren Besuchern die Schau stehlen. Die Gäste werden zu Claqueuren degradiert. Was ein gemeinsames Fest, gemeinsam erlebte Freude hätte werden können, wird so zum Wettrüsten um Aufmerksamkeit. Die Gäste sind geradezu gezwungen sich aufzuspielen, um sich gegen die ihnen zugedachte Rolle zu wehren. Die exklusive DLD-Women-Konferenz hatte 2010, in ihrem ersten Jahr unter diesem Namen, für die Konferenzparty weder ein Budget, noch ein Konzept. Der Burda-Verlag hatte nicht genug Geld für eine rauschende Party. Die Versorgung übernahm ein Caterer – und das war's schon. Einige der weiblichen Gäste waren schwer gelangweilt und sehr enttäuscht. Dabei hatte ein Teil von ihnen für die Konferenz-Teilnahme bezahlt. Letztlich war der Unterschied zu einer Autopräsentation beim örtlichen Händler nicht sehr groß. Das ist sehr schade, denn gerade weibliche Gäste könnten auf solchen Veranstaltungen stark davon profitieren, wenn sie sich ihre Gesprächspartner nicht selber suchen oder sich darauf verlassen müssen, schon irgendjemand zu treffen, den sie kennen, sondern wenn die Veranstaltung Elemente bietet, die die Anwesenden gezielt mit anderen zusammenführt. Während es Männern oft reicht, eine gute Show geboten zu bekommen (Red Bull weiß das!), benötigen Frauen viel mehr gelingende Interaktion, um sich wohlzufühlen. Dieses Bedürfnis nach Beziehungen könnte auf Veranstaltungen gezielt zur Kundinnenbindung und für die Marktforschung verwendet werden.

15.7.9. Ehrungen und Awards

Ehrungen müssen nicht immer von der Regierung des jeweiligen Landes oder irgendwelchen Institutionen verliehen werden. Burda hat das schon vor langer Zeit erkannt. Mit dem Bambi und dem *Aenne Burda Award* vermag sich das Medienunternehmen seit vielen Jahrzehnten auch in konzernfremde Medien zu bringen. Die Großbäckerei Mestemacher versendet alljährlich einen Taschenkalender, in dem Frauen und Männer geehrt werden, die sich im Großen oder im Kleinen um die Gleichstellung verdient gemacht haben. Wichtig ist, dass das Thema, unter dem die Ehrungen erfolgen, zum Unternehmen, zur Marke oder doch zumindest zu der Unternehmerpersönlichkeit passen, und dieses transportiert werden kann.

15.7.10. Übernahme von Corporate Social Responsibility (CSR)

Wohltätiges Engagement oder die Beteiligung am Naturschutz werden Unternehmen hoch angerechnet, wenn das Engagement fruchtet und wirklich glaubwürdig, also keine verdeckte Verkaufsaktivität ist. In den westlichen Industrienationen nimmt die Armut in der Bevölkerung zu, umso mehr leiden Menschen in Entwicklungsländern und in den Kriegs- und Krisengebieten dieser Welt. Die Natur leidet sowohl unter der Not der Menschen, wie auch unter dem Wohlstand anderer. Einstmals gut gefüllte und womöglich nicht immer optimal verteilte öffentliche Töpfe für Jugend und Kultur sind jetzt fast leer. Es reicht hinten und vorne nicht. Wer sich als Partner seiner Kunden positionieren will, wer Loyalität von Kunden und Mitarbeitern wünscht oder sogar einfordert, ist nur glaubwürdig, wenn er selbst Entsprechendes zurückzugeben vermag.[693]

CSR ist zu allen Zeiten ein wichtiger Beitrag nicht nur zum Image, sondern zur *Corporate Halo* von Unternehmen, also dem öffentlichen Eindruck, der aus der Summe aller Unternehmensaktivitäten mit Übernahme einer sozialen Verantwortung und einem Engagement für die gesamte Gemeinschaft entsteht. Dieser Eindruck ist insbesondere für *die* Firmen wichtig, die sich kunden-, kinder-, tier-, natur- oder in irgendeiner anderen Form sozial freundlich präsentieren wollen. Doch natürlich steht es allen Unternehmen gut an, sich im Austausch mit der Gesellschaft zu begreifen und mit gutem Beispiel voranzugehen.

15.7.11. Interne Kommunikation

Interne Kommunikation darf sich heutzutage nicht darauf beschränken, die Mitarbeiter per Umlaufmappe, Rundmail oder über die Mitarbeiterzeitung zu informieren. Kein Unternehmen kann es sich noch leisten, auf gute Ideen seiner Mitarbeiter zu verzichten, auf ihre Loyalität und Wertschätzung! Bekanntlich verlassen bei Unzufriedenheit meistens die besten Mitarbeiter das Unternehmen zuerst. Was aber noch viel verheerender ist, was ich vor einigen Jahren aus einer der deutschen Großbanken erfuhr: Nachdem der damalige Vorstand verkündet hatte, Frauen als Zielgruppe anzuerkennen und ein entsprechendes Angebot jedweder Art zu kreieren, machte sich die Marketingabteilung an die Arbeit. Doch sie mühte sich umsonst. Die überwiegend aus Frauen bestehende Marketingabteilung ern-

---

693 Ariely, Dan (2008), S. 106 ff.

tete enormen Gegenwind von den männlichen Mitarbeitern des Hauses. In dem Eifer, das Projekt zu starten, vergaß die Marketingabteilung völlig, dass sie zuallererst die eigenen Mitarbeiter überzeugen musste. Und eines der größten Probleme ist, dass Männer sehr oft der Ansicht sind, es bedürfe keines speziellen Angebots für Frauen. Nun wissen wir ja inzwischen, dass solche Männer nicht gerade mit Empathie gesegnet sind, umso weniger, je mehr sie den Wettbewerb schätzen. Leider wissen sie es selbst nicht. Es ist manchmal, als wolle man einem Menschen aus dem Mittelalter erklären was Radioaktivität ist. Er sieht sie nicht, kann sie nicht riechen und nicht hören. Wie soll er es begreifen, wenn seine Sinne ihm diese Erfahrung nicht bieten? Vielen Männern geht es mit der Andersartigkeit der Frauen ebenso, daher sind sie keine wirkliche Hilfe bei Projekten, die sich an Frauen richten. Jedenfalls bissen sich die Mitarbeiterinnen und Mitarbeiter der Marketingabteilung dieser Bank die Zähne an ihren Kollegen sämtlicher anderen Abteilungen aus. Nachdem diverse hunderttausend Euro in Studien versenkt worden waren, starb das Projekt sang- und klanglos. Diese Marketingabteilung hatte es völlig versäumt, die Mitarbeiter des Hauses ins Kalkül zu ziehen. Für das Projekt wäre es unabdingbar gewesen, zunächst die internen Blockierer zu überzeugen und auf die eigene Seite zu ziehen. Auch wenn es oft so scheint, bremsen Mitarbeiter solche und andere Projekte nicht aus reiner Bösartigkeit aus, sondern weil es ihnen an Wissen, Verständnis und zuweilen auch an Mut mangelt. Mit einer guten, mittel- bis langfristig angelegten Informationskampagne für die Mitarbeiter lässt sich viel mehr reißen, als die meisten vermuten würden.

In der *Piratenpartei*, der Partei der innovativen Netzgemeinde (so zumindest das Selbstbild vieler Mitglieder), ereignete sich etwas Ähnliches: Als die 25jährige Lena Simon, Philosophiestudentin und Mitglied der Piratenpartei, Anfang 2010 eine Möglichkeit für die weiblichen Mitglieder schaffen wollte, um sich vertraulich untereinander über die Stellung von Frauen in der Partei und ihre Möglichkeiten auszutauschen, wurde sie von den männlichen Mitgliedern gründlich abgewatscht und mit sehr hässlicher Häme belegt. Dass sie sich in der Partei unwohl fühlte und von anderen Frauen wusste, die sexistische Sprüche zu hören bekamen, interessierte niemanden. Die Presse berichtete sehr unterschiedlich über den Vorfall[694], allerdings waren sich alle in der Ignoranz der männlichen Mitglieder und der Verantwortlichen einig. Lena Simon blieb dran, aber sie hat erfahren

[694] http://bit.ly/cykKpO und http://bit.ly/9oqpox

müssen, wie hart es sein kann, als Frau ernst genommen zu werden und wieviel Überzeugungs- und Widerstandskraft man benötigt.

15.8. Welches Kommunikationsinstrument für wen?

So unterschiedlich die Kommunikationsinstrumente sind, stellt sich die Frage, für welche Zielgruppe sich welche davon am besten eignen. Die Antwort darauf gibt das *Gender Marketing Communication Kit*. Das Gender Marketing Communication Kit entstand aufgrund einer tiefgehenden Analyse weiblicher und männlicher Kommunikationsstile, gekreuzt mit der *GMC-Kommunikationsrichtungsachse*. Es ermöglicht, je nach Zielgruppe und Kommunikationsform (einseitig / Dialog) auf den ersten Blick zu erkennen, welche Kommunikationsinstrumente sich am besten für eine Kampagne eignen, und wie sie sich kombinieren lassen.

Was auf den ersten Blick höchst verwirrend aussieht, ist ein Übersichtsplan über alle erdenklichen Kommunikationsinstrumente mit klaren Aussagen darüber, was sie zu leisten vermögen und wie sie beschaffen sein müssen, wenn man sie verwendet. Hier einige Lesebeispiele:

- Web 2.0 und Social Media sind Kommunikationsinstrumente, die primär aus dem Input der Internet-Nutzer entstehen. Doch es gibt Unterschiede. Wie zuvor erläutert, ist Social Media eine überwiegend weibliche Domäne, weil es hier vor allem um gleichberechtigten Austausch geht, während Web 2.0 männlicher ist. Web 2.0 und Social Media sind also unterschiedlich bei den Geschlechtern verteilt. Dialogbemühungen fruchten bei einer männlichen Zielgruppe eher über Web 2.0 und bei einer weiblichen eher über Social Media. Wer also die neuen technischen Möglichkeiten nutzen möchte und eine weibliche Zielgruppe ansprechen möchte, sollte Social Media vorziehen.
- Klassische Werbung und andere Werbeaktivitäten wie beispielsweise Ambient Media gehen von Unternehmen aus und enthalten nur unter besonderer Bemühung Dialoganteile. Einseitige Kommunikation liegt, wie zuvor erläutert, Männern mehr als Frauen. Daraus ergibt sich die Form, die sich einem Dreieck nähert, und die ihre größte Ausdehnung bei den Männern findet.
- One-to-One-Marketing ist in der traditionellen Marketing-Kommunikation der Versuch von Unternehmen, eine individuelle Information beim Einzelnen zu platzieren. In der Praxis wird kaum jemand diesem Anspruch gerecht. Höchstens die besten Call Center von Versand-

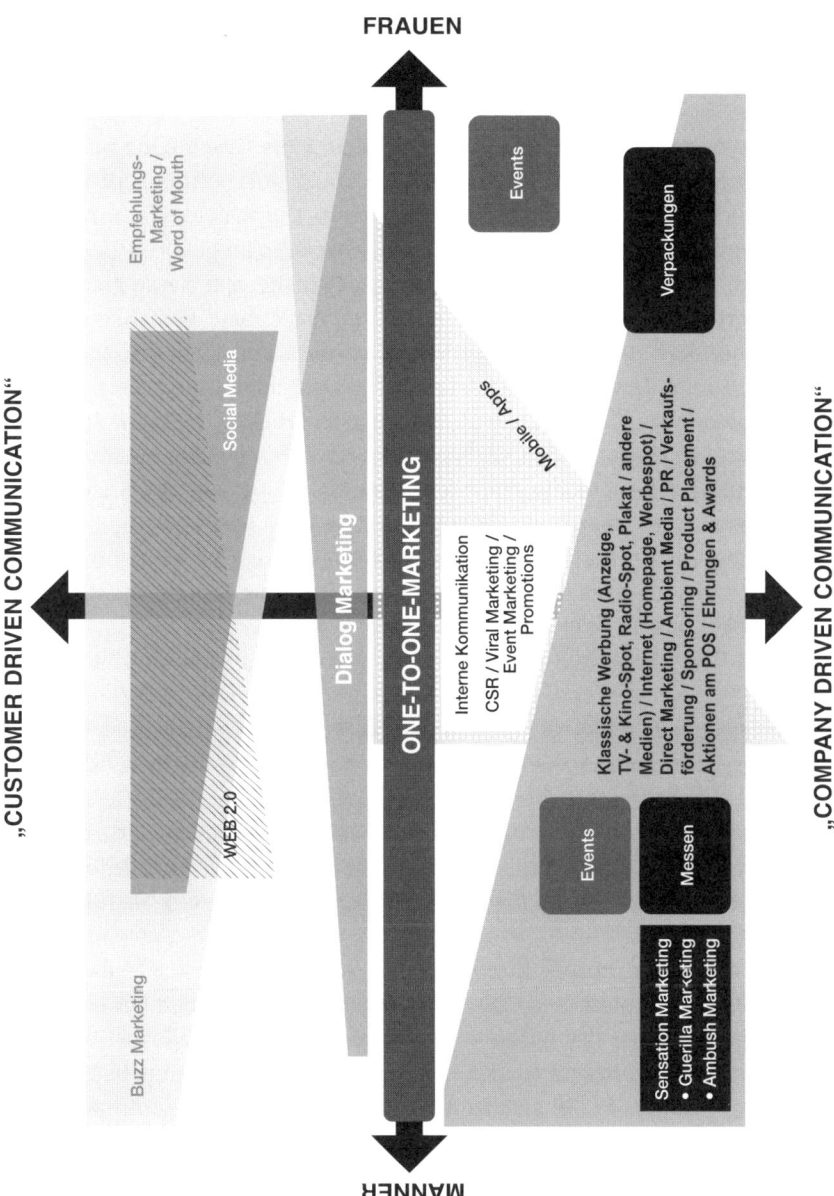

Abb. 15: *Gender Marketing Communication Kit*
Quelle: Bluestone AG 2010

häusern vermögen punktgenaue Angebote, die in der Regel jedoch statistisch errechnet werden und nicht einer echten Kenntnis der persönlichen Belange entspringen.

In der Gender Marketing Communication *muss* One-to-One-Marketing diesen Anspruch erfüllen. Mehr noch: Es muss auch ermöglicht werden, dass Kunden ihren Bedarf anmelden können. Die willentliche und aktive Hinterlegung eines Profils würde beispielsweise dazugehören. Demnach dürfte Amazon nicht länger nur auf Basis der bisher zur Kasse getragenen Warenkörbe und der Wunschliste statistisch errechnete Vorschläge unterbreiten, sondern müsste auch zulassen, dass die Kundschaft ihre Lieblingsartikel aus allen Lebensbereichen selbsttätig anmelden und das eigene Profil gestalten kann. Dies wäre ein dialogisches One-to-One-Marketing, das dem Unternehmen und den Verbrauchern höchsten Nutzen brächte. Dann müsste niemand mehr die endlosen Vorschlagslisten auf der Suche nach Inspiration durchackern und jeden einzelnen Vorschlag bewerten, Artikel, die sich bereits in ihrem oder seinem Besitz befinden herausnehmen und sich mit Offerten herumärgern, die zeigen, dass das System nicht so präzise arbeitet, wie es wünschenswert wäre.

One-to-One-Marketing eignet sich für Frauen und Männer gleichermaßen.

- Davon unterscheidet sich das Dialog-Marketing dergestalt, dass ein kluges Unternehmen sich mehr auf die Kundin, aber auch auf den Kunden einlassen möchte, als dass es sich aufdrängen will. Deswegen liegt es schon etwas oberhalb des ausgeglichenen Dialogs. Und da der Dialog dem Beziehungsmuster von Frauen entspricht, nicht jedoch von Männern, eignet er sich für weibliche Zielgruppen besser als für männliche.
- Die interne Kommunikation muss sich an alle Mitarbeiter beiderlei Geschlechts richten. Besonders zu beachten ist, dass auch bei einem gesteigerten Wert der Unternehmensführung auf die Informationsverteilung von vornherein Rücklaufkanäle für Reaktionen eingebaut sein müssen. Daraus ergibt sich in der Gender Marketing Communication eine große Nähe zum Dialog.
- Empfehlungsmarketing ist ein riesiger Bereich. Wir haben festgestellt, dass Frauen freiwillig und gerne Empfehlungen aussprechen, dass Empfehlungen ein fester Bestandteil der weiblichen Kommunikation sind. Männer dagegen empfehlen nur, wenn sie gezielt danach gefragt werden und lassen sich gelegentlich gerne auch mal gegen Entgelt zu

gelenkten Empfehlungen hinreißen. Beide Empfehlungsarten unterscheiden sich fundamental und verdienen daher auch strikt getrennte Bezeichnungen: Word of Mouth oder schlicht Empfehlungsmarketing bei Frauen und Buzz Marketing bei Männern, die ohnehin größeren Wert auf coole Bezeichnungen legen (kein Scherz!). Die Empfehlung geht von den Konsumentinnen und Konsumenten aus und besitzt bei den Frauen starke Dialog-Anteile, nicht jedoch bei Männern.
- Wer Events mit Werbecharakter oder -zielen plant, muss früh bedenken, ob überwiegend Frauen oder Männer teilnehmen werden. Frauen benötigen viel Interaktion, Männer wollen etwas zu sehen kriegen. Deswegen enthält das Gender Marketing Communication Kit zwei Event-Felder. Halten sich die Einladungen bei Frauen und Männern die Waage, müssen beide Aspekte berücksichtigt werden.

Wer eine Kampagne für eine weibliche Zielgruppe plant, sollte sich auf die Kommunikationsinstrumente auf der rechten Hälfte des Gender Marketing Communication Kits konzentrieren und dabei insbesondere auf die Betonung des Dialogs achten, wann immer dies möglich ist. Im Hinblick auf eine männliche Zielgruppe gilt die linke Seite der Matrix, der Schwerpunkt der Kommunikation liegt beim einseitigen Sender. Die Größe und Lage der jeweiligen Felder gibt Aufschluss über die Breite des Einsatzgebiets. Ein Event für Frauen sollte den Dialog mit dem einladenden Unternehmen, jedoch am besten auch mit anderen Gästen fördern. Es liegt in der Verantwortung des Gastgebers, für die Gelegenheit für gute Gespräche zu sorgen. In der Realität sind Gäste jedoch meistens sich selbst überlassen. Es ist Glückssache, ob Kontakte zustande kommen. Bei solchen Feierlichkeiten hängt das Event an der Company Driven Communication, sofern es ein festes Programm ohne freie Zwischenräume gibt oder bei der Customer Driven Communication, wenn es besagtes Programm nicht gibt, beispielsweise bei Netzwerkabenden, Aftershow-Partys, Kongress-Feiern etc., dann wird es für die weiblichen Gäste mühsam, wenn sie sich nicht schon gut kennen.

Wie die Kommunikationsinstrumente sinnvoll kombiniert werden können, zeigt das folgende Beispiel: *Cadillac* hat eine Werbemaßnahme entwickelt, die sich ausschließlich an Frauen richtete. Die Erlebnis-Kampagne basierte vor allem auf dem Empfehlungsmarketing, kombiniert mit Social Media sowie einem CSR-Anteil. Die Werbeaktion war so gut geplant (und am Ende so erfolgreich), dass man glatt meinen könnte, die Verantwortlichen hätten für ihre Planung das Gender Marketing Communication Kit verwendet. Und das war passiert: Cadillac, die angestaubte Alt-Herren-Marke, entschied sich zu radikalen Veränderungen: Verjüngung und Verweiblichung. Dafür wurde eine regionale, und doch ganzheitliche Kampagne entwickelt, deren Kosten überschaubar blieben. Die Idee dazu entstand eher zufällig. 2009 beobachtete Jennifer Costabile, eine regionale Vertriebs- und Marketing-Managerin bei Cadillac, beim Abholen ihres Kindes von seiner Schule in Atlanta, dass alle anderen Kinder von Eltern in *Acura MDX*[695] abgeholt wurden. Sie war von dieser unverhältnismäßigen Menge desselben Modells sehr überrascht und ging den Ursachen dafür nach. Es stellte sich heraus, dass es eine *Alpha-Mom* gegeben hatte. Dabei handelte es sich um eine Mutter, die sich in der Schule stark engagierte und von allen verehrt wurde. Sie nahm eine Vorbildfunktion ein und übte dadurch einen starken Einfluss auf die Kaufentscheidungen anderer Mütter aus. Costabile regte ein neues Kommunikationprojekt bei Cadillac an. Bereits 2008 hatte es eine Werbekampagne mit der US-amerikanischen Schauspielerin Kate Walsh gegeben, die bei uns vor allem durch die TV-Serie *Grey's Anatomy* bekannt wurde. Darauf aufbauend wurde eine Kampagne entwickelt, die quasi »über Bande« gespielt wurde: Über ihre Blogs und Facebook-Profile wurden einflussreiche Frauen identifiziert. Manche waren beruflich erfolgreich, andere in ihrer Kirchengemeinde oder anderweitig sozial engagiert. Sie alle bloggten, twitterten oder posteten an viele »Freunde« per Facebook. Für diesen ersten Versuch wurden Versuchskaninchen aus Floridas Tampa Bay, Sarasota und Orlando rekrutiert. Pro Woche erhielten je acht Frauen einen *Crossover SUV* (*Sports Utility Vehicle*), das 2010-Modell des Cadillac SRX, dessen Listenpreis sich zwischen 34 000 und 44 000 US-Dollar bewegte. Dafür sollten sie in ihren Foren posten, wie alltagstauglich sie den Wagen fanden, was ihnen gefiel, aber auch, was ihnen missfiel. Die Kampagne lief über mehrere Monate. Am Ende gewann die Teilnehmerin, die die größte Leserschaft erreicht hatte, 500 US-Dollar als Spende für ein Wohltätigkeitsprojekt ihrer Wahl. Dieses Pilotprojekt war für Cadillac ein Riesenerfolg, denn sie erreichten mit einem sehr geringen Aufwand und der etablierten Glaubwürdigkeit einzelner zigtausende von Frauen, die sonst nie einen Cadillac erwogen hätten.[696]

---

[695] http://bit.ly/9Ssa2N
[696] Hayes, Stephanie (2010)

15.9. Wer nutzt welches Medium in welchem Maße?

Seit einigen Jahren überschlagen sich die Technologien geradezu, und damit auch die Möglichkeiten, in irgendeiner Form zu werben. Studien, die die Nutzer und ihre Nutzung der verschiedenen Medien erkunden, sind selten frei von Interessen derer, die die Studie durchgeführt oder in Auftrag gegeben haben. Jede neue Technologie mindestens seit dem Buchdruck hat grundlegend verändert, wie Menschen leben, denken, lernen und sich verständigen. Jede dieser Technologien war schier überwältigend angesichts der neuen Möglichkeiten. Heute geht es uns nicht anders. Das World Wide Web (WWW) hat vielen Menschen auf der Welt ermöglicht, jederzeit beliebige Informationen zu recherchieren und in Echtzeit mit anderen, selbst fremden Menschen irgendwo auf dem Planeten zu kommunizieren, und das zu einem Zeitpunkt, als über 65 Prozent der Menschen auf unserem Planeten keinen Zugang zu einem Telefon hatten. 2010, rund 15 Jahre nachdem sich das WWW in Westeuropa erst langsam durchzusetzen *begann*, verändern Mobiltelefone weite Teile der Welt. Diese Telefone werden mit Mikrokrediten finanziert und dienen quasi als Telefonzelle für das jeweilige Dorf. Dieser Zugang ist für viele der Anfang eines besseren Lebens und manchmal beinahe wichtiger als eine gesicherte Wasserversorgung. Ich finde es wichtig, immer wieder mal einen Schritt zurückzutreten und sich umzuschauen, um die Perspektive nicht zu verlieren.

Wir verlieren öfter die Perspektive, als uns bewusst ist. Viele Informationen, die täglich über uns hereinbrechen, setzen uns längst nicht mehr über einen Sachverhalt in echte Kenntnis. Allein die Anzahl der Berichte über ein Thema suggeriert, dass es wichtig und für viele Menschen relevant ist. Als *Second Life* auf seinem Höhepunkt war, sprach mich sogar meine Mutter darauf an. Sie war siebzig Jahre alt und noch nicht im Internet, und trotzdem war sie immerhin so gut informiert, dass sie ungefähr wusste, worum es sich dabei handelt. (Heute würde ihr das nicht mehr passieren, denn meine Eltern sind natürlich längst begeisterte Internet-Nutzer. Jetzt schaut sie selbst nach, wenn sie etwas genauer wissen will.) Anfang 2008 kannten rund siebzig Prozent der deutschsprachigen Internet-Nutzer Second Life, wie eine Studie von *Fittkau & Maß* zeigte, aber nur 6,1 Prozent von ihnen haben die Spielplattform selbst einmal besucht und kurz ausgetestet. Nicht einmal ein Prozent spielte Second Life tatsächlich.[697] Und selbst wenn Second Life tatsächlich insgesamt neun Millionen User gehabt

[697] http://bit.ly/c2wpWb

haben soll, dann ist das international betrachtet nicht wirklich viel.[698] Die Firmen stürzten sich darauf, ganz in der Überzeugung, da müsse jeder rein. Niemand wollte dusselig dastehen und vielleicht auch noch einem Wettbewerber das Feld überlassen. Und dann waren alle irgendwie enttäuscht, die Firmen, weil so wenig User sich bei Second Life herumtrieben und die User vermissten das Erlebnis in den ausgestorbenen Showrooms.[699]

Gegenwärtig passiert etwas Ähnliches mit Web 2.0, Social Media und Apps: Alle wollen rein, aber keiner fragt nach den Zahlen. Wie auch schon in anderen Bereichen wollen viele sehr gerne an ein endloses Wachstum glauben. Dabei täten sie gut daran, sich immer die aktuellen Daten zu den Nutzern und zum Umfang des Nutzens zu besorgen. Auch wenn nicht alle Erhebungen aufgrund der angewandten Methodik wirklich ganz präzise sind, geben sie gute Hinweise, wohin die Reise geht. Während ich diese Zeilen schreibe, veröffentlichen viele Dienstleister neue Zahlen. Im Juli 2010 hat Fitkau & Maaß aktuelle Zahlen aus einer neuen Online-Studie veröffentlicht. Da es sich um eine Befragung handelt, die ausschließlich Internet-Nutzer betrifft, reicht das für die Aussagefähigkeit vollkommen aus. Demnach bewegen sich 62 Prozent der Internet-Benutzer auf Netzwerkseiten, doch lediglich 35 Prozent regelmäßig. Die Teilnehmerzahlen stagnieren und nicht viele wollen ihr Engagement auf den Network-Seiten erhöhen. Wiederum nur 40 Prozent der regelmäßigen Social-Media-User sind überhaupt aktiv tätig, der Rest verhält sich passiv. Bei Fitkau & Maaß heißt es: »Hochgerechnet auf die Gesamtnutzerschaft bedeuten diese Daten: Nur 14 % aller Internet-Nutzer sind aktiv kommunizierende, gestaltende Social Networker.«[700] Aus den USA stammt die Feststellung, dass 75 Prozent aller Tweets von nur 5 Prozent der Twitter-Nutzer generiert werden (die obersten zehn Prozent sorgen für 86,07 Prozent aller Tweets – Zahlen von Juni 2009).[701] Von allen Smartphones macht Apple den meisten Wind, doch der Marktanteil der iPhones betrug in Großbritannien, Deutschland, Frankreich, Spanien und Italien (EU5) Ende April 2010 dennoch nur 18 Prozent. *Symbian* führte mit 58 Prozent.[702] Der Anteil des iPhones an allen Mobiltelefonen in EU5 betrug sogar nur vier Prozent. Diese und noch viel mehr äußerst faszinierende und vor allem erstaunlich präzise Marktdaten für

[698] http://bit.ly/aXF1jD
[699] http://bit.ly/dyjCbO
[700] http://bit.ly/a9lL56
[701] http://bit.ly/c1Am10
[702] http://bit.ly/dzFLON

unterschiedliche Länder bieten Websites wie *Marketing Charts*[703], *Sysomos*[704] und *Statista*[705] in Deutschland.

All diese Zahlen kommen von Drittanbietern. Wir haben eigenhändig sämtliche großen internationalen Social-Netzwerke angeschrieben und um Nutzerzahlen gebeten. Wir fragten insbesondere, ob geschlechtsspezifische Statistiken erhoben würden und welche Zahlen zu den Nutzerinnen und Nutzern vorlägen. Selbst nach mehrmaligem Nachhaken erhielten wir von den meisten überhaupt keine Antwort, was unserer Ansicht nach angesichts ihres Tätigkeitsgebiets tief blicken lässt. Die wenigen PR-Verantwortlichen, die geantwortet haben, teilten uns in einem eher formlosen Einzeiler mit, es würden firmenintern keine solchen Daten erhoben. Nur ein Unternehmen erhob sie angeblich, war aber nicht bereit, sich in die Karten blicken zu lassen.

Zusammenfassend gilt, dass die Unternehmen, die sich als Innovatoren positionieren (und dieses Versprechen auch halten können), um die stets neuesten Technologien nicht herumkommen. Alle anderen sollten genau überlegen, ob sie dieses Budget anderweitig nicht besser investieren. Zu oft wollen Manager nur deshalb »dabei« sein, um nicht hinter anderen zurückzustehen. Ihr Ego suggeriert, sie müssten »mitmachen«, um sich den Respekt anderer zu verdienen. Das ist herausgeschmissenes Geld und gefährlich obendrein, wenn die Kultur und die strukturellen und personellen Gegebenheiten eines Unternehmens nicht reif für die neuen Medien sind. Ein reales Beispiel: Ein ehrwürdiger, 160 Jahre alter, integrierter Technologiekonzern erwägt, Twitter einzusetzen und hat Mitarbeiter damit beauftragt, Freigabeprozesse dafür zu entwickeln. Erstens twittern Mitarbeiter sowieso bereits und dann bevorzugt *über* statt *aus* dem Unternehmen. Zweitens würde eine Dialog-affine, auf Vertrauen und Transparenz basierende Unternehmenskultur formelle Freigabeprozesse ohnehin erübrigen.

Ich bin selbst fasziniert von den neuen Möglichkeiten, die sich immer wieder von Neuem auftun und vieles von dem verändern, was wir früher kannten und taten. Bloß stürze ich mich nicht immer sogleich auf jedes neue technische Spielzeug. Zwischen mir und den neuen Möglichkeiten steht die typisch weibliche Frage nach dem Nutzen, oder wie die alten Lateiner sagten: Cui bono? Und noch wichtiger: *Wer* soll das alles bewältigen und nutzen?

---

703 http://www.marketingcharts.com
704 http://www.sysomos.com/company/reports-and-whitepapers
705 http://www.statista.de

15.10. Der ganzheitliche Ansatz oder: mit welcher Instrumenten-Kombination erreiche ich meine Zielgruppe?

Wie erreicht man seine weibliche und / oder männliche Zielgruppe am besten? Hier eine kleine Handlungsanleitung:

1. Stelle fest, ob du alle Informationen hast, die du brauchst, um die besten Entscheidungen treffen zu können. Falls nicht, betreibe Marktforschung, aber stell die richtigen Fragen und wähle die richtige Methodik bzw. den richtigen Dienstleister. Achte darauf, dass du etwas über die Zukunft erfährst, nicht über die Vergangenheit. Forsche, bis du wirklich alles Notwendige weißt.
2. Treffe daraufhin die Entscheidung über dein Marketing-Ziel.
3. Versichere dich, dass es sich um ein sinnvolles und erreichbares Ziel handelt.
4. Wähle die Zielgruppe(n). Versichere dich, dass es sich um wirtschaftlich sinnvolle Zielgruppen handelt und nicht um »das haben wir schon immer so gemacht« oder »mit denen kenn ich mich aber schon aus«.
5. Entscheide dich für ein Kommunikationsthema und stelle sicher, dass es optimal auf die weibliche / männliche Weltsicht und Handlungsweise abgestimmt ist.
6. Wähle deine Kommunikationsinstrumente aus dem *Gender Marketing Communication Kit* und lass die Kampagne zu deiner Botschaft für alle gewählten Kommunikationsinstrumente ausarbeiten. Achte darauf, dass alles aus einem Guss ist und vergiss niemals, niemals, niemals die Mitarbeiter deiner Firma, denn sie sind immer direkte oder indirekte Botschafter. Hast du einen Absatzmittler zwischen dir und den Endverbrauchern, dann muss der unter Umständen auch involviert werden.
7. Stimme die Produktmanager und -entwickler, Vertriebsmitarbeiter sowie den Kundendienst besonders auf die Kampagne ein und bereite sie auf die Reaktionen der KundInnen und InteressentInnen in jeder erdenklichen und notwendigen Weise vor. Denk auch an die Absatzmittler und schule Sie, falls nötig.
8. Starte die Kampagne.
9. Kümmere dich darum, dass Vertrieb und Kundenservice und die eventuellen Absatzmittler an einem Strang ziehen und klarkommen.

10. Justiere nach, wenn nötig, doch gehe behutsam vor.
11. Mache es Dagobert Duck nach und gehe in deinem neu erworbenen Geldspeicher eine Runde schwimmen.

Ist doch ganz einfach, oder?

16. Case Studies

Die folgenden drei Case Studies von *Orsay, Hewlett Packard* und *Bosch Power Tools* zeigen beispielhaft, wie ganzheitliche Marketing- und Kommunikationsansätze aussehen können. Allerdings skizzieren sie ansatzweise auch die Schwierigkeiten, die bei der anfänglichen Durchsetzung von Gender Marketing innerhalb des Unternehmens auftauchen können. Das Unverständnis der Mitarbeiter lässt sich mit einer internen Kommunikationskampagne, die der externen zeitlich vorgestellt ist, partiell auffangen. Wie prinzipiell jeder Veränderungsprozess brauchen die Mitarbeiter und Kollegen Zeit, um eine Idee zu verstehen und anzunehmen. Allerdings zeigt sich auch immer wieder, dass der externe Erfolg einer gestarteten Kampagne die Unruhe, die Einzelne verspüren mögen, wieder zu beruhigen vermag.

Orsay entstammt einer »typischen Frauenbranche«, wohingegen Hewlett Packard und Bosch aus »typischen« Männerdomänen kommen. HP ist weiterhin eine Männermarke, die ab und zu eine Aktion für Frauen startet. Die grüne Linie der Bosch Power Tools hat seinem früheren Zielgruppensegment, wie wir noch sehen werden, weibliche Zielgruppen mit anderen Nutzungsmotivationen hinzugefügt, die nun den männlichen gleichgestellt sind.

Auf eine reine Kommunikationskampagne für die männliche Zielgruppe habe ich bewusst verzichtet, da diese den heutigen Standard darstellt. Wer diesen Standard dennoch ausführlicher studieren möchte, ist mit Marken wie Adidas und insbesondere *Red Bull* ausgezeichnet bedient. Bei Red Bull ist lediglich zu beachten, dass die Kernidentität sowie die Kernaktivität der Marke im Extremsport liegt. Ich werde seit Jahren immer wieder nach den lustigen TV-Trickfilmspots[706] gefragt. Insider haben mir erzählt, dass diese Spots lediglich ein Ausdruck für die Verbundenheit der Marke zur Heimat Österreich sind. Der Humor der Spots ist österreichisch, und dort kommen

---

706 z. B. http://bit.ly/c0i7TB, http://bit.ly/9PhARc, http://bit.ly/csK3o8, http://bit.ly/9Lwx1m

Werbung für Adam und Eva. Diana Jaffé und Saskia Riedel
Copyright © 2010 WILEY-VCH Verlag GmbH & Co. KGaA
ISBN 978-3-527-50549-4

sie ausgezeichnet an. Dass die Spots in beinahe aller Welt zum Einsatz kommen, ist quasi ein Spleen der Marke. Die Kernwerte, die aus Abenteuern und Extremsport bestehen, werden viel stärker bespielt, seit einigen Jahren auch mit gleich zwei Rennställen bei der Formel 1. Dies sind ausschließlich männliche Themen, denn wie eine gemeinsame Studie von epicure.tv und dem F. A. Z.-Institut 2005 zeigte, haben auch heutige Männer noch den Wunsch, sich körperlich zu erproben. In der Studie wurden 1 000 Männer aus Deutschland im Alter von 31 bis 69 Jahren befragt, was sie gerne in ihrem Leben tun bzw. erleben wollen. 36 Prozent der Befragten gaben an, gerne einen Abenteuerurlaub erleben zu wollen, 15 Prozent reizte ein Überlebenstraining in der Wildnis. 24 Prozent träumten von einer Weltumsegelung, während das Fallschirm- bzw. Bungeespringen auf 16 Prozent einen starken Reiz ausübt. Immerhin noch neun Prozent konnten sich vorstellen, sich eines Tages den Herausforderungen eines Marathonlaufs zu stellen. Weitere Extremsportarten wie Klettern, Wildwasser-Rafting oder Paragliding werden ebenfalls weit überwiegend von Männern ausgeübt.[707]

Jeder Pionier einer neuen Extremsportart geht zuallererst zu Red Bull und hat hervorragende Chancen, diese Marke als Sponsor zu gewinnen. Die Red Bull X-treme Fighters und das Red Bull Air Race sind beinahe kalter Kaffee. Ständig präsentiert Red Bull auf seinem YouTube-Kanal[708] neue sportliche Extremleistungen und schafft es stets vorbildlich, die Marke in den Mittelpunkt der Wahrnehmung zu rücken. Niemand besetzt die Segmente Wettkampf und Extremleistung so meisterlich wie Red Bull.

Kommen wir nun zu unseren Case Studies von Orsay, Hewlett Packard und Bosch.

16.1. Orsay: Thank God I'm a Woman

Die Kampagne der Bekleidungskette *Orsay*, die ich schon zuvor gelobt habe, ist ein schönes Beispiel, wie eine Differenzierung in einem übersättigten Markt hergestellt werden kann, die die weibliche Zielgruppe nicht nur wahrnimmt, sondern mit Begeisterung aufnimmt. Ich bat Gabi Lück und Claudia Scholz, Geschäftsführerinnen und Inhaberinnen der Münchner *thinknewgroup*, für dieses Buch ihre Herangehensweise beim Orsay-Auftrag zu schildern. Hier nun ihre Darstellung:

---

[707] Focus Medialine (2005), S. 14
[708] http://www.youtube.com/user/redbull

Es findet ein immer härterer Verdrängungswettbewerb auf dem Markt der jungen Damenoberbekleidung (DOB) statt, der vor allem von den vertikalen globalen Anbietern ausgeht. Immer mehr Anbieter kämpfen um den Platz im Herzen der Kundin. Zunehmend findet die Kaufentscheidung über die Identifikation zu einer Marke statt. Dabei wird gute Produktleistung als Voraussetzung angesehen.

Ausgangsituation 2007

Die Differenzierung nur über Fotoauffassung und Style schaffte keine emotionale Nähe oder Bindung zur Kundin. Der Unternehmenslogan von Orsay *The Feminine Style* erbrachte keine Differenzierung zu anderen Modemarken wie *Zara, Mango* oder *H&M women*, da diese stilistisch auch eher feminin sind. Zudem lieferte der Slogan (laut Fokusgruppen-Befragung der thinknewgroup) auch keine tiefere Identifikation zur Kundin oder potentiellen Kundin mit der Marke Orsay. Orsay wurde als wenig differenzierend und emotional erlebt. Dies galt es einzigartig und Orsay-like zu optimieren, sprich Lebensfreude und Femininität stärker in den Vordergrund zu stellen.

Der Ansatz

thinknewgroup überprüfte durch Fokusgruppen-Befragungen mit Kundinnen und Nicht-Kundinnen die Stellung und Sympathie der Marke Orsay. Hier entschlüsselte thinknewgroup wichtige strategische Insights: 77 % aller befragten Frauen war es wichtig, im Selbstbewusstsein bestärkt zu werden. Je mehr Selbstbewusstsein, desto mehr Lebensfreude. Auf diesem strategischen Fund wurde von thinknewgroup die neue Vision und Mission der Marke Orsay erarbeitet, sowie die Kampagne »Thank God I'm a Woman« kreiert.

Die Vision: Wir möchten, dass sich immer mehr Frauen selbstsicherer fühlen, indem wir die Einzigartigkeit jeder einzelnen Frau herausstellen, sowie Frauen und deren weibliche Werte fördern, betonen und zelebrieren.

Die Mission: Wir glauben an die Stärke der Frau und zelebrieren das Frau-Sein in all seinen Facetten und Werten.

Leistungen

thinknewgroup hat für Orsay den gesamten Prozess des Female Marketings durchlaufen:

- Fokusgruppen,
- Markenworkshop,

- Entwicklung der Positionierung,
- Claim-Entwicklung,
- Entwicklung des Erscheinungsbildes der Marke,
- Entwicklung der Kreatividee,
- Klassische Kampagne,
- POS-Maßnahmen,
- Promotion,
- Online-Supervising,
- Clubmaterialien,
- Kundenmagazin,
- Input für die Kollektionsentwicklung.

Länder

Deutschland, Österreich, Schweiz, Türkei (jedoch nur 1 Shop, der allerdings den Claim nicht publiziert hat), Lettland, Litauen, Polen, Tschechische Republik, Slowakei, Ungarn, Rumänien, Bulgarien, Ukraine, Russland, Slowenien, Kroatien, Bosnien, Serbien

Besondere Beachtung

Besonders Feingefühl hat thinknewgroup hier bei der Auswahl der Models bewiesen, diese immer möglichst natürlich und authentisch auszuwählen und darzustellen. Bei allen Werbeaktionen war es der Agentur von strategischer Wichtigkeit, immer in Interaktion mit der Orsay Kundin zu gehen und diese mit einzubeziehen.

Erschwernisse und Lösungen

Da nur in Polen ein größeres Mediabudget für eine Sichtbarkeit der Kampagne vorhanden war, empfahl thinknewgroup den Kampagnenslogan »Thank God I'm a Woman« auf alle Schaufenster der Orsay Shops zu kleben. Das war eine Aktion, die bei den Frauen für Aufmerksamkeit sorgte, sodass sie sich mit dem Satz identifizierten, diesen abfotografierten und damit selbst in Aktion gingen.

Fast alle Orsay-Produkte, die mit diesem Satz bestückt waren, unter anderem Aktions-T-Shirts, wurden nachweislich häufiger verkauft als vergleichbare Bekleidungsteile ohne Aufdruck.

Maßnahmen

- Beratung in allen Fragen der Kommunikation und Markenführung
- Überarbeitung der CI-Elemente und der Bildauffassung (weniger rosa, mehr Close-up auf die Frau, Hintergrund flächig)

- Überarbeitung des POS-Auftritts / Schaufenstergestaltung
- Magazin *Thank God I'm a Woman*
  Das Magazin wurde intern *Magalog* genannt, da thinknewgroup dafür ein neues Format entwickelt hat: eine Mischung zwischen Magazin und Produktkatalog
- Anzeigenkampagnen: in Frauenzeitschriften, Schwerpunkt in der JOY, da Orsay mit Joy kooperiert
- Aktionen: die Aktionen waren dazu da, die Kundinnen zu involvieren
- Überarbeitung der Club-Werbemaßnahmen und Werbemittel
- Überarbeitung und Supervision des Webauftritts
- Für den polnischen Markt gab es ein zusätzliches Budget für Megaplakate in allen größeren Städten und Print-Anzeigen in allen wichtigen Frauenmagazinen. thinknewgroup kontrollierte die eigenen Arbeitsergebnisse mittels der Beauftragung eines Marktforschungsinstituts. Das Resultat der Studie zeigte, dass Orsay durch *Thank God I'm a Woman* sogar H&M women auf der Beliebtheitsskala hinter sich ließ.

Aktionen
Um das Markenpotential noch mehr auszuschöpfen, die Marke für die Kundin noch erlebbarer zu machen und sie in ihrer Persönlichkeit zu bestärken, konzipierte thinknewgroup eine Reihe von Aktionen. Hier exemplarisch zwei Beispiele:

1. Be a Part Of It
Die *Be-a-Part-Of-It*-Megaposter-Aktion hat sehr gut gezeigt, dass die Orsay-Kundin nur darauf gewartet hat, dass ihr Orsay etwas bietet, wodurch sie in Berührung mit der Marke kommt. In Kooperation mit JOY rief Orsay zu einer Fotoaktion auf. Die Kundin konnte sich in ausgewählten Shops von einem professionellen Fotografen ablichten lassen. So wurde sie Teil eines Megaposters.

- Start der Kampagne:
  Herbst / Winter 2008
- Teilnehmende Länder:
  Deutschland, Österreich, Schweiz

2. Die persönliche Sed-Card
Jede Frau soll stolz darauf sein, eine Frau zu sein. Anstelle von Modelmaßen ging es hier um Angaben, die auf die Persönlichkeit einzahlen, Spaß

vermitteln und so noch nicht gesehen wurden. Durch die Sed-Karte verwischt ORSAY die Grenze zwischen der ORSAY-Kundin und den Models und stärkt somit das Selbstbewusstsein ihrer Kundinnen maßgeblich: »Zeigen Sie der Welt Ihre wahre Schönheit und gewinnen Sie beim Orsay-Fotocontest eine professionelle Sed-Card. Sie können mit den Ohren wackeln, Sie lieben den Ausdruck Ihrer Augen oder verführen mit süßen Grübchen. Perfekt, dann machen Sie mit beim großen ORSAY Fotocontest und gewinnen Sie tolle Preise und überzeugen Sie mit Ihrer Persönlichkeit. Denn Orsay sucht selbstbewusste und vor allem authentische Frauen, die genau wissen, wo Ihre Stärken liegen.«

Die Sed-Karten werden wiederum integriert eingesetzt:

- Contest im ORSAY-Magazin
- Bereitstellung einer Auswahl an Karten, die online durch eigene Fotos und Texte personalisiert und als E-Card versendet werden können, sowie
- Aktionen im Club.

16.2. Hewlett-Packard: Frauen und Technik einmal anders

Hewlett-Packard führte 2004 eine ausgesprochen innovative Gender-Marketing-Kampagne durch. Saskia Riedel war damals als Consumer PR-Managerin für HP verantwortlich. Sie entwickelte und führte die Kampagne durch. Dabei musste sie sich gegen so manche Widerstände durchsetzen, weil Vorgesetzte und Kollegen nicht verstanden, wie Kundinnen denken. Die nachfolgende Schilderung zeigt die interne und externe Wirksamkeit einer kleinen, zeitlich begrenzten, taktischen Maßnahme aus der Produkt-PR.

Ausgangssituation

Um im privaten Consumer-Markt den privaten Ausdruck von Fotos zu steigern, bot Hewlett Packard neben einem breiten Portfolio aus Drucklösungen und Zubehör auch digitale Kameras an. Die Marke HP im Marktsegment der Fotodrucker durchzusetzen, war ein wichtiges Geschäftsziel. Dafür sollte die digitale Fotografie insbesondere weiblichen Nutzern ab ca. zwölf Jahren aufwärts näher gebracht werden, weil die Marktforschung sie als einflussreiche Zielgruppe für alles, was mit Fotos, Fotoalben usw. zu tun hatte, identifiziert hatte. Frauen, vor allem Mütter, waren demnach die Menschen, die tendenziell die meisten Fotos machten und verwalteten sowie in Bücher oder Alben und Scrapbooks einklebten. Wie aber konnte eine Technik getriebene Firma wie HP zu ihnen durchdringen? Und welchen Kommunikationskanal sollte sie dafür nutzen?

HP ist einer der großen IT-Konzerne dieser Welt mit einer eindrucksvollen Historie aus zahlreichen wegweisenden Erfindungen, Patenten, Technikwissen und Ingenieurskunst. Traditionell berichtete die Fach- und Wirtschaftspresse über HP. Schwerpunkte der Berichterstattung waren die Zahlen, die wirtschaftlichen Entwicklungen und die neuesten Produkte. Lifestylepresse gehörte bis auf sehr wenige Ausnahmen nicht zur Medienzielgruppe. Das allgemeine Verständnis von PR war mono-direktional, also so, dass das Unternehmen die Presse informiert, die dann idealerweise etwas über HP schrieb. Die Pressemeldungen waren zudem in einem eher technischen Ton gehalten und listeten die üblichen Features, Verfügbarkeiten sowie Daten und Fakten auf. Was für die Fachwelt selbstverständlich war, hatte in der bunten, zeitlich ganz anders getakteten Lifestyle-Welt keine Relevanz.

Firmenkultur und Selbstverständnis

HP ist bis heute stolz darauf, einst aus einer Garage im Silicon Valley hervorgegangen zu sein und seine Innovationen einem »ingenieurigen« Tüftlergeist zu verdanken. Mit einer über 70-jährigen Firmengeschichte war der Konzern traditionell eher in der Nachbarschaft von IBM anzusiedeln und hatte auch längere Zeit versucht, sich ein ähnliches Image aufzubauen, wozu unter anderem auch der Ausbau der PC-Sparte diente. Die Geräte waren grundsätzlich sehr zuverlässig und mit innovativer Technik und Features angefüllt. Zunehmend erkannte das Unternehmen auch, wie bedeutsam das Äußere, das Design an sich für den Absatz im Consumer-Markt war. Unter dem Designteam von Sam Lucente wandelten sich viele Geräte zunehmend zu gut designten Hinguckern mit dem reliefartigen »hp« Logo, das intern als »Jewel« (Juwel) betrachtet wurde.

Das »Garagenerbe« von HP prägte das Unternehmen als einerseits sympathisch, innovativ nach einer menschlichen Definition aus der »guten alten Zeit«, aber eben auch als Tüftler, der wochenlang in der Garage verschwindet, um dann stolz mit einer neuen, brillanten Erfindung zu erscheinen, die nun auf den Markt gebracht werden muss.

Ansatz

Wie wir schon gesehen haben, möchten Frauen ein Gerät nutzen und damit Spaß haben, idealerweise ohne vorher eine Gebrauchsanweisung lesen oder ein Ingenieursstudium absolvieren zu müssen. Sie schätzen gute Entwicklungen, ohne das Drumherum von A bis Z kennen zu müssen. Eine Kamera ist aus weiblicher Sicht daher ein Instrument und kein Selbstzweck. Als solches soll sie vor allem funktionieren, gut aussehen, verlässlich sein, gut in der Hand liegen, gute Bilder machen und einfach zu bedienen sein. Zwar beschreiben herkömmliche, technisch gehaltene Pressemitteilungen im Prinzip genau diese Produktmerkmale, jedoch in einer technischen Sprache, in der von optischem und digitalem Zoom, Auflösung bzw. Megapixel, Auslösezeiten, manuellen Optionen und Speicherkapazitäten die Rede ist und die in den geforderten Nutzen rückübersetzt werden muss: mehr Megapixel bedeutet grundsätzlich schärfere Bilder, die größer ausgedruckt werden können, allerdings müssen auch noch andere Faktoren, wie die Sensorgröße in Betracht gezogen werden usw. HPs Entwickler hatten die Kameras mit vielen großartigen Innovationen ausgerüstet, die jedoch alle mehr oder minder erklärungsbedürftig waren – nicht für Ingenieure oder Menschen, die sich bereits gut auskannten. Aber eben für alle anderen. Etwas erklären zu müssen oder erklärt zu bekommen steht spontanem »Intuitiven Spaß haben« meistens entgegen. Unwissenheit kann, wie gezeigt, zu einem asymmetrischen Verhältnis zur Marke führen: Das wissende Unternehmen ist der unwissenden Kundin überlegen, durchaus unbewusst und ohne jegliche böse Absicht. Die gesamte IT-Industrie ist typischerweise von dem Streben nach Überlegenheit gekennzeichnet. Daraus ergeben sich allerdings auch unbedachte Eintrittsbarrieren für manche Marktteilnehmer.

Um primär Nutzerinnen mit HPs digitaler Fotografie warm werden zu lassen, wählte HP auf Saskia Riedels Bestreben einen damals revolutionären Ansatz: Man kooperierte mit der bekanntesten und auflagenstärksten Modezeitschrift in allen großen europäischen Ländern, der *Elle*. In 2004 erreichte die gedruckte Auflage in den fünf wichtigsten Ländern geschätzte fünf Millionen und mit dem Schneeball-Effekt, der das Cover auch für andere Länder verfügbar machte, bis zu 17 Millionen Leser.

Die zentrale Botschaft der PR-Promotion war, dass prinzipiell jede Frau ein Covergirl ist. Die digitale Fotografie war nur ein Werkzeug, um sich selbst als Covergirl zu inszenieren. Damit wurden mehrere Ziele verfolgt:

1. Erstmals wurden gezielt Frauen für diesen technischen Zweig adressiert. Damit signalisierte HP, dass die Marke mit dieser Zielgruppe überhaupt in Kontakt kommen wollte.
2. Den Anwenderinnen wurde eine Einsatzmöglichkeit für die digitale Fotografie gezeigt.

3. Indem die Promotion die Geschichte vom Ergebnis her begann und nicht vom mit vermeintlichen technischen Hindernissen gepflasterten Weg zum eigenen Cover erzählte, ließ sie Verlangen statt Berührungsängste entstehen.

Schon bevor die Aktivität im dritten Quartal 2004 startete, bekam Saskia Riedel Anfragen von Kolleginnen, wann das Cover denn endlich verfügbar sei.

Den Verantwortlichen bei der *Elle* gefiel vor allem der Gedanke, die Leserin in den Mittelpunkt zu rücken und ihr damit Wertschätzung entgegen zu bringen, indem man ihr das Cover und die Kontrolle über ihr eigenes Bild zur Verfügung stellte. Dabei kam es nicht darauf an, auch tatsächlich auf dem Cover einer verkauften Auflage abgebildet zu sein. Es ging vielmehr darum, sich selbst in den sicheren eigenen vier Wänden als Cover-Girl zu inszenieren, Spaß zu haben, die Technik der digitalen Fotografie als Mittel zur Selbstinszenierung, zum Spiel mit der eigenen Schönheit und Persönlichkeit zu nutzen.

Die Aktion und die verschiedenen Varianten

Die Promotion fand in den Sommermonaten 2004 schließlich in folgenden europäischen Ländern statt: In Deutschland, Großbritannien, Russland und Italien konnten Leserinnen direkt ein digitales Foto von sich auf einer Microsite hochladen und eine Schablone eines *Elle*-Covers darüber legen. Text und Font-Farben waren dabei personalisier- und skalierbar. Dieses Bild konnten sie an die *Elle* senden, um am Wettbewerb um das beste Cover oder andere Preise teilzunehmen. Darüber hinaus konnten die Teilnehmerinnen den Link zur Microsite an Freundinnen und Bekannte weiter versenden.[709]

In Frankreich und Spanien konnten Leserinnen aufgrund rechtlicher Bestimmung nur ein Foto und Text von sich einsenden, mit dem dann ein Cover gestaltet wurde. Alle personalisierten Cover nahmen an einem Wettbewerb teil, bei dem es unter anderem HP-Digitalkameras zu gewinnen hab.

Weitere Länder der EMEA-Region (Europa, Naher Osten [Middle East], Afrika) konnten, ebenfalls aus rechtlichen und aus Kostengründen, eigene Cover kreieren, doch nicht am Wettbewerb teilnehmen. Letzteres war allerdings kein Problem, da die Covermöglichkeit an sich für die Teilnehmerinnen ein tolles Erlebnis war.

---

709 vgl. http://bit.ly/bks7vR

Kommunikationsleistungen / Bestandteile der Aktion

- Ein einseitiges Advertorial pro Teilnehmerland mit der URL,
- eine EMEA-weite Pressemeldung sowie ergänzende Hintergrund-Informationen zur Zielsetzung und Mechanik der Kampagne,
- Ansprechpartner bei der *Elle* selbst neben den HP-Kontaktpersonen,
- Zugang zur Microsite über die *Elle* sowie über HP-Websites,
- Erzeugung eines Viral-Effekts,
- Suchmaschinen-Optimierung,
- Community Marketing (durch den Schneeball-Effekt, den Link zur Microsite weiter zu senden),
- »Türöffner-Effekt« für die PR-Manager der einzelnen Länder durch Herabsetzen der Barriere zu anderen hochwertigen Lifestyle-Titeln in den Ländern.

Quantitative Ergebnisse

Gemessen wurden vergleichsweise wenige Daten:

- Gewinnspielteilnahmen,
- Click rates,
- Kostenvergleich und
- parallele Press Coverage.

Insgesamt wurden während der Dauer der Promotion Zugriffe von rund 150 000[710] verschiedenen IP-Adressen auf der Microsite gezählt, ein Plus von etwa 750 Prozent im Vergleich zum Anfang. Da wir damals nicht mit Cookies arbeiteten, konnten Zugriffe verschiedener Personen beispielsweise aus demselben Unternehmen nicht differenziert werden, da alle von derselben IP-Adresse aus zugriffen. Die reale Besucherinnen- und Teilnehmerinnen-Zahl wurde drei bis fünfmal höher geschätzt. Etwa auf jeden zehnten Besuch kam ein gestaltetes Cover.

Insgesamt gingen aus Italien, Russland, Deutschland und Großbritannien rund 11 560 Cover ein. Sechs Advertorials kosteten insgesamt rund 75 000 Euro, in Größe und Platzierung vergleichbare ganzseitige Anzeigen in sechs Länderausgaben ohne jedwede Interaktionsmöglichkeit hätten mit rund 185 000 Euro mehr als das zweieinhalbfache gekostet und wären spätestens mit der folgenden Ausgabe wieder vergessen gewesen.

710 http://bit.ly/9fDidh

Qualitative Ergebnisse

Der damals verantwortliche *Promotions Director* Jhan Rushton der *Elle* äußerte sich begeistert: »Dies ist das erste Mal, dass die *Elle* mit einer anderen Marke zusammen gearbeitet hat und das Cover, die Markenidentität, in so einer einzigartigen Weise genutzt hat, und es hat sich als großer Erfolg gezeigt. (...) Wir haben gerne mit HP an dieser innovativen Kampagne mitgearbeitet. HP ist wirklich entschlossen, sich als führende Lifestyle-Marke zu positionieren.«[711]

Ende 2004 erhielt Saskia Riedel einen Anruf von jemandem, der die Kampagne gesehen hatte und an einer ähnlichen Aktivität interessiert war. Es stellte sich heraus, dass er für keine geringere Marke als Rolls Royce arbeitete.

Der wahre Erfolgsfaktor war jedoch (und der wurde eher indirekt bzw. gar nicht gemessen), dass die Länder-PR-Manager es fortan viel einfacher hatten, an andere Lifestyle-Medien heranzugehen und eigenständige Aktivitäten zu starten. Die *Elle*-Promotion wurde noch auf verschiedenen Messen wie der CeBIT 2005, auf der Photokina 2004 sowie auf dem jährlichen Pressevent »Labs University« 2005 in den Ländern genutzt. Aus HP-internen Reihen kam ebenfalls positives Feedback. Ein entsprechender interner Newsletter-Artikel zur Kampagne im firmeneigenen Intranet wurde in weniger als 24 Stunden fast 500 Mal angeklickt, eine Clickrate, die der damals verantwortliche Webmaster Daniel Rodriguez als »größten bisherigen Erfolg« verzeichnete und hoffte: »Solche Kampagnen sollte es öfters geben«, »Tolle Idee«, »Toll, dass ihr so eine kreative und emotionale Kampagne habt und Nutzer das teilen können« waren weitere Feedbacks der HP-Mitarbeiterinnen und -Mitarbeiter.

Besonderheiten und Einsichten

Die Idee zur Kampagne entstand Ende 2003. Als sie im Frühsommer 2004 vor rund 200 Kollegen aus Marketing- und PR präsentiert wurde, waren die Reaktionen abwartend und verhalten positiv. Ein Kollege fragte besorgt, ob nicht das Risiko bestand, die männliche Zielgruppe zu verlieren, wenn Frauen so spezifisch adressiert würden. Männer informieren sich jedoch über andere Kanäle und in anderer, technischerer Sprache. Zumal schloss der virale Teil der Kampagne Männer ja nicht aus. Im Gegenteil, es stand zu erwarten, dass viele Frauen ihr Cover an ihre Lebensgefährten, Freunde usw. senden würden, die es wiederum ausdrucken wür-

---

711 HP-interne Auswertung der Kampagne

den oder sogar als Überraschung ein eigenes Bild mit ihrer Frau oder Freundin kreieren konnten. Außerdem war die *Elle*-Kampagne nicht das einzige PR-Werkzeug, sondern es ging ja parallel auch mit der klassischen Presse- und Tester-Arbeit mit den IT-Medien weiter wie bisher.

Strukturelles

Es dauerte eine ganze Weile, Entscheider intern zu überzeugen. Extern gesehen erschien die Aktivität sinnvoll, intern standen ihr verschiedene organisatorische Überlegungen entgegen. Die reine Idee erschien zwar »interessant«, »durchaus gut«, »kreativ«, jedoch war man skeptisch, was die Umsetzung betraf, da Anzeigenschaltungen klassischerweise im Marketing angesiedelt waren, PR-Meldungen wie die klassische Pressemeldung aber eben in der PR. Eine innovative, übergreifende Aktivität bedeutete die gemeinsame Nutzung von Budgets, von denen Teile bereits anderweitig verplant waren. Außerdem bedurfte es einer gemeinsamen Begründung der Ziele. Die Steuerung und Verantwortung oblag der PR, obwohl diese bei HP dem Marketing untergeordnet war.

Die *Elle* ist die größte Modezeitschrift mit Länderausgaben in insgesamt 16 Ländern der Welt. Natürlich lag es nahe, die Aktivität aus EMEA heraus auch auf die USA auszudehnen, zumal die Cover-Aktivität nicht allzu saisonabhängig war wie andere Foto-nahe Themen wie Weihnachten, Einschulung, Valentinstag oder Ähnliche. Leider ließ sich aber auch für eine solche »tief hängende Frucht« keine Unterstützung aus dem Mutterland USA für die gute Idee aus einer Region gewinnen.

Ebenso scheiterte 2005 der Plan, auch in der EMEA-Region eine Kamera von einer berühmten Persönlichkeit gestalten zu lassen. HP USA hatte diesbezüglich bereits mit Gwen Stefani, einer international bekannten Sängerin und Stil-Ikone, kooperiert. In EMEA war die Stefani-Kamera bekannt, aber nicht erhältlich. Jedoch interessierte sich 2005 das Mitglied einer Rockband, das eine Mode- und Accessoire-Linie für Babys gegründet hatte, dafür, eine Kamera im Look seiner Baby-Marke zu entwerfen. In der EMEA-Region hätte diese Rockgruppe bzw. die Baby-Marke des betreffenden Mitglieds hervorragend zur Zielgruppe der modernen Mütter gepasst. Die Zielgruppe in den USA bestand dagegen aus eher jüngeren Frauen, die gut auf Gwen Stefani ansprachen. Dennoch wollte man erst die Ergebnisse der Gwen-Stefani-Promotion abwarten. Aus betriebswirtschaftlicher Sicht war diese Vorgehensweise verständlich, jedoch hätten sich beide Ansätze durchaus miteinander kombinieren lassen, denn es gab viele Gemeinsamkeiten: Musik, Familienmutter und Familienvater und Fotografie.

Die *Elle*-Kampagne lief erst im Sommer 2004. Viele Leserinnen werden sie zwar in den Druckausgaben gesehen haben, hatten womöglich urlaubsbedingt aber kaum Zugang zum Internet. Wäre die Kampagne zu einer anderen Zeit gelaufen und hätte sie mehr Rückmelde-Möglichkeiten enthalten, wäre der Erfolg wohlmöglich noch größer gewesen.

16.3. Bosch Power Tools

Die folgende Schilderung basiert auf einem Fachaufsatz, den ich 2009 gemeinsam mit dem damaligen Leiter Kommunikation Bosch Power Tools, Dr. Michael Schmidtke verfasst habe. Inzwischen wurde Michael Schmidtke mit anderen verantwortungsvollen Aufgaben betraut, daher habe ich ergänzende und neue Informationen von der Leiterin Kommunikation Bosch Power Tools, Karin Heinlein sowie Julia Anne Schneider, zuständig für Consumer- und Lifestyle-Kommunikation bei Bosch Power Tools, erhalten. Hier nun die Erfolgsgeschichte von der grünen Heimwerker-Linie von Bosch Power Tools, der Werkzeugsparte für den Heimwerker und seit geraumer Zeit auch für die Heimwerkerin:

Galten Heimwerken und Gartenarbeit noch vor wenigen Jahren als eher altmodische Freizeitbeschäftigungen, hat sich das in den vergangenen Jahren gravierend geändert. Do-it-Yourself (DIY) oder die Gestaltung des Gartens sind »in«. Eine Umfrage der Partnervermittlung ElitePartner aus dem Jahr 2008 ergab, dass 50,5 Prozent aller befragten Single-Frauen heimwerkende Männer attraktiv finden. Zugleich greifen immer mehr Frauen selbst zu Bohrmaschine und Hammer. Wie eine IPSOS-Umfrage von Dezember 2008 zeigte, verbringt bereits fast die Hälfte der Bundesbürger wieder mehr Zeit zu Hause und widmet sich Projekten in Haus und Garten. Das eigene Heim hat wieder an Bedeutung gewonnen.

Die Vorstellung vom Heimwerken muss in zahlreichen Ländern also gründlich revidiert werden. Der Trend zum Selbermachen ist ein Spiegel vieler heutiger Entwicklungen, darunter insbesondere die anhaltende Zunahme von Single-Haushalten, sich schnell verändernde Wirtschaftsverhältnisse, der persönliche Stil als Ausdruck im Wohnumfeld, das Bedürfnis nach Sicherheit und Stabilität im Leben, neue Möglichkeiten für die Erprobung der eigenen Kreativität – und eine konsequente Strategie, die zunehmend auf neue und wachsende Zielgruppen setzt, für den Bereich Heimwerker-Geräte bei Bosch, dem Weltmarktführer bei Elektrowerkzeugen und Zubehör.

Diese Trends hatten bei Bosch, dem Weltmarktführer bei Elektrowerkzeugen und Zubehör, immensen Einfluss auf die Strategie-Entwicklung für den Bereich Heimwerker-Geräte zur Folge. Im Marketing führte das Unternehmen grundlegende Veränderungen durch, was zur Entwicklung vieler außerordentlich innovativer Produkte führte, darunter der kompakte Akkuschrauber namens Ixo, das erste Elektrowerkzeug mit Lithium-Ionen-Akkutechnik. Der Ixo wurde bei der Markteinführung im Jahr 2003 weltweit nicht nur – wie bei derartigen Werkzeugen sonst üblich – 300 000 Mal pro Jahr gekauft, sondern ganze 1,5 Millionen Mal. Gewöhnlich werden weltweit gerade einmal 1,5 Millionen Geräte eines Modells während seines gesamten Produktlebenszyklus' abgesetzt. Heute ist der Ixo mit über zehn Millionen verkauften Exemplaren das erfolgreichste Elektrowerkzeug der Welt – auch dank der rund 50 Prozent weiblichen Käufer. Anlässlich dieses signifikanten Markt-Erfolgs sind 2010 Sonder-Editionen beschlossen worden, die für die weibliche Zielgruppe besonders interessant sind. Einige Jahre zuvor gab es in einer exklusiven Verlosungsaktion mehrere Ixos zu gewinnen, die mit Swarovski-Kristallen versehen waren. Die Beteiligung am Gewinnspiel war damals so unerwartet groß, dass der Swarovski-Ixo in einer limitierten Auflage im September 2010 in einer Schmuck-Verpackung mit Samt-Einlage in den Handel kam. Neben dem üblichen Vertrieb über Baumärkte wurden die 2 400 Kristall-Ixos unter anderem über exklusive Kooperationen und »exotische« Kanäle vertrieben. Außerdem gab es weitere Verlosungen auf www.bosch-do-it.de. Seit November 2010 ist der Ixo Vino mit einem Spezial-Aufsatz zum Öffnen von Weinflaschen auf dem Markt.

Was war passiert?

Die Entdeckung der Selbermacherinnen

Die Elektrowerkzeugbranche gehörte in den 90er Jahren zu den ersten Industrien, die massiv durch den Wettbewerb aus Fernost herausgefordert wurden. Die etablierten Markenhersteller sahen sich plötzlich mit 200 neuen Wettbewerbern allein aus China konfrontiert. In dieser Zeit litt der Markt für Elektrowerkzeuge unter stagnierenden Absätzen, Preisdruck und stark umkämpften Listungen im Handel.

Die Traditionsmarke Bosch galt im Heimwerker-Bereich zu diesem Zeitpunkt als technisch ausgereift, solide, aber auch als konservativ. Ihre Ausrichtung beschränkte sich auf die passionierten, vornehmlich männlichen Heimwerker. Die alten und neuen Wettbewerber zielten auf dieselbe Kundengruppe. Bosch zog daraus die Konsequenzen und beschloss eine gründliche Überprüfung der bisherigen Strategien. Die Investitionen in die

Marktforschung zahlten sich aus, denn es zeigte sich, dass inzwischen ein großes Zielgruppenpotenzial entstanden war, das noch von niemandem systematisch bedient wurde.

Bosch untersuchte detailliert die Gewohnheiten und Wünsche von Kunden und Nicht-Kunden beim Heimwerken und in der Gartenarbeit. Die gewonnen Daten wurden erstmals nach Gemeinsamkeiten und Unterschieden zwischen Frauen und Männern ausgewertet. Die Analyse ergab, dass neben den leidenschaftlichen Heimwerkern, den so genannten *Passionate DIYern* (Do-it-Yourselfern), die *Pragmatic* sowie die *Soft DIYer* existieren. Als *pragmatisch* gelten diejenigen, für die Heimwerken eher Mittel zum Zweck ist bzw. die selbst heimwerken, weil sie das Geld für Handwerker sparen möchten. *Soft* steht für Tätigkeiten mit hohem kreativem und geringerem handwerklichen Anteil, darunter Dekoration und Verschönerung. Diese beiden Gruppen bestehen zu einem großen Anteil aus Frauen (Pragmatic DIYer: 30 Prozent, Soft DIYer: 60 Prozent Anteil), sowie aus einer jungen Generation von männlichen, auf Kreativität ausgerichteten Einsteigern. Auf einige mögliche Zielgruppen wurde bewusst verzichtet, um Profil für neue Produktbereiche zu gewinnen.

Die Marktanalyse ergab auch, dass sich die Bedürfnisse der Frauen bei DIY-Projekten und in der Gartenarbeit teilweise signifikant von denen der Männer unterscheiden. Allein die körperlichen Voraussetzungen erfordern Produkte mit Eigenschaften, die männliche Kunden nie zuvor nachgefragt haben. Männer haben in der Regel größere Hände, einen höheren Körperschwerpunkt als Frauen und für stärkere Belastungen ausgelegte Gelenke. Der Muskelanteil im Körper beträgt bei ihnen im Durchschnitt 40 Prozent, bei Frauen jedoch lediglich 23 Prozent, wodurch Frauen leichtere Geräte benötigen, um größere Projekte durchführen zu können. Auch das Gehör ist bei Frauen durchschnittlich stärker ausgeprägt: Sie hören mehr Frequenzen und dabei sämtliche Geräusche lauter als Männer. Während vielen Männern das satte Dröhnen von Motoren gefällt, weil sie es als Ausdruck der Geräteleistung interpretieren, können dieselben Geräusche bei Frauen sogar Schmerzen verursachen.

Frauen und Männer unterscheiden sich selbst in grundlegenden Herangehensweisen. Frauen sind auf Menschen, Männer auf Dinge fokussiert. Dieses Ergebnis auf den DIY-Bereich übertragen hieße: Wenn Frauen ein DIY-Projekt beschließen, denken sie eher an die Menschen, denen das Ergebnis ihrer Heimwerker- oder Gartenarbeit dienen und gut tun soll. Männer konzentrieren sich dagegen eher auf ihr Projekt, also das neue Parkett, das Bild, die Wand.

»Pink it and shrink it« – nicht für Elektrowerkzeuge

Bosch entschied sich für eine Innovations- und Kommunikationsstrategie, in deren Mittelpunkt die konsequente Ausrichtung aller Prozesse an den Kundenbedürfnissen stand. Die Unterschiede zwischen Frauen und Männern waren von großer Bedeutung, weshalb Gender-Aspekte systematisch in allen Bereichen des Unternehmens berücksichtigt werden sollten. Dabei setzte Bosch aber nicht auf getrennte Produktreihen, also spezifische »Frauen- und Männerelektrowerkzeuge«. Stattdessen bildeten Produkte, die sowohl die Bedürfnisse der Frauen, als auch die der Männer in sich vereinen, den Fokus für die Entwicklung neuer Heimwerker-Geräte. Bosch vermied damit den in vielen technischen Branchen beliebten und kostspieligen Fehler »pink it and shrink it«, also den Kundinnen ein verkleinertes, rosa getünchtes, in den Funktionen jedoch weiterhin »männliches« Gerät anzubieten. Die Bosch Marktforschung hatte gezeigt, dass Frauen als Heimwerkerinnen ernst genommen werden wollen. Selbermacherinnen wollen nicht anders behandelt werden als Selbermacher. Allerdings haben Frauen andere Ansprüche an das Gerät.

Mit 60 Prozent Anteil an der Gruppe der Soft DIYern sind viele Frauen stark an Verschönerungen ihres Wohnumfelds und der Umsetzung ihrer kreativen Ideen interessiert, denn Ästhetik und Schönheit spielen für Frauen eine große Rolle. Die pragmatischen Heimwerkerinnen möchten hingegen Notwendiges reparieren, jedoch auch Dinge konstruieren, die käuflich nicht zu erwerben sind. Frauen benötigen für Renovierungstätigkeiten mehrheitlich leichte Geräte, um ausdauernd arbeiten zu können.

Eine entscheidende Rolle für die Herstellung kompakter Geräte spielt die Lithium-Ionen-Akkutechnik, die Bosch im Jahr 2003 als erstes Unternehmen für Elektrowerkzeuge nutzbar machte. Durch die Einführung dieser aus Handys und Laptops bekannten Akkutechnik wurden die Produkte immer kompakter, leichter und vor allem ausgesprochen leistungsstark. So wurde der allseits beliebte Ixo entwickelt, der nur 300 Gramm wiegt, auch in den entlegensten Winkeln ausgezeichnet schraubt und eine lange Akkulebensdauer mitbringt. Natürlich wurden in der Entwicklung des Ixo ergonomische Aspekte wie der Griffumfang und die Rutschfestigkeit berücksichtigt, wie ein auch von Frauen als angenehm empfundener Klang. Eine intuitive Bedienbarkeit spielte bei der Entwicklung eine ebenso große Rolle wie eine hohe visuelle Ästhetik. Der erste Ixo überraschte Baumarktbesucher 2003 in einer Verpackung, die einer Keksdose ähnlich war. Für die Frauen signalisierten Gerät und Verpackung sofort, dass der Ixo auch für sie gedacht war. Bald schon avancierte der Schrauber in der »Keksdose« zu einem beliebten Oster-, Muttertags-, Geburtstags- und Weihnachtsgeschenk.

Genauso wie die Damen, begehrten den Ixo auch die Herren schnell. Frauen für ein technisches Gerät zu begeistern ist manchmal viel schwieriger als Männer, die eine ausgeprägte Technikbegeisterung oftmals sehr früh von Vätern, Brüdern und anderen männlichen Bezugspersonen vermittelt bekommen. Im Verlauf ihres ganzen Lebens erliegen viele Männer der Faszination technischer Neuheiten. Doch der Ixo überzeugt sie nicht nur durch seine Lithium-Ionen-Akkutechnik und komfortable Handhabung, sondern schließt überdies noch die Lücke zwischen herkömmlichen Akkuschraubern und manuellen Schraubenziehern. Obwohl sie nicht zu den Kernzielgruppen von Bosch gehören, haben auch Techniker und Computerfachleute den Ixo für sich entdeckt, sodass der Ixo bei ihnen überall dort zum Einsatz kommt, wo zuvor mühsam per Hand geschraubt wurde, beispielsweise an Computer-Gehäusen. Der Einsatzbereich von Akkuschraubern wurde mit dem Ixo vergrößert: Mussten IKEA-Regale früher noch per Hand mit dem mitgelieferten, schon legendären Inbus-Schlüssel geschraubt werden, wird diese Tätigkeit nun mit dem Ixo erledigt, dem die passenden Bits serienmäßig beigefügt sind.

Der Erfolg des Ixo war überwältigend, und Bosch sah, dass die konsequente Kundenorientierung der Schlüssel für viele weitere Innovationen war. Und die folgten: Der Bohrhammer Uneo ist mit nur rund einem Kilogramm Gewicht und seiner kompakten Größe (etwa wie ein DIN A-5-Blatt) leicht beherrschbar und kann gleichermaßen schrauben, bohren und hämmern – selbst in Beton. Mit einem Gerät können nun alle gängigen Anwendungen angegangen werden, ohne dass es dazu spezielle »DIY-Kenntnisse« bedarf. Ein anderes Beispiel für die konsequent an den Kundenbedürfnissen ausgerichtete Innovationsstrategie ist das staubfreie Bohren: Seit ihrer Erfindung haben Bohrmaschinen große Staubwolken freigesetzt und so zu mitunter überflüssigen Auseinandersetzungen zwischen Eheleuten geführt. Um aufwändige Reinigungstätigkeiten zu vermeiden, behalfen sich die Partner, indem sie das Loch gemeinschaftlich in Angriff nahmen: Er bohrte – und sie hielt den Staubsauger unter das Bohrloch. Als Lösung brachte Bosch 2004 eine Bohrmaschine mit integrierter Staubabsaugung auf den Markt, der eine ganze Serie weiterer Werkzeuge mit ebendieser Absaug-Funktion folgten.

Ein weiteres Beispiel ist die neue »Compact Generation«, der ein innovatives Konzept zur strategischen Zielgruppen-Ansprache zugrunde liegt. Die neue Geräte-Serie von kompakten, leichten Schlagbohrmaschinen und

Stichsägen orientiert sich mit den drei Produkt-Linien *Easy*, *Universal* und *Expert* an den spezifischen Bedürfnissen und Kenntnissen von Heimwerkerinnen und Heimwerkern. Vor allem die Einsteiger-Linie *Easy* verspricht großes Marktpotenzial, da sie sich mit besonders leichter Bedienbarkeit und Handhabung an die Gruppe der »Soft«-DIYer richtet – erstmals mit Schlagbohrmaschinen und Stichsägen.

Die klare Differenzierung der unterschiedlichen Produktlinien wird visuell über das Design, die Produkteigenschaften, die Verpackungen und das POS-Material kommuniziert. Sowohl die Verkaufsmitarbeiter, als auch die Kundinnen und Kunden können so das für sie richtige Gerät schnell und einfach finden. Die Preisgestaltung ist transparent und auf die Produktgruppen abgestimmt.

Und selbst bei der Gartenarbeit zeigte sich viel Innovationspotenzial: In der Vergangenheit gehörte das Rasenmähen zu den klassischen Männerdomänen. Die meisten Mäher waren aufgrund ihrer Konstruktion schwergängig oder durch ihr Eigengewicht für viele Frauen kaum um die Kurve zu bekommen. Eine größere Fläche konnte bisher oftmals rein körperlich nicht bewältigt werden. In den USA hatte eine Untersuchung zur Überraschung der gesamten Branche ergeben, dass die meisten fahrbaren Rasenmäher in Ermangelung von Alternativen von Frauen gekauft wurden. Bosch hat für kleinere und mittlere Gärten auf der Basis der Lithium-Ionen-Technik leichte Akkumäher entwickelt, die die schweren Benzinrasenmäher spielend ersetzen. Die neuen Mäher stinken nicht, knattern nicht, verursachen wesentlich geringere CO_2-Emissionen, sind wartungsfrei und leicht zu transportieren. Damit haben Frauen nun endlich die Wahl, ob sie sich künftig beim Rasenmähen entlasten lassen, oder ob sie selbst mähen möchten.

Ursprünglich hatten immense Marktveränderungen Bosch dazu gezwungen, über neue Zielgruppen nachzudenken. Nun waren es diese neuen Zielgruppen, die den Weg zu Innovationen im großen Maßstab eröffneten. Die Entwickler und Marketing-Mitarbeiter hatten sich intensiv mit den weiblichen und männlichen Lebenswelten der DIYer und Gartenliebhaber befasst und begannen nun, Haushalte und Gärten aus deren Blickwinkeln zu betrachten. Diese neuen Perspektiven führten in logischer Konsequenz zu völlig neuen Ideen, die sich schließlich in Produkten und Marketingmaßnahmen mit vielen Alleinstellungsmerkmalen ausdrückten.

»Gendering« von der Verpackung bis zum Point of Sale

Zu den Prinzipien des Gender-Marketings gehört der ganzheitliche Ansatz. Demnach müssen Produkt, Vertrieb, Preis, Service und sämtliche Kommunikationsmaßnahmen aufeinander abgestimmt werden. So wurde die gesamte visuelle Kommunikation, vom Produkt-, über das Verpackungsdesign bis zu Werbefotos, »gegendered«, d. h. konsequent auf die Bedürfnisse beider Geschlechter ausgerichtet. Die Kundenzentrierung aus der Unternehmensphilosophie wurde übertragen, sodass in den neuen Produktverpackungen nicht länger nur Großaufnahmen von Gegenständen dominieren, sondern auch Menschen beim Heimwerken mit dem Gerät. Solange Männer auf den Fotos die wesentlichen Produkteigenschaften noch erkennen können, stört sie das nicht. Aber dieses Verfahren dient vor allem dazu, Frauen die Signale zu senden, die sie bei ihrer Kaufentscheidung unterstützen. Da das Denken vieler Frauen eher auf Menschen als auf Dinge fokussiert ist, interessieren Produkte sie stets nur dann, wenn sie erkennen können, welchen Nutzen sie Menschen bringen. Die potenziellen Käuferinnen brauchen die Darstellung einer Situation, um sich darin wiederzufinden, insbesondere dann, wenn sie mit dem Produkt wenig vertraut sind. Mit der ausbalancierten Darstellung von Leistungsmerkmalen der Geräte und menschenzentrierten Anwendungssituationen trägt Bosch den Bedürfnissen beider Geschlechter Rechnung.

In den Baumärkten, am Point of Sale, spielt die Beratung eine wichtige Rolle. Wie Studien zeigen, ist es besonders für Frauen wichtig, einen kompetenten Ansprechpartner zu finden. Sie vertrauen Freunden und Familie, aber auch Informationen aus dem Internet mehr als dem Verkaufspersonal in den klassischen Baumärkten. Ein häufiges Ärgernis ist vor allem die dünne Personaldecke in dieser Handelssparte, die eine eingehende Beratung beinahe unmöglich macht. Doch auch passionierte Handwerker misstrauen den Mitarbeitern, die ihrer Ansicht nach zu wenig Fachwissen mitbringen, um noch Antworten auf die Fragen der vermeintlichen oder tatsächlichen Cracks zu kennen.

Vor diesem Hintergrund richtete Bosch in europäischen Baumärkten 700 Shop-in-Shops ein, in denen Bosch-Berater den Kunden in allen Anwendungsfragen rund um Elektrowerkzeuge und Zubehör mit Rat und Tat zur Seite stehen. Während Männern den Baumarktstudien zufolge häufig schnell und nach Plan einkaufen, nimmt sich ein Großteil der Frauen mehr Zeit für den Einkauf, um sich von dem Angebot inspirieren zu lassen. Deshalb beziehen Bosch-Berater bei ihren Sonderaktionen Männer, Frauen und Kinder in unterschiedlicher Weise mit ein, zum Beispiel mit unterschiedlichen DIY-Bauprojekten. Kinder können auch schon mit Spielzeugelektrowerkzeugen von Bosch mini erste Bastelarbeiten selbst durchführen oder ihre Eltern beim Heimwerken unterstützen. Für Einsteiger gibt es ebenfalls maßgeschneiderte Aufgaben, um das eigene Erleben erster Erfolge mit einfachen Projekten wie »Möbel-Tattoos« zu fördern. Solche Sonderaktionen kommen dem Bedürfnis vieler Frauen, aber auch einer wachsenden Zahl von Männern, nach Inspiration entgegen.

Inspiration und geschlechtergerechte Ansprache in der Medienarbeit

Um dem Inspirationsbedürfnis insbesondere der *pragmatic* und *soft DIYer* entgegenzukommen, hat Bosch 2007 unter www.bosch-do-it.com ein eigenes Internet-Angebot rund um Wohnen und Gestalten eingerichtet. Beim interaktiven 3D-Rundgang im »House of Bosch« können die Anwender nun Ideen sammeln und konkrete Projektvorschläge auswählen. Gefällt ein gezeigtes Projekt, genügt ein Klick, um zu den praktischen Video-Anleitungen durch Experten und den dazu geeigneten Werkzeugempfehlungen zu gelangen. Die Vorschläge für die Kinderzimmer gibt es natürlich in einer Jungen- und Mädchenvariante, denn Kinder haben genaue Vorstellungen davon, was ihnen gefällt.

Seit 2009 gibt es sogar eine Heimwerker-Community mit einer expliziten Ansprache auch der weiblichen Zielgruppe: www.1-2-do.com. Hier kann Frau oder Mann gezielt nach klassischen Heimwerker-, oder nach Dekorations- und Verschönerungsprojekten suchen, Beispiele einsehen und selbst Projekte einstellen. Außerdem gibt es immer Hilfe: Unter dem Motto »Einer weiß immer, wie es geht« können sich Heimwerker und kreative Selbermacher über ihre Projekte und Erfahrungen austauschen sowie Inspirationen anderer einholen. Darüber hinaus bietet Bosch auf der Plattform exzeptionelle Serviceleistungen an, die von Expertenberatung über Wettbewerbe und Chat mit Bosch bis hin zu Produkttests reichen. Das Design ist derart gestaltet, dass alle Bosch DIY Zielgruppen ein individuelles Angebot für ihre Heimwerker- und Servicebedürfnisse finden. Sogar eine Art Heimwerker-Wikipedia, ein interaktives Lexikon rund um das Thema Heimwerken, ist enthalten.

Ob im Internet oder in anderen Medien: Die Geschlechter verwenden stark voneinander abweichende Sprachmuster. Diesen Umstand muss Gender-Kommunikation berücksichtigen. Sie ist komplex und vielschichtig. Für Bosch bedeutete dies eine Neuausrichtung auch der Presse-und Medienarbeit. Erstreckte sich bis dahin die PR-Arbeit im Wesentlichen auf Fachtitel wie *Selbst ist der Mann* oder *Heimwerkerpraxis,* wurden von nun an gezielt Lifestyle- und Frauentitel einbezogen. Dabei gilt es, Frauen und Männer nicht nur optisch, sondern auch sprachlich richtig anzusprechen. So achtet Bosch wie in allen Kommunikationsfeldern darauf, seine Pressetexte so zu verfassen, dass sie sich auf Männer als auch auf Frauen und damit auf beide heimwerkenden Geschlechter beziehen.

In bestimmten Bereichen muss aber deutlich differenziert werden, zum Beispiel in der Zusammenarbeit mit Frauen- oder Männermedien. Denn hier können sich Frauen und Männer unter sich fühlen, ähnlich als würden ihre besten Freundinnen oder Freunde zu ihnen sprechen. In Frauen- oder Männermedien werden Themen und Sprache geschlechter- und interessenspezifisch gewählt. Um Leichtigkeit darzustellen, werden Werkzeuge etwa in Frauenzeitschriften oftmals in Gramm beschrieben, während in Männerzeitschriften eher die Kraft im Vordergrund steht und Werkzeuggewichte in Kilogramm bemessen werden. In Bezug auf Größe greifen Frauenzeitschriften auf Haushaltsgeräte zurück und vergleichen etwa den Uneo mit einem Handmixer, um der Leserin eine Vorstellung zum Umfang des kompakten Akkubohrers zu geben. In Männerzeitschriften überwiegen dagegen Analogien aus der Männerwelt, wie der Jagd. Zum Beispiel: »Mit einem Akkubohrer eine Betonwand zu durchlöchern, das war bisher so aussichtslos, wie mit einer Luftpistole auf Elefantenjagd zu gehen ...« Diesen unterschiedlichen Sprachwelten gilt es in der Zusammenarbeit speziell mit Frauen- oder Männermedien Rechnung zu tragen.

Bosch legt ganz besonderen Wert auf die Soft DIYer, weil hier die größten Wachstumschancen gesehen werden. Die klassischen Heimwerker kennen die Produkte von Bosch ja bereits, die anderen, teilweise Noch-Nicht-Heimwerker, müssen erst als Heimwerker/innen gewonnen werden. Daher empfinden die Kommunikationsteams die Ansprache der neuen Zielgruppen als besonders anspruchsvolle Aufgabe, da diese erst überzeugt werden müssen. Für sie sind die Hemmschwellen gegenüber dem Heimwerken an sich, und sei es auch nur, ein Loch in die Wand zu bohren, wesentlich größer als für jene, die so etwas schon vorher gemacht haben. Gerade diese Hemmschwellen gilt es abzubauen, ebenso wie verfestigte Vorurteile gegenüber dem Heimwerken. Daher liegt der Schwerpunkt der Kommunikation auf Kreativität, auf Dekorations- und Verschönerungsprojekten, da diese vor allem für die weibliche Zielgruppe attraktiver sind.

Hier geht es vor allem um den Anspruch, den Menschen *Inspiration* zu geben, für ihr eigenes Zuhause. Diese Ebene ist der Anwendungsebene übergeordnet, die Beispiele und Anleitung für einzelne Projekte (zum Beispiel Step-by-Step-Fotostories) gibt. Die Anwendungsebene ist wiederum der reinen Produkt-Ebene übergeordnet. Je nachdem, welche Zielgruppen angesprochen werden soll und mit welchen Produkten, liegt der jeweilige Berichtsschwerpunkt auf einer dieser drei Ebenen: In der Fachpresse wird über die Produkt- und Anwendungsebene kommuniziert. Die Lifestyle- und Frauen-Magazine erfordern eine exklusivere und originellere Ansprache. Hierfür orientiert sich die Bosch-Kommunikation vor allem an übergeordneten Trends, also Wohn-, Garten- und Lifestyle-Trends unter Berücksichtigung der Lebenswelten der Zielgruppen. Es gibt dann auch zuweilen etwas in Pink, zum Beispiel Möbel-«Tattoos«, um Kommoden aufzupeppen. Solche Angebote unter dem Motto »pimp up my living« in den unterschiedlichsten Spielarten kommen als ausgefallene Kreativ-Ideen gut bei den weiblichen Zielmedien an.

Bosch lädt regelmäßig Journalistinnen und Redakteurinnen aus den Bereichen Lifestyle, Fashion und Beauty, also bereits über die Ebene der reinen Wohn-Medien hinaus, zu Events ein. Bei diesen Kreativ-Workshops stellen angesagte Jung-Designer originelle Projekte und aktuelle Wohntrends vor. Außerdem gibt es ausreichend Gelegenheit, die Bosch-Produkte zu testen. Das Ziel lautet, die DIY-Unerfahrenen unter ihnen mit der einfachen Handhabung der Bosch-Akku-Geräte vertraut zu machen. Die Begeisterung der Teilnehmerinnen ist stets sehr groß, denn der Respekt und die Hemmungen vor dem Selbermachen fallen schnell. Mit diesen Erfahrungen können sie ihren Leserinnen ganz anders über Ixo, Isio, Uneo & Co. berichten.

Auch das öffnet neue Türen bei weiteren Zielgruppen. Magazine wie *freundin*, *myself* etc. haben (noch) keine Technik-Rubrik – dennoch erscheinen dort regelmäßig Produkte aus dem Hause Bosch im Kontext neuer Lifestyle-Trends oder *Must-haves* der Saison, und neue Gartengeräte gehören zum »Beautyteam für den Garten«. Eine myself-Redakteurin bloggt beispielsweise über ihre neue »große Liebe zur Stichsäge« der »Compact Generation« (www.myself.de/blog).

Die Kommunikationsleitung im deutschen Mutterhaus wacht auch international über die Berichterstattung in Männer-Magazinen. Die Produkte von Bosch dürfen niemals in anstößiger Weise präsentiert oder mit schlüpfrigen Texten versehen werden. Geschieht dies einmal, wird das Gespräch mit der jeweiligen Publikation gesucht. Beim zweiten Mal hört Bosch auf, sie mit Material und Informationen zu beliefern. Ziel dieser Vorgehensweise ist, die Marke Bosch Power Tools bei Männern wie Frauen gleichermaßen an erster Stelle zu positionieren.

Wachsende Bedeutung von Gender Marketing Communication

Am Anfang drohten hunderte neuer Wettbewerber im Billigsegment den Markt zu überschwemmen. Doch Bosch konterte mit Gender Marketing und konnte, obwohl zahllose Wettbewerber den Ixo ungeniert kopierten, mit Heimwerker- und Gartengeräten seine Marktführerschaft in den europäischen Baumärkten weiter ausbauen. No-Names und Handelsmarken büßten in den vergangenen Jahren dagegen deutlich ein. In acht europäischen Kernmärkten, darunter die größten Märkte Deutschland, Großbritannien und Frankreich, stammen zusammengerechnet 17 der 20 bestverkauften Elektrowerkzeuge in europäischen Baumärkten von Bosch. Jedes Jahr bringt das Unternehmen mehr als 100 neue Produkte auf den Markt und erreicht Jahr für Jahr mehr als 37 Prozent des Umsatzes mit DIY-Geräten, deren Markteinführung weniger als 24 Monate zurückliegt. Die Wirtschaftskrise hat dieser Erfolgsbilanz keinen Abbruch getan, im Gegenteil. Wie Umfragen zeigten, machen die Leute wieder mehr selbst – nicht nur weil es Geld spart, sondern weil es auch dank innovativer Technik immer mehr Spaß macht. Innerhalb weniger Jahre hat Bosch das Heimwerken ein bisschen neu erfunden – für beide Geschlechter.

17. Welche Zukunft erwartet uns?

Inzwischen ist es unbestreitbar: Bei allem, was die Geschlechter verbindet, gibt es ebenso gravierende Unterschiede. Viele Menschen beschleicht bei diesem Gedanken noch immer großes Unbehagen. Doch Wissen schützt vor Ungewissheit, bösen Überraschungen und Ärgernissen. Im Privaten bedeutet das, den Partner oder die Partnerin, die Tochter oder den Sohn anders sein lassen zu können, Andersartigkeit schätzen zu lernen und vielleicht auch weiterhin das eine oder andere Mal leise zu schmunzeln, weil das geliebte Wesen sich dem eigenen Verständnis nach unpraktisch verhält oder wenig elegant agiert. Im Geschäftsleben wird sich das heutige übliche, unerbittliche Konkurrenzverhalten zumindest in einigen Teilbereichen verändern müssen. Und das wird der Wirtschaft gut bekommen.

Noch immer werden die meisten Unternehmen nach streng männlichen Regeln geführt und nach ebenso männlichen Maßstäben bewertet. Prof. Sita Mazumder von der Hochschule Luzern erinnerte mich kürzlich in einem ihrer Vorträge über Personalpolitik wieder einmal an die Anforderungen, die an Kandidaten für Führungspositionen gestellt werden. »Durchsetzungsfähigkeit« ist immer mit dabei. Zwar wird auch Teamfähigkeit erwartet, jedoch zumeist nur auf dem Papier, wie sich feststellen lässt, sobald man einen näheren Blick auf Organisationsstrukturen und Arbeitsweisen wirft. Der Wettbewerb im Unternehmen und auf dem Markt ist das stärkste Motiv von allen. Und genauso verhalten sich Firmen, die diesen Prinzipien inzwischen blind folgen, auch ihrer Kundschaft gegenüber. Kundinnen und Kunden sind heute nur Mittel zum Zweck, um abstrakte Ziele wie Gewinn von Marktanteilen, Verdrängung, Wachstum und Rendite zu realisieren.

Doch die Kunden, und insbesondere die Kundinnen, spüren das. Sie spüren die eigene Beliebigkeit und die geringe Wertschätzung. Inzwischen haben sie jedoch eine Wahl. Immer öfter zeigen sie jenen, die ihnen ein schlechtes Gefühl vermitteln, die kalte Schulter. Es gibt mehr als genug

Werbung für Adam und Eva. Diana Jaffé und Saskia Riedel
Copyright © 2010 WILEY-VCH Verlag GmbH & Co. KGaA
ISBN 978-3-527-50549-4

Alternativen, besonders in den Städten. Arcandor ist nicht das einzige Beispiel für einen Konzern, der es über einen langen Zeitraum nicht verstanden hat, sich auf die Kundinnen und ihre Bedürfnisse einzustellen. Es bleibt abzuwarten, ob Nicolas Berggruen die Rettung Karstadts langfristig tatsächlich gelingt.

Und es bleibt viel schwieriger, die Kundin zu verstehen, als den Kunden, wenn Unternehmensspitzen und Entscheiderposten weiterhin nur von Männern besetzt werden, wenn die Geschäftsführer und die »Kreativen« in Agenturen Männer sind und sie alle wenig Bereitschaft mitbringen, die Verschiedenartigkeit von Konsumenten und Konsumentinnen zu akzeptieren und wirklich zu verstehen. Die Weigerung, sich als Unternehmen kundenorientiert, und damit menschenzentriert, also mehr nach dem weiblichen Prinzip, aufzustellen, ist über kurz oder lang wirtschaftlicher Selbstmord. Bosch verschaffte sich, wie gesehen, den entscheidenden Marktvorsprung, der die Firma noch Jahrzehnte tragen wird. Doch noch immer sind viele Unternehmenslenker einem mechanistischen Weltbild verhaftet. Sie glauben noch immer an den Vorsprung durch technische Innovationen. Wir haben heute die Möglichkeit, beinahe alles zu erfinden. Nur wohin führt es, wenn Dinge und Technologien erfunden werden, die kein Mensch braucht? Und was passiert, wenn ein Wettbewerber etwas früher begreift als das eigene Unternehmen? Er wird ganz klar das Rennen um die Gunst der Konsumentinnen und/oder der Konsumenten gewinnen. Bekanntlich bleiben die ersten immer im Gedächtnis, deswegen konnte Coca Cola bei aller Anstrengung keinen Energy-Drink mehr auf dem Markt etablieren. Red Bull war zuerst da und konnte selbst von dem Getränke-Giganten nicht geschlagen werden. Die Innovation liegt nicht mehr auf Produkt- oder Markenebene, sondern bei den Käufern und Verwendern.

Obwohl die Macht längst bei den Kundinnen und Kunden liegt, tun viele Unternehmen noch so, als könnten sie selbst die Bedingungen diktieren. Solange sie noch mit den Konsumenten um die Vorherrschaft rangeln, werden sie verlieren. Diese Entwicklung wurde durch die Customer Driven Communication in Form von Web 2.0 und Social Media beschleunigt, und sie gewinnt weiter an Fahrt.

Zwischen Unternehmen und (männlichen) Kunden würden die alten Methoden zweifellos noch eine ganze Weile länger funktionieren. Doch in Bezug auf weibliche Zielgruppen bedarf es eines gänzlich neuen Marktverständnisses. Es ist Zeit, den Kampf mit den Kundinnen um die Überlegenheit zu beenden. Es ist Zeit, die Unternehmenskulturen fundamental zu verändern, indem die Partnerschaft mit der Kundin an die Stelle des Diktats gesetzt wird. Michael J. Silverstein und Kate Sayre von der Boston Consulting Group haben 2009 eine internationale Studie durchgeführt. Ihre Zahlen zeigen die heutige Realität und die Entwicklung in den kommenden Jahren auf. Schon heute kontrollieren Frauen weltweit 64 Prozent aller privaten Konsumentscheidungen. Das entspricht einer Summe von 20 Billionen Dollar. Dieser Betrag wird sich in den kommenden Jahren auf 28 Billionen Dollar erhöhen. Davon verdienen die Frauen derzeit 13 Billionen Dollar, künftig 18 Billionen Dollar.[712] Silverstein und Sayre weisen explizit darauf hin, dass der Markt, der durch Frauen entsteht, mehr als doppelt so groß ist wie der Chinas und Indiens zusammengenommen. Dabei haben sie die Märkte noch nicht berücksichtigt, die sich jetzt zu entwickeln beginnen, die Märkte in Ländern, die gerade Dank der Mikrokredite an Frauen enorm an Wachstum zulegen.

Der Wandel in den regionalen, nationalen und globalen Märkten betrifft ausnahmslos alle. Unternehmen sind gefordert, die exponentiell steigenden Ansprüche der Konsumenten zu bedienen. Die Managements stehen vor schwierigen Aufgaben, ihre Unternehmen in die Zukunft zu führen. Das wird ihnen nur gelingen, wenn sie die veränderten Markterfordernisse voraussehen, frühzeitig reagieren und den Kundinnen und Kunden erklären können, was sie tun. Und hier kommt die Gender Marketing Communication ins Spiel.

[712] Silverstein, Michael J. und Kate Sayre (2009), S. 8

Literaturliste

o. V.: »KGB half Karpow«, in: *Der Spiegel*, Nr. 5 / 01.02.2010

Aharon, Itzhak, Nancy Etcoff, Dan Ariely, Christopher F Chabris, Ethan O'Connor, Hans C Breiter: »Beautiful Faces Have Variable Reward Value«, in: *Neuron*, 2001, Vol. 32, Nr. 3, S. 537-551
http://bit.ly/a3L2Fk

Allen, Laura S., Mark F. Richey, Yee M. Chai, Roger A. Gorski: »Sex Differences in the Corpus Callosum of the Living Human Being«, in: *The Journal of Neuroscience*, April 1991, Vol. 11, Nr. 4, S. 933-942
Vollständiger Artikel: http://bit.ly/aeGgW8

American Psychiatric Association (APA): *Diagnostic and Statistical Manual of Mental Disorders - DSM-IV-TR*, 2000
http://www.dsmivtr.org/

Anderson, Judith L., C. B. Crawford, J. Nadeau and T. Lindberg: »Was the Duchess of Windsor right? A cross-cultural review of the socioecology of ideals of female body shape«, in: *Ethology and Sociobiology*, 1992, Vol. 13, S. 197-227
http://bit.ly/9nItqD

Apicella, Coren Lee, David R. Feinberg, F. W. Marlowe: »Voice pitch predicts reproductive success in male hunter-gatherers«, in: *Biology Letters*, 2007, Vol. 3, S. 682-684
Vollständiger Artikel: http://bit.ly/bYwsDI

Archer, John: »Testosterone and human aggression: an evaluation of the challenge hypothesis«, in: *Neuroscience and Biobehavioral Reviews*, 2006, Vol. 30. S. 319-345
Vollständiger Artikel: http://bit.ly/cBwsGb

Ariely, Dan: *Denken hilft zwar, nützt aber nichts*, München 2008

Austen, Jane: *Gefühl und Verstand* (früher: *Sinn und Sinnlichkeit*), Ditzingen 1986

Babcock, Linda, Sara Laschever: Women Don't Ask: Negotiation and the Gender Divide, Princeton NJ, 2003

Babcock, Mary K., John Sabini: »On differentiating embarrassment from shame«, in: *European Journal of Social Psychology*, 1990, Vol. 20, S. 151-169

Barletta, Marti: *Marketing To Women*, New York 2006

Baron-Cohen, Simon: »The extreme-male-brain theory of autism«, in: *Trends in Cognitive Sciences*, 2002, Vol. 6, Nr. 6, S. 248-254
Vollständiger Artikel: http://bit.ly/bYE5Sf

Baron-Cohen, Simon: *Vom ersten Tag an anders. Das weibliche und das männliche Gehirn*, Düsseldorf 2004

Baron-Cohen, Simon, Sally Wheelwright: »The Empathy Quotient: An Investigation of Adults with Asperger Syndrome or High Functioning Autism, and Normal Sex Differences«, in: *Journal of Autism and Developmental Disorders*, 2004, Vol. 34, Nr. 2, S. 163-175
http://bit.ly/9uZcZ4

Baron-Cohen, Simon, Rebecca C. Knickmeyer, Matthew K. Belmonte: »Sex Differences in the Brain: Implications for Explaining Autism«, in: *Science*, 2005, Vol. 310, Nr. 5749, S. 819-823
http://bit.ly/9jRryK

Bartens, Werner: »Das Doping der Deppen«, in: sueddeutsche.de, 18.07.2007
http://bit.ly/ckNSr6

Bauer, Hans H., Mark Grether, Corinna Sattler: »Werbenutzen einer unterhaltenden Website. Eine Untersuchung am Beispiel der Moorhuhnjagd«, Mannheim 2001
Erhältlich über: http://bit.ly/beh4yL

Bauer, Joachim: *Warum ich fühle, was du fühlst. Intuitive Kommunikation und das Geheimnis der Spiegelneurone*, München 2006

Baumeister, Roy F., Ellen Bratslavsky, Catrin Finkenauer, Kathleen D. Vohs: »Bad Is Stronger Than Good«, in: Review of General Psychology, 2001, Vol. 5, Nr. 4, S. 323-370
Vollständiger Artikel: http://bit.ly/cQgu94

de Beauvoir, Simone: *Le Deuxième Sexe*, Paris 1949 (Das andere Geschlecht)

Befu, Harami: »An Ethnography of Dinner Entertainment in Japan«, in: Takie Sugiyama Lebra, William P. Lebra (Hrsg.): *Japanese Culture and Behavior*, Honolulu 1986

Berk, L. S., Felten, D. L., Tan, S. A., Bittman, B. B. & Westengard, J.: »Modulation of neuroimmune parameters during the eustress of humor-associated mirthful laughter«, in: *Alternative Therapies*, 2001, Vol. 7, Nr. 2, S. 62-76

Bielsky, Isadora F. und Larry J. Young: »Oxytocin, Vasopressin, and Social Recognition in Mammals«, in: *Peptides*, 2004, Vol. 25, S. 1565-1574

Birkenbihl, Vera F.: *Männer – Frauen. Mehr als der sogenannte kleine Unterschied?*, DVD 2005

Birkenbihl, Vera F.: *Männer / Frauen. Wie es dazu kam, dass alle Welt glaubt, Männer und Frauen seien gleich – …und weshalb das nicht stimmt!*, DVD 2005

Biro, Dora, Tatyana Humle, Kathelijne Koops, Claudia Sousa, Misato Hayashi, Tetsuro Matsuzawa: »Chimpanzee mothers at Bossou, Guinea carry the mummified remains of their dead infants«, in: *Current Biology*, 2010, Vol. 20, Nr. 8, S. R351-R352
http://bit.ly/ai9BVo

Bischof, Norbert: *Das Rätsel Ödipus*, Müchen, 1989

Bischof-Köhler, Doris: *Von Natur aus anders. Die Psychologie der Geschlechtsunterschiede*, Stuttgart 2006

Bixo, M. t. Backstrom, B. Winblad und A. Andersson: »Estradiol and testosterone in specific regions of the human female brain in different endocrine states«, in: *Journal of Steroid Biochemistry & Molecular Biology*, 1995, Nr. 55, S. 297-303

Blood, Anne J., Robert J. Zatorre: »Intensely pleasurable responses to music correlate with activity in brain regions implicated in reward and emotion«, in: *Proceedings of the National Academy of Sciences*, 2001, Vol. 98, S. 11818-11823
http://bit.ly/aaHXgj

Blumstein, Philip, Pepper Schwartz: *American Couples*, New York 1983

Borger, Julian: »'It reminds me of Baghdad in the worst of times'«, in: The Guardian, 03.09.2005
http://bit.ly/amf4Zb

de Botton, Alain: *Statusangst*, Frankfurt am Main 2006

Bowles, Hannah Riley, Linda Babcock, Lei Lai: »It Depends Who Is Asking and Who You Ask: Social Incentives for Sex Differences in the Propensity to Initiate Negotiation«, in: *Harvard University Working Paper Series*, 2005
Vollständiger Artikel: http://bit.ly/bFMKSN

Brauer, Markus: »Web-gemobbt«, in: *Stuttgarter Nachrichten Online*, 24.09.2009
http://bit.ly/9dFOCJ

Breiter, Hans C., Randy L. Gollub, Robert M. Weisskoff, David N. Kennedy, Nikos Makris, Joshua D. Berke, Julie M. Goodman, Howard L. Kantor, David R. Gastfriend, Jonn P. Riorden, R. Thomas Mathew, Bruce R. Rosen and Steven E. Hyman: »Acute Effects of Cocaine on Human Brain Activity and Emotion«, in: *Neuron*, 1997, Vol. 19, Nr. 3, S. 591-611
http://bit.ly/douTdl

Brennan, Bridget: *Why She Buys*, New York 2009

Brewster, Paul W. H., Caitlin R. Mullin, Roxana A. Dobrin, Jennifer K. E. Steeves: »Sex differences in face processing are mediated by handeness and sexual orientation«, in: *Laterality: Asymmetries of Body, Brain and Cognition*, Erstveröffentlichung: 09.06.2010
Vollständiger Artikel: http://bit.ly/978Czd

Brizendine, Louann: *Das weibliche Gehirn*, Hamburg, 2007

Brizendine, Louann: *Das männliche Gehirn*, Hamburg, 2010

Brodetsky, Selig: »Newton: Scientist and man«, in: *Nature*, 1942, Vol. 150, S. 698-699

Brück, Mario: »Billighier läuft noch«, in: *WirtschaftsWoche*, Nr. 14, 03.04.2010, S. 11

Bush, Michael: »Are Major Marketers Training John Q. Public to Whine on Web?«, in: *AdvertisingAge Online*, 21.06.2010,
http://bit.ly/9byQEi

Buss, David M.: *Evolutionäre Psychologie*, München 2004

Buss, David M.: »International preferences in selecting mates: A study of 37 cultures«, in: Journal of Cross-Cultural Psychology, 1990, Vol. 21, S. 5-47

Buss, David M., David P. Schmitt: »Sexual strategies theory: an evolutionary perspective on human mating«, in: *Psychological Review*, 1993, Vol. 100, Nr. 2, S. 204-32

Butler, Judith: *Gender Trouble*, Abingdon UK 2006

Butler, Tracy, Hong Pan, Jane Epstein, Xenia Protopopescu, Oliver Tuescher, Martin Goldstein, Marylene Cloitre, Yihong Yang, Elizabeth Phelps, Jack Gorman, Joseph Ledoux, Emily Stern, David Silbersweig: »Fear-related activity in subgenual anterior cingulate differs between men and women«, in: *NeuroReport*, 2005, Vol. 16, Nr. 11, S. 1233-1236

Byrnes, James P., David C. Miller, William D. Schafer: »Gender differences in risk taking: A meta-analysis«, in: *Psychological Bulletin*, 1999, Vol. 125, Nr. 3, S. 367-383
http://bit.ly/cq0xvK

Cagnacci, Angelo, A. Renzi, S. Arangino, C. Alessandrini und A. Volpe: »Influences of maternal weight on the secondary sex ratio of human offspring«, in: *Human Reproduction*, Februar 2004, Vol. 19, S. 442-444

Cahill, Larry: »His brain, her brain«, in: *Scientific American*, 2005, Vol. 292, Nr. 5, S. 40-47
http://bit.ly/9Lxssc

Campbell, Matthew: »LG Seeks Sponsor Deals to Attract Women, Balance Formula One's Male Appeal«, in: Bloomberg Online, 01.07.2010
http://bit.ly/dccOnx

Canli, Turhan, John E. Desmond, Zuo Zhao, John D. E. Gabrieli: »Sex differences in the neural basis of emotional memories«, in: *Proceedings of the National Academy of Sciences of the United States of America (PNAS)*, 2002, Vol. 99, Nr. 16, S. 10789-10794
http://bit.ly/c5EaMe

Cannon, Elizabeth A., Sarah J. Schoppe-Sullivan, Sarah C. Mangelsdorf, Geoffrey L. Brown, Margaret Szewczyk Sokolowski: »Parent Characteristics as Antecedents of Maternal Gatekeeping and Fathering Behavior«, in: *Family Process*, 2008, Vol. 47, Nr. 4, S. 501-519
http://bit.ly/9SCvrK

Cannon, Walter B.: *Bodily Changes in Pain, Hunger, Fear and Rage: An Account of Recent Researches into the Function of Emotional Excitement*, Appleton (NY), 1915

Carter: C. Sue: »Developmental consequences of oxytocin«, in: *Physiology & Behavior*, 2003, Vol. 79, S. 383-397
Vollständiger Artikel: http://bit.ly/a1SIBw

Cela-Conde, Camilo J., Gisèle Marty, Fernando Maestú, Tomás Ortiz, Enric Munar, Alberto Fernández, Miquel Roca, Jaume Rosselló, Felipe Quesney: »Activation of the prefrontal cortex in the human visual aesthetic perception«, in: *Proceedings of the National Academy of Sciences of the United States of America (PNAS)*, 2004, Vol. 101, Nr. 16, S. 6321-6325
Vollständiger Artikel: http://bit.ly/973Gwc

Cela-Conde, Camilo J., Francisco J. Ayala, Enric Munar, Fernando Maestú, Marcos Nadal, Miguel A. Capó, David del Río, Juan J. López-Ibor, Tomás Ortiz, Claudio Mirasso, and Gisèle Marty: »Sex-related similarities and differences in the neural correlates of beauty«, in: *Proceedings of the National Academy of Sciences of the United States of America (PNAS)*, 2009, Vol. 106, Nr. 10, S. 3847-3852
Vollständiger Artikel: http://bit.ly/c7GkpJ

Chance, Michael R. A.: »Attention structure as a basis of primate rank orders«, in: Michael R. A. Chance and Ray R. Larsen (Hrsg.): *The Social Structure of Attention*, London 1976, S. 11-28

Cheepen, Christine: *The predictability of informal conversation*, London / New York 1988

Chen, Denise, Jeannette Haviland-Jones: »Human Olfactory Communication of Emotion«, in: *Perceptual and Motor Skills*, 2000, Vol. 91, S. 771-781
Vollständiger Artikel: http://bit.ly/9P72RM

Coad, Jane, Melvin Dunstall: *Anatomie und Physiologie für die Geburtshilfe*, München 2007

Connellan, Jennifer, Simon Baron-Cohen, Sally Wheelwright, Anna Ba'tkti, Jag Ahluwalia: »Sex differences in human-neonatal social perception«, in: *Infant Behavior and Development*, 2001, Vol. 23, S. 113-118
Vollständiger Artikel: http://bit.ly/cWzqm5

Corkill, Edan: »Cosplay Culture – Learn how to look the part – at a hefty price«, in: *The Japan Times Online*, 09.03.2008,
http://bit.ly/bLS0UM

Cronin, Carol L.: »Dominance Relations and Females«, in: Donald R. Omark, Daniel G. Freedman, F. F. Strayer (Hrsg.): *Dominance Relations: An EthologicalPerspective on Human Conflict and Social Interaction*. New York 1980

Cross, Susan E., Laura Madson: »Models of the self: self-construals and gender«, in: *Psychological Bulletin*, 1997, Vol. 122, Nr. 1, S. 5-37
http://bit.ly/drEKA6

Dabbs, James McBride, Mary Godwin Dabbs: *Heroes, Rogues, and Lovers: Testosterone and Behavior*, New York 2000

Dapretto, Mirella, Mari S Davies, Jennifer H Pfeifer, Ashley A Scott, Marian Sigman, Susan Y Bookheimer, Marco Iacoboni: »Understanding emotions in others: mirror neuron dysfunction in children with autism spectrum disorders«, in: *Nature Neuroscience*, 2006, Vol. 9, Nr. 1, S. 28-30
http://bit.ly/bx8w9R

Davis, Devra Lee, Michelle B. Gottlieb, Julie R. Stampnitzky: »Reduced Ratio of Male to Female Births in Several Industrial Countries« in: *The Journal of the American Medical Association*, 1998, Vol. 279, Nr. 13, S. 1018-1023
http://bit.ly/a2rYWI

Deaner, Robert O., Amit V. Khera, Michael L. Platt: »Monkeys Pay Per View: Adaptive Valuation of Social Images by Rhesus Macaques«, in: *Current Biology*, 2005, Vol. 15, S. 543–548
Vollständiger Artikel: http://bit.ly/cnqDcv

Deutsches Institut für Medizinische Dokumentation und Information (DMDI): *Internationale Klassifikation der Krankheiten* – ICD-10-GM, 2008
http://bit.ly/c9TImo

Di Dio, Cinzia, Emiliano Macaluso, Giacomo Rizzolatti: »The Golden Beauty: Brain Response to Classical and Renaissance Sculptures«, in: *PLoS ONE*, 2007, Vol. 2, Nr. 11, S. 1201
http://bit.ly/asREug

Delahunty, Krista M., Donald W. McKay, Diana E. Noseworthy and Anne E. Storey: »Prolactin responses to infant cues in men and women: Effects of parental experience and recent infant contact«, in: *Hormones and Behavior*, 2007, Vol. 51, Nr. 2, S. 213-220
http://bit.ly/9Q1ztp

Dluzen, Dean E.: »Estrogen, testosterone, and gender differences«, in: *Endocrine*, 2005, Vol. 27, Nr. 3, S. 259-267
http://bit.ly/9SmCV2

Dluzen, Dean E.: »Unconventional effects of estrogen uncovered«, in: *Trends In Pharmacological Sciences*, 2005, Vol. 26, Nr. 10, S. 485-487
http://bit.ly/9hCy4q

Eckert, Penelope: »Cooperative competition in adolescent »girl talk«», in: *Discourse Processes*, 1990, Vol. 13, Nr. 1, S. 91-122

Egan, Mark: »Mörder, Vergewaltiger, Verbrecher jeder Art«, in: Spiegel Online, 03.09.2005
http://bit.ly/bjigpT

Eisenberg, Nancy, Richard A. Fabes, Mark Schiller, Paul Miller, Gustavo Carlo, Rick Poulin, Cindy Shea und Rita Shell: »Personality and Socialization Correlates of Vicarious Emotional Responding«, in: *Journal of Personality and Social Psychology*, 1991, Vol. 61, Nr. 3, S. 459-470

Eisenberger, Naomi I., Matthew D. Lieberman, Kipling D. Williams: »Does Rejection Hurt? An fMRI Study of Social Exclusion«, in: *Science*, 2003, Vol. 302, Nr. 5643, S. 290-292
http://bit.ly/djVqs9

J. Elliot, Andrew, Daniela Niesta: »Romantic Red: Red Enhances Men's Attraction to Women«, in: *Journal of Personality and Social Psychology*, 2008, Vol. 95, Nr. 5, S. 1150-1164
Vollständiger Artikel: http://bit.ly/bN4SKo

Erk, Susanne, Manfred Spitzer, Arthur P. Wunderlich, Lars Galley, Henrik Walter: »Cultural objects modulate reward circuitry«, in: *NeuroReport*, 2002, Vol. 13, Nr. 18, S. 2499-2503
http://bit.ly/bCDqsM

Etcoff, Nancy: *Nur die Schönsten überleben – Die Ästhetik des Menschen*, Stadt 2001

Exton, Michael S., Tillmann H. Krüger, N. Bursch, P. Haake, W. Knapp, Manfred Schedlowski, Uwe Hartmann: »Endocrine response to masturbation-induced orgasm in healthy men following a 3-week sexual abstinence«, in: *World Journal of Urology*, 2001, Vol. 19, Nr. 5, S. 377-382
http://bit.ly/9RhKta

Feingold, Alan: »Gender Differences in Personality: A Meta-Analysis«, in: *Psychological Bulletin*, 1994, Vol. 116, Nr. 3, S. 429-456
Vollständiger Artikel: http://bit.ly/9nKcCf

Feshbach, S.: »Aggression«, in: Paul Henry Mussen (Hrsg.): *Carmichael's Manual of Child Psychology*, New York 1970, S. 159-259

Fisher, Maryanne L.: »Female intrasexual competition decreases female facial attractiveness«, in: *Proceedings of the Royal Society – Biological Sciences*, 2004, Vol. 271, Suppl. 5, S. S283-S285
Vollständiger Artikel: http://bit.ly/dd3KYn

Flohr, Udo: »Ist Ekel angeboren? – Interview mit Hanah A. Chapman«, in: Spiegel Online, 13.03.2010
http://bit.ly/aKeea4

Focus Medialine: Der Markt für Fitness und Wellness, München 2005
http://www.medialine.de

Ford, Clellan S., Frank A. Beach: *Patterns of sexual behavior*, New York 1951

Frankenhaeuser, Marianne: »Challenge-control interaction as reflected in sympathetic-adrenal and pituitary-adrenal activity: comparison between the sexes«, in: *Scandinavian Journal of Psychology*, 1982, Vol. 23, Nr. S1, S. 158-164
http://bit.ly/coqrY3

Frankenhaeuser, Marianne, Maijaliisa Rauste von Wright, Goran Sedvall, Carl-Gunnar Swahn: »Sex Differences in Psychoneuroendocrine Reactions to Examination Stress«, in: *Psychosomatic Medicine*, 1978, Vol. 40, Nr. 4, S. 334-343
Vollständiger Artikel: http://bit.ly/b7KZpX

Frankenhuis, Willem E., Ron Dotsch, Johan C. Karremans, Daniël H. J. Wigboldus: »Male physical risk taking in a virtual environment«, in: *Journal of Evolutionary Psychology*, 2010, Vol. 8, Nr. 1, S. 75-86
http://bit.ly/c3n7t8

Frankl, Viktor: Einführung in die Logotherapie und Existenzanalyse. Original-Aufzeichnung von vier Vorlesungen, gehalten an der Universität Wien im Jahr 1972 – 3CDs, Augsburg (Jokers) oder Müllheim/Baden (Herausgeber) 2007

Frankl, Viktor: *...trotzdem Ja zum Leben sagen*, München 2008 (Neuauflage)

Frith, Chris D., Uta Frith: »Interacting Minds – A Biological Basis«, in: *Science*, 1999, Vol. 286. Nr. 5445, S. 1692-1695
http://bit.ly/bQ6q1k

Fritze, Heiko: »Trau keinem Blogger – Bizarrer Streit ums Jako-Logo«, in: *Stimme.de*, 10.09.2009
http://bit.ly/anRJoE

Fromm, Erich: *The Art of Loving*, New York 1956

Fromm, Erich: *Haben oder Sein*, Stuttgart 1976

Fromm, Erich, Rainer Funk (Hrsg.): *Vom Haben zum Sein*, Weinheim und Basel 1989

Fromm, Erich, Rainer Funk (Hrsg.): *Authentisch leben*, Freiburg 2000

Frost, Simon: »Schland o Schland«, in: Der Tagesspiegel Online, 16.06.2010
http://bit.ly/dx1jFb

Garfinkel, Harold: »Passing and the managed achievment of sex status in an »intersexed« person (part 1)«, in: *Studies in Ethnomethodology*, Englewood Cliffs NJ, 1967

Gazzola, Valeria, Giacomo Rizzolatti, Bruno Wicker, Christian Keysers: »The anthropomorphic brain: the mirror neuron system responds to human and robotic actions«, in: Neuroimage, 2007, Vol. 35, Nr. 4, S. 1674–1684
http://bit.ly/aOy9un

Geschwind, Norman und Galaburda, A. M.: »Cerebral lateralization, biological mechanisms, associations, and pathology: I. A hypothesis and a program for research«, in: *Archive of Neurology*, 1985, Nr. 42. S. 428-459

Geym, H.: *Working together: women and men*, London 1987

Giedd, Jay N., A. Catherine Vaituzis, Susan D. Hamburger, Nicholas Lange, Jagath C. Rajapakse, Debra Kaysen, Yolanda C. Vauss, Judith L. Rapoport: »Quantitative MRI of the temporal lobe, amygdala, and hippocampus in normal human development: Ages 4-18 years«, in: *The Journal of Comparative Neurology*, 1996, Vol. 366, Nr. 2, S. 223-230
http://bit.ly/cD1Irf

Gilligan, Carol: *In a different voice: psychological theory and women's development*, Cambridge (MA)1982

Gladwell, Malcolm: »The Sporting Scene«, in: *New Yorker*, 10.09.2001

Glazer, Ilsa M.: »Interfemale aggression and resource scarcity in a cross-cultural perspective«, in: Kaj Bjorkqvist, Pirkko Niemela (Hrsg.): *Of Mice and Women: Aspects of Female Aggression*, S. 163-172, San Diego 1992

Glocker, Melanie L., Daniel D. Langleben, Kosha Ruparel, James W. Loughead, Jeffrey N. Valdez, Mark D. Griffin, Norbert Sachser, Ruben C. Gur: »Baby schema modulates the brain reward system in nulliparous women«, in: *Proceedings of the National Academy of Sciences of the United States of America (PNAS)*, 2009, Vol. 106, Nr. 22, S. 9115–9119
Vollständiger Artikel: http://bit.ly/bTYLVq

Gneezy, Uri, Aldo Rustichini: »Gender and Competition at a Young Age«, in: *American Economic Review*, 2004, Vol. 94, Nr. 2, S. 377–381

Goldstein, Jill M., Matthew Jerram, Russell Poldrack, Robert Anagnoson, Hans C. Breiter, Nikos Makris, Julie M. Goodman, Ming T. Tsuang, Larry J. Seidman: »Sex differences in prefrontal cortical brain activity durcing fMRI of auditory verbal working momory«, in: *Neuropsychology*, 2005, Vol. 19, Nr. 4, S. 509–519
Vollständiger Artikel: http://bit.ly/bQ11Uw

Goldstein, J. M., Larry J. Seidman, Nicholas J. Horton, Nikos Makris, David N. Kennedy, Verne S. Caviness, Jr., Stephen V. Faraone, Ming T. Tsuang: »Normal sexual dimorphism of the adult human brain assessed by in vivo magnetic resonance imaging«, in: *Cerebral Cortex*, 2001, Vol. 11, Nr. 6, S. 490-497
Vollständiger Artikel: http://bit.ly/aMI355

Gray, Peter B., Chi-Fu Jeffrey Yang, Harrison G Pope Jr.: »Fathers have lower salivary testosterone levels than unmarried men and married non-fathers in Beijing, China«, in: *Proceedings of the Royal Society – Biological Sciences*, 2006, Vol. 273, Nr. 1584, S. 333-339
Vollständiger Artikel: http://bit.ly/bJFWCA

Hall, Geoffrey B. C., Sandra F.Witelson, Henry Szechtman, Claude Nahmias: »Sex differences in functional activation patterns revealed by increased emotion processing demands«, in: *NeuroReport*, 2004, Vol. 15, Nr. 2, S. 219-223
http://bit.ly/bolEfj

Hall, Judy A., Jason D. Carter, Terrence G. Horgan: »Gender differences in nonverbal communication of emotion«, in: Agneta H. Fischer (Hrsg.): *Gender and Emotion: Social Psychological Perspectives*, London 2000, S. 97-117

Hall, Lynne A., Ann R. Peden, Mary Kay Rayens, Lora Humphrey Beebe: »Parental bonding: a key factor for mental health of college women«, in: *Issues in Mental Health Nursing*, 2004, Vol. 25, Nr. 3, S. 277-292
http://bit.ly/bEJJXR

Hamann, Stephan: »Sex Differences in the Responses of the Human Amygdala«, in: *The Neuroscientist*, 2005, Vol. 11, Nr. 4, S. 288-293
Vollständiger Artikel: http://bit.ly/92KxwQ

Hamann, Stephan, Turhan Canli: »Individual differences in emotion processing«, in: *Current Opinion in Neurobiology*, 2004, Vol. 14, Nr. 2, S. 233-238
http://bit.ly/a7HM9d

Hayes, Stephanie: »Cadillac aims Twitter campaign at influential women«, in: St. Petersburg Times, 17.10.2009
http://bit.ly/akQCBf

Haygood, Wil, Ann Scott Tyson: »'It Was as if All of Us Were Already Pronounced Dead'«, in: Washington Post, 15.09.2005
http://bit.ly/cg7NjF

Helgesen, Sally: *The Female Advantage: Women's Ways of Leadership*, New York 1995

Heller, Eva: *Wie Farben wirken*, Hamburg 2006

Hielscher, Henryk: »Auf den Hund gekommen«, in: WirtschaftsWoche, Nr. 14, 03.04.2010, S. 40-47

Hill, Kim und H. Kaplan: »Trade offs in male and female reproductive strategies among the Ache«, in: L. Bertzig et al. (Hrsg.): *Human Reproductive Behavior: A Darwinian Perspective*, New York 1988, S. 215-239

Hillenbrand, Thomas: »Pack den User in den Tank«, in: *Spiegel Online*, 20.05.2010
http://bit.ly/9YCRis

Hutt, Corinne: »Neuroendocrinological, behavioral and intellectual aspects of sexual differentiation in human development«, in: C. Ounsted, D. C. Taylor (Hrsg.): *Gender differences: Their ontogeny and significance*, Edinburgh 1972

Imdahl, Ines: Vortrag *Ads and the City*, 6. rheingold Kongress vom 17.02.2009

Jaffé, Diana: »Die Kundin – das unbekannte Wesen«, in: Hurth, Joachim, Hans-Gernahrd Seeba, Falk Hecker (Hrsg.): *Aftersales-Marketing*, München 2010

Jaffé, Diana: »Geschlecht ist kein Werturteil, sondern ein Wirtschaftsfaktor«, in: marketing journal, 2006, Nr. 10, S. 40-43

Jaffé, Diana: *Der Kunde ist weiblich*, Berlin 2005

Johnson, Lisa, Andrea Learned: *Don't Think Pink*, Columbus OH 2004

Johnstone, Barbara: »Community and Contest: How Women and Men Construct Their Worlds in Conversational Narrative«, Paper presented at Women in America: Legacies of Race and Ethnicity, Georgetown University, Washington DC, 1989, zitiert in Tannen, Deborah (2004)

Kalick, S. Michael, Leslie A. Zebrowitz, Judith H. Langlois, Robert M. Johnson: »Does human facial attractiveness honestly advertise health? Longitudinal Data on an Evolutionary Question«, in: Psychological Science, 1998, Vol. 9, Nr. 1, S. 8-13
Vollständiger Artikel: http://bit.ly/cOJAfy

Kalick, S. Michael: »Physical attractiveness as a status cue«, in: *Journal of Experimental Social Psychology*, 1988, Vol. 24, S. 469-489.
http://bit.ly/9WM62Z

Kampe, Knut K. W., Chris D. Frith, Raymond J. Dolan, Uta Frith: »Psychology: Reward value of attractiveness and gaze«, in: *Nature*, 2001, Vol. 413, S. 589

Kanazawa, Satoshi: »Why Productivity Fades with Age: The Crime-Genius Connection«, in: *Journal of Research in Personality*, 2003, Vol. 37, S. 257-272
Vollständiger Artikel: http://bit.ly/cef7WK

Kaplan, Ehud und Ethan Benardete: »The Dynamics of Primate Retinal Ganglion Cells«, in: *Progress in Brain Research*, 2001, Vol. 134, S. 17-34
Vollständiger Artikel: http://bit.ly/cVRKVK

Kapp Howe, Louise: Pink Collar Workers, New York 1978

Kast, Bas: *Wie der Bauch dem Kopf beim Denken hilft: Die Kraft der Intuition*, Frankfurt 2007

Kawabata, Hideaki, Semir Zeki: »Neural Correlates of Beauty«, in: *Journal of Neurophysiology*, 2004, Vol. 91: S. 1699-1705
http://bit.ly/deZXRR

Kenrick, Douglas T., Gary E. Groth, Melanie R. Trost, Edward K. Sadalla: »Integrating evolutionary and social exchange perspectives on relationships: Effects of gender, self-appraisal, and involvement level on mate selection criteria«, in: *Journal of personality and social psychology*, 1993, Vol. 64, S. 951-969

Kessler, Ronald C.: »The Epidemiology of Depression among Women«, in: Corey L. M. Keyes, Sherryl H. Goodman (Hrsg.): *Women and Depression*, New York 2006

Kessler, Ronald C., Jane D. McLeod: »Sex Differences in Vulnerability to Undesirable Life Events«, in: American Sociological Review, 1984, Vol. 49, Nr. 5, S. 620-631

Ketterer, Sandra: »Kleine Schritte zur Gleichheit«, in: *Das Parlament*, Beilage *Aus Politik und Zeitgeschehen*, Nr. 18, 30.04.2007
http://bit.ly/ber98G

Keysers, Christina, Valeria Gazzola: »Towards a unifying neural theory of social cognition«, in: *Progress in Brain Research*, 2006, Vol. 156, S. 379-401
Vollständiger Artikel: http://bit.ly/aQw8Xt

Kimura, Doreen: »Weibliches und männliches Gehirn«, in: Spektrum der Wissenschaft, 1992, Nr. 11, S. 104-113

Klein, Hillary: »Couvade syndrome: male counterpart to pregnancy«, in: *International Journal of. Psychiatry in Medicine*, 1991, Vol. 21, S. 57-69
http://bit.ly/c4UAJX

Klinesmith, Jennifer, Tim Kasser, Francis T. McAndrew: »Guns, testosterone, and aggression: an experimental test of a mediational hypothesis«, in: *Psychological Science*, 2006, Vol. 17, Nr. 7, S. 568-571
http://bit.ly/a9i34V

Kompetenzzentrum Technik – Diversity – Chancengleichheit e. V. (Hrsg.): *Frauen in den Ingenieurwissenschaften*, 2006
http://bit.ly/dxcRYS, 05.05.2010

Kornadt, Hans-Joachim: *Aggressionsmotiv und Aggressionshemmung*, Bern 1982

Koza, Brian J., Anna Cilmi, Melissa Dolese, Debra A. Zellner: »Color Enhances Orthonasal Olfactory Intensity and Reduces Retronasal Olfactory Intensity«, in: *Chemical Senses*, 2005, Vol. 30, S. 643-649

Kring, Ann M., Gordon, A. H.: »Sex differences in emotion: Expression, experience, and physiology«, in *Journal of Personality and Social Psychology*, 1998, Vol. 74, S. 686-703
Vollständiger Artikel: http://bit.ly/d6YTM4

Lamb, Sharon, Lyn Mikel Brown: *Packaging Girlhood. Rescuing Our Daughters from Marketers' Schemes*, New York 2006)

Leffers, Jochen: »Komm rein und finde wieder raus«, in: *Spiegel Online*, 28.07.2004,
http://bit.ly/d6dMi7

Lingeman, Richard R.: »Mit euch Tigern möchte ich ein Wörtchen reden«, in: *Der Spiegel*, 25.04.1966, Nr. 18, S. 156-164
http://bit.ly/bgALDq

Little, Anthony C., Tamsin K Saxton, S. Craig Roberts, Benedict C. Jones, Lisa M. Debruine, Jovana Vukovic, David I. Perrett, David R. Feinberg, Todd Chenore: »Women's preferences for masculinity in male faces are highest during reproductive age range and lower around puberty and post-meno-

pause«, in: *Psychoneuroendocrinology*, 2010, Vol. 35, Nr. 6, S. 912-920
http://bit.ly/bls2jk

Lokoschat, Timo: »Die Burka-Barbie: Sack mit Sehschlitzen«, in: *Abendzeitung Online*, 23.11.2009
http://bit.ly/bdxkZv

Luhmann, Niklas: *Soziale Systeme. Grundriß einer allgemeinen Theorie*, Frankfurt am Main 1991

Maccoby, Eleanor E.: The Two Sexes: Growing Apart, Coming Together, Cambridge MA 1998

Maccoby, Eleanor E., Carol N. Jacklin: The Psychology of Sex Differences, Palo Alto CA, 1974

Manning, John T.: *Digit Ratio: A Pointer to Fertility, Behavior, and Health*, Piscataway NJ, 2002

Marchand, Serge, Pierre Arsenault: »Odors modulate pain perception: a gender-specific effect«, in: *Physiology & Behavior*, 2002, Vol. 76, Nr. 2, S. 251-256
http://bit.ly/bBro9I

Marlowe, Frank, Coren Apicella, Dorian Reed: »Men's preferences for women's profile waist-to-hip ratio in two societies«, in: Evolution and Human Behavior, 2005, Vol. 26, S. 458-468
Vollständiger Artikel: http://bit.ly/9kU8eN

McClure, Erin B., Christopher S. Monk, Eric E. Nelson, Eric Zarahn, Ellen Leibenluft, Robert M. Bilder, Dennis S Charney, Monique Ernst, Daniel S. Pine: »A developmental examination of gender differences in brain engagement during evaluation of threat« in: *Biological Psychiatry*, 2004, Vol. 55, Nr. 11, S. 1047-1055
http://bit.ly/d6uVKR

Meissirel, Claire, Kenneth C. Wikler, Leo M. Chalupa, Pasko Rakic: »Early divergence of magnocellular and parvocellular functional subsystems in the embryonic primate visual system«, in: *Proceedings of the National Academy of Sciences of the United States of America (PNAS)*, 1997, Vol. 94, S. 5900-5905
Vollständiger Artikel: http://bit.ly/aj5Xm3

Merziger, Barbara Maria: Das Lachen von Frauen im Gespräch über Shopping und Sexualität (Inaugural-Dissertation), 2005
Vollständiger Artikel: http://bit.ly/bHoWzf

Miller, Geoffrey F.: »Sexual selection for cultural display«, in: R. Dunbar, C. Knight, C. Power (Hrsg.): *The evolution of culture: An interdisciplinary view* (S. 71-91), New Brunswick 1999

Mocarelli, P., P.Gerthoux, E.Ferrari, D.Patterson, Jr, S.Kieszak, P.Brambilla, N.Vincoli, S.Signorini, P.Tramacere und V.Carreri: »Paternal concentrations of dioxin and sex ratio of offspring«, in: *The Lancet*, 2000, Vol. 355, Nr. 9218, S. 1858-1863
http://bit.ly/cvoAqo

Modigliani, André: »Embarrassment and embarrassability«, in: *Sociometry*, 1968, Vol. 32, S. 313-326

Møller, Anders Pape: »Female swallow preference for symmetrical male sexual ornaments«, in: *Nature*, 1992, Vol. 357, S. 238-240
http://bit.ly/bPTpGE

Moir, Anne, David Jessel: *Brainsex*, Düsseldorf 1993

Barbara Montagne, Roy P. C. Kessels, Elisa Frigerio, Edward H. F. de Haan, David I. Perrett: »Sex differences in the perception of affective facial expressions: Do men really lack emotional sensitivity?«, in: *Cognitive Processing*, 2005, Volume 6, Nr. 2, S. 136-141
http://bit.ly/cVxB1m

Murphy, Mary C., Claude M. Steele, James J. Gross: »Signaling Threat: How Situational Cues Affect Women in Math, Science, and Engineering Settings«, in: *Psychological Science*, 2007, Vol. 18, Nr. 10, S. 879-885
http://bit.ly/d1OKSW

Niederle, Muriel, Lise Versterlund: »Do Women Shy Away from Competition? Do Men Compete Too Much?«, in: Quarterly Journal of Economics, 2007, Vol. 122, S. 1067-1101
Vollständiger Artikel: http://bit.ly/aHksdk

Nietzsche, Friedrich: *Zur Genealogie der Moral*, Leipzig 1887
Vollständiger Artikel: http://bit.ly/cG4xf4

Opaschowski, Horst W.: *Das gekaufte Paradies*, Hamburg 2001

Orzhekhovskaia, N. S.: »Sex dimorphism of neuron-glia correlations in the frontal areas of the human brain«, in: Morfologija, 2005, Vol 127, Nr. 1, S. 7-9

Otten, Dieter: *MännerVersagen*, Bergisch Gladbach, 2000

Pace, Elizabeth: *The X and Y of Buy*, Nashville, 2009

Pasley, Kay, Ted G. Futris, Martie L. Skinner: »Effects of Commitment and Psychological Centrality on Fathering«, in: Journal of Marriage and Family, 2002, Vol. 64, Nr. 1, S. 130-138
http://bit.ly/blGvHm

Pawluski, Jodi L., Liisa A. M. Galea: »Hippocampal morphology is differentially affected by reproductive experience in the mother«, in: *Journal of Neurobiology*, 2006, Vol. 66, Nr. 1, S. 71-81
http://bit.ly/9aPJEt

Pease, Allan, Barbara Pease: *Warum Männer nicht zuhören und Frauen schlecht einparken*, München 2001

Pease, Allan, Barbara Pease: *Warum Männer lügen und Frauen immer Schuhe kaufen*, München 2002

Peichl, Leo: »Prinzipien der Bildverarbeitung in der Retina«, in: *Optometrie*, 1990, Vol. 3, S. 3-12

Perrett, David I., K. J. Lee, I. S. Penton-Voak, D. Rowland, S. Yoshikawa, D. M. Burt, S. P. Henzi, D. L. Castles, S. Akamatsu: »Effects of sexual dimorphism on facial attractiveness«, in: *Nature*, 1998, Vol. 394, S.884-887
http://bit.ly/9NMLDh

Peter, Laurence J., Raymond Hull: *Das Peter-Prinzip*, Reinbek 1972

Peters, Tom: *Re-Imagine!: Business Excellence in a Disruptive Age*, New York 2006

Petrie, Marion: »Improved growth and survival of offspring of peacocks with more elaborate trains«, in: *Nature*, 1994, Vol. 371, S. 598-599

Petrie, Marion, Tim Halliday, Carolyn Sanders: »Peahens prefer peacocks with elaborate trains«, in: *Animal Behavior*, 1991, Vol. 41, Nr. 2, S. 323-332

Phelps, Elizabeth A.: »Human emotion and memory: interactions of the amygdala and hippocampal complex«, in: *Current Opinion in Neurobiology*, 2004, Vol. 14, Nr. 2, S. 198-202
Vollständiger Artikel: http://bit.ly/9f2jo8

Pinker, Susan: *Das Geschlechterparadox. Über begabte Mädchen, schwierige Jungs und den wahren Unterschied zwischen Männern und Frauen*, München 2008

Putnam, Karen, George P. Chrousos, Lynnette K. Nieman, David R. Rubinow: »Sex-Related Differences in Stimulated HPA Axis During Induced Gonadal Suppression«, in: *Journal of Clinical Endocrinology & Metabolism*, 2005, Vol. 90, S. 4224-4231
Vollständiger Artikel: http://bit.ly/cqGQwS

Rabin, Roni: »Health Disparities Persist for Men and Doctors Ask Why«, in: *New York Times*, 14.11.2006

Resch, Franz: *Entwicklungspsychopathologie des Kindes- und Jugendalters*, Weinheim 1999

Raingruber, Bonnie Jean: »Settling into and moving in a climate of care: styles and patterns of interaction between nurse psychotherapists and clients«, in: *Perspectives in Psychiatric Care*, 2001. Vol. 37, Nr. 1, S. 15-27
http://bit.ly/b9coYz

Rapaille, Clotaire: *Der Kultur-Code*, München 2006

Reinisch, June Machover, S. A. Saunders: »Prenatal gonadal steroid influences on gender-related behaviour«, in: G. J. De Vries (Hrsg.): *Progress in Brain Research*, Amsterdam 1984, S. 61

Reinisch, June Machover, Mary Ziemba-Davis, Stephanie A. Sanders: »Hormonal contributions to sexually dimorphic behavioral development in humans«, in: *Psychoneuroendocrinology*, 1991, Vol. 16, Nr. 1-3, S. 213-278
http://bit.ly/aMm9Pl

Renz, Ulrich: *Schönheit*, Berlin 2007

Repetti, Rena L.: »Short-term and long-term processes linking job stressors to father- child interaction«, in: *Social Development*, 1994, Vol. 3, S. 1-15
Vollständiger Artikel: http://bit.ly/bVeDKs

Repetti, Rena L., Jenifer Wood: »Effects of Daily Stress at Work on Mothers' Interactions With Preschoolers«, in: *Journal of Family Psychology*, 1997, Vol. 11, Nr. 1, S. 90-108
Vollständiger Artikel: http://bit.ly/czh1AV

Rizzolatti, Giacomo, Luciano Fadiga, Vittorio Gallese, Leonardo Fogassi: »Premotor cortex and the recognition of motor actions«, in: *Cognitive Brain Research*, 1996, Vol. 3, Nr. 2, S. 131-141
http://bit.ly/cV26Sj

Rizzolatti, Giacomo und Giuseppe Luppino: »The Cortical Motor System«, in: Neuron, 2001, Vol. 31, Nr. 6, S. 889-901

Roberts, S. Craig, Jan Havlicek, Jaroslav Flegr, Martina Hruskova, Anthony C. Little, Benedict C. Jones, David I. Perrett, Marion Petrie: »Female facial attractiveness increases during the fertile phase of the menstrual cycle«, in: *Proceedings of the Royal Society – Biology Letters*, 2004, Vol. 271, Suppl. 5, S. 270-272

Vollständiger Artikel: http://bit.ly/cuNnKr

Ryan, John Jake, Amirova Zarema und Gaetan Carrier: »Sex ratios of children of Russian pesticide producers exposed to dioxin«, in: Environmental Health Perspectives, November 2002, Vol. 110, Nr. 11, S. 699-701
http://bit.ly/b2bL7m

Sacks, Oliver: Eine Anthropologin auf dem Mars, Reinbek 1997

Samter, Wendy: »How gender and cognitive complexity influence the provision of emotional support: a study of indirect effects«, in: *Communication Reports: Special psychological mediators of sex differences in emotional support*, 2002, Vol. 15, Nr. 1, S. 5-16
http://bit.ly/9GUQ66

Savic, Ivanka, Per Lindström: »PET and MRI show differences in cerebral asymmetry and functional connectivity between homo- and heterosexual subjects«, in: *Proceedings of the National Academy of Sciences of the United States of America (PNAS)*, 2008, Vol. 105, Nr. 27, S. 9403-9408
Vollständiger Artikel: http://bit.ly/drWvp2

Savin-Williams, Ritch C.: »Dominance Hierarchies in Groups of Early Adolescents«, in: Child Development, 1979, Vol. 50, Nr. 4, S. 923-935
http://bit.ly/9EDqm2

Savin-Williams, Ritch C.: *Adolescence: An Ethological Perspective*, Berlin 1987

Sax, Leonard: *Why Gender Matters – What Parents and Teachers Need to Know About the Emerging Science of Sex Differences*, New York 2005

Schäfer, Fritz: *Udāna* (Übersetzung), http://www.palikanon.com/khuddaka/udana.html, 1998

Schaefer, Jürgen: »Querdenker: Ein Plädoyer für gedanklichen Ungehorsam«, in: *Geo*, 2010, Nr. 02

Schawelka, Karl: *Farbe. Warum wir sie sehen, wie wir sie sehen*, Weimar 2008

Schlosser, Eric: *Fast Food Gesellschaft: Fette Gewinne, faules System*, München 2003

Schmollack, Simone: »Ich fühlte nur noch Fremdheit«, in: *Spiegel Online*, 17.04.2008
http://bit.ly/bPKkJK

Schnall, Simone, Jean Roper, Daniel M. T. Fessler: »Elevation Leads to Altruistic Behavior«, in: *Psychological Science*, 2010, Vol. 21, Nr. 3, S. 315-320
Vollständiger Artikel: http://bit.ly/aVEDh4

Schoppe-Sullivan, Sarah J., Geoffrey L. Brown, Elizabeth A. Cannon, Sarah C. Mangelsdorf, Margaret Szewczyk Sokolowski, M.: »Maternal gatekeeping, coparenting quality, and fathering behavior in families with infants«, in: *Journal of Family Psychology*, 2008, Vol. 22, S. 389-398
http://bit.ly/bmp3oL

Schulte-Rüther, Martin, Hans J. Markowitsch, N. Jon Shah, Gereon R. Fink, Martina Piefke: »Gender differences in brain networks supporting empathy«, in: NeuroImage, 2008, Vol. 42, Nr. 1, S. 393-403
http://bit.ly/aSZ39R

Schulz, Bettina: »BP arbeitet an dickerem Finanzpolster«, in: *FAZ.NET*, 21.10.2010
http://bit.ly/aN5XkM

Schuster, Nicole: *Ein guter Tag ist ein Tag mit Wirsing*, Berlin 2007

Schwanitz, Dietrich: *Männer. Eine Spezies wird besichtigt*, Frankfurt am Main 2001

Schwartz, Barry: *Anleitung zur Unzufriedenheit*, Berlin 2004

Seligman, Martin E. P.: *Learned Optimism*, New York 1998

Seligman, Martin E. P., Karen Reivich, Lisa Jaycox, Jane Gillham: *The Optimistic Child*, New York 2007

Seltzer, Leslie J., Toni E. Ziegler, Seth D. Pollak: »Social vocalizations can release oxytocin in humans«, in: *Proceedings of the Royal Society B*, published online before print May 12, 2010
http://bit.ly/9HrmQW

Shirao Naoko; Okamoto Yasumasa; Okada Go; Ueda Kazutaka; Yamawaki Shiget: »Gender differences in brain activity toward unpleasant linguistic stimuli concerning interpersonal relationships: an fMRI study«, in: *European archives of psychiatry and clinical neuroscience*, 2005, Vol. 255, Nr. 5, S. 327-333
http://bit.ly/9areKq

Silverstein, Michael J., Kate Sayre: Women Want More, New York 2009

Simons, Herbert A.: »Rational choice and the structure of the environment«, in: *Psychological Review*, 1956, Vol. 63, Nr. 2, S. 129-138

Singer, Tania, Ben Seymour, John O'Doherty, Holger Kaube, Raymond J. Dolan, Chris D. Frith: »Empathy for Pain Involves the Affective but not Sensory Components of Pain«, in: *Science*, 2004, Vol. 303, Nr. 5661, S. 1157-1162
http://bit.ly/bXpOlV

Singer, Tania, Ben Seymour, John P. O'Doherty, Klaas E. Stephan, Raymond J. Dolan, Chris D. Frith: »Empathic neural responses are modulated by the perceived fairness of others«, in: *Nature*, 2006, Vol. 439, S. 466-469
http://bit.ly/aqzDg1

Singh, Devendra: »Female mate value at a glance: relationship of waist-to-hip ratio to health, fecundity and attractiveness«, in: Neuro Endocrinology Letters, 2002, Vol. 23, Suppl. 4, S. 81-91
http://bit.ly/bCNB16

Singh, Devendra und Suwardi Luis: »Ethnic and gender consensus for the effect of waist-to-hip ratio on judgment of women's attractiveness«, in: *Human Nature*, 1995, Vol. 6, Nr. 1, S. 51-65
http://bit.ly/cHZLKx

Small, Dana M., Robert J. Zatorre, Alain Dagher, Alan C. Evans, Marilyn Jones-Gotman: »Changes in brain activity related to eating chocolate«, in: Brain, 2001, Vol. 124, Nr. 9, S. 1720-1733
http://bit.ly/amXgf8

Soldin, Offie P., Tiedong Guo, Elisabete Weiderpass, Rochelle E. Tractenberg, Leena Hilakivi-Clarke, Steven J. Soldin: »Steroid hormone levels in pregnancy and 1 year postpartum using isotope dilution tandem mass spectrometry«, in: *Fertility and Sterility*, 2005, Vol. 84, Nr. 3, S. 701-710

Soldin, Offie P., Eve G. Hoffman, Michael A. Waring, Steven J. Soldin: »Pediatric reference intervals for FSH, LH, estradiol, T3, free T3, cortisol, and growth hormone on the DPC IMMULITE 1000«, in: *Clinica Chimica Acta*, 2005, Vol. 355, Nr. 1-2, S. 205-210

Spitzer, Manfred: »Symmetrie und Tanz. Evolution und Ästhetik«, in: *Nervenheilkunde*, 2006, Vol. 25, S. 295-298

Spitzer, Manfred: Das Wahre Gute Schöne: Brücken zwischen Geist und Gehirn, Stuttgart 2009

Stein, Gertrude: »Sacred Emily«, in: *Geography and Plays*, Boston 1922
Vollständige Ausgabe: http://bit.ly/clpXt1

Stengle, Jamie: »Firmen spannen Teenie-Modeblogger ein«, in: *Spiegel Online*, 31.03.2010
http://bit.ly/bTUtfy

Stirrat, Michael, David I. Perrett: »Valid facial cues to cooperation and trust: male facial width and trustworthiness«, in: *Psychological Science*, 2010, Vol. 21, Nr. 3, S. 349-354
http://bit.ly/cinMTh

Stroud, Laura R., George D. Papandonatos, Douglas E. Williamson, Ronald E. Dahl: »Sex Differences in the Effects of Pubertal Development on Responses to a Corticotropin-Releasing Hormone Challenge: The Pittsburgh Psychobiologic Studies«, in: *Annals of the New York Academy of Sciences*, 2004, Vol. 1021, S. 348-351
http://bit.ly/bI9iWk

Symons, Donald: *The evolution of human sexuality*, New York 1979

Tannen, Deborah: *Du kannst mich einfach nicht verstehen. Warum Männer und Frauen aneinander vorbeireden*, München 2004

Tannen, Deborah: *Job-Talk*, München 1997

Taylor, Paul: »What's Nastier Than a Loser? A Winner!«, in: *Globe and Mail*, 01.04.2005

Taylor, Shelley E.: »Biobehavioral Responses to Stress in Females: Tend-and-Befriend, Not Fight-or-Flight«, in: *Psychological Review*, 2000, Vol. 107, N3. 3, S. 411-429
Vollständiger Artikel: http://bit.ly/cfWaoa

Taylor, Shelley E.: *The Tending Instinct: Women, Men, and the Biology of Relationships*, New York 2002

Taylor, Shelley E., G. C. Gonzaga, L. C. Klein, P. Hu, G. A. Greendale, T. E. Seeman: »Relation of oxytocin to psychological stress responses and hypothalamic-pituitary-adrenocortical axis activity in older women«, in: *Psychosomatic Medicine*, 2006, Vol. 68, Nr. 2, S. 238-245
http://bit.ly/97uWvc

The Associate Press: »Study finds shopping is hazardous to men«, in: The Register Guard, 13.12.1998, Seite 2B

Théoret, Hugo, E. Halligan, M. Kobayashi, F. Fregni, H. Tager-Flusberg, A. Pascual-Leone: »Impaired motor facilitation during action observation in individuals with autism spectrum disorder«, in: *Current Biology*, 2005, Vol. 15, Nr. 3, S. R84-R85
http://bit.ly/d4Evo1

Tingley, Judith C., Lee E. Robert: *Gendersell. How to Sell to the Opposite Sex*, New York 2000

Toffler, Alvin: *The Third Wave*, New York 1984

Townsend, John Marshall, Gary Levy: »Effects of potential partners' costume and physical attractiveness on sexuality and partner selection«, in: *Journal of Psychology*, 1990a, Vol. 124, S. 371-389

Townsend, John Marshall, Gary Levy: »Effects of potential partners' physical attractiveness and socioeconomic status on sexuality and partner selection: Sex differences in reported preferences of university students«, in: *Archives of Sexual Behavior*, 1990b, Vol. 19, S. 149-164

Trivers, Robert: »Parental investment and sexual selection«, in: B. G. Campbell (Hrsg.): *Sexual Selection and the Descent of Man*, London 1972, S. 136-179

Uddin, Lucina Q., Jonas T. Kaplan, Istvan Molnar-Szakacs, Eran Zaidel, Marco Iacoboni: »Self-face recognition activates a frontoparietal »mirror« network in the right hemisphere: an event-related fMRI study«, in: NeuroImage, 2005, Vol. 25, Nr. 3, S. 926-935
http://bit.ly/dcCsJW

Uhl, Matthias, Eckart Voland: *Angeber haben mehr vom Leben*, Heidelberg/Berlin 2002

Umiltà, Maria Alessandra, E. Kohler, Vittorio Gallese, Leonardo Fogassi, Luciano Fadiga, Christian Keysers, Giacomo Rizzolatti: »I know what you are doing. a neurophysiological study«, in: Neuron, 2001, Vol. 31, Nr. 1, S. 155-165.
Vollständiger Artikel: http://bit.ly/9FqRG9

Underhill, Paco: *Why We Buy*, London 2003

Vaglio, Stefano, Pamela Minicozzi, Elisabetta Bonometti, Giorgio Mello, Brunetto Chiarelli: »Volatile Signals During Pregnancy: A Possible Chemical Basis for Mother–Infant Recognition«, in: *Journal of Chemical Ecology*, 2009, Vol. 35, Nr. 1, S. 131-139
http://bit.ly/ctFGKX

van der Meij, Leander, Abraham P. Buunk, Johannes P. van de Sande, Alicia Salvador: »The presence of a woman increases testosterone in aggressive dominant men«, in: Hormones and Behavior, 2008, Vol. 54, Nr. 5, S. 640-644
http://bit.ly/dm2841

Wager, Tor D., K.Luan Phan, Israel Liberzon, Stephan F Taylor: »Valence, gender, and lateralization of functional brain anatomy in emotion: a meta-analysis of findings from neuroimaging«, in: *NeuroImage*, 2003, Vol. 19, Nr. 3, S. 513-531
Vollständiger Artikel: http://bit.ly/dBMJmF

Wager, Tor D., Kevin N Ochsner: »Sex differences in the emotional brain«, in: *NeuroReport*, 2005, Vol. 16, Nr. 2, S. 85-87
http://bit.ly/9eEDBP

Walker, Q. David, M. B. Rooney, R. M. Wightman, C. M. Kuhn: »Dopamine release and uptake are greater in female than male rat striatum as measured by fast cyclic voltammetry«, in: Neuroscience, 1999, Vol. 95, Nr. 4, S. 1061-1070
http://bit.ly/99hO4s

Wang, A Ting, Mirella Dapretto, Ahmad R. Hariri, Marian Sigman, Susan Y. Bookheimer: »Neural correlates of facial affect processing in children and adolescents with autism spectrum disorder«, in: *Journal of the American Academy of Child & Adolescent Psychiatry*, 2004, Vol. 43, Nr. 4, S. 481-490
http://bit.ly/d5gdv3

Weiner, Eric: *Why Women Read More Than Men*, in: npr, 05.09.2007
http://n.pr/dD675D

Weisskopf, Marc G., Henry A. Anderson, Lawrence P. Hanrahan: »Decreased sex ratio following maternal exposure to polychlorinated biphenyls from contaminated Great Lakes sport-caught fish: a retrospective cohort study«, in:

Environmental Health, 2003, Vol. 2, Nr. 2
http://bit.ly/9TxbqA

West, Candace und Don H. Zimmerman: »Doing Gender« in: *Gender & Society*, 1987, Vol. 1, Nr. 2, S. 125-151
http://bit.ly/9ffXuG

Williams, John E., Deborah L. Best: *Sex and Psyche: Gender and Self Viewed Cross-Culturally (Cross Cultural Research and Methodology)*, Thousand Oaks (CA) 1990

Witelson, Sandra F.: »Geschlechtsspezifische Unterschiede in der Neurologie der kognitiven Funktionen und ihre psychologischen, sozialen, edukativen und klinischen Implikationen«, in: E. Sullerot (Hrsg.): *Die Wirklichkeit der Frau*, München 1979, S. 341-368

Witelson, Sandra F.: »Neural sexual mosaicism: sexual differentiation of the human tempero-parietal region for functional asymmetry«, in: *Psychoneuroendocrinology*, 1991, Vol. 16, Nr. 1, S. 131-153
http://bit.ly/9fFbJn

Witelson, Sandra F., Richard S. Nowakowski: »Left out axoms make men right: A hypothesis for the origin of handedness and functional asymmetry», in: *Neuropsychologia*, 1991, Vol. 29, Nr. 4, S. 327-333
http://bit.ly/ac3vxC

Zahavi, Amotz, Avishag Zahavi: *Signale der Verständigung. Das Handicap-Prinzip*. Frankfurt am Main 1998

Register

a
A. Lange & Söhne 194
Above the line 337
Absatz 29, 155, 371, 378
Accessoires 44, 45, 62, 138, 180, 192, 215, 323, 376
Acura 358
Adidas 34, 183, 248, 366
Adrenalin 182, 235, 266, 284
Adrenogenitales Syndrom (AGS) 75
Affe, Primaten 54, 100, 105, 150, 192, 243, 246, 281, 286,
Afrika 189, 371
Agassi, Andre 200
age-genius-curve (Alter-Genialitäts-Kurve) 239
Aggression, Aggressivität 80, 107, 108, 117, 146, 171, 236, 246-247, 257, 282, 298,
aggressives Design 79
Aida 191
AIDS 315
Aldi 54
Alfa Romeo 306-307
Alpha, Alpha-Tier, Alpha-Mom 175, 303, 357
Amazon 348, 356
Ambient Media 339, 354
Ambush Marketing 341
American Football 21, 22, 80, 218, 262
Amp 267
Amygdala 102, 107, 108, 195, 196, 282
Androgene 74, 75, 93
androgyn 68
Android 348
Andropause 146
Anführer 243
Angst, Ängste 81, 97, 107, 112, 152, 154, 166, 167, 187, 210, 230, 264, 277, 339, 373

Anheuser-Busch 258, 259
Ansehen 80, 93, 166, 167, 199, 234, 238, 244, 256
Anzeige 112, 120, 215, 322, 338
Apicella, Coren 393
Apollo-Optik 151, 152
Apple 29, 181, 196, 328, 333, 347, 348, 360
Apps 348-349, 359
Aral 310
Arcandor 390
Ariel 305
Armani, Giorgio 130, 328
Arroganz 166
Asics 180
Assange, Julian 231
Ästhetik 193-197, 207, 215, 380
Asymmetrie, asymmetrische Beziehungen 163, 169, 227-231, 228, 295, 372
Atizo 333
Atom-Bombe, Atomschlag 58, 187
Attraktivität 44, 144, 146, 149, 153, 154, 164, 183, 188, 189, 191, 192, 206, 207, 209, 248, 259, 262, 268, 284-286, 309, 314, 335, 340, 377, 385
Audi 267, 303, 305, 349
Aufmerksamkeitsdefizitsyndrom (ADHS) 316
Aufwertung 111, 198
Augenhöhe 163, 169, 233, 326, 330, 332
Aussehen 79, 110, 117, 119, 152, 153-154, 160, 161, 183, 188, 191, 198, 206, 207, 255, 256, 285, 304
authentisch 125, 165, 366, 370
Autismus, autistisches Spektrum, Asperger Syndrom 18, 55, 87, 89, 102
Auto 34, 43, 55, 58, 79, 83, 106, 111, 114, 116, 117, 119, 126, 130, 131, 140, 156, 158, 163, 165, 180, 185, 191, 192-193, 194, 203, 206, 207, 211, 240, 264,

266, 270, 273, 274, 283, 284, 300, 302, 305, 306, 309, 323, 332-333, 335, 339, 349, 351
Awards   242, 351
Axe / Lynx   268

b

Ba'tkti, Anna   110, 140
Baby, Säugling   78, 79, 88, 94, 110, 120, 144, 146, 154, 157, 179, 214, 219, 277, 304, 314, 376
Baby Boomer   31
Barbie   64-66, 314
Barletta, Marti   147
Baron-Cohen, Sacha   87
Baron-Cohen, Simon   87.98, 107, 110, 113, 114, 290,
Beatles   238, 256
Beckham, David und Victoria   254, 258
Bedarf   26, 27, 34, 39, 44, 49, 218, 219, 244, 279, 288, 356
Bedarfskauf   39-44, 48, 50
Bedürfnis   26-28, 36, 44, 45, 47, 49, 57, 89, 90, 93, 95, 98, 99, 133, 137, 143, 149, 177, 185, 193, 208, 214, 216, 227, 232, 253, 272, 275, 279, 302, 304, 320, 322, 330, 334, 351, 377, 379-384, 390
Befehle, Anweisungen   180, 230, 231, 256, 297, 299, 304
Belohungszentrum (Nucleus Accumbens)   22, 45, 93, 120, 197, 236, 237, 251, 285
Below the line   337
Benbow, Camilla   275
Beratung   112, 163, 172, 175, 192, 204, 368, 383, 385
Beruf   27, 64, 80, 84, 92, 104, 135, 144, 145, 146, 156, 178-180, 184, 211, 212, 242, 243, 253, 256, 291, 295, 301, 314, 320-323, 329, 358
Berührung, körperliche   78, 79, 279
Besitz   40, 45, 154, 157, 164, 171, 197-202, 231, 247-250, 285, 299, 342, 355
Bestrafung   236, 237
Bevormundung   37, 82
Bewegung   91, 92, 102, 145, 157, 273, 274
Beziehung   55, 61, 66, 79, 95, 99, 118, 121, 122, 144, 146, 148, 150, 157, 162-164, 166, 167, 169, 173, 174, 182, 183, 197, 206, 211-213, 227, 234, 288-295, 298, 299, 301, 326, 330, 334, 336, 343, 345, 351, 356

Beziehungsmanagement   29, 335
Beziehungsmarketing   337
Beziehungssprache   288, 291, 293
Bier   104, 114, 137, 169-170, 258, 260, 261, 262, 263, 265, 303, 304, 305, 310, 311, 319
Bifi   267
Bindung   78, 79, 80, 81, 122, 145, 149, 159, 162, 163, 166, 198, 220, 235, 239, 279, 295, 296, 330, 347, 367
Bindungshormon   78
biologische Programme   84, 218, 228
Birkenbihl, Vera F.   20, 128, 221, 302,
Bischof-Köhler, Doris   62, 69, 70, 74, 87, 244
bischwullesbisch   28
Blog, Blogger   36, 326, 327, 329, 331, 337, 339, 345-347, 357, 358, 386, 399
blond   170, 191, 258
Blutdruck   39, 316
BMW   171, 193, 268, 303, 346
Bosch   18, 132, 172, 334, 365, 366, 377-387, 390
Boston Consulting Group (BCG)   208, 303, 391
BP   335, 336
Brasilien   60, 160, 190, 261
Bref Power Reiniger   114
Brennan, Bridget   217, 302
Brizendine, Louann   143, 145, 146
Broken Heart Syndrome   97
Broman, Daniel   277
Brustkrebs   315
Brutalität, brutal   104, 117, 237
Buddha   15, 16, 215
Bugatti   240
Burger King   153, 266
Burnout   108
Buss, David   153,
Butler, Judith   71
Buzz-Marketing   176, 344, 357

c

Cadillac   314, 357-358
Call Center   213, 354
Cannon, Walter   149
CeBIT   289, 375
Cela-Conde, Camilo   194
Chaos   78, 91, 230, 294, 327
Chaplin, Charlie   21
China   61, 183, 320-322, 378, 391
Chromosom   53, 72-73, 220, 275

Citroën 103
Cleese, John 101
Clooney, George 111
Coca Cola, Coke 178, 207, 266, 267, 390
Coloreria Italiana 209
Comcast 347
Company Driven Communication 328, 357
Complete Androgen Insensitivity Syndrom (CAIS) 75
Computer, Laptop, Notebook, Netbook 23, 36-37, 40, 64, 91, 93, 97, 103, 114, 133, 134, 140, 180, 196, 236, 256, 274, 283, 284, 300, 305, 315, 317, 339, 380, 381
Computerspiel, Games 103, 236, 284, 340
Connellan, Jennifer 110, 140
Cooler Mag 62, 304
Coors 262
Corporate Communication 335, 343
Corporate Halo 352
Corporate Social Responsibility (CSR) 29, 343, 352
Corpus Callosum 76, 77, 177, 196
Corpus geniculatum laterale 273
Cortal Consors 122
Cortex, Großhirnrinde 23, 78, 97, 100, 102, 177, 194
Cortisol 150, 168, 235
Couvade-Syndrom 251
Customer Driven Communication 328, 345, 357, 390
Cyber-Mobbing 333

d
DAB bank 139
Dacia 249
Danone 112, 176, 177, 317
Dapretto, Mirella 102
Darwin-Award 242
Dash 305
Date, Dating 153, 155, 261, 303
Deaner, Robert 281
DeBeers 154-155
Definition 7, 17, 25, 26, 29, 30, 35, 71, 90, 278, 287, 343, 346, 371
Dell 36, 37, 95, 121
Della 36, 37, 95, 121
Depression 108
Der Kunde ist weiblich 17, 20, 25

Der Spiegel 256,
Design 42, 43, 48, 49, 55, 79, 110, 116, 117, 135, 136, 193, 194, 196, 197, 215, 238, 273, 274, 329, 332, 350, 371, 382, 383, 385, 386
Detail, Detail-Tiefe 90, 109, 120, 190, 293, 294, 299-301, 322, 337
Deutsche Bahn 337
Deutschland 31, 33, 39, 54, 55, 56, 57, 64, 66, 78, 79, 84, 129, 138, 156, 171, 185, 221-222, 237, 267, 279, 319, 325, 330, 340, 348, 350, 360, 366, 368, 369, 373, 374, 387
Deutschland sucht den Superstar (DSDS) 104
DHL 112
Di Caprio, Leonardo 111
Dialog 99, 212, 213, 326, 328, 330-334, 354-357, 361
Dialog-Marketing 343, 356
Dienstleistung 58, 112, 113, 201
Digitale Bohème 207
Dimension 256, 277
Direct Marketing 341
Diskriminierung 30, 225, 244
Disneyworld 22
Distribution 29
Diversity Marketing 17, 25, 30-32, 62
Diversity, Diversity Management 25, 30, 33
Dolce & Gabbana 210
Dominanz 154, 167, 234, 281, 297
Dopamin 93, 120, 168, 197, 251, 266
Doping 81, 394
Doritos 261-262
Dorothy Gray 187
Douglas 36
Dove 23, 165, 193, 334
Dr. Oetker 155
Duft 157, 257, 277-278, 311
Duraflame 266

e
Easy Cruise 191
eBay 58
Ebene: biologische, kulturelle, soziale, persönliche 53-66
Ebenenmodell 53-66
Edgar-Cards 339
Edward VIII 198
Effizienz 19, 229
Ehe 64, 94, 146

Ehrenmorde   223
Einkauf   39, 40, 43, 44, 50, 130, 176, 238, 263, 304, 349, 381
Einstein, Albert   196, 239
einzigartig, Einzigartigkeit   61, 168, 294, 331, 367, 375
Eisenberger, Naomi I.   97
Ekman, Paul   124
Elektronik, elektrische Geräte, Elektrowerkzeug   23, 40, 45, 47, 82, 112, 119, 126, 132, 196, 253, 305, 342, 345, 346, 377, 378, 380, 383, 385, 387
ELLE   372-377
Eltern   23, 60, 61, 63, 65, 70, 83, 89, 94, 96, 97, 99, 143, 143, 144, 145, 152, 159, 179, 199, 208, 213, 214, 250, 267, 270, 302, 304, 307, 358, 359, 384
Embryo   73, 188, 220
Emotion, emotional   18, 23, 44, 55, 81, 82, 95, 96, 97, 101, 102, 104, 107-110, 117, 125, 144, 145, 154, 177, 191, 196, 236, 271, 276, 278, 298, 367, 375
Empathie, Emphaten, Empathinnen, empathisch   55, 64, 89, 93-104, 110, 118, 120-124, 148, 162, 164, 179, 204, 220, 236, 246, 265, 275, 276, 287, 290, 296, 328, 332, 336, 353
Empathie-Quotient (EQ)   96
Empfehlungsmarketing, Word of Mouth, Mund-Propaganda   176, 344, 357
Empty Nesters   143
Endorphine   83, 150
Enron   230
Entscheidung   28, 29, 36, 40, 41, 42, 46, 48, 55, 59, 62, 63, 65, 78, 79, 84, 85, 100, 104, 107, 144, 155, 156, 171, 177, 178, 179, 180, 186, 216, 237, 245, 253, 279, 319, 323, 345, 349, 358, 362, 367, 383, 391
Entscheider   29, 37, 42, 61, 62, 95, 109, 131, 139, 155, 180, 376, 390
Entwicklungsprozess   59, 75, 333
Estee Lauder   315
Ethnien   30-33
Euromaster   339-340
Events   36, 278, 350, 357, 375, 386
Evolution   63, 94, 116, 140, 153, 183, 187, 188, 193, 228, 248, 276, 282, 326
Exhibitionist   283
existenzielle   304
Extremsport   185, 365-366

f
Fa   317
Facebook   60, 326, 329, 345, 358
Facial Action Coding Systems (FACS)   124
Familie, Sippe, Herde   17, 27, 40, 45, 47, 49, 50, 59, 60, 61, 63, 64, 65, 92, 96, 99, 130, 132, 135, 144, 146, 148, 149, 153, 155-156, 159-160, 178, 198, 208, 209, 211, 212, 214, 218-219, 222, 223, 224, 226, 234, 239, 240, 244, 250, 253, 263, 277, 304, 376, 383
FAQs (Frequently Asked Questions)   213
Farbe   18, 31, 36, 37, 42, 45, 91, 130, 180, 195, 209, 243, 256, 258, 269, 273, 274, 287, 300, 302, 309-316, 333, 338, 373
Farbenblindheit   72, 273-274, 310
Farbwahrnehmung   196, 273-274, 310
Farbsymbolik   312
Fast Food   56, 160, 304
Fast Moving Consumer Goods (FMCG)   44, 155
Federer, Roger   181
feminin   68, 367
Feminismus   71, 257
Ferengi   224-225
Ferrari   117
Ferrero   160
Fett, Körperfett   189-190
Fiat   305
Finanzen   112, 127, 135, 139, 146, 163, 198, 199, 200, 203, 208, 238, 335, 343, 345, 349, 350, 359
Finanzkommunikation   343
Fitnessindikator   187
Fleisch   89, 104, 137, 169-170, 244, 278
Flop   29, 310
Food   55-56, 160, 304, 349
Ford   273-274, 305, 333
Ford, Tom   328
Forscher, Forschung, Erforschung   14, 15, 16, 18, 21, 23, 25, 27, 28, 29, 34, 50, 55, 56, 57, 68, 71, 74, 76, 82, 87, 97, 100, 103, 107, 109, 110, 112, 116, 150, 153, 155, 168, 180, 187, 189, 192, 195-196, 221, 223, 229, 238, 242, 244, 248, 251, 253, 254, 272, 281, 316, 334, 351, 362, 369, 370, 379, 380
Fortpflanzung, Reproduktion   23, 68-70, 146, 152, 194, 227, 234, 247, 254, 278, 284
Foster's Beer   310

Fötus 74-77, 89-90, 93, 144, 157, 221, 277
Frankl, Viktor 84
Frankreich 56, 64, 255, 305, 360, 373, 387
Frauenbewegung 83, 315, 320
Frauenfußball 183
Frauenmarketing 25, 30, 367
Freiheit 122, 174, 231
Freizeit 40, 50, 161, 180, 192, 253, 254, 292, 327, 345, 375
Freundin 40, 45, 47, 48, 65, 108, 133, 164, 165, 166, 168, 169, 172, 174, 176, 193, 205, 210, 211, 215, 244, 282, 293, 294, 322, 371, 374, 383
Freundschaft 96, 164, 165, 166, 167, 172, 175, 176, 212, 292, 293, 294, 295, 304
Freundschaftswährung 166
Frith, Chris D. und Frith, Uta 102
Fromm, Erich 35, 199, 220
Frustration 65, 83, 159, 236, 246, 247, 329
Fulla 64-65
funktionelle Magnetresonanztomographie (fMRT) 97, 282
Fußball 92, 109, 183, 200, 214, 215, 236, 261, 263, 330, 331

g
G. I. Jonny 256
Gadgets 192, 347
ganzheitlich, Ganzheitlichkeit 29, 177, 196, 197, 212
Ganzheitliches Marketing 26, 215, 336, 349, 357, 362, 365, 383
Garmin Pink Nüvi 130
Gay-Marketing 28
Gazzola, Valeria 103
Gebärmutter 73, 157
Gebrauchsanweisung 369
Geburt 17, 27, 53, 71, 74, 75, 78, 83, 109, 149, 157, 179, 198, 233, 239, 250, 251, 257, 295
Geburtenrate 233, 250
Gefahr 23, 39, 75, 95, 98, 108, 109, 116, 125, 149, 151, 173, 187, 218, 220, 235, 242, 249, 268, 271, 277, 297, 318, 363
Gefolgschaft 230
Gefühl, fühlen, Empfindung 18, 19, 23, 50, 51, 62, 72, 78, 79, 81, 82, 83, 89, 93-99, 100, 101, 102, 105, 107-110, 113, 114, 117, 120, 123, 124, 125, 126, 130, 140, 144, 146, 148-150, 159, 163, 164, 167, 168, 170, 171, 174, 175, 184-185, 195, 196, 200, 201, 204, 205, 206, 209, 212, 213, 216, 223, 230, 232, 235, 236, 237, 252, 254, 265, 271, 276, 279, 285, 287, 288, 290-297, 299, 300, 301, 304, 311, 312, 318, 320, 329, 332, 333, 347, 350, 351, 353, 367, 368, 385, 389
Gefühlssystematik 96
Geheimnis, Geheimnisse 101, 166, 175, 179, 229, 293, 294, 310, 328
Gehirn 21, 22, 23, 26, 27, 39, 42, 45, 71, 73-85, 87-90, 93, 97, 98, 100, 102, 103, 104, 107, 108, 111, 114, 120, 128, 129, 144-146, 147, 149, 157-159, 168, 172, 177, 188, 194, 195, 196, 197, 215, 220, 236, 250, 251, 266, 272, 273, 274, 275, 276, 279, 282, 285, 290, 294
gehirngerecht 285
Gehirntypus 74-75
Geld, Vermögen 37, 42, 45, 122, 123, 139, 140, 146, 153, 155, 156, 177, 188, 193, 200, 206, 216, 224, 237, 238, 248, 266, 321, 323, 349, 350, 351, 361, 362, 379, 387
Gender 16, 28, 378, 381
Gender Marketing 17, 20, 25-35, 79, 195, 363, 368, 381, 385
Gender Marketing Communication 13, 17-19, 35-37, 53, 61-66, 147, 212, 326, 334, 337, 341, 343, 344, 345, 346, 354, 355, 356, 391
Gender Marketing Communication Kit 355, 356, 357, 362
Gender Studies 25, 28
Gene, Genetik 17, 34, 69-75, 83, 94, 187, 192, 206, 239, 247, 273, 282
Genussmittel 137
Geräusch 100, 275
Germany"s Next Topmodel 119, 125
Geruch, Geruchssinn, riechen 78, 145, 157, 166, 267, 271, 277-278, 288, 311, 353
Geschlecht 13, 14, 17, 18, 23, 26, 27, 28, 29, 30, 31, 32, 33, 39, 56, 57, 62, 63, 67, 68, 69, 70, 71, 72, 73, 74, 75, 81, 82, 84, 87, 89, 97, 111, 113, 127-141, 146, 147, 150, 166, 168, 181, 183, 196, 220, 226, 232, 233, 241, 255, 258, 264, 265, 272, 278, 282, 285, 286, 296, 302, 323, 326, 334, 338, 341, 349, 350, 356, 361, 383, 384, 385, 387, 389

Geschlecht, genetisches   71, 72-73, 75
Geschlecht, genitales   71, 74
Geschlecht, gonadales   71, 73-74, 75
Geschlecht der Dinge   127-141
Geschlechtshormone   73, 74
geschlechtsspezifische Kommunikation   62, 175, 326, 334
geschlechtsspezifisches Marketing   17, 25, 30
Geschlechtsstereotyp   83, 304
geschlechtstypisches Verhalten   71, 77, 81
Geschlechtsumwandlung   81, 110
Geschmack, Geschmackssinn, schmecken   137, 162, 170, 173, 190, 271, 278-279, 310, 319
Geschwind, Norman   74
Gesellschaft für Konsumforschung (GfK)   155
Gespräch   21, 98, 99, 101, 124, 133, 164, 169, 171, 172, 184, 210, 232, 265, 269, 275, 285, 288, 290-297, 299, 302, 322, 332, 351, 357, 386
Gewalt   14, 61, 77, 94, 98, 108, 124, 170, 172, 210, 219, 222, 223, 224, 226, 227, 236, 239, 243, 246, 316, 322
Gilette   125, 180
Gleichberechtigung, Gleichstellung   28, 59, 63, 134, 162, 169, 179, 233, 319, 320, 322, 351, 363
Gleichklang   95, 101
GMC-Kommunikationsrichtungsachse   327, 328, 337, 354
Goethe, Johann Wolfgang von   314
Gonaden, gonadal   71, 73-74, 75
Google   31, 58, 338, 346, 348
Gottschalk, Thomas   125
Graf, Steffi   200
Grandin, Temple   89
Großbritannien, England   236, 240, 242, 248, 259, 360, 373, 374, 387
Großhirnrinde, Cortex   23, 78, 97, 100, 102, 177, 194
Guerilla Marketing   341
Gute-Gene-Hypothese   187

h

H&M   130, 341, 365, 367
Haare   123, 154, 165, 180, 190, 191, 192, 255, 256, 257, 258, 259, 269, 283, 302
Haftanstalt   316
Hand-Augen-Koordination   253
Handy, Mobiltelefon   29, 44, 106, 114, 126, 133, 134, 347, 348, 359, 360, 380
Handycap-Prinzip   187
Haribo   125
Harpic Max   113
Hasseröder   262-263
Hausfrau   80, 106, 121, 156, 180, 191, 192, 209, 296, 300, 301
Haushalt   27, 45, 126, 133, 135, 161, 192, 215, 270, 300, 305, 377, 382, 385
Haustiere   79, 193, 211, 279
Heineken   265
Heisenberg, Werner Karl   274
Held, Heldin, Heldentat   58, 98, 124, 151, 153, 218, 219, 220, 243, 244, 245, 250, 258, 259
Helgesen, Sally   331
Heller, Eva   311, 312, 313
Henkel   216-217
Hermès   34, 61
Hero   259
Herz   39, 98, 155, 170, 307, 367
heterosexuelle Frauen   28, 75, 108, 110
heterosexuelle Männer   28, 30, 75, 107, 110
Hewlett Packard (HP)   9, 18, 365, 366, 370-377
Hierarchie   131, 145, 146, 163, 176, 226, 227-231, 232, 234, 235, 238, 254, 290, 293, 326, 330, 331
Hilfe   36, 43, 49, 101, 102, 135, 151, 152, 173-175, 213, 231-233, 245, 265, 268, 270, 285, 339, 342, 350, 353, 384
Hilton, Paris   244
Hip Hop   60
Hipp   270
Hippocampus   108
Hobby   50, 58, 65, 252-254, 329, 331
Hoden   73, 76
Hoffman, Dustin   87, 125
Hollywood   153, 190, 191
Holsten   31, 260, 318
Homepage, Website   21, 36, 64, 116, 165, 181, 212, 213, 215, 273, 285, 305, 332, 333, 334, 338, 339, 342, 347, 361, 374
Homo Oeconomicus   107
homosexuelle, lesbische Frauen   28, 75, 108, 110, 183, 282
homosexuelle, schwule Männer, gay   28, 30, 31, 67, 75, 108, 110, 255, 282, 285, 294, 314

Hooters   282-283
Hören, Hörsinn, Gehör, Schall, Lautstärke   30, 65, 81, 100, 106, 113, 116, 119, 122, 146, 176, 184, 185, 240, 266, 271, 275-276, 353
Hormone   26, 27, 54, 73-74, 76, 77-78, 80, 83, 94, 99, 110, 128, 143, 144-146, 149, 154, 157, 167, 168, 182, 189, 208, 220, 239, 251, 272, 276, 277, 279, 290
Huggies   158
Humor   158, 178, 203-205, 259, 365
Hurrikan Katrina   218
Hygiene   214
Hypothalamus   74, 77, 282

i
Iacoboni, Marco   21-23
IBM   31, 256, 369
IKEA   135, 193, 214, 215, 330, 341, 381
i-mode   348
Individualität   34, 61
Individualfertigung   35
Individualmarketing   17, 25, 33-35, 61, 63
Information   17, 42, 43, 49, 50, 51, 62, 74, 90, 92, 100, 102, 109, 113, 121, 124, 126, 153, 158, 159, 162, 229, 231, 232, 271, 272, 273, 274, 276, 279, 280, 281, 284, 285, 287, 288, 289, 290, 323, 327, 328, 329, 334, 335, 337, 344, 345, 346, 350, 353, 354, 356, 359, 362, 374, 377, 383, 386
Informationsvermittlung   114, 175
In-Game Advertising   340
Inkompetenz   169, 232
Innovation, Innovator, innovativ   58, 109, 113, 190, 243, 296, 327, 328, 332, 333, 355, 361, 370-372, 375, 376, 378, 380-382, 387, 390
Insula   102, 195
Intel   31
Intelligenz   72, 78, 83, 87, 163, 191
Interne Kommunikation   327, 335, 343, 352, 356, 365, 375
Internet   36, 44, 47, 50, 57, 58, 93, 131, 132, 152, 191, 215, 295, 318, 323, 326, 334, 337, 338, 339, 345, 350, 354, 359, 360, 377, 383, 384
Intimität   166, 297
Intuition   18, 76, 105, 305
Investition, geschäftliche/monetäre   22, 63, 127, 378

Investition, parentale, maternale   149, 228, 282
Invisible Strategy   317-323
Israel   252
Italien   13, 117, 121, 195, 209, 306, 360, 373, 374
IWC   318

j
Jacobs   172-174, 210
Jäger   39, 116, 218, 275, 305, 311,
JAKO   331
Japan   13, 31, 57-58, 63-64, 232, 261, 268, 299, 319
Jeans   29, 138, 261
Jedi-Ritter   185
Jeep   55, 57
Job, Beruf   27, 61, 64, 80, 84, 92, 104, 135, 144, 145, 146, 156, 172, 178-180, 184, 199, 200, 211, 212, 242-243, 253, 255, 256, 291, 295, 301, 314, 320-323, 329, 358
Jobs, Steve   347-348
Jogolé   206
John West   339
Johnny Walker   340
Johnstone, Barbara   150-151
Jolie, Angelina   294
Jugend, Jugendlichkeit   60, 64, 81, 83, 104, 188, 190, 191, 210, 219, 224, 243, 256, 292, 311, 314, 352
Junge(n)   72, 76, 79, 87, 88, 90, 99, 110, 119, 143, 144, 145, 154, 155, 158, 160, 165, 167, 168, 178, 188, 196, 219, 220, 226, 227, 229, 246, 261, 266-267, 270, 284, 292-293, 295, 297, 298, 302, 303, 316, 318, 334, 340, 384
Just for Men   269

k
Kaizen   57
Kampagne   13, 14, 17, 18, 23, 31, 36, 56, 61, 62, 63, 111, 118, 126, 130, 133, 158, 159, 160, 165, 169, 171, 175, 176, 178, 180, 181, 209, 210, 214, 215, 260, 280, 315, 317, 319, 323, 335, 336, 337, 339, 341, 353, 354, 357, 358, 362, 365-370, 374-377
Kampe, Knut   286
Kampf   30, 39, 59, 80, 81, 113, 144, 149, 150, 151, 161, 165, 173, 181, 182, 183, 184, 190, 197, 218, 219, 227-231, 233,

234, 235, 238, 242, 245, 247, 257, 264, 265, 293, 306, 315, 319, 320, 339, 366, 367, 378, 390
Kanazawa, Satoshi   143, 238-239, 242
Kant, Immanuel   271
Karlsberg   319
Karpow, Anatolij   229-230
Karriere   28, 143, 144, 178, 179, 206, 255, 295, 321
Karstadt   230
Kasparow, Garri   230
Kauf, kaufen   21, 22, 23, 39-51, 109, 122, 130, 131, 135, 147, 155-156, 160, 163, 176, 191, 199, 203, 223, 224, 238, 248, 249, 270, 276, 278, 304, 329, 340-341, 342, 343, 344, 349, 378, 387
Kaufanreiz   342
Kaufauslöser   22
Kaufentscheidung   41, 46, 48, 79, 107, 109, 155, 156, 171, 186, 216, 279, 357, 367, 383
Käufer   29, 57, 79, 127, 135, 156, 159, 172, 198, 199, 248, 266, 270, 282, 283, 284, 285, 378, 390
Käuferin   57, 103, 109, 127, 130, 131, 155-156, 159, 160, 161, 177, 185, 186, 199, 211, 217, 248, 263, 264, 270, 282, 285, 305, 318, 319, 340-341, 342, 378, 380, 382, 383, 390
Käufermarkt   16, 325
Kaufimpuls   23, 115
Kaufverhalten   17, 39-51
Kaufverzicht   46
Kennedy, John F.   31, 300
Kenrick, Douglas T.   154
KGB   229-230
KiK   111, 200
Killerapplikation   42
Kind, Kindheit   14, 27, 44, 45, 47, 49, 55, 60, 64, 66, 72, 75, 78, 79, 83, 88, 94, 95, 96, 97, 98, 100, 102, 104, 109, 110, 143, 144, 145, 146, 149, 150, 152, 156, 157, 158, 159, 160, 163, 179, 180, 183, 185, 199, 204, 206, 208, 209, 211, 212, 214, 219, 220, 226, 227, 228, 233, 236, 239, 240, 241, 243, 246, 250-252, 270, 275, 276, 277, 279, 290, 292, 293, 298, 300, 304, 305, 316, 321, 323, 352, 358, 383-384
Kindchenschema   79
Kino-Spot   338
Klatsch   243, 294-295

Kleidung   30, 37, 39, 44, 45, 50, 58, 62, 111, 138, 164, 180, 192, 200, 202, 206, 249, 250, 255, 257, 269, 300, 309, 318, 320, 321-323, 329, 366-370
Klinesmith, Jennifer   236
Klischee, Stereotyp   83, 111, 126, 140, 164, 183, 209, 287, 304
Klum, Heidi   118-120, 180
Knorr   160
Kokain   22
Kommunikand   327
Kommunikation   17, 18, 29, 35, 48, 82, 110, 111, 117, 127, 133, 147, 154, 175, 205, 213, 215, 258, 272, 278, 283, 287, 289, 310, 312, 326, 327, 328, 329, 332, 334, 337, 343, 345, 354-356, 368, 377, 383-386, 394
Kommunikation, einseitige   326-328, 345, 346, 350, 354, 357
Kommunikationsinstrumente   18, 325-362
Kommunikationsquadrat   121
Kommunikationsstrategie   17, 18, 175, 210, 318, 380
Kommunikationsverhalten   287, 290-297, 326
Kommunikationsziele   318, 323, 334, 337
Kommunikator   327
Kompensation   280
Kompetenz   112, 114, 169, 175, 298
Konflikt   167, 172, 186, 237, 263, 290, 297, 298, 299
Konfliktsprache   297-299
Konfliktverhalten   172, 298
Konkurrenz   116, 144, 164, 182, 183, 233-237, 247, 283, 287
Konsum   22, 23, 35, 54, 139, 197, 199, 216, 261, 319, 326
Konsument   19, 26, 36, 41, 263, 326-327, 328, 329, 330, 341, 342, 356, 390, 391
Konsumentin,   19, 26, 36, 46, 139, 200, 263, 326-327, 328, 329, 330, 341, 342, 344, 357, 390-391
Konsumentscheidungen   389
Konsumgesellschaft   325
Konsumgut   127,
Konsumverhalten   27, 28, 30-31, 33, 55,
Körperhaltung   101, 263, 269, 302
Körpersprache   89, 124, 204, 211, 287
Kosmetik   30, 44, 113, 115-116, 118, 257, 315, 321, 341

Krabbenkorb-Verhalten 235
Kraft 83, 84, 117, 149, 219, 235, 238, 240, 247, 267, 268, 273, 305, 306, 354, 385
Kraft Foods 204, 211
Krankheit 34, 72, 75, 80, 81, 94, 97, 165, 167, 179, 180, 204, 218, 241, 251, 277, 300, 316
Kränkung 265
Krieg 57, 173, 218, 224, 225, 230, 231, 233, 248, 303, 325, 352
Krise 54, 111, 122, 230, 269, 309, 335, 336, 349, 352, 387
Krisenmanagement 336
Krisen-PR 343
Kriterienkatalog 40, 42, 46, 47
Kritik 257, 328
Kultur 13, 16, 17, 53-66, 67, 83-85, 96, 128, 130, 140, 153, 156, 189, 192, 193, 195, 219, 228, 230, 236, 248, 257, 291, 299, 302, 304, 315, 319, 322, 352, 361, 371, 390
Kultur-Code 54-59, 248
Kulturrevolution 61, 322
Kunde 13, 14, 17, 20, 25, 27, 28, 29, 34, 37, 61, 112, 127, 171, 175, 179, 213, 217, 224, 250, 305, 326, 328, 333, 337, 342, 346, 347, 349, 352, 355, 356, 362, 378, 379, 382, 383, 391
Kundenbedürfnis 26, 378, 379
Kundenbindung 334, 335, 349, 351
Kundenbeobachtung 112-113, 154, 171, 186, 200, 265, 284, 289, 334, 357
Kundenorientierung, Kundenzentrierung 16, 28, 341, 381, 383, 390
Kundenwunsch 37
Kundzufriedenheit 26, 47, 50, 158, 212, 265, 332, 344, 347,
Kundin 13, 17, 27, 34, 37, 51, 61, 112, 127, 133, 138, 163, 175, 176, 179, 186, 212, 213, 217, 250, 280, 305, 315, 326, 328, 330, 332, 334, 339, 340, 346, 347, 351, 352, 356, 362, 367-370, 372, 379, 380, 382, 383, 389-391

l

Laborit, Henri 55
Lamborghini 117
Lang, Fritz 21
Lateralität 114, 273
Lebensphase, Lebensabschnitt 18, 27, 143-146, 208, 212

Leistung, Leistungsorientierung 30, 45, 59, 61, 72, 80, 81, 88,c 92, 98, 116, 143, 150, 161, 164, 181-183, 197, 198, 199, 203, 226, 229, 237-241, 242, 244, 254, 256, 259, 267-269, 301, 366-367, 374, 379, 380, 383, 384
lernen 14, 20, 22, 23, 45, 55, 56, 60, 65, 82, 83, 88, 96, 155, 164, 197, 223, 228, 252, 285, 316, 321, 340, 359, 389
Lettland 135, 322, 368
Lever 2000 305
Levi's 29, 155
Lewis, David 39
LG Electronics 216
LGBT-Marketing 28
Lidl 54
Lieblingsfarben 309, 312, 313
Lila, violett 310, 312, 313,
Limbisches System 77
Lindström, Per 75, 108
Linux 333
Lob 48, 51, 182, 216, 217, 289, 328, 335, 343, 366
Local Motors 332-333
LOHAS (Lifestyle of Health and Sustainability) 205-206
Long-Term Capital Management (LTCM) 238
Longoria, Eva 181
L'Oreal 115, 116, 180, 334
Louis Vouitton 200, 203, 328
Louisan, Annett 210-211
Ludwig XVI 255
Luhmann, Niklas 226-227
Lust 23, 37, 145, 168, 171, 207, 235, 269, 326
Luxus 14, 34, 40, 180, 190, 201, 248, 249, 318, 321, 337
Luxuskauf 39-40, 48

m

Macht 143, 146, 151, 164, 189, 198, 218, 226, 230, 231, 233, 237, 243, 255, 299, 300, 323, 329, 333, 390
Mädchen 64, 65, 72, 76, 88, 89, 95, 99, 110, 125, 135, 140, 143, 144, 145, 154, 155, 159, 162, 164, 165-166, 167-168, 169, 178, 188, 219, 220, 226, 228, 246, 259, 285, 288, 292, 293, 295, 302, 316, 334, 348, 384
Madoff, Bernie 230
Maggi 160, 161

magnozelluläre Ganglienzellen (M-Zellen) 273
Make it @ Home 349
manager-magazin 237
Manga, Anime 58
Mango 367
Manning, John 77
Marke 35, 48, 55, 56, 57, 58, 62, 66, 107, 109, 111, 114, 117, 123, 138, 156, 158, 159, 161, 165, 180, 187, 199, 200, 201, 203, 204, 206, 207, 210, 212, 213, 215, 217, 250, 259, 263, 264, 267, 269, 274, 276, 280, 284, 317, 318, 319, 321, 325, 326, 329, 334, 335, 337, 339, 340, 341, 342, 343, 345, 346, 348, 349, 351, 357, 365-370, 372, 375, 376, 386
Marken-Management 161, 335
Marketing-Kommunikation 18, 35, 37, 62, 110-126, 128, 141, 147, 154, 258, 278, 283, 287, 310, 354
Marketing-Mix 29
Markt 16, 29, 30, 35, 40, 54, 58, 63, 115, 116, 128, 130, 133, 156, 158, 172, 186, 190, 192, 196, 206, 228, 240, 253, 265, 278, 297, 305, 317, 319, 325, 332, 337, 340, 347, 348, 349, 366, 367, 369-372, 383, 387, 389, 390, 391
Marktanalyse 29, 213, 379
Marktanteil 176, 196, 319, 360, 389
Marktdaten 360
Markteinführung 332, 378, 387
Marktforschung 23, 27, 29, 55, 196, 334, 350, 351, 361, 367, 370, 379, 380
Marktführer 158, 176, 377, 378, 387
Marktpotenzial 29, 379, 382
Marktsegment 318, 370
maskulin 68
Massenmarkt 35, 337
Maßstab 44, 147, 178, 254, 349, 382, 389
Mattel 65-66
Maximizer 47, 50
Maybach 34
Maybelline Jade 113
McCartney, Paul 238, 256
McDonald's 119, 159, 266, 270
McLaren, Malcolm 257
Mediabudget 123, 368
Medien 21, 60, 103, 130, 131, 186, 191, 192, 219, 237, 243, 244, 249, 254, 256, 295, 305, 326, 337, 339, 340, 344, 345, 346, 350, 351, 359, 375, 376, 384, 385, 386

Meditation 36-37
Medizin 34, 71, 74, 91, 228, 242
Melitta 160, 209
Menopause, Wechseljahre 143, 145, 146, 277
Mercedes Benz 110, 114, 203, 207, 249, 264, 270
Merkel, Angela 186
Messen 283, 284, 342, 343, 375
Method Acting 125
Me-too-Produkt 109
Metropolis 21
Metrosexuell 254-258
Microsite 36, 37, 334, 338, 373, 374
Microsoft 338, 341
Middelhoff, Thomas 230
Mikroausdrücke 124-125
Mimik 89, 92, 115, 119, 124, 204, 263, 276, 288, 300
Mini 306
Misserfolg 245
Misserfolgstoleranz 182, 245, 269
Missy Magazine 304
Mitarbeiterzufriedenheit 17
Mitsubishi 36, 305
Mobbing 179, 333
Möbel 39, 44, 45, 134-136, 186, 215, 382, 384
Mobile 57, 110, 347, 348
Mobilität 130
Mobiltelefon siehe: Handy
Mode 23, 60, 65, 138, 140, 190, 192, 200, 202-203, 210, 211, 238, 244, 254, 257, 278, 291, 304, 309, 321, 329, 367, 369, 372, 376
Modefarbe 309, 312
Model 31, 104, 119, 123, 125, 154, 165, 180, 188, 209, 210, 285, 368-370
Modell 30, 32, 33, 40, 42, 53, 61, 68, 107, 113, 117, 125, 165, 186, 200, 203, 207, 240, 250, 252, 268, 274, 283, 284, 285, 305, 311, 327, 332, 333, 335, 340, 349, 357, 358, 378
modern 21, 74, 133, 156, 161, 192, 247, 259, 315, 376
Mondamin 160
monologischer Diskurs 290
Moral, Ethik 28, 29, 54, 174, 202, 210, 218, 221, 222, 225, 226, 237, 263,
Moralskala 222
Motivatoren 144-146

Motorola 29
MTV 60
Murphy, Mary C. 170
Mutter, Mutterschaft 40, 60, 64, 65, 72, 75, 76, 78, 88, 94, 96, 99, 120, 143, 144, 146, 149, 152, 156-159, 160-162, 168, 178, 179, 180, 183, 199, 208, 209-210, 211, 213, 214, 216, 250-252, 261, 270, 273, 277, 279, 304, 358, 359, 370, 376, 381
Mutter Theresa 165
Muttergehirn 79, 149, 157-159, 250

n
Nachkommen 188, 227, 233, 242, 247
Naher Osten 320, 373
Nahrung, Ernährung 40, 55, 72, 112, 116, 192, 218, 219, 233, 244, 304, 310
Nahrungs- und Genussmittel 137, 155, 161, 170, 189, 190, 195, 218, 219, 228, 277, 278, 310,
Nahrungssuche 149,
Napoleon 198
National Football League (NFL) 22, 262
National Starch Food Innovation 155
Navigationssystem 43, 130-131, 140, 231, 297, 338,
Nespresso 111
Nestlé 259
Neues entdecken 45, 50, 215
Neugier 112, 145, 148, 175, 210, 215, 252, 348
Neuroendokrines System 235
Neuronen, Gehirnzellen 76, 82, 82, 100, 103, 105, 158, 177, 195
New Romantic 257-258
Nike 58, 180-181, 184, 334
Nintendo 340
Nissan 305
Nivea 317, 334
Nobelpreis 93, 238
Nokia 29
Nordkorea 325
Nurture or nature 74

o
Obi Wan Kenobi 185
Öffentlich, Öffentlichkeit 14, 77, 83, 104, 125, 163, 168, 169, 179, 182, 193, 231, 237, 245, 262, 289, 290, 291, 295, 296, 296, 323, 328, 330, 336, 337, 352

Öffentlichkeitsarbeit 296, 336, 343
Öko-Test 112
Old Spice 267
One Night Stand, Seitensprung 152, 154
One-to-One-Marketing 342, 354, 356
Opel 193
Opodo 215
Orden, Rangabzeichen 248-249
Ordnung 56, 226-227, 231, 312
Ordnungssystem 92
Orsay 18, 126, 323, 363, 366-370
Ostblock 320-321, 325
Österreich 54, 129, 138, 159, 279, 319, 365, 368, 369
Östrogen 73, 75, 77, 157, 167, 168, 188, 189, 276
Otten, Dieter 108, 221-223, 225, 227
Otto 123-124
Oxytocin 78, 79, 99, 146, 150, 157, 167, 168, 251, 279

p
Paar 27, 81, 106, 123, 130, 152, 155, 187, 251, 264, 270, 279, 322
Paarung 69, 70, 192
Pampers 158
Pantene Pro-V 118, 123
Parietalregion 81, 195-196
Partner, Partnerin, Partnerschaft 27, 39, 47, 49, 63, 64, 70, 78, 79, 80, 94, 98, 101, 106, 108, 125, 130, 135, 143, 144, 146, 148, 149, 150, 151, 152-155, 161, 163, 171, 172, 178, 180, 183, 184, 187-189, 198, 205, 206, 208, 212, 216, 232, 233, 235, 239, 245, 247, 251, 252, 263, 264, 275, 276, 277, 279, 282, 283, 285, 288, 292, 293, 294, 298, 299, 301, 305, 351, 352, 374, 377, 381, 383, 389, 390
Partnerknappheit 233
Partnersuche 64, 189, 242, 247
Partnerwahl 146, 152, 154, 198, 207, 276
parvozelluläre Ganglienzellen, P-Zellen 273
Patek Philippe 61, 138
Patriarchat 14, 257
Pattex 267
Peer Group 60, 62
Peinlichkeit, Scham 31, 78, 130, 151, 184-185, 201, 205, 245, 269, 283, 296, 306, 315

Penis 74, 192
Pepsi 261, 266, 267
Perfektion 23, 57, 64, 78, 88, 100, 110, 123, 130, 163, 193, 194, 254, 303, 370
periphere Sicht, peripehres Sichtfeld 274
Perlweiß 296
Perrier 283-284
Persönlichkeit 35, 64, 145, 199, 282, 286, 300, 301, 351, 369, 370, 373, 376
Peter, Laurence J. 225, 229
Pheromone 78, 145, 239, 251, 277
Photoshop 191, 322
pink, rosa 18, 64, 126, 130, 245, 312, 313, 314-316, 317, 368, 380, 386
Pinker, Susan 180, 183, 226, 232, 236
Piratenpartei 353
Pirelli 267
Pitt, Brad 111, 155, 294
Plakat 130, 169, 268, 338, 340, 369
Plastizität (des Gehirns) 82-85
Pokémon 70
Pooth, Verona 111
Porter, Cole 159
POS (Point of Sale) 49, 278, 342, 368, 369, 382, 383
Positionierung 58, 59, 114, 165, 180, 212, 259, 267, 278, 284, 305, 318, 319, 335, 352, 360, 368, 375, 386
Potter, Harry 219
PR, Public Relations, Press Relations 14, 36, 343, 346, 360, 370, 371, 372, 374, 375, 376, 384
Präferenzen 140, 195, 274, 278, 292
Präfrontaler Cortex 78, 108, 194
Prägung 54, 55, 58, 60, 96, 122, 322, 323
Pre-Test 23
Print 206, 210, 249, 273, 295, 305, 369
Procter & Gamble (P&G) 120-121, 209-210, 305
Product Placement 343
Produktfälschungen 201, 248
Produktlebenszyklus 378
Produktname 302-307
Produktverpackung, Verpackung 49, 176, 279, 350, 378, 380, 382, 383
Progesteron 73, 77, 144, 157, 167
Prolactin 80, 239
Promiskuität 164
Promotion 123, 172, 262, 342, 368, 372, 373, 374, 375, 376

Prosumenten 326-327, 328, 329
Prototyp 332
Prototypikalität 310
Psychotherapie, Therapie 96, 122
Pubertät 60, 73, 143, 144, 145, 154, 159, 168, 188, 192, 206, 277
Puppen 64-66, 75
Putzen 135, 296, 332

q
Queen Elizabeth 248, 299
Queen Victoria 309

r
Raab, Stefan 331
Radio-Spot 338
Rainman 87
Rangordnung 227, 247
Rapaille, Clotaire 54-59, 248-249
Rapport talk 288
Rat, Ratschlag 15, 175, 185, 214, 231-232, 344, 383
Ratio, rational 78, 107-110, 117, 129
Räumlich-visuelles Vermögen 74, 76, 92, 196
Räumlicher Hörsinn 275
Red Bull 117, 118, 259, 311, 351, 365-366, 390
Reddi wip 212
Regeln, Regelwerke 15, 57, 64, 69, 77, 89-91, 111, 151, 153, 165, 172, 184, 185, 202, 220, 221-227, 232, 234, 255, 259, 261-263, 389
Religion 27, 30, 92, 208
Rendezvous 70, 155, 303
Renz, Ulrich 192, 202, 255
Report talk 288-289
Ressourcen 16, 42, 58, 230, 335
Rexona 317
Risiko, Risikobereitschaft 18, 48, 171, 177, 180, 183, 185-187, 212, 234, 239, 241-245
Ritalin 316
Ritterlichkeit, ritterliches Verhalten 174-175, 185, 220, 232-233, 248
Ritual, Ritualisierung 153, 184, 243
Rizzolati, Giacomo 103
Robert, Lee 127
Rogers, Jay 332
Rolex 203, 248
Rolls Royce 305, 375
Romantik 208, 311

Rotbäckchen   158
RTL   207
Rundfunk, Radio   83, 121, 131-132, 288, 289, 338
Russland   13, 60, 61, 276, 320, 321, 322, 368, 373, 374

S

Sacks, Oliver   311
Salinger, J.D.   238
Sammler, Sammlerinnen   13, 39, 70, 195, 244, 278-279
Satisficer   43-44, 48
Savant   88, 93
Savic, Ivanka   75
Schall, Infraschall   92, 116, 275
Schawelka, Karl   243, 249, 314, 315
Schmerz   81, 97-98, 151, 184, 246, 251, 275, 278, 310, 334, 379
Schnall, Simone   101
Schokolade, Schokoriegel   22, 159, 180, 197, 259
Schönheit   23, 44, 58, 110, 123, 187-193, 194-197, 198, 207, 215, 235, 255, 257, 304, 321, 323, 370, 373, 380
Schönheitsideal   188-190
Schröder, Gerhard   256
Schublade, Schubladendenken   114, 133
Schuhe   34, 49, 164, 180-181, 203, 211, 215, 248, 282
Schule   22, 73, 83, 84, 169, 199, 222, 226, 266, 359
Schulz von Thun, Friedemann   121
Schumacher, Michael   114
Schwangerschaft   27, 73-74, 80, 120, 144, 152, 157-158, 179, 188, 189, 239, 251, 277, 282, 294, 295
Schwarzkopf   180
Schweiz   54, 60, 129, 138, 279, 316, 318, 319, 333, 368, 369
Schweizer Offiziersmesser   131
Seal   118
Sealect Tuna   204
Second Life   359
Sehen   16, 60, 101, 103-104, 106, 111, 112, 116, 120, 122, 124, 148, 178, 215, 236, 243, 263, 264, 271, 273-275, 281, 284, 285, 290, 299, 307, 312, 329, 339, 357, 377, 384, 391
Selbstbewusstsein   245, 269, 367, 370
Seltzer, Leslie J.   167
Senioren   27, 31, 156, 349

Sensation Marketing   341
Sensibel, Sensibilität, Sensibilisierung   30, 97, 107, 163, 184, 232, 272
Service   29, 178, 213, 282, 335, 345, 347, 362, 383, 384
Sex   18, 58, 71, 79, 144-146, 161, 164, 197, 224, 241, 279, 281-286, 304
Sexualität   68, 69, 144, 146,
Sex and the City   164, 168, 343
Sex Pistols   257
Sex sells   281-286
Shell   267
Shop, Shopping, shoppen   23, 39-51, 56, 130, 193, 263, 285, 341, 348, 368, 369, 383,
Sicherheit   13, 72, 108, 139, 145, 170, 177, 180, 185, 186, 187, 212, 337, 339, 377
Siemens   31
Silver Surfer   31
Simpsons   43
Single   27, 40, 143, 144, 160, 208, 240, 282, 377
Sinne, sinnlich, Sinnlichkeit   16, 18, 78, 157, 193-197, 207, 271-280, 311, 353
Sixx   122
Skoda   158
Sky   214-215
Smartphone   347, 349, 360
Social Media   339, 345, 346, 354, 357, 360, 362, 390
Socken, Unterwäsche   39, 156
Sozialbilder   104
soziales Umfeld, Umfeld   57, 59-61, 63, 64, 83, 85, 88, 94, 96, 120, 132, 137, 143, 176, 201, 203, 205, 210, 220, 260, 288, 292, 325, 327, 339, 342, 344, 377, 380
sozialistische Planwirtschaft   325
Spanien   64, 360, 373
Sparkasse   98-99, 121, 266
Späth, Daniela   316
Spee   217
SpezialistIn, ExpertIn   40, 50, 88, 89, 93, 103, 104, 114, 115, 163, 175, 176, 179, 180, 238, 254, 295-296, 316, 328, 331, 332, 344, 345, 382, 384
Spiegelneurone   18, 22, 81, 99-104, 105, 131, 177, 294, 336
Spielberg, Steven   105
Spitzer, Manfred   195
Sponsoring   116, 209, 216, 259, 262, 341, 343, 366

Sport, Sportler   22, 40, 49, 62, 68, 80-81, 83, 84, 93, 116, 131, 180, 182, 193, 185, 192, 194, 196, 206, 210, 211, 216, 219, 223, 235, 240, 252, 253, 259, 282, 284, 291, 292, 293, 303, 305, 306, 331, 334, 358, 365-366
Sprache   13, 36, 88, 89, 124, 135, 159, 194, 201, 204, 209, 273, 276, 287-292, 296, 297-299, 304, 305, 311, 312, 314, 331, 338, 372, 375, 385
Sprache, direkt, indirekt   297-299
Sprachkulturen   13
Star Trek   223, 225
Star Wars   185, 216, 306
Status, Statussymbol   28, 34, 35, 40, 138, 153, 154, 166, 169, 173, 184, 188, 191, 197-203, 228, 231-232, 233-234, 238, 243, 245, 247-250, 254, 256, 266, 281, 283, 284, 286, 290, 291, 293, 296, 318, 328, 332, 342
Stiftung Warentest   47
Stimulation, Stimulierung, Stimuli   18, 182, 281-282, 285
Strange, Steve   257
Strasberg, Lee   125
Strategie   17, 18, 26, 28, 29, 39, 109, 112, 118, 119, 121, 139, 149, 158, 162, 172, 175, 178, 200, 210, 228, 232, 233, 242, 245, 270, 317-323, 377, 378, 380, 381
Stress   69, 144, 145, 150, 157, 167-168, 169-171, 172, 174, 234, 235
Südkorea   60, 261
Super Bowl   21, 261
Surfen, Windsurfen   62, 81, 193, 252
Symbian   360
Symmetrie, symmetrische Beziehungen   162-164, 166, 169, 173, 174, 182, 183, 192, 197, 211, 227, 295, 301, 334, 343
Symons, Donald   187
Sympathie, Sympathieträger   125, 160, 193, 251, 367
System   27, 28, 42, 57, 59, 63, 70, 72, 77, 80, 90-93, 94, 96, 100, 102, 104, 110, 113-116, 124, 125, 148, 152-153, 179, 182, 185, 198, 204, 223, 226, 230, 235, 264, 281, 300, 344, 348, 356, 379, 380
Systematiker   90-93, 98, 99, 110-118, 148, 162, 218, 220, 238, 295

t
TAG Heuer   111
Talent   60, 77, 83, 104, 164, 198, 224, 244, 335
Tannen, Deborah   5, 13, 14, 150, 162, 166, 225, 231, 288, 289, 291, 294, 298, 331
tasten, Tastsinn, taktil, Haptik   15, 76, 279-280
Tata   249
Tchibo   340
Technikaffinität   113, 347, 349
Technologie   15, 42, 57, 58, 306, 326, 359, 361, 390
Tend and Befriend   150
Testosteron   73-77, 78, 80-81, 89, 90, 93, 145-146, 154, 220, 236-237, 239, 251, 275, 276, 282-284
Théoret, Hugo   102
Theory of Mind (ToM)   95, 100, 102, 246
thinknewgroup   20, 126, 366-369
Thurman, Uma   306-307
Tiere   49, 64, 69-70, 79, 89, 91, 99, 108, 116, 149, 187, 188, 193, 211, 228, 263, 272, 275, 277, 279, 281, 352
Tiffany   349
Tingley, Judith   127-128
T-Mobile   106
Toffifee   211
Toffler, Alvin   326
TomTom   130
Toni Kaiser   159
toom   133
Tourismus   130-131, 207, 314, 344
Townsend, John Marshall   153
Toyota   268, 305, 335-336
Transgender   28
Transport, Verkehr   82, 130-131, 185, 206, 222, 223, 283, 311
Trauma   122
Trend, Trendforscher, Trendsetter   33, 79, 160, 161, 176, 190, 154, 254, 377, 378, 386
Turner Syndrom   72
TV, Fernsehen   40, 88, 101, 125, 131-132, 180, 191, 206, 215, 295, 340, 358, 365
TV-Spot   22, 98, 122, 125, 151, 176, 181, 206, 211, 338
Twitter   326, 329, 345, 346, 360, 362, 363, 400
Twix   206

u
Übergewicht   68, 189
Überlegenheit, überlegen   181, 182, 201, 227-230, 232, 269, 295, 297, 326, 332, 333, 372, 390
Übertreibung   285, 301
Umilitá, Maria Alessandra   105
Umweltgift   72
Unabhängigkeit   76, 208, 214, 231-233, 232, 248, 286, 290, 331, 344, 345
Unterlegenheit, unterlegen   169, 182, 201, 226, 227, 233
Unternehmenskommunikation   35, 147, 212, 326, 332, 334, 335, 343, 350
Unternehmenskultur   230, 361, 388
Unternehmenslenker, Vorstand, Vorstände, Aufsichtsrat, Aufsichtsräte   92, 93, 98, 230, 250, 253, 331, 352, 356, 390
Unterwerfung, unterwerfen   169, 247
Ursache-Wirkungs-Prinzip   90, 93, 177
USA, US-amerikanisch   21, 30, 31, 33, 36, 37, 43, 54-56, 58, 64, 66, 71, 81, 83, 89, 101, 103, 124, 127, 128, 149, 153, 159, 183, 189, 190, 191, 196, 198, 208, 209, 210, 212, 213, 216, 237, 247, 248, 257, 258, 259, 261, 262, 264, 266-267, 269, 270, 276, 282, 303, 305, 309, 314, 315, 316, 317, 319, 325, 326, 329, 331, 335, 347, 349, 358, 360, 376, 382,
USP (unique selling proposition), Alleinstellungsmerkmal   109, 332, 380

v
Vanish   113, 174
Vasopressin   145, 146, 275
Vater, Vaterschaft   37, 40, 44, 45, 49, 72, 96, 108, 143, 146, 149, 152, 154, 160, 200, 219, 225, 228, 232, 240, 250-252, 270, 273, 275, 304, 305, 331, 376, 381
Vatergehirn   250-252
Verankerungsblick   302
Verbraucher, Verbraucherin   13, 19, 36, 37, 50, 205, 237, 276, 305, 311, 326, 327, 342, 345, 348, 355, 364
Vergleichende Werbung   266
Verhalten   14, 16, 17, 18, 19, 26, 27, 28, 29, 31, 53-61, 67, 71, 75, 76, 77, 78, 81, 82, 83, 84, 88, 90, 95, 96, 98, 101, 104, 144, 145, 150, 157, 163, 164, 169, 170, 171, 172, 175, 176, 182, 184, 185, 201, 203, 208, 220, 226, 227, 228, 229, 232, 233, 234, 235, 236, 241, 242, 243, 245, 249, 260, 263, 274, 277, 281, 287, 290-297, 298, 320, 326, 328, 330, 333, 389
Verkauf, Vertrieb   18, 21, 22, 34, 37, 43, 48, 55, 58, 101, 109, 127, 138, 156, 163, 176, 187, 224, 225, 266, 278, 281, 282, 283, 284, 319, 325, 327, 333, 335, 341, 342, 349, 352, 358, 362, 368, 373, 378, 382, 383, 387
Verkäufermarkt   325
Verkaufsförderung   342
Versicherung   112, 139, 140, 178, 179, 206, 212
Verweiblichung   254-258, 358
Verwender, Verwenderin   161, 162, 318, 390
Viagra   241, 285
Villeroy & Boch   332
Viral   339, 345, 374, 375
Viral Marketing, Viralkampagne   339, 345
Visible Strategy   317-323
Volks- und Raiffeisenbanken   348
von Teese, Dita   283
vorgeburtlich   83
VW, Volkswagen   118-119, 159, 211, 249, 334

w
Wagner   160
Wahrnehmung   16, 29, 30, 64, 78, 81, 101, 111, 120, 121, 145, 162, 185, 194, 196, 256, 271, 272, 273, 277, 279, 310, 366
Waschmittel   106, 113, 121, 174, 305, 317
Wayback Machine   36
Wayne, John   56, 218
Web 2.0   330, 345, 354, 360, 390
Wellness   44, 79, 112, 192, 279, 319, 398
Wells, Orson   238
Weltbild   27, 178, 227, 272, 290, 390
Werbung   14, 17, 18, 19, 20, 21-23, 36, 48, 49, 50, 51, 62, 87, 95, 103, 104, 105, 106, 107, 109, 110, 111, 112, 113, 117, 118, 119, 120, 121, 122, 123, 125, 126, 130, 154, 155, 156, 159, 161, 162, 165, 172, 174, 178, 180, 203, 204, 206-, 209, 210, 256, 258-270, 272, 273, 281, 284, 285, 300, 307, 309, 318, 323, 329, 335, 338, 339, 340, 341, 342, 348, 349, 350, 354
Werkzeug   91, 132-133, 238, 240, 244, 372, 376, 377-387

Wettbewerb   17, 19, 37, 81, 93, 119, 155, 158, 180-184, 185, 212, 224, 233, 235, 236, 239, 241, 246, 262, 266, 304, 332, 341, 342, 347, 353, 360, 367, 372, 378, 384, 387, 389, 390
White, Barry   276
WikiLeaks   231
Wikipedia   331, 333, 384
Wiltshire, Stephen   88-89
Winfrey, Oprah   101, 302
Wirtschaftskrise   111, 122, 309, 349, 387
Wissen   17, 20, 28, 73, 77, 79, 82, 84, 92, 93, 100, 109, 111, 114, 128, 147, 167, 170, 194, 199, 220, 228, 231, 232, 246, 253, 290, 292, 295, 296, 297, 298, 329, 348, 353, 371, 383, 389
Witelson, Sandra   76, 196
Wohnen, Wohnung, Einrichtung   39, 44, 134-136, 160-161, 173, 203, 211, 215, 264, 270, 272, 292, 300, 304, 377, 380, 384, 386
Woodstock   257
World of Warcraft   300

Wrangler   55
WWK   178-179, 212
Yanomami-Indianer   227
Yoda   185
YouTube   89, 204, 205, 269, 329, 330-331, 333, 346, 366

z

Zahnbürste   45, 47, 283
Zalando   215
Zara   367
Zerebralgeschlecht   71, 74-77
Zielgruppe   13, 18, 26, 27, 28, 29, 30, 31, 35, 36, 62, 111, 112, 139, 161, 162, 205, 215, 260, 263, 265, 272, 305, 315, 318, 319, 323, 326, 330, 334, 337, 339, 340, 341, 343, 349, 352, 354, 357, 362, 365, 366, 370, 371, 372, 375-379, 381, 382, 384-386, 390
Zielgruppendefinition   278
Zuhören   331-332
Zyklus, Menstruation   77, 188, 189, 223